"十二五"普通高等教育本科国家级规划教材

北京市高等教育精品教材

工业矿物与岩石

INDUSTRIAL MINERALS AND ROCKS

第四版

马鸿文 主编

化学工业出版社

·北京·

《工业矿物与岩石》第四版是在第三版（2011）的基础上，为适应当前我国社会与经济发展、高等教育体系和教学内容改革需要，删除了原教材中工业岩石制品部分，同时对其余内容作了适度精简和更新补充。内容包括：绪论；上篇——工业矿物学，包括常见的140余种工业矿物原料，主要为非金属矿物，对重要金属矿物和宝石矿物也作了简要论述；下篇——工业岩石学，重点加强了理化性能、工业应用及技术要求的论述，补充更新了有关矿物资源的地质成因、资源现状与应用概况的概略介绍。上述内容大体上反映了近10余年来工业矿物与岩石专业领域的研究新进展、工业应用现状及主要发展趋势。

　　本教材适用于地质、矿业、冶金、建材类高校的材料科学与工程（含矿物材料学）、材料化学、材料物理、资源勘查工程、宝石与材料工艺学等本科专业教学，也可供其他理工科高校的材料科学与工程、材料物理、材料化学等专业作为参考教材，同时也适用于相关专业领域的研究生和科研人员作为参考书使用。

图书在版编目（CIP）数据

工业矿物与岩石/马鸿文主编. —4 版. —北京：化学工业出版社，2018.8

"十二五"普通高等教育本科国家级规划教材　北京市高等教育精品教材

ISBN 978-7-122-32514-3

Ⅰ.①工…　Ⅱ.①马…　Ⅲ.①非金属矿物-高等学校-教材②岩石-高等学校-教材　Ⅳ.①P619.2②P58

中国版本图书馆 CIP 数据核字（2018）第 138324 号

审图号：GS（2018）3823 号

责任编辑：窦　臻　　　　　　　　　　文字编辑：李　瑾
责任校对：边　涛　　　　　　　　　　装帧设计：关　飞

出版发行：化学工业出版社（北京市东城区青年湖南街 13 号　邮政编码 100011）
印　　装：中煤（北京）印务有限公司
787mm×1092mm　1/16　印张 23½　彩插 1　字数 612 千字　2018 年 10 月北京第 4 版第 1 次印刷

购书咨询：010-64518888（传真：010-64519686）　售后服务：010-64518899
网　　址：http：//www.cip.com.cn
凡购买本书，如有缺损质量问题，本社销售中心负责调换。

定　　价：65.00 元

前　言

值《工业矿物与岩石》作为"'十二五'普通高等教育本科国家级规划教材"再版之际，为使其内容更好地适应我国资源产业与生态环境可持续发展，适应高等教育课程体系和教学内容改革的需要，对原教材内容作了适当调整、精简和更新补充。

鉴于"矿物材料科学系列教材"中拟出版《硅酸盐材料学》教材，故本版教材结构调整为：绪论，上篇——工业矿物学，下篇——工业岩石学。重写了富钾岩石一节的内容。更新补充了近年来对主要工业固废资源化利用和工业岩石原料工程化应用，以及在高技术领域应用研究进展等内容。补充修订了主要矿物资源的地质成因、资源现状及应用概况，有关数据主要引自国土资源部信息中心编著的《世界矿产资源年评》（2015，2016）和《中国非金属矿业》（2008）三本专著；更新了对工业矿物原料的质量要求，主要引自《矿产资源工业要求手册》（2014 年修订本）。正文中不再说明。

据 Fleischer's Glossary of Mineral Species（Back，2014），更新了有关辉石族、云母族、沸石族的晶体化学分类等内容；引入了有关矿物超族（闪石、电气石、石榴子石）的概念；新增了铯沸石、透锂长石、海绿石、黑云母、铁锂云母、绿泥石、天然碱、钾石膏、钾芒硝、杂卤石、钾明矾、胆矾、钾硝石、磷锂铝石、鸟粪石、铜铀云母、钙铀云母共 17 种工业矿物，使全书收入的工业矿物达到 146 种，工业岩石 36 种，另收入工业固废资源 4 类16 种；补充了近年来有关工业矿物方面的若干最新研究成果。

本次教材修订，工业固体废物资源一章由白志民完成，其余部分由马鸿文完成。教材修编过程中，得到杨静、刘梅堂、余晓艳 3 位副教授和苏双青、聂轶苗、马玺、刘昶江、罗征5 位博士的热情协助，晶体结构图由聂轶苗绘制。全书内容由在读博士生姚文贵、田力男、殷从丛、蒯雨晴、郭若禹和硕士生常倩倩、张少刚、邱宇、高原、时浩、徐建昂等核校。书中尚存不足之处，敬请读者不吝指正！

积 30 年研究教学工作感悟，笔者深感矿物资源作为材料工业乃至国民经济发展的物质基础，其最大科学意义和技术经济价值，皆蕴含于"集约化绿色加工"之中。是尔值本书付梓，特录 6 年前拙笔《念奴娇·霞石赋》，以记：

碱脱硅去，钾溶出、破解白云难事。锡域霞石，曾敕信，配钙烧结制铝。八五攻关，九七俄案，抱憾空文已。长时纷绕，一石激起涟漪。

回首十载蓝途，昊青承大任，循环经济。绿色加工，推物理、低耗高值零废。科海逐潮，三十寒复暑，点石金玉。浮云神马，淡茶还写长路！

马鸿文

2017 年双十日初雪时节，于北地苑

第一版前言

本教材是在中国地质大学（北京）自 1992 年以来为非金属矿物材料、无机非金属材料、材料化学等专业讲授《工业矿物与岩石》及相近专业课程讲义的基础上，为适应当前教学改革和学科交叉、渗透的综合发展趋势，以及教学计划中学时的减少和强化素质培养，进行了必要的内容精简和补充而编著完成的。

本教材内容包括工业矿物学、工业岩石原料、工业岩石制品三部分。工业矿物学包括常见的 120 余种工业矿物原料和材料，主要为非金属矿物，对重要的金属矿物和宝石矿物也做了简要论述。工业岩石原料部分重点加强了理化性能、工业应用及技术要求的论述。工业岩石制品包括传统陶瓷、玻璃、耐火材料、水泥和混凝土，以及工业固体废物。上述内容大体上可反映近年来工业矿物和工业岩石领域的研究新进展和开发应用现状。

为适应当前高等学校教学改革和学科综合发展的大趋势，本教材在内容的安排上，既充分考虑到兼顾保留地质、矿业、建材类高校原有的结晶学、矿物学和岩石学的学科优势，又尽最大可能满足材料学专业教学与材料工程中实际应用的要求。因此，设计《工业矿物与岩石》教材内容直接与《结晶学与矿物学（通论）》、《材料科学概论》相衔接，而无须学生再系统学习《晶体光学》、《光性矿物学》、《岩石学》等传统地学课程的基础内容；同时，《工业矿物与岩石》教材内容又必须基本满足《无机材料工艺学》、《技术陶瓷学》等材料学专业课程学习的基础知识要求。

本教材适用于地质、矿业、建材类高校的材料学专业教学，也可作为其他理工科高校材料学专业的参考教材。计划学时约 80 学时。尽管《工业矿物与岩石》教材的容量较大，但考虑到今后随着 MCAI 教学手段的广泛使用，必然导致单位时间内的教学内容显著增加，因此，在上述计划学时内完成教材主要内容的讲授和学习应当是可能的。

本教材前言、绪论、附录由马鸿文编写；第一篇工业矿物学部分由廖立兵、马鸿文编写；第二篇工业岩石原料部分由白志民编写；第三篇工业岩石制品部分由李博文、袁家铮编写。全书由马鸿文统稿，白志民负责全书图件的整理并组织完成了全书内容的核校。吴瑞华教授、杨静博士、余晓艳博士、王英滨博士提供了部分文献资料。教材出版经费主要由中国地质大学（北京）"211 工程"建设项目和"教材出版基金"资助。北京大学郑辙教授、中国地质大学（北京）周珣若教授、北京科技大学曹贞源教授分别对本教材的工业矿物学、工业岩石原料、工业岩石制品三部分书稿的内容进行了认真的审阅，并提出了宝贵的修改意见。责任编辑赵俊磊副编审对书稿进行了认真的编辑加工。谨此致以衷心的感谢。书中尚存的疏漏或不当之处，敬请读者赐正。

编　者
2001 年 11 月于北京

第二版前言

本书第一版作为普通高等教育教材，于2002年出版。值《工业矿物与岩石》作为"北京市高等教育精品教材立项项目"再版之际，为使其内容更好地适应当前课程体系和教学内容改革的要求，对原教材内容进行了较大程度的精简和更新补充。主要包括如下内容。

第一篇删除了板钛矿、铜铀云母、钙铀云母3种较少见的矿物；精简了黏土矿物的一般性质和应用的论述；考虑到石棉因具有致癌作用而已受到发达国家应用的严格限制，因而大大精简了有关石棉的性质和工业应用的内容；精简了对一般工业矿物的论述，补充了近年来有关的最新研究成果。

第二篇整合了原教材第一、二篇中相近的内容，如对橄榄石和橄榄岩，石英与石英岩类，黏土矿物与黏土岩，沸石与沸石岩，方解石、白云石与碳酸盐岩的论述等；第七章第七节补充了中国名贵砚石材料的内容；第八章重写了有关富钾岩石的内容；此外还补充了对典型岩浆矿床有关内容的简要介绍。

第三篇新增了有关陶瓷的制备工艺，特别是烧结反应机理和有关玻璃结构的内容；精简了耐火材料的部分内容；无机胶凝材料精简了对硅酸盐水泥的一般论述，重写了硅酸盐水泥水化的内容，补充了有关混凝土腐蚀的论述，新增了矿物聚合材料一节；新增了近年来对矿山尾矿、粉煤灰等工业固体废物资源化应用研究方面的新成果。

此外，删除了原附录二、附录三；书后新增了矿物元素周期简表。与第一版相比，原内容约删减2/5，新增补内容约1/3，总篇幅精简约1/7。

本次教材修订，第一篇由廖立兵、马鸿文完成；第二篇由白志民、马鸿文完成；第三篇由马鸿文完成，白志民、黄朝晖分别参与了第十一、十三章和十四章的修订工作。全书晶体结构图由李国武、聂轶苗按照原子坐标精绘。全书由马鸿文统稿。教材修订过程中得到杨静博士、余晓艳博士、王英滨博士、方勤方博士和肖万、李金洪等的协助。教材出版经费由北京市教委和中国地质大学（北京）教材出版基金资助，谨致谢忱。

值本教材修订完成之际，特录拙笔《青玉案·石之韵》小令，以赞自然造化之神奇，记从事本领域研究之妙趣。词曰：

锂铍铌钽铯铷钾，铝沥尽、硅云霞。远山幽谷玉烟发。祖母透绿，海蓝若水，碧玺锦三华。

补天取火炼丹砂，铜铁铝镁皆自她。英石光导锗掺杂；热液水晶，高压翡翠，比尔黄金甲。

马鸿文

2005年5月于北京

第三版前言

本书第二版作为"北京市高等教育精品教材",于 2005 年出版。值《工业矿物与岩石》作为"普通高等教育'十一五'国家级规划教材"和"矿物材料科学系列教材"之一再版之际,为适应当前高等教育中学时减少和强化素质培养的需要,使其内容更好地适应课程体系和教学内容改革的要求,对原教材内容进行了适度精简和更新补充。

据 Fleischer's Glossary of Mineral Species (Back et al,2008) 更新了有关辉石族、闪石族、云母族、沸石族的晶体化学分类等内容;新增了伊利石、六方钾霞石两种矿物;精简了对一般工业矿物的论述,重点补充了近年来有关层状硅酸盐矿物等方面的最新研究成果。删除了 11 种不太重要的晶体结构图和 16 种不太常见的矿物晶形图。

国家发改委在《产业结构调整指导目录(2005 年本)》中,已将角闪石石棉(即蓝石棉)列为淘汰类落后产品,将含铬质耐火材料生产线列为限制类项目,因而精简了有关蓝石棉性质和工业应用的内容,删除了有关铬质耐火材料制品的内容。

新增了 18 种主要金属矿产和 14 种重要非金属矿产资源概况的内容,有关数据主要引自国土资源部信息中心编著的《2006—2007 世界矿产资源年评》(2008)、《2007—2008 世界矿产资源年评》(2009) 和《中国非金属矿业》(崔越昭,2008) 三本专著;对 34 种无机矿物原料的质量要求,引自《无机化工原料》(第五版)(王光建,2008),正文中不再说明。

据新版 Industrial Minerals and Rocks (7[th]ed)(Kogel et al,2006),对教材中 25 处内容做了补充或更新。参考 Geopolymer Chemistry and Applications (2[nd]ed)(Davidovits,2008),对矿物聚合材料部分内容做了补充;重写了有关富钾岩石的内容;更新了近年来对矿山尾矿、煤矸石、粉煤灰等固体废物资源化利用研究的内容;更新或补充了主要工业岩石原料的应用技术指标和工程化应用研究进展等内容。

本次教材修订,第一篇由廖立兵、马鸿文、李国武、杜高翔完成;第二篇由白志民、马鸿文完成;第三篇和绪论部分由马鸿文完成,李金洪参与了第十五章的修订工作。全书由马鸿文统稿,博士生苏双青、李歌负责全书内容的核校,新增补图件由刘浩清绘。教材修订过程中,得到杨静博士、余晓艳博士、刘梅堂博士等的协助。书中尚存的疏漏或不足之处,敬请读者赐正!

值本书付梓,是日晨即兴作歪诗《无题》一首,慨然骋怀,聊以记之:

三修精典续石缘,劫历洪荒欲补天。

造化浑金锁翠谷,汗青无日写流年。

马鸿文

2010 年 10 月 8 日于北地苑

目　录

上篇　工业矿物学 / 33

绪　论

第一节　工业矿物与岩石的概念及分类

一、概念

工业矿物与岩石（industrial minerals and rocks）原意是指除金属矿石、矿物燃料、宝石以外，其化学成分或物理性能可资工业利用且具有经济价值的非金属矿物与岩石。然而，严格限定工业矿物与岩石一词的含义是困难的。首先，某些金属矿石不仅是冶炼金属的工业原料，同时又是利用其某种物理特性的工业矿物原料，如用作耐火材料的铝土矿，用作颜料的赤铁矿等。其次，许多宝石矿物不仅作为宝石，而且大量用作其他工业矿物原料，如金刚石、蓝晶石、刚玉等。

工业矿物与岩石作为现代材料工业的基础，承载着直接向材料工业提供绝大部分生产原料的功能。现今国际上对材料的代表性分类，是将其分为金属材料、陶瓷材料、聚合物材料、复合材料、半导体材料和生物材料六大类。广义的陶瓷材料含义，既涵盖传统无机非金属材料（主要是硅酸盐材料），又包括现代技术陶瓷材料。而上述金属材料、陶瓷材料、聚合物材料、复合材料和半导体材料又都可能被用作生物材料（Callister，2000）。在上述六大类材料中，以工业矿物与岩石作为原料而加工制造的比例约达 70%。工业矿物与岩石作为金属、陶瓷、半导体材料的全部原料，生物材料的大部分原料，以及复合材料的部分原料，其金属与非金属的资源属性也已渐趋模糊。

矿物资源绿色加工（green process of mineral resources），是人类进入 21 世纪面对资源、能源、环境方面的挑战，历经长期研究探索和工业实践，基于可持续发展、环境保护、节约能耗和资源利用率最大化理念而提出的全新科学概念。其核心内容是人类对矿物资源开发利用过程中相关物质和能量流平衡（material and energy flow balance）的科学掌控。

矿物资源绿色加工，其科学内涵主要体现在对矿物资源开采、加工过程应当遵循四项基本原则，即**永续利用**（sustainable）、**清洁利用**（clean production）、**低碳利用**（low carbon）、**集约利用**（integrated process）（马鸿文，2014）。

有关矿物资源产业可持续发展、清洁生产、节能低碳已为业界所熟知，并获得广泛认同。而矿物资源的集约利用，则主要反映矿物资源利用率最大化的基本理念。在地质作用过程中，具有相似地球化学性质的元素通常形成相互共生的矿物集合体——岩石/矿石。传统上，以获取某种可用元素或矿物为目的的矿业开发过程，往往将其他所谓脉石矿物作为尾矿而废弃。显然，此种开发策略和加工行为，既违背资源利用率最大化原则，也极可能抛弃了潜在的另类资源。

矿物资源绿色加工，不仅摒弃了传统的矿产资源开发利用理念，强化了矿物资源产业的可持续性、清洁性、低碳性等环保理念，而且通过集约化利用，提高了资源利用率，减少了尾矿排放；因而可显著减少对一次性资源（尤其是非金属矿物资源）的开采，有效保护自然植被与生态环境。显然，实施建设生态文明的国家战略，大力发展矿物资源绿色加工产业，乃是必然选择！

鉴于上述分析，著者认为工业矿物与岩石应包括：（1）工业矿物原料，如石英、钾长石、铝土矿、石膏等；（2）工业矿物材料，又可分为天然矿物材料与合成矿物材料，前者如石墨、白云母、冰洲石、沸石等，后者主要包括人工晶体材料，如合成金刚石、水晶、红宝石、金云母等；（3）工业岩石原料，如高岭土、膨润土、霞石正长岩等，以及通常具有二次资源属性的工业固体废物。考虑到"矿物材料科学系列教材"中，拟单独出版《硅酸盐材料学》教材，故本版教材不再涉及有关工业岩石制品（硅酸盐陶瓷、玻璃、耐火材料、水泥）的相关内容。

由此，本书将工业矿物与岩石定义为：除矿物燃料以外其技术物理性能或化学成分可资工业利用且具有经济价值的天然矿物与岩石，包括具有相似的技术物理性能或化学成分且具有二次资源属性的无机非金属固体废物。本版教材主要论述有关工业矿物与岩石原料的内容。

二、特点

相对于金属矿石和燃料矿产而言，工业矿物和岩石具有以下重要特点：

（1）工业矿物与岩石虽也有利用其所含元素者，如钾盐、明矾石、黄铁矿等，但绝大部分是利用其固有的物理性质，如石棉、滑石、白云母等，或利用经加工后形成的技术物理特性，如珍珠岩、膨润土等。

（2）每种工业矿物或岩石通常都具有多种用途，且随着科学技术的发展，同种工业矿物与岩石的用途也愈来愈广。例如，高岭土最早只用作陶瓷原料，后又成为造纸、橡胶、搪瓷、医药填料，近代经处理的高岭土则被用于石化工业。

（3）工业矿物与岩石的种类繁多，而且随着科技的发展，其种类还在不断增多。工业领域可利用的工业矿物与岩石，在20世纪初不足60种，目前则已超过200种。20世纪60年代以前，压电石英是一种宝贵资源，后被合成压电石英所代替。白云母过去主要用作电容器与电子管、电机的绝缘材料等，20世纪70年代后期，电机绝缘材料所需大片云母已被碎云母制成的云母纸所代替，高压锅炉零件所需云母则由合成云母代替。

（4）工业矿物与岩石的价值相差悬殊。价值较低的品种如石灰岩、石膏等，其产地必须靠近主要交通线，以降低运输成本，否则即可能失去工业价值。价值差别不仅表现在不同的矿种之间，也表现在同一矿种不同的矿石类型之间。

（5）工业矿物与岩石的成矿地质条件复杂，既有其多样性，又有特殊性。前者如高岭土矿床，既有热液成因，又有风化成因和沉积成因；后者如石英，作为造岩矿物几乎无处不在，但作为玻璃原料的石英和光学石英，则形成于特殊的成矿地质环境。

上述特点要求从事这类矿产品研发的技术人员，必须具备良好的地质基础理论，熟悉工业矿物与岩石的资源属性，掌握矿产品研发的技术经济评价方法，了解工业领域对非金属材料（含矿物材料）的需求，熟悉产品深加工技术及其发展动向，发掘新的工业矿物与岩石品种，开拓新的用途及应用领域。

三、分类

前人对工业矿物与岩石的分类方案，按其分类原则主要有两类。一是以地质成因作为分类基础，如 Bates（1959）将工业矿物分为伟晶岩型、脉岩型、交代型、变质型、沉积型五类，将工业岩石分为岩浆、变质、沉积成因三类。二是以工业用途作为分类原则，如 Fisher（1969）将工业矿物与岩石分为建筑材料、陶瓷材料、耐火材料、化工原料和肥料等。我国多采用依据主要工业用途的分类方案（陶维屏等，1987）（表 0-1）。

表 0-1　工业矿物与岩石的用途分类

用　　途	工业矿物	工业岩石
化工原料	石盐,芒硝,天然碱,明矾石,自然硫,黄铁矿,方解石	
光学工业原料	光学石膏,光学萤石,光学石英,冰洲石	
电器和电子工业材料	石墨,电气石,白云母	
农药农肥原料	磷灰石,钾石盐,钾长石,芒硝,石膏	磷块岩,富钾岩石,白云岩,蛇纹岩
研磨和宝石原料	金刚石,刚玉,石榴子石,蓝晶石	
工业填料、过滤剂、吸附剂和载体材料	滑石,温石棉,沸石	高岭土,膨润土,硅藻土,漂白土,海泡石黏土,坡缕石黏土
染料		白垩,红土
绝热、隔音、绝缘和轻质材料	石墨,温石棉,蛭石	珍珠岩,硅藻土,浮石与火山灰,石膏岩
铸石材料		辉绿岩,玄武岩,粗面岩,安山岩
建筑石料、集料、轻骨料、砖瓦原料		大理石,花岗石,砂石,膨胀页岩和黏土,砖瓦页岩和黏土
水泥和黏合原料		石灰岩,黏土和页岩,砂岩,凝灰岩,火山灰,沸石岩
玻璃原料	长石,硬硼钙石	石英砂,石英岩,霞石正长岩
陶瓷原料	叶蜡石,钾长石,硅灰石,透辉石,石英	高岭土,绢英岩,细晶岩,霞石正长岩
耐火材料和铸造材料	石墨,菱镁矿,叶蜡石,红柱石,蓝晶石,蓝线石,夕线石	白云岩,石英岩,铝土矿,黏土,硅砂
熔剂和冶金原料	萤石,长石,硼砂	石灰岩,白云岩
钻探工业材料	重晶石	膨润土,坡缕石黏土,海泡石黏土

注：据陶维屏等（1987），略有补充。

本教材的内容力求既与地球科学领域的矿物学、岩石学的学科体系相衔接，又能满足材料科学与工程专业教学与材料工程应用的要求。因此，本书中将工业矿物与岩石分为两大类，即工业矿物学和工业岩石学。

工业矿物学主要阐述工业矿物原料。矿物的化学成分和结构的统一，决定了矿物本身的性质，并与特定的形成条件有关，反映了自然界元素结合的规律。因此，本书中采用以矿物的成分、结构为依据的晶体化学分类。即矿物类的划分依据阴离子或络阴离子的种类，矿物族的划分依据晶体结构型和阳离子性质，而划分矿物种则是依据一定的晶体结构和化学成分。

按照上述分类原则，本书中将工业矿物分为硅酸盐矿物、自然元素与卤化物矿物、硫化物矿物、氧化物与氢氧化物和其他含氧盐矿物。

上篇中，对矿物族或矿物种的描述按照晶体化学、结构形态、理化性能、资源地质、鉴定特征、工业应用的格式给出。

工业岩石学主要阐述工业岩石原料。本教材采用以化学成分为主要依据、同时参考其地质成因的分类方法。这种分类大致可与一般岩石学教科书中的岩石分类相比。按照上述分类方法，将工业岩石原料分为六大类，即超镁铁-镁铁质岩类、硅铝质岩类、碱性岩类、碳酸盐岩类、有机质岩类（表 0-2）和工业固体废物资源。各大类之下，再按照化学成分划分亚类，每一亚类中工业岩石原料的岩石种属与一般岩石学教科书中的名称相一致。

表 0-2　工业岩石原料的成分分类

大　类	亚　类	岩浆岩	沉积岩	变质岩
超镁铁-镁铁质岩类	一	橄榄岩		蛇纹岩
	二	辉石岩,角闪石岩		角闪岩
	三	玄武岩,辉绿岩,辉长岩		
硅铝质岩类	一		石英砂岩,粉石英	石英岩
	二	碱长花岗岩,正长花岗岩,二长花岗岩,花岗闪长岩		
	三	珍珠岩,松脂岩,黑曜岩		
	四	浮岩,火山渣,火山灰		
	五		黏土岩	
	六		沸石岩	
	七			板岩,片岩,千枚岩
碱性岩类	一	金伯利岩,钾镁煌斑岩		
	二	霞石正长岩,假榴正长岩		
	三	富钾正长岩,富钾响岩,富钾粗面岩	富钾页岩	富钾板岩
	四	碳酸岩		
碳酸盐岩类	一		石灰岩,白云岩	
	二			大理岩
有机质岩类	一		煤矸岩	
	二		泥炭	
	三		油页岩,天然沥青	
	四		磷块岩	
	五		硅藻土	

工业固体废物虽然不是一般意义上的工业岩石原料，但其中大多数具有二次资源属性，

因而本书中将铝硅酸盐工业固废等同于工业岩石原料。工业固体废物资源主要包括矿山尾矿、冶金渣、石油化工渣、热能工程渣等。

下篇中，对工业岩石原料的描述一般按照概念与分类、矿物成分与岩相学、化学成分与物理性质、产状与分布、工业应用与技术要求的格式给出。某些重要的工业岩石原料还对其研究现状及发展趋势给予简要评述。

第二节　工业矿物与岩石的研究历史

一、矿物原材料应用史

在人类的文明及进化中，天然矿物岩石原材料发挥了十分重要的作用。近年对江西万年仙人洞早期原始陶器的碳同位素定年，揭示了早在 2.0 万～1.9 万年前，中华古人就已初步掌握了制作原始陶器的技术，并用于烹制食物（Wu et al，2012）。

在距今 1.2 万年前的旧石器时代，中华先民就已形成我国北方的小石片石器传统和南方的砾石石器传统。对距今 1.2 万～0.9 万年间的新石器早期的文化研究，在湖南道县玉蟾岩、江西万年仙人洞、广西邕宁顶狮山、河北徐水南庄头、山西怀仁鹅毛口、北京怀柔转年等地，出土了原始陶器残片和磨制石器。公元前 7000～前 5000 年的新石器时代中期，出现了玉器、彩陶、白陶等，说明先民手工业的发展。新石器时代晚期，至距今约四五千年的新石器时代晚期的晚段，可能就是传说的"三皇五帝"时代。中国历史上以中原为中心的夏文化，最初形成于"龙山时代"，即夏王朝诞生时期（刘庆柱，2000）。

中国壶的出现最早可追溯至新石器时代，如河南新郑裴李岗文化遗址出土的一件陶质小口双耳壶，高 16.5cm，口径 6.4cm，腹部呈球形或椭圆形，耳附于肩部，作半月形，竖置或横置，造型独特。此类陶制壶在各地新石器时代遗址都有大量出土（李明珂，2007）。

对河南偃师二里头约公元前 2100～前 1700 年的夏王朝都城遗址的考古，发现两座各自逾万平方米的大型殿堂建筑遗址、铸铜遗址，多座包含丰富随葬品并含朱砂的墓葬，以及青铜器、大型玉器和陶质礼器等。对陕西长安的丰镐遗址的考古，发现了西周不同时期的建筑基址十余座，以及一些青铜器窖藏；对陕西扶风的周原遗址的考古，发现了西周时代的大型建筑基址，铸铜、制陶、制骨等手工业作坊遗址，以及铜器墓、铜器窖藏、占卜甲骨片和铸铭铜器。三门峡虢公墓西周晚期铁器的发现，江西瑞昌铜岭、湖北大冶铜绿山、安徽南陵与铜陵、山西中条山等地的铜矿、冶铁遗址发掘，山西侯马铸铜遗址、河南西平酒店铁矿开采、冶铸遗址的清理，反映了商周时期金属矿的开采、冶铸技术已达到相当的水平（刘庆柱，2000）。

春秋战国时代，郑国以铁铸刑鼎标志着铁器的出现。战国时，铁制工具广泛使用，比欧洲早一千多年。冶铁业的发展，表明当时的铁矿开采（如山东金岭镇铁矿）、耐火材料的使用和熔剂的选取，都达到了相当的水平。到秦代，冶铁业和铁器的使用得到了很大发展。然而，铁器普遍用于生产则是在西汉。在西汉初年，开始以煤作燃料，使钢铁质量达到了很高的水平。冶铁业是汉代三大手工业之一，考古发现以河南南阳瓦房店、巩县铁生沟、郑州古荥镇和温县招贤村的冶铁、铸造遗址最具代表性，反映出当时已发明了铸铁柔化术、块炼渗碳钢、脱碳钢和百炼成钢等技术（刘庆柱，2000）。

我国古代把矿物、岩石统称为"石"，最早记述石头的是春秋战国时期（公元前 770～前 221）的《山海经》。国外最先研究石头的著作，是希腊公元前 500～前 400 年的《关于石头的论文》。春秋战国时代，出现了我国历史上最早一批记载当时利用矿物的著作，如《禹贡》《考工记》《山海经》《管子》等。《山海经》中就有水晶、雄黄等矿物名称的记载，并沿用至今。《山海经》中还记述了各种矿产的产地、用途和性质。韩非（约公元前280—前233）在《内储》中有"荆南之地，丽水之中生金"的记载。《管子·地数》篇中记载："天下名山五千三百七十，出铜之山四百六十七；出铁之山三千六百有九。"并科学总结了金属矿产的形成规律："山，上有赭者，其下有铁；上有铅者，其下有银；上有丹沙者，其下有黄金；上有慈石者，其下有铜金；此山之所见荣者也。"这里的赭、丹沙和慈石分别为赭石（即赤铁矿）、辰砂和磁石（即磁铁矿）。

我国最早的药典《神农本草经》载药365种，其中矿物药达41种。秦汉以来，特别是在唐宋两代采矿业大发展的基础上，颜真卿（709—784）、沈括（1031—1095）所著《梦溪笔谈》、杜绾著《云林石谱》（1133）总结了有关矿物资源的地质现象和找矿方法。至明代，《本草纲目》（李时珍，1578）、《天工开物》（宋应星，1637）两部著作则描述了多达160余种矿物的产地、性状和用途。《本草纲目》中载金石类161种，分为金、玉、石、卤石类，如加上土类，则多达200余种药用矿物。明代王士性著《广志绎》卷4记载："浮梁景德镇，雄村十里，皆火山发焰，故其下当有陶殖应之。"陶殖即高岭土。

在国外，矿物学作为一门独立研究领域，是以德国医生 Georgius Agricola 的著作 De re Metallica Libris XII（1556）为标志。Agricola 总结了许多世纪以来民间积累的观察现象，并根据自己的观察，提出了几种矿物的性质，包括颜色、透明度、光泽、硬度、挠性和解理（Zoltai & Stout, 1984）。在外国科学家关注于矿物外观性质的时候，中国古代科学家早已掌握了矿物的药用价值。如石膏、芒硝用作药石，在南朝梁代著名的医药学家陶弘景（456—536）的著述中即有论述。

石棉在中国古籍中称为"不灰木""石绒""石麻"，以石棉织成的布称为"火浣布""火毳"。《山海经》中，就已有关于用石棉制成"火浣布"的记载。晋朝（265—420）文献记载，在周穆王时（公元前926—前922）中国即已有"火浣布"，可以投入火中烧去污垢，出火振去灰烬，使布色皓然若雪；还记载在燕昭王时（公元前310），已利用石棉纤维可以吸油而不燃的特点作为灯芯（陶维屏等，1987）。

在商周时期（公元前1600—前771），我国已掌握利用多种矿物染料为服装染色的技术，如以赭石（赤铁矿）、赤砂染红，石黄、石绿、石青作为黄、绿、蓝色染料。战国时（公元前475—前221）丹砂、石黄、雄黄、雌黄、红土、白土等矿物染料还用于漆器彩绘。对敦煌石窟壁画所使用的30余种颜料的研究表明，壁画颜料主要来自进口宝石、天然矿石和人造化合物，证实在1600多年前，我国最早将青金石、铜绿、密陀僧、绛矾、云母粉作为颜料应用于绘画中，其化学工艺技术和颜料制备技能居世界领先水平。

在8000年前的史前时代，中华先民爱玉崇玉的传统已近形成。最早的玉器出现于北方兴隆洼文化，玉器色泽纯正，磨制光滑。史前时代已熟练地掌握了琢制玉器的技术，治玉工序分为采玉、开眼、解玉、钻孔、打磨、镂刻、抛光等。史前玉器文化以北方的红山文化和南方的良渚文化最为发达（王仁湘，2007）。新石器时代出土的玉文化遗址达7000余处，出土玉器数十万件。在浙江余姚"河姆渡文化"遗址，曾出土不少以萤石制作的珠、管、玦、璜等饰物，这是我国历史上最早的美石装饰品。

在辽河上游内蒙古翁牛特旗三星他拉村和黄毂屯村，先后出土了不少以岫玉制作的管、珠、环、璧和一些墨绿色、黄色龙形及其他兽、禽形饰物。其中的玉龙属首次发现，特定名为"三星他拉玉龙""黄毂屯玉龙"。安徽凌家滩新石器时代晚期遗址距今约5500~5300年，从1985年遗址被发现以来，四次发掘出土了大量精美玉器、陶器和石器，包括玉人、玉龙、玉鹰、玉版、玉勺、红陶土块建筑遗迹、东陵玉、玉钺及斧、玉管微雕、石钻、玉戈及玉虎首璜等。在江苏青莲岗发掘的一批5000年前的人类遗物中，有玛瑙和手镯、圆珠、圆环等。陕西姜寨出土的白玉和绿松石耳环，其时代还要早。

最早关于宝石产地的记载见于春秋战国时期的《山海经》中。此后，在先秦时代的《荀子·劝学篇》、晋代张华的《博物志》、梁代的《地镜图》中，都有找玉经验的记载。东晋葛洪的《抱朴子》记载，三国吴景帝（258—264）时发掘出一东汉（25—220）广陵豪富的大冢，棺内置云母石厚一尺，尸下有白玉璧三十枚。

和田玉古称昆山玉，以产于新疆和田（古"于阗"）地区而得名。在新疆若羌县罗布淖尔出土的新石器时代文物中，即有和田玉斧。陕西石峁龙山文化遗址出土的文物中，有用青玉制作的镰刀、玉斧等。河南安阳殷墟出土的青玉盘，雕琢精美，距今3200多年。《山海经·西山经》记载："黄帝乃取密山之玉荣，而投之锺山之阳。瑾瑜之玉为良，坚粟精密，浊泽而有光。五色发作，以和柔刚。天地鬼神，是食是飨。君子服之，以御不祥。"其中的"密山"和"锺山"即指新疆昆仑山的密尔岱山和于阗南山。这表明早在原始社会时期，黄帝就曾采取和田玉，并发现和认识了其工艺美术性能。

独山玉产于河南省南阳市北郊的独山，又名南阳玉。在南阳县黄山的新石器时代文化遗址中，即见有距今约6000～5000年的独山玉铲、玉凿、玉璜等。在安阳殷墟出土的444件有刃石器中，7件是用独山玉制作。据《汉书》记载，当时的南阳独山称为"玉山"。现今独山东南脚下的"玉街寺"旧址，即是汉代产销玉器之处。

岫岩玉（简称岫玉）传统上指蛇纹石质玉，但也产少量透闪石质玉，因产于辽宁省岫岩县而得名。在距今约7200～6800年的沈阳新乐文化遗址，出土有用岫玉制作的刻刀。在辽宁朝阳和内蒙古赤峰一带距今约5000年的红山文化遗址，出土有用岫玉制作的手镯等多种玉器。河南安阳殷墟5号墓出土的大量玉器和河北满城汉墓出土的"金缕玉衣"的玉片，也有一部分是用岫玉制作的。

梅花玉是中国历史上的名玉，因产于河南汝阳县，故又有汝州玉、汝州石之称，因其磨光后呈现美丽的梅花状图案或花纹而得名。相传东汉光武帝就视"汝州玉"为国宝。北魏郦道元的《水经注》记载："紫逻南十里有玉床，阔两百丈。其玉缜密，散见梅花，曰宝石。"这里的"紫逻"即紫逻山，为梅花玉产地。《直隶汝州全志》称："汝州有三宝：汝瓷、汝玉、汝帖。"此"汝玉"即梅花玉。

春秋战国时期，许多诸侯国都有自己的镇国之宝。《战国策》载："周有砥厄，宋有结绿，梁有悬愁，楚有和璞。"和璞即和氏璧，据《韩非子》记载，系由楚国玗玉能手卞和采于荆山（今江西三清山，古称怀玉山；又今湖北武当山东南，汉江西岸漳水发源地，山有抱玉岩，传为楚人卞和得璞处），初不为人知。后由楚文王赏识，琢磨成器，命名和氏璧，成为传世之宝。春秋战国之际，几经流落，最后归秦，由秦始皇制成玉玺，即后世所称之传国玉玺。秦灭后此玉玺归于汉刘邦。入唐后不知所终。秦王政十年（公元前237年），李斯《谏逐客书》云："今陛下致昆山之玉，有随和之宝。"后者即指"隋侯之珠"与"和氏之璧"两件瑰宝。

在宝石加工方面，大约公元前2000年，在印度曾出现经过热处理的红玛瑙和肉红玉髓。在公元前1300年的埃及土坦克人的坟葬中，有经染色的肉红色玉髓。我国先秦和秦代，已有关于宝石改善加热法的文字记载。《淮南子·淑真训》记述："锺山之玉，炊以炉炭，三日三夜，而色泽不变。"唐宋时期宝石改善的技术已较成熟。《宝石说》记载：陈性玉记云，有受石灰沁者，其色红如碧桃，名曰孩儿面，有受血沁者，其色赤，有浓淡之别，如南枣北枣，名曰枣皮红，此外有朱砂红、鸡血红诸色，受沁之深难以深考，总名之曰十三彩。宋宜和政和间玉贾赝造，将新玉琢成器皿，以虹光草叶卷之，其色深透，红如鸡血。虹光草出甘肃大山中，其汁能染玉，用草汁入矾砂少许，卷于玉纹表里间，用新鲜竹枝燃火逼之，则深入肤理，红光自透背，今世呼为老提油者是也，此来玉工每以极坏夹石之玉染造，欲红则入红木屑中煨之，其石性处即红，欲黑则入乌木屑中煨之，其石性处即黑，谓之新提油（章鸿钊，1930）。

我国的卤水很早即已开采。《山海经》中就有关于四川开凿盐井的记载。西晋初左思《蜀都赋》有"火井沉萤于幽泉"等句，说明在此之前已能用天然气煎煮采得的卤水。《后汉书》中有关于四川盐井出火和煮盐的记载。

石材在古代建筑上的应用，当推我国著名的安济桥（赵州桥）。桥在赵州（今河北赵县）洨河之上，建于隋朝开皇中期（591～599），跨度长 37.47m，为石砌单孔大弧券桥，由工匠李春所造，历经 1400 余年，保存至今，在用材及建筑艺术上，即使以现代的眼光来看，也令人赞叹。可以与之媲美的，还有福建泉州用花岗石砌成的洛阳桥（建于 1053～1057 年，长 1200m，宽 5m）、安平桥（建于 1138～1151 年，长 2251m，最大条石重 25t）、著名的卢沟桥（建于 1187～1192 年，长 212m，宽超过 8m），以及由花岗石砌成的泉州双塔（建于 1238～1250 年）、山东历城的四门塔（建于 611 年）等古建筑（陶维屏等，1987）。

二、传统陶瓷工业发展史

人类制造、使用传统陶瓷制品有着悠久的历史。据考古，国外在约公元前 6500 年，就出现了烧制的黏土制品，而在公元前 4000 年左右，制陶业已大为发展。高岭土最早在我国用作陶瓷原料。对距今 1.2 万～0.9 万年间的新石器早期的文化研究，在湖南道县玉蟾岩、江西万年仙人洞等地出土了原始陶器残片。河南新郑裴李岗和河北武安磁山出土的陶器，制于公元前五六千年。中国也是最早利用黏土烧制砖瓦的国家，在西周（公元前 1100—前 770），我国即已有黏土制成的瓦和铺地砖。在埃及，黏土制品出现于约公元前 5000 年。

在我国浙江公元前 5000 多年前的河姆渡遗址，发掘的陶器就有夹碳黑陶、夹砂陶等多种。史前文化分为仰韶文化（彩陶文化）和龙山文化（黑陶文化）。前者以河南渑池仰韶村新石器时代晚期遗址的有红黑花纹的彩陶片为代表，后者则以山东历城县龙山镇城子崖遗址的薄胎黑色有光泽的陶片为代表。龙山黑陶在烧制技术上有了显著进步，开始采用陶轮制坯，胎薄而均匀。黑陶中最精致的制品，表面光亮，厚仅 1mm，有"蛋壳陶"之称。以上考古发掘证明，在新石器时代，中华古人就已掌握了制陶技艺。

白陶最初发掘于河南安阳距今约 3000 年的殷商时代的遗存，同时发现施釉的陶器与之共存。至秦代（公元前 246—前 206），曾以大量砖瓦修建长城，这是陶器制品用于建筑的开始。秦俑坑的发掘，证明秦代的制陶工艺已非常发达，大批尺寸类同真人真马的精致陶俑，当时已能成型和烧制得完美无缺。秦始皇陵兵马俑坑是 20 世纪最重大的考古发现之一，号称世界第八大奇迹，被联合国教科文组织列为"世界文化遗产"。

汉代（公元前 206—公元 220）是我国陶器制造很发达的时代。历经商周至战国原始瓷的发展期，汉代的原始瓷器品种大为增多。汉代的绿釉陶器是以铜化合物为着色剂的低温铅釉制品。原始瓷器则是以铁为着色剂的青釉器，故称为原始瓷器，它是青瓷的前身。近年来在浙江德清县火烧山考古发现了一处西周晚期至春秋晚期的原始青瓷窑址。发掘揭露了 3 条龙窑床，是目前已发掘的最早的原始瓷龙窑遗迹。浙江上虞出土的瓷器制于公元一世纪的东汉。东汉晚期，浙江地区的陶瓷工艺进步较快，由于采用瓷石为原料制胎和窑炉温度的相应提高，越窑已开始制作瓷胎致密、釉层较厚而光润美观的青瓷。这是我国陶瓷史的一个重要转折。

唐代（618—907）我国文化颇为发达，由于生活需要和当时禁用铜器的结果，陶瓷制造业有了更大的发展。以越窑青瓷（浙江绍兴）和邢窑白瓷（河北邢台）为鼎盛时期。浙江当时为瓷器的制造中心，制品以铁为着色剂的青釉为主。唐代的三彩器也很有名。近年发现的景德镇附近的胜梅亭窑，在唐代已经能烧制质量较高的瓷器。

宋代（北宋960—1127，南宋1127—1279）以来，我国南北各地的窑业继承唐代传统，得到了极大发展。当时，河北曲阳县的定窑、彭城镇的磁州窑，陕西耀县黄堡镇的耀州窑，河南临汝县的汝窑、禹县的钧窑，浙江的龙泉窑及江西的景德镇窑均负盛名，为其后各时期窑业的发展奠定了基础。

定窑与磁州窑产品以白色为主。定窑尚有黑色及紫色制品，并以刻花、印花装饰著称；磁州窑则有白器和黑器产品，并有在白釉上用黑色、赭色、茶色等色料作画，开创了用笔彩绘的装饰方法。汝窑制品以卵青色为主，器物通体有极细纹片；其釉呈青色，是我国烧瓷技术采用铁还原着色的划时代发展。耀州窑以青器为上，近似汝窑产品，装饰多用凸雕与印花，如串纸莲、莲瓣碗等，简朴壮美，为其他窑所不及。钧窑产品的釉面色调种类较多，如葱绿、茄皮紫、鹦哥绿、猪肝红以及窑变等。钧窑在我国制作红铜釉最早，著称于世。龙泉窑继承唐代越窑的优良传统，制造青瓷，誉满海内外。相传龙泉窑创建者为章姓兄弟："哥窑"产品呈淡青色、炒米黄色，有"百圾碎"及"鱼子"等裂纹釉，冠绝当时；而"弟窑"产品以青色与翠色为主，胎较薄，纯翠如美玉，紫口铁足，但少纹片。

景德镇窑起源于南北朝的陈代（557—589），发展于唐代，至北宋景德年间始置镇；当时大量生产"色白花清"的影青瓷。北宋末年开始红釉器的制作。至南宋年间，则仿定窑而生产白釉瓷器。南宋以后，特别是从明代开始，景德镇成为我国瓷业中心。明代以来，历代王室都在这里设过御窑厂，至今仍为我国重要的瓷器产地之一。

唐宋以来，铜和陶瓷茶具逐渐代替金、银、玉制茶具，陶瓷工艺兴起是茶具改进发展的根本原因。《宋稗类钞》说"唐宋间，不贵金玉而贵铜磁（瓷）"。铜茶具相对金玉来说，价格更便宜，煮水性能好；陶瓷茶具盛茶能保持香气，因而易于推广，受大众喜爱。唐代陆羽的《茶经》中尤其推崇青瓷，"碗，越州上，鼎州次，婺州次……或者以邢州处越州上，殊为不然。若邢瓷类银，越瓷类玉，邢不如越一也；若邢瓷类雪，则越瓷类冰，邢不如越二也；邢瓷白而茶色丹，越瓷青而茶色绿，邢不如越三也"。可见早在唐代，士大夫文人讲究"察色、嗅香、品味、观形"（吴天麟等，2007）。

明代（1368—1644）景德镇的制瓷工艺继承了历代的优秀传统，在技术和艺术上都有了极大发展。从原料开采、精选、胎釉配方改进、成型、干燥到烧成和装饰等一系列工艺过程都有显著改进。如当时已能烧制"半脱胎"和"大龙缸"等大型制品。自宋景德年间置镇以来，景德镇各王室的瓷厂所烧造的，均以各皇帝的年号作为款识，如明代"成化年制"、清代"康熙年制"等，其制品即称之为"成化窑""康熙窑"。制品有白瓷，以钴为着色剂的青花白瓷，铜为着色剂的霁红釉、釉里红以及釉上五彩。当时仿制的宋代各窑制品，釉色精美。

清代（1616—1911）窑场分布更广，但仍以景德镇为中心。其制瓷技术继承了明代的优秀传统并加以发展。清初，17世纪中叶至18世纪末，景德镇的制瓷技术达到历史上的空前水平，制品种类更为丰富。除明代已有的品种外，尚有釉上粉彩，各种低温和高温颜色釉，并因供应出口的需要，也从事"洋瓷"的专门制作。清代乾隆以后，陶瓷工业生产逐渐低落，制品质量随之下降。除景德镇外，清代尚有广窑、宜兴窑、建窑、博山窑等。

宜兴陶器起源于宋代。其产品属于炻器类，表现出精湛的装饰艺术。宋、明时期尚有建窑（福建）及广窑（广东）等窑场多处。明洪武二十四年（1391）九月，太祖朱元璋下诏废团茶，改贡叶茶，从而确立了叶茶泡饮法的主导地位。叶茶取代抹茶带动了茶具在各方面的变化，也使直接用瓷壶或紫砂壶泡茶叶饮用成为时尚。"茶壶"之说即出现于此时。实物证据和史料记载，紫砂壶的出现是在明代。明人周高起的《阳羡茗壶录》记载，明代嘉靖制紫砂器艺人龚春的出现，把中国紫砂器推向一个新的境界。龚春少时从金山寺一和尚学制陶器，勤于捏制，终成大家。成宜兴紫砂制作一代宗师后，其作品被称为"供春壶"，当时有"供春之壶，胜于金玉"之美称（李明珂，2007）。清代宜兴紫砂壶制作仍兴盛不衰，亦多名师。如嘉庆、道光年间的陈鸿寿（字曼生），所制茶壶名"曼生壶"。历史上曾有"一壶重不数两，价重每一二十金，能使土与黄金争价"之说（吴天麟等，2007）。

硅酸盐玻璃的制造是一种古老技艺。早在石器时代，人类就已应用天然玻璃黑曜。在约公元前1.2万年，已出现釉面石珠。成型玻璃则见于公元前7000～前5000年。大约在公元前1500年，埃及已有稳定的玻璃工业。我国有关玻璃制作的最早记述见于东汉，王充的《论衡》说，术士熔炼五种石块，铸成阳燧，可在日光下取火。据考古，在广州市象岗山发掘出秦末汉初（约公元前210～公元前110）南越王国第二代王赵眜的陵墓，其随葬品中有一块浅蓝色透明的平板玻璃，长9.5cm、宽4.5cm、厚0.3cm，与现今的玻璃无异。这是目前所知我国最早的平板玻璃。

我国对耐火材料、冶炼熔剂和石墨的使用也很早。在西汉（公元前206—公元25）中晚期的河南巩县铁生沟遗址中，即发现由耐火黏土掺石英等制成的耐火砖，且其种类多样，用于不同的炼炉及炼炉的不同部位。铁生沟遗址中，对熔渣的化验说明，当时冶铁已使用了碱性熔剂。铁生沟出土的铁钁，具有与现代球墨铸铁的Ⅰ级石墨相当的带放射状的球状石墨。这是我国古代铸铁技术的杰出成就，也是石墨在冶炼业中的最早应用，而现代球墨铸铁是1947年才研制成功的（陶维屏等，1987）。北宋（960—1127）定窑（今河北曲阳）使用白云石作釉料，南宋（1127—1279）景德镇则开始用石灰石作釉料。

在水泥制造技艺方面，埃及人最早以煅烧石灰作为灰浆使用。罗马人则用煅烧石灰和白榴火山灰混合，制造出一种天然的水硬性胶凝材料。其后这一技术似乎失传了。大约在1750年，英格兰人重新发现了轻烧的黏土质石灰的水硬性质。1824年，Joseph Aspdin申请了关于Portland水泥制造工艺的专利，现今所用工艺与之基本相同。

然而，用人造轻骨料和胶凝材料作为建筑材料，在我国却有十分悠久的使用历史。在距今7000～5000年的甘肃秦安大地湾新石器文化遗址中，发掘出我国年代最早的类似殿堂式的房屋建筑，其主室的地坪光洁平整，分四层制作，其中一层就是用人造轻骨料作集料的混凝土，胶凝材料是人工烧制的当地料礓石。人造轻骨料具有容重小、保温、防潮等优点，中华先民在5000多年前竟会使用，实乃建筑史上的奇迹（陶维屏等，1987）。

三、材料应用与社会发展

人类对天然矿物原材料的应用，是人类社会发展的物质基础和文明进步的重要标志。

1. 天然矿物原材料的应用是人类社会发展的物质基础

据考古研究，距今170万年前的云南元谋人，就已懂得选择质地坚硬的石英岩打制石器。在山西峙峪发掘出土的距今2.8万年的旧石器时代的峙峪人文化遗物中，已出现了琢磨过的石镞。在距今1.2万～0.9万年间的新石器时代早期，则使用打制为主、局部磨光的石器，开始出现原始陶器。公元前7000～前5000年的新石器时代中期，新出现的玉器、彩陶、白陶等，说明了先民手工业的发展；骨笛、陶祖和契刻的龟甲，则反映了先民的文化与精神生活。新石器时代晚期，是我国氏族社会的繁荣时期，也是中华古代文明逐渐形成的时期。

人类进入红铜时代，亦称铜（金）石并用时代，在美索不达米亚和埃及等地始于公元前

4000 年，在我国始于公元前 2000 年，代表性的如齐家文化遗址。青铜（红铜与锡的合金）时代，在美索不达米亚和埃及等地始于公元前 3000 年，在我国至少为商代（公元前 16—前 11 世纪），已建立奴隶制国家，有相当发达的农业和手工业，并已有文字。

人类进入铁器时代，即进入有文字记载的文明时代。在国外，最早锻造铁器的是赫梯王国，约在公元前 1400 年。在我国，到春秋末年（公元前 5 世纪），大部分地区已使用铁器。

在新石器时代晚期，商代由玉制工具演化，出现了大批玉器。至殷商时代，玉石被大量用于制作各种礼器和佩饰。不少历史学家认为，在石器时代和青铜时代之间，大致相当于新石器时代晚期，可称其为"玉器时代"。

2. 天然矿物原材料的应用是中国古代四大发明的物质基础

中华先民对天然矿物物理性能的利用至少可追溯到公元前 3 世纪以前。战国时，已有用天然磁铁矿琢磨而成的指南针，称为"司南"。其最早的记载见于约公元前 3 世纪的《韩非子·有度》。北宋沈括的《梦溪笔谈》中，对于磁石磨成的指南针已有详细记载。

我国古代不少矿物是因炼丹术而利用的。火药就是伴随着炼丹术的发展而问世的。在东晋（317—420）葛洪的《抱朴子内篇》中，就有用云母等炼制"长生仙药"的记载。硫黄、芒硝最早出现在唐代（618—907）的炼丹术中。在八九世纪前后的《真元妙道要略》中，记载有将硫黄、硝石与蜜混在一起燃烧，可以"焰起，烧手面及屋宇"。蜜加热而成炭，此即为硫黄、硝石与炭混合而成的原始黑火药。

殷墟甲骨文是一种十分成熟的文字。然而，与其说它代表着汉字的成熟，不如说其反映着文字载体的突然改变。文字发展是一个十分缓慢的过程，因而汉字的起源应远在殷墟甲骨文之前。许多专家认为，良渚文化的多字陶文和龙山文化的丁公陶文已是成熟的文字。安徽蚌埠的双墩遗址距今 7000 多年，考古发现了很多陶碗碎片，每个碗底有一个字，发现了 600 个字符，而且文字形态可与甲骨文相互参照（杨义，2009）。对距今约 9000 年的河南贾湖遗址的考古研究，更发现可能是最早的汉字笔迹的刻画符号（王昌燧等，2003）。

唐兰在《古文字导论》中曾推论"汉字有一万年的历史"。从龙山出土的黑陶尊外部表示太阳初升景象的合体字来看，汉字最晚在距今约 5000 年的新石器时代晚期就已经创造出来了（鲁毅，2007）。十余年前，在山西陶寺城址的考古发掘中发现了迄今为止中国最为古老的文字遗迹，即在陶寺城址的晚期居址中出土的一件残破的陶扁壶，其正面鼓腹部和平直背面分别用毛笔蘸朱砂书写的一个"文"字和两个字符，即"？"。有一种观点认为扁壶上的三个字符可以隶定为"易"。"易文"又即"明文"，可解释为是记述尧的功绩与德慧，并用朱书的方式传诸于后世，弘扬于九州。同时出土的还有龙盘、土鼓、特磬、彩绘陶簋、玉琮、玉璧、玉佩、玉兽面、玉钺、玉戚等礼器、祭器等。这些考古发掘使尧、舜、禹的时代成为确凿的历史。从尧的酋邦制时代至今约 4800 年（申维辰，2004）。由此可知，在殷墟甲骨文之前，用作记录文字信息的载体材料已有陶器！而国人使用毛笔和朱砂（辰砂）书写文字，居然始于远古尧的时代！

此外，还出土一件至为宝贵而近乎精美的铃形青铜器，这是中原地区龙山文化中唯一的一件具有成熟造型的青铜器。它长 6.3cm，宽 2.7cm，高 2.65cm，成分中含铜量 97.8%，含铅 1.54%，含锌 0.16%（申维辰，2004）。陶寺遗址属于考古学上龙山文化的晚期，根据现有的测年资料，其时代大约是从公元前 2600 年到公元前 2200 年（李学勤，2007）。由此可见，中华先民至少在距今 4200 年以前，就已掌握了较成熟的青铜制作技术。

商周时代，又把需要保存的文字铸在青铜器上，或刻在石头上，称为钟鼎文、石鼓文。到了春秋末期，则开始使用新的书写记事材料"简牍"。把文字写在简牍上，较之刻在甲骨上、石头上或铸在青铜器上，要方便得多，只是要"连篇累牍"，十分笨重。当时，已有用绢帛作书写材料的，但绢帛价格昂贵，连孔夫子都感叹"贫不及素"。素即绢帛。

《后汉书·蔡伦传》记载："自古书契多编竹简，其用缣帛者谓之纸，缣贵而简重，并不便于人。伦乃造意，用树肤、麻头及蔽布、渔网以为纸。元兴元年奏上之。帝善其能，自是莫不以用焉，故天下咸称'蔡伦纸'。"自此，即把蔡伦向汉和帝献纸的那一年（105）作为纸诞生的年份。

《中国考古学·秦汉卷》根据20世纪以来的考古发现指出，早在蔡伦之前的西汉时期，中国已创造出了麻质植物纤维纸。随着西北丝绸之路沿线考古工作的不断进展，在陕西、甘肃、新疆等地许多西汉遗址和墓葬中发现西汉不同时期制造的古纸。这些古纸不但都早于蔡伦纸，而且有些纸上还有墨迹字体，说明已用于文书的书写。这说明，早在公元前2世纪西汉初期我国已经有造纸技术，而且应用于包装、书写和绘图等领域，比东汉蔡伦造纸早两三百年（刘庆柱等，2010）。

对东汉麻纸的模拟试验表明，其制造工艺至少要经过浸湿、切碎、浸灰水、蒸煮、洗涤、舂捣、再洗涤、打槽、抄纸、晒纸、揭纸等十多道工序。如果用渔网等作原料，还必须有石灰碱液蒸煮这样加强对纤维的腐蚀度和净化度的工序，这正是后世化学制浆技术的滥觞。在古代多种类型的纸中，只有用植物纤维制造的蔡侯纸对世界造纸工业及人类文明传播产生了深远影响。

纸的推广使用，使书籍、文献资料的数量猛增，有力地促进了科学文化知识的传播。在印刷术发明之前，由于著书的增加引起抄书之风盛行，促进了书法艺术的发展和汉字字体的变迁。中国独特的传统水墨和彩墨绘画，也是和纸的特殊品种——宣纸密切相关的。魏晋以后，纸逐渐取代帛简而成为占支配地位的书写材料（王渝生，1999）。

纸还是我国古代另一项重大发明——印刷术出现的物质前提。沈括在其《梦溪笔谈》中记载，宋代庆历年间（1041—1049），毕昇发明活字印刷，"其法：用胶泥刻字，薄如钱唇，每字为一印，火烧令坚"，排版印刷。显然，活字印刷术的发明，与使用以黏土类原料制成的陶质材料有关。元大德二年（1298年），农学家王祯在其撰写的《农书》卷尾附"造活字印书法"一文中明确记载，"近世又铸锡作字，以铁条贯之，作行，嵌于盔内，界行印书"。这一记载足证中国在13世纪末，已有金属活字印刷。

中国开始应用雕版印刷术比欧洲大约要早800年，而毕昇发明的活字版印刷术则比古登堡使用的金属活字早400年。这在汉文、波斯文及西方文献中都有明确记载（史金波等，2000）。西班牙著名作家门多萨16世纪出版的《中华大帝国志》中，明确提出古登堡的活字印刷术是从中国辗转传入德国的。德国人约翰·古登堡用铅锡合金制作拉丁文活字，于15世纪中期印制了《四十二行圣经》，对活字印刷的发展和在欧洲的传播作出了重要贡献。

3. 矿物材料的应用促进了对外文化交流

汉唐王朝被誉为中国古代史上的黄金时代，又是中外文化交流最为广泛的时代。考古学对波斯萨珊王朝银币、东罗马金币、金银器、玻璃器、外销瓷、佛教遗物等的研究，对丝绸之路的考察，揭示出秦汉至元明时代中国与中亚、西亚、东欧、南亚、东亚乃至北非地区的文化交流。

中国瓷器作为我国古代的伟大发明之一，对世界各国的影响很大。远在公元前一世纪的东汉时期，我国就掌握了制瓷技术。在英语中，陶瓷 china 一词系由中国 China 转化而来，而作为陶瓷主要原料的高岭土 kaolin 和主要组成矿物高岭石 kaolinite，又都是以中国瓷都景德镇的陶瓷原料产地高岭村来命名的。英国是欧洲瓷业先进国家，但在1755年发现康沃尔等地的高岭土之前，其所用的高岭土一直由中国输入（陶维屏等，1987）。

7世纪初，中国瓷器由海路传到埃及等国，阿拉伯人把瓷器传到了中亚及西亚各国。埃及人从法特米王朝（969—1171）开始仿造中国瓷器。此后，阿拉伯、土耳其、意大利、荷兰等国也都能仿制中国瓷器。

南宋时，荷兰人到福建泉州贩瓷器运往欧洲，我国广东商人也曾向欧洲出口瓷器。15世纪起，欧洲一些国家如葡萄牙人，来到了东方将瓷器运往欧洲。1602年，荷兰曾在印度设立东印度公司，承运中国瓷器贩往西方。

梁贞明四年（918），朝鲜学会了中国的制瓷技术，并在康津设窑厂，能仿制越窑、汝窑、磁州窑、龙泉窑等各窑制品；到15世纪能仿制景德镇的青花白瓷。此后，制瓷技术由朝鲜传入日本。南宋嘉定十六年（1223），日本人加藤四郎左卫门氏随道元禅师到我国福建学习制陶技术6年，回国后在濑户地烧制黑窑炻器，后人称之为"濑户物"。明正德（1506—1522）时期，日本人伊势松板五郎在景德镇居住5年学习制作青花白瓷，归国后在有田设窑烧制陶瓷。清初日本也曾有人来我国学习瓷器制造技术。

从17~18世纪近200年的时间里，欧洲刮起了一场狂热的"中国风"，对中国商品、工艺品的追逐风靡欧洲。特别是景德镇陶瓷受到众多王侯的珍爱，被视为"东方魔玻璃"，成为上流社会显示财富的奢侈品。仅在18世纪的100年间，输入欧洲的中国瓷器就达6000万件以上。18世纪30~40年代，欧洲每年的丝绸进口量多达7.5万余匹（柴野，2009）。

青瓷因其质地细腻、釉色青莹，16世纪以来出口法国时，人们用当时风靡欧洲的名剧《牧羊女》中的女主角雪拉同的美丽青袍与之相比，故又称龙泉青瓷为"雪拉同"，视为稀世珍品（吴天麟等，2007）。17世纪中叶（1695），欧洲的法国首先仿制中国瓷器，制成的"软质瓷"像乳白玻璃，类似我国的建窑产品。1708年，德国迈森国家瓷厂的J. F. Botger从欧洲撒克逊人手中得到了硬质瓷的制造方法，开始制造瓷器。这是欧洲瓷器制造的新纪元。当时也仿制过宜兴的陶器，称之为"红瓷器"。康熙五十一年（1712）和康熙末年（1722），法国传教士Le P. d'Entrecolles曾两次以神父身份，搜集了景德镇制瓷工艺的详细材料，对欧洲瓷器的制造起了很大的作用。

中国的造纸术于7世纪初经朝鲜传入日本，8世纪中叶经中亚传到了阿拉伯，欧洲造纸则始于15世纪中期。迄今世界各国沿用我国传统方法造纸已有1000年以上的历史。

4. 矿物材料应用促进了人类文化事业的发展

对矿物原材料的应用及相应的生产活动，在很大程度上影响了中华文明的形成。

新石器时代玉制工具的发展，直接导致了"玉器时代"的到来。中国古代的文明又被称为礼乐文明。中华音乐的历史可上溯到8000年以前。1986~1987年在河南舞阳的贾湖挖掘了一批用猛禽翅骨制作的骨笛共18支，经测定距今已有7920（±150）年的历史。这批骨笛有7音孔或8音孔，其中最完整的一支长23.6cm，可以吹奏出六声音阶的乐音（王南等，2008）。2001年4月发现的贾湖二孔骨笛，经^{14}C测定，更被认定是9000年前的物件，是迄今世界考古界发现的最早的二孔骨笛，证明了早在新石器时代早期，这里就已经创造了发达的音乐文明（杨雪梅，2009）。古代吹奏乐器埙是利用天然黏土烧制的，故又称陶埙。有球形或椭圆形等数种，音孔一至三五个不等。其最早的制作年代至少应在距今7000年以前。

在商代（公元前16—前11世纪），出于祭祀、礼仪的需要，相应地出现了由玉石制作的单一"特磬"，其后，则出现了三个一组的"编磬"。到青铜时代，在西周（约公元前1046—前771）则不仅出现了十余个相次成组的"编磬"，同时由于青铜材料技术日臻成熟，到西周中期，相应出现了由青铜制作的十余个相次成组的"编钟"。显然，中国古代打击乐器的发明与成熟，与当时对天然岩石材料、合金材料的应用直接有关。

舞蹈的起源与萌芽可远溯至人类发展的洪荒期。1973 年，青海大通县上孙家寨出土于马家窑类型墓葬的那只广为人知的彩陶盆，为我们"复活"了约 5000 年前原始先民舞蹈的直观形象。其内壁的带纹上绘有三组舞人形象，五人一组手携手，踏着统一步伐，体态鲜活，生机盎然。那摆向一致的鸟羽兽毛头饰、尾饰，显示出动作节奏的一致性，联系更早出土的陶鼓、陶哨、陶埙……可以想见其奏乐起舞的情景。此场景与《尚书·舜典》中记载的"……击石拊石，百兽率舞"可相互参照，提供了远古狩猎生活和图腾崇拜的印迹（资华筠，2009）。

古代对天然矿物资源开发利用的生产活动，还相应地促进了不同时期的文学创作。东汉时辛延年的《羽林郎》诗，描写酒家胡女"长裙连理带，广袖合欢襦。头上蓝田玉，耳后大秦珠"。不仅反映了当时珠宝饰品的普及，而且此类饰品的国际贸易状况由此可见一斑（大秦即罗马帝国）。唐代诗人李白（701—762）于天宝十三载（754）漫游池州时，所写《秋浦歌》组诗第 14 首："炉火照天地，红星乱紫烟。赧郎明月夜，歌曲动寒川。"秋浦县属唐代池州所辖，在今安徽省贵池县西南。《新唐书·地理志》载，秋浦是唐代开炉冶炼银、铜的产地之一。

由此可见，材料是人类文明与社会发展的物质基础与先导；人类社会发展中的生产实践，对材料不断地提出新性能的需求，是新材料发展的原动力；而每一类关键新材料的问世及利用新材料水平的飞跃，都又极大地促进了社会发展的进程和人类文明的进步。

第三节　工业矿物与岩石的发展现状

远在人类进化早期的石器时代，矿物材料（石器、陶器、玉器）即被广泛使用。此后，随着人类进入青铜时代和铁器时代，金属材料逐渐代替了原始的矿物材料，从而产生了现代工业与文明。但随着科学技术的进步，许多发达国家的非金属矿物资源的开发速度与产值，已超过了金属矿产资源。早在 19 世纪末，英国非金属矿产值就超过了金属矿产值。美国非金属矿产值在 1934 年也超过金属矿产值，到 20 世纪 70 年代，其非金属矿与金属矿产值之比已达 2∶1。因此，西方学者曾研究断言："在一个国家经济中非金属矿产值首次超过金属矿产值的时刻，是一个国家工业成熟度的界限。"（万朴，2009）

工业矿物资源是基础工业和消费品工业的原材料，与之有关的许多工业往往在国民经济发展过程中具有超前性，即其发展速度高于国民经济总的发展速度。以工业矿物作为原料的主要应用领域有（O'Driscoll，2006）：磨料，吸附材料，农用矿物，水泥，陶瓷，化学制品，建筑材料，钻井泥浆，电子仪器，过滤材料，阻燃材料，铸造，玻璃，冶金，涂料，纸张，颜料，塑料，耐火材料，合成纤维。

新材料是新技术革命的核心之一，是其他新技术的基础。至 20 世纪末，人类发展对材料的积累已达 65 万种，其中具有使用价值的不到 10%，仅 6 万种左右。1990 年中国研究成功无水冷陶瓷发动机，比金属发动机提高功效 50%，节约能源 40%（刘志青，2006）。一些重要新材料如技术陶瓷、光导纤维、激光材料、陶瓷基复合材料等都在一定程度上与使用矿物原料有关。以石英为原料制成的光导纤维是信息技术的重要材料，由玻璃纤维和树脂制成的碳纤维复合材料是航天和国防工业的关键材料，而技术陶瓷材料仍主要以黏土矿物为原料制成。某些工业矿物本身即是重要的电子和光学材料（表 0-3）。

表 0-3　电子和光学领域用矿物材料

矿　物	化学式	晶系	相关或替代晶体	有用性质	用　途	装置设备
Almandine 铁铝榴石	$Fe_3Al_2Si_3O_{12}$	等轴	$Y_3Fe_5O_{12}$（YIG）$Y_3Al_5O_{12}$（YAG）	磁-光，荧光，硬度，$n=1.8$	微波，宝石，YAG	激光器，Nd:YAG
Altaite 碲铅矿	PbTe	等轴	PbS	光电导性	高温测定	光电导体，IR 光谱，半导体激光器
Apatite 磷灰石	$Ca_5F(PO_4)_3$	六方	na	含 Mn 荧光，IR 光谱	na	激光器，高增益
Boracite 方硼石	$Mg_3B_7O_{13}Cl$	等轴斜方	na	热电性铁电性	na	na
Bromyrite 溴银矿	AgBr	等轴	na	IR 传输 0.5～35μm	na	IR 分光光度计
Brushite 透磷钙石	$CaHPO_4$	单斜	KH_2PO_4	压电性	na	na
Calcite 方解石	$CaCO_3$	六方	$NaNO_3$	强双折射	光偏振	Nicol 棱镜，Glah-Thmpson 棱镜等
Cerargyrite 角银矿	AgCl	等轴	na	IR 传输 0.4～30μm	na	IR 反射偏振镜
Cinnabar 辰砂	HgS	六方	na	旋光性，IR 传输 1～13μm	光电导体	na
Clausthalite 硒铅矿	PbSe	等轴	PbS	光电导性 IR～5.6μm	探测红外辐射	IR 分光光度计
Colemanite 硬硼钙石	$Ca_2B_6O_8 \cdot 5H_2O$	单斜	na	铁电性	na	na
Columbite 铌铁矿	$(Fe,Mn)(Nb,Ta)_2O_6$	斜方	na	压电性，铁电性，发光性	电光调制，全息记录	na
Corundum 刚玉	Al_2O_3	六方	蓝宝石，红宝石	高折射率	Si 基片，星光蓝宝石基材	na
Fluorite 萤石	CaF_2	等轴	na	荧光性，折射率低，色散低，传输 0.12～9.0μm	窗口材料，棱镜，透镜	闪烁计数器，激光器 CaF_2:Eu
Galena 方铅矿	PbS	等轴	注意碲铅矿和硒铅矿	光电导性至 2.8μm	IR 探测	na
Greenockite 硫镉矿	CdS	六方	na	压电性，光电导性，光伏性，热电性，电光性，线性压缩性	混合光束	光电导体，太阳电池，电声振荡器
Halite 石盐	NaCl	等轴	NaI	传输 0.2～15μm	窗口材料，棱镜，透镜	IR 光谱仪，X 射线光谱仪
Magnetite 磁铁矿	Fe_3O_4	等轴	$ZnNiFe_2O_4$，$BaFe_2O_4$	低矫磁力，高剩磁	铁磁应用，被更好晶体取代	存储装置，永磁体
Muscovite 白云母	$KAl_3Si_3O_{10}(OH)_2$	单斜	na	双折射，良介电系数，高绝缘强度	绝缘材料	电容器，1/4 波长试板
Nantokite 铜盐	CuCl	等轴	na	电光效应，传输 0.4～20μm	电光效应	光调制
Periclase 方镁石	MgO	等轴	na	na	绝缘体	na
Perovskite 钙钛矿	$CaTiO_3$	斜方	$BaTiO_3$（四方），$PbZrTiO_3$，$SrTiO_3$（等轴）	高介电系数，铁电性，高折射率	光相调制	拾音器，压电装置

矿 物	化学式	晶系	相关或替代晶体	有用性质	用 途	装置设备
Proustite 淡红银矿	Ag_3AsS_3	六方	na	热电性，光电导性，电光效应	电光调制	na
Quartz 石英	SiO_2	六方	无相当晶体	压电性，传输 $0.15\sim3.5\mu m$，双折射	频率控制，表面波，人工宝石	振荡器晶体，延迟线，换能滤波器
Ruby 红宝石	$Al_2O_3:Cr$	六方	刚玉	荧光性，高硬度	全息摄影，通信	激光器
Rutile 金红石	TiO_2	四方	na	高介电系数，173；垂直 c 轴	na	na
Scheelite 白钨矿	$CaWO_4$	六方	刚玉	荧光性，电致发光		激光器：$CaWO_4$：Nd；$CaWO_4$：Sm
Selenite 透石膏	$CaSO_4\cdot2H_2O$	单斜	na	双折射	岩相学	1/2 波长试板
Sphalerite 闪锌矿	ZnS	等轴	na	压电性，双折射	光调制	na
Spinel 尖晶石	$MgAl_2O_4$	等轴	na	良透光性，介电系数 8.4	Si 基片	na
Sylvite 钾石盐	KCl	等轴	KBr，KI	传输 $0.38\sim21\mu m$	色心研究	na
Tantalate 钽酸盐	$(Fe,Mn)_2(Ta,Nb)_2O_6$	斜方	各种钽酸盐，$LiTaO_3$	铁电性，低双折射，传输 $0.35\sim4.0\mu m$	光调制	na
Tellurite 黄碲矿	TeO_2	四方	na	压电性，低速剪切波	声光性	光偏转板，调制器
Tourmaline 电气石	$NaFe_3B_3Al_3$ $(Al_3Si_6O_{27})(OH)_4$	六方	石英	压电性，热电性，弱电光效应	na	na
Wulfenite 钼铅矿	$PbMoO_4$	四方	$CaMoO_4$	高极化率，传输 $0.45\sim3.9\mu m$	声光性	光偏转板，调制器
Zincite 红锌矿	ZnO	六方	na	压电性	声电效应	na

注：1. na 表示无资料；2. 引自 Krukowski（2006），略有简化。

由此可见，工业矿物与岩石原料的开发利用是工业技术革命的基础，而随着科学技术的发展，它们对人类社会的重要性亦将与时俱增，其种类和用途也在不断变化与扩大。

工业矿物与岩石资源的范畴广泛，包括可供提取非金属元素的矿产，如自然硫；可供利用其工艺技术性能的矿产，如石墨、金刚石；可供利用矿物集合体工艺技术性能的矿产，如高岭土、石灰石；可供制作工艺品和装饰品的宝玉石和大理石、花岗石、板石；以及某些非冶金用的金属矿产，如用作耐火材料的铬铁矿、铝土矿和菱镁矿，用于生产硫酸、硫黄的硫铁矿等。利用主要工业矿物制备的无机化学产品及其终端用途见表 0-4。

据报道，我国已发现的非金属矿产有 126 种，探明储量的有 80 种。其中石墨、石膏、膨润土、石灰石、菱镁矿、重晶石、芒硝等矿种的储量居世界首位；滑石、石棉、萤石、硅灰石的储量居世界第 2 位；磷、硫、高岭土、珍珠岩、天然碱、耐火黏土的储量居世界第 3 位（崔越昭，2008）。硅藻土、沸石、坡缕石、石盐、硅石、霞石正长岩、大理石、花岗石等矿产资源丰富，可以充分保证国内需求。2000 年，向世界市场提供 37 种主要工业矿物产品的市场份额在 20% 以上的国家有 16 个，其中中国提供的矿物产品有 10 种：锑 85%，稀土氧化物 68%，重晶石 56%，萤石 54%，滑石（含叶蜡石）48%，石墨 37%，氮（氨）26%，纯碱 24%，菱镁矿 23%，芒硝 22%，锰 20%（Harben，2006）。

表 0-4 主要工业矿物制备的无机化学品及其终端用途

工业矿物	化学式	反应类型	试剂	产物分子式	产物名称	终端产品用途
锂辉石	$LiAl[Si_2O_6]$	酸分解	硫酸	Li_2SO_4	硫酸锂	陶瓷,玻璃熔剂,火焰色素,药品,水泥添加剂
		碱分解	石灰石	$LiOH$	氢氧化锂	吸收制冷,润滑油,高强玻璃,染料,木材防腐剂
石盐	$NaCl$	电解	电,水	$NaOH$	氢氧化钠	多用途化学品,人造纤维,纸浆和纸,金属,肥皂,水处理
				Cl_2	氯气	含有机物多用途化学品,纸浆和纸,水处理,药品
				H_2	氢气	合成氨,多用途化学品,冶金,盐酸
		氨化	氨气,石灰,CO_2	Na_2CO_3	纯碱	多用途化学品,玻璃,冶金,肥皂
				$CaCl_2$	氯化钙	筑路,灰尘抑制剂
钾石盐	KCl	电解	电,水	KOH	氢氧化钾	通用化学品,肥皂,洗涤剂,农业,电池,食品
				Cl_2	氯气	通用化学品,肥料,洗涤剂,农业,电池,食品
				H_2	氢气	气体:石油炼制,还原剂,高纯金属生产
						液体:冷却剂和推进剂,火箭发动机燃料和低温研究
绿柱石	$Be_3Al_2[Si_6O_{18}]$	高温氟化	氟铁酸钠	$Be(OH)_2$	氢氧化铍	荧光管,玻璃,陶瓷,Cu-Al-Ni合金化学原料
石灰石	$CaCO_3$	煅烧	热能	CaO	生石灰	燃气脱硫,熔剂,苛性钠加工,废水废气处理,水处理
				CO_2	二氧化碳	通用化学品,纯碱
海水	$MgCl_2$	沉淀	白云灰	MgO	氧化镁	耐火材料
菱镁矿	$MgCO_3$	煅烧	白云灰	MgO	氧化镁	耐火材料
卤水	$MgCl_2$	蒸汽分解	白云灰	MgO	氧化镁	耐火材料,通用化学品,肥料,水泥
			不需用	HCl	盐酸	多用途化学品,金属浸渍,有机化学品,药品,环境应用
天青石	$SrSO_4$	碳热还原	煤	$SrCO_3$	碳酸锶	玻璃,陶瓷,烟火
重晶石	$BaSO_4$	碳热还原	煤	$BaCO_3$	碳酸钡	玻璃,陶瓷,烟火,钻井泥浆,氧源,铁氧体磁铁,药剂,颜料,块料,金属皂,超导体,熔剂
独居石	$(Ce,La)[PO_4]$	酸分解	硫酸	$(Ce,La)O$	稀土氧化物	玻璃着色剂,抛光粉,火石,电弧炭,催化剂,荧光物质,陶瓷着色剂,摄像机透镜
磷钇矿	$Y[PO_4]$					
锆石	$ZrSiO_4$	氯化	氯气,焦炭	$ZrOCl$	锆氧氯化物	金属生产,特种化学品
金红石	TiO_2	还原氯化	氯气,焦炭	$TiCl_4$	四氯化钛	颜料,钛金属,防水剂,玻璃,陶瓷,药品
铬铁矿	$FeCr_2O_4$	碱分解	纯碱	Na_2CrO_4	铬酸钠	铬化学品,氧化剂,冶金,钻井泥浆,通风器吸尘,颜料,木材防腐剂
软锰矿	MnO_2	酸分解,碳热还原	盐酸,煤,硝酸	$MnCl_2$, $Mn(NO_3)_2$	氯化锰,硝酸锰	干电池,肥料,玻璃,瓷釉,催化剂,化学原料,熔剂

工业矿物	化学式	反应类型	试剂	产物分子式	产物名称	终端产品用途
硬硼钙石	$Ca_2B_6O_{11}\cdot5H_2O$	碱分解	纯碱	$NaBO_2$	硼酸钠	洗涤剂,熔剂,漂白和染色,药品,玻璃,水处理
铝土矿	$Al_2O_3\cdot2H_2O$	碱液,酸分解	纯碱,硫酸	$Al(OH)_3$, $Al_2(SO_4)_3$	氢氧化铝,硫酸铝	水处理化学品,絮凝剂,染色媒染剂,耐火材料,催化剂
石英,硅砂	SiO_2	碱反应	纯碱	Na_2SiO_3	硅酸钠	黏结剂,水泥,反絮凝剂,肥皂,墨水,美容品
		还原氯化	氯气,焦炭	$SiCl_4$	四氯化硅	有机化学品(聚硅氧烷流体和橡胶),金属硅,等离子体蚀刻
钠硝石	$NaNO_3$	酸分解	硫酸	HNO_3	硝酸	肥料,通用化学品,金属和矿石加工,尿烷,炸药
磷块岩	$Ca_5F(PO_4)_3$	酸分解	硫酸	H_3PO_4	磷酸	肥料,洗涤剂,食品,有机化学品,水处理,制革,耐火材料
		电炉还原	硅砂,焦炭	P	磷	同磷酸
硫黄	S_6	燃烧	空气	SO_2	二氧化硫	杀菌剂,杀虫剂,还原剂,溶剂,化学原料
		催化氧化	空气	H_2SO_4	硫酸	肥料,化学品,石油炼制,颜料,冶金
黄铁矿	FeS_2	焙烧,催化氧化	空气	H_2SO_4	硫酸	肥料,化学品,石油炼制,颜料,冶金
萤石	CaF_2	酸分解	硫酸	HF	氢氟酸	化学品,熔剂,蚀刻,冶金,同位素分离,半导体加工,催化剂
海水,卤水	$NaBr$	氧化	氯气	Br_2	溴	有机合成,药物,石油添加剂,水净化,杀虫剂,电池
海水,卤水,生硝	NaI	氧化	氯气	I_2	碘	食品,卫生消毒剂,有机化学品,染料,医疗,催化剂,金属

注:引自 Fulton Ⅲ(2006)。

尽管如此,由于我国人口众多,人均拥有资源量尚不及世界平均水平的1/2,特别是钾盐、硼、金刚石、宝玉石、优质高岭土等资源严重不足,远不能满足国民经济发展的需求。截止2015年,中国主要大宗矿产资源状况大致为:(1)查明资源储量较大,优质大型矿床少,贫矿、难选矿较多,具有地域差异,初步形成生产基地51处;(2)铁、锰、铬、铜、镍对外依存度超过70%,铝土矿、金、钾盐对外依存度超过40%,铅、锌、银对外依存度超过30%,磷矿生产过剩;(3)资源消耗量大,钾盐、铜、镍后备资源不足,铁、铝土矿、磷矿资源较丰富但品质差,长期依赖国外资源供应。

最近20年以来,工业矿物与岩石的开发利用反映出如下趋势:(1)以前已开发的老矿种,其应用范围不断扩大,大部分矿种不再限于一两个工业部门的少数用途。老矿种的新特性、新功能不断被发现并得到利用。新矿种不断被开发出来,在应用方面表现出独特的性能。(2)由直接利用工业矿物原料或初加工产品,向深加工即制成品方向扩展,由一般深加工制品向高性能材料方向发展。合成制品和天然资源的综合利用,日益受到重视。(3)工业三废作为二次资源,其高效利用受到重视。矿物资源的加工利用朝着清洁生产方向发展。例如,以矿石采掘和加工产生的固体废物为原料,生产矿渣水泥、加气混凝土、微晶玻璃、硅酸盐陶瓷、轻质墙体材料等。而以非金属矿资源为主要生产原料的化工工业,由其工业三废又可以生产许多无机盐类产品(表0-5)。

表 0-5 可供制取无机盐类的主要工业废料

废料来源	形 态	废料名称	可制取无机盐类	备 注
炼铝厂	废气,粉尘	含氟烟气和粉尘	冰晶石	
磷肥厂,氢氟酸厂	废气	含氟废气	冰晶石,氟硅酸钠,氟化钠,氢氟酸	
炼焦厂	废气	含 HCN 焦炉煤气	黄血盐钠,硫氰酸钠,硫氰酸铵,硫代硫酸钠	
硝酸厂	废气	含氧化氮尾气	亚硝酸钠,硝酸钠	
电厂,冶炼厂	烟道气	含 SO_2 废气	视吸收剂不同,可制各种硫酸盐、亚硫酸盐,硫酸	
硫酸厂	废气	含 SO_2 废气	亚硫酸氢铵液,各种硫酸盐、亚硫酸盐	
产生 H_2S 废气工厂	废气	含 H_2S 废气	亚硫酸钠,硫化钠,硫脲,硫氢化钠,硫黄	
丙烯腈厂	废气	含氰化氢废气	氰化钠	
钢铁厂	废液	酸洗废液	硫酸亚铁,铁红(Fe_2O_3)	
钛白生产厂	废液	含铁、氨液	硫酸亚铁,硫铵	
纯碱厂	废液	蒸发废液	氯化钙	
钼酸钠生产厂	废液	母液	钼酸钡	
铬酸生产厂	废液	含铬废水	碱式硫酸铬	
电镀厂	废液	铬废液	铬酸	
对苯二酚生产厂	废液	含锰废水	碳酸锰,氧化锰(MnO_2)	
氨基苯甲醚生产厂	废液	含硫代硫酸钠废液	硫代硫酸钠,硫化钠	
苯酚或萘酚厂	废液	酸化废水	硫酸钠	
染料厂(硫化蓝)	废液		硫代硫酸钠	
制药厂(双烯酮)	废液	含铬废液	铬酸酐	
长效磺胺厂	废液	缩合母液	氯化钾	
农药厂(丙酰氯)	废液	亚磷酸废液	亚磷酸	
人造丝厂	废液	废水	硫酸锌,硫酸钠	
造纸厂	废液	亚硫酸钠废液	硫酸钠,硫化碱	
铸铝厂	废渣	铝灰	硫酸铝	
铅锌冶炼厂	废渣	铅锌废渣	铟	
硼砂厂	废渣	硼泥	氧化镁,碳酸镁,钾镁硅缓释肥	已大量制硼镁磷肥、钙镁磷肥
硼酸厂,红矾钠厂	废渣		硫酸钠	

废料来源	形态	废料名称	可制取无机盐类	备注
烧碱厂(苛化法)	废渣	苛化泥	轻质碳酸钙	可用于玻璃厂,代替石灰石
铬盐厂	废渣	铬矿渣		可制铬砖、玻璃着色剂
立德粉厂	废渣	含铅、镉废渣	铅盐,氧化镉,硫酸镉,氯化镉等	
火电厂,煤厂	废渣	粉煤灰,煤矸石	氯化铝,氧化铝,分子筛等	副产建筑材料
磷酸生产厂	废渣	磷石膏	硫酸,硫酸铵,硫酸钾	副产碳酸钙粉体
钡盐厂	废渣	钡渣	可溶性钡盐	副产水泥及建材
氢氟酸厂	废渣	氟石膏		生产水泥
机械加工厂	铜丝,铁屑		氯化铜,氯化铁	
硫酸铝厂	废渣	酸浸渣	水玻璃	
各种废催化剂	废渣	蒽醌法双氧水生产废镍催化剂	$NiSO_4 \cdot 7H_2O$	
		废铜催化剂	$CuSO_4 \cdot 5H_2O$	
		硫酸生产废钒催化剂	V_2O_5	
废硬质合金	废料	废硬质合金(含 Co、W)	CoO,WO_3	
合成氨厂排气,氯酸钠、氯碱厂氢气	废气	含 H_2 气体	双氧气	
切屑铜屑,废铜零件及铜线,电解铜废液,合成氨铜洗废液	废料	废铜屑,废铜液	$CuSO_4 \cdot 5H_2O$	

注：据天津化工研究院等（1996），略有补充。

第四节 工业矿物与岩石的研究方法

一、矿石采掘技术

此类矿床的开采具有以下特点：（1）矿石一般较为松软，有利于采用高效连续或半连续开采工艺；但黏土类矿床地下开采时，也给井巷支护和采场地压管理造成不利因素。（2）采出矿石除要求品位指标外，通常还要求保护矿物某些特殊的技术物理性能、晶体完整性和纯净度；饰面石材则要求保护产品的规格和形状。（3）除少数石灰石、石棉露天矿及地下石膏矿外，矿山规模一般较小。（4）某些矿种需要按品级分采、分装、分运，或需要手选，因而使矿山开采机械化水平受到限制。

开采方法分为露天开采和地下开采。露天开采又分为水力开采和机械开采：水力开采是以高压高速水流冲采并用水力运输，适用于松软的矿石，如高岭土和砂矿；机械开采即采用一定的采掘运输设备，按选定的生产工艺将矿石采出，是目前最广泛采用的开采方法。地下开采选用的采矿方法应力求安全、回采率高、贫化小，对石棉、石膏、金刚石、云母、高岭土、滑石等以矿物为直接利用对象的矿种，应尽量使矿物的纤维、晶体、块度和纯度不受或少受破坏和污染。

二、矿石物相组成与性能

对工业矿物与岩石的研究，首先必须准确了解矿石的矿物组成、化学成分和物理性能。这是进行深入的机理研究和开发相应的加工技术及实际应用的基础。

矿石的化学成分一般采用化学分析方法，包括重量法、容量法和比色法。前两者是经典的分析方法，适用于测定常量组分；比色法应用了分离、富集技术及高灵敏显色剂，故可用于部分微量元素的测定。对于硅酸盐类矿石，分析项目一般应包括 SiO_2、TiO_2、Al_2O_3、Fe_2O_3、FeO、MnO、MgO、CaO、Na_2O、K_2O、P_2O_5、H_2O^+（结晶水，结构水）、H_2O^-（吸附水）。化学分析的特点是精度高，但周期长，样品用量较多。发射光谱、原子吸收光谱、X 射线荧光光谱、原子荧光光谱、极谱分析等分析方法的特点是灵敏、快速、检测下限低，可测定微量元素组分，且样品用量较少，但分析含量＞3％的组分精度较差。

单矿物的化学成分分析一般可采用电子探针。测定样品的成分可采用 X 射线波谱仪或能谱仪，前者分辨率高、精度高，但速度慢。后者精度较前者差，但可作多元素的快速定性和定量分析。电子探针可测定元素的范围为 $^4Be \sim ^{92}U$，实际分析的相对灵敏度约为 0.05％。一般分析区内元素的含量达 $10^{-14}g$ 就可感知。测定直径一般最小为 $1\mu m$，最大为 $500\mu m$。电子探针分析属于微区分析，故一般应对样品分析 6～8 个点，取其平均成分。

确定矿石的物相组成时，可采用显微图像分析或 X 射线粉晶分析方法，分析精度约5％。在矿石及其组成矿物的化学成分已知条件下，可依据物质平衡原理，采用"相混合计算"法确定各矿物的含量，精度可达约±1％（马鸿文等，2006）。尤其是对于常见的矿物组成复杂且颗粒尺寸细小的黏土类矿石，采用此法具有其他常规测定方法无可比拟的优势（李歌等，2011）。

为满足经济与社会发展对矿物资源日益增长的需求，切实可行的途径是：（1）改进矿物加工工艺，提高矿物资源的利用率；（2）开发矿物资源新的应用技术和应用领域。对工业矿物在各种物理场下宏观效应的系统研究，可以指导对矿物资源的合理加工利用，对开发矿物原料新的应用技术或领域提供理论指导。

三、矿石加工技术

除石材、宝玉石和少数可直接使用的矿物资源外，绝大多数工业矿物与岩石都需要经过选矿预处理，才能满足实际使用要求。选矿加工的主要目的是：分离富集矿石中的有用矿物；回收伴生的有用矿物；对选矿产品进行粉磨加工，并分为不同规格的最终产品。

工业矿物选矿加工的基本作业包括以下方面。

（1）选前准备作业　通过破碎或磨矿，使有用矿物和脉石矿物达到单体解离。一般将最终产品粒度＞5mm 的粉碎过程称为破碎；取得更细产品粒度的粉碎过程称为磨矿；产品平均粒度＜10μm 的粉碎过程称为超细磨。通常将磨矿划分为：粗磨，入磨粒度 25～5mm，排料粒度 1～0.3mm；中磨，入磨粒度 25～5mm，排料粒度 0.1～0.074mm；细磨，入磨粒度＜1mm，排料粒度＜0.074mm 或 0.044mm；超细磨，入磨粒度＜0.074mm，排料粒度＜0.010mm。

（2）选别作业　采用适当的选矿方法，将已单体解离的有用矿物与脉石矿物分离开。选矿方法有重选法、磁选法、浮选法、电选法、化学选矿法、风选法、光电选矿法等。

重选法按原理可分为分级、洗矿、跳汰选矿、摇床选矿、溜槽选矿、重介质选矿和风力选矿等。前两类是按粒度分选，后五类主要是按密度分选。

在磁选法中，按照比磁化系数可将矿物分为4类（表0-6）。强磁性矿物在磁场强度 $H=7200\sim136000A/m$ 的弱磁场磁选机中可以选出，弱磁性矿物在磁场强度 $H=480000\sim1600000A/m$ 的强磁场磁选机中可以选出。

表0-6　矿物的磁性分类

磁性分类	比磁化系数范围/(m³/kg)	矿　物　实　例
强磁性矿物	$>3000\times10^{-8}$	磁铁矿、磁黄铁矿、磁赤铁矿、锌铁尖晶石等
中磁性矿物	$(500\sim3000)\times10^{-8}$	半假像赤铁矿、钛铁矿、铬铁矿等
弱磁性矿物	$(15\sim500)\times10^{-8}$	赤铁矿、褐铁矿、金红石、黑云母、角闪石、绿泥石、蛇纹石、石榴子石、辉石等
非磁性矿物	$<15\times10^{-8}$	辉铜矿、方铅矿、闪锌矿，大部分非金属矿物：硫、石墨、金刚石、石膏、高岭石、石英、长石、方解石等

矿物的可浮性取决于其表面能否被水润湿的程度。在浮选中一般通过使用浮选药剂来改变矿物的表面性质，从而控制矿物的浮选行为。浮选药剂按用途分为捕收剂、起泡剂、调整剂（包括抑制剂、活化剂和 pH 值调整剂）和絮凝剂（表0-7）。

表0-7　常用浮选药剂分类

类　型		化合物类别	代　表　药　剂	主　要　用　途
捕收剂	阴离子型	键合原子为二价硫原子的化合物	乙黄药、异丙黄药、甲酚黑药、白药等	硫化矿捕收剂
		键合原子为氧原子的化合物	油酸、油酸钠、磺化石油等	非硫化矿捕收剂
	阳离子型	胺类	月桂胺、十八胺、$C_{10\sim20}$ 脂肪胺	非硫化矿捕收剂
		吡啶盐类	盐酸烷基吡啶	非硫化矿捕收剂
	非离子型	酯类	丁基黄原酸氰乙酯、43 硫氮氰酯	硫化矿捕收剂
		多硫化合物	复黄药	硫化矿捕收剂
	油类	非极性烃类油	煤油、柴油、中油、重油	非极性矿物、石墨等捕收剂
起泡剂		羟基化合物	2号浮选油、松节油、甲酚、杂酚油	起泡剂
		醚类	三聚丙二醇丁醚、樟油、桉树油	起泡剂
		吡啶类	重吡啶	起泡剂
调整剂		无机物（酸、碱、盐）	硫酸、氢氟酸、石灰、氢氧化钠、碳酸钠、水玻璃、六偏磷酸钠、氯化钙等	pH 值调整剂 活化剂 抑制剂
		有机物	淀粉、糊精、栲胶、鞣质、木质素磺酸盐	非硫化矿调整剂 石英、滑石、方解石等抑制剂
絮凝剂		无机电解质	硫酸、明矾	促进细泥沉降
		有机物	3号絮凝剂、1号纤维素、腐殖酸（钠）、淀粉等	选择性絮凝

化学选矿则是用化学方法处理矿石或选别精矿，从而实现有用组分与杂质组分的分离。例如，对于浮选获得的鳞片石墨精矿（品位约 90%）的提纯，通常采用碱溶→水浸→酸浸方法，除去其中的硅酸盐矿物，品位可提高到 99% 以上。又如，高岭土的化学漂白主要是除去其中的氧化铁，常用方法有酸浸法、盐浸法（连二亚硫酸钠或连二亚硫酸锌等），将 Fe_2O_3 变为可溶性的亚铁盐或生成稳定络合物，再经过洗涤，得到白色优质高岭土。

（3）脱水作业　对于干法选矿，为保证分选效果，需要对入选的矿石进行干燥脱水；对于湿法选矿，则需要将精矿产品的水分降低到国家规定的标准。脱水作业通常包括浓缩、过滤、干燥三个阶段。各种脱水方法适宜脱除的水分类型及产品所能达到的水分见表 0-8。

表 0-8　脱水方法分类表

分类	脱　水　原　理	入料水分/%	排料水分/%
		固体质量浓度	固体质量浓度
浓缩	利用固体颗粒或水分的重力来脱水，脱除重力水	15~25	40~60
过滤	利用压力、离心力使水分从固体颗粒中分离出来，脱除毛细管水	40~60	15~30
干燥	利用热力使水分汽化，脱除薄膜水及吸附水	15~30	<10

（4）产品分级作业　按照产品标准将产品分成不同规格。通常采用筛分分级，有时采用人工分级，如金刚石等。有时则需要对产品进一步粉磨。对于品位较高的矿石如石膏、滑石、土状石墨、膨润土、硅藻土、硅灰石等，选矿过程一般较简单，通常只采用手选或光电拣选等方法，除去矿石中的少量脉石，然后进行粉磨分级，生产不同规格的产品。

（5）尾矿处理及粉尘防治　矿石经过选别后会产生大量尾矿。例如，鳞片石墨矿尾矿量一般占入选原矿量的 90%~95%；滑石矿占 50%~60%；金刚石矿由于品位极低，尾矿量几乎等于原矿量。浮选厂尾矿中还含有大量浮选药剂，有些甚至是剧毒物质。为了综合利用资源及消除环境污染，必须采取有效措施对尾矿进行处理，包括尾矿储存、尾矿水净化、回水再用及尾矿综合利用等。

选矿过程的干式作业，如破碎、磨矿、分选、分级、干燥及物料输送等，都伴随有含尘气体排放和外溢。长期呼吸含尘空气，会危害人体健康。粉尘降落在设备的运转部件上，会增加磨损。防治措施包括对发尘点进行密闭吸气及对含尘气体进行集尘净化等。

四、制品加工技术

工业矿物与岩石资源的加工方法可分为粗加工、深加工及制品加工。粗加工即传统的选矿，目的是为材料工业提供颗粒粒级和有用矿物品位都合格的原料矿物粉体。

深加工是指将原料矿物按所需利用或进一步优化的技术物理及界面特性要求，再进行精细加工。经深加工的矿物产品已不再是一种原料，而是具有某些优异性能、可供直接利用的材料。它们一般都保持了原料矿物的单一材料性与固体分散相的特征，矿物结构与化学成分也不发生根本改变，但其技术物理特性与化学界面性能会有质的飞跃，也经常会发生局部的晶层构造的变异与表面化学性能的改变，且常伴随有物理形态上的变化。例如各类超细或高纯矿物产品，如膨胀石墨、涂布级高岭土、活性白土、钻石等。常见的深加工方法有精细（或化学）提纯、超细粉碎或分级、晶体磨削、剥片、雕琢、抛光、表面处理、热处理、化学处理、高温焙烧膨胀、熔融与拉丝成型等。

制品即指利用经过粗加工或深加工的工业矿物为主要原料，与其他原料相结合，采用不同工艺制成的各类形态的结构材料和功能材料。例如纤维-水泥制品、云母-环氧树脂制品、石棉-橡胶密封材料、碳-石墨轴承、金刚石钻头、云母绝缘纸、微孔硅酸钙制品等。

工业矿物与岩石制品的种类繁多，除水泥、玻璃、陶瓷、耐火材料等传统的硅酸盐陶瓷材料外，其他矿物材料制品按功能的分类见表0-9。

表0-9　矿物材料制品按功能分类

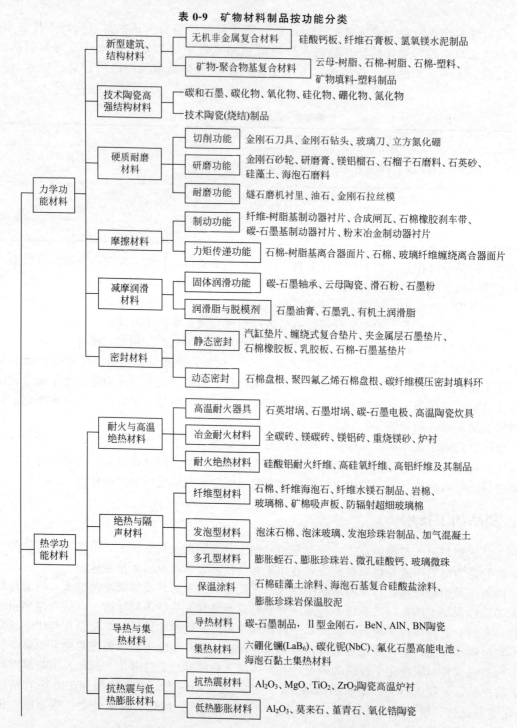

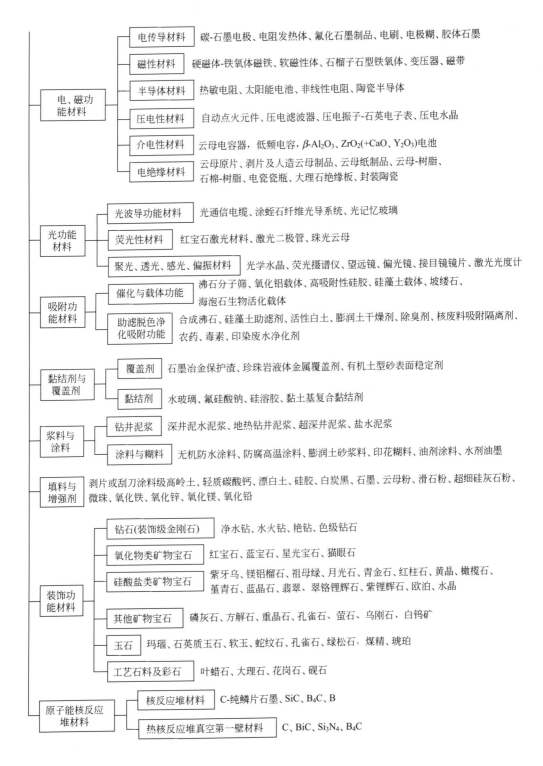

电、磁功能材料
- 电传导材料　碳-石墨电极、电阻发热体、氟化石墨制品、电刷、电极糊、胶体石墨
- 磁性材料　硬磁体-铁氧体磁铁、软磁性体、石榴子石型铁氧体、变压器、磁带
- 半导体材料　热敏电阻、太阳能电池、非线性电阻、陶瓷半导体
- 压电性材料　自动点火元件、压电滤波器、压电振子-石英电子表、压电水晶
- 介电性材料　云母电容器，低频电容，β-Al_2O_3、ZrO_2(+CaO、Y_2O_3)电池
- 电绝缘材料　云母原片、剥片及人造云母制品、云母纸制品、云母-树脂、石棉-树脂、电瓷瓶、大理石绝缘板、封装陶瓷

光功能材料
- 光波导功能材料　光通信电缆、涂蛭石纤维光导系统、光记忆玻璃
- 荧光性材料　红宝石激光材料、激光二极管、珠光云母
- 聚光、透光、感光、偏振材料　光学水晶、荧光摄谱仪、望远镜、偏光镜、接目镜镜片、激光光度计

吸附功能材料
- 催化与载体功能　沸石分子筛、氧化铝载体、高吸附性硅胶、硅藻土载体、坡缕石、海泡石生物活化载体
- 助滤脱色净化吸附功能　合成沸石、硅藻土助滤剂、活性白土、膨润土干燥剂、除臭剂、核废料吸附隔离剂、农药、毒素、印染废水净化剂

黏结剂与覆盖剂
- 覆盖剂　石墨冶金保护渣、珍珠岩液体金属覆盖剂、有机土型砂表面稳定剂
- 黏结剂　水玻璃、氟硅酸钠、硅溶胶、黏土基复合黏结剂

浆料与涂料
- 钻井泥浆　深井泥水泥浆、地热钻井泥浆、超深井泥浆、盐水泥浆
- 涂料与糊料　无机防水涂料、防腐高温涂料、膨润土砂浆料、印花糊料、油剂涂料、水剂油墨

填料与增强剂　剥片或刮刀涂料级高岭土、轻质碳酸钙、漂白土、硅胶、白炭黑、石墨、云母粉、滑石粉、超细硅灰石粉、微珠、氧化铁、氧化锌、氧化镁、氧化铅

装饰功能材料
- 钻石(装饰级金刚石)　净水钻、水火钻、艳钻、色级钻石
- 氧化物类矿物宝石　红宝石、蓝宝石、星光宝石、猫眼石
- 硅酸盐类矿物宝石　紫牙乌、镁铝榴石、祖母绿、月光石、青金石、红柱石、黄晶、橄榄石、堇青石、蓝晶石、翡翠、翠铬锂辉石、紫锂辉石、欧泊、水晶
- 其他矿物宝石　磷灰石、方解石、重晶石、孔雀石、萤石、乌刚石、白钨矿
- 玉石　玛瑙、石英质玉石、软玉、蛇纹石、孔雀石、绿松石、煤精、琥珀
- 工艺石料及彩石　叶蜡石、大理石、花岗石、砚石

原子能核反应堆材料
- 核反应堆材料　C-纯鳞片石墨、SiC、B_4C、B
- 热核反应堆真空第一壁材料　C、BiC、Si_3N_4、B_4C

（一）原料矿物加工处理

原料矿物的主要处理工艺分为以下方面。

1. 颗粒形态处理

矿物颗粒形态是指矿物单体颗粒的形状、尺寸、比表面积、孔结构、界面特性及颗粒集

合体的填充性、流动性等特征。例如，颗粒平均直径、粒度分布；纤维矿物的松解度、纤维长度、长径比；片状矿物的层面尺寸（片径）、径厚比；晶体矿物的晶形与晶体完整度、颗粒尺寸；颗粒材料的球形系数及表面光滑度、摩擦系数；堆积材料的容积密度、堆积角、表面自由能等。这些性能是矿物材料发挥其技术物理及界面特性的先决条件。

矿物颗粒形态处理的关键是，在逐步粉碎劈分、磨剥解离或开松的过程中，要求最大限度地保护矿物的晶体结构特征。按照矿物晶体形态及利用范围，可分为4种工艺类型（表0-10）。在矿物颗粒形态处理的同时，通常伴随着进一步对被处理矿物的精细提纯，而颗粒形态处理也为进一步分离杂质矿物创造了条件。

表0-10 原料矿物颗粒形态处理工艺类型

矿物形态及工艺类型	加工原则或目的	利用功能	举例
片状矿物的磨剥解离	按晶面叠层磨、削、剥离，以获得高径厚比的各粒级产品	复合材料增强、减摩、增光、提高界面吸附黏着能力	湿法云母粉、鳞片石墨、膨胀蛭石
纤维矿物的松解与剥离	将纤维束开松成高长径比、低视密度的绒状或针状产品	可纺性、复合材料增强性、绝热性、隔声性、界面吸附性、摩阻性	石棉纺织制品、摩擦材料、密封材料、微孔硅酸钙、海泡石保温涂料、纤维状硅灰石填料
颗粒状矿物或岩石的超细粉碎	将矿物进一步碎裂和超微细化，以显著提高比表面积和界面活性、填料性、流体性	复合材料补强与性能调节、填充堆砌性、减摩、增光、悬浮稳定性、可塑性、胶体性	涂料级高岭土、超细滑石粉、硅藻土粉、干磨云母粉等
晶体矿物颗粒特殊形态处理	经切削、研磨、抛光、刻蚀等工艺加工成各类装饰、力学或光学功能材料	装饰性、光学性、切削、研磨性	金刚石制品、宝玉石、水晶、萤石光学制品

2. 热处理

热处理工艺是改变矿物原料性状的重要方法。加热方式随处理目的不同而异，加热条件则依据被处理矿物的热分析结果而制定。热处理方法可分为4种工艺类型（表0-11）。

表0-11 原料矿物热处理工艺类型

工艺类型	加工原则或目的	利用功能	举例
加热脱水	按照矿物或制品排除吸附水所需温度进行干燥脱水	获得干燥的各类颗粒产品或制品	各类湿法加工的深加工产品及制品
热分解	①在热状态下使分子内部的结构水分解排出；②或在热状态下使矿物分子中的 CO_3^{2-} 分解，排出 CO_2，或使人工插入的层间物质分解排出；③使某些硅酸盐矿物在高温下热解，转变为新的结晶矿物并分解出具有胶结功能的补充液相（SiO_2）	失去—OH基团后提高矿物材料的活性，降低材料颗粒的密度，提高白度，用作吸附剂、催化剂、载体、活性填料、涂料及增强材料；促进层状矿物沿叠层剥离或脱水膨胀；高温热解形成耐火矿物材料及高温胶结材料	烧石膏、煅烧高岭土、煅烧凹凸棒石土、膨胀蛭石、轻质碳酸钙（镁）、变性石墨等多种高温耐火材料及陶瓷材料
烧成	在远高于矿物材料热分解温度下进行的高温煅烧，目的是为了稳定氧化物或硅酸盐矿物的物理状态，变为稳定的固相颗粒或成型体制品	高温煅烧再结晶后材料的稳定性与惰性；高温下的烧结功能	重烧碳酸钙（镁）、高温煅烧高岭土、各类氧化物耐火材料、陶瓷材料

工艺类型	加工原则或目的	利 用 功 能	举 例
熔融	在达到熔点的高温条件下使固体矿物转变为液相流的过程。对高纯度氧化物以获得稳定结晶块为目的;对复合成分的熔融以制取各类硅酸盐制品为目的	高温液相流成型的随意性(可浇铸性、拉丝性、制造异形玻璃体材料的性能),材料的稳定性、耐蚀性、耐磨性	玄武岩或辉绿岩铸石、耐火纤维、岩棉、矿渣棉、玻璃棉与玻璃纤维、玻璃制品

3. 界面处理与改性

界面处理与改性是利用各类材料或助剂,对矿物或制品表面进行处理的工艺。其目的是改善或完全改变材料表面的技术物理性能或表面化学特性。按照处理工艺和目的,界面处理与改性可分为 4 种工艺类型(表 0-12)。

表 0-12　原料矿物界面处理工艺类型

工艺类型	工 艺 方 法	目 的	举 例
润湿与浸渍	浸泡、打浆、捏合、浸渍、喷洒、流化床、蒸压、流体介质中磨剥解离等	使矿物界面吸附、包覆或渗透相应的物质以改善界面性能或分散解离能力	纤维湿法开松,湿纺成膜,摩擦密封材料原料预处理,塑性体、悬浮体及胶体土制备
涂层处理	涂刷、喷涂、电镀、蒸镀、化学气相沉积、真空蒸镀、溅射、离子镀、化学反应涂层	使深加工颗粒或制品表面涂敷相应物质,以赋予材料相应的技术物理或装饰功能性能	珠光云母、各类绝热材料防水处理,镀铝膜石棉衣,汽缸垫防蚀防锈镀层,各类装饰功能涂层
偶联剂处理	在相应的润湿、浸渍作业中添加偶联剂	改善无机矿物材料与有机高分子材料之间的界面黏结性能,同时提高复合材料的其他性能指标	各类无机-有机复合材料的矿物填料
表面改性	在有机溶剂或无机溶液中高温蒸压处理,或表面涂敷活性或惰性材料	使惰性材料改性为界面活性材料;将具有羟基的石棉纤维转变为无(尘)毒能安全使用的纤维材料	酯高岭土,碱高岭土,黄磷酸盐化石棉纤维,有机整理剂覆盖石棉纤维制品

4. 化学处理与改性

工业矿物深加工或制品的化学处理,通常以提高或改变材料的技术物理性能为目的,因而一般仍保持目的矿物的基本结构特征,或仅改变矿物的晶体类型,从而制成另一类合成矿物产品。化学处理与改性可分为 6 种主要工艺类型(表 0-13)。

表 0-13　原料矿物化学处理工艺类型

工艺类型	工 艺 方 法	目 的	举 例
黏土矿物改型	在湿、热环境下处理或挤碾滚压,使阳离子相互转化改型(Ca 基变 Na 基)	使阳离子交换性能力显著提高	人工钠基膨润土
活化处理	在加热或加压条件下用酸溶去矿物中的碱金属或碱土金属、铁和铝氧化物或用碱溶去黏土矿物中的二氧化硅	使颗粒矿物(或黏土矿物)形成高孔隙率、高吸附性、载体性功能材料	活性白土(各类活化处理的膨润土、硅藻土、海泡石黏土)
胶体悬浮液材料制备	在流体介质中充分分散颗粒或细磨的非黏土矿物胶体颗粒或纤维材料,并与相应的分散剂、胶黏剂、性能调节剂等复合	制取各类胶体悬浮材料及膏料。如黏土-水系浆料;黏土-无机盐复合物;或胶体级矿物-有机复合物	各类钻井泥浆、水剂无机涂料、上浆浆料、无机黏结剂;水剂或油剂石墨乳;金刚石研磨膏

工艺类型	工 艺 方 法	目 的	举 例
有机土制备	经酸化处理、分散、改型及有机物覆盖等工艺制备	利用有机阳离子取代黏土矿物中的可交换性阳离子,以制取黏土-有机复合物材料	膨润土润滑脂、印刷油墨、涂料、稠化剂
凝胶制备	使胶体级溶胶聚凝成多孔网状结构,再经老化、结晶、洗涤、干燥等作业制备成多孔颗粒材料	制备高性能吸附、催化及载体功能材料	硅胶、合成沸石分子筛、硅藻土载体、海泡石活性载体材料
层间化合物制备	用化学法、电化学法、离子插入法等向片状矿物层间插入酸、碱或有机复合物	制取膨胀石墨、氟化石墨等传导性或非传导性层间化合物材料	柔性石墨纸、密封填料、石墨乳润滑剂、高能密电池、核反应堆材料

（二）矿物材料成型及后处理

矿物材料通常要通过成型而制成具有特定形状尺寸的材料。成型工艺包括形状尺寸的制作过程,以及制品的固化及后处理加工等内容。其处理工艺除了包括材料的物理机械作业外,还包括无机化学、高分子化学、表面化学、热力学等内容,以及配方经验及制作技巧。成型工艺包括预成型和固化两部分。

1. 成型工艺

成型是在规定的模具或载体上使用机械力、物理或物理化学力的作用,使原料组分均匀地形成规定形状尺寸及一定强度和密度的加工作业。无论何种制品,在成型前必须预先设计好材料的组分配比,制备好成型用混合料。按不同类型的制品及生产工艺特点,这些混合料常见的有泥浆浇注料、坯料、压塑料、干粉预拌料等。矿物材料制品的主要成型工艺类型见表 0-14。

表 0-14　矿物材料制品的成型工艺类型

工艺类型	工 艺 方 法	工 艺 条 件	举 例
塑性成型	手塑成型、旋塑成型	含少量水分的塑性坯体混合料	石墨坩埚、泥塑工艺品、艺术陶瓷、陶器
注模成型	浇注成型	配制具有流变性的泥浆分散料,在模具中稠化成型	陶瓷器、精细陶瓷制品
模压成型 ①无机-有机聚合物复合材料	制备压塑料、坯料、干粉预拌料或造粒颗粒等,在具有精确尺寸形状的钢模具中,加压、加热成型	干法、半干法(湿法)、单向或双向模压,加热条件视基体黏结剂性能而定	各类制动器衬片、离合器面片、石墨坩埚、石墨电极、石墨轴承
②无机复合材料	将开松的纤维与无机黏结剂、颗粒填充料等预拌混合后,在载体模具中加压成型	具有压塑性的高浓度混合料,单向或双向模型,养护或蒸压固化,干燥定型	模压石棉-水泥制品、硅酸钙板、纤维石膏板
辊压成型	在辊压机(成张机)中将压塑预拌料辊压成型、成张	无机纤维-橡胶制品在有溶剂条件下,加热辊压成型	石棉橡胶板、纤维板状水泥制品
挤压成型 (挤出成型)	将拌和料在压力作用下通过规定形状尺寸的模具窗口连续挤出成型	制备塑性压塑料,防止压塑料泌水或黏结模具	复杂形状的硅酸盐构件、纤维或片状矿物增强塑料

工艺类型	工艺方法	工艺条件	举例
喷涂法成型 ①直接喷涂法 ②喷射-抽吸法	制备浆状糊料,在加压流动下喷涂 以压缩空气为喷射源,将石棉及短切玻璃纤维与水泥基体同时喷射到成型载体上成型	配有黏结剂的喷涂糊料 成型载体具有过滤板(管)的表面,依靠真空抽吸脱水,经养护固化或蒸压、干燥定型	粒状岩棉、膨胀珍珠岩保温涂料 纤维水泥制品(板、管、导管)
缠绕法成型	用缠绕方法缠绕成型,同时喷射或模压渗入基体黏结剂,经固化成型	使用经浸渍的连续纤维(石棉纺织制品或连续玻璃纤维),水泥(无机)黏结剂用抽吸法脱水,聚合物黏结剂用热压固化工艺定型	缠绕离合器面纤维水泥管、异型构件、高压石棉水泥管、高压玻璃钢制品
层压法成型	用连续无捻纱或孔向纤维与无机黏结剂充分混合,置于模具中经碾动,加压胶结成型或手工在平模上层压成型	增强纤维经预浸渍,成型体经抽吸辊压固化定型	各类形状复杂的无机复合材料制品、玻璃钢制品
抄取成型 (圆网或长网抄取)	将增强纤维、填充料及无机或有机黏结剂在水介质中充分混合成悬浮体,在抄取网箱上沉积并转移到毡布上成层,经脱水、层压、剪切或卷绕成型,固化定型	纤维需充分松解,混合料具有充分的流动性、悬浮性及纤维定向沉积,过滤脱水,脱水坯料经压型、养护、干燥固化定型	石棉水泥瓦、板、管,硅酸钙板,石棉乳胶板,石棉保温板,石棉纸,云母纸,矿棉吸声板,岩棉毡
带式成型 ①流延法 ②薄片挤出法	用浆状物料在水平运行的基带上流浇成型 在水平成型带上将物料均匀平后,经辊压挤出成型	用刮刀控制厚度,并经真空脱水、加热干燥或化学凝固定型 控制物料厚度,各辊筒压力、间隙及同步运行速度	石棉湿纺成膜、纤维石膏板、精细陶瓷薄片 柔性石墨纸
纺织工艺法	矿物纤维开松、除杂、混棉、梳棉、纺纱、合股捻线、编织成型	充分开松,梳棉的中长纤维软结构石棉	石棉纱、线、绳、布、带,纤维海泡石电解布
造粒法成型	使用喷雾干燥法、挤出造粒法、油成型法、冻结干燥法等造粒成型	喷雾法,分离心和压力喷嘴法,在热风中干燥成球;挤出法,挤出颗粒或蠕虫状材料;油成型法,在碱性条件下成型;冻结法,将金属盐溶液喷雾到低温有机液中冻结、升华、脱水成型	各类模压成型的复合材料颗粒压塑料,膨润土干燥剂,海泡石除臭剂,硅胶等

2. 固化工艺

被加工成型的制品一般只能获得初期强度,固化的主要目的是获得制品的最终机械强度,以及制品的功能所需的其他物理与界面化学性能。例如抗压、抗折、抗拉等机械强度,以及压缩回弹性、耐磨性、耐火防水性、耐热性、绝缘性、导电及导热性、化学稳定性、适当的摩擦性等。固化方法按其原理可归纳为烧结和胶结两种类型。

烧结是在低于熔点较多的高温下固化成型的烧成工艺,分为高温下有液相存在和无液相存在两类。有液相存在时,依靠高温液相的黏结使颗粒之间固结,通常需添加结合剂;或依靠原料中的低熔组分在烧成时产生的液相作为玻璃质结合剂。高温下无液相存在的固结,则可能与固相的滑移或塑性流动有关。矿物材料常见的烧结工艺类型见表0-15。

表 0-15　矿物材料常见的烧结工艺类型

烧结类型	工　艺　条　件	说　明
常压烧结	在大气条件下(无特殊气氛、常压条件下)烧结	普通的烧结工艺
低温烧结	添加烧结辅助剂;烧结温度较常压烧结低 压力烧结,使用微细粉料	使晶体内晶格空位增加、易于扩散与黏结,烧结速度加快。改善塑性流动。降低气孔率、提高制品强度,改善堆砌密度及制品强度
压力烧结	热压法烧结 高温等静压烧结	使用石墨模具或氧化铝模具,单面加压,高频感应加热 用金属箔代替橡皮模加压成型,用氮气、氩气等惰性气体代替液体加压
气氛烧结	制备透光性烧结体的气氛烧结 防止氧化气氛的烧结	在真空气氛中,尽量降低气孔率条件下烧结 在氮等惰性气氛中烧结

　　胶结是不经过相互热反应的烧结,而由第三种媒介物质将分离的物相连接固化的工艺。矿物材料制品通常依赖不同矿物相之间的相互反应来达到胶结固化的目的。此外,也常采用非天然矿物材料胶结物,例如水泥、烧石膏、石灰、硅酸钠等或有机高分子聚合物胶结物。按照胶结材料机理的分类见表0-16。

表 0-16　矿物材料制品的胶结工艺类型

胶结工艺类型	胶结机理与类型	胶结材料及反应举例
无机胶结 材料的胶结 固化	①由化学反应的胶结	磷酸、磷酸盐、硝酸盐、硫酸盐等。如: $MO + H_3PO_4 \longrightarrow M(HPO_4) + H_2O$ MO-金属氧化物
	②由沉淀物产生的胶结	硅酸钠、硅溶胶,如:$n[SiO(OH)_2]_n \xrightarrow{\text{pH 变化}} [SiO(OH)_2]_n + nH_2O$
	③由水化反应的胶结	硅酸盐水泥、氧化镁、烧石膏、CaO-SiO_2
有机高分 子胶结材料 的胶结固化	①沥青材料的胶结	煤沥青、石油沥青
	②热固性树脂胶结	酚醛树脂、聚酯树脂、环氧树脂
	③热塑性塑料胶结	聚烯烃类——聚乙烯、聚丙烯、聚丁烯及其共聚物,聚酰胺,聚碳酸酯,聚甲醛
	④橡胶材料的胶结	天然橡胶,再生橡胶,合成橡胶——丁苯橡胶、丁腈橡胶、丁基橡胶、氯丁橡胶、丁二烯橡胶、氟橡胶、硅橡胶

3. 后处理

　　后处理即对制品的外观质量、结构形状、装配与使用规格尺寸等进行最终加工处理,也包括进一步改善制品质量、性能以及加工成复合产品的工艺过程。主要分为热处理、去除加工、表面处理、接合与包覆等工艺类型。

　　热处理的目的主要是稳定和进一步提高制品的机械性能,特别是要消除制品的内应力,防止翘曲变形和开裂;也可以减少制品中的水分,改善防水性能,或降低制品的烧失量及有机组分含量,改善防火、耐蚀性能等。

　　去除加工即为达到使用及装配要求进行的外形规格尺寸的形态加工。不同功能用途的制品,对去除加工的精度要求不同。常见的制品去除加工工艺类型见表0-17。

表 0-17　矿物材料制品去除加工工艺类型

方　法　类　型	加　工　工　艺
力学加工	
①切割加工	锯切、剪裁、切割、喷射剪切、钻孔
②刀具加工	切削、车削、刨削、切割、镗孔
③磨料加工	珩磨、抛光、砂布砂纸加工、磨削、研磨
电化学加工	超声波加工、流体喷射加工、电解抛光
化学加工	化学抛光、蚀刻、光刻
电学加工	电火花加工、电子束加工、离子束加工、等离子体加工
光学加工	激光打孔

　　表面处理主要有表面装饰、防水、防蚀、防黏结、贴合、绝热、隔声、光与热反射以及提高强度等。通常采用的方法有机械或化学抛光、饰面贴面、喷涂包覆、有机薄膜涂层、石墨-有机硅或油膏涂层、蒸镀金属薄膜、化学气相沉积或溅射、离子镀层等。

　　制品与其他材料或部件结合装配的方式，一般有销接（螺钉，铆钉）及黏结两类。黏结时要求使用高强度黏结剂，也有将未烧成的成型体与对偶接合后烧结的方法联结的。

参 考 文 献

柴野. 欧洲文化中的中国元素. 光明日报，2009-4-16.

崔越昭主编. 中国非金属矿业. 北京：地质出版社，2008：7-12.

李歆，马鸿文，王红丽等. 相混合计算法确定蒙脱石含量的对比研究. 地学前缘，2011，18（1）：216-221.

李明珂. 千年之路——壶的造型发展与功能演变. 中国陶瓷工业，2007，14（4）：45-47.

李学勤. 辉煌的中华早期文明. 光明日报，2007-3-8.

刘庆柱. 中国考古五十年：史前考古发现与研究. 光明日报，2000-1-7.

刘庆柱. 中国考古五十年：夏商周时期考古发现与研究. 光明日报，2000-1-14.

刘庆柱. 中国考古五十年：秦汉至元明时期考古发现与研究. 光明日报，2000-1-21.

刘庆柱，白云翔主编. 中国考古学·秦汉卷. 北京：中国社会科学出版社，2010：739-748.

刘志青. 新材料技术是武器装备的物质基础. 光明日报，2006-8-23.

鲁毅. 汉字——中华文明的历史丰碑. 光明日报，2007-4-6.

马鸿文. 特约主编致读者Ⅱ. 地学前缘，2014，21（5）：1.

马鸿文，杨静，刘贺等. 硅酸盐体系的化学平衡：（1）物质平衡原理. 现代地质，2006，20（2）：329-339.

申维辰. 中华文明起源研究的重大突破. 光明日报，2004-3-25.

史金波，雅森·吾守尔. 中国活字印刷术的发明及早期传播. 北京：社会科学文献出版社，2000：146.

陶维屏，张培元. 中国工业矿物和岩石（上册）. 北京：地质出版社，1987：480.

天津化工研究院等. 无机盐工业手册. 第2版. 北京：化学工业出版社，1996：1553.

万朴. 我国非金属矿业60年发展概览. 中国非金属矿工业导刊，2009，（5）：3-7.

王昌燧，赵晓军. 双墩刻画符号：中国文字的起源？光明日报，2003-7-16.

王南，柳霞. 给音乐文化一个家. 光明日报，2009-4-7.

王仁湘. 鉴藏美玉八千年. 光明日报，2007-7-31.

王渝生. 科学寻踪. 南京：江苏教育出版社，1999：165.

吴天麟，汪淑珍. 试论中国陶瓷茶具的发展演变. 中国陶瓷工业，2007，14（4）：48-50.

杨雪梅. 中华文明的源头究竟在哪里. 人民日报，2009-11-13.

杨义. 中华民族的生命之根. 光明日报，2009-3-5.

章鸿钊. 宝石说. 上海：上海古籍出版社，1930：542.

资华筠. 话说中国舞蹈. 光明日报，2009-12-17.

Bates R L. Classification of the nonmetallic. Econ Geol, 1959, 1 (54): 248-253.

Calister W D. Materials Science and Engineering: An Introduction. 5th ed. New York: John Wiley & Sons, Inc, 2000: 871.

Fisher W L. The nonmetallic industrial minerals: Examples of diversity and quantity. Mining Congress Journal, 1969,

55 (2)：120-126.

Fulton Ⅲ R B. Chemicals. In Kogel J E，et al ed. Industrial Minerals and Rocks. 7th ed. Society for Mining，Metallurge，and Exploration，Inc，2006：295-308.

Harben P W. World distribution of industrial minerals deposits. In Kogel J E，et al ed. Industrial Minerals and Rocks. 7th ed. Society for Mining，Metallurge，and Exploration，Inc，2006：13-48.

Krukowski S T. Electric and optical materials. In Kogel J E，et al ed. Industrial Minerals and Rocks. 7th ed. Society for Mining，Metallurge，and Exploration，Inc，2006：1193-1204.

O'Driscoll M. International trade in industrial minerals. In Kogel J E，et al ed. Industrial Minerals and Rocks. 7th ed. Society for Mining，Metallurge，and Exploration，Inc，2006：49-59.

Wu Xiaohong，Zhang Chi，Goldberg P，et al. Early pottery at 20,000 years ago in Xianrendong Cave，China. Science，2012，336：1696-1700.

Zoltai T，Stout J H. Mineralogy：Concepts and Principle. Burgess Publishing Company，1984：547.

上 篇

工业矿物学

第一章 硅酸盐矿物

硅酸盐是自然界最重要的矿物，其基本骨架均由硅氧多面体以各种方式联结构成。硅氧多面体以四面体为主，少数为八面体。四面体既可孤立地被其他阳离子所包围，也可彼此以共角顶方式联结，形成架状、层状、链状、环状、岛状硅氧骨干。硅酸盐矿物即是根据其结构中硅氧骨干的形式进行分类的。

第一节 架状硅酸盐

石 英 族

石英族的成分为 SiO_2。自然界已发现 8 个同质多象变体，即 α-石英、β-石英、α-鳞石英、β-鳞石英、α-方石英、β-方石英、柯石英、斯石英。除斯石英中 Si 呈六次配位具金红石结构外，余者中的 Si 均为四次配位。$[SiO_4]$ 结构单元 4 个角顶的 O^{2-} 分别与相邻的 4 个 $[SiO_4]$ 共用而联结成三维架状结构。人工合成变体有凯石英、纤维硅石和二氧化硅-O。常压下，SiO_2 的同质多象转变为：α-石英 $\underset{}{\overset{573℃}{\rightleftharpoons}}$ β-石英 $\underset{}{\overset{870℃}{\rightleftharpoons}}$ β-鳞石英 $\underset{}{\overset{1470℃}{\rightleftharpoons}}$ β-方石英（1713℃熔融）（图 1-1-1）。低温下，鳞石英和方石英的转变为：α-鳞石英 $\underset{}{\overset{117\sim163℃}{\rightleftharpoons}}$ β-鳞石英；α-方石英 $\underset{}{\overset{200\sim270℃}{\rightleftharpoons}}$ β-方石英。

石英族的相转变包括重建式和位移式两种形式。重建式转变时离子有新的结构排列，化学键需要断开和重新形成，因此转变是惰性的，故在较高压力、温度下稳定的同质多象变体，在正常条件下得以保存。图 1-1-1 中的实线均表示这种转变。石英、鳞石英、方石英的

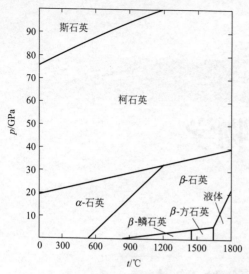

图 1-1-1 SiO_2 同质多象变体的 p-t 相图
(据 Wenk et al, 2004)

低温型和高温型之间的转变为位移式转变，即结构的变化只包括对称的变化，而键并不断开，故转变是迅速的，只有低温形式得以保存。

石英是地壳中广泛分布的矿物。按体积计，占整个地壳的 11.9%；占花岗岩和变质岩类的 22.5%，沉积岩的 18.4%（Wenk et al, 2004）。在热液矿脉中，石英常呈长柱状晶体，往往排列成栉状构造。在伟晶岩晶洞中，石英的柱状晶体常聚合成为晶簇出现。

α-石英（低温石英）（α-quartz）

SiO_2

石英是 α-石英和 β-石英的总称。α-石英通常简称石英。

【**晶体化学**】 成分纯净，可含少量 Fe、Mg、Al、Ca、Li、Na、K、Ge 等。其中 Ge^{3+}、Al^{3+} 可呈类质同象代替 Si^{4+}，导致 Li^+、Na^+ 等进入结构空隙，以维持电价平衡。常含气、液包裹体和固态包裹体方铅矿、闪锌矿、黄铁矿、金红石、磁铁矿、针铁矿等。

【**结构形态**】 三方晶系，D_3^4-$P3_121$ 或 D_3^6-$P3_221$；$a_0=0.4913nm$，$c_0=0.5405nm$；$Z=3$。[SiO_4] 四面体以角顶相连，形成三维架状结构，在 c 轴方向上呈螺旋状排列，并有左、右旋之分，即 c 方向的螺旋轴为 3_1 或 3_2。但结构上的左、右旋与形态的左、右形沿用习惯相反（图 1-1-2）。

三方偏方面体晶类，D_3-32(L^33L^2)。常呈完好的柱状晶体，柱面有横纹。常见单形：六方柱 $m\{10\bar{1}0\}$，菱面体 $r\{10\bar{1}1\}$、$z\{01\bar{1}1\}$，三方双锥 $s\{11\bar{2}1\}$ 及三方偏方面体 $x\{5\bar{1}61\}$（右形）、$\{6\bar{1}5\bar{1}\}$（左形）等。菱面体一般 r 比 z 发育，且分布普遍（图 1-1-2）。低温及 SiO_2 过饱和度低的条件下，呈长柱状晶形；反之则呈近等轴状。

双晶十分普遍，常见的重要双晶律有道芬双晶和巴西双晶。道芬双晶由两个左形或右形

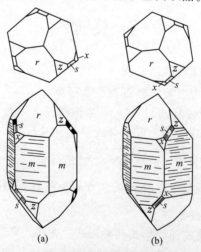

图 1-1-2 石英晶体的左形（a）和右形（b）
(引自潘兆橹, 1994)

晶体组成,两个体的偏光面向同一方向旋转,因而仍可作光学材料。巴西双晶由一个左形和一个右形组成,在(0001)切片中由于两个体的偏光面旋转相反,且有不同的干涉色,故不适合作为光学材料(表 1-1-1)。

表 1-1-1　α-石英的常见双晶表

双晶律	道芬双晶(电双晶)	巴西双晶(光双晶)
双晶上 x、s 面的分布	绕 c 轴相隔60°出现,皆左或皆右	一左一右成左右反映对称分布
双晶上缝合线的特点	晶面花纹不连续,缝合线弯曲	晶面花纹不连续,缝合线直
石英晶体切面上的浸蚀象	石英单体界线不规则	石英单体界线为直线
性质与用途	两部分的光轴平行,双晶轴与光轴平行,光性相同;电轴极性相反。在500℃以下,经100h退火可消除。可用作光学元件,不能用作压电元件	两部分的光轴平行,但旋光性相反;电轴极性相反。不能用人工方法消除。不能用作极光元件和压电元件

【物理性质】　无色、乳白色,常因含不同混入物而呈多种颜色。玻璃光泽,断口油脂光泽。无解理。贝壳状断口。硬度 7,相对密度 2.65。抗压强度 $//c$ 轴,24500MPa;$\perp c$ 轴,22560MPa。具压电性。

偏光镜下:无色透明;沿光轴方向 1cm 厚透光率:1000~550nm 波段,>90%;550~250nm 波段,约 85%~90%;250~220nm 波段,50%~80%。一轴晶(+)。N_o=1.544,N_e=1.553。

热膨胀系数,-250~573℃,$//c$ 轴方向为 $(4.10~17.98)\times10^{-6}/℃$;$\perp c$ 轴方向为 $(8.60~31.02)\times10^{-6}/℃$;573℃以上,热膨胀系数显著减小。

热导率,-150~100℃,$//c$ 轴方向为 $(74~21)\times10^{-3}$;$\perp c$ 轴方向为 $(36~13.1)\times10^{-3}$;低于-150℃,热导率显著增大。

电阻率,20℃下,$//c$ 轴方向为 $0.1\times10^{15}\Omega\cdot cm$,$\perp c$ 轴方向为 $20\times10^{15}\Omega\cdot cm$;100~300℃,$//c$ 轴方向为 $0.8\times10^{12}~60\times10^{6}\Omega\cdot cm$。

除氢氟酸外石英不溶于任何酸,在熔融 Na_2CO_3 和 NaOH 碱液中可溶。

石英是优良的压电材料，L^2 为极轴，垂直 L^2 施加压力，极轴两端产生正、负电荷；垂直 L^2 拉伸时，电荷符号相反。

【资源地质】 在深成岩中一般晶出最晚，而在酸性火山岩中常呈斑晶出现，且多具 β-石英假象。在伟晶岩中，常与微斜长石成规则连生（文象结构）或呈巨大晶体。热液成因的石英，常呈块状或长柱状晶体。伟晶和热液成因的 α-石英是压电水晶的重要来源。石英抗化学风化和机械破碎，故在碎屑沉积岩中分布最广，或富集成砂。石英经生物或有机酸等作用可发生溶解，在水体中再沉积为玉髓或蛋白石。石英不与刚玉共生，因两者反应生成 Al_2SiO_5 多型变体。石英和镁橄榄石反应生成顽辉石，因而亦不与之共生。

【鉴定特征】 常呈六方柱和双锥，具明显的柱面横纹和蚀象，有时见左形和右形晶。大的晶体可见双晶。晶体发育不好时，可据其玻璃光泽、贝壳状断口（油脂光泽）、无解理、较高的硬度来鉴别。偏光镜下低突起，无色，无蚀变。一轴晶（+）亦有助于鉴定。

【工业应用】 主要用作压电材料、光学材料、工艺水晶（rock crystal）和熔炼水晶等。

压电水晶 要求石英无双晶、裂隙、包裹体等。电子工业中，用压电石英片制造谐振器和滤波器（频率误差 $<10^{-9}/s$），广泛应用于自动武器、导弹、核武器、超音速飞机、卫星导航、遥控、电子、钟表、微处理机等工业领域。超声波技术中，压电石英用来制造回声探测器和压电传感器等仪器。要求石英单晶块度大于 12mm×12mm×12mm；含矿品位高时，块度可放宽至 8mm×8mm×8mm。最低工业品位：原生矿露采矿山 0.5g/m，地下开采矿山 3g/m；砂矿水采矿山 0.3g/m，旱采矿山 0.5g/m。

光学水晶 要求紫外线透过率 >85%（以厚度 10mm，无缺陷晶体薄片测定为准），可用于制造石英折射仪、红外线分析仪、光谱仪、摄谱仪等。作光学材料的水晶，要求纯净透明，能透过波长 >210nm 的紫外线，10mm 厚晶体薄片透光率应 ≥85%，晶体无严重缺陷，允许有道芬双晶，缺陷边缘允许有少量小气泡、点状小蓝针及次生小裂隙。光学水晶分为三个等级（表 1-1-2）。

表 1-1-2 光学水晶的等级及质量要求

等 级		无缺陷部分最小尺寸/mm			无缺陷部分允许缺陷程度
		机械轴	电轴	光轴	
Ⅰ级	1 等	65	55	40	各级的一等品均不允许有巴西双晶、棉、节瘤、包裹体、裂隙和蓝针；
	2 等	72	72	15	
Ⅱ级	1 等	45	35	30	各级的二等品均不允许有巴西双晶、包裹体、棉、节瘤，允许有一定数量的小气泡、小蓝针及次生小裂隙
	2 等	65	65	15	
Ⅲ级	1 等	30	25	20	
	2 等	45	45	15	

熔炼水晶 即选出压电、光学、工艺水晶后剩余的水晶晶体及碎块，是特种透明玻璃、人造水晶、特种石英坩埚和特种石英陀的原料。要求 $SiO_2 > 99.96\%$，$Al < 20×10^{-6}$，$Fe < 2×10^{-6}$，$B < 1×10^{-6}$，Mg 和 $Ti < 1×10^{-6}$，杂质总量 $<50×10^{-6}$。要求晶格中基本无 Al 或 B 代 Si 现象，包裹体少且易于被打开。不允许带有紫色、黄色，一级品不许有墨晶。允许含双晶、节瘤、蓝针和干净的自然表面，每块水晶厚度要 ≥3mm。按晶体中透明部分所占体积，熔炼水晶分为四级：一级 ≥90%，二级 ≥70%，三级 ≥40%，四级 ≥10%。

工艺水晶 结晶完好无色透明者称水晶；紫色者（含 Fe^{3+}）称紫晶；金黄色或柠檬色者（含 Fe^{2+}）称黄晶；浅玫瑰色者（含 Mn 和 Ti）称蔷薇水晶或芙蓉石；烟色至棕褐色者（含 Al^{3+}）称烟晶或茶晶；黑色透明者称墨晶。因含鳞片状赤铁矿或云母而呈褐红或微黄色具砂金效应者称砂金石。水晶中含有大量平行排列的纤维状、针状包裹体而使弧面形宝石表面显示猫眼效应者称石英猫眼。当含有两组以上定向排列的针状、纤维状包裹体而显示星光效应者则称星光水晶（图1-1-3）。纯净透明的水晶和优质带色晶体均可用于加工珠宝饰品。

图 1-1-3　蔷薇水晶的星光效应
沿石英晶体结构的三个结晶方向，针状金红石微包裹体彼此呈120°夹角定向排列，反射点光源而产生六射星光效应。
哈佛矿物博物馆藏水晶球，
直径 5.5cm（Klein，2002）

　　玉髓（chalcedony）是最常见的隐晶质石英变体，由亚显微颗粒状、柱状或纤维状石英组成。条带状玉髓称为玛瑙（agate）。碧玉、光玉髓是玉髓的变种。绿玉髓和蓝玉髓是玉髓中质量较好的品种，前者产自澳大利亚，是一种含 Ni 的绿色变种，高质量者呈苹果绿色，又名澳洲玉；后者产于中国台湾，为含 Cu 的蓝色、蓝绿色变种。玛瑙按颜色分为白、红、绿玛瑙；按杂质或包裹体则分为苔纹玛瑙、火玛瑙和水胆玛瑙，前者因绿泥石和铁、锰氧化物杂质形成苔藓状、树枝状图案而得名，属贵重品种；火玛瑙因含包裹体而显晕彩；后者则是一种含较多包裹水（肉眼分明可见者称为水胆）的含水玛瑙。碧玉常以其颜色或特殊花纹来命名，较名贵的品种有风景碧玉和血滴石（张蓓莉等，2008）。

　　南京雨花石和西藏天珠，主要成分也是隐晶质氧化硅。前者即产于南京雨花台砾石层中的玛瑙，有红、黄、蓝、绿、褐、灰、紫、白、黑等色调，花纹变化万千，被誉为“天下第一美石”；后者是西藏宗教的一种信物，根据天珠表面图案分为一眼直至九眼天珠，其主要矿物为玉髓。

　　玛瑙也可用于制作研磨器皿、精密仪器的轴承等。

　　受天然水晶质量和资源所限，除工艺水晶和熔炼水晶外，其他用途水晶现已多为人工合成水晶所代替。

β-石英（高温石英）（β-quartz）

常压下在 573～870℃稳定，温度更高时再造式转变为鳞石英，但非常缓慢。冷却时在573℃位移式转变为低温石英。一般 β-石英大多是 α-石英依 β-石英形成的副象。

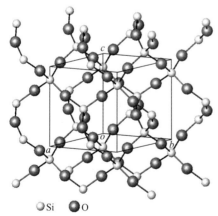

○ Si　● O
图 1-1-4　β-石英的晶体结构

【结构形态】　六方晶系，D_6^4-$P6_222$ 或 D_6^5-$P6_422$；$a_0=0.502$nm，$c_0=0.548$nm；$Z=3$。其结构（图1-1-4）稍微扭曲即成低温石英结构。由高温向低温转变时，Si 原子位移错动，一组二次对称轴消失，且六次螺旋轴变为三次螺旋轴，Si—O—Si 键不断裂。具典型的双锥习性，六方双锥 $r\{10\bar{1}1\}$ 发育，有时可见六方柱 $m\{10\bar{1}0\}$。晶体几乎总是呈浑圆状，表面粗糙。双晶非常普遍。

【物理性质】　灰白、乳白色。玻璃光泽，断口油脂光泽。相对密度 2.51～2.54。

偏光镜下：无色。一轴晶（＋），$N_e=1.5405$，$N_o=1.5329$（钠光 580℃）；$N_e=1.5431$，$N_o=1.5356$（钠光 765℃）。

【资源地质】　产于酸性火成岩中，亦常见于酸性喷出岩中成斑晶，多已转变为 α-石英，

但经常仍依 β-石英成假象。

【鉴定特征】 晶形，硬度及产状，据 X 射线衍射法方能正确鉴定。

鳞石英（tridymite）

即 SiO_2 在 870～1470℃之间的稳定相。温度更高时转变为方石英；较低温度时转变为
β-石英，但非常缓慢（再造式转变）。有碱金属氧化物或卤化物等矿化剂存在时可加速转变，
能冷却至 870℃以下。冷却时发生两个位移式转变：β_2-鳞石英（高温鳞石英）→（163℃）β_1-
鳞石英（中温鳞石英）→（117℃）α-鳞石英（低温鳞石英）。

【结构形态】 β_2-鳞石英六方晶系，D_{6h}^4-$P6_3/mmc$；$a_0 = 0.503nm$，$c_0 = 0.822nm$；
$Z = 4$。$[SiO_4]$ 形成//{0001} 的结构层。层内 6 个四面体中有 3 个顶点向上、3 个顶点向下
相间排列，即四面体的 L^3 都平行于 [0001]，连成六方环，再分别与上、下的六方环顶点
相连形成三维骨架 [图 1-1-5(b)]。氧原子呈简单六方紧密堆积。α-鳞石英是具有假六方晶
系的单斜晶系，由于结构堆垛产生非公度调制结构。一般呈//{0001} 的六方板状晶体。双
晶非常普遍，双晶面//{10$\overline{1}$6} 的接触双晶或穿插双晶常见。

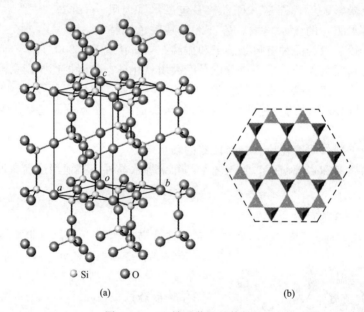

○ Si   ● O

(a)   (b)

图 1-1-5 β_2-鳞石英的晶体结构

【物理性质】 无色-白色。玻璃光泽。硬度 7。相对密度 2.22(200℃)。

偏光镜下：无色透明。合成鳞石英，二轴晶（+）。$2V = 36°$。$N_g = 1.473$，$N_m =$
1.470，$N_p = 1.469$。

【资源地质】 在酸性火山岩中常作为斑晶产出；低于 117℃转变为 α-鳞石英，常见于中
酸性喷出岩基质或气孔中，与方石英、透长石等共生。

【鉴定特征】 晶形，硬度及产状，X 射线衍射分析法可准确鉴定。

【工业应用】 是硅质耐火材料的主要物相。

方石英（cristobalite）

同质多象变体：高温方石英是常压下 1470～1728℃稳定的等轴晶系变体，温度降至
268℃以前呈亚稳态存在；268℃时转变为低温方石英，更低温下呈亚稳态存在。

β-方石英（高温方石英）

【结构形态】 等轴晶系，$O_h^7\text{-}Fd3m$；$a_0 = 0.709\text{nm}$（20℃），0.71362nm（400℃），0.71462nm（800℃），0.71473nm（1300℃）；$Z=8$。Si^{4+} 在立方体晶胞中的位置与 C 在金刚石结构中的位置类似。O^{2-} 位于每 2 个 Si^{4+} 之间 [图 1-1-6（a）]。Si—O—Si 角近于 $180°$。$[SiO_4]$ 彼此连接而成六方网状层，层面 // $\{111\}$，故呈八面体形态。晶体一般呈八面体骸晶，少数为立方体，也有菱形十二面体、三角三八面体。依（111）成尖晶石律双晶常见。

【物理性质】 无色或乳白色、黄色。玻璃光泽。相对密度 2.19。

【资源地质】 产于黑曜岩、安山岩、粗面岩、流纹岩中，与鳞石英、歪长石、石英、透长石、铁辉石、铁橄榄石、磁铁矿等共生。

【鉴定特征】 往往粒度很小，只有用偏光显微镜和 X 射线衍射方能正确鉴定。

【工业应用】 是硅酸盐陶瓷、硅质耐火材料中的主要物相。

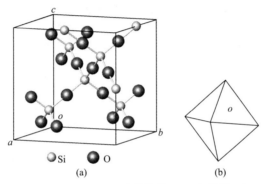

图 1-1-6　β-方石英的晶体结构（a）与晶形（b）

α-方石英（低温方石英）

【晶体化学】 常含少量 Al、Ti、Fe、Na、Ca 等元素。由于碱和碱土金属离子的存在，结构中出现 Al 代替 Si 以平衡电荷。

【结构形态】 四方晶系，常呈假等轴晶系，$D_4^4\text{-}P4_12_12$ 或 $D_4^8\text{-}P4_32_12$；$a_0 = 0.497\text{nm}$，$c_0 = 0.693\text{nm}$（室温）；$Z=4$。结构比 β-方石英的结构稍为紧密，Si—O—Si 角为 $147°$。$[SiO_4]$ 沿四次螺旋轴成螺旋形排列。晶体常呈 β-方石英转化后的假象。

【物理性质】 无色或乳白色。无解理。具贝壳状断口。硬度 6～7。相对密度 2.33。

偏光镜下：无色透明，一轴晶（－），$N_o = 1.487$，$N_e = 1.484$。明显负突起。

【资源地质】 与鳞石英伴生，见于喷出岩如黑曜岩、流纹岩、安山岩中。

低温方石英有两种主要异种：纤方石英（lussatite）（肉眼可见纤维状构造）和蛋白石。二者广泛分布于地表的地质环境和低温热液产物中。

【鉴定特征】 常呈高温方石英转变后的假象（八面体晶形），乳白色，硬度大。与鳞石英的区别在于晶形及方石英具负光性，而鳞石英为正光性。

【工业应用】 有序方石英可用作非线性光学晶体（吴柏昌等，2000）。

蛋白石（opal）

$SiO_2 \cdot nH_2O$

【化学组成】 一般 $w(SiO_2)>90\%$，$w(H_2O)$ 为 $4\%\sim9\%$，最高可达 20%。主要杂质为 Al_2O_3、Fe_2O_3、CaO、MgO；红色或褐色蛋白石的 Fe_2O_3 含量很高。

【结构形态】 蛋白石是方石英雏晶的亚显微结晶质集合体，富含水。贵蛋白石具有一种有序构造，即呈六方或立方最紧密堆积的 SiO_2 小球体。各种蛋白石中的球粒直径不同（150～300nm）。水和空气充填于空隙中（图1-1-7）。球粒间的空隙规则分布，形成可以衍射可见光的格栅。当白光入射在球粒间空隙组成的平面上时，某些波长被衍射，以近于纯光谱色从内部射出，形成蛋白石的火焰状闪色现象。各种不同波长的光随入射角 θ 的变化，球粒间隙的距离 d 与可见光波长 λ（400～700nm）满足布拉格公式 $n\lambda = 2d\sin\theta$。由于入射光受蛋白石折射率的影响而发生折射，故公式中须引入折射率 μ（1.45），即 $n\lambda = 2d\mu\sin\theta$。当 $n=1$，$\theta=90°$，$\mu=1.45$ 时，$\lambda=2.9d$。此式与白光下蛋白石的衍射情况相符。当 $d=400/2.9$（138nm）时，波长为400nm的紫光首先出现。

光子晶体具有蛋白石型结构（丁敬等，2004）。

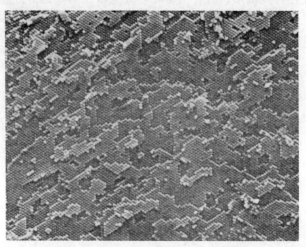

图1-1-7 蛋白石中 SiO_2 小球的堆积构造

（据 Danagh et al，1976）

蛋白石系由富水的氧化硅凝胶脱水而成，常呈隐晶质块状或钟乳状、葡萄状、皮壳状集合体或结核等。

【物理性质】 质纯者无色或白色如鸡蛋白而得名，常因含杂质而呈黄、绿、红、褐、灰、棕、蓝、黑等色调。一般微透明，半透明者具乳光。玻璃光泽和具蛋白光。在阳光下转动时有变彩。硬度5～5.5。相对密度1.99～2.25。$N=1.435～1.455$。密度和折射率随含水量增高而降低。易脱水龟裂而成白色。据其颜色、表面结构及集合体形态等分为：

贵蛋白石 在乳白色半透明基质中带各种颜色的乳光变彩。

火蛋白石 主要呈红或橙色变彩。

木蛋白石 浅黄或黄色蛋白石中保存着木质构造。

水蛋白石 质轻、多孔、水中透明，干燥时浊色。

此外，尚有玻璃蛋白石、珍珠蛋白石等异种。

【资源地质】 温泉、浅成热液或地表水的硅质溶液中可形成蛋白石。火山岩气孔中的蛋白石系由胶体沉积、脱水硬化而成，可继续转变为玉髓。在热液作用中，蛋白石在约100～150℃以下形成并保持亚稳状态。

【工业应用】 蛋白石的孔隙度高、吸水性强、吸附性好，可用于塑料、橡胶、涂料等的填料，也可作催化剂载体。在高密度聚乙烯（HDPE）、ABS树脂、织物纤维等材料中具有增强、增韧、填充作用（Rahman et al，2009；顾晓华等，2006；黄海等，2003）。

贵蛋白石可作饰品，称为欧泊，具典型的变彩效应。主要品种：黑欧泊，体色呈黑色或深蓝、深灰、深绿、褐色，以黑色为最佳，因黑色体色的变彩更加鲜艳夺目而显雍容华贵，最为著名的黑欧泊产于澳大利亚新南威尔士；白欧泊，体色呈白色或浅灰色而显变彩，具清丽宜人之感；火欧泊，无变彩或少量变彩的半透明至透明品种，一般呈橙色、橙红、红色，色调热烈而富于动感；晶质欧泊，具有变彩效应的无色透明至半透明品种；墨西哥以产出火欧泊和晶质欧泊而闻名。

澳大利亚是世界上最主要的欧泊产地，产量占世界 90% 以上，黑欧泊为其著名珍贵品种，著名矿山有 1903 年开采的闪电岭，1889 年开采的白崖及产量最高的库伯佩迪。除澳大利亚外，其他欧泊产地还有墨西哥、美国、捷克及斯洛伐克等。

长 石 族

长石族化学通式 $M[T_4O_8]$。其中，M 为 Na、Ca、K、Ba、NH_4^+ 及少量 Li、Rb、Cs、Sr 等，T 为 Si、Al 及少量 B、Fe、Ge 等。长石族主要是由 $K[AlSi_3O_8]$（钾长石，Or）、$Na[AlSi_3O_8]$（钠长石，Ab）、$Ca[Al_2Si_2O_8]$（钙长石，An）三个端员形成的固溶体。其中钾长石和钠长石可在高温下形成完全类质同象的碱性长石系列；钠长石和钙长石也可形成连续的斜长石系列；钾长石与钙长石仅可有限混溶（图 1-1-8）。钡长石 $Ba[Al_2Si_2O_8]$（celsian，Cn）也可与 $K[AlSi_3O_8]$ 部分混溶，但少见。自然界产出的长石族矿物有 19 种，分属单斜、三斜、斜方、六方晶系（Back，2014）。

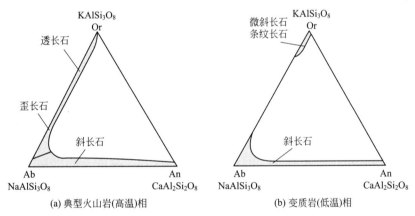

图 1-1-8 Or-Ab-An 体系三元长石的成分范围

（据 Wenk et al，2004）

长石族是组成地壳最主要的矿物。按体积计，占地壳组成的 43.1%；在花岗岩和变质岩类中占 52.2%，沉积岩中占 17.3%，大洋和大陆玄武岩中分别占 34.3% 和 45.7%（Wenk et al，2004）。纯净的长石主要来源于正长岩和伟晶岩。在岩浆作用的伟晶岩阶段，可结晶出粗大的长石晶体，是长石的重要矿床类型。

碱性长石（alkali feldspar）

$(K,Na)[AlSi_3O_8]$

随结晶温度由高到低，Or 端员依次形成透长石（sanidine，单斜）、正长石（orthoclase，单斜）、微斜长石（microcline，三斜）；Ab 端员则依次形成高钠长石、中钠长石、低钠长石（均为三斜对称）。Na[AlSi$_3$O$_8$] 在 980℃以上形成单斜变体（单钠长石，monal-bite）。低于此温度，则转变为三斜的同质多象变体高温钠长石，也称歪钠长石。当 K$^+$ 替代 Na$^+$ 时，转变温度降低，直到反应曲线与碱性长石固溶线相交处为止。只有当温度降低至约 700℃时，纯 Na[AlSi$_3$O$_8$] 的 Al—Si 有序化方可产生向三斜的低温钠长石的对称转变。

高温时透长石-高钠长石为一连续固溶体系列（图 1-1-9），具有三斜对称（Ab$_{100}$～Ab$_{63}$）向单斜对称（Ab$_{63}$～Ab$_0$）的变化，三斜成员称为歪长石（anorthoclase）。透长石-高钠长石在低温下分别为两个稳定相，其中间成分的固溶体在高温时是均匀的。当缓慢冷却时，在钾长石主晶相中出溶叶片状钠长石相，称为条纹长石（perthite）；若出溶的钾长石以各种形态散布于钠长石主晶相中，则称反条纹长石（antiperthite）。

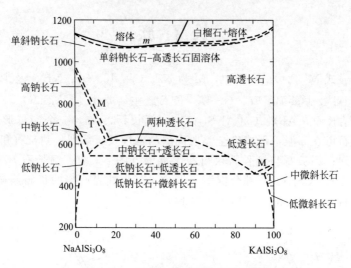

图 1-1-9　Ab-Or 体系的成分-温度图

(据 Smith, 1974)

M—单斜；T—三斜；虚线—性质和严格位置存疑的相界线

【晶体化学】　理论组成（w_B%）：钾长石，K$_2$O 16.90，Al$_2$O$_3$ 18.40，SiO$_2$ 64.70；钠长石，Na$_2$O 11.80，Al$_2$O$_3$ 19.50，SiO$_2$ 68.70。碱性长石主要为 K[AlSi$_3$O$_8$]-Na[AlSi$_3$O$_8$] 的二元固溶体，通常 Ab 端员不超过 30%；Ab 端员大于 50% 时，则称钠透长石、钠正长石或钠微斜长石。常含一定量的 Ca[Al$_2$Si$_2$O$_8$]、Ba[Al$_2$Si$_2$O$_8$] 组分。其他少量类质同象替代有 Sr、Rb、Cs、Ga、Pb 等（马鸿文，1990）。微斜长石有时含较高的 Rb$_2$O（达 1.4%～3.3%）、Cs$_2$O（达 0.2%～0.6%）而呈绿色，称为天河石（amazonite）。

【结构形态】　透长石：单斜晶系，C_{2h}^3-C2/m；$a_0 = 0.860$nm，$b_0 = 1.303$nm，$c_0 = 0.718$nm，$\beta = 116°$；$Z = 4$。正长石：单斜晶系，C_{2h}^3-C2/m；$a_0 = 0.8562$nm，$b_0 = 1.2996$nm，$c_0 = 0.7193$nm，$\beta = 116°09'$；$Z = 4$。微斜长石：三斜晶系，$C_i^1 - P\bar{1}$；$a_0 = 0.854$nm，$b_0 = 1.297$nm，$c_0 = 0.722$nm，$\alpha = 90°39'$，$\beta = 115°56'$，$\gamma = 87°39'$；$Z = 4$。晶格常数随化学组成和形成条件而有所变化。正长石常具超显微连生构造，即由单体具三斜对称的超显微双晶或极小的晶胞级晶畴（domain）所组成，而光性上仍表现为单一晶体，表明在晶出后向更低结构状态转变。正长石一般含较多 Ab 组分，多为富钾相和富钠相共存，系出溶作用所致。这种条纹长石称为正长石-微纹长石或正长石-隐纹长石。

碱性长石结构中，[TO$_4$] 四面体联结成四元环，环与环联结成沿 a 轴的折线状链，链与链相连形成三维架状结构。环间有较大空隙，由 K$^+$、Na$^+$ 和少量 Ca^{2+}、Ba^{2+} 等半径较大的阳离子占据。高温时碱性长石形成完全固溶体，单斜晶系，其对称性要求 $[(Al, Si)O_4]$ 必须保持对称等效（图 1-1-10）。在高温透长石中，四面体位置的 Al^{3+}、Si^{4+} 呈完全无序排列；而在正长石中，四面体位置是对称有序排列的。在完全有序的微斜长石结构中，二次轴和镜面均消失，对称性降低为三斜晶系。

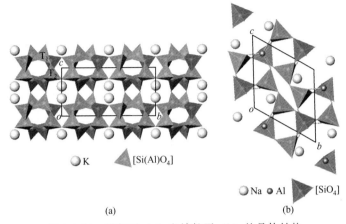

图 1-1-10 透长石（a）和钠长石（b）的晶体结构
T_1 和 T_2 分别代表单斜对称的两种不同的 $[TO_4]$ 四面体

　　碱性长石从高温环境下冷却时，四面体位置的 Al^{3+}、Si^{4+} 有序化将导致对称的改变，原来由单斜点群的镜面联系起来的四面体不再等效，结构转变为三斜对称。透长石是 Al^{3+}、Si^{4+} 完全无序的钾长石，单斜对称。随缓慢冷却至约 800℃，发生 Al^{3+} 有序占据两个四面体位置之一，形成正长石。由于只是部分有序，因此结构仍是单斜 $C2/m$。进一步冷却至约 600℃，Al^{3+} 有序更完全，则形成稳定有序的微斜长石，完全有序时称最大微斜长石。低温钾长石即冰长石（adular），可能是在亚显微尺度上双晶化的微斜长石。

　　长石的结构状态用有序度和三斜度表示。有序度是指 Al^{3+}、Si^{4+} 在 $[SiO_4]$ 四面体位置上代替分布的程度，分为单斜有序度和三斜有序度。三斜度是指偏离单斜对称的程度，用数字 0～1 表示，最大微斜长石的三斜度为 1。

　　透长石　斜方柱晶类，$2/m (L^2PC)$。晶体呈短柱状或厚板状（图 1-1-11）。常见卡斯巴双晶（图 1-1-12）。

　　正长石　斜方柱晶类，C_{2h}-$2/m(L^2PC)$。晶体呈短柱状或 //{010} 的厚板状（图 1-1-11）。晶体主要由斜方柱 m{110}、n{011}、z{120}，平行双面 b{010}、c{001}、x{10$\bar{1}$} 或 y{20$\bar{1}$} 组成，有时还有斜方柱 o{11$\bar{1}$}；另沿 a 轴延长的习性主要由 {010} 及 {001} 发育而成。冰长石之 {110} 特别发育。常见卡斯巴接触双晶，少见巴维诺、曼尼巴双晶。

　　微斜长石　平行双面晶类，C_i-$\bar{1}(C)$。晶形与正长石相似，常呈半自形至它形片状、粒状或致密块状。除卡斯巴接触双晶、巴维诺双晶和曼尼巴双晶外，通常都有按钠长石律和肖钠长石律组成的复合双晶，即典型的格子双晶（图 1-1-12）。

　　【物理性质】　一般为白、灰白、肉红色，浅黄色或浅绿色。冰长石无色透明。绿色变种天河石，加热至 270℃ 开始褪色。玻璃光泽。{001}、{010} 解理完全，解理夹角 90°（透长石，正长石）或 89°40′（微斜长石）。硬度 6～6.5，相对密度 2.56～2.57。

　　熔点　钾长石 1290℃，钠长石 1215℃，钡长石 1715℃。天然长石常为固溶体，故熔点较单一成分的长石熔点低。碱性长石具有良好的助熔作用。钾长石在约 1200℃ 开始熔融，

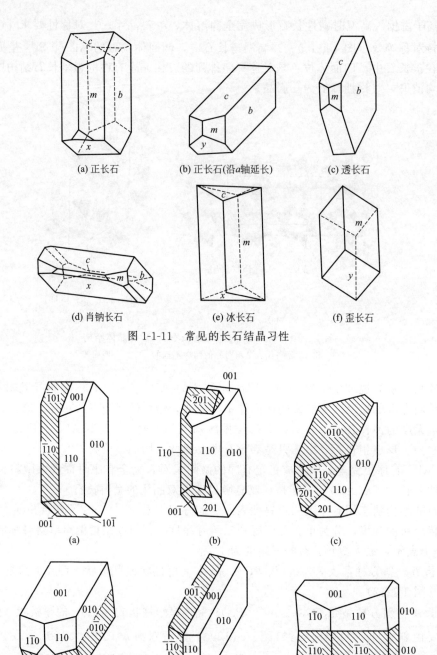

(a) 正长石　　　　(b) 正长石(沿a轴延长)　　　　(c) 透长石

(d) 肖钠长石　　　　(e) 冰长石　　　　(f) 歪长石

图 1-1-11　常见的长石结晶习性

图 1-1-12　常见的长石双晶类型

（a）卡斯巴接触双晶；（b）卡斯巴穿插双晶；（c）巴维诺双晶；（d）曼尼巴双晶；

（e）钠长石律双晶；（f）肖钠长石双晶（画横线部分为双晶的另一单体）

1530℃全部转变为液相，熔融间隔宽，熔体透明，黏度高，工艺性能最好；钠长石熔融间隔小、熔体黏度低，导致坯体烧成过程中易变形。

钾长石玻璃的化学稳定性良好，除高浓度硫酸和氢氟酸外，不受其他酸、碱的侵蚀。

【资源地质】　正长石主要产于酸性和部分中性岩浆岩中；在碱性岩中与钠长石、似长石、碱性辉石、碱性闪石等共生；在伟晶岩中也常见。也见于各种片麻岩和混合岩中。微斜长石多见于酸性和碱性岩中，是伟晶岩的主要矿物之一；在片岩、片麻岩、混合岩中均有微斜长石产出，也出现于接触变质岩和沉积岩中。

钡长石在自然界较为少见。印度南部中太古界 Ghattihosahalli 片岩带绿片岩-角闪岩相变质泥岩含钡地层中，发现钡长石（$Cn_{98-76}Or_{2-20}Ab_{1-8}$）+冰钡长石（$Cn_{55-39}Or_{35-51}Ab_{10}$）+钾长石+钡铬云母组合，形成于 $500\sim550℃$ 和 $4\sim5kbar$ 条件下（Raith et al, 2014）。

【鉴定特征】 钾长石常见卡斯巴双晶。与近于无色的斜长石相比，钾长石的新鲜面常呈粉红色，放大镜下常见条纹交生。薄片中，微斜长石的格子双晶及低突起明显。

【工业应用】 主要用作玻璃、陶瓷原料。钾长石可作为制取钾盐的原料，钡长石可用作耐火材料的原料。

玻璃原料 长石在玻璃工业中的用量约占其消费总量的 $50\%\sim60\%$。钾长石富含 Al_2O_3，熔融温度低，主要用于提供玻璃配料中所需的氧化铝，以降低熔融温度，减少纯碱用量。长石中的铝代替部分硅，可提高玻璃的韧性、强度和抵抗酸侵蚀的能力。此外，长石熔融后变成玻璃的过程较缓慢，可防止玻璃生产过程中出现析晶作用。质量要求（$w_B\%$）：$SiO_2\leqslant70$，$Al_2O_3\geqslant18$，$Fe_2O_3\leqslant0.2$，$Na_2O+K_2O\geqslant13$。

陶瓷原料 长石在陶瓷工业中的用量约占其总用量的 30%。钾长石不仅熔点低，熔融间隔宽，熔体黏度高、透明，而且这些性能随温度的变化速率缓慢，有利于工艺过程的烧成控制，防止制品变形。钠长石熔点稍低于钾长石，熔融间隔窄，熔体黏度较低，且随温度的变化速率快，制品易变形。但高温下钠长石对石英、黏土及莫来石等高熔点矿物的熔解能力强且速率快，故适合于配制瓷釉。

坯体原料：长石除可供给 SiO_2、Al_2O_3 外，还可提供 K_2O、Na_2O，在配料中既是瘠性原料，又是熔剂性原料。作为瘠性原料，具有降低黏土或坯泥的可塑性和黏结性、减少坯体干燥与烧成的收缩变形、改善干燥性能和缩短干燥时间等效果。长石质瓷具有良好的电绝缘性和强度。其击穿电压达 $25\sim30kV/mm$，体积电阻率 $10^{10\sim13}\Omega\cdot cm$，介质损耗角正切值 $(25\sim35)\times10^{-3}$，抗弯强度 $69\sim88MPa$，抗张强度 $29\sim44MPa$。

作为陶瓷原料，对钾长石的质量要求（$w_B\%$）：Ⅰ级品 $K_2O+Na_2O\geqslant11$，$Na_2O<4$，$Fe_2O_3\leqslant0.2$，$Al_2O_3\geqslant17$，$MgO+CaO<2$；Ⅱ级品 $K_2O+Na_2O\geqslant11$，$Fe_2O_3\leqslant0.5$，$Al_2O_3\geqslant17$，$MgO+CaO<2$。卫生瓷、日用瓷用钾长石要求（$w_B\%$）：$K_2O+Na_2O>11\sim15$，$K_2O/Na_2O>2$，$Fe_2O_3+TiO_2<1$；电瓷用钾长石要求（$w_B\%$）：$SiO_2<70$，$Al_2O_3>17$，$K_2O+Na_2O>14$，$Fe_2O_3<0.2\sim0.3$。

陶瓷釉：瓷釉的主要化学成分为 SiO_2、Al_2O_3、TiO_2、K_2O、Na_2O、CaO、MgO 等。釉料矿物一般为石英、长石、黏土。瓷坯与瓷釉的组成相近，但釉中含较多的碱土氧化物，长石用量可达 36%。长石的助熔作用可使釉料熔融充分，釉面光亮，平滑透明。

宝石材料 月光石系由正长石和出溶的钠长石呈层状隐晶交生，因折射率差异而对可见光发生散射，在解理面存在时可伴有干涉和衍射，因而在一定角度使长石表面综合作用产生一种白至蓝色的浮光效应，看似朦胧的月光（月光效应）而得名（余晓艳，2016）。高质量者具漂游波浪状蓝光，半透明状；少见猫眼效应或星光效应。某些由铁致色的浅黄至金黄色正长石亦可具猫眼效应。天河石则是由 Rb 或 Pb 致色的绿色至蓝绿色微斜长石，透明至半透明，常含聚片双晶或穿插双晶而呈绿色和白色格子状、条纹状或斑纹状，并可见解理面闪光。钠长石玉市场上称"水沫子"，可仿冰种翡翠。

其他用途 碱性长石用于制作搪瓷的珐琅，掺配量 $20\%\sim30\%$。钾长石可作为制取碳酸钾、硫酸钾、硝酸钾、磷酸钾等钾盐的原料，参考工业要求（$w_B\%$）：$K_2O>11.0$，

$Al_2O_3 > 18.0$，$TFe_2O_3 < 6.0$。纯质钾长石也可用于合成钾霞石、白云母、高岭石和钠型、钾型分子筛等（马鸿文等，2005，2014，2018；原江燕等，2017）。

天河石大量产出时可作为提取 Rb、Cs 的原料，或可用作装饰品或雕刻工艺石料。

斜长石（plagioclase）

$Na_{1-x}Ca_x[Al_{1+x}Si_{3-x}O_8]$（$x = 0 \sim 1$）

斜长石系列中的 Ab 端员除极特殊的单钠长石外，均为三斜对称。An 端员也具三斜对称，高温型为体心结构（$I\bar{1}$），低温型为原始结构（$P\bar{1}$）。它们的 $[Al_2Si_2]$ 相间排列，完全有序。高温时，形成高钠长石-体心钙长石固溶体，在靠近 An 端员处存在很窄的不混溶间隙；低温时，一般可看作完全的类质同象系列（图 1-1-13）。其密度、折射率等物性变化与化学组成的变化呈线性关系。

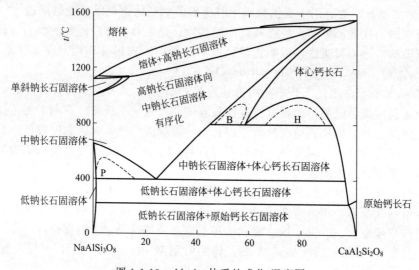

图 1-1-13　Ab-An 体系的成分-温度图

（据 Smith，1974）

P—晕长石（peristerite）连生区；B—Boggild 连生区；H—Huttenlocher 连生区

斜长石的亚种划分为钠长石（albite，$An_{0\sim10}$）、奥长石（oligoclase，$An_{10\sim30}$）、中长石（andesine，$An_{30\sim50}$）、拉长石（labradorite，$An_{50\sim70}$）、培长石（bytownite，$An_{70\sim90}$）、钙长石（anorthite，$An_{90\sim100}$）。

【晶体化学】　理论组成（$w_B\%$）：钠长石，Na_2O 11.80，Al_2O_3 19.50，SiO_2 68.70；钙长石，CaO 20.10，Al_2O_3 36.70，SiO_2 43.20。斜长石主要为 $Na[AlSi_3O_8]$-$Ca[Al_2Si_2O_8]$ 的二元固溶体，有时含较多 $K[AlSi_3O_8]$ 组分。少量类质同象替代有 Sr、Ba、Li、Ga、Zn 等元素（马鸿文，1990）。

【结构形态】　三斜晶系。钠长石：C_i^1-$C\bar{1}$；$a_0 = 0.8135nm$，$b_0 = 1.2788nm$，$c_0 = 0.7154nm$，$\alpha = 94°13'$，$\beta = 116°31'$，$\gamma = 87°42'$；$Z = 4$。钙长石：C_i^1-$P\bar{1}$ 及 $C\bar{1}$；$a_0 = 0.8177nm$，$b_0 = 1.2877nm$，$c_0 = 1.4169nm$，$\alpha = 93°10'$，$\beta = 115°51'$，$\gamma = 91°13'$；$Z = 8$。

低温钙长石具三斜对称，Al^{3+}、Si^{4+} 的交替有序占位使 c_0 值二倍于钠长石，反映出两端员之间缺乏真正均匀、有序的固溶体。其不连续都是固溶体出溶作用的结果。$An_{1\sim5}$ 至 $An_{21\sim25}$ 范围具晕长石连生，即具低钠长石结构的纯钠长石和富钙长石两相的超显微连生体。晕长石（peristerite）即因此种连生表现出浅蓝至乳白色晕彩而得名，但并非所有此范围的斜长石都显示晕彩。成分为 $An_{45\sim60}$ 范围的 Boggild 交生是产生可见晕色或闪光效应的光学波长折射的原因；在特定方向观察，有时可见带有蓝、紫等色彩的变彩，称拉长石晕彩。Huttenlocher 交生则形成于 $An_{60\sim85}$ 的成分范围。

平行双面晶类，C_i-$\bar{1}$(C)。晶体形态与钾长石相似，由于斜长石三斜晶胞的倾斜度很小，因而常与某些单斜的长石难以区别。晶体常沿 {010} 呈板状（图 1-1-14），有时沿 a 轴延长。呈叶片状产出的钠长石称为叶钠长石（cleavelandite）。

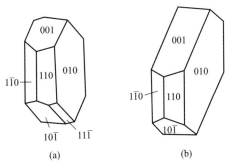

图 1-1-14 钠长石（a）和斜长石（b）的晶形

斜长石大都具有双晶，且双晶类型较多，双晶律复杂。一般常发育聚片双晶，多数是钠长石律或肖钠长石律（图 1-1-12）。这种双晶的单体通常为微米级尺度。在新鲜的斜长石 (001) 面上，肉眼可见密集的聚片双晶纹。卡斯巴律双晶十分普遍。

【物理性质】 无色、白色、灰色，有时略带其他色调。透明。玻璃光泽。解理 {010} 完全、{001} 中等或完全，两者相交约 86°，有时出现 {110}、{$\bar{1}$10} 不完全解理。硬度 6～6.5，相对密度 2.60～2.76。熔点：钠长石 1215℃，钙长石 1552℃。

【资源地质】 一般辉长岩类含基性斜长石（$An_{100\sim60}$）；闪长岩类含中性斜长石（$An_{60\sim30}$）；花岗岩、碱性岩及伟晶岩中则为酸性斜长石（$An_{30\sim0}$）。斜长石也是结晶片岩、片麻岩、混合岩的主要矿物。遭受热液和风化作用，常蚀变为高岭石族和绢云母等。

【鉴定特征】 以其白色、延长的晶形和聚片双晶，可与微斜长石和正长石区别。较高突起和聚片双晶是斜长石的特征。高温与低温系列鉴别，须借助于 X 射线分析等方法。

【工业应用】 钠长石可用作玻璃、陶瓷原料，钙长石可作耐火材料原料。钙长石熔点高，熔融间隔小，熔体不透明，烧成过程中易产生析晶。

宝石材料 可作为宝石的特殊品种日光石，即具有砂金效应的钠奥长石，因含有大致定向排列的金属矿物叶片如赤铁矿和针铁矿，随宝石转动，能反射出红色或金色的反光；多呈金红色至红褐色，半透明。晕彩拉长石，灰白色的拉长石显示蓝色和绿色晕彩（图 1-1-15），亦可见橙色、黄色、金黄色、紫色和红色晕彩，系由拉长石聚片双晶薄层之间的光相互干涉，或其内部的片状磁铁矿包裹体等使光产生干涉所致。如果切磨方向正确，有时可产生猫眼效应。有的拉长石因含针状包裹体而呈暗黑色，显蓝色晕彩，又称黑色月光石。

我国河南省南阳所产独山玉，色泽鲜艳，透明度好，为我国四大名玉之一。高档独玉的翠绿色品种，与缅甸翡翠相似，故有"南阳翡翠"之誉。早在 6000 年以前，故人已开采独山玉。安阳殷墟妇好墓出土的玉器中，即有不少独山玉制品。西汉时曾称独山为"玉山"。独山玉是一种黝帘石化斜长岩，主要矿物含量：斜长石 20%～90%，黝帘石 5%～70%，其次为翠绿色铬云母 5%～15%，浅绿色透辉石 1%～5%、黄绿色角闪石、黑云母，以及少量榍石、金红石、绿帘石、阳起石、葡萄石、绿色电气石、绢云母等。按颜色分为青、绿、

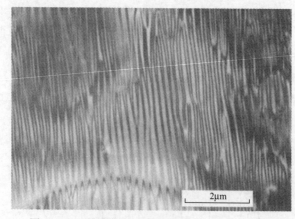

图 1-1-15　晕彩拉长石显微结构的透射电镜照片

晕彩拉长石结构中极薄的近于平行的叶片，作为白光的衍射格栅，产生特殊的拉长石晕彩效应（Klein，2002）

白、紫、黄、红、墨、杂色独山玉 8 个品种（张蓓莉等，2008）。

似 长 石

似长石包括霞石、钾霞石、白榴石、方沸石、铯沸石、副钡长石和赛黄晶、透锂长石等。以霞石和白榴石最为重要。似长石的 SiO_2 含量相对较低，最高仅约为碱性长石中 SiO_2 含量的 2/3。

霞石（nepheline）

$KNa_3[AlSiO_4]_4$，简写为 $Na[AlSiO_4]$

【**晶体化学**】　理论组成（$w_B\%$）：K_2O 8.06，Na_2O 15.91，Al_2O_3 34.90，SiO_2 41.13。含少量 CaO、MgO、MnO、TiO_2、BeO 等。通常含较多的 Si，即 Si∶Al>1。

【**结构形态**】　六方晶系；$C_6^6\text{-}P6_3$；$a_0=1.001nm$，$c_0=0.841nm$；$Z=2$。呈鳞石英高温结构的衍生结构，1/2 的 Si^{4+} 被 Al^{3+} 替代，由 Na^+、K^+ 平衡电价（图 1-1-16），霞石也

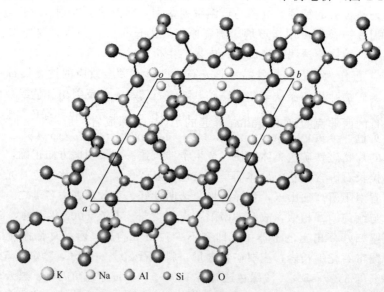

图 1-1-16　霞石的晶体结构

具有六元环和同样的对称堆积指数。但霞石中的环是畸变的，以至于结构具有两种对称不同的碱金属位置。一个位置较大，可容纳 1 个不规则的 8 或 9 次配位的 K^+。另一位置较小，能容纳 Na^+。两位置之比为 1:3。常呈六方柱状、短柱状或厚板状。常呈貌似单晶的双晶出现。常见粒状或致密块状集合体。

【物理性质】 常呈无色、白色、灰色或微带浅黄、浅绿、浅红、浅褐、蓝灰等色调。透明，混浊者似不透明。玻璃光泽，断口呈明显的油脂光泽，故称脂光石。条痕无色或白色。无解理，有时见平行 $\{0001\}$、$\{10\bar{1}0\}$ 不完全解理。具贝壳状断口。性脆。硬度 5~6。相对密度 2.55~2.66。

偏光镜下：无色透明。一轴晶（-），有时显很小的 2V（-）。$N_o=1.529\sim1.546$，$N_e=1.526\sim1.542$。

【资源地质】 主要产于正长岩、响岩及碱性伟晶岩中。共生矿物主要有微斜长石、钠长石、碱性辉石、碱性闪石、锆石、榍石、钛铁矿、铁黑云母、磷灰石等。受后期热液作用可转变为沸石、钙霞石、方钠石等。有的霞石表面覆盖绿色或红色蚀变产物，称绿霞石或水霞石，有的变为白色鳞片状集合体，称白霞石。风化条件下易分解成高岭石等。

【鉴定特征】 据岩石类型和共生矿物可初步确定。与石英相似，但霞石硬度较低，有时出现解理，表面因受风化而不纯净。与钾钠长石的区别是解理不完全。霞石溶于酸中呈现云霞状硅胶，故名"霞石"。由此可与石英、长石相区别。

【工业应用】 用于玻璃和陶瓷工业，可代替碱性长石原料，具有节能效果；可制取碳酸钠、碳酸钾和蓝色颜料，亦可作为制取氧化铝的原料。

六方钾霞石（kalsilite）

$K[AlSiO_4]$

与钾霞石（kaliophilite）、亚稳钾霞石（trikalsilite）为同质多象变体。

【晶体化学】 理论组成（$w_B\%$）：K_2O 29.78，Al_2O_3 32.23，SiO_2 37.99。可含少量 Na、Ca、Mg、Fe^{3+} 等，可达 5.1%。

【结构形态】 六方晶系；$C_6^6\text{-}P6_3$；$a_0=0.516nm$，$c_0=0.869nm$；$Z=2$。结构与霞石相似，唯 Si^{4+}、Al^{3+} 占位完全有序。原子间距：K—O（12）= 0.297nm；Al—O（4）= 0.174nm；Si—O（4）= 0.161nm。短柱状晶体，常呈致密块状或镶嵌粒状产出。

【物理性质】 无色、白色及灰色。透明至半透明。玻璃光泽至油脂光泽。解理 $\{10\bar{1}0\}$、$\{0001\}$ 不完全。次贝壳状断口。硬度 6。性脆。相对密度 2.59~2.625。

偏光镜下：一轴晶（-）。$N_o=1.537\sim1.543$，$N_e=1.532\sim1.537$。

【资源地质】 发现于意大利和乌干达西南部某些超钾质熔岩中，呈斑晶或在基质中产出。产于摩洛哥的西非克拉通 Reguibat 隆起的 Awsard 深成岩，是一个由长英质钾霞正长岩（synnyrite）和富钾霞石正长岩构成的杂岩体。前者是迄今已知最古老（2.46Ga）的富含钾霞石（8%~15%）的岩石（Haissen et al，2017）。两类正长岩系由高度分异的化学成分各异的富钾岩浆结晶而成，但二者却具有几乎相同的接近同期原始地幔的 Sr-Nd 同位素印迹。来自同一软流圈的岩浆经深部分异，形成一种长英质高钾岩浆，而后发生不混溶而生成两种熔体，最终分别结晶为霞石正长岩和钾霞正长岩（Bea et al，2013）。

【鉴定特征】 与钾霞石、亚稳钾霞石区别，借 X 射线分析可准确鉴定。

【工业应用】 其钾含量高且高温下结构稳定，在乙苯脱氢制苯乙烯、烃类蒸汽转化制氢及合成氨工业用作催化剂助剂（郑骥等，2007）。可作为连接金属的高热膨胀陶瓷；其纳米粉体对显著改善内燃机积炭燃烧的氧化活性效果极好。

纯质高岭石超细粉与浓度 0.5mol/L 的 KOH 溶液混合，在水热反应釜中于 300℃ (8.58MPa) 反应 12h，室温过滤、洗涤、干燥，可合成 Al—Si 完全有序的六方钾霞石自形晶粉体 (Becerro et al, 2009)。以纯质微斜长石粉体为原料，与浓度 6mol/L 的 KOH 溶液在 280℃下水热反应 2h，固相产物为纯相六方钾霞石。晶格常数：$a_0 = 0.5170$nm，$c_0 = 0.8716$nm；且其结构中 Al—Si 完全有序。产物形态呈六方板状，晶粒尺寸约 $0.8 \sim 1.0 \mu$m (苏双青等，2012)。

白榴石 (leucite)
$K[AlSi_2O_6]$

【晶体化学】　理论组成 (w_B%)：K_2O 21.58，Al_2O_3 23.36，SiO_2 55.06。含微量 Na_2O、CaO。

【结构形态】　四方晶系，常呈假等轴晶系；C_{4h}^6-$I4_1/a$；$a_0 = 1.304$nm，$c_0 = 1.385$nm；$Z = 16$。$[Si(Al)O_4]$ 共顶角形成四方环状的架状结构，K^+ 充填于空隙中 [图 1-1-17(a)]。在 605℃以上转变为等轴晶系变体 (β-白榴石)，$a_0 = 1.343$nm。晶体通常仍保留等轴晶系的外形，呈完善的四角三八面体 {211}，有时呈 {100} 和 {110} 的聚形 [图 1-1-17(b)]。聚片双晶的接合面为 (110)，晶面上有时可见双晶条纹。常呈粒状集合体。

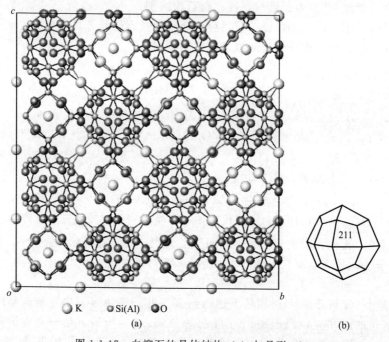

K　　Si(Al)　　O
(a)　　　　　　　　　　　　　　　　　　(b)

图 1-1-17　白榴石的晶体结构 (a) 与晶形 (b)

【物理性质】　常呈白色、灰色或炉灰色，有时带浅黄色调。透明。玻璃光泽，断口油脂光泽。条痕无色或白色。无解理。硬度 5.5～6。相对密度 2.4～2.50。

　　偏光镜下：无色透明，八边形或浑圆粒状。有时出现环带状或放射状。一轴晶 (＋)。$N_e = 1.509$，$N_o = 1.508$。重折率很低，近于均质体。具几组平行 {110} 的双晶条带。

【资源地质】　产于富钾贫硅的浅成岩及喷出岩中，为白榴石响岩、白榴石玄武岩、白榴粗面岩等岩石中的主要造岩矿物，通常呈斑晶出现。常与碱性辉石、霞石共生。

　　白榴石受到后期热液作用易变为正长石和绢云母，亦可为霞石和钠长石所交代，但仍保留白榴石的外形，称假白榴石或变白榴石。表生条件下，在转变为方沸石或高岭石过程中，成分中的钾转入土壤溶液中，从而使土壤的钾含量增高而肥沃：

$$4K[AlSi_2O_6](白榴石)+2CO_2+4H_2O \longrightarrow Al_4[Si_4O_{10}](OH)_8(高岭石)+4SiO_2+2K_2CO_3$$
$$2K[AlSi_2O_6](白榴石)+Na_2CO_3+H_2O \longrightarrow 2Na[AlSi_2O_6] \cdot H_2O(方沸石)+K_2CO_3$$

【鉴定特征】 四角三八面体晶形、炉灰状颜色及成因产状可作为鉴定特征。

【工业应用】 可作为提取钾化合物和氧化铝的原料。合成白榴石是牙科金属烤瓷和陶瓷修复材料体系的重要组分（Zhang et al，2007）。

以水热合成的方沸石粉体为原料，与 K_2CO_3 溶液经离子交换反应，可制备白榴石，用作缓释钾肥（刘昶江，2017）。方沸石与浓度 4mol/L 的 K_2CO_3 溶液（摩尔比 1:8.8）在 120℃下反应 4h，合成产物白榴石的 K_2O 含量为 17.10%，K^+ 转化率 74.42%。随反应时间由 1h 延长至 3h，方沸石中的 Na^+ 溶出率和白榴石中 K^+ 转化率随之增大，至 10h 时离子交换反应趋于平衡。随反应温度由 60℃ 升高至 120℃，K^+ 转化率相应增大（常倩倩等，2017）。

铯沸石 （pollucite）

$Cs[AlSi_2O_6] \cdot nH_2O(n \approx 0.3)$

【晶体化学】 理论组成（w_B%）：Cs_2O 44.39，Al_2O_3 16.06，SiO_2 37.85，H_2O 1.70。常含 Na_2O（可达 Na:Cs=1:1）及少量 Rb_2O、K_2O、Li_2O，H_2O 含量通常不定。

【结构形态】 等轴晶系，O_h^{10}-$Ia3d$；$a_0=1.364\sim1.374nm$；$Z=16$。与白榴石等结构，a_0 值随 Cs^+ 被 Na^+ 和 H_2O 类质同象置换程度增大而减小。晶体常呈立方体 {100}、三角三八面体 {211} 聚形，但少见。常呈细粒状或块状产出。

【物理性质】 无色、白色或灰色，有时微带浅红、浅蓝或浅紫色。标准玻璃光泽，断口油脂光泽。透明。无解理，断口呈贝壳状。性脆。硬度 6.5~7。相对密度 2.7~2.9，与含水量密切有关。脱水温度范围 200~500℃，与粒度有关。完全脱水后，转化为非均质体。颗粒较大时，脱水往往不完全。

偏光镜下：无色透明，显均质体。$N=1.520\sim1.527$，可低至 1.507。

【资源地质】 产于富锂的交代型花岗伟晶岩中，大量晶出伟晶结晶作用末期至交代作用晚期，与叶钠长石、磷锂铝石、锂辉石、锂云母、钽铁矿共生。花岗伟晶岩中出现含铯高的蔷薇色绿柱石、含铯高的锂云母和红电气石，可作为产出铯沸石的标志。

【鉴定特征】 铯沸石外表与石英相似，但易风化，表面或裂隙中常有高岭石类分解物。铯沸石溶于浓硫酸，在硝酸、盐酸中溶解较缓慢，分解后析出 SiO_2；在磷酸中可快速分解，而无 SiO_2 析出。

【工业应用】 铯沸石是自然界唯一富铯的独立矿物，是提取铯的主要原料。金属铯在电子工业、化学工业及尖端技术领域具有极其重要的用途，主要用作自动感光电器和特殊用途的电子管。

透锂长石 （petalite）

$Li[AlSi_4O_{10}]$

【晶体化学】 理论组成（w_B%）：Li_2O 4.88，Al_2O_3 16.65，SiO_2 78.47。常见少量 K、Na、Ca 等离子代替 Li，Fe^{3+}（通常 Fe_2O_3<1.0%）代替 Al^{3+}。

【结构形态】 单斜晶系，C_{2h}^4-$P2/a$；$a_0=1.176nm$，$b_0=0.514nm$，$c_0=0.762nm$，$\beta=112°24'$；$Z=2$。[SiO_4] 四面体构成 [Si_4O_{10}] 层，层间为 [AlO_4] 四面体连接成架，Li 原子位于其中，亦为四配位。Si—O 层内的键力大于 Al 四面体中的键力，明显反映在矿

物形态和解理性质上。

晶体沿 a 轴延长，但少见。通常呈块状、板状或针状产出。依（001）呈聚片双晶。

【物理性质】 无色、白色、灰色或黄色，偶见粉红色或绿色。条痕无色。透明至半透明。玻璃光泽，解理面呈珍珠光泽。解理 $\{001\}$ 完全，$\{201\}$ 中等，两组解理夹角 $114°$。次贝壳状断口。性脆。硬度 $6\sim6.5$。相对密度 $2.3\sim2.5$。

缓慢加热发蓝色磷光。加热至 $1000\sim1100℃$ 时转变为一轴晶，$1200℃$ 时转变为均质体。继续加热至 $1370℃$，则变为玻璃质，相对密度降低至 2.29。差热分析在 $1150℃$ 有明显吸热谷，$1200℃$ 有明显放热峰，可能分别与 H_2O 析出和转变为均质体有关。

偏光镜下：无色透明，显均质体。$N=1.520\sim1.527$，可低至 1.507。

【资源地质】 呈稀少矿物产于花岗伟晶岩中，与锂辉石、锂云母、铯沸石、锂电气石、叶钠长石等锂铯矿物共生。热液作用下，常转变成各种沸石和锂绿泥石。钠长石化作用下变为钠长石和石英。表生作用下常生成锂高岭石、锂胶岭石和多水高岭石等。

【鉴定特征】 依其物理性质和加热过程的热效应可鉴别之。

【工业应用】 可作为提取锂的原料。含铁低者是高档陶瓷和特种玻璃的优质原料。

绿柱石（beryl）

$Be_3Al_2[Si_6O_{18}]$

【晶体化学】 理论组成（$w_B\%$）：BeO 13.96，Al_2O_3 18.97，SiO_2 67.07。有时可含 Na、K、Li、Rb、Cs 等离子。在未受交代作用的花岗伟晶岩和气成热液矿床中，绿柱石的碱含量一般 $<0.5\%$，常为长柱状晶体；而产于交代型伟晶岩矿床中的绿柱石，其碱含量随交代作用的增强而升高，Li、Rb 富集可达 7% 以上，常呈短柱状晶体。通常总有水分子存在，其他气体有 CO_2、He、Ar 也可能以包裹体形式存在。

【结构形态】 六方晶系，D_{6h}^2-$P6/mcc$；$a_0=0.9188nm$，$c_0=0.9189nm$；$Z=2$。基本结构由 $[SiO_4]$ 四面体组成的六方环 $\perp c$ 轴平行排列，上下两个环扭转 $25°$，由 Al^{3+} 及 Be^{2+} 连接；Al 的配位数 6，Be 配位数 4，均分布于环的外侧，因而在环的中心 $//c$ 轴有宽阔的孔道，以容纳大半径阳离子 K^+、Na^+、Rb^+、Cs^+ 以及水分子 [图 1-1-18(a)]。

六方双锥晶类，D_{6h}-$6/mmm$（$L^6 6L^2 7PC$）。晶体多呈长柱状，富含碱的晶体则呈短柱状，或沿 $\{0001\}$ 发育成板状。常见单型：六方柱 $m\{10\bar{1}0\}$，平行双面 $c\{0001\}$，其次为六方双锥 $s\{11\bar{2}1\}$、$p\{10\bar{1}1\}$、$o\{11\bar{2}2\}$ 和六方柱 $a\{11\bar{2}0\}$ 等（图 1-1-18）。柱面上常有 $//c$ 轴的条纹，不含碱者柱面上的条纹更明显。

【物理性质】 纯绿柱石无色透明，常见有绿色、黄绿色、粉红色、深鲜绿色等，与含有不同的杂质有关。海蓝宝石的蓝色起因于 Fe^{2+}；含 Cs^+ 则呈粉红色；黄绿柱石系含少量 Fe^{3+} 及 Cl^- 所致。祖母绿是一种极珍贵的宝石，其颜色碧绿苍翠，晶体中含 Cr_2O_3 一般为 $0.15\%\sim0.20\%$，深绿色晶体可达 $0.5\%\sim0.6\%$；紫外光下发红光，易与因含铁而呈绿色的绿柱石区分开。玻璃光泽。透明至半透明。解理 $\{0001\}$ 不完全，有时可见 $\{10\bar{1}0\}$ 不完全解理。硬度 $7.5\sim8.0$。相对密度 $2.6\sim2.9$。

偏光镜下：无色透明。一轴晶（-）。$N_o=1.566\sim1.602$，$N_e=1.562\sim1.594$。

【资源地质】 主要产于花岗伟晶岩、云英岩及高温热液矿脉中。我国内蒙古、新疆、东北等地花岗伟晶岩中均有产出。在未受交代的伟晶岩中，绿柱石基本不含碱，常与石英、微斜长石、白云母共生；而受晚期钠交代作用形成者，含碱量可高达 7.2%，常与钠长石、锂辉石、石英、白云母等共生。云英岩主要由石英、白云母、铁锂云母、黄玉组成，绿柱石是

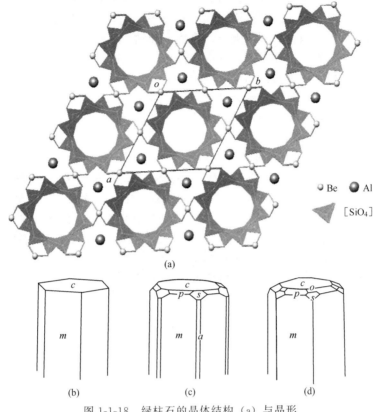

图 1-1-18 绿柱石的晶体结构 (a) 与晶形

主要矿物，呈蓝色及白色，含碱量较高；次要矿物有日光榴石（helvite，$Mn_4[BeSiO_4]_3S$）、硅铍石（phenakite，$Be_2[SiO_4]$）、蓝柱石及黄铜矿等。石英脉型绿柱石多呈浅绿、浅蓝、浅黄色，含碱量亦较高；共生矿物有黑钨矿、锡石、辉钼矿等。我国广东、江西等地有此类矿脉产出。

芬兰东南部 Wiborg 岩基奥长环斑花岗岩中产 Luumäki 绿柱石伟晶岩（1928Ma），其环状构造的形成可以由火成结晶作用来解释。熔体相只有结晶 90% 以上才能出现热液流体相饱和，使不相容元素大量富集。而氧化的热液流体相分离，是形成宝石绿柱石矿囊的关键。伟晶岩及其主岩的矿物微量元素与年代学资料表明，伟晶岩的岩浆来源于环斑花岗岩的残余岩浆（Michallik et al，2017）。

【鉴定特征】 据其六方晶形和柱面、硬度易于识别。绿柱石与黄玉、天河石、磷灰石、浅色电气石等相似，其区别见表 1-1-3。

表 1-1-3 绿柱石与黄玉、天河石、磷灰石、浅色电气石的主要区别

项目	绿 柱 石	黄 玉	天 河 石	磷 灰 石	浅色电气石
形态	六方柱状,柱面有纵纹	斜方柱状,柱面有纵纹	板柱状晶体,无条纹	六方柱状	横截面呈球面三角形,柱面有纵纹
解理	//{0001}不完全	有{001}完全解理	有{001}、{010}完全解理	//{0001}不完全	//{0001}裂开不平
硬度	>石英	>石英	<石英,>小刀	<小刀	>石英

【工业应用】 与羟硅铍石（bertrandite，$Be_4[Si_2O_7](OH)_2$）一起，是 Be 的重要矿石矿物。一般工业要求（$w_B\%$）：边界品位 BeO 0.04～0.07，工业品位 BeO 0.08～0.14。

由绿柱石制取氢氧化铍，矿石经破碎、熔炼、烧结、热处理、研磨硫化、溶解、稠化，生成硫酸铍溶液，经过滤，滤液中加入有机螯合剂，净化液用氢氧化铵处理，沉淀出高纯氢氧化铍，再经焙烧即得氧化铍粉体（Sabey，2006），供制备氧化铍陶瓷。后者用作电子工业中集成电路的衬里材料及单晶炉的耐火材料。高纯品用于原子能工业，特别是用在火箭燃烧室内衬材料。氧化铍陶瓷具有对中子减速能力强，对 X 射线有很高穿透能力的性能，用作核反应堆的中子减速剂和防辐射材料。

色泽美丽且透明无瑕者可作高档宝石材料。由 Cr^{3+} 致色的翠绿色变种称为祖母绿（emerald），其颜色柔和鲜亮，具丝绒质感，如嫩绿的草坪，最为名贵；而由 Fe^{2+} 等致色的浅绿色、浅黄绿色、暗绿色等品种只能称为绿色绿柱石（张蓓莉等，2008）。要求晶体直径≥4mm；颜色以浓绿为佳，愈淡愈次。天蓝色、绿蓝色至蓝绿色变种称为海蓝宝石，系由 Fe^{2+} 致色，一般颜色较浅，深色者多由黄色绿柱石热处理而成；粉红色变种称为粉色绿柱石，可有粉色、玫瑰色、桃红色，系由 Mn 致色，常含少量 Cs、Rb 替代。绿黄至棕黄色变种称为黄色绿柱石，由铁致色。有些绿柱石、海蓝宝石可具猫眼效应，祖母绿可具星光效应和猫眼效应。

堇青石 （cordierite）

$(Mg,Fe)_2Al_3[AlSi_5O_{18}]$

【晶体化学】 Mg 和 Fe 可作完全类质同象代替，但因 Mg 能优先进入堇青石晶格中，故大多数是富镁的。Al 含量稍有变化，在四面体六方环中代替 Si 的 Al 通常 Al∶Si＝1∶5；而联结六方环的 Al 可被 Fe^{3+} 少量代替。常含有水及 K、Na，它们都存在于 $//c$ 轴的结构孔道之中。

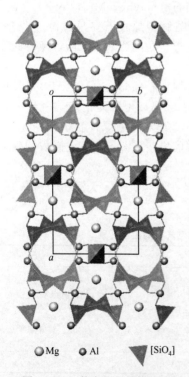

图 1-1-19 堇青石的晶体结构

●Mg ●Al ▲[SiO₄]

【结构形态】 斜方晶系，常呈假六方晶系，$D_{2h}^{20}-Cccm$；$a_0＝1.713～1.707nm$，$b_0＝0.980～0.973nm$，$c_0＝0.935～0.929nm$；$Z＝4$。结构与绿柱石相似。由 $[SiO_4]$ 四面体组成的六方环为基本构造单元，环间以 Al^{3+} 及 Mg^{2+} 联结（图 1-1-19）；为了补偿电价，在六方环中出现 Al 代替 Si 现象，因而对称降低为斜方晶系。无序分布使所有 6 个四面体等价，因此环路具 $6/m$ 对称。其高温六方同质多象变体 $Mg_2Al_3[AlSi_5O_{18}]$ 称为印度石（indialite），因发现于印度 Bokaro 煤田而得名。晶体不常出现，有时可见呈假六方晶体或在岩石中呈似圆形横断面，或呈不规则粒状。双晶依 {110} 或 {130} 常见。

【物理性质】 无色，常带有不同色调的浅蓝或浅紫色，有时亦带浅黄、浅褐色。条痕无色。玻璃光泽，断口贝壳状，油脂光泽。透明至半透明。解理 {010} 中等，{100}、{001} 不完全。性脆。硬度 7～7.5。相对密度 2.53～2.78。

偏光镜下：无色。二轴晶（±）。$2V＝65°～104°$。$N_g＝1.527～1.570$，$N_m＝1.524～1.574$，$N_p＝1.522～1.558$。

【资源地质】 在富铝变质岩中最常见，典型组合是与红柱石、夕线石、石榴子石、黑云母、白云母、石英共生。在花岗伟晶岩及偶尔在深成岩中，堇青石也与石英共生。

【鉴定特征】 与石英相似，但石英为一轴晶（＋），且具二色性；堇青石具紫-蓝-无色至浅黄色三色性，晶体新鲜面呈淡蓝色调，据其形成于泥质岩石经热变质而成的角岩相中可以判断。其等轴状形态和与其他含铝矿物共生对鉴定非常有用。较低的重折率是堇青石的特征，沿解理和裂缝出现块云母蚀变，沿包裹的锆石出现独特的黄色多色晕均是其鉴定特征。可见环状双晶叶片，角度为 30°、60° 或 120°。

【工业应用】 古代北欧海盗曾用堇青石作为一种偏振器，用以在多云或阴暗天气中确定太阳的位置。蓝色和蓝紫色堇青石，因奇异的闪色效应而可作装饰品和宝石材料。当含有大量呈定向排列的板状或针状赤铁矿和针铁矿包裹体时，可使堇青石呈现红色，亦被称为血滴堇青石（bloodshot）（张蓓莉等，2008）。因内部包裹体的分布可呈现罕见的星光效应、猫眼效应和砂金效应。

堇青石可作为陶瓷原料，也是电绝缘陶瓷堇青石瓷的主晶相和堇青石微晶玻璃的析晶相。由于其晶格内存在较大空腔，故电气性能较差，但热膨胀系数极低，在室温至 700℃ 平均线膨胀系数为 $(1\sim2)\times10^{-6}/℃$，因而热稳定性极好。常用作对电气性能要求不高，但需要耐热冲击的部件，如加热器底板、热电偶绝缘瓷件等。堇青石具有一定红外辐射性能，可用于红外辐射导电陶瓷、红外泡沫陶瓷和红外辐射涂料等材料中（任晓辉等，2007）。

沸 石 族

截至 2014 年，自然界已发现并经 CNMMN IMA（国际矿物学会新矿物和矿物命名委员会）确认的沸石有 16 个成分系列（compositional series）98 个矿物种（species）。各成分系列为：锶沸石（brewsterite-Ba, -Sr），菱沸石（chabazite-Ca, -K, -Na, -Sr），斜发沸石（clinoptilolite-Ca, -K, -Na），环晶沸石（dachiardite-Ca, -Na），毛沸石（erionite-Ca, -K, -Na），八面沸石（faujasite-Ca, -Mg, -Na），镁碱沸石（ferrierite-K, -Mg, -Na），钠菱沸石（gmelinite-Ca, -K, -Na），片沸石（heulandite-Ba, -Ca, -K, -Na, -Sr），插晶菱沸石（levyne-Ca, -Na），针沸石（mazzite-Mg, -Na），鲍林沸石（paulingite-Ca, -K），钙十字沸石（phillipsite-Ca, -K, -Na），辉沸石（stilbite-Ca, -Na），杆沸石（thomsonite-Ca, -Sr），非系列沸石种（non-series zeolite species, 56 种）（Back, 2014）。天然沸石由于受纯度和理化性能限制，故工业领域应用的仍以合成沸石占绝对优势。目前，合成沸石已超过 100 种。

沸石具有由 [SiO_4] 和 [AlO_4] 四面体通过共角顶彼此联结而形成的三维骨架。骨架中的负电荷由占据架间空穴的阳离子平衡。Breck（1974）提出按照骨架结构将沸石分为 7 组，分类依据是次级构造单元（图 1-1-20，表 1-1-4）。这些构型单元直接反映了结构中的多面体或笼的形态，同时也可提供有关沸石的某些物性信息，因而对于工业应用具有重要意义。

沸石结构中某些多面体笼（cage）见图 1-1-21。由多面体构造块构成的 3 个沸石结构模型见图 1-1-22。

沸石与其他架状硅酸盐间最重要的区别，是架间空穴的维数和它们间的联结通道。长石结构中空穴较小，占据其间的阳离子与基本骨架的键合较强，Al/Si 比的改变需要不同电价的阳离子相互替代。长石空穴间未联结，仅由一价或二价阳离子占据。似长石的骨架比长石

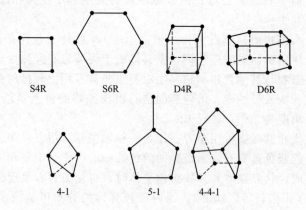

图 1-1-20　沸石分类的次级构造单元

图中每个顶角（T 位置）实际上为三维骨架中呈四面体连接的节点，
氧原子近似占据 2 节点连线的中点。符号含义参见表 1-1-4

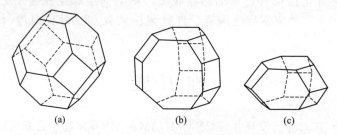

图 1-1-21　沸石结构中代表性的笼

（a）方钠石型笼，见于八面沸石（faujasite），X、Y、A 型沸石结构中；（b）钠菱沸石型笼，见于
钠菱沸石（gmelinite）、针沸石（mazzite）、钾沸石（offretite）、Ω 型沸石结构中；
（c）钙霞石型笼，见于毛沸石（erionite）、钾沸石、L 型沸石结构中

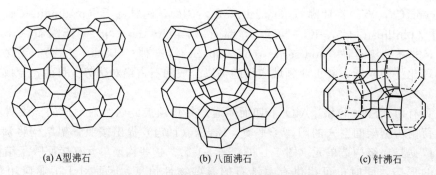

(a)A型沸石　　　　　　　(b)八面沸石　　　　　　　(c)针沸石

图 1-1-22　沸石结构中构造笼的阵列形式

占据四面体（T）位置的原子位于连线交点，氧原子近似位于连线的中点

骨架膨大，且架内空穴间存在连接。某些空穴由阳离子占据，另一些空穴则大到可以容纳水
分子。而沸石的骨架更膨大，含有更大的空穴并被较宽的通道相联通。水分子可通过通道在
沸石结构中进出而不破坏基本结构。

表 1-1-4　沸石族矿物的分类

组	次 级 单 元	代 表 性 矿 物
1	单 4-环(S4R)	方沸石、浊沸石
2	单 6-环(S6R)	毛沸石
3	双 4-环(D4R)	A 型沸石
4	双 6-环(D6R)	菱沸石、八面沸石、X 型沸石
5	复合的 4-1, T_5O_{10} 单元	钠沸石、钙沸石
6	复合的 5-1, T_8O_{16} 单元	丝光沸石、柱沸石
7	复合的 4-4-1, $T_{10}O_{20}$ 单元	片沸石、斜发沸石

注：据 Breck（1974）。

　　加热时，水分子很容易从沸石结构中排出，因而沸石可吸收其他液体或气体分子。这一结构特征使沸石用作分子筛。

沸石（zeolite）

$M_x^+ M_y^{2+}[Al_{x+2y}Si_zO_{2x+4y+2z}] \cdot nH_2O[M^+ = Na, K, Li, NH_4^+; M^{2+} = Ca, Mg, Fe, Mn, Ba, Sr, Pb, Be](x = 0 \sim 2, y = 0 \sim 2, z = 2 \sim 15)$

【晶体化学】　所有沸石的四面体阳离子与氧之比为 1:2，四面体中 Al^{3+} 不超过 Si^{4+}。取决于四面体位置上的 Al/Si 比，不同数量的 Na、Ca、K、Ba 可占据骨架内的空穴。沸石族具有很大的骨架内空间，以至于阳离子不需要在一对一的基础上进行交换。例如，钙沸石通过 $2Na^+ \rightleftharpoons Ca^{2+}$ 替代就可成为钠沸石，唯一条件是保持电价平衡。由于成分变化大且离子替代复杂，表 1-1-5 中许多沸石只给出了近似化学式。

【结构形态】　沸石族矿物的区别是三维架状构造中四面体的不同构型和所形成的通道大小和形状。其基本构型是由 4、5、6、8、10、12 个四面体形成的单环路和由 4、6、8 个四面体形成的双环路。由环路结合，形成更大的多面体骨架是许多天然沸石的特征。已知有截去顶端的八面体（十四面体）、截去顶端的立方八面体（二十六面体）和其他类型的多面体骨架（表 1-1-5）。

表 1-1-5　沸石族矿物的分类

沸石类矿物	化 学 式	环				n 面体 n	空隙度	最小通道尺寸/nm
		4	6	8	10			
钙十字沸石族								
方沸石	$NaSi_2AlO_6 \cdot H_2O$	×	×				0.18	0.26
浊沸石	$CaSi_4Al_2O_{12} \cdot 4H_2O$	×	×		×		0.34	0.46×0.63
汤河原沸石	$CaSi_6Al_2O_{16} \cdot 4H_2O$	×					0.27	0.28×0.36
钙十字沸石	$K(Na,Ca)_2Si_5Al_3O_{16} \cdot 6H_2O$	×		×			0.31	0.28×0.48
交沸石	$BaSi_6Al_2O_{16} \cdot 6H_2O$	×					0.31	0.42×0.44
水钙沸石	$CaSi_2Al_2O_8 \cdot 4H_2O$	×		×			0.46	0.31×0.44
勃林沸石	$(K,Ca,Na)Si_3AlO_8 \cdot 4H_2O$	×		×			0.49	0.39
方钠石族								
方钠石	$Na_3Si_3Al_3O_{12} \cdot NaCl$	×	×			14	0.35	0.22
钙霞石	$Na_3CaCO_3Si_3Al_3O_{12} \cdot 2H_2O$	×	×			11		

沸石类矿物	化 学 式	环				n面体 n	空隙度	最小通道尺寸/nm
		4	6	8	10			
毛沸石	$(K,Na,Ca,Mg)_3Si_{14}Al_4O_{36} \cdot 14H_2O$	×	×		(×)	11,23	0.35	0.36~0.52
钾沸石	$KCaMgSi_{13}Al_5O_{36} \cdot 15H_2O$	×	×			11,14	0.40	0.36~0.52
插晶菱沸石	$(Na,Ca)Si_4Al_2O_{12} \cdot 6H_2O$	×	×			17	0.40	0.32~0.51
菱沸石族								
菱沸石	$CaSi_4Al_2O_{12} \cdot 6H_2O$	×	×			20	0.47	0.37~0.42
八面沸石	$(Na,Ca,Mg)Si_4Al_2O_{12} \cdot 6H_2O$	×	×			14,26	0.47	0.74
钠菱沸石	$Na_2Si_4Al_2O_{12} \cdot 6H_2O$	×	×			14	0.44	0.36~0.39
钠沸石族								
钠沸石	$Na_2Si_3Al_2O_{10} \cdot 2H_2O$						0.23	0.26×0.39
钙沸石	$CaSi_3Al_2O_{10} \cdot 3H_2O$						0.31	0.26×0.39
中沸石	$NaCaSi_4Al_3O_{14} \cdot 4H_2O$						0.30	0.26×0.39
杆沸石	$NaCa_2Si_5Al_5O_{20} \cdot 6H_2O$						0.32	0.26×0.39
纤沸石	$Na_2CaSi_6Al_4O_{20} \cdot 7H_2O$						0.31	0.26×0.39
钡沸石	$BaSi_3Al_2O_{10} \cdot 4H_2O$						0.36	0.35×0.39
片沸石族								
片沸石	$(Ca,Na)Si_5Al_2O_{14} \cdot 5H_2O$			×	×			
锶沸石	$(Sr,Ba,Ca)Si_6Al_2O_{16} \cdot 5H_2O$							
斜发沸石	$(Na,K)Si_5Al_2O_{12} \cdot 3H_2O$				×			
辉沸石	$NaCa_2Si_{13}Al_5O_{36} \cdot 15H_2O$							
丝光沸石族								
丝光沸石	$(Na,K,Ca)Si_5AlO_{12} \cdot 4H_2O$						0.28	0.29×0.57
环晶沸石	$(Na,K,Ca)_2Si_{10}Al_2O_{24} \cdot 9H_2O$						0.32	0.36×0.48
柱沸石	$CaSi_6Al_2O_{16} \cdot 5H_2O$						0.25	0.37×0.44
镁碱沸石	$(Na,K,Ca)MgSi_{15}Al_3O_{36} \cdot 10H_2O$						0.28	0.34×0.48
硅锂铝石	$LiSi_2AlO_6 \cdot H_2O$						0.23	0.32×0.49

注：据 Breck (1974)。

钙十字沸石族的结构是以平行的 4 个四面体组成的环路和 8 个四面体组成的环路联结形成的二维通道体系。方钠石族的结构是由 2 个四面体组成的环路被 4 个四面体组成的环路所联结形成的复杂多面体骨架。菱沸石族的结构具有特征的双六元环而构成六方柱。这些六方柱将复杂的多面体骨架联结到一个具有将近 50％空隙度的开放架状构造中去。

钠沸石与其他沸石的不同在于具有四元环路连接成的链，如杆沸石的结构。这种链状结构使这类矿物具有特征的针状习性。

片沸石族由四元环和五元环以平行层而不是链的形式排列，如辉沸石的结构。环路的平行层特征使这类矿物具有片状和板状形态。

丝光沸石族矿物都具有特殊的构型，五元环路由四元环路交叉联结形成链。交叉联结的特殊性质可以改变。

[理化性能]　主要沸石的结晶学和物性参数见表 1-1-6。沸石还具有如下重要性能：

表 1-1-6　代表性沸石的结晶学与物性参数

项目	钠沸石 natrolite	辉沸石 stilbite	片沸石 heulandite	浊沸石 laumontite	方钠石 sodalite	菱沸石 chabazite
化学式	$Na_2Si_3Al_2O_{10}·2H_2O$	$(Ca,Na)Si_7Al_2O_{18}·7H_2O$	$(Ca,Na)Si_7Al_2O_{18}·6H_2O$	$CaSi_4Al_2O_{12}·4H_2O$	$Na_2Si_3Al_3O_{24}·Na_2Cl$	$CaSi_4Al_2O_{12}·6H_2O$
配位数	$Na(6),Si(4),Al(4)$	$Ca(6),Na(6),Si(4),Al(4)$	$Ca(6),Na(6),Si(4),Al(4)$	$Ca(6),Si(4),Al(4)$	$Na(7),Si(4),Al(4)$	$Ca(7),Si(4),Al(4)$
晶系	正交(斜方)	单斜	单斜	单斜	等轴	三方
a	1.830	1.364	1.773	1.475	0.887	1.317
b	1.863	1.824	1.782	1.310		1.506
c	0.660	1.127	0.743	0.755		
β		129.16°	116.3°	111.5°		
Z	8	4	4	4	2	6
空间群	$Fd2d$	$C2/m$	Cm	Cm	$P\bar{4}3m$	$R\bar{3}2/m$
点群	$m2m$	$2/m$	m	m	$\bar{4}3m$	$\bar{3}2/m$
共用系数,环指数	2.00;4,8,9	2.00;4,5,6,8	2.00;4,5,6,8	2.00;4,6,6,10	2.00;4,6,12	2.00;4,6,8,12
对称堆积指数	34	31	32	33	40	30
解理	{110}完全裂理(010)	全;(010)完全,(101)不完全	(010)完全	(010),{110}完全	{110}中等	{101}不完全
双晶						{100}、[001]、结合面{101}
折射率	$n_\alpha=1.48$ $n_\beta=1.48$ $n_\gamma=1.49$	$n_\alpha=1.49$ $n_\beta=1.50$ $n_\gamma=1.50$	$n_\alpha=1.49$ $n_\beta=1.50$ $n_\gamma=1.50$	$n_\alpha=1.51$ $n_\beta=1.52$ $n_\gamma=1.52$	$n=1.485$	$n_\infty=1.484$ $n_\alpha=1.481$
双折射率	0.012	0.010	0.005	0.01		0.003
2V	38°~62°	30°~50°	35°	25°~45°		
光性符号	(+)	(-)	(+)	(-)		(-)
透明度	透明至半透明	透明至半透明	透明至半透明	透明至半透明	透明至半透明	透明至半透明
硬度	5~5.5	3.5~4	3.5~4	3~4	5.5~6	4~5
相对密度	2.23	2.15	2.15	2.3	2.3	2.1
颜色	无色、灰色	灰色	白色、可变	白色	蓝色、白色	无色、红色
条痕	白色	灰色	白色	白色	白色	白色
光泽	玻璃	珍珠	玻璃	玻璃	玻璃	玻璃
断口	不平坦	次贝壳状	次贝壳状	不平坦	贝壳状	不平坦
晶习	针状、纤维状	柱状、条纹状	板状	柱状	菱形十二面体	菱面体
附注	"纤维状沸石"包括：杆沸石、钠沸石、毛沸石	弯晶也可是纤维状	Na⇌K;斜发沸石是最常见的沸石	焦电性		穿插双晶;扁沸石

注：据 Zoltai 等（1984）。

离子交换性　沸石晶格中 Si^{4+} 被 Al^{3+} 置换而出现过剩负电荷，由碱金属或碱土金属离子补偿而出现于孔道中。这些阳离子与晶格结合力很弱，为可交换性阳离子。阳离子交换容量与四次配位的 Al^{3+} 有关。当可交换阳离子数超过 Al^{3+} 时，SO_4^{2-}、Cl^-、OH^- 等阴离子就可能存在于沸石晶格中，以补偿过剩的正电荷。这些阴离子也具有相当大的活性，也具有交换性能。

沸石的离子交换表现出明显的选择性。例如方沸石中的 Na^+ 易被 Ag^+、Ti^{4+}、Pb^{2+} 等交换，而被 NH_4^+ 的交换量较低。离子交换性主要与沸石结构中的 Si/Al 比、孔穴形状及大小、可交换性阳离子的位置及性质有关。例如，Cs^+ 与菱沸石能发生交换反应，而与方沸石却不能进行离子交换。这是因为两者的空隙度和通道大小不同所致（表 1-1-5）。

由于 Al/Si 比不同，具有相同铝硅氧格架的沸石的离子交换性质存在明显差异。如片沸石和斜发沸石的结构相同，但斜发沸石对 Cs^+ 有非常好的选择性交换性能。这可能与斜发沸石中四面体铝含量降低和晶体内部空间阳离子数目减少所引起的大阳离子的稳定作用有关。又如合成的 X 型和 Y 型沸石，其结构均与八面沸石相同，交换性阳离子位置也相同。但 X 型的 Si/Al 比为 $2.1\sim3.0$，Y 型为 $3.1\sim6.0$。在单位晶胞中，X 型含 86 个 Na^+，而 Y 型只有 56 个 Na^+。因而 X 型沸石的离子交换容量大于 Y 型。

阳离子的位置对沸石的离子交换性也有明显影响。处于沸石结构中最稳定位置的阳离子首先被交换；位于大笼中的阳离子比位于小笼中的阳离子容易交换。

阳离子性质也影响沸石的离子交换性。如丝光沸石的铵容量随交换性阳离子的半径增大而减小。碱金属交换顺序：$Cs^+>Rb^+>K^+>Na^+>Li^+$；碱土金属为 $Ba^{2+}>Sr^{2+}>Ca^{2+}>Mg^{2+}$。

利用阳离子交换性能可以人为调整沸石的有效孔径，从而影响其吸附性能。如果用离子半径较小的阳离子进行交换，则因交换后的阳离子对孔道的屏蔽减小而相对地增大了沸石的有效孔径。如用二价的阳离子去交换碱金属离子，则 1 个二价离子可交换 2 个一价离子，因而也增加了有效孔径。反之，则可达到减小有效孔径的效果。

吸附性能　沸石的孔道结构使之具有很大的内表面积，脱水后则内表面积更大。如菱沸石、丝光沸石、斜发沸石的内比表面积分别为 $750m^2/g$、$440m^2/g$、$400m^2/g$。巨大的内比表面积是沸石具有高吸附性的基础。

选择性吸附是沸石吸附性能的一个重要特征。沸石中的孔道和孔穴大于晶体总体积的 50%，且大小均匀，有固定尺寸、规则形状，一般孔穴直径为 $0.66\sim1.5nm$，孔道为 $0.3\sim1.0nm$。只有直径小于沸石孔穴的分子可进入孔穴，因而沸石具有分子筛效应。

沸石对 H_2O、NH_3、H_2S、CO_2 等极性分子具有很强的亲和力。其吸附效应受湿度、温度和浓度等条件的影响很小。沸石对水的吸附力最强，对氨的吸附力很强。沸石是一种高温吸附剂，且在吸附质高速流动条件下也能保持良好吸附效果。硅铝比影响沸石晶体内部的静电场，因而沸石的硅含量越高，对极性化合物的吸引力就越弱。

沸石对溶液中的某些离子也表现出离子筛的性质，包括完全的离子筛效应和部分离子筛效应。前者指交换离子完全被阻隔于沸石结构之外，离子交换反应不能进行；部分离子筛效应则是交换离子被部分地阻隔，离子交换反应不能进行完全。离子筛的性质取决于沸石的晶体结构、交换阳离子的性质及交换条件。

利用不同的沸石分子筛、离子筛作用可分离某些混合物，其孔道尺寸只要介于待分离各分子、离子尺寸之间即可。但不能把分子筛或离子筛作用看作是刚性物体通过刚性孔道的过程。因为无论是通过空腔的分子或离子，或者空腔自身，在发生分子、离子筛作用的瞬间，都会表现出一定的弹性，其形状和大小都可能发生瞬时变化。沸石分子筛特别适用于各种气体、液体及混合物的吸附和分离，也适于吸水、干燥方面的应用。

催化性能　沸石具有很高的催化活性，且耐高温、耐酸，有抗中毒的性能，是优良的催化剂及其载体。沸石催化的许多反应属于碳正离子型，经过碳正离子中间体发生反应。沸石对一些自游基反应、氧化还原反应也有相当的催化活性。利用天然沸石作载体，承载具有催化活性的金属如 Bi、Sb、Ag、Cu 及稀土等后，可表现出良好的催化性能。

沸石的催化性质主要取决于晶体结构中的酸性位置、孔穴大小及阳离子交换性能。Si 被 Al 置换使格架中的部分氧呈现负电荷，为中和 $[AlO_4]$ 四面体所出现的负电荷而进入沸石中的阳离子，是使沸石产生局部高电场和格架中酸性位置的原因。格架中的 Si、Al、O 和格架外的金属离子一起构成催化活性中心。这些金属离子处于高度分散状态，因而沸石的活性和抗中毒性能优于一般金属催化剂。许多具有催化活性的金属离子如 Cu、Ni、Ag 等，可以通过离子交换进入沸石孔穴，随反应还原为金属单质状态或转化为化合物。

沸石催化活性位置都在晶体内部。反应物分子只有扩散到晶体内的孔穴中才能发生反应，生成物也要经过孔穴才能扩散出来。因此，沸石的孔径大小和连接方式直接影响其催化性能。沸石晶格中相互连通的孔道和孔穴为反应分子自由扩散提供了条件，尤其是具有三维孔道的沸石更有利于反应物的自由出入。例如 X 型、Y 型沸石为双六元环（D6R），有三维交叉孔道，有机分子可自由扩散，因而在石油化工方面用作催化剂。

耐热、耐酸碱性　沸石的耐热性主要取决于其中 Si+Al 与平衡阳离子的比例。在其组成变化范围内，一般 Si 含量越高，热稳定性越好。平衡阳离子对热稳定性也有明显影响。例如，富 Ca 的斜发沸石在 500℃ 以下即发生分解；而当其用 K^+ 交换处理后，升温至 800℃ 仍不会破坏。天然沸石的阳离子组成是可变的，因而其分解温度不是一个确定值。如菱沸石的分解温度是 600～865℃，钙十字沸石为 260～400℃，浊沸石为 345～800℃。

天然沸石具有良好的耐酸性能。沸石在 100℃ 以下与强酸作用 2h，其晶格基本不受破坏。丝光沸石在王水中也能保持稳定。因此，天然沸石常用酸处理方法进行活化和再生利用。由于沸石晶体格架中存在酸性位置，故其耐碱性远不如耐酸性好。置于低浓度的强碱性介质中，其结构即遭破坏。

【资源地质】　沸石是沉积岩中最丰富的和分布最广的自生矿物，也是火山凝灰岩和火山碎屑沉积物的主要组分。它们是在沉积过程中特别是盐湖中火山玻璃与捕集的水作用形成的，斜发沸石、菱沸石、毛沸石、丝光沸石和钙十字沸石是最常见的沸石矿物。沸石也可以由火山玻璃和渗透的雨水作用而形成，并可沉积成厚达数百米具有工业价值的矿床。斜发沸石和丝光沸石是这种产状的常见矿物，有时含量可达 90%。

斜发沸石和钙十字沸石是深海沉积物中最丰富的沸石矿物，有时占沉积物的 80%，方沸石、毛沸石和浊沸石可与之共生。这些自生沸石常在深海沉积物基质中呈自形晶。沸石也常见于低级变质岩中，特别是作为蚀变火山岩中的晶簇和气孔充填物。

我国浙江缙云县和山东潍县的白垩纪凝灰角砾岩、安徽宣城县侏罗纪角砾熔岩中均产丝光沸石和斜方沸石。黑龙江海林县白垩纪流纹珍珠岩、河北赤城县侏罗纪凝灰岩亦有斜发沸石产出。

自 20 世纪 50 年代后期美、日等国发现具有工业意义的沉积型沸石矿床以来，沸石即成为重要工业矿物。估计世界沸石资源量约 100 亿吨，主要分布于中国、俄罗斯、美国、日本、匈牙利和保加利亚。由于天然沸石受资源、品位和理化性能的限制，因而自 70 年代以来，合成沸石得到了迅速发展。重要的沉积型沸石及合成沸石见表 1-1-7。

表 1-1-7　重要的沉积型沸石和工业合成沸石

组(次级单元)	种属 species	单位晶胞化学式	空间群	结构类型①	脱水行为④	最大通道尺寸/nm
1(S4R)	钙十字沸石 Phillipsite	$(1/2Ca,Na,K)_6[Al_6Si_{10}O_{32}]\cdot12H_2O$	$P2_1/m$	PHI	1	0.39×0.44
	交沸石 Harmotome	$Ba_2[Al_4Si_{12}O_{32}]\cdot12H_2O$	$P2_1/m$	PHI	1	0.39×0.44
	浊沸石 Laumontite	$Ca_4[Al_8Si_{16}O_{48}]\cdot16H_2O$	Am	LAU	2	0.46×0.63
	Type P(合成)	$Na_6[Al_6Si_{10}O_{32}]\cdot15H_2O$	$I4_1/amd$	GIS		0.28×0.49
	Type W(合成)	$K_{42}[Al_{42}Si_{76}O_{326}]\cdot107H_2O$	$Immm?$	MER		
2(S6R)	毛沸石 Erionite	$(K_2,Ca,Mg,Na_2)_{4.5}[Al_9Si_{27}O_{72}]\cdot27H_2O$	$P6_3/mmc$	ERI	3a	0.36×0.52
	钾沸石 Offretite③	$(K_2,Mg,Ca,Na_2)_{2.5}[Al_5Si_{13}O_{36}]\cdot15H_2O$	$P\bar{6}m2$	OFF	3a	0.69
	针沸石 Mazzite(合成)	$K_{2.5}Mg_2Ca_{1.5}[Al_{10}Si_{26}O_{72}]\cdot28H_2O$	$P6_3/mmc$	MAZ	3b	0.74
	TypeΩ(合成)	$Na_{6.8}(TMA)_{1.6}[Al_8Si_{28}O_{72}]\cdot21H_2O$②	$P6mmm?$	MAZ	3b	0.74
	TypeT(合成)	$Na_{1.2}K_{2.8}[Al_4Si_{14}O_{36}]\cdot14H_2O$	$P6m2$	ERI+OFF?	3b	0.52
	LOSOD(合成)	$Na_{12}[Al_{12}Si_{12}O_{48}]\cdot19H_2O$	$P6_3/mmc$	LOS		0.22
3(D4R)	Type A(合成)	$Na_{12}[Al_{12}Si_{12}O_{48}]\cdot27H_2O$	$Pm3m$	A	3b	0.42
	TypeN-A(合成)	$Na_4(TMA)_3[Al_7Si_{17}O_{48}]\cdot21H_2O$②	$Pm3m$	A	3b	0.42
	TypeZK-4(合成)	$Na_8(TMA)[Al_9Si_{15}O_{48}]\cdot28H_2O$②	$Pm\bar{3}m$	A	3b	0.42
4(D6R)	菱沸石 Chabazite	$Ca_2[Al_4Si_8O_{24}]\cdot13H_2O$	$R\bar{3}m$	CHA	3a	0.37×0.42
	钠菱沸石 Gmelinite④	$Na_8[Al_8Si_{16}O_{48}]\cdot24H_2O$	$P6_3/mmc$	GME	1	0.70
	八面沸石 Faujasite④	$Na_{12}Ca_{12}Mg_{11}[Al_{59}Si_{133}O_{384}]\cdot235H_2O$	$Fd3m$	FAU	3b	0.74
	TypeX(合成)	$Na_{86}[Al_{86}Si_{106}O_{384}]\cdot264H_2O$	$Fd3m$	FAU	3b	0.74
	TypeY(合成)	$Na_{56}[Al_{56}Si_{136}O_{384}]\cdot250H_2O$	$Fd3m$	FAU	3b	0.74
	Type ZK-5(合成)	$Na_{30}[Al_{30}Si_{66}O_{192}]\cdot98H_2O$	$Im3m$	ZK5		0.39
	Type L(合成)	$K_9[Al_9Si_{27}O_{72}]\cdot22H_2O$	$P6/mmm$	L	3b	0.71
	Type P-L(合成)	$K_{23}[Al_{23}Si_{26}P_{13}O_{144}]\cdot42H_2O$	$P6/mmc$	L	3b	0.71
5(4-1)T_5O_{10}	钠沸石 Natrolite	$Na_{16}[Al_{16}Si_{24}O_{80}]\cdot16H_2O$	$Fdd2$	NAT	1	0.26×0.39
	中沸石 Mesolite	$Na_{16}Ca_{16}[Al_{48}Si_{72}O_{240}]\cdot64H_2O$	$Fdd2$	NAT	3a	0.26×0.39
	杆沸石 Thomsonite	$Na_4Ca_8[Al_{20}Si_{20}O_{80}]\cdot24H_2O$	$Pnma$	THO	2	0.26×0.39
6(5-1)T_8O_{16}	丝光沸石 Mordenite	$Na_8[Al_8Si_{40}O_{96}]\cdot24H_2O$	$Cmcm$	MOR	3b	0.67×0.70
	ZSM-5(合成)	$Na_3[Al_3Si_{93}O_{192}]\cdot16H_2O$	$Pnma$	MFI	3b	0.54×0.56
	Silicalite(合成)	SiO_2	$Pn2_1a$	MFI		0.52×0.58
7(4-4-1)$T_{10}O_{20}$	片沸石 Heulandite	$Ca_4[Al_8Si_{28}O_{72}]\cdot24H_2O$	$C2/m$	HEU	1	0.44×0.72
	斜发沸石 Clinoptilolite	$Na_6[Al_6Si_{30}O_{72}]\cdot24H_2O$	$C2/m$	HEU	3b	0.44×0.72
	辉沸石 Stilbite	$Na_2Ca_4[Al_{10}Si_{26}O_{72}]\cdot34H_2O$	$C2/m$	STI	1	0.41×0.62

①结构类型按 IUPAC (1978) 的推荐方案表示。
②TMA=四甲基铵离子。
③表示非沉积型。
④脱水行为类型据 Van Reeuwijk (1974)。
注：摘自 Rinaldi (1981)。

【鉴定特征】 晶体细小，无色，常具玻璃或珍珠光泽。辉沸石的束状集合体和杆沸石的放射状生长很有特色。作为火山玻璃的蚀变矿物，沸石一般呈白色半固结状，且可具有黏舌特点。在薄片中，可据沸石的低突起、很低的重折率和特征组合加以区分。

【工业应用】 一般工业要求：边界指标，K^+ 交换量 $\geq 10mg/g$ 或 $NH_4^+ \geq 100mL/100g$，相当沸石总量 40%；工业指标，K^+ 交换量 $\geq 13mg/g$ 或 $NH_4^+ \geq 130mL/100g$，相当沸石总量 55%；K^+ 交换量 $< 13mg/g$ 但 $NH_4^+ > 130mL/100g$ 的矿石单独圈出并计算储量，且应确定沸石种类。主要用于石油化工、废水废气净化、核废料处理、建材和农业等领域。

催化剂及其载体 以沸石为基本原料的催化剂应用广泛，如石油炼制过程中的裂化催化、液压催化和氢化裂化；石油化工中的异构化、重整、烷基、歧化和转烷基化；环保工业中用斜发沸石作催化剂可使环己醇异构化为羧甲基戊烷；在 H_2S 气氛中可使碳氢化合物加氢脱蜡。用ⅡB族金属离子交换处理的毛沸石作催化剂，可使石油脱硫并提高辛烷值。H型丝光沸石可用作高分子单体的聚合剂；用 HCl 处理的丝光沸石作催化剂，可促进正丁烷的异构化；用 NH_4^+ 交换后的丝光沸石对异丙苯有较高的分解活性。

干燥剂、吸附剂、分离剂 用天然沸石制成的干燥剂和吸附剂可选择性吸收 HCl、H_2S、Cl_2、CO、CO_2 及氯甲烷等气体；利用沸石的选择性吸附性能，可分离天然气中的 H_2O、CO_2 和 SO_2，提高天然气质量。沸石也可用于气、液体分离、净化等方面。如分离空气中的 O_2、N_2，制取富氧气体和氮气，也可除掉其他有用气体中的痕量 N_2。将沸石、坡缕石黏土混合并掺加适量添加剂后造粒焙烧，可制备不同品级的干燥剂，用作夹层玻璃中间的空气干燥剂。

海水提钾 斜发沸石对 K^+ 有特殊的选择交换性能。用饱和 NaCl 溶液在 100℃ 下将斜发沸石、丝光沸石改型成 Na 型，其离子交换容量可进一步提高，改善提钾效果。

废水处理 可用于工业废水中的 Hg^{2+}、Cd^{2+}、Pb^{2+}、Zn^{2+}、Cu^{2+}、Ni^{2+}、Cr^{3+}、As^{3+} 等重金属阳离子和有机污染物、NH_4^+ 等的净化处理。斜发沸石和丝光沸石改为钠型、铵型后，对 Pb^{2+}、Cu^{2+}、Zn^{2+}、Cd^{2+} 的交换性能提高，可用于净化有色金属矿山、冶炼厂、化工厂等排放的含重金属废水，并回收金属。天然丝光沸石对垃圾填埋渗滤液中的 ^{137}Cs 具有良好的吸附性能 (Ishikawa et al, 2017)。

改善水质 用 Ag^+ 交换的沸石可以淡化海水。天然沸石可吸附硬水中的阳离子，使之软化。斜发沸石作离子交换吸附剂，经硫酸铝钾再生系列处理，可降低高氟水中的氟含量，使之达到饮用水标准。

废气净化 斜发沸石、丝光沸石具有良好的耐酸、耐高温性能，可用于吸附气体中的 SO_2，并用适当解吸方法回收。回收 SO_2 的浓度可达百分之几十。沸石吸附剂可再生使用。利用沸石的吸附性能还可回收合成氨厂废气中的氨；吸附硫酸厂废气中的 H_2S 等。

核废料处理 斜发沸石和丝光沸石耐辐射，且对 ^{137}Cs、^{90}Sr 有高选择性的交换能力，因而可用以除去核废物中半衰期较长的 ^{137}Cs、^{90}Sr，并可通过熔化沸石将放射性物质长久固定在熔化产物内，从而控制放射性污染。

第二节 层状硅酸盐

滑石（talc）

$Mg_3[Si_4O_{10}](OH)_2$

【晶体化学】 理论组成（$w_B\%$）：MgO 31.72，SiO_2 63.12，H_2O 4.76。化学成分较

稳定。Si 有时被 Al 或 Ti 代替（Al 可达 5%，Ti 可达 0.1%）；Mg 常被 Fe 及少量 Mn、Ni、Al 代替（FeO 达 5%，Fe_2O_3 达 4.2%，NiO 达 1%）。铁滑石的 FeO 可达 33.7%。

【结构形态】 单斜晶系；C_{2h}^6-$C2/c$ 或 C_s^4-Cc；$a_0 = 0.527nm$，$b_0 = 0.912nm$，$c_0 = 1.885nm$；$\beta = 100°00'$；$Z = 4$。结构特点是每个六方网层的 $[SiO_4]$ 四面体的活性氧指向同一方向，两层 $[SiO_4]$ 四面体的活性氧相对排列。OH^- 位于 $[SiO_4]$ 四面体网格中心，与活性氧处于同一水平层中。Mg^{2+} 位于 OH^- 和 O 形成的八面体空隙中，构成所谓氢氧镁石层，称三八面体型。由二层 $[SiO_4]$ 四面体和一层八面体构成的单位层内电价平衡，结合牢固，因而形态呈二维延展的片状。单位层间靠分子键联系（图 1-1-23）。微小晶体呈六方或菱形板状，但少见。常呈致密块状、片状或鳞片状集合体。致密块状者称块滑石。

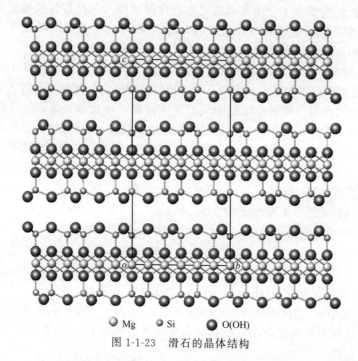

○ Mg　　● Si　　● O(OH)

图 1-1-23　滑石的晶体结构

【理化性能】 质纯者为白色或微带浅黄、粉红、浅绿、浅褐等色。颜色变化主要由杂质引起。玻璃光泽。解理面呈珍珠光泽晕彩。解理平行 {001} 极完全。致密块状者呈贝壳状断口。硬度 1。相对密度 2.58～2.83。富有滑腻感。解理片具挠性。

偏光镜下：无色。二轴晶（－），$2V = 0° \sim 30°$。色散 $\gamma > \upsilon$ 显著。$N_g = 1.580 \sim 1.600$，$N_m = 1.580 \sim 1.594$，$N_p = 1.530 \sim 1.550$。光轴角//(100)，$N_m \approx a$，$N_g \approx b$。

热学性能　显著热失重在 900℃以上，由脱羟作用引起，结构破坏温度约 970℃。耐火度达 1490～1510℃。1350℃时收缩率仅 4.5%，且机械强度和硬度增大。

绝缘性能　成分和层状结构使之具有不导热和良好电绝缘性。优质滑石制成的滑石瓷是高级绝缘制品，体积电阻率 $> 10^{12}\Omega \cdot cm$，击穿电压（50Hz）30～45kV/mm，介质损耗角正切值 [20℃，(1 ± 0.2)MHz]0.0004～0.0006；温度升高时介质损耗比普通电瓷低得多。

化学稳定性　与强酸、强碱一般不起作用。在沸腾的 1%六氯乙烷中仅溶解 2%～6%。

吸附性和覆盖性 其晶体结构使之加工成超细粉呈细小片状微粒，比表面积大且分散性良好，故具有良好的吸附性和覆盖能力。滑石粉吸油量达 $49\%\sim51\%$，对颜料、药剂和溶液中的杂质都有很强的吸附能力；用超细滑石粉配制的涂料可严密覆盖物体，形成一层均匀牢固的防火、抗风化的薄膜。

其他性能 滑腻感强，摩擦系数在润滑介质中小于 0.1。块滑石致密而软，具良好的机械加工和雕琢性能。

【资源地质】 属典型的热液矿物，系镁质超基性岩、白云岩等经水热变质交代的产物。滑石往往是在上述岩石蛇纹石化之后，在晚期较酸性侵入体的热液作用下所形成：

$$4Mg_2[SiO_4](橄榄石)+2CO_2+4H_2O\longrightarrow Mg_6[Si_4O_{10}](OH)_8(蛇纹石)+2MgCO_3$$

$$Mg_6[Si_4O_{10}](OH)_8(蛇纹石)+3CO_2\longrightarrow Mg_3[Si_4O_{10}](OH)_2(滑石)+3MgCO_3+3H_2O$$

故在蛇纹岩中能见到大鳞片滑石充填。在白云质岩石中形成的滑石，与含硅溶液作用下白云石分解或早期夕卡岩阶段形成的透闪石等矿物的分解有关：

$$3CaMg(CO_3)_2(白云石)+4SiO_2+H_2O\longrightarrow Mg_3[Si_4O_{10}](OH)_2(滑石)+3CaCO_3+3CO_2$$

世界已发现滑石矿床 250 多个，主要分布在印度、美国、日本、巴西、中国、澳大利亚、法国和芬兰等国。2015 年中国的滑石矿储量为 2682 万吨，资源量约 1.0 亿吨；估计产量 180 万吨，占世界总产量约 26.0%。中国滑石储量较大的有辽宁、广西、山东等 18 个省区。优质白滑石分布于广西、辽宁和山东，黑滑石主要产于江西省广丰、玉山、上饶三县（戴修本，2005）。

【鉴定特征】 低硬度、滑感、片状极完全解理为其特征。

【工业应用】 世界滑石的主要消费领域是纸张和塑料填料、涂料、陶瓷，其次为封泥（putties）和化妆品（McCarthy et al，2006），2015 年消费总量为 692 万吨。其中中国滑石的消费量为 130 万吨，其中陶瓷和涂料行业各占 30%，造纸业占 20%，塑料约占 10%，其余 10% 用于屋顶防水材料、化妆品及医药添加剂。

塑料级滑石粉优等品技术要求：白度 $\geqslant90\%$，细度（$45\mu m$ 通过率）$\geqslant99\%$，$SiO_2\geqslant61\%$，$MgO\geqslant31\%$，$Fe_2O_3\leqslant0.50\%$，$Al_2O_3\leqslant1.00\%$，$CaO\leqslant0.50\%$，烧失量（1000℃）$\leqslant6.0\%$；粒度分布累计 $<20\mu m$ 者 $\geqslant80\%$，$<10\mu m$ 者 $\geqslant50\%$，$<5\mu m$ 者 $\geqslant30\%$；体积松密度 $\leqslant0.45g/cm^3$。

化妆品级滑石粉技术要求：白度 $\geqslant99.9\%$，酸溶物 $\leqslant1.5\%$，细度（$45\mu m$ 通过率）$\geqslant98\%$，烧失量（1000℃）$\leqslant5.5\%$，$As\leqslant3\times10^{-6}$，$Pb\leqslant20\times10^{-6}$；细菌数 <500 个/g，霉菌 <100 个/g，不得检出致病菌；X 射线衍射分析不得发现闪石类石棉矿物。

纸张、塑料填料 滑石作为纸张填料约占矿物粉体消费总量的 1/4。滑石的功能特性主要来自其片状结构和亲油疏水性能。超基性岩系的滑石常含较高含量白云石、透闪石、硅灰石、蛇纹石、叶蜡石、菱镁矿、绿泥石等，习惯上称为白云石滑石、菱镁矿滑石、绿泥石滑石等。不同类型的滑石适用于不同造纸用途：低档造纸填料级滑石，非滑石组分可达 65%，主要用于中低速纸机、中低档纸填料。高钙滑石（方解石 $\geqslant15\%$），白度高、磨耗度低、便于超细加工，可用于高速纸机造纸填料，但不适用于酸性施胶场合。含有较多硅灰石、闪石、石棉等纤维状矿物的滑石，作为填料有助于提高纸张的抗张强度、松厚度、灰分和填料保留率，但磨耗度较大，不适用于高速纸机使用。含有叶蜡石、方解石、瓷土类滑石，磨耗度较低，可用于高速纸机造纸填料和低档造纸涂料。高白度白云石滑石，磨耗度高，只能用于低速纸机造纸填料，有助于提升纸张白度、灰分和填料保留率。绿泥石与滑石的理化性能相近，故含适当比例绿泥石的滑石，除适用于高速纸机、高级纸填料外，亦可用于造纸涂料颜料。黑滑石经煅烧超细加工后，白度可达 92% 以上，改变了其原有的疏水性，粒子表面呈多孔结构，比表面积和吸附性增加，在功能性造纸涂料颜料、功能性填料和抄造黏结物控制剂方面具有潜在用途（宋宝祥等，2007，2008）。

滑石作为塑料的主要填充剂，可改善塑料的化学稳定性、耐热性、尺寸稳定性、硬度和坚实性、抗冲击强度、热导率、电绝缘性、抗拉强度、抗蠕变能力等性能。在热塑塑料中，加入滑石粉可控制熔体的流动性，减少模压制品的蠕变，加快模压循环周期，提高热挠曲温度和尺寸稳定性。在这类塑料中掺入纯质滑石，可对压模机零件起良好润滑作用。在聚烯烃塑料中滑石填充剂可占 1%～50%。滑石和有机黏结剂一起使用时，可明显改善塑料和橡胶制品的性能。

涂料　用滑石作涂料的填料，对其白度、吸附性、覆盖力、化学惰性和掺入量有较严格的要求。滑石的极完全底面解理及其超细粉的分散性、吸附性、覆盖力可以控制涂料的最佳稠度，增强涂料的层膜均匀性，有强遮盖力，防止涂层下垂，控制涂料的光泽度；滑石有良好的吸附性，尤其是强吸油性，是油漆的重要配料。滑石还具有良好的化学惰性，可防止油漆沉淀和涂层老化、破裂，提高抗风化能力。

陶瓷原料　块滑石瓷是由优质块滑石碎料与黏结剂及其他配料混合，采用可塑成型法、注浆法、压制法等制成各种构型的陶坯零件，经 1300℃ 高温烧结而成。块滑石瓷具有良好的介电性能和机械强度，是高频和超高频电瓷绝缘材料，用于无线电接收机、发射机、电视机、雷达、无线电测向、遥控和高频电炉等。这种瓷耐高温，故可用作飞机、汽车、火花塞等的喷嘴材料。滑石粉以不同含量配入陶瓷坯体，可控制陶瓷的性能。加入 15% 的滑石粉替代黏土，产品韧性增强，透明度增加，色彩明亮；加入 30%～40% 的滑石粉，可制成堇青石质瓷；加入 40%～80% 的滑石粉所生产的瓷砖、瓷片的热膨胀和湿膨胀性都很低，不产生龟裂且强度高，色彩美观；加入 50%～60% 的滑石粉可制成镁质瓷，具有热稳定性高、热膨胀系数低和良好的绝缘性能。滑石粉在陶瓷釉料中也用作配料。

其他用途　在防水布、防火布、绳索等编织材料中作胶料充填剂，可增强编织物的密实度和抗热、耐酸碱性能。用作润滑剂的添加剂，可控制其冻结性和流散性。防腐蚀化合物中要用滑石作配料，如汽车底盘涂层用防腐剂的滑石掺入量可达 50%，要求滑石粉粒度＜10μm。在食品工业和农业方面，可用滑石粉吸收食物气味，过滤水，作杀虫剂（添）加料，用作镁质矿物肥等。

药用滑石，别名液石、夕冷、脆石、画石。功效：利水通便；清解暑热；清热收湿。成药制剂：防风通圣丸，六一散，益元散，痱子粉。

叶蜡石（pyrophyllite）
$Al_2[Si_4O_{10}](OH)_2$

【晶体化学】　理论组成（$w_B\%$）：Al_2O_3 28.3，SiO_2 66.7，H_2O 5.0。Al 可被少量 Fe^{2+}、Fe^{3+}、Mg 代替，并//b 轴排列。富 Fe 端员称为铁叶蜡石 $Fe_2[Si_4O_{10}](OH)_2$。Si 可被少量 Al 替代；有时含少量 K、Na、Ca。

【结构形态】　由一层氢氧铝石八面体层夹在两层硅氧四面体层之间，构成 2:1 型层状结构。八面体中有 2/3 被 Al^{3+} 占据（M_1），另 1/3 的八面体位是空位（M_2），故叶蜡石属二八面体型结构。M_1 不是正八面体，相邻 M_1 的共棱比其他棱短，阴阳离子平均距离 0.195nm；M_2 八面体六个边长相等，阴阳离子平均距离 0.22nm，M_2 八面体比 M_1 八面体大，两种八面体的数量比 $M_1:M_2=2:1$。硅氧四面体层中的四面体排列也不是理想的正六方网状。相邻四面体彼此反向旋转约 10°，发生畸变，使四面体层在 b 轴方向缩短，与二八面体型结构中较小的八面体层相适应（图 1-1-24）。

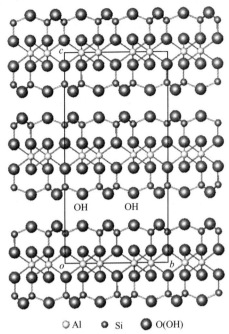

● Al　● Si　◉ O(OH)

图 1-1-24　叶蜡石的晶体结构

叶蜡石有两种多型。单斜晶系（2M），较常见，C_{2h}^6-C2/c；$a_0 = 0.515$nm，$b_0 = 0.892$nm，$c_0 = 1.895$nm，$\beta = 99°55'$；$Z = 2$。三斜晶系（1Tc），C_i^1-$P\bar{1}$；$a_0 = 0.5173$nm，$b_0 = 0.8960$nm，$c_0 = 0.9360$nm，$\alpha = 91.2°$，$\beta = 100.4°$，$\gamma = 90.0°$；$Z = 2$。

完好晶形少见。常呈鳞片状或隐晶质致密块状，有时呈放射叶片状集合体。

【物理性质】　白色、浅绿、浅黄或淡灰色。半透明。玻璃光泽，致密块状者呈油脂光泽，解理面呈珍珠光泽。解理 {001} 完全。贝壳状断口。叶片柔软，无弹性。硬度 1.5。相对密度 2.65～2.90。

偏光镜下：无色。二轴晶（－）。$2V = 53°～62°$。$N_g = 1.596～1.601$，$N_m = 1.586～1.589$，$N_p = 1.534～1.556$。

高温相变　叶蜡石阶段（室温至 662℃），结构稳定；偏叶蜡石阶段（662～1100℃），662℃时失去结构水转变为偏叶蜡石；非晶态 SiO_2 与莫来石形成阶段（1100～1200℃），1100℃时偏叶蜡石开始不稳定，分解形成非晶态 SiO_2，同时生成莫来石；莫来石与方石英共存阶段（1300℃以上），1300℃时，非晶态 SiO_2 结晶，形成方石英。主要化学反应为（魏存弟等，2005）：

$$Al_2O_3 \cdot 4SiO_2 \cdot H_2O（叶蜡石）\xrightarrow{662℃} Al_2O_3 \cdot 4SiO_2（偏叶蜡石）+ H_2O$$

$$3(Al_2O_3 \cdot 4SiO_2)\xrightarrow{1100℃} 3Al_2O_3 \cdot 2SiO_2（莫来石）+ 10SiO_2（非晶态 SiO_2）$$

$$SiO_2（非晶态 SiO_2）\xrightarrow{1300℃} SiO_2（方石英）$$

热辐射性　叶蜡石的热辐射性相对较低，因而具有较高的热反射率，能把投射到它表面的大部分热反射出去，故具有良好的隔热效果。

耐烧蚀性　依靠消耗物质来保护经受高温和高速气流冲刷物体的过程称作烧蚀过程。叶蜡石耐烧蚀的原因之一是脱水温度适中（600～800℃），其次是叶蜡石在高温时相变为莫来石、方石英等热稳定性好的矿物。

耐高温性　耐火度一般＞1650℃。在1100～1300℃，叶蜡石逐渐分解，形成高温稳定的莫来石相和方石英相。叶蜡石耐火材料在高温下不收缩，在温度剧变条件下不碎裂，能经受钢渣和金属的冲击。还有较强的抗蠕变能力。

化学稳定性　酸蚀量平均为1.23%，碱蚀量平均为2.23%，化学稳定性良好，原因是叶蜡石不含易溶于酸的金属离子，OH^-全部存在于结构单元层内部，不易与酸发生作用；碱对Si、Al有一定的溶解能力，但Si、Al均牢固地存在于结构单元层内。

其他性能　加热过程中发生褪色现象。加热至660℃时，灰色、灰白、淡黄色、浅绿等色调发生部分褪色。温度越高，褪色越明显。至1000℃时，变为雪白色。

叶蜡石还具有良好的绝缘性和润滑性能。

【资源地质】　通常由酸性凝灰岩经热液蚀变而成。在某些富铝变质岩中也有产出。热液蚀变成因的叶蜡石矿石的矿物组合与成矿介质条件有关。在水压为1kbar（10^8Pa）条件下，高岭石和叶蜡石的相界温度随液相SiO_2的浓度而变化，即随SiO_2浓度增大，在较高温度下有利于高岭石的稳定存在（图1-1-25）。强酸性介质有利于石英生成，弱酸性介质则有可能生成高岭石、迪开石。叶蜡石的形成温度一般为300～570℃。

世界叶蜡石矿主要分布在中国、日本和韩国等国。

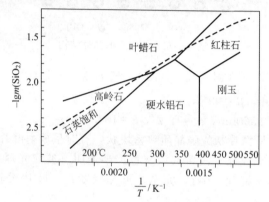

图 1-1-25　Al_2O_3-SiO_2-H_2O 体系相图（p_{H_2O}＝1kbar）

（据 Hemley et al，1980）

【鉴定特征】　致密块状叶蜡石与滑石相似。与高岭石、迪开石的拉曼光谱区别明显。

【工业应用】　边界品位（w_B%）：Al_2O_3≥10，SiO_2≤80，Fe_2O_3≤1.0；工业品位（w_B%）：Al_2O_3≥16，SiO_2≤75，Fe_2O_3≤0.5。可采厚度1～2m，夹石剔除厚度1～2m。主要用于陶瓷、耐火材料原料和雕刻工艺石料、填料、密封材料等。

陶瓷原料　中国应用叶蜡石已有近2000年的历史。最早的应用领域之一为制陶。陶瓷坯体烧成过程中，约1200℃时叶蜡石转变为方石英，体积有较大膨胀，而高岭石在相同温度下发生明显收缩，两者可相互补偿，使坯体体积基本保持不变。叶蜡石在高温下的褪色效应，使瓷体显特别洁白和高光亮度。陶瓷用矿石要求（w_B%）：Al_2O_3＞18，SiO_2＜75，Fe_2O_3＜0.5。叶蜡石可用作生产电池用微孔陶瓷的原料，也可与硅砂、高岭土、铬酸、氧化镁、硫酸铝配合，生产耐热绝缘陶瓷等（郑延力等，1992）。

耐火材料　叶蜡石质耐火砖是优质耐火材料，主要用于浇钢系统的盛钢缸衬砖、釉砖，也用于铸造化铁炉衬砖、各种窑炉底部和烟道用砖。这种耐火材料的熔点高，高温下体积稳定，温度剧变时不易破裂。无需预先煅烧，而可以用规定粒径的叶蜡石直接掺入耐火材料配料中。在叶蜡石质耐火砖与熔渣接触面上，可形成一种高韧度物质保护层，有效降低耐火砖破损率，延长耐火砖寿命。耐火材料用 Ⅰ 级矿石要求（$w_B\%$）：$Al_2O_3>24$，$Fe_2O_3<2$，$CaO<1$，$MgO<1$，烧失量<8；耐火度>1670℃。

玻璃纤维原料　叶蜡石是无碱玻璃球的原料之一。无碱玻璃球用于拉制玻璃纤维，后者用于生产电绝缘器材、玻璃钢、橡胶制品和玻璃布等。

填料和载体　在造纸、橡胶、油漆、化工、农药等行业，叶蜡石以其硬度低、具滑腻性、化学性质稳定、良好的覆盖力和吸附性、白度高等优良性能，用作填料和载体。

密封材料和反应腔　高质量叶蜡石是航天发动机喷管的优质密封材料。叶蜡石在高温下膨胀系数小，热稳定性高，热辐射率低，隔热效果优良，耐烧蚀性、润滑性和密封性好，可作为高温高速气流冲击部件的密封腻子材料用于航天工业。利用叶蜡石的高熔点和化学稳定性，可制作合成金刚石的反应腔、传压介质和高温高压密封绝缘材料。

雕刻彩石、观赏石、印章石　叶蜡石雕刻工艺品和印章有着悠久的历史。雕刻用叶蜡石达数十种之多，物相组成各异，价值差别悬殊。蜡石即质软、富于脂肪感、由各种细微矿物组成的致密块体。真正的蜡石，应主要由叶蜡石组成（王濮等，1984）。

我国福建寿山、浙江青田等地的叶蜡石矿，系因白垩纪流纹岩、凝灰岩经热液蚀变而成（毕先梅等，2004）。寿山石、青田石是色泽美观、质地优良的雕刻工艺材料。

对矿石要求主要从质地、色泽、石形和块度等综合评价。质地以洁净、细腻、透明、无杂质和裂隙者为上等品；色泽以单一瑰丽者为好；石形以有观赏价值和便于加工为佳；块度指单块矿石的重量，品种昂贵者以 g 为价值单位，较好者以 kg 为单位。

云 母 族

根据层间 A 类阳离子类型及占位，云母族矿物分为三个亚族：真云母亚族（true micas，A 为一价阳离子≥50%）；脆云母亚族（brittle micas，A 为二价阳离子>50%）；层间缺位云母亚族（interlayer-deficient micas，层间电荷≥0.6 且<0.85）（Back，2014）。云母族已知有 56 个矿物种，真云母（如白云母、金云母）、脆云母、层间缺位云母（如黑云母、锂云母）3 个亚族分别有 40 个、9 个和 7 个矿物种。

工业应用最广的是白云母，其次是金云母。化学通式 $A\{Y_{2\sim3}[Z_4O_{10}](OH)_2\}$。Z 组阳离子为 Si、Al，一般 $Al:Si=1:3$，有时有 Fe^{3+}、Cr 代替；Y 组阳离子主要是 Al、Fe、Mg，其次有 Li、V、Cr、Zn、Ti、Mn 等，配位数 6，位于配位八面体层中；A 组阳离子主要是 K^+，有时有 Na^+、Ca^{2+}、Ba^{2+}、Rb^+、Cs^+ 等，配位数 12，位于云母结构层之间。附加阴离子 OH^- 可被 F^- 替代。

按八面体层阳离子的种类和填充数，云母族分为二八面体型和三八面体型，晶体结构分别以白云母和金云母为代表。八面体空隙若为三价阳离子填充，由于电价平衡的需要，只有 2/3 空隙被占据，称为二八面体型云母，如白云母、钠云母；八面体空隙中若为二价阳离子填充，则全部空隙均被填满，称为三八面体型云母，如金云母、锂云母。

云母族的多型发育，是由于其三层结构层之间的位移方向不同（0°、60°、120°、180°、240°、300°）而出现不同的堆垛形式形成的。较简单的多型有 6 种（表 1-1-8）。1M 多型相邻三层结构层的位移方向相同（0°），只沿 a 轴方向位移；2O 多型是相邻的云母结构层的位移方向相继为 0°和 180°；相邻云母结构层还有相继为 120°和 240°、120°和 60°两种位移方式，分别为 $2M_1$、$2M_2$ 多型；3T 多型是相邻结构层位移方向相继为 120°、240°和 360°；6H 多型是相邻结构层相继以 120°、180°、240°、300°、360°和 60°方向位移。更复杂的多型可以从上述 6 种基本多型扩展而成。

表 1-1-8　云母简单多型的晶系、晶格常数和空间群

多型	晶系	层数	a_0/nm	b_0/nm	c_0/nm	β	空间群
$1M$	单斜	1	0.53	0.92	1.0	100°	$C2/m$ 或 Cm
$2M_1$	单斜	2	0.53	0.92	2.0	95°	$C2/c$
$2M_2$	单斜	2	0.92	0.53	2.0	98°	$C2/c$
$2O$	斜方	2	0.53	0.92	2.0	90°	$Ccm2$
$3T$	三方	3	0.53	—	3.0		$P3_112$ 或 $P3_212$
$6H$	六方	6	0.53	—	6.0		$P6_122$ 或 $P6_522$

在上述 6 种简单多型中，自然界主要发现的有 $1M$、$2M_1$、$2M_2$ 和 $3T$ 型。白云母有 $1M$、$1M_d$（无序型）、$2M_1$ 和 $3T$，主要是 $2M_1$；金云母有 $1M$、$2M_1$ 和 $3T$，主要是 $1M$；锂云母有 $1M$、$2M_2$ 和 $3T$，主要是 $1M$ 和 $2M_2$ 多型。

云母的多型主要与 Y 组离子种类及含量有关。如 Li-Al 云母类，$Li_2O < 3.4\%$，为 $2M_1$ 型；$Li_2O = 3.4\% \sim 4\%$，为过渡型；$Li_2O = 4\% \sim 5.1\%$，为 $6H$ 型；$Li_2O > 5.1\%$，为 $1M$ 或 $3T$ 型。

云母晶体常呈六方板状或柱状，有时呈六方三连晶。常见按云母律形成双晶，双晶轴∥ [310]，而与 (001) 和 (110) 交棱垂直。也可按此双晶律形成穿插三连晶。

由于云母族的层状结构之间仅有 A 组阳离子的弱联系，因而具有 {001} 极完全解理，薄片具有弹性。其力学、电学性质等都表现出明显的异向性。

白云母（muscovite）

$K\{Al_2[AlSi_3O_{10}](OH)_2\}$

【晶体化学】　理论组成（$w_B\%$）：K_2O 11.8，Al_2O_3 38.5，SiO_2 45.2，H_2O 4.5。类质同象替代广泛，常见有 Ba、Na、Rb、Fe^{3+}、Cr、V^{3+}、V^{4+}、Fe^{2+}、Mg、Li、Ca、F 等。因而可出现钡云母、铬云母、多硅白云母等变种。多硅白云母的四次配位中 Si：Al > 3，六次配位的 Al 可被较多的 Mg、Fe^{2+} 所代替。非常细小的鳞片状白云母称为绢云母。

【结构形态】　单斜晶系，C_{2h}^6-$C2/c$。$a_0 = 0.519$nm，$b_0 = 0.900$nm，$c_0 = 2.010$nm，$\beta = 95°11'$；$Z = 4$。结构中 $[(Si,Al)O_4]$ 四面体共 3 个角顶相连形成六方网层，四面体活性氧朝向一边。附加阴离子 OH^- 位于六方网格中央，与活性氧位于同一平面上。两层六方网层的活性氧相对指向，并沿 [100] 方向位移 $a/3$（约 0.17nm），使两层的活性氧和 OH^- 呈最紧密堆积。其间所形成的八面体空隙为 Al^{3+} 充填，构成两层六方网层夹一层八面体层的三层结构层即云母结构层。六方网层中 1/4 的 Si 为 Al 所代替，使结构层内有剩余电荷，因而由较大 K^+ 充填于结构层之间，以维持电荷平衡 [图 1-1-26 (a)]。天然白云母多为 $2M_1$ 型。

晶形常呈板状或片状，外形成假六边形或菱形，柱面有明显的横条纹。晶体细小者呈鳞片状，大者面积可达数百平方厘米。双晶常见，常依云母律生成接触双晶 [图 1-1-26 (b)] 或穿插三连晶 [图 1-1-26(c)]。

【物理性质】　无色或浅黄、褐、灰、浅绿、棕红，颜色变化系由类质同象替代所引起。如含 Li 呈玫瑰色，含 Cr^{3+} 呈鲜绿色，含少量 Mn^{3+} 而不含 Fe^{2+} 呈茶色，若 Mn、Fe^{2+} 等量存在则无色，Fe^{2+} 单独存在时呈浅绿色，而浅黄、褐色系由 Fe^{3+} 引起，红色是 Fe^{3+}、Ti 同时存在所致。透明至半透明。玻璃光泽。解理面珍珠光泽，绢云母呈丝绢光泽。

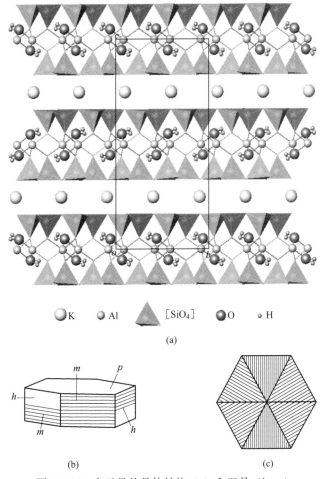

图 1-1-26　白云母的晶体结构（a）和双晶（b，c）

　　偏光镜下：无色透明，有时带淡绿或浅褐色。二轴晶（一）。$2V = 35° \sim 50°$。$N_g = 1.588 \sim 1.615$，$N_m = 1.582 \sim 1.611$，$N_p = 1.552 \sim 1.572$。具 3T 多型的白云母为一轴晶。

　　电学性质　电绝缘性良好，绝缘强度一般为 $159 \sim 317 kV/mm$，体积电阻率达 $10^{14 \sim 15} \Omega \cdot cm$，表面电阻率达 $10^{11 \sim 12} \Omega$。白云母为优质电介质，$\tan\delta$ 仅为 $0.001 \sim 0.08$，介电常数 ε 一般为 $6 \sim 8 (50 Hz)$。

　　机械性能　硬度 $2 \sim 2.5$，剥分性优于金云母。解理 {001} 极完全，{110} 和 {010} 不完全。薄片有弹性。硬度在（001）面为 $2 \sim 3$，$\perp$（001）为 4。相对密度 $2.76 \sim 3.10$。用作绝缘材料的白云母，要求抗拉强度为 $167 \sim 353 MPa$，抗压强度 $814 \sim 1226 MPa$，抗剪强度 $211 \sim 296 MPa$，单位剥分应力 $0.04 \sim 0.06 MPa$。

　　热学性能　在 $100 \sim 600℃$，能保持其一系列优良物理性能。热导率平均为 $0.0067 W/(m \cdot K)$。比热容 $0.871 J/(g \cdot ℃)$，熔点 $1260 \sim 1290℃$。差热分析在 $800 \sim 900℃$ 间的吸热谷系脱结构水的反映，$900℃$ 以上的放热峰依次与生成白榴石、γ-Al_2O_3、尖晶石等有关。故在 $700℃$ 以下，白云母可用作优质绝缘材料。

　　化学稳定性　在热酸中不溶解，但在沸腾硫酸的长时间作用下可发生分解。碱对白云母几乎不起作用。白云母还具有抗各种射线辐射的性能和良好的防水性。

　　【资源地质】　主要产于白云母花岗岩、二云母花岗岩、伟晶岩中。还常出现在云英岩、片岩、片麻岩中。花岗伟晶岩中的白云母，常形成工业价值较大的晶体。在变质岩中白云母分布广泛，如白云母结晶片岩、白云母石英岩等。白云母矿床只有混合岩化伟晶岩型，新疆阿勒泰、四川丹巴和内蒙古土贵乌拉曾经是中国著名三大工业白云母矿区。

【鉴定特征】　无色或浅色，片状，极完全解理，薄片有弹性，及借 X 射线分析鉴定。

【工业应用】　工业可利用云母称为工业云母（白云母、金云母），主要用于电子工业中做电绝缘材料，在冶金、机械和高科技领域做射线管窗、窑炉炉窗、耐酸碱观察窗、飞机发动机垫圈、氧气呼吸器隔膜及用于计算机、雷达、导弹、卫星和激光器材料中。

以水热合成的纯质六方钾霞石粉体（苏双青等，2012）为原料，在稀硝酸介质中水热反应，可合成纯质纳米白云母粉体（原江燕等，2017）。将钾霞石粉体按质量比 1 ∶（5～20）加入蒸馏水中，继续加入硝酸、醋酸至设定浓度，即 $HNO_3 \geqslant 0.75mol/L$，$CH_3COOH \geqslant 0.01mol/L$。搅拌均匀形成浆料，置于聚四氟乙烯内衬反应釜中，在 250℃下水热反应 18h。固液分离，测定钾霞石相中 K_2O 溶出率为 68.7%，固相转变为白云母。滤液经蒸发结晶制备硝酸钾；滤饼以蒸馏水洗涤、干燥，即得纳米白云母粉体。合成白云母为单一物相，形态呈近自形片状晶体（图 1-1-27），单片层厚度 20～40nm，片径大多介于 200～300nm。晶格常数：$a_0 = 0.5214nm$，$b_0 = 0.8986nm$，$c_0 = 1.0251nm$，$\beta = 100°22'12''$；1M 多型。

图 1-1-27　钾霞石粉体水热合成纳米白云母的扫描电镜照片

（据原江燕等，2017）

1978 年起，中国所有的云母矿山已闭坑停采。普通用途白云母主要由富含云母的矿石经选矿加工而获得。主要用途简述如下。

片径 4mm 云母粉可作石油钻探泥浆混入物，以改善泥浆性能；0.297mm 云母粉可作电缆、金属丝等的保护涂料的配料，作沥青制品、胶泥、电焊条等的填料。超细云母粉加入油漆，可提高抗大气性、抗冻性、抗腐性、密实性、耐磨性，降低渗透性，减少漆膜泛黄和龟裂；加入塑料，可提高热阻和制品强度，改善介电特性；掺入涂料，可提高涂料的防水性、弹性、塑性、黏结性和防腐性。

云母粉和玻璃粉混匀后可热压成型或注射成型为云母陶瓷。这种陶瓷可进行车、钻、磨等机械加工，成为形状复杂、尺寸精确的异形制品和特种电子管管库、无线电元件支架、高频波段开关、仪表骨架插接元件、可控硅管外壳、印刷电路底板等。

利用碎云母和云母粉制造的云母纸，已大量取代了天然白云母。如云母纸层压板和云母纸，在电气电子工业中已广泛应用。

以鳞片状湿磨白云母微片为基材，在其表面均匀沉积包覆一层高折射率的纳米级 TiO_2 薄膜，可制备成高质量 TiO_2/白云母纳米复合材料。此类云母珠光粉具有接近自然的珠光效应，梦幻般多彩的深邃三维空间质感，安全无毒的绿色环保特性，是汽车面（磁）漆涂料、化妆品、油墨、塑料行业的高档材料（车涛等，2004）。采用均匀沉淀法，以尿素为沉淀剂，在干涉色为绿色的云母钛表面包覆 5% 的 Nd_2O_3，制成 Nd_2O_3/TiO_2/云母稀土珠光颜料。其紫外吸收性能明显高于云母钛本身，可起到很好的紫外屏蔽作用，其珠光效果最佳，且具有绿-淡紫随角异色效应（孙家跃等，2006）。

海绿石（glauconite）

$K_{1-x}\{(Al,Fe)_2[Al_{1-x}Si_{3+x}O_{10}](OH)_2\}$

【晶体化学】 国际矿物学会云母命名委员会给出海绿石的理想化学式：$K_{0.8}R_{1.33}^{3+}R_{0.67}^{2+}[Al_{0.13}Si_{3.87}O_{10}](OH)_2$，通常 $^{VI}R^{2+}/(^{VI}R^{2+}+^{VI}R^{3+})\geqslant0.15$，$^{VI}Al/(^{VI}Al+^{VI}Fe^{3+})\leqslant0.5$（Rieder et al，1999）。化学成分变化较大。与白云母相比，海绿石的 Z 组阳离子中 Al∶Si 值较小；K^+ 值亦小，Na^+ 替代可达 0.5%。典型海绿石化学式中，x 值为 0.4~1.0。Y 组阳离子主要为 Fe^{3+}，Al^{3+} 次之，富铝变种称铝海绿石（skolite）。此外常含 MgO（可达 6.5%）和 FeO（可达 5.0%）。亦常含 H_2O，可能占据结构中的 A 位置或以 H_3O^+ 形式代替 K^+（王璞等，1984）。

海绿石中的 K^+、Fe^{3+} 含量常因其产出地质时代和岩性不同而有所变化。与现代沉积物中的海绿石相比，早古生代产出海绿石的 K_2O 含量较高，而 Fe_2O_3 含量相反。同一地质时代，与长石砂岩及泥岩相海绿石相比，产于石英砂岩、石灰岩中的海绿石的 K_2O 含量较高。

【结构形态】 单斜晶系，C_{2h}^3-$C2/m$。$a_0=0.5248nm$，$b_0=0.9074nm$，$c_0=1.0203nm$，$\beta=101°24'$；$Z=2$。属二八面体型，与白云母不同之处，除 Z 组阳离子中 Al∶Si<1∶3 以外，在于八面体层中阳离子主要为 Fe^{3+}，且有相当数量的 Fe^{2+} 居于其中，致使其 X 射线谱与三八面体型云母类似。具有 $1M$ 和 $1M_d$ 两种多型。

晶形呈细小假六方外形，但极少见。通常呈直径数毫米的圆粒状体，分布于疏松的硅质或黏土质碳酸盐岩石中。

【物理性质】 暗绿至绿黑色，也有呈黄绿、灰绿色。不透明。通常无光泽。解理 {001} 很少见。硬度 2~3。性脆。相对密度 2.2~2.8。

偏光镜下：透射光下呈亮绿、浅绿、黄绿或橄榄色。多色性显著，N_p 稻草黄或浅黄绿色，N_g 亮绿或黄绿色。二轴晶（一），$2V=15°~25°$。$N_g=1.610~1.630$，$N_m=1.609~1.629$，$N_p=1.600~1.607$。

差热分析在 150~200℃ 和 550~600℃ 出现吸热谷，分别相当于脱除吸附水和结构水，900℃ 以上晶格破坏。脱水曲线显示两个明显失水过程，温度达 200℃ 时失去吸附水，400℃ 以上失去结构水。

【资源地质】 显生宙海绿石主要形成于具低沉积速率的外陆架至上斜坡深水环境，而前寒武纪海绿石则多见于具高沉积速率的浅水环境（汤冬杰等，2016）。故常见于浅海沉积物（砂岩、碳酸盐岩等）中，在近代深度为 300~500m 浅海沉积的绿色淤泥和砂中亦有发现。在风化作用中不稳定，易转变为褐铁矿和非晶态氧化硅。

【鉴定特征】 特征的亮绿至黄绿色，产出地质环境，及借 X 射线分析鉴定。

【工业应用】 海绿石中富含 K_2O，是一种重要的潜在钾资源（苏双青等，2016）。美国新泽西州约 32.5 万公顷以海绿石为主的绿砂土壤，是农作物生长的天堂，海绿石中释放钾是促进植物生长的主要因素（True et al, 1918）。海绿石经简单加工即可用作钾肥，缺点是钾的利用率低。

巴西某地产钾长海绿岩，K_2O 品位约 11.5%，海绿石含量约 61%。在浓硫酸与海绿岩质量比为 2.56，水固质量比为 4，140℃下反应 4h，其 K_2O、MgO 溶出率分别达 54.0% 和 99.2%，海绿石相中两者接近完全溶出。以 MgO 溶出率为指标，海绿石在硫酸介质中的溶解过程符合收缩未反应芯模型，控制步骤为界面化学反应，反应表观活化能为 39.50kJ/mol，反应级数为 0.556，粒度级数 −0.254。其溶解反应动力学方程为（苏双青，2016）：

$$1-(1-X_{MgO})^{1/3}=439.40 \times c_{H_2SO_4}^{0.556} \times d^{-0.245} \times \exp\left(\frac{-39.50}{RT}\right) \times t$$

式中，X_{MgO} 为海绿石中 MgO 的溶出率；439.40 为 Arrhenius 常数（k_0）；c 为硫酸浓度，mol/L；d 为海绿石矿粒平均粒径，μm；R 为气体常数；T 为反应温度，K；t 为反应时间，min。活化配合物的形成是海绿石溶解反应的控制步骤。

以钾长海绿岩为原料，采用碳酸钾烧结-水热晶化法制备生态型沸石钾肥。海绿岩粉体与碳酸钾质量比为 1:1，烧结温度为 820℃时，烧结产物为硅酸钾玻璃、钾霞石和铝酸钾。烧结物料与水按质量比 1:5 混合，在 180℃下水热晶化 8h，产物为 K-H 型沸石。其晶体形态呈棒状，长度约 3～8μm（图 1-1-28）。合成产物在去离子水中微溶；在浓度 0.1mol/L 的柠檬酸溶液和 0.5mol/L 的盐酸溶液中，K_2O 溶出率分别为 84.0% 和 95.0%。K-H 型沸石粉体中营养元素 K、Mg、Si 的释放速率缓慢，效果持久（苏双青，2016）。

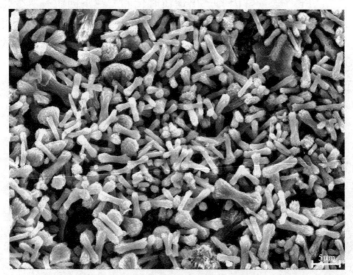

图 1-1-28　水热晶化产物 K-H 型沸石的扫描电镜照片
（据苏双青，2016）

海绿石中通常含有蒙脱石膨胀层。膨胀层含量高的海绿石可有效去除溶液中的 Pb^{2+}、Cu^{2+}、Zn^{2+}、Cd^{2+}、Cr^{6+} 等重金属离子（Franus et al, 2014；Bajda et al, 2013）。

金云母、黑云母（phlogopite, biotite）
$K\{Mg_3[AlSi_3O_{10}](F,OH)_2\}$，$K\{(Mg,Fe)_3[AlSi_3O_{10}](OH,F)_2\}$

【晶体化学】 理论组成（$w_B\%$）：氟金云母，SiO_2 41.23，Al_2O_3 11.66，MgO 27.65，K_2O 10.77，F 8.69；羟铁云母（annite），SiO_2 35.21，Al_2O_3 9.96，FeO 42.11，K_2O 9.20，H_2O 3.52。Mg-Fe^{2+} 间为完全类质同象。$Mg:Fe^{2+}>2$ 时称金云母，反之则为黑云

母。替代 K 的常有 Na、Ca、Ba；替代 Mg、Fe^{2+} 的主要有 Ti、Fe^{3+}、Mn（可达 18%）、Cr（可达 8.66%）；F 替代 OH 可达 6.7%。故可出现锰金云母、钛金云母、氟金云母等变种。Z 组阳离子中，Al 代替 Si 原子数可达 1.5；同时，在 Y 组阳离子中，Al、Fe^{3+} 代替 Mg、Fe^{2+}，形成铝金云母 $K\{Mg_{2.5}Al_{0.5}[Al_{1.5}Si_{2.5}O_{10}](OH)_2\}$。其他微量元素有 Pb、Sn、Cu、Zn、Co、Ni、Zr、Mo、Nb、Ga、V、Li、Sr、Sc、La、Ag 等。

依据晶体结构及阳离子占位规律，黑云母亚族包括以下 6 个端员矿物（Tajčmanová et al，2009；White et al，2014）。

金云母（phlogopite, phl）：$KMg_3[AlSi_3O_{10}](OH)_2$；

羟铁云母（annite, ann）：$KFe_3^{2+}[AlSi_3O_{10}](OH)_2$；

有序黑云母（ordered biotite, obi）：$KFe^{2+}Mg_2[AlSi_3O_{10}](OH)_2$；

镁叶云母（eastonite, east）：$KAlMg_2[Al_2Si_2O_{10}](OH)_2$；

钛金云母（Ti-phlogopite, tph）：$KMg_2Ti[AlSi_3O_{10}](O)_2$；

高铁金云母（Fe^{3+}-phlogopite, fph）：$KFe^{3+}Mg_2[Al_2Si_2O_{10}](OH)_2$。

【结构形态】 晶系、空间群和晶格常数依多型不同而异（表 1-1-9）。金云母属三八面体型（图 1-1-29）。最常见的多型是 $1M$，其次是 $2M$ 和 $3T$。

表 1-1-9 金云母的结晶学参数

矿物名称	多 型	a_0/nm	b_0/nm	c_0/nm	β	空 间 群	晶系
金云母	$1M$	0.5314	0.9204	1.0314	99°54′	Cm	单斜
	$2M_1$	0.5347	0.9227	2.0252	95°1′	C_2/c	单斜
	$3T$	0.5314		3.0480		$P3_112$ 或 $P3_212$	三方
氟金云母（合成）	$1M$	0.5310	0.9195	1.0136	100°4′	Cm	单斜
	$3T$	0.5310		2.9943		$P3_112$ 或 $P3_212$	三方

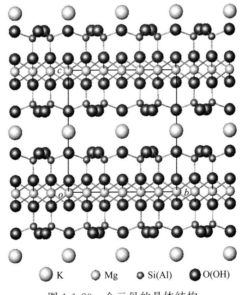

○ K　　● Mg　　○ Si(Al)　　● O(OH)

图 1-1-29 金云母的晶体结构

晶形与白云母相似，呈假六方板状、短柱状或角锥状。柱面具有清晰平行横条纹。常见依云母律形成的双晶。集合体呈叶片状和鳞片状。

【物理性质】　金云母呈不同色调的棕色至浅黄色；黑云母以黑、深褐色为主，富 Ti 者浅红褐色，富 Fe^{2+} 者绿色。浅色者透明而具玻璃光泽；深色者半透明，玻璃光泽，解理面珍珠光泽，导热性不及浅色金云母。解理 {001} 极完全。薄片具弹性。硬度 2～3。相对密度金云母 2.7～2.85，黑云母 3.02～3.12。金云母不导电。

偏光镜下：金云母无色至褐黄色。二轴晶（－）。$2V = 0° \sim 15°$。$N_g = 1.558 \sim 1.637$，$N_m = 1.557 \sim 1.637$，$N_p = 1.530 \sim 1.590$。弱多色性，N_p 无色，N_m 褐黄，N_g 褐黄。

热稳定性　金云母熔点 1270～1330℃，热稳定性优于白云母。在 800～1000℃ 下，金云母片的弹性、透明度、绝缘性等均保持不变；至 1100～1200℃ 失去结构水，晶体结构破坏。浅色金云母的热稳定性良好，约 1000℃ 时热膨胀达到最大值，膨胀后的厚度不超过原厚度的 3 倍，且冷却后仍保持其基本物性不变，是很好的耐热材料。

其他性能　金云母具耐酸碱、耐化学腐蚀、耐各种射线辐射的性能，但化学稳定性不及白云母，机械强度低于白云母，抗拉强度 196～373MPa，抗压强度 294～588MPa，抗剪强度 83～135MPa。

【资源地质】　金云母主要为酸性岩浆与富镁碳酸盐围岩发生交代作用的产物，与透辉石、镁橄榄石、尖晶石等共生。在某些伟晶岩、超基性岩中也有产出。各种用途的金云母主要来自夕卡岩型和镁质超基性岩型金云母矿床。黑云母主要产于中酸性火成岩、碱性岩、伟晶岩和结晶片岩、片麻岩等变质岩中，风化作用下易分解，风化第一阶段变为水黑云母，第二阶段即分解为蛭石至高岭石。

【鉴定特征】　与白云母相似，区别主要是颜色等。

【工业应用】　金云母工业应用和技术要求与白云母相似，但技术指标有一定差别。金云母为重要的绝热材料，用作各种耐高温窗口、电热设备、探照灯、热蓄电池等。

合成的大片氟金云母已代替天然金云母，用作各种窗口材料，如微波窗口、X 射线输出窗、α 和 β 计算管窗口、高温观察窗和其他耐酸碱、隔气体和液体等窗口材料。合成金云母也用于原子能工业。

氟金云母微粉与去离子水配成质量比 1∶（10～30）的悬浊液。以稀硫酸调节 pH 值至 1.0～2.4，搅拌下酸煮 30min。之后滴入一定浓度 $TiCl_4$ 溶液（金红石型云母钛珠光颜料需加入一定量 $SnCl_4$ 溶液）；补充一定量去离子水，继续反应约 20min 后停止加热搅拌。待悬浊液冷却后过滤，洗涤至中性，在 110℃ 下鼓风干燥 4h，即得云母钛珠光颜料前驱体。在 850℃ 下煅烧 1h，制品的珠光效果强烈，表面 TiO_2 多晶膜致密光滑，完全转化为金红石型晶体，可提高珠光颜料的耐热性和耐候性（余超等，2008）。

黑云母作为常见的造岩矿物，大量富集时可用于提取硫酸钾及氧化铁红、氢氧化铝等产品，或用于制备矿物型缓释钾肥。青海上庄磷矿副产黑云母精矿，纯度 95%，在浓度 3.0mol/L 硫酸溶液中于 100℃ 下反应 2h，其中 K_2O、MgO、Al_2O_3 溶出率分别为 88.4%、87.4%、86.2%；反应 6h，溶解过程接近平衡，黑云母的转化率达 98.7%。黑云母分解过程符合固膜扩散控制，反应表观活化能 $E_a = 42.343kJ/mol$。由黑云母分解反应动力学实验结果，得反应动力学方程为（马玺，2016）：

$$1 - \frac{2}{3}X_{K_2O} - (1 - X_{K_2O})^{2/3} = 20500 \times c_{H_2SO_4}^{0.445} \times r^{-0.627} \exp\left(\frac{-42.343}{RT}\right) \times t$$

式中，X_{K_2O} 为黑云母中 K_2O 溶出率；20500 为 Arrhenius 常数（k_0）；T 为反应温度，K；c 为硫酸浓度，mol/L；r 为黑云母片径，μm；t 为反应时间，min。

采用针铁矿法回收浸出液中的铁铝组分。加入 3% 的 H_2O_2，并以浓氨水调节 pH 值至 4.5，控制反应温度为 80℃，浸出液中 Fe_2O_3、Al_2O_3 的沉淀率分别达 99.8% 和 99.43%，

MgO、K_2O 损失率分别为 0.55％和 0.32％。剩余液相可用以制备硫酸钾等产品。

以酸浸硅胶、氢氧化镁、碳酸钾为原料，在 800～900℃下烧结 2h，制得了 K_2O-MgO-SiO_2 型化合物。实验结果表明，K_2MgSiO_4 和 $K_{1.14}Mg_{0.57}Si_{1.43}O_4$ 易溶于稀酸和水溶液；而 $K_2MgSi_3O_8$ 化合物缓慢溶于稀酸和水溶液，其养分释放规律符合缓释肥料国标（GB/T 23348—2009）的要求（马玺，2016）。

锂云母（鳞云母）(lepidolite)

$K\{Li_{2-x}Al_{1+x}[Al_{2x}Si_{4-2x}O_{10}](F,OH)_2\}$ （$x=0～0.5$）

【晶体化学】 化学成分变化（w_B％）：Li_2O 3.5～6，FeO 8～12，Al_2O_3 22～29，SiO_2 47～60，F 4～9。替代 K 的有 Na(≤1.1％)、Rb(≤4.9％)、Cs(≤1.9％)；替代 Li、Al 的有 Fe^{2+}(≤1.5％)、Mn(≤1％)，Ca、Mg 较少；F 可被 OH(≤2.6％) 代替。通常 Z 组阳离子有 Al 代替 Si，无铝富硅变种称为多硅锂云母（polylithionite）。白云母与锂云母之间，一般将 Li_2O>3.5％者归入锂云母，否则称锂白云母。与黑云母之间的过渡种属为铁锂云母。

【结构形态】 晶系、空间群和晶格常数依多型不同而异（表 1-1-10）。与白云母结构类似，唯锂云母结构中的八面体位置为 Li、Al 等离子所充满，属三八面体型结构。常见多型为 1M 和 $2M_2$，其次是 3T；$2M_2$ 型结构为过渡型或混合型结构。晶形呈假六方形，完好晶体少见，常呈片状、细小鳞片状集合体，故又名鳞云母。依云母律形成双晶。

表 1-1-10 锂云母的结晶学参数

多型	对称	a_0/nm	b_0/nm	c_0/nm	β	空 间 群
1M	单斜	0.53	0.92	1.02	100°	Cm 或 C2/m
$2M_2$	单斜	0.92	0.53	2.00	98°	C2/c
3T	三方	0.53	—	3.00	—	$P3_112$ 或 $P3_212$

【物理性质】 玫瑰色、浅紫色，有时为白色，含 Mn 呈桃红色。透明。玻璃光泽，解理面珍珠光泽。解理 {001} 极完全。薄片具弹性。硬度 2～3。相对密度 2.8～2.9。

偏光镜下：无色，有时呈浅玫瑰色或淡紫色。二轴晶（－）。$2V=25°～45°$。N_g=1.556～1.610，N_m=1.554～1.610，N_p=1.535～1.570。

【鉴定特征】 与白云母相似，区别在于锂云母折射率略低。薄片中呈浅粉色时，可据多色性区别。铁锂云母折射率较大，$2V$ 较小，可予区别。

【资源地质】 主要产于花岗伟晶岩中，与锂辉石、白云母、电气石等共生。我国江西某些强蚀变的花岗岩中产有锂云母，与钠长石、黄玉、黑钨矿、铌钽铁矿等共生。

锂是 21 世纪的新能源金属。世界锂资源丰富，超过 20 个国家发现了锂矿床。锂资源最丰富的国家有智利、玻利维亚、阿根廷、澳大利亚等。自然界已发现的锂矿床主要有 3 种类型，即卤水型、伟晶岩型和沉积岩型，分别占世界锂资源的 66％、26％和 8％。截至 2015 年，世界探明锂储量约 1400 万吨，中国探明储量 320 万吨，占世界总储量的 22.9％。2015 年世界锂消费量达 21.18 万吨（碳酸锂当量），比上年增长 30.7％，其中卤水锂和矿物锂生产各占供需量约 50％。

【工业应用】 提取稀有金属 Li 的主要原料之一，也是提取 Rb、Cs 的主要原料。花岗伟晶岩类锂矿床，工业指标（DZ/T 0203—2002）：机选边界品位，Li_2O 0.4％～0.6％；工业品位，Li_2O 0.8％～1.1％。最小可采厚度 1m，夹石剔除厚度≥2m。伴生锂综合回收工业指标：花岗岩类及气成热液矿床，Li_2O≥0.2％；碱长花岗岩类矿床，Li_2O 0.3％。

锂广泛应用于工业和国防科技领域，主要包括：(1) 锂电池，广泛应用于电子产品和新能源汽车。（2）化学用途，氯化锂和溴化锂吸湿性极强，可用作干燥剂。（3）通用工程，硬脂酸锂是常用高温润滑剂；锂用作助熔剂，用于焊接和陶瓷、搪瓷、玻璃生产中。（4）锂合金，锂与铝、镉、铜、锰化合，可用于制造高性能飞机部件。（5）光学器件，锂可用于玻璃、陶瓷制品中；铌酸锂具有高非线性特点，使之用于非线性光学领域。（6）火箭技术，金属锂及其复杂氢化物如 $Li[AlH_4]$ 等，是火箭推进剂的高能添加剂。在火箭推进剂和氧烛等方面，过氧化锂、硝酸锂、氯酸锂和高氯酸锂等用作氧化剂，以向潜艇和太空舱提供氧气。（7）核利用，氟化锂是氟盐 $LiF-BeF_2$ 的基本成分，用于液体氟化物核反应堆中。氟化锂的化学性质特别稳定，LiF/BeF_2 混合物具低熔点，具有氟盐组合中适合反应堆利用的最佳中子特性。

细粒集合体（锂云母岩）称丁香紫玉，简称丁香紫，是 20 世纪 70 年代末在我国发现的玉石新品种，因呈丁香花般的美丽紫色而得名（张蓓莉等，2008）。其硬度较低，易于琢磨和抛光，加工后的玉雕工艺品色泽柔和，光洁照人。

铁锂云母（zinnwaldite）

$K\{LiFeAl[AlSi_3O_{10}](F,OH)_2\}$

【晶体化学】 成分变化很大。K 可被 Na、Ba、Rb、Cs 和少量 Ca 代替；八面体位置 Li、Fe^{2+}、Al 可被 Ti、Mn、Mg 等替代；F 常为 OH 所代替，可至 F∶OH<1∶1。

【结构形态】 单斜晶系，C_s^3-Cm。$a_0=0.527nm$，$b_0=0.909nm$，$c_0=1.007nm$，$\beta=100°$；$Z=2$。三八面体型结构。晶体呈假六方板状，集合体成鳞片状。

【物理性质】 灰褐色、黄褐色，有时为暗绿、浅绿色。透明。玻璃光泽，解理面珍珠光泽。解理｛001｝极完全。薄片具弹性。硬度 2～3。相对密度 2.9～3.2。

偏光镜下：无色或浅褐色。弱多色性：N_p 无色或绿色，N_m 浅褐或褐色，N_p 浅褐或褐色。二轴晶（一）。$2V=30°～38°$。$N_g=1.580～1.610$，$N_m=1.570～1.600$，$N_p=1.550～1.580$。

【鉴定特征】 与锂云母相似，薄片中呈浅粉色时，可据多色性区别。铁锂云母折射率较大，2V 较小，可予区别。

【资源地质】 成因与锂云母相似。常作为气成矿物产于含锡石和黄玉的伟晶岩及云英岩中，与黑钨矿、锡石、黄玉、锂云母、石英等共生。我国江西南部一带锡钨矿床中常有铁锂云母产出。

【工业应用】 提取稀有金属 Li 的原料矿物之一，也是提取 Rb、Cs 的主要原料。

内蒙古锡林郭勒盟白音锡勒铷矿石，经破碎、磨细、湿法磁选得铁锂云母精矿，纯度62.4%。以浓度 6.2mol/L 的硫酸溶解，在 140℃下反应 4h，铁锂云母分解率达 98.6%。滤液以 KOH 溶液调节 pH 值，除去 Fe^{3+}、Al^{3+} 等杂质，经蒸发结晶再冷却法回收硫酸钾副产品。余液浓缩至 Li^+ 浓度不小于 25g/L，在 90℃ 水浴下加入饱和碳酸钾溶液，搅拌、静置1h，过滤洗涤，所得碳酸锂纯度达 99.6%，符合工业碳酸锂国标（GB/T 11075—2003）中 Li_2CO_3-0 的指标要求（胡晓飞，2014）。

伊利石（水云母）（illite）

$K_{0.65}Al_{2.0}\square[Al_{0.65}Si_{3.35}O_{10}](OH)_2[^{VI}R^{2+}/(^{VI}R^{2+}+^{VI}R^{3+})\leqslant0.25,^{VI}Al/(^{VI}Al+^{VI}Fe^{3+})\geqslant0.6]$

【晶体化学】 化学成分不定（$w_B\%$）：K_2O 约 6，Al_2O_3 23～25，SiO_2 60～63，H_2O 8～9。层间阳离子以 Na^{2+} 为主时称钠伊利石（李胜荣，2009）。

【结构形态】 单斜晶系。$a_0\approx0.52nm$，$b_0\approx0.90nm$，$c_0\approx1.00nm$，$\beta=96°$；$Z=2$。

二八面体型层状结构，与白云母相似。常呈鳞片状或薄片状块体及致密块状。

【物理性质】 白色，有时带黄绿等色调。致密块状者油脂光泽。贝壳状断口。解理{001}完全。硬度2～3。相对密度2.5～2.8。有滑感。

【资源地质】 是白云母遭受风化作用而转变为黏土矿物的中间过渡产物。常见于云母片岩、片麻岩和中酸性火成岩风化形成的土壤中。在优质砚石的石材（板岩或千枚状板岩）中，伊利石含量通常高达60%～90%以上。

【鉴定特征】 无色或淡绿、淡黄褐色，鳞片状或致密块状，及借X射线分析鉴定。

【工业应用】 为瓷石和耐火黏土的主要组成矿物，主要用作粗质陶瓷原料和耐火材料，造纸、塑料行业也有应用（吴良士等，2005），可代替纯碱生产有色玻璃。也是富钾凝灰岩、富钾页岩中的主要富钾矿物，含量可达60%～90%，是生产钾肥的潜在矿源。

用作造纸填料，要求纯度>98%，粒度$-2\mu m$>95%，白度>85%。用作塑料、橡胶填料，一般要求粉料粒度为-325目，白度据产品要求而定。用于石油脱色，经活化后脱色率应达96%以上。陶瓷级伊利石质量要求：$Al_2O_3 \geqslant 26\%$，$K_2O + Na_2O \geqslant 4\%$，$TiO_2 + Fe_2O_3 < 0.8\%$。化肥级伊利石质量要求：$K_2O \geqslant 7\%$，$Al_2O_3 \geqslant 26\%$，$TiO_2 + Fe_2O_3 < 0.8\%$。

蛭石（vermiculite）

$(Mg,Ca)_{0.3\sim0.45}(H_2O)_n\{(Mg,Fe^{3+},Al)_3[(Si,Al)_4O_{12}](OH)_2\}$

【晶体化学】 化学成分（$w_B\%$）：SiO_2 37.50～49.10，Al_2O_3 6.37～19.10，MgO 9.35～22.68，Fe_2O_3 20.3～24.55，烧失量3.32～14.15。四面体片中Al代替Si一般为1/3～1/2，还可有Fe^{3+}代替Si。R^{3+}代替Si是产生层电荷的主要原因。单位化学式的电荷数0.6～0.9。层电荷补偿一方面由八面体中Al代替Mg引起，另一方面来自层间阳离子。层间阳离子以Mg为主，也可以是Ca、Na、K、$(H_3O)^+$，以及Rb、Cs、Li、Ba等。八面体片中阳离子主要为Mg，也可有Fe^{3+}、Al、Cr、Fe^{2+}、Ni、Li等。层间水含量取决于层间阳离子的水合能力及环境温度和湿度。含较高水合能力的Mg时，在较高温度和湿度下，单位化学式可含4～5个水分子；而当阳离子为水合能力弱的Cs时，几乎不含水分子。

【结构形态】 单斜晶系；C_s^4-Cc或C_{2h}^6-$C2/c$；$a_0 = 0.535nm$，$b_0 = 0.925nm$，$c_0 = n \times 1.45nm$，$\beta = 97°07'$；$Z = 2$。这是常见的以Mg为主要层间阳离子的三八面体型蛭石的晶格常数，二八面体型蛭石的晶格常数稍有不同。晶体结构为2:1（TOT）型。四面体片中由Al代替Si而产生层电荷，导致层间充填可交换性阳离子和水分子。水分子以氢键与结构层表面的桥氧相连，在水分子层内彼此又以弱的氢键相互连接。部分水分子围绕层间阳离子形成配位八面体，形成水合络离子$[Mg(H_2O)_6]^{2+}$，在结构中占有固定的位置；部分水分子呈游离态。这种结构特点使蛭石具有很强的阳离子交换能力。

在正常温度和湿度下，Mg饱和蛭石的c_0为1.436nm，层间具双水分子层，但水分子层不完整。水饱和后c_0增大至1.481nm，此时层间填充的是完整的水分子层。通过缓慢加热使蛭石部分脱水后，其c_0由1.436nm变为1.382nm。继续脱水，双层水分子即减为单层水分子，c_0变为1.159nm。再继续脱水，将变为完全脱水结构（$c_0 = 0.902nm$）与含单层水分子结构相间排列的结构，其c_0为2.06nm。完全脱水后则类似于滑石结构。

蛭石加热至500℃脱水后，置于室温下可再度吸水；但加热至700℃后则不再吸水。

【理化性能】 常依黑云母或金云母呈假象。多呈褐、黄褐、金黄、青铜色，有时带绿色。光泽较云母弱，油脂光泽或珍珠光泽。解理{001}完全，薄片有挠性。硬度1～1.5。相对密度2.4～2.7。

偏光镜下：多色性无色至浅褐色。二轴晶（一），光轴角很小。$N_g=1.545\sim1.585$，$N_m=1.540\sim1.580$，$N_p=1.525\sim1.560$。

膨胀性　高温下焙烧体积会剧烈膨胀，单片蛭石厚度可增大 15～40 倍。相对密度减小至 0.6～0.9，系层间水分子受热变成蒸汽所产生的压力使结构层迅速撑开所致。焙烧后称膨胀蛭石，呈银白色，具有优良的绝热性能，常用作超轻质填料。

阳离子交换性和吸附性　蛭石层电荷较高，其阳离子交换容量与层间阳离子所带的正电荷数成正比。蛭石具有较强的吸附性能，尤其是吸附放射性元素（如 ^{137}Cs）的能力。膨胀蛭石也具有良好的吸水性。浸入水中 15min 后，膨胀蛭石吸水率增长最大。2 天以后，吸水率最大值达 350%～370%。随体积密度和粒度的减小，吸水率逐渐增大。

隔声性　膨胀蛭石层片间有空气间隔层。当声波传入时，层间空气发生振动，使部分声能转变为热能，从而产生良好的吸声、隔声效果。蛭石的隔声效果与容量及比表面积密切相关。松散状膨胀蛭石的隔声性能可按下式计算：

膨胀蛭石体积密度 $\rho\leq200kg/m^3$ 时，隔声能力 $N=13.5\lg\rho+13$（db）；

膨胀蛭石体积密度 $\rho>200kg/m^3$ 时，隔声能力 $N=23\lg\rho-9$（db）。

隔热性和耐火性　膨胀蛭石的热导率一般为 0.046～0.07W/(m·K)。熔点 1370～1400℃。在约 1000℃高温下使用，其性能不会改变。

耐冻性　蛭石能经受多次冻融交替作用而不破坏，强度无明显下降。膨胀蛭石能在 −30℃ 的低温下保持体积密度和强度不变，也不发生任何变形。

膨胀蛭石的化学性质稳定。不溶于水。pH 值 7～8。无毒、无味，无副作用。

【资源地质】　主要为黑云母和金云母经低温热液蚀变的产物。部分蛭石由黑云母经风化作用而形成。

【鉴定特征】　外形与黑云母相似，但光泽、解理程度、硬度、薄片弹性均较黑云母弱。灼烧时体积剧烈膨胀为其主要特征。

【工业应用】　主要用于农业、环保、建材等领域。蛭石精矿的质量要求（ZBQ 25001—88）：优质，膨胀后容重 56～80kg/m³，含杂率<1%，粒度混级率<10%，粒度 8～16mm；1 级，膨胀后容重 72～100kg/m³，含杂率<4%，粒度混级率<10%，粒度 4～8mm；2 级，膨胀后容重 88～130kg/m³，含杂率<5%，粒度混级率<10%，粒度 2～4mm；3 级，膨胀后容重 110～160kg/m³，含杂率<5%，粒度混级率<15%，粒度 1～2mm。

农业领域　用作土壤改良剂，可改善土壤结构，储水保墒，提高土壤的透气性和含水性，使肥效缓慢释放，还可向作物提供 K、Mg、Ca、Fe、Mn、Si 等元素。用于花卉、蔬菜、水果栽培、育苗等。作为种植盆栽树和商业苗床的营养基层，对于植物移栽和运送特别有利。在作物育秧、育种方面，蛭石可使作物从生长初期即获得充足水分和矿物质，促进植物较快生长。蛭石还可作肥料、杀虫剂、除草剂载体。

环保领域　蛭石对某些放射性元素具有吸附功能，可用于处理含放射性元素的废水。用膨胀蛭石吸附海水中漂浮的油污，可达到净化水体目的。有机插层蛭石可用于吸附水体中的苯酚、氯苯等污染物（吴平宵，2003）。以超细蛭石粉为核，采用化学沉积法可制备 TiO_2/蛭石复合光催化材料，用于去除废水中的 COD（吴子豹等，2007）。蛭石经酸碱活化后用于垃圾渗滤液的处理，对总氮、总磷和氨氮处理效果较好（于华勇等，2006）。

建筑材料　膨胀蛭石的细小隔层空间使其热导率和密度大大减小，具有良好的隔声、隔热、绝缘、阻燃性能。蛭石的化学性质稳定，因而可用作轻质、保温隔热、吸声隔声、防火等材料。

保温材料　除用作保温材料外，在浇铸钢锭时也用膨胀蛭石对钢水液面保温。膨胀蛭石具有使钢水缓慢冷却和除去杂质的作用，因而能显著改善钢的显微结构，使优质钢产量增加。用无机纤维和黏结剂与膨胀蛭石制成的隔热板材可用作工业窑炉的隔热保温材料。膨胀蛭石砌块和板材可用于钢、玻璃、陶瓷窑炉的保温。膨胀蛭石产品允许使用温度达1000℃以上，因而广泛用作耐火砖的外层，达到节能目的。

畜牧业　膨胀蛭石可用作载体、吸收剂、固着剂和饲料添加剂。作为饲料添加剂，膨胀蛭石能使食物在动物肠道中缓慢下移，提高肠胃的消化能力，加速家禽的生长，提高产量和质量，如提高瘦肉率，提高产蛋量，产出低脂肪牛奶等。蛭石具有选择性吸附性能，掺入饲料中可吸收残留杀虫剂等有毒物质。

其他应用　作为填料加入摩擦材料，可起到增强剂、热稳定剂的作用。用蛭石制成的刹车片具有良好的耐热性和抗剪、抗弯强度，制动效果好。用蛭石作香料油的载体制作的香料，具有散香持久的特点。通过插层、剥离、聚合等工艺，可制备聚对苯二甲酸乙二醇酯/蛭石、有机蛭石/酚醛树脂等纳米复合材料（王珂等，2003；余剑英等，2004）。

药用蛭石片岩（或水黑云母片岩）名金礞石。功效：下气消痰，平肝镇惊。成药制剂：礞石滚痰丸。药用黑云母片岩或绿泥石化云母碳酸盐片岩，名青礞石，具相同功效。

绿泥石（chlorite）

$(Mg,Fe,Al)_3(OH)_6\{(Mg,Fe,Al)_3[(Si,Al)_4O_{10}](OH)_2\}$

【晶体化学】　六次配位阳离子主要为 Mg^{2+}、Fe^{2+}、Fe^{3+}、Al^{3+}；四次配位的 Si-Al 代替与六次配位的二价阳离子 Mg^{2+}、Fe^{2+} 同 Al^{3+}、Fe^{3+} 之间的代替密切相关。Fe^{3+} 主要为六次配位，但在四次配位阳离子不足时亦可呈四次配位。绿泥石族包括12个矿物种（Back，2014）：

贝氏绿泥石	baileychlore(t)	$(Zn,Fe^{2+},Al,Mg)_6[(Si,Al)_4O_{10}](OH)_8$
硼锂绿泥石	borocookeite(m)	$Li_{1+3x}Al_{4-x}[(BSi_3)O_{10}](OH,F)_8$
鲕绿泥石	chamosite(m)	$(Fe,Al,Mg)_6[(Si,Al)_4O_{10}](OH)_8$
斜绿泥石	clinochlore(m)	$(Mg,Al)_6[(Si,Al)_4O_{10}](OH)_8$
锂绿泥石	cookeite(m)	$(Al_4Li)[(Si_3Al)O_{10}](OH)_8$
片硅铝石	donbassite(m)	$Al_2[(Si_3Al)O_{10}](OH)_2 \cdot Al_{2.33}(OH)_6$
羟硅锌锰铁石	franklinfurnaceite(m)	$Ca_2(Fe^{3+},Al)Mn_3^{2+}Mn^{3+}[Zn_2Si_2O_{10}](OH)_8$
富锰绿泥石	gonyerite(o?)	$(Mn^{2+},Mg,Fe^{3+})_6[Si_4O_{10}](OH)_8$
镍绿泥石	nimite(m)	$(Ni_5Al)_6[(Si_3Al)O_{10}](OH)_8$
正鲕绿泥石	orthochamosite(o)	$(Fe,Al,Mg,Mn)_6[(Si,Al)_4O_{10}](OH)_8$
锰绿泥石	pennantite(m)	$(Mn_5^{2+}Al)_6[(Si_3Al)O_{10}](OH)_8$
铝绿泥石	sudoite(t,m)	$Mg_2Al_3[(Si_3Al)O_{10}](OH)_8$

绿泥石族的类质同象代替广泛，且代替比例变化大，导致化学成分复杂，矿物种属多。通常可简略分为两类（潘兆橹，1994）：

正绿泥石，$(Mg,Fe)_{6-p}(Al,Fe^{3+})_{2p}[Si_{4-p}O_{10}](OH)_8$，即富含镁的一般所见的绿泥石；

鳞绿泥石，$(Fe,Mg)_{n-p}(Fe,Al)_{2p}[Si_{4-p}O_{10}](OH)_{2(n-2)} \cdot xH_2O$（$n \approx 5$），即富含铁且大部分成胶体状的绿泥石（主要为鲕绿泥石）。

【结构形态】　晶体结构由滑石层及氢氧镁石层作为基本结构层交替排列而成。滑石层中二层 $[SiO_4]$ 四面体网层的活性氧相对排列，并彼此沿 a 轴错动 $a/3$ 距离，其间所形成八面体空隙层为阳离子 Mg、Fe、Al 所填充。$[SiO_4]$ 四面体网层并不形成规则的正六方网。由于硅氧四面体基底的氧朝向相邻氢氧镁石层中最近的氢氧根转动约 $5°\sim6°$，同时距滑石层及氢氧镁石层中的阳离子较远，从而使六方网层成为复三方网层。故绿泥石对称降低为单斜或三斜。发育 12 种规则多型，按晶胞形状分为三类，即斜方晶胞（$\beta=90°$）、单斜晶胞（$\beta=97°$）、三斜晶胞（$\alpha=102°$）。此外，还存在 6 种部分无序的堆积。自然界绿泥石以 $\mathbb{I}b$ 多型最常见。

晶形呈假六方片状或板状，偶见桶状，但晶体少见，常呈鳞片状集合体。双晶按云母律或绿泥石律形成。

【理化性能】 颜色随成分而变化。富含镁者为浅蓝绿色，铁含量增多则颜色变深，由深绿至黑绿色。含锰者呈橘红色至浅褐色；含铬呈浅紫到玫瑰色。条痕无色。玻璃光泽，解理面珍珠光泽。半透明。解理 $\{001\}$ 完全，解理片具挠性。硬度 2～2.5，随铁含量增加，硬度可增至 3。相对密度亦随铁含量增加而增大，变化于 2.68～3.40 之间。

偏光镜下：淡绿至黄绿色，具多色性，有异常干涉色。光学性质随成分而变化。光性符号大多为正，少数为负光性，光轴角通常小于 30°。

【资源地质】 分布广泛，主要由低温热液、浅变质和沉积作用所形成。富镁绿泥石（即一般常见者）一般产于低级区域变质岩如绿泥石片岩及低温热液蚀变围岩中（绿泥石化），或在岩石中成细脉。富铁绿泥石主要产于沉积铁矿中，与菱铁矿、黄铁矿、赤铁矿等共生。在贫氧富铁的浅海-滨海沉积环境，常可形成巨大的鲕绿泥石层状矿体。

【鉴定特征】 暗绿至黑绿色，低硬度，矿物组合及产状。矿物种鉴定需经精确的光性测定、X 射线分析及化学成分分析等。

【工业应用】 为常见造岩矿物，常与其他矿石矿物共生，一般无工业利用价值。唯在中国名贵砚石如歙砚、端砚、洮砚等材料中，铁绿泥石是主要矿物之一，含量可达 10%～60%（毕先梅等，2004）。在建筑装饰材料板石中，绿泥石也常为主要组成矿物。

我国辽宁本溪连山关、广西龙胜产绿泥石岩，斜绿泥石含量约 70%，其次有蠕绿泥石和叶绿泥石，有些含 5%～10% 的滑石及微量磷灰石、金红石、锆石等。质地细腻，外观与滑石类似。作为滑石的代用品，主要用作填充剂、涂料、吸附剂、悬浮剂和润滑剂（吴良士等，2005），但其颜色不及滑石纯白，因而代用范围受到限制。

黏土矿物

高岭石 （kaolinite）

$Al_4[Si_4O_{10}](OH)_8$

【晶体化学】 理论组成（$w_B\%$）：Al_2O_3 39.50，SiO_2 46.55，H_2O 13.95。成分常较简单，只有少量 Mg、Fe、Cr、Cu 等代替八面体中的 Al。Al、Fe 代替 Si 数量通常很低。碱和碱土金属元素多由混入物引起。由于晶格边缘化学键不平衡，可引起少量阳离子交换。

【结构形态】 三斜晶系，C_1^1-$P1$；$a_0=0.514nm$，$b_0=0.893nm$，$c_0=0.737nm$，$\alpha=91.8°$，$\beta=104.7°$，$\gamma=90°$；$Z=1$。结构属 TO 型，即结构单元层由硅氧四面体片与氢氧铝石八面体片联结形成的结构层沿 c 轴堆垛而成。层间强氢键（O—OH$=0.289nm$）加强了结构层之间的联结（图 1-1-30）。

实际结构中，由于氢氧铝石片的变形以及大小（$a_0=0.506nm$，$b_0=0.862nm$）与硅氧四面体片的大小（$a_0=0.514nm$，$b_0=0.893nm$）不完全相同，因而四面体片中的四面体必须经过轻度的相对转动和翘曲才能与变形的氢氧铝石片相适应。高岭石中结构层的堆积方式是相邻的结构层沿 a 轴相互错开 $1/3a$，并存在不同角度的旋转。故高岭石存在不同的多型

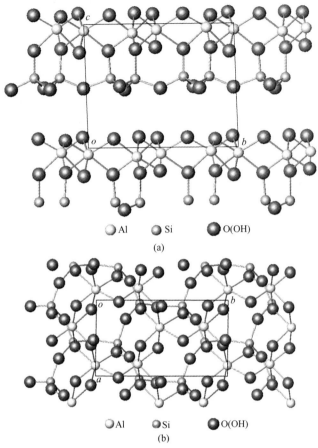

Al   Si   O(OH)
(a)

Al   Si   O(OH)
(b)

图 1-1-30　高岭石的晶体结构

（表 1-1-11）。最常见的多型是 $1Tc$，其次有迪开石（dickite）和珍珠石（nacrite），而 $1M$ 多型少见。通常所说的高岭石是指 $1Tc$ 高岭石。

表 1-1-11　高岭石的多型

多型名称	空间群	a_0/nm	b_0/nm	c_0/nm	$\beta/(°)$
高岭石 $1Tc$	C_1	0.514	0.893	0.737	104.8
高岭石 $1M$	Cm	0.514	0.893	0.720	
高岭石 $2M_1$（迪开石）	Cc	0.515	0.894	1.474	103.58
高岭石 $2M_2$（珍珠石）	Cc	0.891	0.515	1.570	113.70

上述高岭石结构层在堆叠过程中，如果在层间域内充填一层水分子，则形成埃洛石 $Al_4[Si_4O_{10}](OH)_8 \cdot 4H_2O$。在埃洛石的晶体结构中，由于层间水分子的存在，破坏了原来较强的氢键联结系统，硅氧四面体片与氢氧铝石片之间的差异通过卷曲才能得以克服，从而使埃洛石呈四面体片居外、八面体片居内的结构单元层的卷曲结构形态出现。因此，埃洛石的结构可视为被水分子层隔开的高岭石结构，$c_0 = 1.01nm$。

多呈隐晶质致密块状或土状集合体。电镜下呈自形六方板状、半自形或它形片状晶体。鳞片大小一般 $0.2 \sim 5\mu m$，厚度 $0.05 \sim 2\mu m$。高有序度 $2M_1$ 高岭石鳞片可达 $0.1 \sim 0.5mm$，有序度最高的 $2M_2$ 高岭石鳞片可达 5mm。集合体通常为片状、鳞片状、放射状等。

【理化性能】　纯者白色，因含杂质可染成其他颜色。集合体光泽暗淡或呈蜡状。具

{001}极完全解理，硬度 2.0～3.5，相对密度 2.60～2.63。致密块体具粗糙感，干燥时具吸水性，湿态具可塑性，但加水不膨胀。阳离子交换容量一般为 1～10mmol/100g。

偏光镜下：无色。细鳞片状。二轴晶（－）。$2V = 10°～57°$。$N_p = 1.560～1.570$，$N_m = 1.559～1.569$，$N_p = 1.533～1.565$。

煅烧过程相转变：脱羟阶段（550℃以下），偏高岭石阶段（550～850℃），SiO_2 分凝（850～1100℃）、Al_2O_3 分凝阶段（950～1100℃），莫来石阶段（1100℃以上）。550℃时高岭石失去羟基水，转变为半晶态偏高岭石。偏高岭石-莫来石的相转变过程中存在 SiO_2、Al_2O_3 分凝。950℃的新生相为 γ-Al_2O_3。莫来石由偏高岭石分凝形成的 SiO_2 和 Al_2O_3 反应所形成。主要化学反应为（魏存弟等，2005）：

$$Al_2O_3 \cdot 2SiO_2 \cdot 2H_2O(高岭石) \xrightarrow{550℃} Al_2O_3 \cdot 2SiO_2(偏高岭石) + 2H_2O$$

$$Al_2O_3 \cdot 2SiO_2 \xrightarrow{850℃} xSiO_2(亚稳态\ SiO_2) + Al_2O_3 \cdot (2-x)SiO_2(偏高岭石)$$

$$Al_2O_3 \cdot (2-x)SiO_2 \xrightarrow{950℃} \gamma\text{-}Al_2O_3 + (2-x)SiO_2(亚稳态\ SiO_2)$$

$$2SiO_2 + 3\gamma\text{-}Al_2O_3 \xrightarrow{1100℃} 3Al_2O_3 \cdot 2SiO_2(莫来石)$$

$$SiO_2(亚稳态\ SiO_2) \xrightarrow{1200℃} SiO_2(方石英)$$

粒度　结晶好者粒度较大，$2M_2$ 高岭石的粒度通常大于 $2M_1$ 高岭石的粒度，$1Tc$ 高岭石的粒度最小。高岭石黏土一般粒度越细，可塑性越好，干燥强度越高，易于烧结，且烧结后气孔率小，机械强度高。高岭石剥片技术可采用机械剥片法和化学剥片法。前者利用球磨机、高速搅拌机、高压挤出机、高压气流对撞机等，借助于摩擦、碰撞、剪切等机械力，使晶体沿解理破裂成很薄的晶片。化学剥片法则利用化学试剂（如乙酰胺、肼、尿素等）离子或分子的作用力，挤进高岭石结构层之间并使结构层张开而达到剥片的目的。高岭石的形态对其应用十分重要，如生产铜版纸所需的涂布级高岭土必须是片状高岭石。

化学性质　高岭石具有较强的化学稳定性和一定的耐碱能力；可与许多极性有机分子（如甲酰胺 $HCONH_2$、乙酰胺 CH_3CONH_2、尿素 $NH \cdot CONH_2$ 等）相互作用而生成高岭石-极性有机分子嵌合复合体。有机分子进入层间域并与结构层两表面以氢键相联结，结果使高岭石的结构单元层厚度增大，表面性质（如亲水性）等发生改变。

【资源地质】　高岭石分布很广，主要是由富铝硅酸盐在酸性介质下，经风化作用或低温热液交代变化的产物。如钾长石风化可生成高岭石：

$$4K[AlSi_3O_8](钾长石) + H_2O + 2CO_2 \longrightarrow Al_4[Si_4O_{10}](OH)_8(高岭石) + 8SiO_2 + 2K_2CO_3$$

在低温热液作用下，当含 CO_2 的酸性水溶液作用于不含碱的铝硅酸盐和硅酸盐时，可引起高岭石化作用，高岭石常依长石、云母、黄玉等成假象。

原生高岭石矿床是铝硅酸盐破坏的产物停积在原岩当地，高岭石常与石英、褐铁矿等混杂。当原生高岭石遭受冲洗，被水携带搬运至低地沉积，则生成次生高岭石矿床。此类矿床几乎只含高岭石，可不经淘洗而直接应用。

【鉴定特征】　致密土状块体易捏碎成粉末、黏舌、加水具可塑性。高岭石及其多型可用 X 射线衍射和热分析法加以区分。埃洛石与高岭石的不同点是在 100～200℃ 范围存在明显的吸热效应，相当于脱去层间水。

【工业应用】　高岭石黏土除用作陶瓷原料、造纸原料、橡胶和塑料的填料、耐火材料原料等外，还可用于合成分子筛以及日用化工产品的填料等。

优质高岭土是玻璃纤维工业的主要原料之一；可用于制造各种高级光学玻璃、有机玻璃、水晶等的熔炼坩埚及拔制玻璃纤维的各种拉丝坩埚。在黏合剂工业中，可用来制作油灰、嵌封料及密封料的填料。高岭石化学性质稳定、覆盖能力强、流变性好、白度高，是油漆、涂料工业的重要原料。在轻工业中，用以制造香粉、胭脂、牙粉、各种药膏等，还可用于生产肥皂、铅笔芯、颜料等制品的填料。高岭石有机化插层后与乙烯醇原位聚合可制备聚合物/高岭石纳米复合材料（Jia et al，2008）。

以水热碱法制得的纯相六方钾霞石（苏双青等，2012）为原料，在 H_2SO_4 溶液中破坏其晶体结构，K_2O 溶出率达 99.8%，固相产物 Si/Al 摩尔比≈1，可用作合成高岭石的前驱体。基于对 $Al_2O_3 \cdot 2SiO_2 \cdot nH_2O$-HCl-$H_2O$ 体系化学平衡的模拟，预测了水热法合成高岭石的初始 HCl 浓度、水/固质量比和晶化温度（马鸿文等，2017）。典型合成产物为接近于纯相的纳米高岭石（约 91.8%），结构高度有序，$1Tc$ 多型；晶体形态呈似六方片状，片径 400～500nm，厚度约 20nm（图 1-1-31）。其晶化反应历程为：铝硅前驱体→板状勃姆石→板状勃姆石＋片状高岭石→似六方片状高岭石。

图 1-1-31　钾霞石酸解-水热合成纳米高岭石的扫描电镜照片

（据马鸿文等，2017）

以迪开石为主的含水铝硅酸盐矿物集合体称为蜡石，是名贵的雕刻彩石和印章石。我国福建寿山、浙江青田、昌化等地产出的蜡石，按产地分别称之为寿山石、青田石、昌化石。最名贵的为田黄石，"黄金易得，田黄难求"；其次为价值昂贵的鸡血石，百年稀珍的水坑冻、鱼脑冻等。

田黄石是黄色田坑石的简称，按矿物组成和透明度可细分为田黄冻、田黄石和银裹金。田黄冻主要由珍珠石组成，半透明至亚透明；田黄石由迪开石和珍珠石组成，不透明至半透明；银裹金则是指外壳呈白色，而内部呈纯黄色者，即由一层纯白色半透明的迪开石包裹着金黄色半透明的珍珠石。

昌化迪开石呈冻状，半透明，产于上侏罗统火山沉积地层中，其中含血红色辰砂者，色泽鲜艳，质地如玉，即名贵玉石鸡血石。它是火山岩在极低级变质作用过程中，由高岭石低温热液蚀变（170～250℃）并引入辰砂而形成（毕先梅等，2004）。

鸡血石主要用于雕刻印章或图章，因迪开石（85%～95%）中含殷红艳丽的辰砂（5%～15%），宛如鸡血凝成而得名。其红色部分称为血，基体部分称为地，即鸡血石颜色的主体部分。按产地可分为昌化鸡血石和巴林鸡血石。前者产于浙江昌化，其血色鲜活浑厚，纯正无邪，但地稍差，因有"南血"之称；后者产于内蒙古巴林右旗，其地细腻滋润，透明度好，且以冻地为主，但血色淡薄娇嫩，故有"北地"之称（张蓓莉等，2008）。

蒙脱石（微晶高岭石，胶岭石）（montmorillonite）

$$E_x(H_2O)_n\{(Al_{2-x}Mg_x)_2[(Si,Al)_4O_{10}](OH)_2\}$$

属蒙皂石族，以蒙脱石为主要矿物成分的黏土称为膨润土。

【**晶体化学**】 四面体由 Si 和少量 Al、Fe、Ti 占据。八面体主要被 Al 占据，Mg、Fe、Zn、Ni、Li、Cr 等可代替 Al。二价阳离子代替三价阳离子是产生层间电荷的主要原因。E 为层间阳离子，主要为 Ca^{2+}、Na^+，其次有 K^+、Li^+ 等。x 为 E 作为一价阳离子时单位化学式的层电荷数，一般为 0.2～0.6。按层间阳离子分类，常见钙蒙脱石和钠蒙脱石。

层间水的含量取决于层间阳离子的种类及环境温度和湿度。水分子以层的形式吸附于结构层之间，最多可达四层。水分子数 n、水分子层数和 d_{001} 间的关系为：

n：	0～2	8	14	20	26
水分子层数：	0	1	2	3	4
d_{001}/nm：	0.96	1.25	1.55	1.85	2.05

钙蒙脱石以 2 层水分子最稳定；钠蒙脱石可有 1、2、3 层水分子，层间阳离子为 K^+ 时，吸水性最差。吸水性除与层间阳离子种类等有关外，还与层电荷位置有关。层电荷来自八面体片时吸水性强，来自四面体片时吸水性弱。

【**结构形态**】 单斜晶系，C_{2h}^3-C2/m；$a_0=0.523nm$，$b_0=0.906nm$，$c_0=0.96～2.05nm$，受层间可交换性阳离子种类和水分子层厚度制约。β 近于 90°，随堆积情况不同而异。$Z=2$。与叶蜡石、滑石相似，均为 2:1 型层状结构。不同点是：四面体中 Si 可被 Al 代替，一般 <15%；八面体中的 Al 可被 Mg、Fe^{2+}、Fe^{3+}、Zn、Ni、Li 等代替，由此引起的电荷不平衡主要由层间阳离子来补偿；结构层间域除能吸附水外还可吸附有机分子。

【**理化性能**】 白色，有时为浅灰、粉红、浅绿色。无光泽。鳞片状者 {001} 解理完全。硬度 2～2.5。相对密度 2～2.7。甚柔软。有滑感。

偏光镜下：无色，有时带浅绿或粉红。二轴晶（－），$2V=0°～30°$。$N_g=1.516～1.527$，$N_m=1.516～1.526$，$N_p=1.493～1.503$。

表面电性 由以下 3 类电荷共同贡献：（1）层电荷。单位晶胞最多可达 0.6，不受介质 pH 值的影响，这是蒙脱石表面负电性的主要原因。（2）破键电荷。产生于四面体片的基面和四面体片、八面体片的端面，系 Si—O 破键、Al—O(OH) 破键的水解作用所致。pH<7 时，破键吸引 H^+，带正电；pH>7 时带负电。（3）八面体片中离子离解形成的电荷。在酸性介质中，OH^- 或 AlO_3^{3-} 离解占优势，端面荷正电；碱性介质中，Al^{3+} 离解占优势，端面荷负电；pH 值约 9.1 为等电点。

膨胀性 吸附水或有机物后，晶层底面间距增大，体积膨胀。高水化状态的蒙脱石 c_0 可达 1.84～2.14nm，吸附有机分子时，c_0 最大可达约 4.8nm。含二价层间阳离子的蒙脱石处在塑性体－流体过渡阶段时，较含一价阳离子者水化能高，吸水速度快，吸水量大，膨胀性也大。但进入分散状态成为流体时，吸水膨胀性受晶胞的离解程度制约。含二价层间阳离子的蒙脱石晶胞的离解程度较含一价层间阳离子者晶胞的离解程度低，吸水量小。

悬浮性和造浆性 蒙脱石在水介质中能分散成胶体状态。其晶体表面不同部位的电荷多样性以及颗粒不规则性，使颗粒之间有不同的附聚形式。在分散液中添加大量金属阳离子将降低蒙脱石晶层面的电动电位，产生面－面型聚集，使分散相的表面积和分散度减小，这在碱性分散液中更易发生。在酸性分散液中，若外来金属阳离子干扰少时，蒙脱石晶体带正电荷的端面与晶层面组成面－端型絮凝。在中性分散液中，端面没有双电层，是端－端絮凝。絮凝体的骨架包含大量水，在浓稠分散液中，絮凝发展到整个体系时即成凝胶；较稀薄的蒙脱石分散液，当附聚发展到一定程度时颗粒增大，生成沉淀。

钠蒙脱石遇水膨胀可形成永久性乳浊液或悬浮液。后者具有一定的黏滞性、触变性和润滑性。钙蒙脱石在水中虽可迅速分散，但一般会很快絮凝沉淀。钠蒙脱石的造浆率约为 $10m^3/t$，钙蒙脱石的造浆率较低。

离子交换性和吸附性　在中性水介质中，阳离子交换容量为 $70 \sim 140mmol/100g$，主要是层间阳离子的交换，晶体端面吸附的离子也具可交换性。以蒙脱石为主的白色黏土称酸性白土（pH<7），脱色率可达 100，活化处理可增强其吸附性和脱色性。

热稳定性　加热至 $200 \sim 700℃$ 出现缓慢膨胀，$700 \sim 800℃$ 有一急剧膨胀过程，生成无水蒙脱石。接着有一个较大的收缩，直到 $950℃$ 又重新膨胀。钠蒙脱石加热至 $100℃$ 后，阳离子交换容量略有增加；$100 \sim 300℃$ 后，阳离子交换容量略显降低；$300 \sim 350℃$，阳离子交换容量明显降低；至 $390 \sim 490℃$ 失去膨胀性，阳离子交换容量降低为约 $39mmol/100g$。钙蒙脱石相对钠蒙脱石约低 $100℃$。

热分析效应　$80 \sim 250℃$ 脱去层间水和吸附水，二价阳离子的水化能大于一价阳离子，故钠蒙脱石脱水温度相对较低，只有一个吸热谷，钙蒙脱石的脱水温度较高，且有两个吸热谷；$600 \sim 700℃$，结构水 OH^- 脱出；$800 \sim 935℃$ 由晶格完全破坏所致。之后有一放热峰，系非晶相生成尖晶石、石英等新物相所引起。

可塑性和黏结性　具有良好的可塑性，其塑限和液限值（即蒙脱石呈可塑状态时的下限和上限含水量）达 $83 \sim 250$。蒙脱石成型后发生变形所需外力较其他黏土矿物小。可塑性也与层间可交换性阳离子种类有关。钠蒙脱石的黏结性优良，钙蒙脱石的黏结性较差。

【资源地质】　主要由基性岩在碱性环境下风化形成，亦有海相沉积的火山灰分解的产物。蒙脱石是膨润土的主要矿物成分。膨润土在我国辽宁、内蒙古、黑龙江、吉林、河北、浙江等地均有产出，具工业价值的矿床多产于中生代火山岩系中。

【鉴定特征】　多呈白色，有时为浅灰、粉红、浅绿等。质软有滑感。加水体积膨胀数倍，变为糊状物。电镜下呈它形鳞片状、片条状，亦可见半自形、自形片状。集合体为云雾状、球状、海绵状及片状等。准确鉴定需 X 射线分析、差热分析和化学分析等。

【工业应用】　蒙脱石具有优良的理化性能以及催化性、触变性和润滑性等。我国膨润土主要用于铸造、钻井泥浆、铁矿球团三个领域。此外还用于油脂脱色、建筑材料、医药、橡胶、高级化妆品、造纸、家禽饲料等领域。

黏结剂　钠蒙脱石黏土是铁矿球团的黏结剂，用于炼铁可节省熔剂和焦炭各 $10\% \sim 15\%$，提高高炉生产能力 $40\% \sim 50\%$。近年来，由于使用高压无箱造型法生产砂型，对黏结剂的性能要求相应提高，因而铸造用钠蒙脱石黏土的需求量逐年增长。

以碳酸锂和草酸的混合液为改性剂，在其用量为 6%、反应温度 60℃、反应时间 1h 条件下，可将钙蒙脱石改性为锂蒙脱石。产品用于铸型涂料配方中，当锂蒙脱石用量为 2% 时，可显著提高涂料的悬浮性能和抗热震稳定性，并能调节涂料的发气量，达到最佳的应用效果（宋海明等，2007）。

悬浮剂和稠化剂　蒙脱石黏土制成的悬浮液可用于钻井泥浆、阻燃物、药物的悬浮介质及煤的悬浮分离等。以有机分子取代可交换性阳离子，可得到抗极压性和抗水性强、胶体安定性好的有机蒙脱石复合物，是制造润滑脂、橡胶、塑料、油漆等的原料。

吸附剂和净化剂　蒙脱石无毒、无味、吸附性强，可用于食用油的精制、脱色、除毒。蒙脱石黏土经活化处理后可用作吸附剂，将黄曲霉素类致癌物质和杂质、色素、气味等从食用油中滤去，也可用于净化汽油、煤油、特殊矿物油、石蜡、凡士林等。

利用蒙脱石黏土作吸附剂可进行消毒防护和核废料处理，如可用以制作国防用防毒粉剂。在污水处理中，蒙脱石能吸附大量的悬浮物。经特殊处理后可用于含油、含菌等酸性及弱碱性废水的净化。铝柱撑蒙脱石可用于除去饮用水中的 F^-；再经中性表面活性剂改性后，可有效地吸附氯代苯酚。利用蒙脱石的层状结构和高膨胀性，可制备防水性极好的膨润土防水毯，用作水利工程、建筑工程的防水和垃圾堆场的防渗处理。

填料和缓释剂 蒙脱石黏土用作填料可使纸张洁白、柔软。用其处理纸浆可脱色、增白。在肥皂生产中用作填料可代替部分脂肪酸，由于蒙脱石可吸附衣物和洗涤水中的污物和细菌，因而可提高肥皂的洗涤效果。用作涂料的填料可起增稠剂和改善平整性的作用，涂料具有色泽不分层、涂刷性好、附着力和遮盖力强、耐水性好、耐洗刷等优点。蒙脱石可作农药、化肥的载体或稀释剂，可使肥效、药效缓慢释放，发挥长效作用。

复合材料基材 改性蒙脱石可用于制备复合电极，作为测量苯酚、对苯二酚、邻苯二酚、对甲苯酚等酚类物质的电化学传感器，具有高稳定性、可重复性和催化性的特点（叶芝祥等，2001）。有机化蒙脱石基复合材料可用作储热建筑材料（Fang et al，2008）。

以蒙脱石为基材，采用溶胶-凝胶法制备 TiO_2/钙蒙脱石、钠蒙脱石、有机蒙脱石（CTMAB 改性）复合光催化材料，其 TiO_2 均以锐钛矿相存在，晶粒平均尺寸 12～27nm。钙蒙脱石表面纳米 TiO_2 晶体以单体结晶状尖端突出向上发育；钠蒙脱石表面纳米 TiO_2 晶体以连生体结晶状形成薄膜；有机蒙脱石表面纳米 TiO_2 晶粒则以团聚状分布。在用于降解偶氮染料废水浓度为 400mg/L、催化剂浓度 3g/L、紫外光催化反应 60min 的条件下，所制 3 种光催化材料对偶氮染料废水的降解脱色率分别达 95.87%、96.28% 和 71.07%（郝骞等，2008）。

采用铁盐水解法，即将 Na_2CO_3 粉末缓慢加入 0.2mol/L 的硝酸铁溶液中，控制碱铁（OH/Fe）摩尔比为 0.5～2.5，得红褐色半透明铁柱撑液；然后在剧烈搅拌下将其加入钙蒙脱石悬浊液中；再经持续搅拌、陈化、洗涤、干燥，可制备铁层柱蒙脱石。产物以介孔型层离结构为主，微孔型柱撑结构为辅。前者为蒙脱石片层与铁离子水解产生的聚合羟基铁簇合物堆垛而成的卡房状结构，与 $d=(6.4\pm1.0)$nm 的 X 射线衍射宽峰相对应；后者则与 $d=1.5$nm 的（001）衍射峰相对应。合成产物的最大比表面积和孔容分别达 215.7m^2/g 和 0.291mL/g。500℃热处理后，仍保存铁层柱蒙脱石的介孔结构。铁层柱蒙脱石富含阴离子 NO_3^-，并作为平衡铁水解聚合物正电荷的反离子而稳定存在，可为磷钨酸离子 $[PW_{12}O_{40}]^{3-}$ 所交换，且阴离子交换容量可通过改变柱撑液的铁碱比来调节。铁层柱蒙脱石的新型结构和特殊性质在催化剂、载体、吸附剂等领域具有新的应用前景（袁鹏等，2007）。

采用有机硅烷（APS）在酒精与水的混合液中对钠蒙脱石及其经硫酸活化处理的酸化土进行嫁接改性，可制备有机硅嫁接蒙脱石，制品中的 APS 在蒙脱石层间的排列模式为平卧双层，且其在酸化土中的含量明显高于在蒙脱石中的含量。虽然酸化处理会降低蒙脱石的热稳定性，但对其进行有机硅烷嫁接改性后，不仅能够提高产物的热稳定性，而且能够改变蒙脱石及其酸化土表面与端面的亲和性。以有机改性蒙脱石为基体，制成蒙脱石-聚合物纳米复合材料，可显著提高其光学性能、热稳定性能、流变性能和机械性能。经有机改性后，蒙脱石的亲水性表面转变为疏水性表面，提高了其层间有机碳含量，因而对有机污染物的吸附能力显著提高（沈伟等，2008）。

采用熔融插层或插层聚合法制备的聚丙烯/蒙脱石阻燃纳米复合材料，具有高强度、高模量、高气体阻隔性和低膨胀系数，密度仅为一般复合材料的 65%～75%，作为新型通用塑料可广泛用于航空、船舶、家电、建筑、石油化工、天然气管道等领域（张国伟等，2007）。通过熔融插层法，聚丙烯/尼龙 6 可插入有机化蒙脱石层间形成纳米复合材料，蒙脱石的加入可增强聚丙烯/尼龙 6 材料的黏结能力，提高其相容性、拉伸强度和热稳定性。在蒙脱石含量为 4% 时，此纳米复合材料的综合性能最佳（张坤等，2008）。

药用矿物　采用浓度 0.05mol/L 的 Na-EDTA 溶液，固液比 1：5，对含铅 40×10^{-6} 的蒙脱石进行中档微波处理 10min，铅的去除率达 93.75%，产物符合药用蒙脱石的标准（陈雪刚等，2008）。药用蒙脱石，成药制剂：蒙脱石散，主治慢性腹泻。

坡缕石（palygorskite）

$$R^{2+}_{(x+y+2z)/2}(H_2O)_4\{(Mg_{5-y-z}R^{3+}_y \square_z)[(Si_{8-x}R^{3+}_x)O_{20}](OH)_2(OH_2)_4\}$$

海泡石（sepiolite）

$$R^{2+}_{(x+y+2z)/2}(H_2O)_8\{(Mg_{8-y-z}R^{3+}_y \square_z)[(Si_{12-x}R^{3+}_x)O_{30}](OH)_4(OH_2)_4\}$$

【晶体化学】　两者的共同特点是 MgO、Al_2O_3、Fe_2O_3、CaO、Na_2O 等的含量在一定范围变化，而水含量却变化较小。主要区别在于海泡石的 MgO 含量高，Al_2O_3 含量一般很低，而坡缕石则 MgO 含量相对较低，Al_2O_3 含量较高。

坡缕石中 R^{3+} 主要为 Al^{3+}，其次是 Fe^{3+}，通常 R^{3+} 数目可达 2；□代表八面体空位；R^{2+} 主要为 Ca^{2+}，进入通道中以平衡电荷。水有 3 种存在形式：一是结构水（羟基水）；二是在带状结构层边缘与八面体阳离子配位的水；三是在通道中由氢键联结的沸石水。

海泡石的八面体中主要有 Al、Fe、Ni、Ca、Na 等代替 Mg；四面体中有 Al、Fe 代替 Si。成分变化主要发生在八面体空隙中，并形成不同变种。如富镁海泡石，Mg 原子数为 7.50～7.90；富铝海泡石，八面体中 Al 原子数约为 1.4；富钠海泡石，Na_2O 含量可达 8.16% 等。水的存在形式同坡缕石。

【结构形态】　具有二维连续的硅氧四面体片，每个硅氧四面体都共用 3 个角顶，同相邻的 3 个四面体相连，四面体中的活性氧指向沿 b 轴周期性反转。每两个硅氧四面体片之间，活性氧与活性氧相对，惰性氧与惰性氧相对，且活性氧与 OH^- 呈紧密堆积，阳离子充填于活性氧与 OH^- 构成的八面体空隙中，形成一维无限延伸的八面体片（带）。因此，海泡石和坡缕石的结构可视为变 2：1 型结构层。在惰性氧相对的位置上有类似于沸石的宽大通道，充填着沸石水。每一八面体片（带）所联结的两个硅氧四面体片形成类似于角闪石"I"束的带状结构层，并平行于 a 轴延伸。整个晶体结构可看成由这种带状结构层联结而成（图 1-1-32，图 1-1-33）。因此，坡缕石、海泡石类似于角闪石发育 {011} 解理，并沿 a 轴发育形成棒状、纤维状形态。

坡缕石，单斜晶系，C^3_{2h}-$P2/m$；$a_0=1.34nm$，$b_0=1.80nm$，$c_0=0.52nm$，$\beta=90°\sim93°$；$Z=2$。已发现一种斜方对称和 3 种单斜对称的晶胞。结构特点是有沿 a 轴延伸的带状结构层和通道。通道横断面积 $0.37nm \times 0.64nm$。

海泡石，斜方晶系，D^6_{2h}-$Pncn$；$a_0=1.34nm$，$b_0=2.68nm$，$c_0=0.528nm$，$\beta=90°$；$Z=2$。通道横截面积 $0.37nm \times 1.06nm$，因而含较多的沸石水。加热后的失水过程如下：

$$Mg_8(H_2O)_4[Si_6O_{15}]_2(OH)_4 \cdot 8H_2O(海泡石) \xrightarrow[\leqslant 250℃]{-8H_2O} Mg_8(H_2O)_4[Si_6O_{15}]_2(OH)_4$$

$$\xrightarrow[\leqslant 450℃]{-4H_2O} Mg_8[Si_6O_{15}]_2(OH)_4(无水海泡石) \xrightarrow[\leqslant 820℃]{-2H_2O} 4Mg_2[Si_2O_6](顽辉石)+4SiO_2$$

伴随着加热失水，海泡石的结构将产生折叠作用，即四面体片在转折部位弯曲，并缩小通道的体积，从而使其吸附性降低。加热坡缕石也出现类似现象。

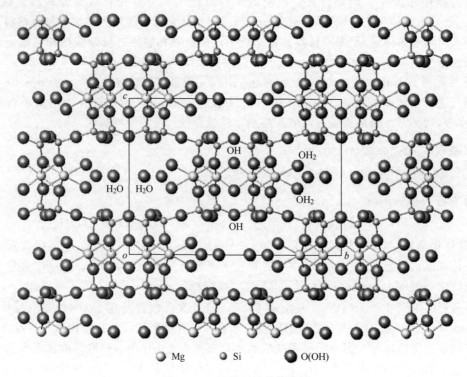

图 1-1-32　坡缕石的晶体结构

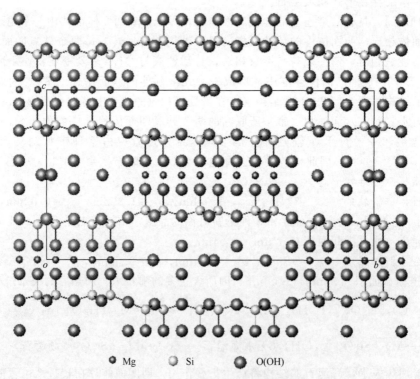

图 1-1-33　海泡石的晶体结构

【理化性能】 两者都具有许多优良的理化性能。

坡缕石呈土状、致密块状，扫描电镜下呈针状、纤维状、棒状、纤维集合体。白、灰白、青灰、灰绿色。土状或弱丝绢光泽。土质细腻，有油脂滑感。质轻，性脆。断口贝壳状或参差状。吸水性强，黏舌。具黏性和可塑性，干燥后收缩小。水浸泡崩散。悬浮液遇电介质不絮凝沉淀。

偏光镜下，二轴晶（＋），$2V=30°\sim40°$。$N_g=1.5272$，$N_p=1.5175$。一维延长平行消光。

加热过程的热效应：$90\sim150℃$，失去吸附水和沸石水；$240\sim300℃$，失去结晶水；$450\sim520℃$，失去晶格水。放热效应在 $900\sim1000℃$ 之间。

海泡石外观与坡缕石相似，白、浅黄、浅灰、浅红、黑绿、橄榄色，偶有蓝色、褐色。干燥时能浮于水。

偏光镜下，二轴晶（－），$2V\leqslant60°$。$N_g=1.5144\sim1.5290$，$N_p=1.5150\sim1.5983$。

室温至 $250℃$，脱去吸附水和沸石水，失重约 $11.5\%\sim14\%$。第 1 吸热谷 $100\sim140℃$；$250\sim700℃$ 失去结晶水，$400℃$ 以下水可失而复得，$400℃$ 以上失水不能再复得；第 2、第 3 吸热谷分别在 $350\sim380℃$ 和 $520℃$ 处，各失去结晶水的 $1/2$；$750\sim820℃$ 失去结构水，结构完全破坏，失重约 1.6%；第 4 吸热谷 $830\sim840℃$。

比表面积　采用极性分子（乙二醇）吸附法测定，安徽嘉山坡缕石的外表面积为 $230m^2/g$，内表面积为 $136m^2/g$；采用极性分子（乙烯）吸附法测定，海泡石的外表面积为 $214m^2/g$，内表面积为 $256m^2/g$。加热至 $100\sim150℃$，吸附水和沸石水析出，表面积增大。温度超过 $300℃$ 时，失去配位水，结构发生折曲，表面积急剧减小。

吸附性　海泡石的阳离子交换容量高于坡缕石，这与二者类质同象替代所形成的层电荷数有关。前者阳离子交换容量为 $20\sim45mmol/100g$，后者为 $5\sim20mmol/100g$。坡缕石和海泡石结构中存在很大的表面能，因而具有强吸附力。如坡缕石的脱色力可达 141；海泡石能吸收超过自身重量 $200\%\sim250\%$ 的水，因而可制作漂白土及干燥剂。吸附有机分子、气体分子、水分子等后，经加热或其他处理后可以解吸，故制品可反复使用。

流变性　坡缕石和海泡石呈纤维状形态，具有与纤维轴平行的 {011} 解理，故在水和其他中高等极性溶液中易于分散，形成杂乱的纤维格状体系悬浮液，流变性极好，其性质取决于坡缕石或海泡石含量、所施加的剪切力、pH 值及电解质种类和含量。

催化性　两者不仅满足异相催化所需的微孔和表面特征，影响反应的活化能和级数，有利于有机反应中的碳正离子化作用，同时还将产生酸碱协同催化及分子筛的择形催化裂解作用。两者表面存在的 Si—OH 基，对有机质具有很强的亲和力，可与有机反应剂生成有机矿物衍生物。这种衍生物既能接合有机分子的表面性质和反应性质，又保留矿物格架，故当这些附着的分子含有未饱和基时，就可使有机矿物化合物与某些单体聚合。

超细粉碎可显著改善坡缕石、海泡石的工艺性能，减小纤维细度，提高比表面积，改善吸附性、流变性及催化性等性能。

【资源地质】 淋滤-热液型坡缕石与海泡石呈细脉状、网脉状、皮壳状等，产于白云岩、蛇纹岩等富镁岩石的裂隙中，呈纤维状集合体出现。伴生矿物有石英、蛋白石、滑石、云母、高岭石等。这类矿床的坡缕石、海泡石纯度高，但规模小，价值不大。

沉积型坡缕石和海泡石矿呈层状、似层状、透镜状，赋存于镁钙质页岩、泥灰岩、灰岩、硅质灰岩、含盐岩系、碱性玄武岩、膨润土矿层中，产于干旱、半干旱气候带的蒸发盆地和火山盆地中。常与碳酸盐、镁蒙脱石、滑石、硫酸盐、卤化物等共生。矿石品位变化大，但可形成大型矿床，如安徽嘉山坡缕石矿床、湖南浏阳海泡石矿床。

中国坡缕石矿床主要分布在江苏、安徽两省；海泡石矿床主要分布在湖南省。

【鉴定特征】 依据其主要理化性能，X射线衍射和红外光谱分析可准确鉴定。

【工业应用】 一般工业要求：坡缕石，脱色力＞150，造浆率≥4m³/t（4%HCl活化，视黏度为15mPa·s）；海泡石，边界品位海泡石含量10%，工业品位海泡石含量15%。

尿素-普钙-氯化钾系列复合肥用海泡石质量要求：海泡石≥20%，CaO＋MgO≥25%，粒度-125目，水分≤4%。橡胶填料海泡石质量要求：SiO_2≥68%，水分≤2%，烧失≤7.5%，pH值6.5～8.0，松散密度≤0.558g/mL，沉降体积≥5cm³/g，粒度200目以上筛余物＜0.1%。畜禽饲料级海泡石质量要求：海泡石含量≥30%，水分≤5%，粒度80～100目，有害杂质6%～10%。油脂脱色海泡石质量要求（JC/T 574—94）：优级、一级、合格品脱色力分别≥300、≥220、≥115；活性度≥80，游离酸（以H_2SO_4计）≤0.2%，孔径0.071mm筛筛余量≤5.0%，水分（装运时）≤11.0%。钻井泥浆海泡石质量要求：标悬浮体性能（黏度计600r/min读表）≥30.0，孔径0.071mm筛筛余量≤8.0%，水分（装运时）≤16.0%。

纤维状海泡石主要用作石棉代用品、助滤剂、脱色剂、吸附剂、催化剂载体、增稠剂、涂料等；土状海泡石主要应用于胶凝剂、黏结剂、钻井泥浆等领域。

石棉替代材料 纤维状海泡石可代替石棉，广泛应用于高档涂料、摩擦材料、屋面材料等领域。用海泡石制成的涂敷性保温材料具有热导率低、保温性能好、强度高、无毒、无污染、耐油、耐碱、耐腐蚀、防火、附着力强、不易产生裂缝等性能；还具有用量少、涂层薄，对管道可直接涂敷等特点。在摩擦材料中加入海泡石胶体代替石棉作增强基料，产品具有韧性好、抗拉和抗弯强度大、冲击强度高、抗高温老化性好、磨损小等特点（杜高翔等，2004）。

钻井泥浆原料 坡缕石、海泡石的触变性能好、抗盐能力和热稳定性强。坡缕石泥浆可耐温250℃以上。以海泡石配制的泥浆，在400℃下仍很稳定。由于坡缕石、海泡石呈针状习性，当悬浮液沉淀时，会形成交织针状集团，并扩散成毛毡结构的悬浮体。其性质不会因盐度变化而改变。因此，由坡缕石或海泡石黏土制成的泥浆具有极好的抗盐性能，广泛应用于地热、盐类地层、石油及海洋钻探中。

吸附剂、脱色剂、净化剂、过滤剂 坡缕石和海泡石加工处理后可直接作为吸附剂、脱色剂和净化剂使用，广泛用于食品、酿造、医药、环保、国防等领域，可净化工业废水及有毒气体等，尤其是含放射性元素的废水和气体处理剂。利用海泡石的吸附性及对电解质沉淀有反应，可作为制造毒气吸收器内的高级黏合剂配料，用于制造防化学毒物的防护装备中。脉状海泡石具有优良的脱色特性，在石蜡、油脂、矿物油和植物油脱色过程中，常被用作脱色剂、中和剂和脱水剂。采用浓度15%的稀盐酸，在100℃下处理12h，海泡石的改性效果最好；对废水中氨氮的去除率可达94%以上，含NH_4^+为125mg/L的废水与改性海泡石交换30min后，剩余氨氮浓度降低为6.64mg/L（廖润华等，2006）。

催化剂载体 用金属盐处理后，金属离子催化剂Pt、Ni、Cu、Co等可均匀分散在纤维状晶体表面和内部孔道中，也可置换晶格中的Mg^{2+}。因此，坡缕石、海泡石是良好的催化剂载体，且本身亦具有某种催化活性。例如，在烯烃或芳香族化合物中的不饱和C＝C链的氢化作用过程中，海泡石能承载Ni、Co、Cu元素；在裂化汽油或不饱和烃、芳香族烃的加烃氢化过程中，海泡石可作为Ni的载体等。

稠化剂和稳定剂 两者的流变性使其被广泛用作增稠剂，起防止凹凸和均匀化作用，具有使涂层遮盖力强，耐摩擦、冲洗、剥皮能力，良好的热稳定性和抗风化等优点。用表面活性剂改善海泡石的表面性质，使其与聚酯相适应，作为增稠剂和触变剂用于液态聚酯树脂中，可防止颜料沉淀，克服应用后期聚酯树脂均质差等缺点。坡缕石对聚氯乙烯、苯乙烯、丁二烯和丙烯酸乳胶漆的增稠、速凝效果良好。坡缕石、海泡石能有效防止多元水体系中固相物质的沉淀分离，如用于液体肥料悬浮液、农药乳剂、含水油乳状液等。

蛇纹石（serpentine）

$Mg_6[Si_4O_{10}](OH)_8$

【晶体化学】 理论组成（$w_B\%$）：MgO 43.63，SiO_2 43.37，H_2O 13.00。常含有 Fe、Mn、Al、Ni、F 等元素。

【结构形态】 由氢氧镁石八面体片与[SiO_4]四面体片的六方网片按 1∶1 结合构成结构单元层。由于四面体片的[SiO_4]六方网中 O—O 的平移周期与氢氧镁石片中 O(OH)—O(OH) 的平移周期不同，因而两个基本单位层之间不协调。理想四面体片中，$b=0.915nm$；理想八面体片中，$b=0.945nm$。a 轴方向也表现出差异。从而出现了克服这三种不协调的基本方式，蛇纹石也相应有 3 种基本结构，形成 3 个矿物种，即板状结构的利蛇纹石、圆柱状结构的纤蛇纹石和交替波形结构的叶蛇纹石。纤蛇纹石和利蛇纹石都因结构单元层堆垛方式不同而有几种多型（表 1-1-12）。

表 1-1-12　蛇纹石矿物种的主要多型变体及其晶格常数

矿　物　名　称		晶系	a_0/nm	b_0/nm	c_0/nm	β	单位晶胞内重复层数	纤维轴
利蛇纹石（1M）		单斜	0.531	0.920	0.731	$\approx 90°$	1	
纤蛇纹石	斜纤蛇纹石（$2M_1$）	单斜	0.534	0.925	1.465	93°10′	2	//a
	正纤蛇纹石（$2Or_1$）	斜方	0.534	0.920	1.463	90°	2	//a
	副纤蛇纹石	斜方	0.530	0.924	1.470	90°	2	//b
叶蛇纹石（斜叶蛇纹石）		单斜	0.530	0.920	0.746	91°24′	1	

利蛇纹石呈板状结构，以原子位置的内部调整方式克服八面体和四面体片间的不协调性。八面体片横向收缩，厚度由 0.211nm（水镁石）变为 0.220nm。片的收缩使八面体中心的 Mg 构成的面变形，使 Mg^{2+} 在 z 轴方向处于两种高度，彼此相距 0.04nm。与此相应，联结四面体片和八面体片的 OH—O 平面也发生变形，使 OH^-、O 沿 z 轴方向位移，脱离同一水平，彼此相距 0.03nm。四面体片横向拉伸，厚度由理想的 0.220nm 减至 0.215nm，底面氧不再位于同一平面上，而是沿 z 轴方向产生 0.04nm 的差距。

纤蛇纹石呈管状结构，是由于八面体片在外、四面体片在内产生卷曲，以克服两种基本单元层间的不协调性所致（图 1-1-34）。斜纤蛇纹石和正纤蛇纹石均绕 x 轴（即纤维轴 //a 轴）卷曲，副纤蛇纹石则绕 y 轴（//b 轴）卷曲（图 1-1-35）。细软纤维丝状纤蛇纹石石棉的纤维管内径一般为 2～20nm，外径约为 100～500nm。

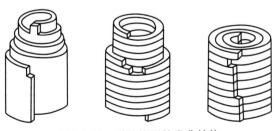

图 1-1-34　纤蛇纹石的卷曲结构

叶蛇纹石呈交替波状弯曲结构。这种结构更易在理想的弯曲半径上卷曲，从而更好地抵消四面体片和八面体片的不协调性。这可能也是叶蛇纹石热稳定性高于利蛇纹石和纤蛇纹石的原因。这种反向的结构单元层相互连接在一起，导致 SiO_2 相对增高，而 MgO、H_2O 相对减少。波状起伏的超周期，已知 a_0 值有 3.37nm、3.55nm、3.83nm、4.11nm、4.31nm、9.06nm、10.9nm 等。叶蛇纹石的结构式随超周期的不同而变化，如 a_0 为 4.33nm 的叶蛇纹石结构式为 $Mg_{48}Si_{34}O_{85}(OH)_{62}$。

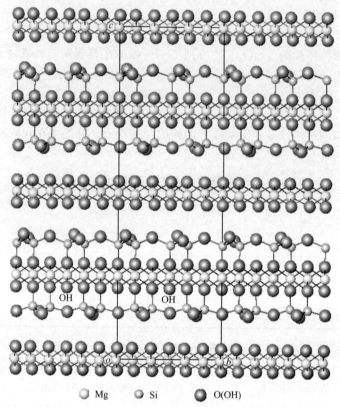

○ Mg　　● Si　　● O(OH)

图 1-1-35　副纤蛇纹石的晶体结构

叶片状、鳞片状形态，通常呈致密块状。由于结构层卷曲，形态呈波纹状或纤维状，亦有呈胶状。纤维状者称蛇纹石石棉，亦称温石棉。除纤维状者外，{001} 解理完全。

【理化性能】　呈深绿、黑绿、黄绿等各种色调的绿色，常具蛇皮状青、绿色斑纹。铁的带入使颜色加深，密度增大。油脂或蜡状光泽，纤维状者具丝绢光泽。硬度 2~3.5。相对密度 2.2~3.6。

偏光镜下：无色，淡黄、淡绿、褐色。二轴晶（＋）或（－），随蛇纹石种属不同而异。$N_g=1.511~1.571$，$N_m=1.502~1.570$，$N_p=1.490~1.560$。

蛇纹石具有良好的热学性能、化学稳定性和吸附性等，蛇纹石石棉的性能更为优异。

机械强度　除玻璃纤维和硼纤维的抗张强度与温石棉相近外，其余常见纤维材料的抗张强度都不及温石棉（约 2600~3100MPa）。

热稳定性　温石棉结构破坏在约 650~700℃。富镁温石棉的吸热谷温度约为 700℃。温石棉在 500℃ 以上明显脱羟，结构开始破坏。温石棉的热导率<0.233W/(m·K)。

电学性质　温石棉属半绝缘体，是良好的耐热绝缘材料，且热绝缘寿命很长。温石棉质量电阻率为 $10^4~10^8\Omega·g/cm^2$，稍优于角闪石石棉。

化学稳定性　温石棉耐碱性强；耐酸性差，主要是氢氧镁石层受到破坏。随酸蚀作用持续进行，其 MgO 含量明显减小，SiO_2 含量增加，逐渐变为具纤维假象的硅胶。

吸附性能　温石棉的吸附性与其比表面积和纤维表面的键性有关。异价离子替代所产生的双电层偶极子使温石棉纤维对极性水分子有很强的吸附能力。

非石棉形态的蛇纹石除不具纤维特征和常含较多杂质外，基本物性与纤蛇纹石相似。

【资源地质】　蛇纹石的生成与中温热液交代作用有关。富镁岩石如橄榄岩等经热液交代作用，可形成蛇纹石：

$$3Mg_2[SiO_4](橄榄石)+4H_2O+SiO_2 \longrightarrow Mg_6[Si_4O_{10}](OH)_8(蛇纹石)$$

富含 SiO_2 的热液与白云岩发生交代作用，也可形成蛇纹石：

$$6CaMg[CO_3]_2(白云石)+4H_2O+4SiO_2 \longrightarrow Mg_6[Si_4O_{10}](OH)_8(蛇纹石)+6CaCO_3+6CO_2$$

在夕卡岩化作用后期往往有蛇纹石生成。纤维蛇纹石石棉是由于蛇纹石胶凝体干缩而产生裂隙时逐渐生成的，纤维常与脉壁垂直（横纤维），也有少数与裂隙平行（纵纤维）。中国石棉矿山主要分布于青海茫崖、甘肃阿克塞和新疆巴音郭楞地区，有重要石棉矿山 10 余座。四川石棉县所产的纵纤维最长超过 2m，著称于世。

全球已探明石棉资源量超过 2 亿吨，其中俄罗斯乌拉尔地区和加拿大魁北克地区的石棉资源量占世界的 1/2 以上。中国已查明石棉资源储量超过 9000 万吨，99% 分布于四川、云南、陕西、甘肃、青海和新疆六省区。2015 年世界石棉产量 185.3 万吨，俄罗斯石棉产量 110 万吨，占 59%；中国石棉主要是短纤维石棉，产量 22.7 万吨，占 12.3%。

【鉴定特征】　颜色和产状可与多水高岭石区别。蛇纹石种属间的区别主要依据形态，或 X 射线衍射、差热分析等进一步鉴定。

【工业应用】　蛇纹石是重要的工业矿物，目前世界所有国家已完全禁止使用角闪石石棉，现开采利用的全部为蛇纹石石棉。其主要应用领域如下。

石棉纺织材料　具有优良成浆性能的温石棉，可用湿纺方式制作纺织制品，如石棉布、石棉绳等。制品用作多种耐热、防火、防腐、耐酸碱等材料，以及保温隔热材料、化工过滤材料、电解槽的隔膜材料等。

石棉摩阻材料　在交通运输的挚动材料中占有重要地位。温石棉的纤维机械强度和热稳定性赋予挚动材料以较高的强度和耐热性能。迄今尚未找到能够完全代替温石棉的优良性能的材料。

装饰玉雕材料　色泽和质地良好的蛇纹岩可加工成建筑饰面板材和人造大理石、碎块蛇纹岩水泥板料。色泽美观、质地致密、具毛毡结构、可琢磨性好的蛇纹岩可作玉料。蛇纹石玉因产地不同而有不同的名称，如产于辽宁岫岩县的岫玉、广东信宜玉、广西陆川玉、甘肃酒泉玉（夜光杯原料）、新疆昆仑玉等，均为我国著名的玉雕石料。国外较著名的有新西兰的鲍文玉（Bowenite）和美国宾州的威廉玉（Williamsite）。

岫玉中的纯蛇纹石玉，蛇纹石含量大于 95%，伴生矿物有白云石、菱镁矿、水镁石、绿泥石等；透闪石蛇纹石玉，蛇纹石含量大于 70%，透闪石 20%~30%，碳酸盐少量；绿泥石蛇纹石玉，蛇纹石含量大于 65%，绿泥石和少量碳酸盐约 35%；蛇纹石透闪石玉，透闪石含量大于 75%，蛇纹石、透辉石约 25%。蛇纹石玉的应用历史悠久，距今 6800~7200 年的辽宁沈阳新乐文化遗址出土有岫玉制作的刻刀、玉凿；辽东半岛新石器早期遗址出土有蛇纹石玉斧；距今 2000 年前西汉中山靖王及王后下葬所穿金缕玉衣，也是由蛇纹石玉片和软玉片用金丝连缀而成（余晓艳，2016）。

蛇纹石粉可有效吸附中性水中的 Cd^{2+}、Cu^{2+}、Fe^{3+}、Pb^{2+}、Ni^{2+} 等离子（郭继香等，2000），去除饮用水中的 F^- 等有害元素（付松波等，2002）。超细蛇纹石粉可改善润滑油的摩擦磨损性能（陈文刚等，2008）。

药用花蕊石即蛇纹大理岩。功效：止血化瘀。成药制剂：花蕊石止血散，止血定痛片。

第三节　链状硅酸盐

链状结构硅酸盐中，[SiO$_4$]四面体以角顶联结，形成沿一维方向无限延伸的链，最常见者有单链和双链。此外，还有三重、四重、五重等形式的链。

辉 石 族

辉石族属单链状结构硅酸盐。化学通式 XY[Si$_2$O$_6$]。Y（M_1）：Mg，Fe^{2+}，Mn，Al，Fe^{3+}；X（M_2）：Ca，Mg，Fe^{2+}，Mn，Na，Li。硅氧骨干中少量 Si 可被 Al 代替。辉石族分为斜方和单斜两个亚族。斜方辉石亚族，M_2 主要为 Mg、Fe 等小半径阳离子；单斜辉石亚族，M_2 位出现较大半径的阳离子如 Ca、Na 等。

在 CNMMN 的辉石命名方案中，确认的辉石端员组分有 13 个（在自然界均有相应的独立矿物存在），矿物种 20 个（表 1-1-13）（Morimoto，1988）。所有的辉石被分为 4 组，即 Ca-Mg-Fe 辉石组，Ca-Na 辉石组，Na 辉石组，其他辉石组。50%规则被尽可能用于两端员间的完全固溶体系列：Mg-Fe 辉石系列（顽辉石-铁辉石，斜顽辉石-斜铁辉石），Ca 辉石系列（透辉石-钙铁辉石），Na 辉石系列（硬玉-霓石）。中间固溶体成分的名称，如顽辉石-铁辉石系列的古铜辉石、紫苏辉石、尤莱辉石，透辉石-钙铁辉石系列的次透辉石、铁次透辉石等均被废弃。但一些被广为接受的术语如普通辉石、易变辉石、绿辉石、霓石等仍保留（图 1-1-36）。

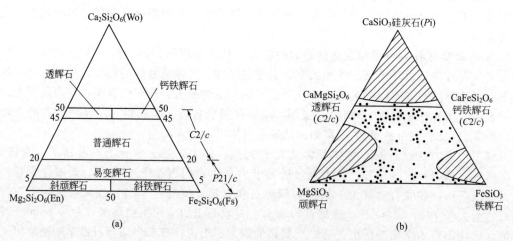

图 1-1-36　Ca-Mg-Fe 单斜辉石的矿物成分范围

（据 Morimoto，1988；Zoltai et al，1984）

（a）经认可的单斜辉石的成分范围；（b）天然辉石的成分范围，阴影区表示固溶体空缺

表 1-1-13　经认可的辉石矿物名称及其化学组

矿 物 名 称	作为端员时的成分	作为固溶体时的主要成分	空间群
Ⅰ. Mg-Fe 辉石组			
1. 顽辉石 enstatite(En)(1)	$Mg_2Si_2O_6$		$Pbcu$
2. 铁辉石 ferrosilite(Fs)(2)	$Fe^{2+}_2Si_2O_6$	$(Mg,Fe)_2Si_2O_6$	
3. 斜顽辉石 clinoenstatite			$P2_1/c$
4. 斜铁辉石 clinoferrosilite		$(Mg,Fe)_2Si_2O_6$	
5. 易变辉石 pigeonite		$(Mg,Fe,Ca)_2Si_2O_6$	$P2_1/c$
Ⅱ. Mn-Mg 辉石组			
6. 斜方锰辉石 donpeacorite		$(Mn,Mg)MgSi_2O_6$	$Pbca$
7. 锰辉石 kanoite(Ka)(3)	$MnMgSi_2O_6$	$(Mn,Mg)MgSi_2O_6$	$p2_1/c$
Ⅲ. Ca 辉石组			
8. 透辉石 diopside(Di)(4)	$CaMgSi_2O_6$	$Ca(Mg,Fe)Si_2O_6$	$C2/c$
9. 钙铁辉石 hedenbergite(Hd)(5)	$CaFe^{2+}Si_2O_6$		
10. 普通辉石 augite		$(Ca,Mg,Fe)_2Si_2O_6$	$C2/c$
11. 钙锰辉石 johannsenite(Jo)(6)	$CaMnSi_2O_6$		$C2/c$
12. 钙锌辉石 petedunnite(Pe)(7)	$CaZnSi_2O_6$		$C2/c$
13. 钙高铁辉石 essenite(Es)(8)	$CaFe^{3+}AlSiO_6$		$C2/c$
Ⅳ. Ca-Na 辉石组			$C2/c$
14. 绿辉石 omphacite		$(Ca,Na)(R^{2+},Al)Si_2O_6$	$P2/n$
15. 霓辉石 aegirine-augite		$(Ca,Na)(R^{2+},Fe^{3+})Si_2O_6$	$C2/c$
Ⅴ. Na 辉石组			
16. 硬玉 jadeite(Jd)(9)	$NaAlSi_2O_6$	$Na(Al,Fe^{3+})Si_2O_6$	
17. 霓石 aegirine(Ae)(10)	$NaFe^{3+}Si_2O_6$		$C2/c$
18. 钠铬辉石 kosmochlor(Ko)(11)	$NaCr^{3+}Si_2O_6$		$C2/c$
19. 钪霓石 jervisite(Je)(12)	$NaSc^{3+}Si_2O_6$		$C2/c$
Ⅵ. Li 辉石组			
20. 锂辉石 spodumene(Sp)(13)	$LiAlSi_2O_6$		$C2/c$

注：1. 作为端员成分者的编号注于括号中。

　　2. 据 Morimoto（1988）。

　　近年来，新认定的辉石矿物种有 5 种，即 davisite（$CaScAlSiO_6$）、grossmanite（$CaTi^{3+}AlSiO_6$）、kushiroite（$CaAl_2SiO_6$）、钠锰辉石（namansilite，$NaMn^{3+}Si_2O_6$）、钠钒辉石 [natalyite，$Na(V,Cr)Si_2O_6$]，均属单斜晶系（Back，2014）。

　　辉石族是地壳的主要组成矿物之一。按体积计，占地壳组成的 16.5%；在大洋和大陆玄武岩类中分别占 28.5% 和 23.5%（Wenk et al，2004）。

顽辉石（enstatite）

$Mg_2[Si_2O_6]$

【晶体化学】　理论组成（w_B%）：MgO 40.15，SiO_2 59.85。Fe^{2+} 代替 Mg 可达 50%。含次要组分 Al、Ca、Ti、Mn、Ni 等。

【结构形态】　斜方晶系，D_{2h}^{15}-$Pbca$；$a_0=1.8223\sim1.8235nm$，$b_0=0.8815\sim0.8841nm$，$c_0=0.5169\sim0.5187nm$；$Z=16$。晶格常数随 Fe^{2+}、Fe^{3+}、Mn 替代量增加而增大（对 c_0 影响最小）；Ca 的替代使 a_0 值明显增大，对 c_0 值影响较小，对 b_0 值几乎无影响；Al 的替

代量增高却使 b_0 值减小，c_0 值稍有增大，而对 a_0 值几乎无影响。

结构中 $[Si_2O_6]$ 链 $//c$ 轴，在 b 轴方向上以相反取向交替排列（图 1-1-37）；链间的 M_1、M_2 位空隙全部由 Mg 占据，形成 $[MgO_6]$ 八面体；在 a 轴方向上可视为由 $[Si_2O_6]$ 平列而成的"层"和由 $[MgO_6]$ 八面体共棱联结而成的层交替平列。顽辉石结构中存在两种 $[Si_2O_6]$ 链：A 链，三桥氧之键角为 160.8°，$[SiO_4]$ 四面体体积稍小；B 链，三桥氧之键角为 139.7°，$[SiO_4]$ 四面体体积稍大。斜方辉石亚族其他矿物的结构与顽辉石结构的区别在于其 A、B 链之三桥氧的键角和 $[SiO_4]$ 四面体体积有一定差别。另一差别是 M_1、M_2 位置部分为 Fe^{2+} 占据。其中 M_1 一般为 Mg 所占据，Fe^{2+} 一般优先占据 M_2 位置。

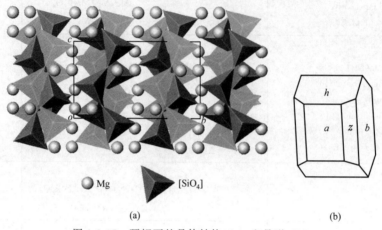

图 1-1-37　顽辉石的晶体结构（a）和晶形（b）

同质多象变体：原顽辉石，稳定于 1000～1400℃，1GPa，$Pbca$ 型结构；顽辉石，630～1000℃；高温斜顽辉石，>980℃，$C2/c$ 型结构；斜顽辉石，<630℃，$P2_1/c$ 型结构。

斜方双锥晶类，D_{2h}-mmm（$3L^2 3PC$）。晶体常呈粒状。有时具（100）简单双晶或聚片双晶，常具出溶构造。

【物理性质】　无色、黄色至灰褐色、古铜色、灰绿色。条痕无色至浅绿。解理 {210} 完全，具 {100}、{001} 裂开。硬度 5.5～6。相对密度 3.2～3.3。

偏光镜下：无色至绿灰色。二轴晶（＋），$2V=55°～90°$。$N_g=1.658～1.680$，$N_m=1.653～1.670$，$N_p=1.650～1.662$。吸收性弱至较强，多色性不明显至明显：N_p 粉色至玫瑰色；N_m 灰黄至黄绿色；N_g 淡绿至灰绿色。

【资源地质】　为橄榄岩中常见矿物，在超基性变粒岩中为典型矿物。

【鉴定特征】　颜色、晶形、形态、解理及产状为特征。

【工业应用】　原顽辉石是镁质电绝缘陶瓷滑石瓷的主晶相，被均匀地分散包围于玻璃相中，阻止了其向斜顽辉石的转变，从而避免滑石瓷的老化。

采用高温固相反应法，在还原气氛下制备的 Mn^{2+}、Eu^{2+}、Dy^{3+} 掺杂顽辉石粉体，是一种长余辉发红光硅酸盐材料，发射波长 660nm，余辉时间约 4h（Wang et al，2003）。

宝石级顽辉石大多以卵石形式出现，产于缅甸抹谷、坦桑尼亚和斯里兰卡。顽辉石猫眼主要产于缅甸、南非等地。

透辉石（diopside）

$CaMg[Si_2O_6]$

【晶体化学】　理论组成（$w_B\%$）：CaO 25.90，MgO 18.61，SiO_2 55.49。次要组分

Al_2O_3 一般 1%～3%，可高达 8%；Al^{3+} 可替代 Mg^{2+}，也可替代 Si，若替代 Si 超过 7%，称铝透辉石；富含 Cr_2O_3 者称铬透辉石。Al_2O_3 高时，TiO_2 可达 2%～3%。Fe^{3+}、Mn 可少量存在，Na 可少量代替 Ca。当 $NaAl[Si_2O_6]$ 或 $NaFe[Si_2O_6]$ 组分超过 10% 而小于 20% 时，分别称含硬玉、含霓石透辉石；如果大于 20% 小于 50%，则称硬玉-透辉石、霓石-透辉石。

【结构形态】 单斜晶系，C_{2h}^6-C2/c；$a_0 = 0.9746 \sim 0.9845nm$，$b_0 = 0.8899 \sim 0.9024nm$，$c_0 = 0.5251 \sim 0.5245nm$，$\beta = 105°38' \sim 104°44'$；$Z = 4$。$[SiO_4]$ 四面体以两角顶相连成单链，平行 c 轴延伸（图 1-1-38），链间由中小阳离子 M_1（Mg、Fe，六次配位）和较大阳离子 M_2（Ca，有时有少量 Na，8 次配位）构成的较规则的 M_1—O 八面体和不规则的 M_2—O 多面体共棱组成的链联结。在空间上，$[SiO_4]$ 链和阳离子配位多面体链皆沿 c 轴延伸，在 a 轴方向上作周期堆垛。

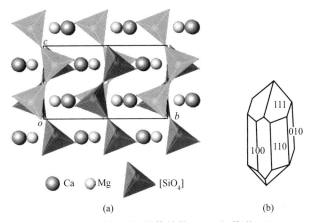

图 1-1-38 透辉石的晶体结构（a）和晶形（b）

斜方柱晶类，C_{2h}-2/m（L^2PC）。常呈柱状晶体。常见单形：平行双面 {100}、{010} 及斜方柱 {110}、{111} 等。晶体横断面呈正方形或八边形。常见依 (100)、(001) 成简单双晶和聚片双晶。

【物理性质】 白色、灰绿、浅绿至翠绿、绿色。条痕无色至浅绿。解理 {110} 完全，解理夹角 87°；具 {100} 和 [010] 裂开。硬度 5.5～6。相对密度 3.22～3.56。

偏光镜下：无色至黄绿色。二轴晶（＋），$2V = 50° \sim 62°$。$N_g = 1.694 \sim 1.757$，$N_m = 1.672 \sim 1.730$，$N_p = 1.664 \sim 1.732$（折射率除 $N_m = 1.730$ 外，均为合成端员的数据）。颜色随着 Mg 被 Fe^{2+} 代替量的增大，由无色渐变为绿色，多色性增强，折射率随之增大；Fe^{3+}、Al 代替亦使折射率增高；N_g 和密度亦随 Fe^{2+} 升高而增大。

【资源地质】 主要产于橄榄岩、辉石岩中。在变质作用中，透辉石在镁夕卡岩中较为典型，与镁橄榄石、金云母、磁铁矿等共生。在区域变质的钙镁质片岩中，透辉石是常见矿物。透辉石是辉石角岩相的典型矿物，亦是硅质白云岩热变质的产物，反应式为：

$$CaMg[CO_3]_2（白云石）+2SiO_2 \longrightarrow CaMg[Si_2O_6]（透辉石）+2CO_2 \uparrow$$

【鉴定特征】 以浅的颜色、晶形及成因产状为特征。

【工业应用】 作为陶瓷原料可降低烧成温度。生产炻质外墙砖时加入适量透辉石，可提高莫来石含量及制品抗弯强度，降低吸水率。还可作为橡胶、塑料、涂料的填料等。

采用高温固相反应法，在还原气氛下制备的 Eu^{2+}、Dy^{3+} 掺杂透辉石粉体，是一种长余辉蓝紫色发光材料，发射波长 438nm，余辉时间超过 4h（Jiang et al，2004）。以高纯

$CaCO_3$、MgO、SiO_2、Eu_2O_3、MnO（99.99%）为原料，均匀混合后，在1250℃下以5:95的H_2/N_2气氛中烧结4h，获得含Eu^{2+}、Mn^{2+}激发剂的$CaMgSi_2O_6$:Eu^{2+}，Mn^{2+}。该三色荧光粉经365nm近紫外激发后，3个发射带峰位分别位于450nm（蓝）、580nm（黄）和680nm（红）处。其蓝带由占据Ca位置的Eu^{2+}在f-d许用轨道跃迁所产生，黄带和红带则来自分别占据Mg^{2+}、Ca^{2+}位置的Mn^{2+}在$^4T_1$-$^6A_1$的禁带跃迁。乏绿色（green-poor）荧光粉$CaMgSi_2O_6$:Eu^{2+}，Mn^{2+}与绿-黄色荧光粉$(Ba,Sr)_2SiO_4$:Eu^{2+}的混合物，经365nm近紫外激发，显示其白光色度依赖于二者的混合比例，相应的色温为4845～9180K，显色指数达77%～88%（Lee et al, 2006），是一种优异的近紫外激发的全色硅酸盐荧光粉。

纯净无瑕、颜色美观者可作宝石，其中铬透辉石呈鲜艳绿色。若有大量管状、片状包裹体存在，可产生猫眼效应或四射星光效应，且四射星光星线彼此不正交。星光透辉石和透辉石猫眼主要产于美国、芬兰、马达加斯加及缅甸（张蓓莉等，2008）。碱性伟晶岩热液充填型透辉石矿床，在其晶洞内产多量柱状透辉石（直径0.5～3cm，长度1～7cm），晶体美观透明，为宝石级浅绿-绿色透辉石，产于我国新疆天山，为全球罕见。

硬玉 （jadeite）

$NaAl[Si_2O_6]$

【晶体化学】 理论组成（w_B%）：Na_2O 15.33，Al_2O_3 25.22，SiO_2 59.45。化学组成较稳定，一般只有少量Ca代替Na，Mg、Fe^{2+}、Fe^{3+}和更少量的Mn、Ti代替Al。成分以$NaAl[Si_2O_6]$-$CaMg[Si_2O_6]$-$NaFe[Si_2O_6]$表示，硬玉的$NaAl[Si_2O_6]$不小于80%。

【结构形态】 单斜晶系，C_{2h}^6-$C2/c$；a_0 = 0.9480～0.9423nm，b_0 = 0.8562～0.8564nm，c_0=0.5219～0.5223nm，β=107°58′～107°56′；Z=4。M_2几乎全部为Na，有时有少量Ca，配位数8。Na—O配位多面体形态介于立方体和正方形反柱之间，平均间距0.2469nm。M_1几乎全部为Al，有时有少量Mg、Fe^{2+}、Ti，配位数6，形成较规则的配位八面体，Al—O平均间距0.1928nm，O—O平均间距0.2714nm。M_2和M_1以共棱连接成//c轴的链，各链在⊥（100）方向排列成层。[SiO_4]链在结构中为O扭转，链轴角174.7°，在$C2/c$型结构中最大，故硬玉结构是$C2/c$型辉石的典型结构（图1-1-39）。[SiO_4]链中的[SiO_4]较规则，Si—O平均间距0.1623nm，O—O平均间距0.2646nm。[SiO_4]链//c，并在⊥（100）方向排列成层。[SiO_4]链层和M—O链层在⊥（100）方向相间排列，彼此以共氧相连接。

具两种不同习性的晶体，一种呈柱状//c轴延长；另一种//（100）延长呈板状。具//（001）和（100）的简单双晶和聚片双晶。常呈粒状或纤维状集合体。

【物理性质】 无色、白色、浅绿、苹果绿或绿蓝色。玻璃光泽。解理{110}完全，解理夹角87°。断口不平坦，呈刺状。硬度6.5。相对密度3.24～3.43。

偏光镜下：无色至淡绿色。二轴晶（+），2V=67°～70°。N_g=1.652～1.673，N_m=1.645～1.663，N_p=1.640～1.658。多色性不明显。

【资源地质】 主要产于碱性变质岩中，是低温变质作用的产物。在低温和相对低压条件下，钠长石+硬玉是稳定的共生组合，而在高压下，硬玉+石英则为稳定组合（图1-1-40）。硬玉还常与霞石、方沸石、钠沸石、绿泥石等低级变质矿物共生。

硬玉在蛇纹岩中呈岩墙状块体，与钠长石、阳起石、蓝闪石共生；与蛇纹石、方解石一起在蓝闪石岩中成细脉；有时与钠长石、方沸石等一起在钠长石-蓝闪石-霓石片岩中呈细脉；或与钠长石一起在钠长石-铁铝闪石片岩中呈细脉。硬玉在黑色板岩系中构成石英-硬玉

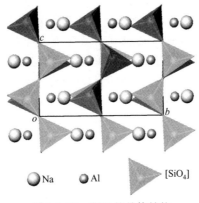

图 1-1-39　硬玉的晶体结构

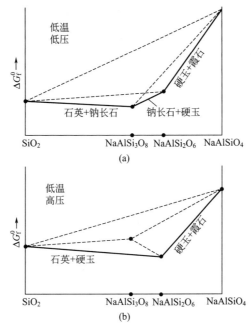

图 1-1-40　SiO_2-$NaAlSiO_4$ 体系的自由能-成分图

（据 Zoltai et al，1984）

岩。硬玉亦与蓝闪石、硬柱石〔lawsonite，$CaAl_2[Si_2O_7](OH)_2 \cdot H_2O$〕、绢云母、绿泥石、钠长石成组合，钠长石往往为硬玉所交代。

以硬玉为主的细小矿物集合体称为翡翠，是品质极佳的高档玉石。世界上 95％以上有开采价值的翡翠，都产于缅甸北部乌尤河西岸及河床中。著名翡翠场区有帕敢、会卡、龙肯、达木坎、南其、后江及雷打等。最具有经济价值的缅甸翡翠产于印度板块和欧亚板块的东侧，形成于 1.47 亿年前（侏罗纪）（Shi et al，2008）。除缅甸外，哈萨克斯坦、日本、墨西哥和危地马拉亦产少量翡翠，但优质者罕见。

翡翠矿床分为原生和外生两大类。原生矿床产于板块构造俯冲带上，翡翠呈脉状、透镜状产于蛇纹石化超基性岩中。外生矿床由原生矿床中的翡翠被风化剥蚀，搬运到附近河流中，冲积而成，翡翠为大小不一的砾石，重可达数百千克甚至数吨，品质较优。

【鉴定特征】 除锂辉石外，硬玉的折射率较其他辉石皆低，而以较低的重折率和较大的消光角同锂辉石相区别，以低折射率和低重折率与绿辉石相区别。

【工业应用】 翡翠的主要矿物即为硬玉，次要矿物有绿辉石、钠铬辉石、钠长石、透闪石、透辉石、霓辉石，以及铬铁矿、磁铁矿、赤铁矿等。常见品种：硬玉翡翠，含微量 Cr^{3+}、Fe^{3+} 等杂质，高档翡翠多属于此；闪石化翡翠，富含 Ca^{2+}、Fe^{2+}、Mg^{2+} 的热液蚀变使部分硬玉转变为阳起石或透闪石，呈分散状或脉状出现；钠铬辉石"翡翠"，钠铬辉石 $60\%\sim90\%$，次要矿物为硬玉、角闪石、钠长石和铬铁矿等，深翠绿色、深绿色至黑绿色，不透明，因不能形成硬玉集合体的结构特征，故不应列入翡翠（张蓓莉等，2008）。

翡翠的颜色分为：白色，不含杂质者纯净，常见略带灰、绿、黄的白色。绿色，由微量 Cr^{3+}、Ti^{4+}、Fe^{3+} 等杂质致色；分为浅绿、绿、深绿、墨绿，以绿为佳，深绿次之，常含杂色。紫色，由 Mn 或 Fe^{2+}、Fe^{3+} 致色，亦称紫翠；可有浅紫、粉紫、紫、蓝紫，甚至近乎蓝色。黄-红色，因风化淋滤而使 Fe^{2+} 变为 Fe^{3+} 形成赤铁矿或针铁矿，沿翡翠颗粒之间的显微缝隙缓慢渗入而成；鲜艳红色亦称"翡"或"红翡"。黑色，分为深墨绿色和深灰至灰黑色，前者由 Cr、Fe 含量高致色；后者则因含角闪石等暗色矿物所致，属低档翡翠。

锂辉石（spodumene）

$LiAl[Si_2O_6]$

【晶体化学】 理论组成（$w_B\%$）Li_2O 8.07，Al_2O_3 27.44，SiO_2 64.49。常有少量 Fe^{3+}、Mn 代替六次配位的 Al，Na 代替 Li；可含稀有元素、稀土元素和 Cs，以及 Ga、Cr、V、Co、Ni、Cu、Sn 等微量元素。

【结构形态】 单斜晶系，C_2^3-C2；$a_0=0.9463nm$，$b_0=0.8392nm$，$c_0=0.5218nm$，$\beta=110°11'$；Z=4。M_2 主要为 Li，有时有少量 Na。M_1 主要为 Al，有时有少量 Fe^{3+}。锂辉石又称 α-锂辉石，在 900℃ 以上迅速转变为 β-锂辉石。后者属四方晶系，与凯石英（keatite）成类质同象。常呈柱状晶体，柱面常具纵纹。有时可见巨大晶体。双晶依（100）生成。集合体呈（100）发育的板柱状、棒状或致密隐晶块状。

【物理性质】 灰白、烟灰、灰绿色。玻璃光泽，解理面微显珍珠光泽。解理 {110} 完全，夹角 87°；具 {100}、{010} 裂开。硬度 6.5～7。相对密度 3.03～3.22。

偏光镜下：无色。二轴晶（＋），$2V=55°\sim80°$。$N_g=1.662\sim1.679$，$N_m=1.655\sim1.669$，$N_p=1.648\sim1.663$。多色性弱。翠铬锂辉石：N_p 绿色，N_g 无色；紫锂辉石：N_p 紫色，N_g 无色。一般 Na 代替 Li 时 N_p 降低，N_g 不受影响，重折率增大。

【资源地质】 是富锂伟晶花岗岩的特征矿物，通常与石英、微斜长石、钠长石、磷锂铝石［montebrasite，$LiAl(PO_4)(OH)$］、绿柱石、白云母、铌钽铁矿等共生。中国矿物型锂矿主要分布于四川、新疆、湖南、江西和内蒙古等省区。近年来在四川甲基卡发现大型锂辉石矿床，为世界级锂辉石资源基地。

【鉴定特征】 颜色、晶形及产状。

【工业应用】 与锂云母同为提取锂的原料矿物。工业要求（$w_B\%$）：边界品位 Li_2O 0.4～0.7，工业品位 Li_2O 0.8～1.2。锂辉石精矿的质量要求（YS/T 261—2011）：微晶级-1，$Li_2O\geqslant7.50\%$，$Fe_2O_3\leqslant0.15\%$，$MnO\leqslant0.10\%$，$Na_2O+K_2O\leqslant1.0\%$，$P_2O_5\leqslant0.5\%$；陶瓷级，$Li_2O\geqslant6.50\%$，$Fe_2O_3\leqslant0.60\%$，$MnO\leqslant0.25\%$，$Na_2O+K_2O\leqslant1.8\%$，$P_2O_5\leqslant0.5\%$；化工级-1，$Li_2O\geqslant6.00\%$，$Fe_2O_3\leqslant2.5\%$，$MnO\leqslant0.40\%$，$Na_2O+K_2O\leqslant2.0\%$，$P_2O_5\leqslant0.5\%$；玻璃级，$Li_2O\geqslant5.00\%$，$Fe_2O_3\leqslant0.25\%$，$MnO\leqslant0.15\%$，$Na_2O+K_2O\leqslant3.0\%$，$P_2O_5\leqslant0.5\%$。精矿水分不大于 8%，粒度由供需双方商定。

金属锂用于原子能工业，^6Li 是制造氢弹不可缺少的原料，在核反应堆中用作控制棒冷却剂和传热介质；飞机、导弹和宇航工业中，锂及其化合物用作高能燃料；亦用于电子、焰火、玻璃、陶瓷等工业。照明玻璃中加入适量锂辉石，可改善玻璃的可熔性、软化点、膨胀系数、电阻性、透明度和化学稳定性（赵明等，2001）。卫生瓷釉中加入少量锂辉石可降低热膨胀系数，增强坯釉适应性，改善釉面质量（凌春平，2000）。

宝石级锂辉石，含 Cr 而呈翠绿色者称翠绿锂辉石；含 Mn 而呈紫色者称紫锂辉石。黄色、黄绿色锂辉石和紫锂辉石主要产于巴西（张蓓莉等，2008）。

闪石超族

闪石超族为双链结构硅酸盐，化学通式：$AB_2C_5T_8O_{22}W_2$。其中，A＝□，Na，K，Ca，Pb，Li；B＝Na，Ca，Mn^{2+}，Fe^{2+}，Mg，Li；Y＝Mg，Fe^{2+}，Mn^{2+}，Al，Fe^{3+}，Mn^{3+}，Ti^{4+}，Li；T＝Si^{4+}，Al^{3+}，Ti^{4+}，Be；W＝OH^-，F^-，Cl^-，O^{2-}。A、B、C 组阳离子中及其间的类质同象替代普遍而复杂，可形成许多类质同象系列（图 1-1-41）。

依据 W 位置的阴离子种类，闪石超族被分为两族，即羟闪石族（OH^-、F^-、Cl^- 为主）和氧闪石族（O^{2-} 为主）（Hawthorne et al，2012）。

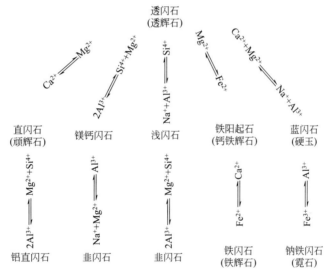

图 1-1-41 闪石超族矿物成分空间中主要的阳离子替代
（据 Zoltai et al，1984）
括号中为辉石族的对应矿物

根据 B 组阳离子占位，羟闪石族矿物被分为 8 个亚族（Hawthorne et al，2012）：
① 镁铁锰闪石 $^B(Ca+\sum M^{2+})/\sum B \geqslant 0.75,^B\sum M^{2+}/\sum B > {}^BCa/\sum B$
② 钙闪石 $^B(Ca+\sum M^{2+})/\sum B \geqslant 0.75,^BCa/\sum B > {}^B\sum M^{2+}/\sum B$
③ 钠钙闪石 $0.75 > {}^B(Ca+\sum M^{2+})/\sum B > 0.25,^BCa/\sum B > {}^B\sum M^{2+}/\sum B,$
    $0.75 > {}^B(Na+Li)/\sum B > 0.25,^BNa/\sum B > {}^BLi/\sum B$
④ 钠闪石 $^B(Na+Li)/\sum B \geqslant 0.75,^BNa/\sum B \geqslant {}^BLi/\sum B$
⑤ 锂闪石 $^B(Na+Li)/\sum B \geqslant 0.75,^BLi/\sum B > {}^BNa/\sum B$
⑥ 钠（镁铁锰）闪石 $0.75 > {}^B(Ca+\sum M^{2+})/\sum B > 0.25,^B\sum M^{2+}/\sum B > {}^BCa/\sum B,$
    $0.75 > {}^B(Na+Li)/\sum B > 0.25,^BNa/\sum B \geqslant {}^BLi/\sum B$
⑦ 锂（镁铁锰）闪石 $0.75 > {}^B(Ca+\sum M^{2+})/\sum B > 0.25,^B\sum M^{2+}/\sum B > {}^BCa/\sum B,$

$$0.75>{}^B(Na+Li)/\sum B>0.25, {}^BLi/\sum B\geqslant{}^BNa/\sum B$$

⑧ 锂钙闪石　　　$0.75>{}^B(Ca+\sum M^{2+})/\sum B>0.25, {}^BCa/\sum B\geqslant{}^B\sum M^{2+}/\sum B,$
$$0.75>{}^B(Na+Li)/\sum B>0.25, {}^BLi/\sum B\geqslant{}^BNa/\sum B$$

　　按照以上分类,羟闪石族的 8 个亚族中共有 108 个矿物种(端员成分),氧闪石族有 7 个矿物种。常见的主要闪石矿物种分列于下。

镁铁锰闪石亚族(斜方):

　　直闪石　　　　$\square(Mg,Fe^{2+})_7[Si_4O_{11}]_2(OH)_2$

　　铝直闪石　　　$\square(Mg,Fe^{2+})_{6\sim5}Al_{1\sim2}[(Si,Al)_4O_{11}]_2(OH)_2$

　　锂闪石　　　　$\square Li_2(Mg,Fe^{2+})_3(Al,Fe^{3+})_2[Si_4O_{11}]_2(OH)_2$

镁铁锰闪石亚族(单斜):

　　镁铁闪石　　　$\square(Mg,Fe^{2+})_7[Si_4O_{11}]_2(OH)_2$

　　铁闪石　　　　$\square Fe_7^{2+}[Si_4O_{11}]_2(OH)_2$

钙闪石亚族:

　　透闪石　　　　$\square Ca_2Mg_5[Si_4O_{11}]_2(OH)_2$

　　阳起石　　　　$\square Ca_2(Mg,Fe)_5[Si_4O_{11}]_2(OH)_2$

　　普通角闪石　　$(Ca,Na,K)_{2\sim3}(Mg,Fe^{2+},Fe^{3+},Al)_5[Si_6(Si,Al)_2O_{22}](OH,F)_2$

钠钙闪石亚族:

　　蓝透闪石　　　$\square(Na,Ca)(Mg,Fe^{2+})_4(Fe^{3+},Al)[Si_4O_{11}]_2(OH)_2$

　　钠透闪石　　　$Na(Na,Ca)Mg_5[Si_4O_{11}]_2(OH)_2$

钠闪石亚族:

　　蓝闪石　　　　$\square Na_2Mg_3Al_2[Si_4O_{11}]_2(OH)_2$

　　铁蓝闪石　　　$\square Na_2Fe_3^{2+}Al_2[Si_4O_{11}]_2(OH)_2$

　　钠闪石　　　　$\square Na_2Fe_3^{2+}Fe_2^{3+}[Si_4O_{11}]_2(OH)_2$

　　镁钠闪石　　　$\square Na_2Mg_3Fe_2^{3+}[Si_4O_{11}]_2(OH)_2$

　　闪石超族的结构特点是,硅氧四面体共用角顶,形成//c 轴的双链,络阴离子为 $[Si_4O_{11}]_2^{8-}$。硅氧四面体有两种类型:一为共用三个角顶者;二为共用两个角顶者。两个双链之间以 C 组(M_1,M_2,M_3 位)阳离子联结,形成"I"束。它是结构的基本单位,其内部联结力强。M_1、M_2、M_3 位的阳离子处于两双链之间活性氧及氢氧根组成的八面体空隙中,配位数 6。它们彼此共棱联结形成八面体链,与 $[SiO_4]$ 四面体双链相互平行。"I"束之间主要靠 B 组阳离子联结,配位多面体位置以 M_4 表示,配位数 6~8。在相背的双链间,分布着//c 轴的连续而宽大的空隙。该位置用 A 表示。如果在硅氧四面体双链中有 Al 代替 Si,则 A 位将充填大半径、低电价 A 组阳离子,以平衡电价,导致"I"束之间的联结力增强。相对"I"束内部来说,"I"束之间的键力较弱,尤以双链相背的位置上其联结力最弱。因此,角闪石在 {110} 方向形成完全解理(图 1-1-42)。

　　M_1、M_2、M_3 位置的阳离子配位数均为 6,但其配位阳离子和空隙大小不完全相同。M_2 位于双链中 6 个氧围成的八面体空隙中,空隙较小,常由离子半径较小的 Fe^{3+}、Al^{3+}、Ti^{4+}、Mn^{4+} 等占据;而 M_1、M_3 则位于 4 个双链中的氧和 2 个 OH^- 所围成的八面体空隙中,空隙较大,常由二价阳离子 Fe^{2+}、Mg^{2+} 占据。

　　化学成分对空间群的影响主要表现在 M_4 位的阳离子上。当 M_4 位被半径较小的 Mg^{2+}、Fe^{2+} 占据时,配位数为 6,形成歪曲的八面体。当被大阳离子 Na^+、Ca^{2+} 占据时,配位数为 8。在斜方角闪石($Pnma$)中,如果只有少量 Fe^{2+} 代替 Mg^{2+} 时,M—O 平均间

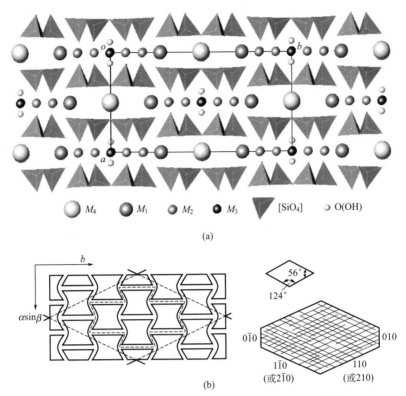

图 1-1-42　角闪石的晶体结构（a）及解理（b）示意图

距近于 0.219nm，如直闪石等；当 Fe^{2+} 代替 Mg^{2+} 使 $Fe^{2+}/(Fe^{2+}+Mg^{2+}) > 0.43$ 时，由于 Fe^{2+} 的半径稍大于 Mg^{2+}，因而引起 M_4 八面体变形，使结构对称降低为单斜晶系的镁铁闪石，空间群 $P2_1/m$。在具 $C2/m$ 对称的单斜闪石中，M_4 位主要为 Ca^{2+}、Na^+，配位数增大为 8，如碱性闪石，M—O 的最大距离可增大至 0.2789nm。

类质同象代替对晶格常数影响最明显的是 b，对 c 和 β 也有影响，对 a 影响不明显。b 轴长短主要决定于 M_2 阳离子，当 Fe^{2+} 全部代替 Mg^{2+} 进入 M_2 时，b 轴增长 0.033nm；而当 Al^{3+} 代替 Mg^{2+} 时，b 轴缩短 0.030nm。如透闪石 $Ca_2Mg_5[Si_4O_{11}]_2(OH)_2$，$b = 1.805nm$；铁透闪石 $Ca_2Fe_5{}^{2+}[Si_4O_{11}]_2(OH)_2$，$b = 1.834nm$。

角闪石石棉（amphibole asbestos）

石棉是矿物纤维的商业名称。角闪石石棉是角闪石的纤维状变种。碱性闪石亚族的一些纤维状变种具有不同色调的蓝色，故又称蓝石棉。已发现的角闪石石棉主要有：

镁铁锰闪石亚族：

　　直闪石石棉　　　　$Mg_7[Si_4O_{11}]_2(OH)_2$

　　铁闪石石棉　　　　$Fe_7{}^{2+}[Si_4O_{11}]_2(OH)_2$

钙闪石亚族：

　　透闪石石棉　　　　$Ca_2Mg_5[Si_4O_{11}]_2(OH)_2$

　　阳起石石棉　　　　$Ca_2(Mg,Fe^{2+})_5[Si_4O_{11}]_2(OH)_2$

钠钙闪石亚族：

　　蓝透闪石石棉　　　$(CaNa)_2(Mg,Fe^{2+})_4Fe^{3+}[Si_4O_{11}]_2(OH)_2$

钠闪石亚族：

锰闪石石棉 $Na(CaNa)_2(Mg,Mn,Fe^{2+})_5[Si_4O_{11}]_2(OH)_2$

钠铁闪石石棉 $NaNa_2Fe_4^{2+}Fe^{3+}[Si_4O_{11}]_2(OH)_2$

镁钠铁闪石石棉 $NaNa_2Mg_4Fe^{3+}[Si_4O_{11}]_2(OH)_2$

钠闪石石棉 $Na_2Fe_3^{2+}Fe_2^{3+}[Si_4O_{11}]_2(OH)_2$

镁钠闪石石棉 $Na_2Mg_4Al[Si_4O_{11}]_2(OH)_2$

【晶体化学】 实际矿物成分通常是某些端员组分的过渡。中国发现有直闪石、阳起石、蓝透闪石、镁钠闪石石棉以及它们之间一些过渡品种。但最具有工业意义的是镁钠闪石石棉，其化学成分特点：一是由钠闪石向钙闪石亚族过渡；二是在钠闪石亚族内由镁钠闪石向钠闪石过渡。H_2O^+ 含量通常高于理论值。当结构中含有三链或其他多链时，OH^- 含量将增高。

【结构形态】 与同类闪石结构相同，但双链结构中常夹有单链、三链或其他多链。

【资源地质】 与同类闪石相同。

【理化性能】 主要包括工艺性能、力学、电学、化学、热学性能等。

纤维性与劈分性 纤维性是石棉发育为纤维的性质；劈分性即在石棉自身纤维化的基础上，通过人工分散处理能达到的纤维分散程度。一般纤维直径为 $0.162\sim0.420\mu m$，比表面积为 $6.88\sim12.42m^2/g$ 时，劈分性较好。

力学性能 一般角闪石石棉的抗拉强度为 $98\sim1598MPa$，拉伸弹性模量 $9709\sim32264MPa$，断裂伸长度 $1.5\%\sim5.2\%$。蓝石棉的力学性质优于其他角闪石石棉。

耐腐蚀性 与浓度 20% 的 HCl 和 NaOH 溶液在 $100℃$ 下作用 2h，其酸蚀量为 $2.85\%\sim13.32\%$，碱蚀量 $1.32\%\sim10.06\%$。蓝石棉的耐碱性优于透闪石石棉和阳起石石棉。

热学性质 角闪石石棉的脱羟温度为 $600\sim700℃$，因而可在较高温度下使用。透闪石石棉和阳起石石棉熔点达 $1300\sim1350℃$。热导率一般为 $0.07\sim0.09W/(m\cdot K)$。

【工业应用】 角闪石石棉具有强致癌作用，国家发改委在《产业结构调整指导目录(2005)》中已将角闪石石棉（蓝石棉）列为淘汰类产品。但其具有独特的工艺技术性能和其他材料不可代替的特殊用途。

石棉纺织品 在军火工业中，角闪石石棉扭绳、方绳、盘根等，可作为传送强酸液体管道接口的防腐接合材料及密封材料。

过滤材料 镁钠闪石石棉是净化有毒气体的唯一天然纤维材料，对于滤除穿透能力最强的粒径为 $0.1\sim1\mu m$ 的有毒粒子十分有效。化学工业中，只有蓝石棉制成的过滤材料，才能过滤浓热酸和其他腐蚀性液体；电化学工业中，以蓝石棉作为电解过程的筛孔材料。

增强材料 作为橡胶的增强材料，可使制品具有极好的强度和弹性及抗老化、抗温度剧变性能。蓝石棉橡胶是航空和宇航的重要材料，也是军事装备的密封和抗震材料。

透闪石、阳起石（tremolite, actinolite）

$Ca_2Mg_5[Si_4O_{11}]_2(OH)_2$，$Ca_2(Mg,Fe)_5[Si_4O_{11}]_2(OH)_2$

【晶体化学】 理论组成（$w_B\%$）：CaO 13.8，MgO 24.6，SiO_2 58.8，H_2O 2.8。Mg-Fe 之间呈完全类质同象。若 $Mg/(Mg+Fe)\geqslant0.90$，称为透闪石；$0.50\leqslant Mg/(Mg+Fe)<0.90$ 称为阳起石。透闪石中还有少量的 Al 代替 Mg，Na、K、Mn 代替 Ca、Mg，F^- 代替 OH^-。

【结构形态】 单斜晶系，C_{2h}^3-$C2/m$；透闪石，$a_0=0.984nm$，$b_0=1.805nm$，$c_0=0.528nm$，$\beta=104°22'$；$Z=2$。阳起石，$a_0=0.989nm$，$b_0=1.814nm$，$c_0=0.531nm$，$\beta=105°48'$；$Z=2$。M_4 位阳离子主要为 Ca^{2+}，少量 Na^+，配位数 8。晶体呈柱状、针状，集合体呈放射状或纤维状。有时见 (100) 聚片双晶。

【理化性能】 白或浅灰色，玻璃光泽或丝绢光泽，硬度 5.5~6，相对密度 2.9~3.0。

偏光镜下：无色，二轴晶（一）。透闪石，$2V = 86° ~ 83°$，$N_g = 1.622 ~ 1.640$，$N_m = 1.612 ~ 1.630$，$N_p = 1.599 ~ 1.619$；阳起石，$2V = 83° ~ 65°$，$N_g = 1.640 ~ 1.705$，$N_m = 1.630 ~ 1.697$，$N_p = 1.619 ~ 1.688$。

【资源地质】 常发育于碳酸盐岩与火成岩的接触变质带；也产于结晶片岩中。在区域变质的泥质大理岩中也可出现。

【鉴定特征】 颜色、形态、解理，X 射线衍射特征峰为其特征。

【工业应用】 透闪石的白度较高，热膨胀率低，制成陶瓷坯体的干燥与烧成收缩率小，在铝硅酸盐体系中起熔剂作用。主要用作陶瓷、玻璃原料、填料和软玉材料等。

陶瓷原料 高温下，透闪石部分形成液相，另一部分与高岭石反应形成主晶相，可使陶瓷达到致密化烧结。用于陶瓷生产，能降低烧成温度，提高制品质量。在配方中加入 1%~2% 的透闪石，可提高瓷化程度和白度；加入 5%~10%，可降低烧结温度 80~100℃。透闪石配以其他原料制成的变色釉面砖，在灰白色日光灯照射下，釉面砖可由浅蓝变为红色；在其他光源作用下，可从紫色变成锖色、绿色和橙红色。

玻璃原料 以透闪石、钾长石为主要原料可制成普通日用玻璃和微晶玻璃，降低纯碱用量，且制品强度高；用以制造微晶玻璃，制品兼有强度高和强耐碱腐蚀的性能。

冶金保护渣 透闪石可用作冶金保护渣，在浇铸钢锭过程中，保护钢水不被氧化，并使钢锭表面光洁，减少扒皮损失。透闪石砂还可作钢、铁及有色金属的铸型砂。

工业填料 透闪石用作丙苯乳胶漆填料，可降低钛白粉用量，且产品的分散稳定性良好；用作造纸填料可提高纸张的耐折性能和白度；用作橡胶填料具补强作用。透闪石经分散、水热生长、煅烧处理，可制备硅酸钙镁（表面辉石化的透闪石）晶须，用作聚丙烯的增强材料具有极好的增加强度、刚性、耐热性和尺寸稳定性作用（孙传敏，2005）。

玉石材料 主要由透闪石、阳起石组成且具纤维交织结构、质地致密细腻的纤维状矿物集合体称为软玉（nephrite）。次要矿物有透辉石、滑石、蛇纹石、绿泥石、绿帘石、斜黝帘石、钙铝榴石、金云母、铬尖晶石等。油脂光泽为主或蜡状光泽。半透明至不透明。中国软玉主要产于新疆的昆仑山北麓、天山和阿尔金山，分别称为昆山玉或和田玉（主产于和田）、玛纳斯碧玉（产于天山北坡玛纳斯河）、金山玉。软玉中的和田玉作为中国的传统玉石，已有 7000 多年的历史，其质量最佳，名扬中外，故软玉又有"中国玉""新疆玉"或"和田玉"之称。除新疆昆仑山、阿尔金山和天山地区外，我国辽宁岫岩县西北偏岭乡细玉沟、江苏溧阳梅岭、青海纳赤台和大灶台、四川汶川和台湾省亦有软玉产出。俄罗斯软玉产于贝加尔湖地区（余晓艳，2016）。

和田玉按颜色及花纹分为：白玉，如羊脂白、梨花白、雪花白、象牙白等，以羊脂白色最佳；青玉，淡青绿色，有时呈绿带灰色；青白玉，介于白玉与青玉之间，似白非白，似青非青；碧玉，常见绿、灰绿、黄绿、暗绿、墨绿等色；黄玉，呈黄、蜜蜡黄、栗黄、秋葵黄、米黄等色；墨玉，纯黑、墨黑、深灰色，有时呈青黑色，与青玉相伴；糖玉，血红、红糖红、紫红、褐红色，以血红色为佳；花玉，具多种颜色，且呈一定形态的花纹，如虎皮玉、花斑玉等。

药用阳起石，别名白石、羊起石。功效：温肾壮阳。成药制剂：强阳保肾丸。

硅灰石 （wollastonite）

$Ca_3[Si_3O_9]$

【晶体化学】 理论组成（w_B%）：CaO 48.28，SiO_2 51.72。常有少量 Fe^{2+}、Mn^{2+}、

Mg^{2+} 代替 Ca^{2+}，Al^{3+}、Fe^{3+}、偶见 Ti^{4+} 代替 Si^{4+}。在 $CaSiO_3$-$CaMgSi_2O_6$ 系列中，采用烧结法可稳定合成 $CaSiO_3 > 85\%$ 的硅灰石。

【结构形态】 同质多象变体：硅灰石，低温变体，单链结构，三斜晶系，$C_i^1 - P\bar{1}$；$a_0 = 0.794nm$，$b_0 = 0.732nm$，$c_0 = 0.707nm$，$\alpha = 90°02'$，$\beta = 95°22'$，$\gamma = 103°26'$，$Z = 2$；自然界最常见。α-硅灰石，单斜晶系，C_{2h}^5-$P2_1/a$；$a_0 = 1.536nm$，$b_0 = 0.729nm$，$c_0 = 0.708nm$，$\beta = 95°24'$；$Z = 4$ 或 12；自然界产出较少。假硅灰石，高温变体，环状结构，三斜晶系，C_i^1-$P\bar{1}$；$a_0 = 0.690nm$，$b_0 = 1.178nm$，$c_0 = 1.965nm$，$\beta = 90°48'$；$Z = 8$；仅在火山喷出物中罕见。

低温变体中，$[CaO_6]$ 八面体共棱联结成//b 轴的链，与由双四面体和单四面体交互排列的 $[Si_3O_9]_\infty$ 单链硅氧骨干相配合（图 1-1-43）。键长 Si—O $= 0.152 \sim 0.164nm$，Ca—O $= 0.232 \sim 0.240nm$。$[CaO_6]$ 八面体的棱长为 $0.365nm$，$[Si_2O_7]$ 双四面体当 Si—O—Si 为一直线时长约 $0.41 \sim 0.42nm$。在钙氧八面体链与硅氧四面体链的结合中，为了使 3 个 $[SiO_4]$ 四面体（1 个单四面体及 1 个双四面体）与 2 个 $[CaO_6]$ 八面体相适应，$[Si_2O_7]$ 双四面体 Si—O—Si 产生弯曲。由 $[CaO_6]$ 八面体和 $[Si_3O_9]$ 硅氧骨干组成的复合单链，是低温变体的基本结构单元，只是由于其叠置方式不同，形成了硅灰石（Tc）和 α-硅灰石（$2M$）。

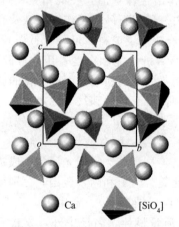

Ca　　　　$[SiO_4]$

图 1-1-43　硅灰石的晶体结构

高温变体的结构由水镁石型 $[CaO_6]$ 八面体层与 $[Si_3O_9]$ 三元环沿 c 轴交替排列而成。

【理化性能】 白色、带浅灰或浅红的白色，偶见黄、绿、棕色。玻璃光泽，解理面珍珠光泽。色泽光亮，纯度 99%、粒度-325 目的硅灰石亮为 $92\% \sim 96\%$。紫外光下发黄、橙或粉红到橙色荧光，有些可发磷光。硬度 $4.5 \sim 5.5$。相对密度 $2.75 \sim 3.10$。解理 {100} 完全，{001}、$\{\bar{1}02\}$ 中等，$(100) \wedge (001) = 84°30'$，$(100) \wedge \{\bar{1}02\} = 70°$。经破碎和研磨的细小颗粒多为针状或纤维状，长径比约 $(7 \sim 8):1$。熔点 1540℃。具有线性膨胀特点且膨胀系数低，在 $25 \sim 650℃$，[010] 为 $6.23 \times 10^{-6}/℃$。在 1126℃ 转变为假硅灰石，膨胀系数增大。绝缘性能好，低温变体的电阻值较大，为 $(1.6 \sim 1.7) \times 10^{14} \Omega \cdot cm$，适用于制造低损耗瓷。

偏光镜下：无色，含铁多时具浅黄色多色性。硅灰石、α-硅灰石二轴晶（一）；$2V = 36° \sim 39°$；$N_g = 1.632$，$N_m = 1.630$，$N_p = 1.618$。

化学稳定性良好，一般耐酸碱和化学腐蚀；但在浓盐酸中分解，形成絮状物。

【资源地质】 典型的变质矿物，常出现于花岗岩类与碳酸盐岩的接触带，亦见于区域深变质的结晶片岩中。生成反应如下：

$$CaCO_3（方解石）+SiO_2 \longrightarrow CaSiO_3（硅灰石）+CO_2\uparrow$$

在中深成—浅成压力下，温度约 450～600℃时有利于发生这一反应。

具有工业意义的硅灰石矿床主要如下。接触交代型：富硅岩浆与石灰岩发生交代作用，形成富硅灰石的夕卡岩；共生矿物主要有透辉石、石榴子石、石英、方解石、磁铁矿、硫化物等。区域变质型：矿床主要赋存于前寒武花岗片麻岩系的碳酸盐岩地层中。矿物成分简单，锰、铁等杂质含量低，矿层稳定。

世界硅灰石估计资源总量在 8 亿吨以上。中国硅灰石查明资源储量 1.6 亿吨，集中分布在辽宁、吉林、江西、云南和青海，五省合计占全国资源储量的 90%；2015 年硅灰石矿产量约 60 万吨，约占全球产量的 2/3；矿山企业 200 多家，分布在吉林、辽宁、浙江和江西等 15 个省区，采矿能力超过 120 万吨/年。

【鉴定特征】 薄片中常呈柱状，中正突起，干涉色一级灰到一级黄白。

【工业应用】 一般工业要求（w_B%）：边界品位，硅灰石≥40；工业品位，硅灰石≥45～50。2007 年中国硅灰石的消费量约 40 万吨，约占世界消费量的 1/2；消费结构大致为：陶瓷约 50%，冶金约 30%，塑料、橡胶、造纸、涂料、电焊条等约 20%。

硅灰石矿加工分为干法和湿法两种，通常采用高强磁选法以去除其中具弱磁性的石榴子石和透辉石，采用浮选法去除方解石等矿物（图 1-1-44）。

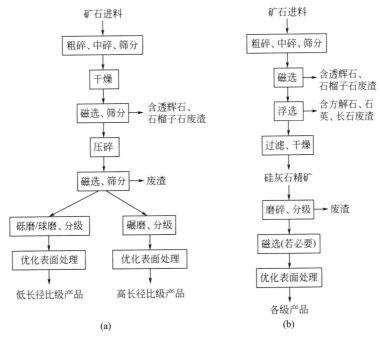

图 1-1-44 硅灰石矿产品干法（a）和湿法（b）加工流程图

(据 Robinson et al，2006)

加工技术改进主要针对以下市场：(1) 高长径比细粒级产品，作为增强剂，以代替玻璃纤维、合成纤维和晶须；(2) 细粒高长径比级产品，在热塑塑料中代替滑石、黏土等矿物增强剂；(3) 与新偶联剂结合，拓宽硅灰石在新兴市场的应用，如木质复合材料等

(Robinson et al，2006）。

以硅酸钾碱液与石灰乳反应，控制 CaO/SiO_2 摩尔比为 0.9，所得水合硅酸钙沉淀用作合成硬硅钙石的前驱体。在液固质量比为 20，240℃下水热晶化 24h，合成产物为纯相硬硅钙石针状晶体，长度 10～15μm，直径 300～400nm。反应历程为：水合硅酸钙→雪硅钙石→雪硅钙石＋硬硅钙石→硬硅钙石。将其在 900℃下煅烧 2h，所得硅灰石纯度约 95%，且保持了硬硅钙石的针状晶形（图 1-1-45），长约 10～15μm，直径约 300nm，长径比约 40，白度 95%（罗征等，2017），是一种优质硅灰石针状粉。

图 1-1-45　水合硅酸钙合成针状硅灰石的扫描电镜照片
（据罗征，2017）

硅灰石精矿理化性能要求（JC/T 535—2007）：Ⅰ级品，硅灰石≥90%，SiO_2 48%～52%，CaO 45%～48%，Fe_2O_3≤0.5%，烧失量≤2.5%，白度≥90%；Ⅱ级品，硅灰石≥80%，SiO_2 46%～54%，CaO 42%～50%，Fe_2O_3≤1.0%，烧失量≤4.0%，白度≥85%；吸油量 18%～30%，水萃液碱度≤46（精密试纸测 pH 值约为 9），105℃挥发物≤0.5%，细度（块粒，普通粉筛余量）≤1.0%，细粉、超细粉大于粒径含量≤8.0%。精矿粒度要求：块粒，1～250mm；普通粉，<1000μm；细粉，<38μm；超细粉，<10μm；针状粉，长径比≥8:1。

陶瓷原料　陶瓷体系引入硅灰石，构成 SiO_2-Al_2O_3-CaO 低共熔体系，较低温度下就可烧成，可节省燃料消耗约 60%。硅灰石晶形为针状，可提供湿气逸散通道，缩短烧成周期。高岭石转变为莫来石和方石英时体积收缩达 20%；加入 50% 的硅灰石后，烧制中与高岭石反应生成钙长石和方石英，体积收缩仅 0.1%～0.2%，可防止坯体变形。硅灰石不含碱金属和水，故有助于降低陶瓷坯体的吸湿膨胀和热膨胀，避免产生裂纹。硅灰石的低膨胀系数和易熔性有利于制作低胀低温釉，其本身不含挥发分，釉面不产生凹坑、针眼，可提高釉面光泽度。硅灰石的介电损耗低，绝缘电阻大，适宜制造低介电陶瓷。

涂料原料　硅灰石具有光亮的白色，可用于生产白色和色彩柔和、淡雅、光亮的优质涂料；其针状晶粒可使涂料便于均匀涂敷；吸油系数低（20～200mL/g），节约用油量；膨胀系数低，化学稳定性高，可增加涂料堵缝的坚固性，且涂料抗霉、抗风化、耐高热高寒。用于颜料工业代替昂贵的钛白粉，超细粉（5～10μm）效果更佳。

塑料、橡胶填料　硅灰石具有绝缘性、化学惰性、颜色纯白、色泽光亮且与树脂相容性好等特性。采用超音速气流磨粉碎能有效保护其针状晶型，磨成长径比 8.6～9.4 的微小纤维粉（王文起等，2004）。几乎所有的塑料均可以硅灰石作填料，产品质地均匀、光泽好、吸油性低、化学稳定、强度和硬度高，并具有良好的电、热绝缘性能。表面改性的硅灰石粉体可用于电缆护套和 PVC 的填料（张银年等，2003）。

生物材料　硅灰石陶瓷应用于矫形术具有良好的生物活性和生物相容性，可以改善生物聚合材料的力学性能。采用水热微乳液法，分别以 $Ca(NO_3)_2$ 和 Na_2SiO_3 为钙源和硅源，以 CTAB 为表面活性剂，n-戊醇为协同表面活化剂，将 $Ca(NO_3)_2$ 微乳液滴入 Na_2SiO_3 微乳液中，所得悬浮液在 200℃下热处理 18h，制得直径 20～30nm、长数十微米的雪硅钙石 {tobermorite, $Ca_5[Si_6O_{16}](OH)_2 \cdot 4H_2O$} 纳米线，再在 800℃下煅烧 2h，制得硅灰石纳米线。以分析纯 $Ca(NO_3)_2 \cdot 4H_2O$ 和 $Na_2SiO_3 \cdot 9H_2O$ 分别制成 0.5mol/L 的溶液，然后在搅拌条件下将 $Ca(NO_3)_2$ 溶液滴入 Na_2SiO_3 溶液，所得白色悬浮液在 200℃下热处理 24h，类似地可制得直径 10～30nm、长数十微米的硬硅钙石{xonotlite, $Ca_6[Si_6O_{17}](OH)_2$}纳米线，最后在 800℃下煅烧 2h，可制得 β-硅灰石纳米线。所得产物可用作制备硅灰石陶瓷的增强剂或力学性能良好的生物活性纳米复合材料（Lin et al, 2006; 2007）。

其他用途　以硅灰石代替石棉生产建材装饰板，掺用量可达 40%，制品质轻、力学性能优良，且具有隔声、隔热、防火、绝缘功能。以硅灰石为主要原料（占 59.6%）制作铸钢保护渣，可提高铸钢质量。用作焊条配料，有助熔作用，使焊条熔渣的流动性改善，明显减少焊接时的飞溅，焊缝成型整洁美观、机械强度提高。针状超细硅灰石粉用作造纸填料，其留着率高于滑石粉，故可节约纸浆。

蔷薇辉石（rhodonite）

$(Mn,Ca)(Mn,Ca)_4[Si_5O_{15}]$

【晶体化学】 化学组成（w_B%）：MnO 46～30，FeO 2～12，CaO 4～6.5，SiO_2 45～48。常有 Ca、Fe、Mg、Zn 的替代。$CaSiO_3$ 组分不超过 20%。西湖村石是含 MgO 6.24% 的蔷薇辉石含镁异种。其他异种还有铁蔷薇辉石、锌蔷薇辉石。

【结构形态】 三斜晶系，C_i^1-$P\bar{1}$；$a_0=0.668nm$，$b_0=0.766nm$，$c_0=1.220nm$，$\alpha=111°01'$，$\beta=86°$，$\gamma=93°02'$；$Z=2$。一些 Ca 为 7 配位，余者形成 $[CaO_6]$ 八面体。晶体少见，常呈粒状或致密块状集合体。

【物理性质】 蔷薇红色，表面常覆盖黑色氢氧化锰被膜，玻璃光泽。{110}、{$\bar{1}10$} 两组解理完全，{001} 解理不完全。硬度 5～5.5，相对密度 3.40～3.75。

偏光镜下：无色或淡玫瑰红色。二轴晶（+）。$2V=63°\sim76°$。$N_g=1.724\sim1.751$，$N_m=1.716\sim1.741$，$N_p=1.711\sim1.738$。

【资源地质】 见于结晶片岩等变质岩中，由沉积锰矿物、石英等经区域变质而成，与锰石榴子石、菱锰矿等共生。作为较低温的矿物，亦见于热液矿床和接触交代矿床中。表生条件下极易氧化，转变为软锰矿、菱锰矿。蔷薇辉石也见于高炉矿渣中，与镁橄榄石、锰橄榄石、硅灰石等共生。北京昌平西湖村和辽宁某地产有较优质的蔷薇辉石。

【鉴定特征】 致密块体，蔷薇红色。表面常见黑色的氢氧化锰被膜或细脉。

【工业应用】 由蔷薇辉石组成的块状岩用作细工石材，用于雕刻各种精美工艺品。

莫来石（mullite）

$Al[Al_xSi_{2-x}O_{5.5-0.5x}]$

【晶体化学】 理论组成（w_B%）：SiO_2 28.21，Al_2O_3 71.79。常有 Fe^{3+}、Ti 类质同象替代，有时含少量碱。按照 $TiO_2+Fe_2O_3$ 含量，可划分为：α-莫来石（纯 $3Al_2O_3 \cdot 2SiO_2$），β-莫来石（含过剩的 Al_2O_3），γ-莫来石（含 $TiO_2+Fe_2O_3$）。

【结构形态】 斜方晶系，D_{2h}^9-$Pbam$；$a_0=0.755nm$，$b_0=0.768nm$，$c_0=0.288nm$；$Z=2$。或 D_{2h}^1-$Pmmn$；$a_0=0.749nm$，$b_0=0.763nm$，$c_0=0.287nm$；$Z=2$。与夕线石结构相似。其 $[SiO_4]$ 和 $[AlO_4]$ 呈无序排列，而 c_0 值小 1 倍。Al:Si 在 (1.5:1)～(2:1)

范围内变化，往往造成缺席结构。晶体呈//c轴延长的针状，或横断面为四边形的柱状。(110)∧($1\bar{1}0$)=89°13′。针状或柱状集合体。

【物理性质】 无色，含 TiO_2、Fe_2O_3 时呈玫瑰色或红色。解理 {010} 完全。硬度 6～7。相对密度 3.155～3.158。

偏光镜下：无色、玫瑰红色或红色。含 TiO_2、Fe_2O_3 时具多色性：N_g 玫瑰红色，$N_m=N_p$ 无色。二轴晶（+）。2V=45°～50°。N_g=1.653～1.682，N_m=1.641～1.665，N_p=1.639～1.661。

加热至 1810℃ 发生相变，分解为刚玉和液相。成分中含碱时分解温度将下降。

【资源地质】 见于高温变质岩或火成岩的富铝包体中。

红柱石、蓝晶石、夕线石在加热过程中可转变为莫来石：$3Al_2SiO_5 \longrightarrow Al_6Si_2O_{13} + SiO_2$。红柱石加热至约 1380℃，晶体表面开始生成莫来石，并逐渐向内部发展，生成的莫来石与红柱石 c 轴相互平行。蓝晶石加热到约 1545℃，从表里同时分解生成莫来石。

【鉴定特征】 与夕线石相似，但夕线石折射率较高。莫来石具有较强的双折射色散。

【工业应用】 是硅铝质耐火材料最主要的物相。莫来石的热膨胀系数低，耐高温，耐腐蚀，导热性中等，抗压强度高，在很宽温区内具有抗氧化性，不与金属熔体反应，故莫来石耐火制品广泛用于熔炼黄铜、青铜、铜镍合金、特种合金、精炼贵金属的炉腔内衬等。莫来石还是硅酸盐陶瓷制品的主晶相。莫来石质陶瓷的密度高，具有良好的耐磨性，可经受温度骤变，工业上用于制作高温测量管、电绝缘陶瓷、化学陶瓷制品等。

纳米莫来石粉可作为加氢反应的催化剂（张彦军等，2003）。掺杂稀土元素 Tb^{3+} 的莫来石具有发光性质，可作为发光材料（徐跃等，2003）。

第四节 环状硅酸盐

环状硅酸盐中，[SiO_4] 四面体以角顶联结形成各种封闭环，有三元环 [Si_3O_9]、四元环 [Si_4O_{12}]、六元环 [Si_6O_{18}] 等多种，环还可以重叠起来形成双环，如双六元环 [$Si_{12}O_{30}$] 等。环状硅酸盐中以电气石最具代表性，且有重要应用价值。

电气石（tourmaline）
$Na(Mg,Fe,Mn,Li,Al)_3Al_6[Si_6O_{18}][BO_3]_3(OH,F)_4$

【晶体化学】 电气石为矿物超族名称，有 22 个矿物种（Back，2014）。化学通式：$XY_3Z_6[T_6O_{18}](BO_3)_3V_3W$。其中 X＝Na、Ca、K、□；Y＝$Fe^{2+}$、Mg、$Mn^{2+}$、Al、Li、$Fe^{3+}$、$Cr^{3+}$；Z＝Al、$Fe^{3+}$、Mg、$Cr^{3+}$；T＝Si、Al、$B^{3+}$；V＝OH、O；W＝OH、F、O。常见的 Y 以 Fe^{2+} 为主，称铁电气石（schorl），亦称黑电气石或黑碧玺；以 Mg 为主，称镁电气石（dravite）；以（Al+Li）为主，称锂电气石（elbaite）；若 Mn 进入此位置即为钠锰电气石（tsilaisite）；在电价得到补偿条件下 Fe^{3+} 或 Cr^{3+} 亦可进入此位置，含 Cr 电气石中 w（Cr_2O_3）可达 10.86%。锂电气石中部分 OH^- 常被 F^- 代替。Mg-Fe^{2+} 电气石、Fe^{2+}-Li 电气石之间形成完全类质同象系列，但后一系列的中间成员较为少见。

【结构形态】 三方晶系，C_{3v}^3-$R3m$；a_0=1.584～1.603nm，c_0=0.709～0.722nm；Z＝3。结构特点为硅氧四面体组成复三方环。B 的配位数 3，组成平面三角形。Mg 配位数

6（其中 2 个 OH^-），组成八面体，与 $[BO_3]$ 共氧相连。在硅氧四面体的复三方环上方的空隙中充填 Na^+，配位数 9。环间以 $[AlO_5(OH)]$ 八面体相联结（图 1-1-46）。

复三方单锥晶类，$C_{3v}-3m$（L^33P）。晶体呈柱状。常见单形为三方柱 $m\{01\bar{1}0\}$，六方柱 $a\{11\bar{2}0\}$，三方单锥 $r\{10\bar{1}1\}$、$o\{02\bar{2}1\}$ 及复三方单锥 $u\{3\bar{2}51\}$ 等。晶体两端晶面不同，柱面上常出现纵纹，横断面呈球面三角形。双晶依（$10\bar{1}1$）或（$40\bar{4}1$）较少见。集合体呈棒状、放射状、束针状，亦成致密块状或隐晶质块体。

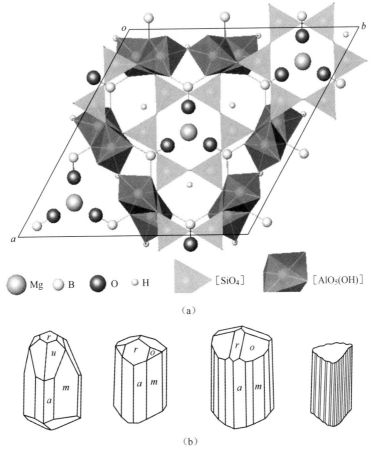

（a）

（b）

图 1-1-46　电气石的晶体结构（a）和晶形（b）

【物理性质】　颜色随成分不同而异：铁电气石呈黑色；锂、锰、铯电气石呈玫瑰色，亦呈淡蓝色；镁电气石呈褐色和黄色；铬电气石呈深绿色。电气石常具色带现象，垂直 z 轴由中心向外形成水平色带，或 z 轴两端颜色不同。条痕无色。玻璃光泽。无解理。有时可有垂直 L^3 的裂开。硬度 $7\sim7.5$。相对密度 $3.03\sim3.25$。具压电性和热电性。透明晶体纵向切片有偏光和多色性。

【资源地质】　主要产于伟晶岩及气成热液矿床中。一般黑色电气石的形成温度较高；绿色、粉红色者形成于较低温度。早期形成的电气石为长柱状，晚期者为短柱状。变质岩中亦有电气石产出。

花岗伟晶岩中产出者常属铁-锂电气石系列。白云母、二云母花岗岩中为铁电气石，与石英、微斜长石、绿柱石共生；强烈交代花岗伟晶岩中多为锂电气石，与钠长石、绿柱石、锂云母、铯沸石、铌钽矿物共生。我国新疆阿尔泰和内蒙古的花岗伟晶岩均有产出。

在气成热液矿床中，电气石多产于石英脉、锡石-硫化物脉及云英岩中，与白云母、石英、黄玉、锡石等共生。我国江西、湖南一带的钨锡矿脉属此类型。

在变质岩中，电气石作为变质矿物产出，如辽宁某硼矿床，电气石产于变粒岩中，与长石、石英、黑云母、石榴子石等共生，主要为铁电气石。也有交代作用形成的电气石，如我国东北某地含硼溶液交代前寒武纪大理岩，形成夕卡岩，富镁电气石与透闪石、金云母、斜硅镁石、硼镁石等共生。

对意大利 Elba 岛黑云母片岩与含硼流体的相互作用进行实验，在相当于上地壳温压（500～600℃，100～130MPa）和 $H_3BO_3 > 1.6mol/L$ 条件下，流体相含 20% NaCl 和不含 NaCl 时分别生成镁电气石和铁电气石。前一种情况下，黑云母释放的 Fe^{2+} 赋存于富氯流体相；而后一种情况，钾长石通过 Na-K 交换为电气石结晶提供 Na^+（Orlando et al，2017）。

20 世纪 80 年代以前，电气石仅作为低档宝石。90 年代后，电气石的用途迅速扩展，中国开始电气石资源的勘查，发现一批可供开发的电气石矿床，作为战略资源对待。

【鉴定特征】 柱状晶形，柱面有纵纹，横断面呈球面三角形，无解理及高硬度。

【工业应用】 压电性良好的晶体可用于无线电工业中的波长调整器、偏光仪中的偏光片，或作为测定空气和水冲压用的压电计。细粒电气石可作研磨材料。

利用电气石超细粉的热释电性，可制备保健涂料、声电材料、保健制品等，用于净化空气和人体保健，如电气石人造丝纤维及具有优异保健性能的织物等（毕鹏宇等，2003），具有一定的电磁屏蔽性能。利用电气石的自发电极性可净化工业废水，改善饮用水水质，如用于吸附重金属离子，调节水体的 pH 值等（张晓晖等，2004）。利用电气石极性晶体的天然电场、远红外辐射及产生负离子性能，制备电气石-PE 塑料复合薄膜，用于种子发芽、水果保鲜、活化水体性能等用途。

色泽鲜艳美观、清澈透明者可作宝石，称为碧玺。主要品种：红碧玺，粉红色至红色；绿碧玺，深绿、蓝绿、棕绿色；蓝碧玺，浅蓝至深蓝色；多色碧玺，即单晶上出现红、绿二色或三色色带。具猫眼效应者称为碧玺猫眼，常见为绿色，少数为蓝色、红色。环绕 c 轴颜色呈环带状分布，常见内红外绿者，称西瓜碧玺。

第五节　岛状硅酸盐

岛状硅酸盐中，硅氧骨干为孤立的 ［SiO_4］单四面体或双四面体，彼此间靠其他阳离子相联结。重要工业矿物主要有锆石、石榴子石、橄榄石、红柱石族等。

锆石（锆英石）（zircon）

$Zr[SiO_4]$

【晶体化学】 理论组成（w_B%）：ZrO_2 67.22，SiO_2 32.78。有时含 MnO、CaO、MgO、Fe_2O_3、Al_2O_3、TR_2O_3、ThO_2、U_3O_8、TiO_2、P_2O_5、Nb_2O_5、Ta_2O_5、H_2O 等混入物。H_2O、TR_2O_3、U_3O_8、$(Nb,Ta)_2O_5$、P_2O_5、HfO_2 等杂质含量较高，而 ZrO_2、SiO_2 含量相应较低时，其硬度和密度降低，且常变为非晶态。故可形成多种变种：山口石，TR_2O_3 10.93%，P_2O_5 17.7%；大山石，TR_2O_3 5.3%，P_2O_5 7.6%；苗木石，TR_2O_3 9.12%，$(Nb,Ta)_2O_5$ 7.69%，含 U、Th 较高；曲晶石，含较高 TR_2O_3、U_3O_8；水锆石，含 H_2O 3%～10%；铍锆石，BeO 14.37%，HfO_2 6.0%；富铪锆石，HfO_2 可达 24.0%。

【结构形态】 四方晶系，$D_{4h}^{19}-I4_1/amd$；$a_0=0.662nm$，$c_0=0.602nm$；$Z=4$。结构中 Zr 与 Si 沿 c 轴相间排列成四方体心晶胞（图 1-1-47）。晶体结构可视为由［SiO_4］四面体和［ZrO_8］三角十二面体联结而成。原子间距：Si—O（4）= 0.162nm，Zr—O（8）= 0.215 和 0.229nm。［ZrO_8］三角十二面体在 b 轴方向以共棱方式紧密连接。

复四方双锥晶类，$D_{4h}-4/mmm(L^4 4L^2 5PC)$。晶体呈四方双锥状、柱状、板状，且形态与成分密切有关。主要单形：四方柱 $m\{110\}$、$a\{100\}$，四方双锥 $p\{111\}$、$u\{331\}$，复四方双锥 $x\{311\}$（图 1-1-48）。可依 $\{011\}$ 成膝状双晶。

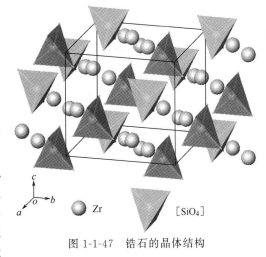

图 1-1-47 锆石的晶体结构

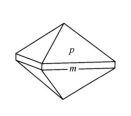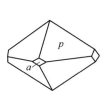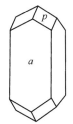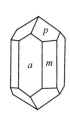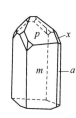

图 1-1-48 锆石的晶形

【理化性能】 无色，含杂质时呈淡褐、淡黄、紫红、淡红、蓝、绿、烟灰色等。玻璃至金刚光泽，断口油脂光泽。透明至半透明。性脆，硬度 7.5～8。相对密度 4.4～4.8。因常具有放射性而引起自身非晶化，透明度、光泽、密度、硬度均下降。X 射线照射下发黄色，阴极射线下发弱黄色光，紫外线下发明亮的橙黄色光。

偏光镜下：无色至淡黄色，色散强，折射率大。$N_o=1.91～1.96$，$N_e=1.957～2.04$。均质体折射率降低，$N=1.60～1.83$。

熔点 2340～2550℃。氧化条件下，1300～1500℃稳定；1550～1750℃分解，生成 ZrO_2 + SiO_2。线热膨胀系数 $5.0×10^{-6}/℃$（200～1000℃），且耐热震动，稳定性良好。高温下不与 CaO、SiO_2、C、Al_2O_3 等反应。

【资源地质】 在酸性和碱性岩浆岩中广泛分布，基性岩和中性岩中亦常产出。锆石一般结晶较早，故常呈包裹体见于其他矿物中。沉积岩、变质岩中亦较常见。在伟晶岩中，锆石常与稀有元素矿物如铌钽铁矿、褐钇铌矿、褐帘石、钍石、独居石等密切共生。在碱性岩中锆石可富集成矿，如挪威南部霞石正长岩中产有巨型锆石矿床。锆石的化学性质稳定，故在砂矿中广泛分布，有时可富集成矿。

世界锆石资源主要分布在澳大利亚、南非、美国和印度。全球 95% 以上的锆精矿来自砂矿床。中国 80% 以上的锆石砂矿储量分布于海南和广东省。

【鉴定特征】 四方短柱状，四方双锥状。硬度大，金刚光泽。与金红石的区别是硬度大，金红石有 $\{110\}$ 完全解理。与锡石区别是锆石的密度较小。与独居石区别是锆石具四方柱状晶形，且硬度较大。

【工业应用】 提取 Zr、Hf 的主要矿物原料。一般工业要求（$w_B\%$）：内生矿，边界品位 ZrO_2 3.0，工业品位 ZrO_2 8.0，可采厚度 0.8~1.5m，夹石剔除厚度 $\geqslant$2m；砂矿，边界品位 ZrO_2 0.04~0.06（或锆石 1.0~1.5kg/m³），工业品位 ZrO_2 0.16~0.24（或锆石 4~6kg/m³），可采厚度 0.5m。

锆石以不同的物理、化学形态用于多种工业领域（图 1-1-49）。其中以锆砂形式用于耐火材料、磨料和铸造砂，而大部分锆石被加工为 $-45\mu m > 95\%$ 的锆石粉或 $-5\mu m > 95\%$ 的遮光粉，用于陶瓷、熔模铸造、电视玻璃和耐火材料。锆石经化学加工制成氧化铝-氧化锆-氧化硅（AZS），用于生产熔铸耐火材料和许多锆化学品，后者用于技术陶瓷、彩色陶瓷颜料、催化剂和许多其他次要用途。锆砂经化学加工制成的金属锆，具有耐高温、抗腐蚀、高强度及吸收中子的能力，故锆及其合金广泛用于工业和国防尖端技术中。

2003 年，锆石的终端消费市场为：陶瓷 51%，耐火材料 15%，铸造 15%，氧化锆和锆化学品 9%，电视玻璃 8%，其他 2%（Murphy et al，2006）。

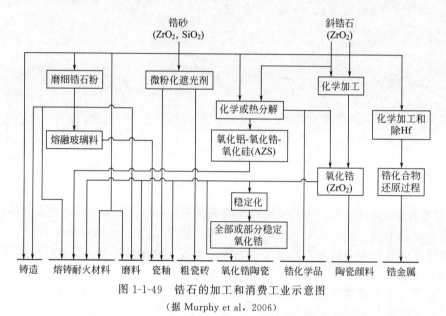

图 1-1-49　锆石的加工和消费工业示意图

（据 Murphy et al，2006）

耐火材料 锆石的耐火度高达 2000℃，且热膨胀系数低、耐热震性强、耐钢水及碱性渣侵蚀。用于生产 AZS 熔铸耐火材料，或与 Al_2O_3 制成莫来石-ZrO_2 砖，与 MgO 制成镁橄榄石-ZrO_2 砖。这些材料的高温性能优异。

型砂材料 锆石的耗酸量在 pH=3~5 时仅为 4.8~2.45mL（0.1mol/L HCl）。锆石还可克服彩面缺陷，避免铸件表面形成次生外皮，且抗压强度高，易成型，与有机、无机黏合剂系列相容，次圆形外表仅需少量的黏合剂即可达到高强胶结，并获得良好的光滑度和冷铸性。锆石细粉还可作为型模的涂料、填料。

陶瓷原料 用作白色陶瓷的乳浊剂。锆石的折射率仅次于金红石，色彩淡雅，能与陶瓷色彩混溶。超细锆石粉用于釉料中具有极好的遮光作用。特种玻璃和搪瓷釉等则需要锆石的高折射率、耐碱性、辐射稳定性及不透明性。

宝石材料 颜色绚丽多彩、色泽光亮美观、粒度大且透明无瑕者可作宝石，称为风信子石。红褐色的红锆石、无色至黄色的黄锆石等是常见宝石矿物。按照结晶度分为高、中、低型锆石。前者受辐射少，晶格很少发生变化，具较高的折射率、重折率、密度和硬度，是重要的宝石品种。后者结晶程度低，晶格变化大，由不定形氧化硅和氧化锆的非晶质混合物组成。中型者介于其间。中型和低型可通过热处理向高型锆石转变。无色和红色锆石多为高型锆石，蓝色和金黄色锆石同属于热处理的颜色。

其他应用　电子工业中用作锆磁器。通过某些元素掺杂可使锆石具有波导性质，制备波导材料和器件（何涌，2000）。

石榴子石（garnet）

石榴子石超族矿物分为 5 个族，29 个矿物种；另有未分族矿物种 3 个（Back，2014）。各族名称及代表性矿物晶体化学式如下：

水钙锰榴石　henritermierite，$Ca_3Mn_2^{3+}[Si_2\,\square\,O_8(OH)_4]$；

Bitikleite，$Ca_3(Sb^{5+}Sn^{4+})[AlO_4]_3$；

钛榴石 schorlomite，$Ca_3Ti_2^{4+}[SiFe_2^{3+}O_{12}]$；

石榴子石 garnet，$A_3B_2[SiO_4]_3$；

黄砷榴石 berzeliite，$(Ca_2Na)Mg_2[As^{5+}O_4]_3$。

【晶体化学】　石榴子石族有 14 个矿物种，类质同象极为广泛。其中，$A = Mg^{2+}$、Fe^{2+}、Mn^{2+}、Ca^{2+}、$Y(B=Mg)$ 等；$B = Al^{3+}$、Fe^{3+}、Cr^{3+}、V^{3+}、Sc^{3+}、Zr^{4+}（$T = Al^{3+}$、Fe^{3+}），以及 $(SiMg)$、$(TiFe^{2+})$ 等（Back，2014）。三价阳离子半径相近，彼此间易发生类质同象代替。二价阳离子则不同，Ca^{2+} 较之 Mg^{2+}、Fe^{2+}、Mn^{2+} 的离子半径大，因而难于与之发生类质同象替代。故通常将石榴子石族矿物划分为两个系列：

铝榴石系列　$(Mg,Fe,Mn)_3Al_2[SiO_4]_3$

镁铝榴石　pyrope　　　　$Mg_3Al_2[SiO_4]_3$

铁铝榴石　almandite　　　$Fe_3Al_2[SiO_4]_3$

锰铝榴石　spessartite　　　$Mn_3Al_2[SiO_4]_3$

钙榴石系列　$Ca_3(Al,Fe,Cr,Ti,V,Zr)_2[SiO_4]_3$

钙铝榴石　grossularite　　　$Ca_3Al_2[SiO_4]_3$

钙铁榴石　andradite　　　$Ca_3Fe_2[SiO_4]_3$

钙铬榴石　uvarovite　　　$Ca_3Cr_2[SiO_4]_3$

钙钒榴石　goldmanite　　　$Ca_3V_2[SiO_4]_3$

此外，还有锰榴石（blythite，$Mn_3Mn_2[SiO_4]_3$）、锰铁榴石（calderite，$Mn_3Fe_2[SiO_4]_3$）、铁榴石（skiagite，$Fe_3Fe_2[SiO_4]_3$）、镁铁榴石（khoharite，$Mg_3Fe_2[SiO_4]_3$）、镁铬榴石（knorringite，$Mg_3Cr_2[SiO_4]_3$）、锰钒榴石（yamatoite，$Mn_3V_2[SiO_4]_3$）等。

类质同象替代形成的变种：钙铁榴石含 Ti 较高时称黑榴石（melanite）；$w(TiO_2)$ 达 $4.60\% \sim 16.44\%$ 则称钙钛榴石（schorlomite，$Na + Ti = Ca + Fe$）；钙铁榴石含少量 Cr 而呈翠绿色者称为翠榴石（demantoid）；含 Y 和 Al 者称钇铝榴石（$Y + Al = Ca + Si$）；钙铝榴石含 H_2O（可达 8.5%）时称水钙铝榴石 $\{$hydrogrossular，$Ca_3Al_2[SiO_4]_{3-x}(OH)_4\}$。

【结构形态】　等轴晶系，O_h^{10}-$Ia3d$；$a_0 = 1.1459 \sim 1.248nm$；$Z = 8$。单位晶胞较大。$[SiO_4]$ 四面体为 B 组阳离子的八面体 $[AlO_6]$、$[FeO_6]$、$[CrO_6]$ 所连接。其间形成较大的十二面体空腔，可视为畸变的立方体，其中心位置为 A 组阳离子 Ca^{2+}、Fe^{2+}、Mg^{2+} 等占据，配位数 8。以钙铝榴石为例，晶体结构（图1-1-50）中 1 个 $[AlO_6]$ 八面体与周围 6 个 $[SiO_4]$ 四面体以共角顶相连接；而与 Ca 的畸变立方体以共棱方式相连，每个 O 与 1 个 Al 和 1 个 Si 相连，并与 2 个稍远的 Ca 相连。因而石榴子石结构比较紧密，其中以沿 L^3 轴方向最紧密，也是化学键最强的方向。类质同象代替可引起晶格常数 a_0 的变化。当 Al^{3+}、

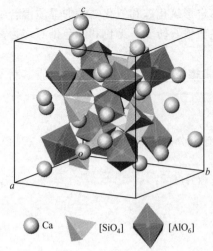

○ Ca ◁ [SiO₄] ◆ [AlO₆]

图 1-1-50 钙铝榴石的晶体结构

榴石具弱电磁性。

Mg^{2+}、Fe^{2+} 升高时，a_0 减小；Ca^{2+}、Fe^{3+} 含量升高，则 a_0 明显增大。

六八面体晶类，O_h-$m3m$（$3L^4 4L^3 6L^2 9PC$）。常呈完好晶形。常见单形：菱形十二面体 $d\{110\}$，四角三八面体 $n\{211\}$ 及二者的聚形（图 1-1-51），晶面上常有平行四边形长对角线的聚形纹，歪晶较常见。集合体常为致密粒状或致密块状。

【物理性能】 颜色多样且随成分而变化（表 1-1-14）。如钙铬榴石因含 Cr^{3+} 而呈绿色，镁铝榴石则随 Cr^{3+} 含量的增高由浅变深，由橙色调变为红、紫红色调。玻璃光泽居多，有时近于金刚光泽，如钙铁榴石。在日光下铬镁铝榴石呈蓝色或绿色，而在灯光下呈紫红色及鲜红色。硬度 6.5～7.5，含 OH^- 者则硬度可降低至 5，相对密度 3.5～4.3，且随成分而变化。钙钒榴石

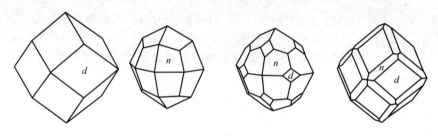

图 1-1-51 石榴子石的晶形

表 1-1-14 石榴子石的主要物理性质

矿物名称	晶格常数 a_0/nm	颜　　色	相对密度	折射率
镁铝榴石	1.1459	紫红、血红、橙红、玫瑰红	3.582	1.714
铁铝榴石	1.1526	褐红、棕红、橙红、粉红	4.318	1.830
锰铝榴石	1.1621	深红、橘红、玫瑰红、褐色	4.190	1.800
钙铝榴石	1.1851	红褐、黄褐、蜜黄、黄绿	3.594	1.734
钙铁榴石	1.2048	黄绿、褐红、黑色	3.859	1.887
钙铬榴石	1.2000	鲜绿	3.900	1.860
钙钒榴石	1.2035	翠绿、暗绿、棕绿	3.680	1.821
钙锆榴石	1.2460	暗棕色	4.000	1.940

注：据潘兆橹等（1993）、潘兆橹（1994）。

偏光镜下：高正突起，淡粉红或淡褐色，个别呈浓褐色、深红褐色，均质性，钙铝-钙铁榴石显明显的非均质性。折射率受成分、结构影响。一般随 a_0 增大，Fe、Mg、Al 含量降低，而 Ca、Fe、Zr 含量升高，折射率则增大。

热稳定性　水钙铝榴石在 705℃ 脱去结构水，440℃、900℃ 有两个放热峰，即 440℃ 时，$Fe^{2+} \rightarrow Fe^{3+}$；900℃ 时发生相变。因此，石榴子石含铁等变价元素时热稳定性不高。

【资源地质】 镁铝榴石主要产于金伯利岩、橄榄岩、榴辉岩中；铁铝榴石主要见于区域变质岩，其次为花岗岩、流纹岩中；锰铝榴石主要产于伟晶岩、锰矿床和花岗岩中；钙铁榴

石、钙铝榴石主要产于夕卡岩、热液脉，钙铬榴石则见于超基性岩和夕卡岩；钙钛榴石、钙钒榴石、钙锆榴石主要产于碱性岩、伟晶岩中，钙钒榴石还见于部分角岩中。石榴子石性质稳定，在砂矿中广泛分布。

石榴子石的矿物化学与其形成条件密切有关。镁铝榴石常产于金伯利岩中与金刚石共生；铬石榴石与铬铁矿共生；钙铝榴石与白钨矿关系密切；钙铁榴石与磁铁矿、黄铁矿、磁黄铁矿、铅锌矿有关；钙钛榴石、钙锆榴石则常见于富含稀有元素的碱性岩中。

世界石榴子石矿主要产于印度、斯里兰卡、巴西、马达加斯加、中国、美国、俄罗斯和澳大利亚等国，主要分布于变质岩系发育地区。

【鉴定特征】 根据其特征的晶形、颜色及油脂光泽、高硬度等易于辨认。

【工业应用】 一般工业要求：原生矿，工业品位，石榴子石>14%，开采厚度 2m。砂矿，边界品位，石榴子石>4kg/m³；工业品位，石榴子石>6kg/m³，可采厚度 0.5m。主要用作磨料、水质滤料、装饰材料和宝石原料等。

磨料 是石榴子石用量最大的市场。高等级品可用于研磨、抛光玻璃、陶瓷等材料，也可作为敷涂料制成砂纸、砂布、砂轮等，用来抛光各种金属、木材、橡胶和塑料。低级品常用来清除铝和其他软质金属的表面氧化层，可用作飞机厂的抛磨和擦洗材料、钢结构材料的抛磨材料。水射流清洗和切割技术的发展也导致石榴子石用量增加。磨料多选用铁铝榴石和镁铝榴石。

水质滤料 在深度水处理的过滤系统中，主要选用铁铝榴石作为水质过滤砂，分为粒度 2.36~1mm 的粗料和 0.3~0.6mm 的细料。少量作为完全惰性介质使用于反渗透前的预处理中。用于压力过滤器，滤砂的有效粒径为 0.4~0.6mm，充填于粗砂颗粒间隙，产生降低孔隙度和增加水流/渗透弯曲度的效果。因此，石榴子石混合介质砂能清除掉的粒度范围较广，且能以高流速操作，有极好的过滤质量和高产量。滤砂必须满足：筛上颗粒的极小值和筛下颗粒的极大值均有狭窄的粒度分布；良好的机械强度，颗粒形态不受负荷影响；可抵抗粒间及颗粒与容器边缘的磨蚀作用；颗粒形状以次棱角、圆形为佳。

宝石材料 晶粒粗大（>8mm，绿色者可小至 3mm）、色泽美观、透明无瑕者可作宝石。主要品种：镁铝榴石，紫红-橙色色调，某些产于金伯利岩中者具变色效应；铁铝榴石，褐红-橙红色，某些具四射或六射星光效应；锰铝榴石，棕红、玫瑰红、黄色、黄褐色；钙铝榴石，绿、黄绿、黄、褐红及乳白色，当 Ca^{2+} 被 Fe^{2+} 替代时称铁钙铝榴石，又称桂榴石或红榴石；钙铁榴石，黑、褐、黄绿色，当部分 Fe^{3+} 被 Cr^{3+} 替代时即为翠榴石，其色散值比钻石还高，故显示很强的"火彩"，但常被自身颜色所掩盖；钙铬榴石，是与翠榴石相似品种，鲜艳绿色、蓝绿色，故常被称为祖母绿色石榴石（张蓓莉等，2008）。优质翠榴石和变色石榴子石是珍贵宝石，由于罕见，其价值不低于优质祖母绿。市场上最常见的石榴子石为红色，中国珠宝行业俗称其为"紫牙乌"（余晓艳，2016）。

橄榄石（olivine）
$(Mg,Fe)_2[SiO_4]$

【晶体化学】 $Mg_2[SiO_4]$-$Fe_2[SiO_4]$之间呈完全类质同象。理论组成（$w_B\%$）：镁橄榄石（Fo，forsterite），MgO 57.29，SiO_2 42.71；铁橄榄石（Fa，fayalite），FeO 70.51，SiO_2 29.49。少量类质同象代替组分 Mn、Ca、Al、Ti、Ni、Co、Zn 等。$CaMg[SiO_4]$-$CaFe[SiO_4]$亦可形成完全类质同象。其他端员矿物还有锰橄榄石、镍橄榄石、钴橄榄石、钙锰橄榄石等，以锰橄榄石较为常见。$Mn_2[SiO_4]$与 $Fe_2[SiO_4]$可形成不完全类质同象，与 $Mg_2[SiO_4]$之间的置换范围更为有限。

【结构形态】 斜方晶系，D_{2h}^{16}-$Pmcn$；$a_0=0.598\sim0.611\text{nm}$，$b_0=0.476\sim0.482\text{nm}$，$c_0=1.020\sim1.040\text{nm}$；$Z=4$。硅氧骨干为孤立的 $[SiO_4]$ 四面体，由骨干外的阳离子联结起来（图 1-1-52）。Si^{4+} 充填 1/8 的四面体空隙，$[(Mg,Fe)O_6]$ 八面体//a 轴连接成锯齿状链。//(010) 的每一层配位八面体中，一半为 Mg、Fe 充填，另一半为空心，均呈锯齿状，但在空间位置上相错 $b/2$。层与层之间实心八面体与空心八面体相对，其邻近层以共用八面体角顶相连；而交替层以共用 $[SiO_4]$ 四面体角顶和棱连接。$[SiO_4]$ 四面体的 6 个棱中有 3 个与 $[(Mg,Fe)O_6]$ 八面体共用，导致配位多面体变形。

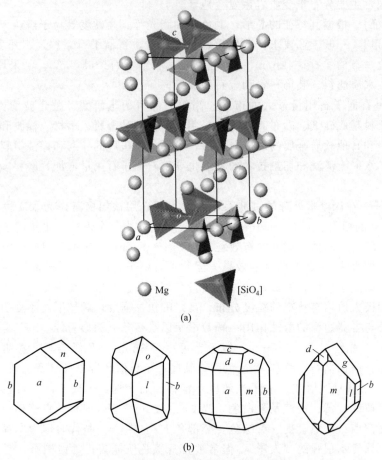

图 1-1-52 镁橄榄石的晶体结构（a）和晶形（b）

斜方双锥晶类，D_{2h}-mmm（$3L^2 3PC$）。晶体呈柱状或厚板状。常见单形：平行双面 $a\{100\}$、$b\{010\}$、$c\{001\}$，斜方柱 $m\{110\}$、$l\{120\}$、$d\{101\}$、$n\{011\}$、$g\{021\}$，斜方双锥 $o\{111\}$。完好晶形者少见，一般呈粒状集合体。

【理化性能】 镁橄榄石为白、淡黄或淡绿色；随含铁量增高，颜色加深而成橄榄色至深绿色。玻璃光泽。透明至半透明。铁橄榄石则呈深黄、墨绿至黑色；强玻璃光泽，近于金刚光泽。相对密度 3.27~4.37，随铁含量升高而增大。硬度 6.5~7.0。

偏光镜下：无色至淡黄、琥珀黄、橄榄绿色等，干涉色Ⅱ级顶部至Ⅲ级顶部。镁橄榄石：（+）$2V=82°\sim90°$；$N_g=1.670\sim1.680$，$N_m=1.651\sim1.660$，$N_p=1.635\sim1.640$。铁橄榄石：（-）$2V=47°\sim54°$；$N_g=1.847\sim1.886$，$N_m=1.838\sim1.877$，$N_p=1.805\sim1.835$。具多色性。

镁橄榄石熔点1880℃；铁橄榄石，1200℃。熔融后中上部是带气孔的镁橄榄石，最下部是不熔料带，中间夹有铁合金富集带（占6%～8%）。500～1800℃，镁橄榄石的热稳定性最好。铁橄榄石在约400℃发生还原反应，形成硅铁合金，以FeSi最为稳定。

铁橄榄石在-50～1000℃的体膨胀系数为（22.7～37.8）×10^{-6}/K，a_0轴热膨胀系数为（0～12）×10^{-6}/K，b轴为（10～12）×10^{-6}/K，c轴为（0～14）×10^{-6}/K；镁橄榄石的热膨胀系数与之相当。橄榄石热导率为4.2W/(m·K)。

橄榄石微溶于水，使水呈碱性。能溶于酸，pH＝3～5时耗酸量（0.1mol/L HCl）为25.20～27.6mL。能抗锰钢金属熔体。高温熔融体可与CaO、Al_2O_3、FeO、C等发生反应。

【资源地质】 是基性、超基性岩的主要造岩矿物，亦是地幔岩、石陨石的主要组成矿物。镁橄榄石不与石英共生，在镁夕卡岩中与粒硅镁石、金云母等含镁硅酸盐矿物共生；在超基性岩热液交代产物中与菱镁矿、金云母、赤铁矿、尖晶石等矿物共生；在橄榄岩、辉石岩、辉长岩、玄武岩中与顽辉石、普通辉石、斜长石、镁铝榴石、尖晶石、磁铁矿等共生。铁橄榄石通常见于斜长岩、铁质辉长岩、碱性岩及高度演化的黑曜岩，流纹岩，富Nb、Ta的钠质花岗岩和花岗伟晶岩中。受热液作用易蚀变为蛇纹石、滑石等。

世界橄榄石宝石的著名产地有美国亚利桑那州、澳大利亚、巴西、坦桑尼亚、斯里兰卡和缅甸。中国橄榄石宝石产地主要有河北张家口大麻坪和吉林蛟河白石山，都是玄武岩中的包体型矿床。两地所产大粒橄榄石，粒径可达20mm，属世界优质橄榄石产地。

镁橄榄石、钙镁橄榄石也是镁质、镁硅质耐火材料的主要物相。镁橄榄石见于高炉矿渣中，与镁蔷薇辉石、蔷薇辉石等共生。

【鉴定特征】 特有的橄榄绿色、粒状形态、解理性差、贝壳状断口、高折射率等。

【工业应用】 主要用作耐火材料、铸造型砂、喷砂磨料、宝石材料等。

耐火材料 镁橄榄石可用无机化学黏合、有机树脂黏合、加碳树脂黏合，制成多种镁橄榄石质耐火材料。较之刚玉砖、红柱石砖的热压强度、抗塑变性好，常用作平炉、玻璃炉的格子砖。

型砂原料 橄榄石型砂性能优于石英砂，因而被广泛用于Mn钢、Cu、Al、Mg、碳钢铸造及精铸模件、大型铸造模件等。作为铸造型砂的镁橄榄石精矿要求：Ⅰ级，MgO≥47%，SiO_2≤40%，烧失量≤1.5%，含水量≤0.5%；Ⅱ级，MgO≥44%，SiO_2≤42%，烧失量≤3%，含水量≤0.5%；Ⅲ级，MgO≥42%，SiO_2≤44%，烧失量≤3%，含水量≤1.0%。其他要求，Fe_2O_3≤10%，含泥量≤0.5%，耐火度＞1690℃。

冶金熔剂 起助熔和炉渣调节作用，提高渣体流动性；降低焦炭消耗量和烧结温度；改进炼钢生产中的高温软化性能，降低膨胀程度；有效防止炉内产生碱性结核。现代炼钢每吨铁只允许出渣360kg。为排除铁矿石和焦炭中的杂质（特别是硫），须控制炉渣的碱度比(CaO＋MgO)/(SiO_2＋Al_2O_3)为0.8～1.2。橄榄石代替白云石，烧失量小，且MgO、SiO_2以相同比例加入，可保证炉渣合适的碱度比，减少添加剂用量，降低能耗。

喷砂磨料 作为喷砂清洗剂的优点：不含游离SiO_2，无矽尘污染；颜色呈淡绿色，优于暗色尘粒；硬度较高，能使钢制品产生较高光洁度；密度较高，可保证颗粒冲击面有较高能量，便于垢物清除。因此，橄榄石砂可用来清洗桥梁、建筑物和钢件等。

发光材料 采用高温固相反应法，在还原气氛下制备的Dy^{3+}、Mn^{2+}掺杂镁橄榄石粉体，是一种长余辉发红光硅酸盐材料，发射波长650nm，单独Mn^{2+}及其与Dy^{3+}共掺杂时余辉时间分别为6min和17min（Lin et al，2008）。

宝石材料 纯净或略带颜色、透明无瑕、粒度＞8mm者可作宝石。以中-深绿色贵橄榄石为佳。要求颜色纯正，色泽均匀。作为成品戒面，1～2ct 属低档宝石，价位与蓝黄玉、紫晶相似；3ct 以上价格较贵，5ct 以上价格则非常昂贵。可作宝石的橄榄石，通常只有镁橄榄石（$Fo_{100～90}$）和贵橄榄石（$Fo_{90～70}$）（余晓艳，2016）。

其他应用　可作为高档饰面矿物原料，其颜色庄重豪华，色泽细腻美观，拼接性好，光洁度高，可产生珠宝闪光效应，加工性能良好，尤其是可加工成薄型和超薄型板材。

掺杂 Cr^{4+} 的镁橄榄石具有优异的激光特性，可产生 850～1400nm 的激光，涵盖激光通讯的两个窗口 $1.3\mu m$ 和 $1.5\mu m$，是迄今为止所发现的终端声子激光晶体中光谱范围最宽的一种（臧竞存，2003；白光，2003）。

黄玉（黄晶）（topaz）
$Al_2[SiO_4](F,OH)_2$

【晶体化学】　理论组成（$w_B\%$）：$Al_2[SiO_4](OH)_2$ 组成，Al_2O_3 56.6，SiO_2 33.4，H_2O 10.0；F 可替代 OH，理论含量 20.65%。F∶OH 为（3～1）∶1，随黄玉生成条件而异：伟晶岩型，F 含量接近于理论值；云英岩型，OH 含量增大至 5%～7%；热液型，F 与 OH 的含量相近。

【结构形态】　斜方晶系，D_{2h}^{16}-$Pbnm$；$a_0=0.465nm$，$b_0=0.880nm$，$c_0=0.840nm$；$Z=4$。晶体结构由 O^{2-}、F^-、OH^- 共同作 $ABCB$ 的 4 层最紧密堆积，堆积层∥(010)。Al^{3+} 占据八面体空隙，成 $[AlO_4(F,OH)_2]$ 八面体联结 $[SiO_4]$ 四面体。

斜方双锥晶类，D_{2h}-mmm（$3L^23PC$）。柱状晶形。常见单形：斜方柱 $m\{110\}$、$l\{120\}$、$j\{021\}$，斜方双锥 $n\{111\}$、$o\{221\}$、$p\{223\}$、$q\{431\}$，平行双面 $c\{001\}$、$b\{010\}$ 等（图 1-1-53）。柱面常有纵纹。常呈不规则粒状、块状集合体。

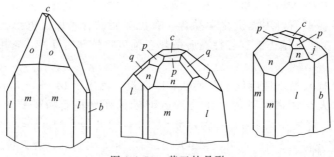

图 1-1-53　黄玉的晶形

【物理性质】　无色或微带蓝绿色，黄、乳白、黄褐或红黄色。透明。玻璃光泽。解理 $\{001\}$ 完全。硬度 8。相对密度 3.52～3.57。

偏光镜下：无色，二轴晶（+）。$2V=44°～66°$，$N_g=1.616～1.644$，$N_m=1.609～1.637$，$N_p=1.606～1.635$。干涉色低，通常为 I 级灰-黄。

【资源地质】　主要产于花岗伟晶岩、云英岩和高温气成热液矿脉中。共生矿物有石英、电气石、萤石、白云母、黑钨矿、锡石等。我国内蒙古某地黄玉产于白云母、二云母花岗伟晶岩中，江西某钨铍矿床中的黄玉属气成高温热液成因。

【鉴定特征】　柱状晶形，横断面菱形，柱面有纵纹，解理 $\{001\}$ 完全，高硬度。

【工业应用】　透明色美的晶体可作宝石，名托帕石，为中低档宝石。深红色者品质最佳，价格昂贵；其次为粉红色、蓝色和黄色；无色者价值最低。尚可作研磨材料、精密仪表轴承等。

绿帘石族

化学通式：$A_2B_3[Si_2O_7][SiO_4]O(OH)$。其中 A 主要为 Ca^{2+}，也可有 K^+、Na^+、Mg^{2+}、Mn^{2+}、Sr^{2+}、TR^{3+}；B 主要为 Al^{3+}、Fe^{3+}、Mn^{3+}，也可有 Ti^{3+}、Cr^{3+}、V^{3+} 等。A 与 B 之间可相互替代。结构特点是，B 组阳离子的配位八面体共棱，联结成沿 b 轴延伸的不同形式的链，链间以 $[Si_2O_7]$ 双四面体和 $[SiO_4]$ 四面体联结；A 组阳离子位于其间的大空隙中。主要矿物包括绿帘石、黝帘石、红帘石 $\{Ca_2Mn^{3+}Al_2[Si_2O_7][SiO_4]O(OH)\}$、褐帘石等。

黝帘石（zoisite）

$Ca_2Al_3[Si_2O_7][SiO_4]O(OH)$

【晶体化学】 理论组成（$w_B\%$）：CaO 24.6，Al_2O_3 33.9，SiO_2 39.5，H_2O 2.0。成分较稳定，仅少量 Al 代替 Si，Fe^{3+} 代替 Al。

【结构形态】 斜方晶系，$D_{2h}^{16}-Pnma$；$a_0=1.62\sim1.63nm$，$b_0=0.545\sim0.563nm$，$c_0=1.000\sim1.021nm$；$Z=4$。结构中存在 $[Al(1,2)(O,OH)_6]$ 和 $[Al(3)O_6]$ 两种八面体。二者共棱连接成 //b 轴的链，链间以 $[Si_2O_7]$ 双四面体和 $[SiO_4]$ 四面体联结，其间所构成的大空隙由 Ca 占据。Fe^{3+}、Ti、Cr^{3+} 等则代替 $[Al(3)O_6]$ 八面体中的 Al。晶体呈柱状，沿 b 轴延长。//b 轴晶面上常具条纹。亦呈柱状晶粒集合体。

【物理性质】 无色，灰色，淡绿色，含 V 时呈浅玫瑰色。透明。玻璃光泽。解理 {100} 完全，{001} 不完全。断口不平坦。硬度 6。相对密度 3.15~3.37。

偏光镜下：无色，二轴晶（+）。$2V=0°\sim7°$。$N_g=1.697\sim1.725$，$N_m=1.688\sim1.710$，$N_p=1.685\sim1.705$。

【资源地质】 主要为区域变质和热液蚀变的产物。

【鉴定特征】 与符山石、绿帘石、夕线石相似，一般需显微镜或 X 射线衍射法区别。

【工业应用】 1967 年在坦桑尼亚发现蓝到紫色的透明黝帘石晶体，宝石名为坦桑石（tanzanite），由区域变质和热液蚀变作用形成。坦桑石在国外也被称为"丹泉石"。坦桑尼亚北部 Merelani 地区是目前世界上唯一发现坦桑石的产地（余晓艳，2016）。中国特有的玉石品种独山玉，是一种黝帘石化斜长岩，黝帘石含量 5%~70%。

绿帘石（epidote）

$Ca_2Fe^{3+}Al_2[Si_2O_7][SiO_4]O(OH)$

【晶体化学】 化学组成（$w_B\%$）：CaO 24.2~23.0，Fe_2O_3 4.4~17.8，Al_2O_3 20.3~30.5，SiO_2 38.9，H_2O 1.9。与斜黝帘石 $\{Ca_2AlAl_2[Si_2O_7][SiO_4]O(OH)\}$ 呈完全类质同象系列。Ca(1) 为 9 配位，Ca(2) 为 10 配位；Ca(2) 可被 Ce 代替，Al^{3+} 可被 Fe^{3+} 代替，形成褐帘石。此外还有 Mn、Mg、Ti、Fe^{2+}、Na、K 等类质同象代替。

【结构形态】 单斜晶系，$C_{2h}^2-P2_1/m$；$a_0=0.888\sim0.898nm$，$b_0=0.561\sim0.566nm$，$c_0=1.015\sim1.030nm$，$\beta=115°25'\sim115°24'$；$Z=2$。晶体结构（图 1-1-54）中有两种 $[AlO_6]$（或 MO_6）八面体链，皆 //b 轴延伸，一种简单的 Al(2)[或 M(2)] 八面体链，由 Al(2) 八面体彼此共二棱连接而成，另一种为中部 Al(1)[或 M(1)] 八面体和边部 Al(3)[或 M(3)] 八面体共四棱和共二棱相连而成为一复合的折线形链。此两种链由双四面体 $[Si_2O_7]$ 和孤立四面体 $[SiO_4]$ 联结成 //(100) 的链层，链层之间构成的较大空隙为 Ca

(1)、Ca(2) 所充填。

晶体常呈柱状，延长方向 //b。//b 轴晶带上的晶面具明显纵纹。常呈粒状、放射状、晶簇状集合体。

【物理性质】 灰、黄、黄绿、绿褐或近于黑色，颜色随铁含量增高而变深，少量 Mn 的类质同象代替使颜色显不同色调的粉红色。玻璃光泽。透明。解理 {001} 完全，{100} 不完全。硬度 6。相对密度 3.38～3.49。

偏光镜下：黄、绿色，二轴晶（一）。$2V=14°～90°$。$N_g=1.734～1.797$，$N_m=1.725～1.784$，$N_p=1.715～1.751$。多色性：N_g 黄绿至绿色；N_m 无色至黄绿；N_p 无色至黄色。

【资源地质】 广泛见于变质岩和各种热液蚀变岩石中。在绿片岩相中与钠长石、阳起石、绿泥石成组合。在绿帘石-角闪岩相中与奥长石成组合。角闪岩相退变质可形成钠长石、绿帘石、角闪石，绿片岩相则可生成绿帘石透镜状分异体。在花岗岩中，低温钙质交代作用主要是绿帘石交代角闪石、黑云母和钾长石等。在钙夕卡岩中，绿帘石与较富钙的斜长石等矿物共生。绿帘石亦产于晶洞、裂隙及基性岩的杏仁体中。

Ca   [FeO$_6$] [AlO$_5$(OH)] [SiO$_4$] H
图 1-1-54 绿帘石的晶体结构

【鉴定特征】 柱状晶形、特征的黄绿色等。

【工业应用】 绿帘石的透明晶体可磨制刻面宝石。

褐帘石（allanite）

$(Ca,Ce)_2(Fe^{3+},Fe^{2+})(Al,Fe^{3+})_2[Si_2O_7][SiO_4]O(OH)$

【晶体化学】 化学成分（$w_B\%$）：CaO 10～12，Ce$_2$O$_3$ 6～10，Fe$_2$O$_3$ 4～8，Al$_2$O$_3$ 14～18，SiO$_2$ 30～32，H$_2$O 0.35～5.0。主要类质同象替代：Ca＝R^{3+}，Al＝Fe^{2+}。Ca 为 R^{3+} 代替时，相应地在八面体位置的 Al^{3+} 为低价离子所代替，以维持电价平衡。褐帘石为绿帘石族中主要含 Fe^{2+} 的成员，铈族稀土主要为 Ce、La、Nd、Pr、Sm、Eu；钇族稀土为 Gd、Dy、Er、Yb、Lu、Ho、Tm。类质同象代替 Ca 的还有 Th、U、Mn 等，ThO$_2$ 一般为 0.9%～1.5%，最高可达 5.6%，UO$_2$ 0.00032%～0.24%；代替 Al^{3+} 者除 Fe^{2+} 外，还有 Mg、Ti、Sn、Zr、Zn 等；此外还有少量 Be、P，主要是代替 Si。

主要变种：铈褐帘石（Ce$_2$O$_3$ 6%～10%），钇褐帘石（Y$_2$O$_3$ 7%～20%），铍褐帘石（BeO 2.49%～5.52%），锰褐帘石（MnO 5.37%～7.0%），镁褐帘石（MgO 7.0%～14.5%），磷褐帘石（P$_2$O$_5$ 6.48%）等。

【结构形态】 单斜晶系，C_{2h}^2-$P2_1/m$；$a_0=0.898nm$，$b_0=0.575nm$，$c_0=1.023nm$，$\beta=115°00'$；$Z=2$。与绿帘石结构类似。链层之间的较大空隙主要充填 Ca(1)，Ca(2) 位置主要为稀土等元素占据。晶体常呈柱状，延长方向 //b，或呈 // {100} 之厚板状或短柱状。

【物理性质】 浅褐色至沥青黑色，条痕褐色。透明至半透明。玻璃光泽，断口沥青光泽。解理 {001} 不完全，{100} 和 {110} 极不完全。贝壳状断口。硬度 5～6.5。相对密度 3.4～4.2。具放射性，可因此而变为富水的非晶质体。

偏光镜下：黄色、绿色、褐色。多为二轴晶（一），$2V=40°～90°$；也见二轴晶（＋），$2V=60°～90°$。$N_g=1.706～1.828$，$N_m=1.700～1.815$，$N_p=1.690～1.791$。非晶态褐

帘石变为均质体，折射率、密度相应降低。加热至800～850℃，可由非晶态转变为晶质体。

【资源地质】 为分布较广泛的内生矿物。在花岗伟晶岩中，与磷灰石、锆石、褐钇铌矿、黑稀金矿、磁铁矿、榍石成组合，或与硅铈石、氟碳铈矿、铌铁矿等成组合。在霞石伟晶岩中，与易解石、萤石、尖晶石共生。在正长伟晶岩中，与钛铌铀矿、独居石，或黑稀金矿、锆石共生。在碳酸岩中，与磷灰石、独居石等共生。

【鉴定特征】 颜色与非晶质化特征可与其他帘石区别。柱面平行消光及解理特征可与褐色角闪石区别。

【工业应用】 大量富集时可作为稀有和放射性元素的矿石。

红柱石族

红柱石族有三种同质多象变体，即蓝晶石 $Al^{VI} Al^{VI} [SiO_4] O$、红柱石 $Al^{VI} Al^{V} [SiO_4] O$、夕线石 $Al^{VI} [Al^{IV} SiO_5]$。后者属链状结构硅酸盐。自然界常见夕线石与蓝晶石、红柱石共生。较少见到红柱石和蓝晶石共生。三者共生更为罕见（图1-1-55）。

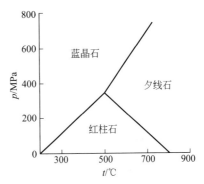

图 1-1-55 $Al_2 SiO_5$ 多型的 p-t 相图

（据 Wenk et al, 2004）

红柱石，蓝晶石，夕线石（andalusite, kyanite, sillimanite）

$Al_2 SiO_5$

【晶体化学】 理论组成（w_B%）：$Al_2 O_3$ 62.92，SiO_2 37.08。红柱石中 Al 可被 Fe（≤9.6%）和 Mn（≤7.7%）代替。蓝晶石可含 Cr（≤12.8%），亦常含 Fe（1%～2%）和少量 Ca、Mg、Ti 等。夕线石成分较稳定，有少量 Fe 代替 Al，可含微量 Ti、Ca、Mg 等。

【结构形态】 三者的晶体结构特征及主要物性见表 1-1-15。

红柱石 斜方晶系，D_{2h}^{12}-$Pnnm$。结构中 1/2 的 Al 配位数为 6，构成 $[AlO_6]$ 八面体，以共棱方式沿 c 轴联结成链；链间以配位数为 5 的 Al 和 $[SiO_4]$ 四面体相联结。O 有两种配位：一种与 1 个 Si 和两个 Al 联结，参加 $[SiO_4]$；另一种则与 3 个 Al 联结，不参加 $[SiO_4]$ [图 1-1-56(a)]。晶体呈柱状，与 $[AlO_6]$ 八面体链延长方向一致。

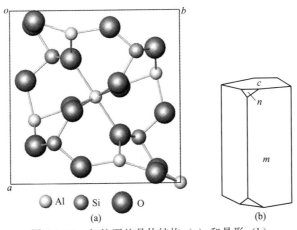

图 1-1-56 红柱石的晶体结构（a）和晶形（b）

表 1-1-15 Al_2SiO_5 多型的结晶学参数与物性

项 目	蓝 晶 石	红 柱 石	夕 线 石
化学式	Al_2OSiO_4	$AlAlOSiO_4$	$AlSiAlO_5$
配位数	Al(6),Si(4)	Al(5),Al(6),Si(4)	Al(6),Si(4),Al(4)
晶系	三斜	正交(斜方)	正交(斜方)
a	0.710	0.778	0.744
b	0.774	0.792	0.760
c	0.557	0.557	0.575
α	90.08°		
β	101.03°		
γ	105.73°		
Z	4	4	4
空间群	$P\bar{1}$	$P2_1/n2_1/n2/m$	$P2_1/b2/m2/n$
点群	$\bar{1}$	$2/m2/m2/m$	$2/m2/m2/m$
共用系数;环路	1.00	1.00	1.50;4
对称堆积指数	68	58	63
解理	(100)完全,(010)中等	{110}中等,(100)不完全	(010)完全
裂理	(001)		
双晶律	(100)	(101)少见	
折射率	$N_p=1.712$	$N_p=1.632$	$N_p=1.658$
	$N_m=1.720$	$N_m=1.640$	$N_m=1.662$
	$N_g=1.728$	$N_g=1.642$	$N_g=1.680$
双折射率	0.016	0.010	0.022
$2V$	82°~83°	75°~85°	20°~30°
光性符号	(一)	(一)	(+)
透明度	透明至半透明	透明至半透明	透明至半透明
多色性	X=无色	X=玫瑰色	
	Y=无色	Y=无色	
	Z=浅蓝色	Z=无色	
硬度	5~7	7.5	6~7
相对密度	3.60	3.18	3.23
颜色	蓝色、白色	褐色、红色	白色、褐色
条痕	白色	白色	白色
光泽	玻璃,珍珠	玻璃	玻璃
断口	不平坦	次贝壳	不平坦
晶习	叶片状,板状	柱状,块状	柱状
附注	次纤维的	碳质包裹体;空晶石	纤维的;细夕线石
	高压	低压	中等压力

注：据 Zoltal 等 (1984)。

蓝晶石 三斜晶系，C_i^1-$P\bar{1}$。结构中 O 近似作立方最紧密堆积，Al 充填 2/5 的八面体空隙，Si 充填 1/10 的四面体空隙。O 的最紧密堆积面 // (110) 方向，每个 O 与 1 个 Si、2 个 Al 或 4 个 Al 相连。[AlO_6] 八面体以共棱方式联结成 //c 轴的链。链间以共角顶并以 3 个八面体共棱的方式相联结，且 // (100) 层，其层间以 [SiO_4] 四面体和 [AlO_6] 八面体相联结 [图 1-1-57(a)]。因而蓝晶石晶体常 // (100) 面发育成板状。由于链的方向上键力强，链间键力弱，故在垂直链方向硬度大，平行链方向硬度小。

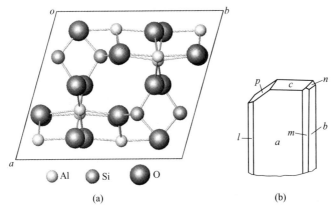

图 1-1-57 蓝晶石的晶体结构（a）和晶形（b）

夕线石 斜方晶系，D_{2h}^{16}-$Pbnm$。基本结构是由 [SiO_4] 和 [AlO_4] 四面体沿 c 轴交替排列，组成 [$AlSiO_5$] 双链；双链由 [AlO_6] 八面体联结，[AlO_6] 八面体共棱联结成链，位于单位晶胞（001）投影面的 4 个角顶和中心，1/2 的 Al 为四次配位（图 1-1-58）。结构特点决定了夕线石具有 //c 轴延长的针状、纤维状晶形及 // {010} 的解理。

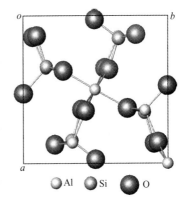

图 1-1-58 夕线石的晶体结构

三者结构上的主要差异在于 Al 配位数及多面体的联结方式。Al^{3+}/O^{2-} 半径比（0.43）接近 6 次或 4 次配位的临界值，因而 Al^{3+} 有双重配位的特点。在同质多象变体中，较大的配位数出现在较低温度和高压下稳定的晶格内。红柱石中半数的 Al 配位数为 5，这是唯一的 5 配位硅酸盐；蓝晶石中 Al 均为 6 配位；夕线石有半数 Al 为 4 配位，[AlO_4] 与 [SiO_4] 组成 [$AlSiO_5$] 混合链，故夕线石的结构不同于红柱石和蓝晶石。

【理化性能】 三种矿物的主要物理化学性质如下。

力学性质 红柱石相对密度最小，蓝晶石最大。红柱石、夕线石硬度相近；蓝晶石硬度最小且具有各向异性，b 轴向硬度是 a、c 轴向的 3～8 倍，解理发育的（100）最软。链状结构决定了蓝晶石粉碎后仍呈板片状、纤维状和针状。

光学性质 红柱石以褐色、玫瑰色、红色或深绿色（含 Mn 变种）、灰色、黄色常见，无色者少见；蓝晶石以蓝色、青色或白色为特征，灰色、绿色、黄色、黑色少见，解理面呈珍珠光泽；夕线石以白色、灰色和浅绿、浅褐色为主。

热学性质 三者之间可相互转变。受热时三者均可发生如下相变：

$$3Al_2SiO_5 \longrightarrow Al_6Si_2O_{13}（莫来石）+SiO_2（方石英）$$

相变温度蓝晶石为 1100～1480℃，红柱石为 1450～1500℃，夕线石为 1550～1650℃。

在 1445℃下煅烧后，相对密度分别为 3.05、3.04 和 3.10（Sweet et al，2006）。三者相变均伴随体积增大，其体积变化率分别为 16%～18%、5% 和 7%。

化学性质　三者化学性质稳定，一般在酸中不溶。夕线石甚至在氢氟酸中不起反应。

【资源地质】　在富铝岩石中，红柱石产于低压变质带的较低温部分，而夕线石产于较高温部分。前者与堇青石、石英、白云母、石榴子石、十字石、黑云母等共生。红柱石为典型的热变质矿物。北京西山菊花沟产放射状红柱石形似菊花，颇为著名，称菊花石。

蓝晶石是结晶片岩中的典型矿物。在富铝岩石中，中压区域变质作用下，蓝晶石产于低温部分而夕线石见于高温部分，多与铁铝榴石共生。蓝晶石还产于某些高压变质带。

夕线石常在高温接触变质带的铝质岩石中产出。作为区域变质作用早期形成的矿物，夕线石也见于结晶片岩、片麻岩中。

【鉴定特征】　红柱石可据其柱状晶形，横截面近于正方形，柱面〔110〕解理中等，空晶石有呈独特构造的碳质包裹物等区别。蓝晶石可据其颜色、硬度异向性和主要产于结晶云母片岩中等鉴别。夕线石可据其棒状、针状晶形和产于接触变质带和变质岩中来鉴别。

【工业应用】　一般工业要求（w_B%）：边界品位，蓝晶石≥5，夕线石≥10；工业品位，蓝晶石≥10，夕线石≥15。用作耐火材料、陶瓷原料、宝石材料和生产硅铝合金等。

莫来石耐火制品　红柱石族矿物相变后生成莫来石。制品热膨胀系数低，耐高温（熔点 1810℃），耐腐蚀，导热性中等，抗压强度高；电阻率 $1011～1013\Omega \cdot cm$；在很宽温度范围内具有抗氧化性；不与金属熔体反应，可用作熔炼黄铜、青铜、铜镍合金、特种合金、精炼贵金属的炉腔内衬；也用于铸件涂层，以获得高光洁面的铸件。

在高温下，高铝红柱石的薄壳体的机械强度大，高温负荷不断裂、不变形，可用以铸造出尺寸、光洁度等稳定的高性能铸件。因此，红柱石族矿物首先用作耐火材料的熟料原料。最佳原料是原矿中的 Al_2O_3 含量接近于理论含量 71.8%。红柱石族的 Al_2O_3 含量和纯度比其他铝硅酸盐更适合转化成莫来石。目前约 75% 的蓝晶石用于生产莫来石熟料。

不烧耐火材料　红柱石、夕线石具有较好的体积稳定性，可直接制成不烧砖。其相变在使用时依靠环境的高温来实现，黏合剂或添加剂可抵消相变时微小的体积变化。红柱石、夕线石的密度与莫来石接近，热膨胀系数低，仅含少量 Fe、Ti、K、Na 等的氧化物，故在窑炉工业中得到广泛应用。其中红柱石耐火砖具有很高的抗高温蠕变能力，特别适合负荷高、温度高的磨损环境。

蓝晶石也可用作不烧耐火材料，如浇注料、可塑料等。配料中的黏土或无机黏合剂的分解和脱水作用，会使不定形耐火材料在高温下发生体积收缩，导致出现裂缝和剥落，从而影响工业窑炉的使用寿命。加入 5%～15% 的蓝晶石，则可大大减小体积变化。

用作耐火材料原料的国标（w_B%）：Al_2O_3≥50，Fe_2O_3≤1～2，$K_2O + Na_2O$≤1～1.5。

陶瓷原料　夕线石、蓝晶石可用以制作莫来石质、堇青石质陶瓷，产品密度高，具有良好的耐磨性，可经受温度骤变。用于制作高温测量管、电器陶瓷、化学陶瓷及插销制品等。目前约有 10% 的蓝晶石用于陶瓷工业。技术陶瓷对原料要求（w_B%）：红柱石，Al_2O_3＞45～55，Fe_2O_3＜0.5～0.75；蓝晶石，Al_2O_3＞55，Fe_2O_3＜1。

硅铝合金　高纯蓝晶石可用于生产硅铝合金，即含 Si 3%～26% 和少量 Cu、Mg、Mn、Zn、Ni、Cr、Ti 等金属而强度较高的轻质铝合金，具有良好的铸造性，可制作薄壁和形状复杂的零件，满足制造飞机、汽车、宇宙飞船、雷达等部件的特殊技术要求。精矿质量要求（w_B%）：Al_2O_3＞57，Fe_2O_3≤0.8，ZrO≤1.5，CaO≤0.2，MgO≤0.4，Na_2O≤0.5。

宝石材料　结晶良好、纯净透明、色泽艳丽者可作宝石。透明绿色红柱石是一种稀有品种，在巴西、斯里兰卡等国用作宝石。缅甸、斯里兰卡和美国均产夕线石宝石，常具猫眼效应。克什米尔、印度、缅甸、瑞士、美国、坦桑尼亚、澳大利亚产宝石级蓝晶石（与蓝宝石伴生）。空晶石为红柱石的变种，半透明，可见在白、灰、微红或浅褐色底色的中心，有十字形的暗色条带，系由碳质聚集而成。由内部平行排列的管状包裹体而产生猫眼效应者，称为红柱石猫眼。

其他用途　用作催化剂的精矿要求（$w_B\%$）：$Al_2O_3 \geqslant 54 \sim 55$，$Fe_2O_3 < 1$。高纯度红柱石、蓝晶石、夕线石超细粉可用于生产耐热陶瓷、漂白剂（陶瓷用）和橡胶、塑料填料；其熟料和金属铝的混合物可制成陶瓷纤维，用作高温、强腐蚀环境的绝缘、过滤材料等。

第二章 自然元素与卤化物矿物

第一节 自然元素矿物

自然界的自然元素矿物约 40 种，约占地壳质量的 0.1%，分布极不均匀。其中某些可富集成具有工业价值的矿床，如自然金、自然银、金刚石、石墨、自然硫等。自然元素矿物可分为自然金属矿物和自然非金属矿物。

构成此类矿物的金属元素主要是铂族元素 Ru、Rh、Pd、Os、Ir、Pt 和 Cu、Ag、Au 等。其矿物呈典型的金属键。大多数矿物的原子呈最紧密堆积，结构型较简单，多数为立方最紧密堆积并具立方面心格子的铜型结构，如自然铜、自然金、自然铂、自然钯等。少数为六方最紧密堆积并具六方底心格子，如自然锇等。类质同象较为广泛。形态具等轴粒状和六方板状特点。物性上具有典型的金属性质，如不透明，金属光泽，硬度低，密度大，延展性强，热和电的良导体。铂族元素矿物多产于超基性岩、铜镍硫化物矿床和铬铁矿矿床中。而铜、银、金矿物多属热液成因，自然铜常见于硫化物矿床氧化带。

非金属元素主要是 C 和 S。C 的多种同质多象变体有金刚石、石墨和富勒烯。金刚石为典型的共价键，因而硬度高，光泽强，密度大，不导电，易导热。石墨为层状结构，层内呈共价键-金属键，层间为分子键，因而具 {0001} 完全解理，物性上具明显的异向性。S 在自然界有三种同质多象变体，以 α-硫最常见，由 8 个 S 原子以共价键连接成 S_8 环状分子，环状分子间以分子键联结，故硬度低，熔点低，导热性也差。

自然金（gold）

Au

【晶体化学】 自然界纯金极少，常有 Ag 类质同象代替。可含少量 Cu、Pd、Pt、Bi 及 Te、Se、Ir 等元素。Au、Ag 的晶体结构类型相同，原子半径和化学性质相近，故可形成自然金-自然银完全类质同象系列。含 Ag<5% 者称自然金；5%~15% 者称含银自然金；15%~50% 者称银金矿；50%~85% 者称金银矿；85%~95% 者称含金自然银；>95% 者为自然银。

【结构形态】 等轴晶系，O_h^5-$Fm3m$；a_0=0.4078nm；Z=4。铜型结构。完好晶体少见。常依（111）成双晶。可见平行连生晶形。一般多呈不规则粒状，亦可见团块状、薄片状、鳞片状、网状、树枝状、纤维状、海绵状集合体。

自然金颗粒大小不一，一般外生作用形成的砂金颗粒较大，内生作用形成的山金颗粒较小。粒度较大者称块金，俗称狗头金。1873 年美国加利福尼亚州发现的狗头金重达 285kg，为世界之最。山金肉眼可见者称明金，粒径＞0.2mm；显微镜下可见者称显微金，粒径0.2mm～0.5μm；粒径＜0.5μm者称超显微金，只有在电子显微镜下方能看见。

【理化性能】 颜色和条痕均为金黄色；随含银量的增高颜色变浅，银金矿为淡黄至奶黄色；含铜时颜色变深而呈深黄色。强金属光泽。硬度2.2，维斯显微硬度50～55kg/mm³。相对密度15.6～18.3，纯金为19.32(20℃)。纯金熔点2064.43℃，沸点2807℃。延展性强，可抽成0.5mg/m的细丝，或压成厚度仅0.01μm的金箔；1g纯金可抽成直径4.34μm、长3.5km的细丝。具良导电、导热性能，电导率仅次于银和铜，热导率为银的74％。

显微镜下：金黄色。反射率R：47.0（绿），82.5（橙），86（红）。均质体。

化学性质稳定，不溶于酸和碱，只溶于王水。火烧后不变色，谓之真金不怕火炼。

【资源地质】 中国金矿床的主要成因类型有：岩浆热液型，如山东玲珑、焦家金矿，湖南水口山金矿；火山热液型，如吉林刺猬沟金矿，黑龙江团结沟金矿；变质热液型，如吉林夹皮沟金矿，河南小秦岭金矿；热水溶滤型，如陕西二台子金矿；风化壳型，如四川木里耳泽金矿，内蒙古金盘金矿；沉积型，如黑龙江桦南、吉林老头沟砂金矿。伴生金矿床主要赋存于Cu、Pb、Zn、Sb、Fe及黄铁矿等矿床中，常呈自然金、自然银与黄铁矿、黄铜矿、斑铜矿、毒砂等矿物共生。

金是国家重要的战略性资源，涉及经济金融安全。2015年世界黄金资源总量估计为10万吨，其中15％～20％为其他金属矿床中的共伴生资源。世界黄金储量5.6万吨，其中澳大利亚9100t，俄罗斯8000t，南非6000t，巴西和美国各3000t；中国黄金储量1900t，占世界的3.39％。2015年全球矿山黄金产量为3157.7t，中国产量450.1t，占世界的14.3％，金矿资源对外依存度达54.3％。

【鉴定特征】 颜色和条痕均为金黄色，富含银者为淡黄至乳白色。强金属光泽，密度大，富延展性。空气中不氧化，化学性质稳定。

【工业应用】 一般工业指标（DZ/T 0205—2002）：原生矿，边界品位Au 1～2g/t，最低工业品位Au 2.5～4.5g/t，矿床平均品位Au 4.5～5.5g/t；堆浸氧化矿，边界品位Au 0.5～1.0 g/t，最低工业品位Au 1.0～1.5g/t。

金主要用于装饰、货币和工业技术。由黄金制成的首饰和装饰品色泽夺目。其纯度用K（Karat）表示，纯金为24K（含金量100％），18K相当于24K中金占18份，其他金属占6份，其余依此类推。在国际金融市场上，黄金起着非常重要的调节作用，黄金储备是国家经济实力的标志之一。黄金的计量单位用盎司（Ounce），1盎司（oz）＝31.103g。

2015年世界黄金的消费量为4124t，其中珠宝首饰占52.5％，其余用于电子工业、牙医业、其他工业及装饰、金币制造业和黄金储备。中国黄金消费量985.9t，占世界的23.9％，较之2014年消费量增长3.7％。

金具有高导电、导热性能和极好的延展性和稳定性，因而在电子工业用途广泛。宇航技术要求稳定性很高的无线电、电子元件，而黄金正具有这种性能，如用于高级真空管的涂料，特种精密电子仪器中的拉丝导线，计算机、电视机中作涂金集成电路等。黄金还用于核反应堆的衬料。在航天、航空工业中，金则用于喷气发动机和火箭发动机的涂金防热罩或热隔护板等。

自然铜（copper）

Cu

【晶体化学】 原生自然铜常含少量Fe、Ag、Au、Hg、Bi、Sb、V、Ge等元素；Fe在2.5％以下，Ag多呈自然银包裹物，Au固溶量可达2％～3％。次生自然铜较纯净。

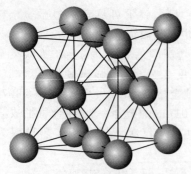

图 1-2-1 自然铜的晶体结构

【结构形态】 等轴晶系，O_h^5-$Fm3m$；$a_0 =$ 0.361nm；$Z=4$。立方最紧密堆积，构成按立方面心排列的铜型结构（图 1-2-1）。完好晶体少见。双晶面依（111），简单接触双晶普遍，亦有穿插双晶。集合体常呈不规则树枝状、片状或扭曲的铜丝状、纤维状等。

【资源地质】 是还原条件下地质作用的产物，形成于原生热液矿床；也见于含铜硫化物矿床氧化带下部，常与赤铁矿、孔雀石、辉铜矿等伴生，由铜硫化物还原而成：

$$CuFeS_2（黄铜矿）+4O_2 \longrightarrow CuSO_4+FeSO_4$$
$$2CuSO_4+2FeSO_4+H_2O \longrightarrow Cu_2O（赤铜矿）+Fe_2(SO_4)_3+H_2SO_4$$
$$Cu_2O+H_2SO_4 \longrightarrow CuSO_4+H_2O+Cu（自然铜）$$

自然铜有时亦交代沙砾岩的胶结物，出现于含铜砂岩中。在氧化条件下不稳定，常转变为铜的氧化物和碳酸盐，如赤铜矿（Cu_2O）、黑铜矿（CuO）、孔雀石、蓝铜矿等。

【理化性能】 铜红色，表面常出现棕黑色氧化被膜。条痕铜红色。金属光泽。不透明。无解理。硬度 2.5～3。相对密度 8.4～8.95。具延展性、良导电性、导热性。

显微镜下：玫瑰色，铜红色。反射率 R：61（绿），83（橙），89（红）。

【鉴定特征】 铜红色，表面氧化膜棕黑色，密度大，延展性强。常与孔雀石、蓝铜矿伴生。

【工业应用】 大量富集时可作为铜矿石。铜是一种紫红色金属，延性、导热性、导电性良好，熔点 1083.4℃±0.2℃，沸点 2567℃。易与 Zn、Pb、Ni、Al、Ti 熔成合金。这些性能使铜及其合金广泛用于电器、车辆、船舶工业和民用器具等。如铜用以制作电线、电缆、电机设备，黄铜（铜锌合金）制造枪弹和炮弹，锌白铜（掺锌而含 Ni＜50％的铜镍合金）制造航空仪的弹性元件，锡青铜（铜锡合金）制造轴承、轴套等。铜化合物在农业上用作杀虫剂和除草剂。铜还是制造防腐油漆的主要成分。

金刚石（diamond）

C

【晶体化学】 常含有 N、B 及 Si、Al、Mg、Mn、Ti、Cr 等微量杂质，多以包裹体形式存在。其中 N 和 B 是最重要的杂质元素，其含量和存在形式直接影响光、电、热等物理性能，因而是金刚石分类的基本依据。

金刚石据其含氮量划分为 Ⅰ 型和 Ⅱ 型。Ⅰ 型含氮量＞10^{24} 原子/m^3，对波长＜330nm 的紫外辐射及 7～10μm 的红外辐射吸收强烈；Ⅱ 型含氮量＜0.001％或＜10^{24} 原子/m^3，透过紫外辐射至 225nm，且对 7～10μm 的红外辐射不吸收。在此基础上可进而将其划分为 Ⅰa（ⅠaA、ⅠaB）、Ⅰb、Ⅱa、Ⅱb 及混合型等。这种分类较好地反映了金刚石的成分、结构、性质以及工业用途的差异。

Ⅰa 型 含氮较多（0.1％～0.23％），约占天然金刚石总量的 98％。其中 ⅠaA 型：所含氮以双原子氮为主，还有其他聚合形式的氮，个别还含有单原子氮，其特征是出现由双原子氮所引起的 1282cm^{-1} 红外谱带、紫外＞270nm 的次吸收边及 N_5-N_8 系。ⅠaB 型：所含氮为多原子氮、片晶氮和三原子氮，以前者为主，也含有数量不等的双原子氮，但无单原子氮。其特征为由多原子氮所引起的个别 1175cm^{-1} 和由片晶引起的

$1370cm^{-1}$ 红外吸收，紫外 N_9 系、N_3 系及 $260\sim280nm$ 的线系。ⅠaB 也是较常见的金刚石类型。

Ⅰb 型　含氮量较少，且主要是单原子氮。氮代碳出现一个未成对电子，定域旋转于氮-碳之间，因而产生顺磁共振效应。故此型的特征是顺磁共振谱单氮讯号，红外 $1130cm^{-1}$ 带，以及紫外 $>400nm$ 的吸收边。常呈琥珀黄色，机械强度大于Ⅰa 型。天然金刚石中Ⅰb 型约占 1%。我国湖南金刚石砂矿中Ⅰb 型近 2%。合成金刚石多属Ⅰb 型。

Ⅱa 型　含氮极少（N<0.001%）。N 以自由状态存在。具良导热性。其特征是红外光谱 $1400\sim1100cm^{-1}$ 范围内几乎无吸收和紫外光谱 $<230nm$ 的基吸收边。国外天然Ⅱa 型金刚石相当少，约为 2%；但我国Ⅱa 型金刚石较多，其中贵州最多（约 70%）、山东次之（约 20%）、辽宁最少（约 3%）。

Ⅱb 型　几乎不含氮，含微量 B 杂质（受主心），故为 p 型半导体。其特征是电阻率较低（$10^2\sim10^8\Omega\cdot cm$）。红外光谱在 $1400\sim1100cm^{-1}$ 范围内几乎无吸收，但出现 $2800cm^{-1}$ 处硼的吸收带。晶体常呈天蓝色。天然Ⅱb 型金刚石罕见，约占 0.1%。

混合型　单个金刚石晶体内氮的分布不均匀，两种以上类型分区共存，且在形貌图像上可见两者分区分布。我国辽宁和贵州发现少数混合型金刚石。

【结构形态】　等轴晶系，O_h^7-$Fd3m$；$a_0=0.35595nm$；$Z=8$。立方面心晶胞。碳原子除占据晶胞角顶和面心外，将立方体平分为 8 个小立方体，在相间排列的小立方体的中心存在碳原子，呈四面体配位。每个碳原子以 sp^3 外层电子构型与相邻的四个碳原子形成共价键（图 1-2-2）。C—C 键长 $0.1542nm$，C—C—C 键角 $109°28'16''$。

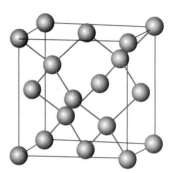

图 1-2-2　金刚石的晶体结构

1967 年在美国亚利桑那州的巴林杰（Barringer）陨石坑中的魔谷（canyon diablo）陨石和印度阿萨姆邦的阿帕拉（Goalpara）陨石中发现六方晶格金刚石（又称蓝丝黛尔石，lonsdaleite），纤锌矿型结构，C_{6v}^4-$P6_3mc$；$a_0=0.252nm$，$c_0=0.412nm$；$Z=4$。金刚石与六方金刚石的结构可与 ZnS 的 $3C$ 和 $2H$ 型结构对比。

六八面体晶类，O_h-$m3m$（$3L^44L^36L^29PC$）。常呈单晶。常见单形：八面体 $o\{111\}$，菱形十二面体 $d\{110\}$，立方体 $a\{100\}$ 及其聚形（图 1-2-3）。少数聚形中见四六面体和六八面体。有时由于熔蚀作用，晶面晶棱弯曲，致使晶体呈浑圆状，晶面上出现蚀象。双晶依 (111) 最普遍，可成接触双晶、星状穿插双晶或轮式双晶。单晶粒径由 $<1mm$ 到数毫米，

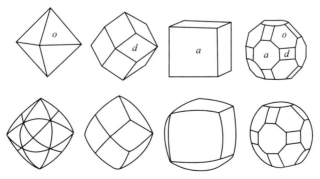

图 1-2-3　金刚石的晶形

少数呈大颗粒出现。质量＞1ct（1ct＝0.2g）的钻石成品属大钻，如世界著名的钻石"库利南""高贵无比""莱索托布朗"，质量都在600ct以上。1977年12月在山东省临沭县发现我国迄今最大的一颗金刚石"常林钻石"，呈淡黄色，透明，质量158.7860ct。

晶体形态、完整性及颗粒大小在决定其使用范围和价值方面有重要意义。

【理化性能】 纯净者无色透明，可因含杂质或结构缺陷而呈色。如黄色可由含 Ti^{2+} 和 Fe^{3+} 引起，或由结构中的缺陷中心造成。Ⅰb型金刚石含顺磁性单原子氮，常呈琥珀黄色，但此种氮含量更高时会出现绿色。Ⅱb型金刚石含硼，使晶体常具蓝色或天蓝色。玫瑰色和烟色系结构呈色。灰色和黑色则可能由结构缺陷或含深色包裹体（石墨）所致。

金刚光泽，可因晶面受侵蚀而光泽暗淡。色散性强，折射率随波长改变明显：396.9nm，$N=2.4653$；486.1nm，$N=2.4354$；656.3nm，$N=2.4103$；762.8nm，$N=2.4024$。均质体，但常呈异常双折射，可能由结构缺陷造成的内应力所引起。色散 0.057（0.044）。

金刚石置日光下曝晒后，在暗处发淡青蓝色磷光；在紫外光下发天蓝色、紫色、绿色荧光或不发光；X射线下发蓝色荧光，极少数不发光；阴极射线下发蓝色或绿色光。Ⅱb型金刚石在波长 365nm 的光照射下不发光，但用短波紫外线（253.7nm）照射后显示浅蓝色、有时呈红色磷光。

力学性质 金刚石是最硬的天然物质，研磨硬度117000，是石英硬度（100）的1170倍，刚玉硬度（833）的140倍。杂质会对硬度产生影响，如含铬使金刚石硬度降低，韧性增大；含氮则金刚石硬度较高而脆性增大。硬度具有明显的各向异性，八面体晶面 {111}＞菱形十二面体晶面 {110}＞四角三八面体晶面 {211}；同一晶面不同方向上硬度也不同。在（100）面上，对角线 [011]、[0$\bar{1}$1] 方向的硬度大于平行正四方形边 [001]、[010] 方向的硬度；在（110）面上，[011] 方向的硬度远大于 [001] 方向的硬度；在（111）面上各方向硬度相近，但指向立方对角线方向的硬度仍大于相反方向的硬度。

金刚石具有极强的抗磨性，摩擦系数小，其抗磨能力为刚玉的90倍。金刚石虽然坚硬，但显脆性，在冲击作用下易破碎。

金刚石具 {111} 中等解理，{110}、{221} 不完全解理。因其结构中 {111} 面网内键的相对密度最大，为 $4.619/a^2$，面网间键的相对密度最小，为 $2.309/a^2$；{110} 面网内键的相对密度为 $2.828/a^2$，仅次于 {111} 面网，面网间相对密度为 $2.828/a^2$，仅高于 {111}。其他面网间键的相对密度远远超过其面网内的相对密度，因而不易产生平行其面网的解理，而产生不规则的贝壳状断口。Ⅱ型金刚石的解理面通常较Ⅰ型平滑。

金刚石具有特殊的弹性，用X射线衍射强度和超声波速测得的弹性模量值（单位：10^{11} Pa）：$C_{11}=9.5\sim11.0$；$C_{12}=1.25\sim3.9$；$C_{14}=4.4\sim5.96$；$K=1/3(C_{11}+2C_{12})=4.42\sim5.9$。体积压缩系数为 $(0.16\sim0.18)\times10^{-6}$ cm^2/kg，体积压缩模量 $(5.63\sim6.3)\times10^{11}$ Pa。少数金刚石可发生塑性变形，系沿 {111} 面产生滑移所致。

金刚石的相对密度为 3.47～3.50，无色透明者相对密度为 3.52，带色金刚石的密度较高，而灰色或黑色（含石墨）金刚石的密度较低。

电学性质 Ⅰ型和Ⅱa型金刚石为绝缘体，室温下电阻率为 $10^{14\sim15}$ $\Omega\cdot$cm。Ⅱb型因含硼而电阻率低，为 p 型半导体。用波长 210～300nm 的紫外线照射金刚石时，会有光电流产生。用红外和紫外线同时照射时，其光电导将增加近两倍。相同条件下，Ⅱ型比Ⅰ型金刚石的电流大若干数量级。

热学性质 金刚石具有很高的热导率，且热导率与其含氮量有关。若300K下其热导率为铜的3倍，则其含氮量必<300μg/g。Ⅰa型的含氮量多高于此值，故不宜作散热元件。Ⅰb型及Ⅱ型含氮量低，均具有很高的热导率，适于作散热元件。金刚石的热导率随温度而异，室温下Ⅰb型和Ⅱ型的热导率为铜的4~5倍。

高温下金刚石可燃，燃点在空气中为850~1000℃，在纯氧中为720~800℃。燃点和金刚石与空气的接触面及增温率有关，一般小颗粒比大颗粒易燃。在绝氧不加压的真空条件下，金刚石加热至1800~1900℃可转变为石墨。金刚石的热膨胀系数很小，且随温度的变化明显，如-38.8℃时为0，0℃时为5.6×10^{-7}，30℃时为9.97×10^{-7}，50℃时为12.86×10^{-7}。

表面性质 表面具有亲油性和疏水性。金刚石由非极性的碳原子所组成，对水的H^+和OH^-不产生吸附作用，即水对金刚石不产生极化作用，故金刚石具疏水性。天然金刚石亦有疏油亲水者，主要原因是：（1）表面覆盖有氧化薄膜或硅酸盐矿物薄膜，表面键性改变而变为亲水；（2）微量元素的混入，使晶体内部构造或表面键性发生改变；（3）受射线作用、地质应力作用、酸碱长期腐蚀、杂质机械混入和包裹体的影响等。

化学稳定性 金刚石对任何酸都是稳定的，甚至在高温下，酸对金刚石也不显示任何作用。但在碱、含氧盐类和金属熔体中，金刚石很容易受侵蚀。

【资源地质】 主要产于金伯利岩、钾镁煌斑岩中，通常呈岩管、岩墙和岩脉产出，橄榄石、金云母、镁铝榴石、铬透辉石、镁钛铁矿、镁铬铁矿、铬尖晶石、钙钛矿与金刚石成典型矿物组合。血红色镁铝榴石和镁钛铁矿是含矿金伯利岩的标型矿物。外生条件下，金刚石原生矿床经风化、搬运可形成砂矿。近年来，在我国西藏罗布莎、内蒙古贺根山、新疆萨尔托海和俄罗斯北部蛇绿岩套产豆荚状高铬、高铝两类铬铁岩中，发现普遍产出金刚石，与碳硅石、钙铬榴石、镁铝榴石、镁橄榄石等超高压矿物相共生（Huang et al，2015；Tian et al，2015）。

对全球2837颗金刚石中包裹体矿物的统计，产自橄榄岩、榴辉岩、二辉岩中的金刚石分别占65%、33%和2%；依据被包裹石榴子石的成分，又可将橄榄岩（peridotite）分为方辉橄榄岩（harzburgite）、二辉橄榄岩（lherzolite）和单辉橄榄岩（wehrlite），三者各占56%、8%和0.7%。对包裹体矿物组合的稳压计算表明，产于方辉橄榄岩中的金刚石，约90%形成于固相线以下条件；而产于榴辉岩（eclogite）和二辉橄榄岩中的金刚石，则生成于存在熔体相，或存在强还原CHO流体的条件，后者导致固相线温度上升，或只出现于约5GPa和1050℃以下的温压条件。微量元素地球化学表明，产于方辉橄榄岩、二辉橄榄岩中的金刚石分别形成于固相线以下和以上温度条件，且金刚石生成后经历了缓慢热释放导致的约60~180℃的降温，或者如在南非金伯利地区，由于岩石圈地幔可能的伸展上升，致使金刚石的生成与保存发生在类似或甚至小幅上升温度下。包裹体矿物稳压计算表明，橄榄岩相金刚石形成于140~190km、1040~1250℃温区（岩石圈地幔的金刚石稳定区110~205km），而榴辉岩相金刚石则形成于155~200km、1060~1340℃温区。

金刚石沉淀（precipitation）是由于CHO流体的等化学（不与围岩发生氧交换）冷却，或其沿地温梯度的等化学上升所致。尤其是对于接近最大水含量的流体成分，上述两种情形都与碳素（CH_4，CO_2或CO_3^{2-}）溶解度的各自减小相关，从而导致在橄榄岩和榴辉岩中，金刚石分别在EMOD缓冲剂（顽辉石＋菱镁矿＝橄榄石＋金刚石/石墨）和DCDD平衡（白云石＋柯石英＝透辉石＋金刚石）以下的还原流体相中生成（Stachel et al，2015）。最新研究表明，Kullinan 等地所产大粒金刚石，系结晶于深部地幔的还原性金属液相中，其中含有 Fe-Ni-C-S 熔体的固态包裹体，并伴有甲烷±H 流体薄层，有些还含有镁铁榴石或早先的钙硅矿（calcium silicate perovskite）包裹体（Smith et al，2017）。

全球现有 35 个国家或地区发现了金刚石资源，主要集中在南非、俄罗斯、博茨瓦纳、民主刚果和澳大利亚等国。世界闻名的金刚石产地是南非金伯利。据 SNL 金属和矿业公司对全球 191 个金刚石矿床的统计，世界金刚石目前探明储量超过 45 亿克拉，排在前 4 位的国家是俄罗斯、博茨瓦纳、加拿大和南非，占世界总储量的 67.6%。中国金刚石资源贫乏，其中山东、辽宁两省查明的金刚石资源量分别占全国的 48.5% 和 48.2%，主要有山东沂沭河、辽南复州河、湘南沅水河砂矿床。

【鉴定特征】 晶体浑圆，强金刚光泽，极高硬度，具发光性等。

【工业应用】 一般工业指标：岩脉型矿，边界品位 $20\sim40mg/m^3$，工业品位 $30\sim60mg/m^3$；最小回收颗粒直径 0.2mm，坑道进尺每米毫克值 $30\sim60mg/m$。岩管型矿，边界品位 $10\sim20mg/m^3$，工业品位 $15\sim30mg/m^3$；最小回收颗粒直径 0.2mm。砂矿，边界品位 $1.5mg/m^3$，工业品位 $2mg/m^3$，可采厚度 $0.2\sim0.6m$。

金刚石按用途分为宝石级和工业级两个系列。2015 年世界金刚石产量为 1.253 亿克拉，其中工业级 0.540 亿克拉，宝石级 0.713 亿克拉。主要生产国有俄罗斯、博茨瓦纳、民主刚果、澳大利亚、南非、安哥拉、纳米比亚、津巴布韦等。

目前生产的天然金刚石中，约 55% 为宝石级，用于制作珠宝首饰；其余约 45% 为工业级，主要用于切割、钻探、研磨和抛光等工业用途。工业金刚石的利用中，天然金刚石仅占 1%，合成金刚石约占 99%。2015 年世界合成金刚石产量估计约 70 亿克拉，主要生产国有中国（>40 亿克拉）、白俄罗斯、爱尔兰、日本、俄罗斯、南非、瑞典和美国等。

宝石级金刚石 加工后称为钻石，是最名贵的宝石和传统的贵重饰品。世界金刚石总产量不足 20% 用于首饰收藏，但其价值约为工业金刚石的 5 倍。金刚石以其最大硬度、透明、无色纯净或浅彩色、高折射率和强色散导致的光亮、五颜六色、闪烁夺目而居宝石之首。评价金刚石宝石的主要依据是"4C"标准，即净度（clarity）、颜色（color）、克拉重量（carat weight）和切工（cut）。

净度是指无瑕疵（包裹体、裂隙、双晶、蚀痕、裂纹等）的程度。以 10 倍放大镜观察，分为完全洁净（无瑕）、内部洁净（极微瑕）、极轻微瑕疵（微瑕、一花）、很轻微瑕疵（小瑕、二花）、轻微瑕疵（一级瑕、三花）和不洁净级（二级瑕、三级瑕、大花）。

颜色是评价金刚石的重要标准。宝石金刚石的颜色限于无色、近于无色、微黄、淡浅黄及浅黄五种，粉红、蓝色和绿色为稀有珍品，近年来国际上已将黑色金刚石作为高档宝石。其他颜色的金刚石均不属于宝石级。

宝石级金刚石最小不得小于 0.1ct。世界上迄今发现 >400ct 的大钻石只有 40 余颗。

钻石的切工也极重要，合理精确的切磨能使光线充分折射和反射，显示出夺目光彩，称之为"火彩"。

工业级金刚石 包括不适于作宝石的粗粒、不纯金刚石、金刚砂、金刚粉等，主要是利用其高硬度、高强度。国际市场工业级金刚石的消费结构为：建筑业 $60\%\sim65\%$，制造商和能源公司 $15\%\sim20\%$，高技术 $15\%\sim25\%$。

Ⅰ型金刚石 占天然金刚石的 98%，人工合成金刚石又以Ⅰb 型最多，故Ⅰ型金刚石是最常见的普通金刚石。主要应用领域如下。

（1）拉丝模　主要用于电气和精密仪表工业，拉制灯丝、电线、电缆丝、金属丝等。对于拉制高质量的金属丝、硬金属丝和小于 1mm 的细金属丝，金刚石拉丝模是理想工具。主要优点：使用寿命长，其耐用度为硬质合金拉丝模的 200～250 倍；拉制的金属丝精度高，光滑均匀（差值＜1～2μm），大大提高了金属丝的性能和使用寿命；拉丝速度快，效率高。用作拉丝模的金刚石晶体，要求无色或浅色、透明、无包裹体、无裂纹、晶体完整，大小为 0.1～0.25ct。由于钻孔技术的进步，目前甚至可用 0.04～0.05ct 的金刚石。

（2）刀具　金刚石车刀广泛用于机械加工各种合金、超硬合金、陶瓷及其他非金属等。其优点是精度高，加工器件的光洁度高，并能大大提高工效。车刀用金刚石要求晶体完整、无裂纹、无包裹体，大小为 0.7～3ct。用于刻划精密仪器、刻度和雕刻用的金刚石刻刀，要长形晶体，一端无裂纹和包裹体，大小为 0.1～0.55ct。

（3）砂轮刀　主要用于修整砂轮的工作表面。要求每个金刚石晶体至少有三个棱角，顶角处不允许有裂纹和包裹体，大小为 0.3～3ct。

（4）测量仪　主要用于硬度计压头、表面光洁度测量仪测头等。要求金刚石晶形完整，无裂纹，无包裹体，大小为 0.1～0.3ct。

（5）钻头　用于制造钻头的金刚石消耗量占工业金刚石的 15％～20％。主要用于地质、水文、煤炭钻探和石油、天然气的勘探等。钻头用金刚石要求无裂纹，大小为 1～100ct。

（6）制造玻璃刀、金刚石笔、轴承等。

不能满足以上用途的金刚石微粒、金刚石粉均可用作磨料，用于制造金刚石砂轮、磨头、研磨油石、研磨膏、砂布、砂纸等。

Ⅱ型金刚石　主要用于尖端工业和高新技术领域。

Ⅱa 型金刚石具有固体最高的热传导性能。主要用于固体微波器件及固体激光器件的散热片。Ⅱa 型金刚石也是优良的红外线穿透材料，在空间技术中用于人造卫星、宇宙飞船和远程导弹上的红外激光器的窗口材料。

Ⅱb 型金刚石具有良好的半导体性能，具有禁带宽、迁移率高、耐高温和优良的热耗散性能。用它制成的金刚石整流器，具有体积小、功率大、耐高温等优点；制成的三极管可在 600℃ 高温下工作；在金刚石中掺入痕量其他元素制成的半导体金刚石电阻温度计，电阻精度与温度成正比变化，测量范围在氧化气氛中为 -168～450℃，在非氧化气氛中为 -198～650℃。

在极端条件下使用的机电器件、元件和切削刀具，则主要采用化学气相沉积法制备的薄膜金刚石。利用金刚石的化学稳定性、高杨氏模量和极大的压阻效应，可制备适用于高温、高辐射及恶劣环境的压力传感器（莘海维等，2000）。金刚石薄膜对紫外光具有高灵敏度和开关特性，可制备紫外光探测器（肖金龙，2001）。

石墨（graphite）

C

【晶体化学】　自然界产出纯石墨很少，常含 SiO_2、Al_2O_3、FeO、MgO、CaO、P_2O_5、CuO、H_2O、沥青及黏土等杂质，可达 10％～20％。

【结构形态】　层状结构。碳原子组成六方网层（图 1-2-4）。根据层的叠置层序和重复周期分为两种类型：ABAB 两层周期的 2H 型，D_{6h}^4-$P6_3/mmc$；$a_0 = 0.2462nm$，$c_0 =$

0.670nm；$Z=4$。ABCABC 三层周期的 3R 型，D_{3d}^5-$R\bar{3}m$；$a_0=0.246$nm，$c_0=1.006$nm；$Z=6$。层内原子间距 0.142nm，层间距 0.335nm。层内原子作六方环状排列，碳原子为三配位，碳原子的外层构型为 s^2p^2，杂化作 sp^2。每个碳原子以一个 s 电子和两个 p 电子与其周围的三个碳原子形成共价键，而另一个具有活动性的 p 电子则形成离域大 π 键，从而使晶体具有一定的金属性。层内极强的结合、层间大间距及弱键构成了石墨结构的主要特点，决定了石墨的特殊性能。

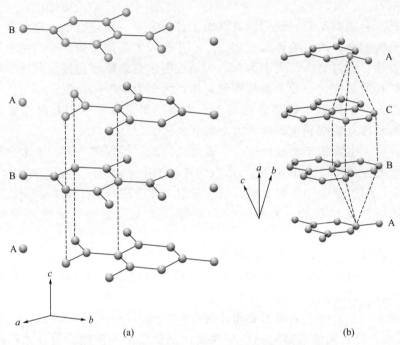

图 1-2-4　2H（a）和 3R（b）石墨的晶体结构对比

　　六方板状晶形。底面常具三角形条纹。一般呈鳞片状或致密块状、土状。

　　【理化性能】　铁黑至钢灰色。条痕光亮黑色。金属光泽，隐晶集合体呈土状者光泽暗淡。不透明。解理 {0001} 完全。硬度 1～2。相对密度 2.1～2.3。具滑腻感，良导电性。

　　偏光镜下：极薄片能透光，浅绿灰色。一轴晶（－），折射率约 1.93～2.07。

　　耐高温性　石墨是碳的高温变体，是目前已知的最耐高温的天然矿物，熔点高达 3850℃，4500℃才气化。在超高温电弧下加热 10s，质量损失仅 0.8%，而刚玉为 6.9%～13.7%，极耐高温的金属为 12.9%。2500℃时石墨的强度反而比室温时提高一倍。

　　导电、导热性能　电导率约为一般非金属的 100 倍，碳素钢的 2 倍，铝的 3～3.5 倍。若将其制成定向石墨，其顺向导电性约为反向导电性的 1000 倍，故可制成各种半导体材料和高温导电材料。石墨的导热性能超过钢、铁、铝，且具有异常导热性，即导热率随温度的升高而降低，在极高温度下则趋于绝热。

　　化学稳定性　常温下具良好的化学稳定性，不受任何强酸、强碱和有机溶剂的腐蚀。但在氧化剂（如高氯酸 $HClO_4$）作用下能被氧化。在空气中 500℃ 开始氧化，700℃时水蒸气可对其产生侵蚀，900℃时 CO_2 也能对其产生侵蚀作用。热稳定性良好，膨胀系数小（1.2×10^{-6}/℃），高温下能经受温度剧变而不破坏，且其体积变化不大。

　　润滑性和可加工性　具良好的润滑性能，其摩擦系数在润滑介质中小于 0.1。鳞片

越大，摩擦系数越小，润滑性能越好。可展成 $0.2\mu m$ 的透光透气薄片，高强度石墨甚至连金刚石刀具都难以加工。

吸热性和散热性　具良好的吸热性能，可吸收 $(2.96\sim9.211)\times10^{7}J/kg$ 热量，而金属材料吸热量为 $4.061\times10^{7}J/kg$；石墨的散热性能与金属相当。

涂敷性　石墨可涂抹固体形成薄膜，当其颗粒小至 $5\sim10\mu m$ 时黏附力更强。

在原子核反应堆中，石墨具有良好的中子减速性能。

【资源地质】　形成于高温下的还原作用。分布最广的石墨变质矿床，多产于强烈变质岩层中，如片麻岩、片岩、石灰岩等，由碳质沉积物或煤层受区域变质或岩浆侵入作用而形成。我国湖南某石墨矿产于花岗岩体外接触带的变质岩系中，借煤系变质而成。石墨亦可产于某些火成岩中，碳常来自含碳围岩，也见于伟晶岩脉。近年来在新疆奇台黄羊山发现我国首个超大型岩浆热液型晶质石墨矿床。

格陵兰东南部古元古界榴辉岩中产热液型鳞片石墨，片径 $1\sim6mm$。榴辉岩峰期矿物组合的变质温度为 $640\sim830℃$，压力 $2.2\sim2.5GPa$；退变质作用在约 $1870\sim1820Ma$ 形成高压角闪岩相。榴辉岩地体退变质过程中，约 $600℃$ 的高温流体携带碳源（CO_2+CH_4），在作为流体通道的剪切带发生石墨矿化，生成石英＋黑云母＋铁闪石＋浅闪石＋韭闪石＋钾长石＋榍石的热液蚀变矿物组合（Rosing-Schow et al，2017）。

全球石墨资源丰富，推测资源量超过 8 亿吨。2015 年世界石墨储量增至 2.30 亿吨（矿物），其中土耳其 9000 万吨，巴西 7200 万吨，中国 5500 万吨，印度 800 万吨。2015 年中国石墨查明资源储量超过 2 亿吨，晶质石墨主要分布于黑龙江、山东、内蒙古、山西和四川。其中黑龙江箩北县云山石墨矿床居中国第 1 位，世界前 3 位。隐晶质石墨主要产于内蒙古、湖南和吉林等 9 省区。2015 年中国石墨产量 85 万吨，占世界总产量的 67.5%。其中晶质石墨产量 60 万吨，微晶石墨产量约 25 万吨。目前，中国球形石墨产能已然过剩，非洲莫桑比克、坦桑尼亚、马达加斯加几个石墨矿将陆续投产，故短期内全球石墨原料将会供大于需。

石墨亦可由石油焦在电炉中于 $2600\sim3000℃$ 下合成，但仅限于在缺乏天然石墨资源的美国、加拿大、日本及西欧生产。

【鉴定特征】　铁黑色，条痕黑色，一组完全解理，硬度小，染手。与辉钼矿相似，但辉钼矿具更强的金属光泽，密度稍大。在涂釉瓷板上，辉钼矿的条痕色黑中带绿，而石墨条痕不带绿色。

【工业应用】　根据结晶程度分为：晶质石墨，呈鳞片状或块状，晶体 $>1\mu m$，肉眼或显微镜下可辨其晶形；隐晶质石墨，晶体细小，显微镜下亦难辨其晶形，又称无定形石墨或土状石墨。一般工业指标（DZ/T 0207—2002）：晶质石墨风化矿，边界品位固定碳 2%～3%，工业品位固定碳 2.5%～3.5%；原生矿，边界品位固定碳 2.5%～3.5%，工业品位固定碳 3%～8%；隐晶质石墨矿，边界品位固定碳 ≥55%，工业品位固定碳 ≥65%。

鳞片状石墨　经加工提纯可提高其含碳量。根据固定碳含量，分为高纯石墨（固定碳 99.9%～99.99%，代号 LC）、高碳石墨（94.0%～99.0%，LG）、中碳石墨（80.0%～93.0%，LZ）、低碳石墨（50.0%～79.0%，LD）。各级石墨的牌号依次由代号、粒度和固定碳的含量组成。如 LC55-9999 指高纯石墨，粒度 50 目，含固定碳 99.99%。

隐晶质石墨　根据其粒度分为无定形石墨粉和石墨粒。石墨粉分为 0.149mm、0.074mm、0.044mm 三个粒级，用阿拉伯数字作代号；石墨粒分为粗（6～13mm）、中

（0.6～6mm）、细（0.149～0.6mm），分别用拼音字母 C、Z、X 为代号；特性代号为 W，有含铁量要求者代号用 WT。牌号依次由石墨特性代号、固定碳含量、粒级代号组成。如 W80-1 指无定形石墨粉，含固定碳 80%，粒度 0.149mm，筛上物不大于 10%；W78-Z 指无定形石墨粒，含固定碳 78%，粒度 0.6～6mm。

利用天然石墨耐高温、导电、传热、润滑和密封等优异物理性质，可制备各种石墨功能材料，如耐火材料、导电材料、导热材料、高温润滑剂、导电油墨、密封材料、抗静电橡胶和塑料、汽油防爆剂、高压电缆保护层、防腐蚀材料和防辐射材料等，广泛应用于冶金、化工、机械、核工业、电子、航空航天和国防等行业。目前，天然石墨应用较多的主要是膨胀石墨、氟化石墨及石墨烯三类制品。在新兴产业石墨制品领域，今后应重点关注锂电池、燃料电池、计算机芯片、显示器及手机触摸屏、刹车片、工业钻石、汽油添加剂等（饶娟等，2017）。

近年来石墨烯制备及应用技术发展迅速，不同质量的石墨烯产品已能小规模生产，石墨烯电子墨水、石墨烯防腐涂料、石墨烯复合橡胶轮胎相继实现量产。鳞片石墨可用于制备石墨烯微片，石墨烯应用领域将不断扩展，但其大规模商业应用尚需时日。

近期石墨的主要应用市场是耐火材料、铸造和润滑工业，占消费量约 75%，新能源汽车、电子信息、核工业等高科技行业，石墨消费量占 25%。

冶金工业 是石墨的最大消费领域。主要用于石墨坩埚、铸造模具和耐火砖，也用作炼钢的增碳剂。其中前两者各约占石墨总产量的 1/3。生产石墨坩埚需用大鳞片石墨，传统应用品级为 100 目、含碳量 90%。石墨在坩埚中的含量达 45%。碳化硅石墨坩埚只需 30% 的石墨，含碳 80% 的鳞片石墨即可达到要求，鳞片的粒级亦可降低。石墨坩埚用来炼钢、熔炼有色金属和合金，有耐高温、使用寿命长等优点。利用石墨的涂敷性、耐火性、润滑性和化学稳定性，作为铸模涂料，可使铸模耐高温、耐腐蚀、模面光滑、铸件易脱模。在高温电炉和高炉的耐火材料中加入石墨，可明显提高其抗热冲击性和抗腐蚀性。

机械工业 石墨润滑剂可以耐 −200～2000℃ 的温度和极高的滑动速度。水剂胶体润滑剂用于难熔金属钨、钼的拉丝与压延；油剂胶体润滑剂用于制造玻璃皿和航空、轮船等高速运转机械的润滑；纺织、食品机械由于不能使用液体润滑，往往采用石墨粉。

电气工业 石墨主要用于制作电极、电刷、电池及电影机、探照灯发光用的电碳棒、焊接发热用的炭精棒、电炉用碳管等。

其他用途 化学工业中利用石墨具抗酸、碱和有机溶剂腐蚀的性能，制造管件、阀门和衬砌材料；轻工业中用石墨作玻璃、造纸的抛光剂，油漆、油墨、橡胶、塑料的填料；金属防腐涂料；密封材料；火箭发动机喷嘴；人造金刚石原料；制造电视显像管的涂层材料石墨乳的原料；制造铅笔笔芯和干电池电极的原料；石墨纤维复合材料的原料等。

高碳石墨（高纯度，高密度）作为核反应堆的减速剂、防核辐射外壳，以及人造卫星、火箭、飞机、潜艇、火药等方面均得到应用，是国防和核能工业的重要材料。

利用石墨的良导热、导电性及层状结构特点，可制备石墨/聚乙烯导电复合材料、插层石墨导电涂料（宋义虎等，2000）。插层石墨可用于制备石墨/环氧树脂导热复合材料、石墨颗粒增韧氧化硅陶瓷基复合材料（井新利等，2000；贾德昌，2000）。膨胀石墨可作为重油、生物体液的吸附剂（康飞宇等，2003），或有机聚合物的阻燃剂（蔡晓霞等，2008）。

采用原位制备氢氧化铝与可膨胀石墨协同阻燃作用，可显著提高聚氨酯泡沫保温材料的阻燃性能，实现高阻燃聚氨酯泡沫材料的功能化和性能优化，在建筑防火、保温节能、工业节能等领域具有广阔的应用前景（王万金，2015）。

自然硫（sulfur）

S

同质多象变体：斜方晶系 α-S、单斜晶系 β-S 和 γ-S。自然条件下 α-S 稳定。α-S 与 β-S 的转变温度为 95.6℃。γ-S 在常温下极不稳定，易转变为 α-S（又称斜方硫）。

【晶体化学】 化学成分 S_8。火山成因者常含少量 As、Te、Tl；其他成因者则含黏土、有机质、沥青等混入物。

【结构形态】 斜方晶系，D_{2h}^{24}-$Fddd$；$a_0 = 1.0437nm$，$b_0 = 1.2845nm$，$c_0 = 2.4369nm$；$Z = 16$。α-S 为分子结构，S 原子以共价键结合成环状 S_8 分子。单位晶胞由 16 个 S_8 分子组成，彼此以分子键相联结。集合体常呈致密块状、条带状、粉末状、钟乳状等。

【理化性质】 黄或棕黄色，因含杂质而呈红、绿、灰色调或黑色（含有机质）。金刚或油脂光泽。解理 {001}、{110}、{111} 不完全，贝壳状断口，硬度 1～2，相对密度 2.05。弱导电、导热性，熔点 112.8℃，易燃（270℃）。不溶于水、盐酸和硫酸，但溶于二硫化碳、苯、三氯甲烷、苛性碱中，在硝酸和王水中被氧化成硫酸。

【资源地质】 火山喷气型 由硫蒸气直接升华或硫化物矿床与高温水蒸气作用生成 H_2S，经不完全氧化或与二氧化硫反应而生成自然硫：

$$2H_2S + O_2 \longrightarrow 2S + 2H_2O$$
$$2H_2S + SO_2 \longrightarrow 3S + 2H_2O$$

沉积型 在封闭条件下，硫酸盐类经菌解作用生成自然硫，或硫酸盐的水溶液在煤系地层中经还原生成大量 H_2S，在弱氧化条件下经物理化学作用而沉积自然硫。矿床常产于石灰岩、泥灰岩、白云岩、粉砂岩、砂岩等与大量有机质成互层的岩石内。

风化型 黄铁矿等硫化物或硫酸盐氧化分解而成，化学反应为：

$$FeS_2（黄铁矿）\longrightarrow FeSO_4 \longrightarrow Fe_2[SO_4]_3$$
$$Fe_2[SO_4]_3 + FeS_2 \longrightarrow 3FeSO_4 + 2S（自然硫）$$

赋存于沉积岩和火山岩中的硫，与天然气、石油、油砂、金属硫化物矿床共伴生，估计这部分资源总量约 50 亿吨。石膏和无水石膏中的硫资源量更大，另有 6000 亿吨硫赋存于煤、油页岩和富有机质页岩中。中国硫资源主要包括硫铁矿 13.11 亿吨（矿石）、有色金属伴生硫 0.96 亿吨（硫）和自然硫 78.59 万吨（硫）。

【鉴定特征】 黄色，油脂光泽，硬度小，性脆，有硫臭味，易燃，光焰呈蓝紫色。

【工业应用】 主要用于制造硫酸，占消费总量的 85% 以上，其中 1/2 以上用于生产硫酸镁、磷酸铵、过磷酸钙等化学肥料，其余用于化学制品，如合成洗涤剂、合成树脂、染料、药品、石油催化剂、钛白及其他颜料、合成橡胶、炸药等。石油和钢铁工业也需要少量硫酸。非酸类的应用包括用于纸张、人造丝、医药、染料、玻璃等行业。

2015 年世界硫总产量 7534 万吨，其中从酸性天然气处理回收硫占 29%，达 2370 万吨，炼油业回收硫 2820 万吨，油砂处理提炼硫 240 万吨。中国利用国内资源生产硫 1590 万吨（100% 硫），占世界总产量的 21.1%。其中以硫铁矿制硫酸约 657 万吨硫，占国内总产量的 41.3%，油气、煤化工回收硫黄 553 万吨硫，占 34.8%，有色金属冶炼回收烟气制硫酸 380 万吨硫，占 23.9%。2015 年中国硫酸产量 9673 万吨。目前中国是唯一以硫铁矿为主要硫资源的国家，硫铁矿来源硫占世界硫总产量的 9%。

2015 年世界硫视消费量 7530 万吨，其中化肥消费硫酸占总消费量的 61.7％。中国硫酸生产方法较多，包括硫铁矿制酸、硫黄制酸和冶炼烟气制酸。2015 年中国硫的消费量估计为 3455 万吨，硫铁矿视消费量 1970 万吨，硫酸视消费量 9770 万吨；硫黄进口量 1193 万吨，硫酸进口量 117.1 万吨，主要来自中东、俄罗斯及东亚地区。美国的硫供给和终端用途见图 1-2-5。

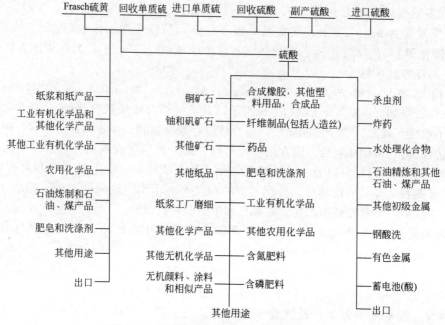

图 1-2-5　硫和硫酸的供给和终端用途示意图
(据 Ober，2006)

自然硫可制成具高压缩强度和绝缘性能的泡沫硫；掺入各种材料中以提高材料强度，改善材料的耐水性、耐磨性；制成硫—沥青路面材料，使路面在低温下保持柔韧，高温下保持坚硬；制成硫混凝土，机械性能好，耐腐蚀，抗冻融循环性破坏。

药用自然硫名硫黄，别名石硫黄、硫黄、黄牙、黄硇砂。功效：杀虫止氧；助阳益火。成药制剂：三黄珍珠膏，朝阳丸，喘舒片，复方硫黄乳膏。

第二节　卤化物矿物

本类矿物主要为氟、氯的化合物。其阳离子主要是 Na、K、Mg、Ca 等轻金属元素，其次有 Rb、Cs、Sr、Y、TR、Mn、Ni 等。

化合物类型主要为 AX 和 AX_2 型，主要结构类型有氯化钠型、萤石型、闪锌矿型。结构中的化学键因离子性质不同而异。轻金属卤化物具有典型的离子键，物性上表现为透明、无色、密度小、折射率低、弱光泽和其中许多矿物可溶于水等特点。重金属卤化物具有共价键，物性上具有很淡的颜色、折射率高、金刚光泽、密度大等特点。

阴离子 F^-（0.133nm）、Cl^-（0.181nm）的半径差异大，因而形成化合物时对阳离子具有选择性。F^- 要求半径相对小的阳离子，与 Ca^{2+}、Mg^{2+}、Al^{3+}、Si^{4+} 等结合形成化合物，性质较稳定，熔点和沸点高，溶解度低，硬度较大。Cl^-半径大，故常与离子半径较大的阳离子 Na、K、Rb、Cs 等形成化合物，其熔点和沸点低，易溶于水、硬度较小。

卤化物主要在热液和外生作用中形成。在岩浆作用中，F、Cl 仅以附加阴离子形式进入硅酸盐和磷酸盐中。在热液作用中，大量的 F、Cl 与金属元素形成易挥发、分解的化合物。随着物理化学条件的变化，在不同热液阶段分解、化合成萤石产出。在火山喷气中可有大量卤化物形成。在外生作用中，Cl 具有很强的迁移能力，往往与 K、Na、Mg 形成易溶于水的化合物。在干旱的内陆盆地、潟湖海湾环境中，形成大量氯化物沉淀；Br、I 也相对富集。现今绝大部分的 Cl、Br、I 集中于海水中。

萤石（氟石）（fluorite）

CaF_2

【晶体化学】 理论组成（$w_B\%$）：Ca 51.33，F 48.67。通常以类质同象替代 Ca 的有 Y、Ce 等稀土元素（可形成稀土萤石变种）及 Fe、Al 等。替代 F 的常有 Cl。有些萤石含 U、Th、Ra 等放射性元素，使之呈紫色。常含各种包裹体。

【结构形态】 等轴晶系，O_h^5-$Fm3m$；$a_0 = 0.546nm$；$Z = 4$。Ca 和 F 的配位数分别为 8 和 4。Ca^{2+}分布在立方晶胞的角顶与面中心。将晶胞分为 8 个小立方体，则每个小立方体中心为 F 占据（图 1-2-6）。在（111）面网方向，每隔一层 Ca^{2+}就有两层毗邻的 F^-面网，其间结合力最弱，故导致八面体 {111} 完全解理。

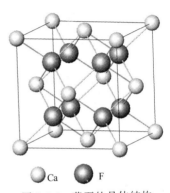

图 1-2-6 萤石的晶体结构

六八面体晶类，O_h-$m3m$（$3L^4 4L^3 6L^2 9PC$）。晶体常呈立方体 $a\{100\}$，其次为八面体 $o\{111\}$，少数菱形十二面体 $d\{110\}$，有时有四六面体 $e\{210\}$ 和六八面体 $t\{421\}$ 等。常依（111）成穿插双晶（图 1-2-7）。集合体多呈粒状、块状，有时见纤维状、土状等。

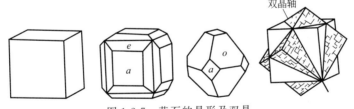

图 1-2-7 萤石的晶形及双晶

【理化性质】 无色透明者少见，多显各种浅色调，如绿、黄、蓝、紫、红、灰甚至黑色，引起萤石颜色多变的原因主要有晶体缺陷、包裹体、混入物、形成温度等。紫色者形成温度最高，淡蓝色者次之，绿色者形成温度较低。加热时其色可褪，褪色温度绿色者约 300℃，紫色者约 400℃，紫黑色者约 500℃。受 X 射线照射后可恢复原色。致色机理主要有有机致色、胶体钙致色、色心和复合色心致色等，以色心致色为主。透明或半透明，玻璃光泽，硬度 4，相对密度 3.18，钇萤石相对密度 3.3。熔点 1270～1350℃。阴极射线和紫外线下发紫色荧光，可能由结构中的中性 Ca、F 原子所致。60% 的萤石具有不同程度的放射性，紫色者放射性元素含量最高，可达 0.01%。

偏光镜下：均质体。折射率很低，$N = 1.434$。对各种波长的色散效应均微弱。极易透过红外线和紫外线，故在光学技术上有重要用途。

遇浓硫酸分解，生成氟化氢气体和硫酸钙。与盐酸、硝酸的反应微弱。

【资源地质】 萤石是多成因矿物，不同成因的萤石在成分上有所不同。

在内生作用中，萤石主要由热液作用形成，与金属硫化物和碳酸盐共生。热液型萤石矿床有两类：一是见于石灰岩中的萤石脉，其杂质成分主要是 $CaCO_3$，有时与重晶石、铅锌硫化物伴生。例如，湖南桃林铅锌矿床中产有大量萤石及重晶石脉。二是见于流纹岩、花岗岩、片岩中的萤石脉，杂质主要是 SiO_2。我国此类矿床以浙江省最著名，主要在流纹岩和凝灰岩中成巨脉产出。福建省第三系流纹岩中也有大量萤石产出。

在沉积作用中，萤石成层状与石膏、硬石膏、方解石、白云石共生，或作为胶结物及砂岩中的碎屑物产出，可以形成大型萤石矿床。西班牙、南非等国产有沉积成因的萤石矿床，特别是成层状产于二叠纪-三叠纪的某些沉积岩中，规模巨大。

在表生作用中，也可形成萤石。如我国内蒙古白云鄂博矿床氧化带中即产有表生萤石。作为金属硫化物矿床中伴生的萤石，在矿床氧化带中不稳定，可发生分解，游离氟可与围岩中的 Al、Ca 形成次生钙铝萤石 $[CaAl(F,OH)_5 \cdot 5H_2O]$ 等水合物。

一般萤石矿石主要来自夕卡岩型萤石矿床。光学用途的萤石晶体则主要来源于伟晶岩型萤石矿床和相关的残积矿床。

全球萤石储量 2.5 亿吨，分布在 40 多个国家和地区，南非、墨西哥、中国和蒙古的萤石储量分列前 4 位，占全球的 47.6%。磷酸盐岩中蕴藏着丰富的氟资源。世界磷酸盐岩储量 690 亿吨，伴生氟资源量按萤石当量计达 48 亿吨。全球氟资源极其丰富，足以满足未来需求，关键在于安全回收和安全利用。

2015 年中国的萤石储量为 0.24 亿吨，占世界的 9.6%，其中内蒙古、浙江、福建、江西和湖南 5 省区已探明萤石资源储量占全国的 70% 以上；萤石产量达 380 万吨，占世界总产量的 60.8%；现有萤石矿山近 1000 座，分布在内蒙古、福建、湖南、江西、浙江等 18 个省区。中国大型磷化工企业在磷化工生产过程中回收氟资源，生产无水氢氟酸，电解铝厂加强了氟化物的循环利用。目前中国氢氟酸和氟化铝产能严重过剩。

【鉴定特征】 根据其晶形、{111} 完全解理、硬度及各种浅色等特征易识别。荧光、热光试验可辅助鉴别。

【工业应用】 氟化工的重要原料矿物。一般工业指标（DZ/T 2011—2002）：边界品位 $CaF_2 \geqslant 20\%$，最低工业品位 $CaF_2 \geqslant 30\%$。矿石品级：富矿，$CaF_2 \geqslant 65\%$，$S < 1.0\%$，可采厚度 0.7m，夹石剔除厚度 0.7m；贫矿，CaF_2 20%~65%，可采厚度 1.0m，夹石剔除厚度 1~2m。

按工业用途萤石分为酸级萤石（$CaF_2 \geqslant 97\%$）、陶瓷级萤石（CaF_2 85%~95%）和冶金级萤石（CaF_2 60%~85%）。全球萤石消费量 1/2 以上用于生产氢氟酸，近 30% 用于生产氟化铝和冰晶石，其余用于钢铁冶炼、玻璃、陶瓷生产和焊料等。中国目前萤石消费结构：氟化工 39%，钢铁 37%，炼铝 23%，其他 1%。

氟化工、冶金、机械、玻璃等行业所使用萤石精矿的质量要求（YB/T 5217—2005）：牌号 FC-98，$CaF_2 \geqslant 98\%$，$SiO_2 \leqslant 0.6\%$，$CaCO_3 \leqslant 0.7\%$；FC-97A，$CaF_2 \geqslant 97\%$，$SiO_2 \leqslant 0.8\%$，$CaCO_3 \leqslant 1.0\%$；FC-97B，$CaF_2 \geqslant 97\%$，$SiO_2 \leqslant 1.0\%$，$CaCO_3 \leqslant 1.2\%$；FC-97C，$CaF_2 \geqslant 97\%$，$SiO_2 \leqslant 1.2\%$，$CaCO_3 \leqslant 1.2\%$。其他指标：$S \leqslant 0.03\%$，$P \leqslant 0.02\%$，$As \leqslant 0.0005$。干态精矿水分不大于 0.5%。

化工原料 萤石经硫酸处理可生产氟化氢。其产品一种是无水氟化氢，为无色冒烟的液体；另一种是吸水后形成的氢氟酸（HF 70%）。氟化氢可用于合成冰晶石，生产各种氟化物。无机氟化物可用作杀虫剂、防腐剂等；有机氟化物的用途也很广。

冶金熔剂　钢铁冶炼中以萤石作助熔剂，以降低熔点，改善硅酸盐熔渣的流动性，排除金属熔体中的 S、P、Si 等杂质。根据炼钢炉类型，萤石用量在 2～5kg/t；炼铸铁需要萤石 6～8kg/t。萤石助熔剂主要用于碱性平炉、碱性氧气炉和电炉炼钢，也用于生产某些铁合金及冶炼有色金属，还用作电焊熔剂。

建材原料　水泥生产中，F 能破坏水泥原料中的硅质矿物，加速固相反应，缩短烧成时间。使熟料松脆，易于磨细，达到节能效果。水泥生产用萤石的 $CaF_2 > 45\%$ 即可。陶瓷生产中可用萤石作熔剂和釉料配料。生产米色面砖时，萤石是钒浮渣的抑制剂。玻璃工业中，萤石作为熔剂，可降低熔化温度，促使某些添加剂的熔化；也用作乳浊剂，加速玻璃熔体围绕若干中心结晶，生成蛋白石玻璃，即乳光玻璃。

光学材料　萤石为光性均质体，折射率很低，色散弱，红外线和紫外线透过性良好，可制成无球面像差的光学物镜、光谱仪棱镜和辐射紫外线及红外线的窗口材料。光学萤石应无色透明或为透明的均匀浅色、无裂隙或包裹体。无缺陷部分尺寸应 $\geq 6mm \times 6mm \times 4mm$。

其他用途　用以生产电炉的磨蚀剂，生产碳化钙、氨基氰和火焰弧光灯的电极，用作砂轮的黏合材料。掺钕钇萤石 $(Ca, Y)F_{2-3}$：Nd^{3+} 是具有高荧光效应的优质激光晶体材料。掺杂 Eu^{3+} 的萤石可发蓝色荧光（曹林等，2001）。合成的纯氟化钙单晶可用作红外材料。

乳白色优质萤石可作宝石，琢磨成弧形戒面，外观似贵蛋白石。单晶颗粒大，透明色美者，可用于观赏和收藏，尤以祖母绿、葡萄紫、紫罗兰色为佳。具有一定块度的粒状或纤维状集合体，半透明、单色或不同颜色形成条带者，多用于雕刻或制作工艺摆件。

萤石因具有荧光并可显示磷光，故又常被称为"夜明珠"。

药用萤石名紫石英。功效：镇心安神，降逆气，暖子宫。成药制剂：止痫散。

氟镁石（sellaite）

MgF_2

【晶体化学】　理论组成（$w_B\%$）：Mg 39.02，F 60.98。常含有石英、萤石、钙铝氟石等混入物。杂质有 Ca、Si、Mn、Al、Ti 等。

【结构形态】　四方晶系，$D_{4h}^{14}-P4_2/mnm$；$a_0 = 0.461nm$，$c_0 = 0.306nm$；$Z = 2$。金红石型结构 [图 1-2-8(a)]。复四方双锥晶类，$D_{4h}-4/mnm$（$L^4 4L^2 5PC$）。晶体常呈柱状。常见单形：四方柱 $a\{100\}$、$m\{110\}$，复四方柱 $h\{210\}$，四方双锥 $e\{101\}$、$s\{111\}$、$n\{221\}$

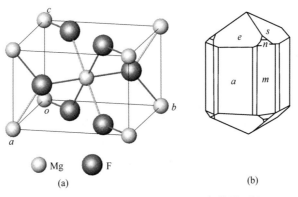

Mg　F

(a)　　　　　(b)

图 1-2-8　氟镁石的晶体结构（a）与晶形（b）

［图 1-2-8(b)］。双晶面依（011）成膝状双晶、三连晶及环晶。显微镜下可见聚片双晶。

【理化性能】 无色或白色；有时微带浅紫色，系紫色萤石混入所致。玻璃光泽。半透明。解理 {110} 完全，{101} 中等，{100} 不完全，硬度具明显的异向性：(100)、(101)=5.0～5.05，(001)=4.27。相对密度 3.14～3.17。熔点 1255℃±3℃（人工晶体）。具荧光性，加热至约 210℃发浅棕黄色光；在紫外光下发蓝紫色荧光；阴极射线下发浅棕黄色荧光。不导电。介电常数 $\varepsilon=4.62$。晶体沿 c 轴延长，与 Mg—F 八面体链方向平行。由于在（110）与（100）方向 Mg—F 的距离较远，键力较弱，因而易于断裂而发生解理。

偏光镜下：无色透明。一轴晶（+）。$N_o=1.378$，$N_e=1.390$。平行消光或对称消光。

特征热效应：118℃时有放热效应，1010℃时有吸热效应。上述热效应是可逆的。按照后一热效应可划分为低温、高温氟镁石同质多象变体。

【资源地质】 主要产于火山熔岩与火山喷出物中，与赤铁矿、磷灰石、黑云母、石膏、硬石膏等共生。亦可产于高中温热液矿床和夕卡岩矿床中，与萤石、石英、金云母、辉钼矿、黑钨矿、黄玉、磷灰石等共生。

【鉴定特征】 无色或白色柱状晶体，解理发育，硬度有明显异向性，具荧光性、特征热效应等。不溶于冷水，难溶于热水、盐酸、硝酸中。在硫酸、磷酸混合酸中易分解。

【工业应用】 是一种无色透明的红外光学材料。其硬度高，机械性能优；化学性质稳定，不易潮解和腐蚀。能透过 0.11～7.5μm 波段的光，可用于制作棱镜、透镜和窗口，以及激光晶体的基质材料。随着红外技术的发展，氟化镁单晶被广泛应用于军事技术。

采用纯度 99.99% 的氟化镁试剂为原料，以高纯石墨作坩埚和加热体，在真空度 $>10^{-5}$ Torr（1Torr=133.322Pa）的真空炉中，用坩埚下降法，可培养出性能良好的 MgF_2 单晶棒。晶体在 2～6μm 波段的透光率达 90% 以上。在原料中加入 1% 的 PbF_2 粉料，有助于防止原料中的吸附水在 MgF_2 晶体生长过程中产生的水解作用，不影响透光性能。

氟化镁是生产陶瓷、玻璃及冶炼镁、铝金属的助熔剂；光学仪器中镜头及滤光器的涂层；阴极射线屏的荧光材料，光学透镜的反折射剂及焊接剂；钛颜料的涂着剂等。

氟化镁粉体生产工艺：在衬铅反应器中盛装过量氢氟酸（40%），在搅拌下加入-200目菱镁矿粉溶于其中，在 90℃下反应 0.5h，其反应如下：

$$MgCO_3+2HF \longrightarrow MgF_2+H_2O+CO_2$$

反应生成的氟化镁，经过滤、洗涤，并在 105℃下干燥，再经粉碎即得成品。

氟化镁薄膜还是太阳能电池组件不可缺少的覆盖层材料。

冰晶石（cryolite）
$Na_2[NaAlF_6]$

【晶体化学】 理论组成（$w_B\%$）：Na 32.85，Al 12.85，F 54.30。因与冰相似而得名。成分通常很纯。

【结构形态】 单斜晶系，D_{2h}^5-$P2_1/n$；$a_0=0.547$nm，$b_0=0.562$nm，$c_0=0.782$nm，$\beta=90°11'$；$Z=2$。晶体结构由略微变型的 $[AlF_6]$、$[NaF_6]$ 八面体和 $[NaF_{12}]$ 立方八面体组成；两种八面体连接成链//c 轴延伸，链间为其他 2/3 的 Na 充填，配位数 12。$[AlF_6]$ 八面体位于晶胞角顶和中心，$[NaF_6]$ 八面体位于晶胞底面中心和垂直棱的中部，6 个 $[NaF_{12}]$ 有 4 个在晶胞面上，其余 2 个在晶胞内。由于 {001} 和 {010} 晶面较发育，故晶形外观类似立方体。通常呈致密块状，有时呈片状或粒状。

【理化性能】 无色、白色或呈浅灰、浅棕、浅红色。条痕白色。玻璃至油脂光泽。透明至半透明。具 {001}、{110} 裂开。性脆，断口参差状。硬度 2～3。相对密度 2.95～3.1。

偏光镜下：无色透明。二轴晶（+），$2V=43°$。$N_g=1.3396$，$N_m=1.3389$，$N_p=1.3385$。

【资源地质】 呈稀少矿物见于伟晶岩脉内。格陵兰西部伊维格杜特伟晶岩中产出巨大的冰晶石矿床。

【鉴定特征】 突起更低、很弱的干涉色及假立方体解理，可与萤石区别。

【工业应用】 自然界产出稀少，通常人工制造。主要用于电解铝工业，作为炼铝熔剂，用量 $4\sim10kg/t$，可将熔融浴的熔点降至 $1000℃$ 以下。电解液成分中含冰晶石 75%，Al_2O_3 $2\%\sim9\%$，AlF_3 $5\%\sim15\%$，萤石 $2\%\sim6\%$，Li_2CO_3 $2\%\sim5\%$，MgF_2 $2\%\sim3\%$（孙家跃等，2003）。在玻璃工业中用作遮光剂制造乳光玻璃、搪瓷的增白剂和助熔剂、砂轮和各种磨具的黏合剂、电焊条涂层中的集料、农作物的杀虫剂等。

石盐（halite）

NaCl

【晶体化学】 理论组成（$w_B\%$）：Na 39.34，Cl 60.66。常含有杂质和多种机械混入物，如 Br、Rb、Cs、Sr 及卤水、气泡、黏土和其他盐类矿物。

【结构形态】 等轴晶系，$O_h^5\text{-}Fm3m$；$a_0=0.5628nm$；$Z=4$。Na^+ 和 Cl^- 的配位数均为 6。Cl^- 呈立方最紧密堆积，Na^+ 填充其八面体空隙。属 AX 型化合物的标准离子型结构（图 1-2-9）。

六八面体晶类，$O_h\text{-}m3m$（$3L^44L^36L^29PC$）。常见立方体 $a\{100\}$，其次为八面体 $o\{111\}$ 与立方体 $a\{100\}$、菱形十二面体 $d\{110\}$ 聚形。集合体呈粒状、块状或盐华状。

【物理性质】 纯净者无色透明，因含杂质而染色。玻璃光泽。$\{100\}$ 解理完全。硬度 2。相对密度 $2.1\sim2.2$。具弱导电性和极高的热导性。能潮解，易溶于水，有咸味。在 $0℃$ 时溶解度 35.7%，$100℃$ 时溶解度 39.8%。熔点 $804℃$。烧之呈黄色火焰。

【资源地质】 主要产于气候干旱的内陆盆地盐湖中，或蒸发大于补给的浅水泻湖、海湾中。与钾石盐、光卤石、杂卤石、石膏、硬石膏、芒硝等共生或伴生。按产状分为：滨海泻湖，海盐；内陆湖泊，池盐，如柴达木盐湖；卤水或溶解下渗成卤水，井盐；古代大陆性气候形成，岩盐，如四川、江西等地。在沙漠地带也可见盐泽。

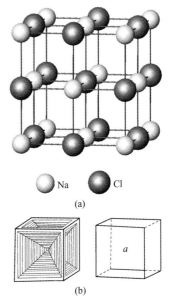

图 1-2-9 石盐的晶体结构（a）和晶形（b）

中国石盐资源丰富，除沿海各省盛产海盐外，西北、西南、中南、华东各地区岩盐和湖盐均大面积存在。

【鉴定特征】 立方体晶形、硬度、易溶于水、有咸味等为主要特征。

【工业应用】 主要用于食品工业、化学工业等领域。一般工业要求（$w_B\%$）：盐湖固体盐，边界品位 $NaCl\geqslant30$，工业品位 $NaCl\geqslant50$；岩盐，边界品位 $NaCl\geqslant15$，工业品位 $NaCl\geqslant30$；天然卤水，边界品位 $NaCl\geqslant5$，工业品位 $NaCl\geqslant10$。

食品工业 石盐是广泛应用的调味品、防腐剂、食品加工配料，用于烹调、食品储存和工业加工，用量占石盐总消耗量约 1/2。食用盐理化技术指标（GB/T 5461—2016）：优级、1 级，NaCl 分别 $\geqslant99.1\%$、$\geqslant98.5\%$；水分分别 $\leqslant0.30\%$、$\leqslant0.50\%$；

水不溶物分别≤0.05%、≤0.10%；卫生指标（mg/kg）：Ba≤15.0，F≤5.0，As≤0.5，Pb≤1.0，碘酸钾（以 I 计）35±15(20～30)，抗结剂亚铁氰化钾［以 Fe(CN)$_6^{4-}$计］≤5。

化工原料　用于生产碳酸钠（纯碱）、氢氧化钠（烧碱）、氯气、盐酸、金属钠和氢，制备次氯酸钙、二氧化氯、氯酸钠、次氯酸钠、高氯酸钠等。冶金工业中，用于加氯化钠焙烧、制备泡沫抑制剂、热处理槽、铁矿石胶结和熔化金属镀层等。

全世界以石盐为原料合成的纯碱约占其总产量的 70%，其中大部分采用 Solvay 工艺生产，其余采用 AC（Ammonium Chloride）工艺、NA（New Asahi）工艺和苛性碱碳化法生产（Santini et al，2006）。Solvay 工艺又称氨碱法，由 Alfred 和 Ernest Solvay 于 1861 年研究成功，是一种可大规模低成本生产纯碱的方法（图 1-2-10）。消耗定额为（/吨纯碱）：石盐 1.7t，蒸汽 2.8t，石灰石 1.4t，蒸发用煤 0.6t，干燥用煤约 0.2t；排放氯化钠和氯化钙碱渣 1.7t。

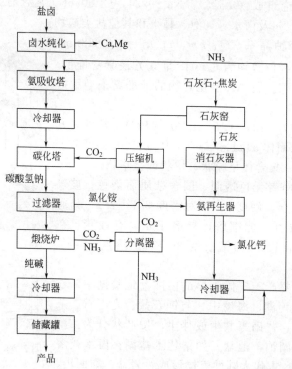

图 1-2-10　Solvay 氨碱法的工艺流程示意图

（据 Santini et al，2006）

Solvay 工艺过程的主要化学反应如下：

$$CaCO_3 \longrightarrow CaO + CO_2 \uparrow$$
$$C_{(amorph.)} + O_2 \longrightarrow CO_2 \uparrow$$
$$CaO + H_2O \longrightarrow Ca(OH)_2$$
$$NH_3 + H_2O \longrightarrow NH_4OH$$
$$2NH_4OH + CO_2 \longrightarrow (NH_4)_2CO_3 + H_2O$$
$$(NH_4)_2CO_3 + CO_2 + H_2O \longrightarrow 2NH_4HCO_3$$
$$NH_4HCO_3 + NaCl \longrightarrow NH_4Cl + NaHCO_3$$

$$2NaHCO_3 \longrightarrow Na_2CO_3 + CO_2 \uparrow + H_2O \uparrow$$

$$2NH_4Cl + Ca(OH)_2 \longrightarrow 2NH_3 \uparrow + CaCl_2 + 2H_2O$$

AC 工艺由日本 Asahi 玻璃公司于 1949 年最先采用，主要改进了 Solvay 工艺中 NaCl 原料的利用率。在 Solvay 工艺中，只有 70% 的 Na 转变为纯碱，其余 30% 的 Na 和全部 Cl 均以碱渣形式排放。AC 工艺中 Na 的利用率提高至 90% 以上，所得 NH_4Cl 液体则通过冷却结晶而制成含氮肥料，后者适用于水稻、小麦、甘蔗、棉花、椰子和棕榈油树等作物。NA 工艺研发于 20 世纪 70 年代初，主要改进了 AC 工艺的能耗、劳动定员和设备维护。

其他用途 用于生产人工海水和电化学蚀剂、刻蚀铝箔和转变冰点、公路路面的冬季保护等。用于溶解开采法或水冶金法提取金属矿体边界的有用金属等。

药用硇砂分为白硇砂和紫硇砂，前者别名淡硇砂、岩硇砂，主含氯化铵；后者又称藏硇砂、咸硇砂，为紫色石盐矿石，主含氯化钠。功效：消积软坚，破瘀散结。成药制剂：硇砂膏。

钾石盐 （sylvite）

KCl

【晶体化学】 理论组成（w_B%）：K 52.44，Cl 47.56。常含微量 Br、Rb、Cs 类质同象替代和气液态包裹体（N_2、CO_2、H_2、CH_4、He）及 NaCl、Fe_2O_3 等固态包裹体。

【结构形态】 等轴晶系，O_h^5-$Fm3m$；$a_0 = 0.6277nm$；$Z = 4$。NaCl 型结构。晶体常呈立方体 $a\{100\}$ 或其与八面体 $o\{111\}$ 的聚形。集合体通常为粒状或致密块状，偶成柱状、针状、皮壳状。

【物理性质】 纯净者无色透明，含细微气泡者呈乳白色，含细微赤铁矿者呈红色。玻璃光泽。解理 $\{100\}$ 完全。硬度 1.5～2。性脆。相对密度 1.97～1.99。味苦咸且涩。易溶于水。熔点 790℃。烧之火焰呈紫色。

【资源地质】 与石盐相似，产于干涸盐湖中，位于盐层之上，其下为石盐、石膏、硬石膏等。我国柴达木盐湖中产有钾石盐。云南勐野井钾盐矿中，矿物成分以钾石盐为主，其次为光卤石。伴生矿物有石盐、白云石、方解石等。

2015 年世界钾盐储量为 38.49 亿吨（折纯 K_2O），但分布极不均衡。其中加拿大占 25.98%，白俄罗斯 19.48%，俄罗斯 15.59%，中国 8.99%（3.46 亿吨）。钾作为植物养分和人类与动物必不可少的重要营养成分，目前不存在替代品。粪肥和海绿石（湿砂）作为低含量钾的来源，只能短距离运输至农田。

【鉴定特征】 以味苦咸且涩和染火焰成紫色（蓝色滤光玻璃下观察）区别于石盐。

【工业应用】 主要用于制造钾肥和钾化合物，用于火柴、焰火、黑色炸药、医药、纺织、染料、制革、制皂、印刷、玻璃、陶瓷、电池等工业领域。2015 年，世界氯化钾产量 3890 万吨（K_2O）。资源性钾盐产品（氯化钾、硫酸钾、硫酸钾镁）总量 4084 万吨。中国钾盐产量 580.12 万吨，占世界总产量的 14.2%。2015 年中国钾盐视消费量 1142 万吨，对外依存度 49.2%。

一般工业指标（DZ/T 0212—2002）：卤水，边界品位 KCl≥0.3%～0.5%，最低工业品位 KCl≥0.5%～1.0%；固体矿，边界品位 KCl≥3%～5%，最低工业品位 KCl≥8%～10%，可采厚度 0.3～0.5m，夹石剔除厚度 0.5m。

氯化钾强制性国家标准（GB 6549—2011）：Ⅰ类（工业用）优等品，K_2O≥62%，H_2O≤2%，Ca＋Mg≤0.3%，NaCl≤1.2%，水不溶物≤0.1%；一等品，K_2O≥60%，H_2O≤2%，

$Ca+Mg \leqslant 0.5\%$，$NaCl \leqslant 2.0\%$，水不溶物 $\leqslant 0.3\%$。Ⅱ类（农业用）优等品，$K_2O \geqslant 60\%$，$H_2O \leqslant 2\%$；一等品，$K_2O \geqslant 57\%$，$H_2O \leqslant 4\%$；合格品，$K_2O \geqslant 55\%$，$H_2O \leqslant 6\%$。

光卤石（砂金卤石）（carnallite）

$KMgCl_3 \cdot 6H_2O$

【晶体化学】 理论组成（$w_B\%$）：K 14.07，Mg 8.75，Cl 38.28，H_2O 38.90。类质同象替代有 Br、Rb、Cs，机械混入物以 NaCl、KCl、$CaSO_4$、Fe_2O_3 等为常见，此外常含有黏土、卤水以及 N、H、CH_4 等包裹体。

【结构形态】 斜方晶系，$Pnna$；$a_0=1.6119nm$，$b_0=2.2472nm$，$c_0=0.9551nm$；$Z=12$（Schlemper et al，1985）。通常呈粒状或致密块状。

【物理性质】 纯净者无色或白色，常因含细微氧化铁而呈红色，含氢氧化铁混入物而显黄褐色。新鲜断面呈玻璃光泽。无解理。硬度 $2\sim3$。性脆。相对密度 1.60。具强潮解性。味辛、辣、苦、咸。发强荧光。易溶于水。

【资源地质】 是最富含 Mg 和 K 的盐湖中最晚形成的矿物之一，常出现于沉积盐层的最上部，与钾石盐、石盐、杂卤石、泻利盐等伴生。我国青海柴达木盆地达布逊湖盛产光卤石，是世界罕见的内陆盆地现代沉积的光卤石矿床。

【鉴定特征】 常与石盐和钾石盐共生，易于潮解，味苦、辣、咸，无解理，强荧光可与石盐、钾石盐相区别。

【工业应用】 主要用作制取钾盐（肥）和镁盐的原料；是铝镁合金的保护剂、铝镁合金焊接剂及金属助熔剂。

第三章 硫化物矿物

硫化物类作为大多数金属的主要来源，具有重要的经济价值。自然界已发现的硫化物达300余种，绝大多数由热液作用形成，表生作用亦有产出，常形成工业矿床。在硫化物中，大多数的成键是共价性或金属性或两者兼有。硫的电子构型使其可以有几种原子价，在d轨道内有多种可能的杂化态。这种成键性的结果，是形成多种可能的金属与硫的配位多面体，从而导致许多不同的硫化物结构。金属的原子间距通常较小，这为金属键提供了条件。大多数硫化物具金属光泽，但硫化物都显脆性。

硫化物类作为一个结构类不仅包括硫化物，而且包括以砷、硒、碲以及锑或铋为主要阴离子的矿物。按照结构的复杂性，硫化物类可分为简单硫化物和复杂硫化物。除极少例外，简单硫化物的结构都具有对称堆积的硫或其他非金属和占据空隙的金属阳离子。简单硫化物之间的区分，是根据被占据的是四面体空隙还是八面体空隙，或是两种类型的空隙。大部分复杂硫化物的结构中包含由对称堆积的简单硫化物单元构成的簇、带或层。它们靠有高度方向性的似分子键联系在一起。以下按配位多面体类型分类介绍。

第一节 四面体硫化物

包括常见的重要硫化物矿物，如闪锌矿、黄铜矿、斑铜矿、方黄铜矿（$CuFe_2S_3$）和硫砷铜矿（Cu_3AsS_4）等。它们作为锌和铜的主要矿源具有重要经济价值。

闪锌矿（sphalerite）

ZnS

【晶体化学】 理论组成（$w_B\%$）：Zn 67.10，S 32.90。常含有 Fe、Mn、Cd、Ga、In、Ge 等类质同象替代及 Cu、Sn、Sb、Bi 等混入物。Fe 代替 Zn 十分普遍，其含量与形成温度成正相关，最高可达 26.2%。富 Fe 和 Cd 的变种分别称铁闪锌矿和镉闪锌矿。

【结构形态】 等轴晶系，T_d^2-$F\bar{4}3m$；$a_0=0.540nm$；$Z=4$。闪锌矿型结构，立方面心格子。Zn^{2+} 分布于晶胞的角顶及所有面的中心。S^{2-} 位于晶胞所分成的八个小立方体中的四个小立方体的中心（图 1-3-1）。也可视为 S^{2-} 作立方最紧密堆积，Zn^{2+} 充填于半数四面体空隙中。从

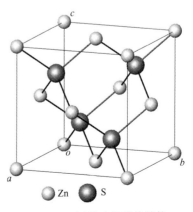

图 1-3-1 闪锌矿的晶体结构

配位多面体角度看，[ZnS₄] 四面体彼此以 4 个角顶相连，四面体排列方位一致，且平行此方向的面网密度最大。因此，闪锌矿的形态为四面体 {111}。在面网 {110} 上，不但面网密度大，而且既有 Zn^{2+} 又有 S^{2-}，且数目相等，因而面网内质点联系牢固，面网间引力较小，故发育 {110} 完全解理。

Fe 类质同象替代使晶胞增大，a_0 由 0.540nm（纯 ZnS）至 0.5423nm（Fe 0.16%），0.5432nm（Fe 10.31%），0.5442nm（Fe 18.25%），0.5450nm（Fe 26.2%）。

粒状晶形。一般呈粒状集合体；亦呈葡萄状、同心圆状，反映出胶体成因。

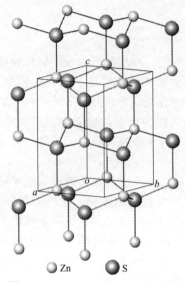

图 1-3-2　2H 型纤锌矿的晶体结构

纤锌矿目前已发现有 154 种三方或六方晶系的多型。最常见的 2H 型，Zn 可被 Fe、Mn 代替，且常含较多的 Cd。六方晶系，C_{6v}^4-$P6_3mc$；$a_0=0.381$nm，$c_0=0.626$nm；$Z=2$。S 作六方最紧密堆积，Zn 充填半数的四面体空隙，Zn、S 配位数均为 4。规则的 [ZnS₄] 四面体彼此以四个角顶相连，每层（//底面）四面体的方位相同，顶端向上（图 1-3-2）。晶格常数 a_0 和 c_0 亦随 Fe 代替 Zn 含量增高而增大。

【物理性质】　闪锌矿颜色由无色到浅黄、棕褐至黑色，随铁含量增高而变深；亦有绿、红、黄等色，系由微量元素引起。条痕白至褐色。金刚光泽至半金属光泽。透明至半透明。具 {110} 六组完全解理。硬度 3.5～4。相对密度 3.9～4.2。不导电。

纤锌矿为浅色、棕色或褐黑色，亦随铁含量而变化。条痕白至褐色。松脂光泽。解理 {11$\bar{2}$0} 完全，{0001} 不完全。性脆。硬度 3.5～4。相对密度 4.0～4.1。

【资源地质】　常与方铅矿密切共生，主要产于夕卡岩型及中、低温热液型矿床中。可与磁黄铁矿、黄铁矿、自然硫共生（图 1-3-3）。在地表氧化成 $ZnSO_4$，常形成菱锌矿、异极矿 {hemimorphite，$Zn_4[Si_2O_7](OH)_2·H_2O$}。纤锌矿分布远不及闪锌矿。

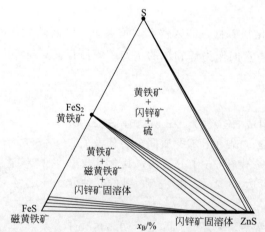

图 1-3-3　FeS-ZnS-S 三元体系相图（400℃，100kPa）

（据 Craig et al, 1974）

2015 年世界锌金属储量为 2.0 亿吨，储量较多的国家有澳大利亚、中国、秘鲁、墨西哥、印度、美国和哈萨克斯坦等国。中国的锌金属储量为 3800 万吨，占世界的 19.0%。2015 年世界矿山锌产量为 1323.8 万吨，中国锌产量 475 万吨，占世界产量的 35.9%。中国是世界第二大锌资源国、第一大生产国和消费国，锌消费量是仅次于铝、铜的第三大有色金属。2015 年中国精炼锌消费量 648.74 万吨，占世界消费总量的 46.8%，锌资源对外依存度为 26.8%。

【鉴定特征】 颜色变化大，可据晶形，多组解理，硬度小鉴别。致密块状纤锌矿的外观与闪锌矿相似，唯在显微镜下显非均质性。

【工业应用】 是最重要的锌矿石矿物。有时富含 Cd、In、Ga、Ge 等稀有元素，可综合利用。富镉的纤锌矿可作为镉的矿石矿物。

一般工业指标（DZ/T 0214—2002）：硫化矿石，边界品位 Zn 0.5%～1%，工业品位 Zn 1%～2%，矿床平均品位 Zn 5%～8%；氧化矿石，边界品位 Zn 1.5%～2%，工业品位 Zn 3%～6%，矿床平均品位 Zn 10%～12%。最小可采厚度 1～2m，夹石剔除厚度 2～4m。

世界锌的消费领域主要有：镀锌板 50%，制造青铜和黄铜 18%，铸造合金 13%，化学制品 8%，中间产品用锌 6%，其他用途 5%。

镉黄即 CdS-ZnS 的固溶体粉体，其颜色鲜艳而饱和，色谱范围可从淡黄经正黄至红光黄。其黄度随 ZnS 的固溶量增加而变浅，直至淡黄。镉黄不溶于水、碱、有机溶剂和油类，着色力强，耐光及耐气候性优良，不迁移，不渗色，有毒。工业产品有浅黄（樱草黄）、亮黄（柠檬黄）、正黄（中黄）、深黄（金黄）、橘黄等多种色相。早在 2000 多年前，古希腊人就用其作为岩画颜料。19 世纪人工合成镉黄后，至今广泛用于搪瓷、陶瓷、玻璃及油画着色，并扩展到涂料和塑料行业。镉黄也可用于一切树脂着色和电子荧光材料，还可与很多颜料混拼调色。

以荧光纯 ZnS、CdS 按一定比例混合，并分别以 Ag（$AgNO_3$）或 Cu（$CuSO_4$）、Al $[Al_2(SO_4)_3]$ 作激活剂，制造相应的蓝粉和黄粉，然后按不同比例将二者混合均匀即得黄色粉体 $[(Zn,Cd)S \cdot Cu \cdot Al + ZnS \cdot Ag]$。在阴极射线或紫外线激发下发白色光，用于制造黑白电视显像管。

黄铜矿（chalcopyrite）

$CuFeS_2$

【晶体化学】 理论组成（$w_B\%$）：Cu 34.56，Fe 30.52，S 34.92。通常含有 Ag、Au、Tl、Se、Te，大多为机械混入物；有时含 Ge、Ga、In、Se、Ni、Ti、铂族元素等。

【结构形态】 四方晶系，D_{2d}^{12}-$I\bar{4}2d$；$a_0 = 0.524$nm，$c_0 = 1.032$nm；$Z = 4$。晶体结构与闪锌矿、黝锡矿（Cu_2FeSnS_4）相似。黄铜矿、黝锡矿晶胞相当于闪锌矿单位晶胞的两倍，构成四方体心格子（图 1-3-4）。在三种矿物的配位四面体中心都分布着阴离子 S^{2-}，在角顶则分布着不同阳离子（图 1-3-5）。由于三者的结构相似，因而在

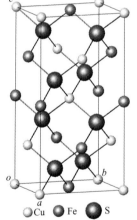

图 1-3-4 黄铜矿的晶体结构

图 1-3-5 闪锌矿（a）、黄铜矿（b）、黝锡矿（c）的晶体结构对比

四面体中心虚线圈为 S

高温下可以互溶；而当温度降低时，由于离子半径相差较大，固溶体发生离溶。故常在闪锌矿中发现黄铜矿和黝锡矿小包裹体。

晶体较少见，可与黝锡矿或闪锌矿规则连生。主要呈致密块状或粒状集合体。

【物理性质】 黄铜黄色，表面常有蓝、紫褐色的斑状锈色。绿黑色条痕。金属光泽，不透明。解理//｛112｝、｛101｝不完全。硬度3~4。性脆。相对密度4.1~4.3。

【资源地质】 岩浆型，产于与基性、超基性岩有关的铜镍硫化物矿床中，与磁黄铁矿、镍黄铁矿密切共生。接触交代型，与磁铁矿、黄铁矿、磁黄铁矿等共生（图1-3-6）；亦可与毒砂或方铅矿、闪锌矿等共生。热液型，常呈中温热液充填或交代脉状，与黄铁矿、方铅矿、闪锌矿、斑铜矿、辉钼矿及方解石、石英等共生。

在地表风化条件下遭受氧化后形成 $CuSO_4$ 和 $FeSO_4$，遇石灰岩形成孔雀石、蓝铜矿或褐铁矿铁帽；在次生富集带则转变为斑铜矿和辉铜矿。

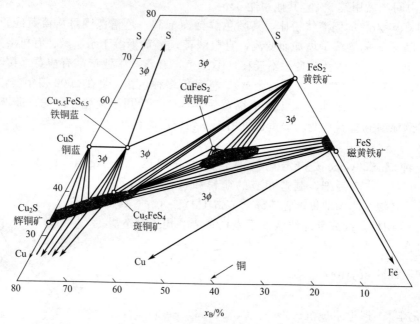

图 1-3-6 Cu-Fe-S 三元体系相图（400℃，100kPa）

（据 Craig et al, 1974）

世界铜资源最丰富的是智利、澳大利亚和秘鲁，三国分别占世界铜储量的29.2%、12.2%和11.4%，其他储量较多的国家依次有墨西哥、美国、俄罗斯、波兰、印度尼西亚、刚果（金）和赞比亚等国。2015年，中国的铜金属储量为3000万吨，仅约占世界的4.2%。中国是全球第一大铜消费国，2015年精炼铜产量796.4万吨，占世界的34.5%，铜资源对外依存度达79.1%。

【鉴定特征】 其致密块体有时与黄铁矿相似，可以其较深的黄铜黄色及较低的硬度相区别。以其脆性与自然金（强延展性）区别。

【工业应用】 最重要的铜矿石矿物。溶剂萃取电积（SX-EW）精炼铜技术具有低成本优势，目前已为十几个国家所采用。中国目前正在建设的西藏玉龙铜矿、黑龙江多宝山铜矿、福建紫金山铜矿都将采用这一技术，预测未来几年中国的溶剂萃取电积铜产量将会显著增加。

一般工业指标（DZ/T 0214—2002）：硫化矿石，边界品位 Cu 0.2%~0.3%，最低工业品位 Cu 0.4%～0.5%；氧化矿石，边界品位 Cu 0.5%，最低工业品位 Cu 0.7%。

斑铜矿（bornite）

Cu_5FeS_4

同质多象变体：高温变体，等轴晶系，228℃以上稳定；低温变体，四方晶系。

【晶体化学】 理论组成（w_B%）：Cu 63.33，Fe 11.12，S 25.55。常含黄铜矿、辉铜矿、铜蓝等显微包裹体。实际成分范围（w_B%）：Cu 52～65，Fe 8～18，S 20～27。高温（＞475℃）时，斑铜矿与黄铜矿、辉铜矿成固溶体；低温时，斑铜矿与黄铜矿分离。

【结构形态】 等轴晶系，O_h^7-$Fd3m$；$a_0=1.093nm$；$Z=8$。晶体结构相当复杂。其中S作立方最紧密堆积，位于立方面心格子的角顶和面心，阳离子充填8个四面体空隙，但阳离子向四面体中心移动，硫的强定向键随着金属接近面心而使结构稳定。金属原子占据各四面体面上6个可能位置之一，每个四面体提供24种亚位置。Cu和Fe原子随机占据尖端向上和向下的四面体空隙的3/4。四面体共棱。常呈致密块状或不规则粒状。

【物理性质】 新鲜面呈暗铜红色，风化面常呈暗紫蓝色斑状锈色，因而得名。条痕灰黑色。金属光泽。不透明。性脆。硬度3。相对密度4.9～5.3。具导电性。

【资源地质】 产于基性岩及有关的铜镍矿床中，与黄铜矿、钛铁矿等共生。产于热液型矿床中的斑铜矿，常含显微片状黄铜矿包裹体，与黄铜矿、黄铁矿、方铅矿、黝铜矿、硫砷铜矿、辉铜矿等共生；有时与辉钼矿、自然金等共生。在氧化带易转变成孔雀石、蓝铜矿、赤铜矿、褐铁矿等。

【鉴定特征】 特有的暗铜红色及锈色，硬度低。溶于硝酸，有铜的焰色反应。

【工业应用】 为铜的矿石矿物。

第二节 八面体硫化物

最常见的八面体硫化物是方铅矿、磁黄铁矿和红砷镍矿，是铅、硫、镍的重要矿源。

方铅矿（galena）

PbS

【晶体化学】 理论组成（w_B%）：Pb 86.60，S 13.40。混入物以Ag为最常见，其次为Cu、Zn，有时有Fe、As、Sb、Bi、Cd、Tl、In、Se等。Se代替S，可形成方铅矿-硒铅矿的完全类质同象系列。

【结构形态】 等轴晶系，O_h^5-$Fm3m$；$a_0=0.594nm$；$Z=4$。NaCl型结构。立方面心格子。化学键为离子键与金属键的过渡类型。晶体常呈立方体、八面体状。含Ag高时晶面往往弯曲。常依（111）呈接触双晶，依（441）呈聚片双晶。集合体呈粒状或致密块状。

【物理性质】 铅灰色。条痕黑色。金属光泽。有//{100}三组完全解理。成分中含Bi时常有//{111}的裂开。硬度2～3。相对密度7.4～7.6。具弱导电性和良检波性。

【资源地质】 主要为岩浆期后作用的产物。接触交代矿床中，常与磁铁矿、黄铁矿、磁黄铁矿、黄铜矿、闪锌矿等共生。中、低温热液矿床中，与闪锌矿、黄铜矿、黄铁矿、石英、方解石、重晶石等共生。在氧化带不稳定，易转变为铅矾、白铅矿等矿物。

世界已查明的铅资源量超过20亿吨，铅储量8700万吨，主要分布在澳大利亚、中国、俄罗斯、秘鲁、墨西哥和美国等国。2015年中国的铅金属储量为1400万吨，约占世界的

16.1%；精炼铅产量385.82万吨，占世界的38.5%。

【鉴定特征】 铅灰色、黑色条痕，强金属光泽、立方体完全解理，硬度小，密度大。

【工业应用】 最主要的铅矿石矿物，富含银时可提取银。全球80%以上的精炼铅用于铅酸蓄电池，而除中国外，其他国家铅酸蓄电池主要用于汽车市场。中国精炼铅的初级消费主要是铅酸蓄电池，其次是铅材和铅合金，其他用途包括氧化铅、铅盐、电缆等产品。

一般工业指标（DZ/T 0214—2002）：硫化矿石，边界品位 Pb 0.3%～0.5%，最低工业品位 Pb 0.7%～1.0%；氧化矿石，边界品位 Pb 0.5%～1.0%，最低工业品位 Pb 1.5%～2.0%。

药用铅即由方铅矿炼出，别名黑锡、黑铅。功效：镇逆，坠痰，杀虫，解毒。成药制剂：黑锡丸。

药用铅丹，别名黄丹、广丹、东丹、铅华、丹粉、国丹。为由方铅矿炼出的氧化物 Pb_3O_4。功效：解毒止痒，收敛生肌；截疟。

药用密陀僧，别名炉底、金陀僧。为粗制氧化铅 PbO。功效：消肿杀虫，收敛防腐，坠痰镇惊。

磁黄铁矿（pyrrhotite）

$Fe_{1-x}S$

【晶体化学】 理论组成（$w_B\%$）：Fe 63.53，S 36.47。实际上硫可达39%～40%，因部分 Fe^{2+} 被 Fe^{3+} 代替，为保持电价平衡，在 Fe^{2+} 位置上出现空位，称缺席构造。化学通式中 x 表示 Fe 原子亏损数（结构空位），一般 $x\leqslant 0.223$。可有少量 Ni、Co、Mn、Cu 代替 Fe，并有 Zn、Ag、In、Bi、Ga、铂族元素等混入物。

【结构形态】 六方晶系，D_{6h}^4-$P6_3/mmc$；$a_0=0.349$nm，$c_0=0.569$nm；$Z=2$。红砷镍矿型结构。晶体一般呈板状，少数为锥状、柱状。常呈粒状、块状或浸染状集合体。

【物理性质】 暗青铜黄色，带褐色锖色。条痕亮灰黑色。金属光泽。解理//$\{10\bar{1}0\}$ 不完全。$\{0001\}$ 裂开发育。性脆。硬度 3.5～4.5。相对密度 4.60～4.70。具弱磁性。

【资源地质】 广泛产于内生矿床中。在与基性、超基性岩有关的硫化物矿床中为主要矿物。在 Cu-Ni 硫化物矿床中，常与镍黄铁矿、黄铜矿密切共生。接触变质矿床中，为夕卡岩晚阶段的产物，与黄铜矿、黄铁矿、磁铁矿、闪锌矿、毒砂等共生。热液矿床中，常与黑钨矿、辉铋矿、毒砂、方铅矿、闪锌矿、黄铜矿、石英等共生。

【鉴定特征】 暗青铜黄色，硬度小，弱磁性。火焰烧之熔成具强磁性的黑色块体。

【工业应用】 主要用于提取硫，生产硫酸等。当含有 Cu、Ni 时可综合利用。利用磁黄铁矿的吸附和还原性，可净化处理含重金属和放射性元素的废水（沈东等，2001）。

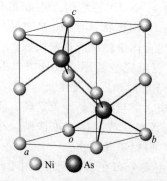

图 1-3-7 红砷镍矿的晶体结构

红砷镍矿（nickeline）

NiAs

【晶体化学】 理论组成（$w_B\%$）：Ni 43.92，As 56.08。Sb 可呈类质同象代替 As，有时高达6%，称为锑红砷镍矿。此外，常含少量 S、Fe、Co、Bi、Cu 等。

【结构形态】 六方晶系，D_{6h}^4-$P6_3/mmc$；$a_0=0.3609$nm，$c_0=0.5019$nm；$Z=2$。红砷镍矿结构为一典型结构。As 原子呈六方最紧密堆积，Ni 位于八面体空隙，为六方原始格子（图1-3-7）。[$NiAs_6$]八面体上下共面，//c 轴方向联结成直线形链，在水平方向 [$NiAs_6$] 八面体共棱。Ni 原子周围除6个

As 原子外，由于配位八面体共面，Ni-Ni 原子间距较近，因而显示一定的金属键性。完好晶体少见，//c 轴呈柱状或 //$\{0001\}$ 呈板状。常呈致密块状、粒状集合体和具梳状、放射状的肾状体。

【物理性质】 新鲜面淡铜红色，条痕褐黑色。金属光泽。不透明。解理 //$\{10\bar{1}0\}$ 不完全。断口不平坦。性脆。硬度 5～5.5。相对密度 7.6～7.8。具良导电性。

【资源地质】 常见于岩浆矿床中，属热液成因。铬铁矿矿床中，与砷镍矿、铬铁矿共生。铜镍矿床中，与磁黄铁矿、镍黄铁矿、黄铜矿、红锑镍矿、砷镍矿共生。

【鉴定特征】 淡铜红色，金属光泽。木炭上吹管烧之，有 As 的白色被膜反应。

【工业应用】 富集时可作为镍的矿石矿物。

第三节　混合型硫化物

镍黄铁矿是唯一重要的混合型硫化物，其中部分四面体和八面体为金属原子所占据。

镍黄铁矿 (pentlandite)

$(Fe,Ni)^{VI}(Fe,Ni)_8^{IV}S_8$，或 $(Fe,Ni)_9S_8$

【晶体化学】 理论组成 ($w_B\%$)：Fe：Ni＝1：1 时，Fe 32.55，Ni 34.22，S 33.23。常含 Co 的类质同象替代（可达 40%），有时含 Se、Te。在 400℃时，镍黄铁矿中 $Fe^{2+} \Longleftrightarrow Ni^{2+}$ 的替代程度见图 1-3-8。$(Fe,Ni)_9S_8\text{-}(Fe,Ni)_{1-x}S$ 之间的混溶性间断系由两种固溶体的结构差异所致。在约 610℃，镍黄铁矿可由近于纯的磁黄铁矿和 Ni_3S_2 的反应而形成。556℃以下，Ni_3S_2 转变成一种稳定矿物，称六方硫镍矿。

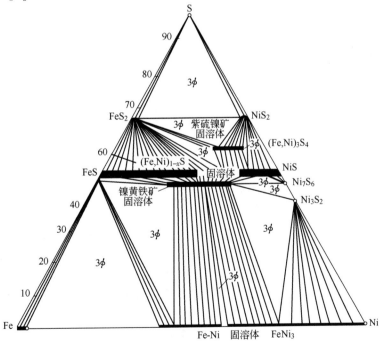

图 1-3-8　Fe-Ni-S 三元体系相图（400℃，100kPa）

（据 Craig et al, 1968）

【结构形态】 等轴晶系，O_h^5-$Fm3m$；a_0＝1.017nm；Z＝4。a_0随 Co/(Fe＋Ni) 之比减小而增大。其结构以位于 {111} 点阵平面的六方薄层的 ABC 堆积为基础（图1-3-9）。S 呈立方最紧密堆积，Ni、Fe 占据四面体和八面体空隙。交替层具有不同的空隙占有率：一层中有 1/4 的四面体空隙和 1/4 的八面体空隙被充填，而另一层有 3/4 的四面体空隙被充填。被充填的四面体与被充填的八面体数之比为 8：1。8 个四面体形成共棱的簇，这些簇又共用角顶形成三维格架。常呈叶片状或火焰状连生于磁黄铁矿中，系固溶体出溶的产物。亦常呈微粒或细脉状被包裹于其他矿物中。

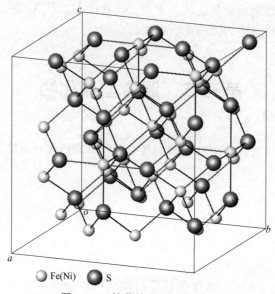

图 1-3-9　镍黄铁矿的晶体结构

【物理性质】 古铜黄色，色调稍浅于磁黄铁矿。绿黑色或亮青铜褐色条痕。金属光泽。不透明。解理 {111} 完全。硬度 3～4。相对密度 4.5～5。

【资源地质】 主要分布于与基性、超基性岩有关的 Cu-Ni 硫化物矿床中，与磁黄铁矿、黄铜矿密切共生。在氧化带中易氧化成鲜绿色被膜状镍华或含水硫酸镍。

2015 年世界已探明镍储量为 7900 万吨，主要集中在澳大利亚、巴西、新喀里多尼亚、俄罗斯、古巴和印度尼西亚等国。其中中国的镍储量为 300 万吨，占世界的 3.8%。2015 年中国的精炼镍产量 57.45 万吨，占世界的 29.9%；精炼镍消费量 96.45 万吨，占世界的 50.3%。

【鉴定特征】 常呈极细的析出体连生在磁黄铁矿中。显微镜下据较磁黄铁矿稍淡的色调、古铜黄色条痕和 {111} 裂理与之区分。镍黄铁矿无磁性，而磁黄铁矿通常有磁性。

【工业应用】 富集时为镍的重要矿石矿物。常含有可综合利用的 Co、Cu、铂族元素及 Se、Te 等。世界镍的消费构成：不锈钢占 65%，其他合金钢 5%，非钛合金，主要是镍基合金和铜基合金 10%～15%，电镀、镍镉电池和铸砂等 15%。未来航天、航空器制造业和电子制造业的快速发展，将带动镍基合金、铜基合金和镍电池（NiCd，NiMH）领域中镍的消费量快速增长。

一般工业指标（DZ/T 0214—2002）：硫化矿石，边界品位 Ni 0.2%～0.3%，最低工业品位 Ni 0.3%～0.5%；氧化矿石，边界品位 Ni 0.7%，最低工业品位 Ni 1.0%。

第四节　异常配位及其他复杂硫化物

某些含 d 电子的金属原子可以共价键与硫化物形成异常配位结构。此类中重要硫化物有辉钼矿、针镍矿、辰砂、铜蓝、辉铜矿和辉银矿。在另一些硫化物中，则由于成键特性的方向很强或成键特性是分子性的，致使形成的结构十分复杂。这类矿物有黄铁矿、毒砂、辉锑矿、黝铜矿、雄黄、雌黄等。

辉钼矿（molybdenite）

MoS_2

【晶体化学】　理论组成（$w_B\%$）：Mo 59.94，S 40.06。成分接近于理论值。重要的类质同象替代是 Re，可高达 2%。尚可含 Os、Pt、Pd 等铂族元素，亦可达到综合利用要求。Se、Te 代替 S 可达约 25%。

【结构形态】　六方晶系（2H），D_{6h}^4-$P6_3/mmc$；$a_0 = 0.315nm$，$c_0 = 1.230nm$；$Z = 2$。三方晶系（3R），C_{3v}^5-$R3m$；$a_0 = 0.316nm$，$c_0 = 1.833nm$。层状结构。S—Mo—S 层 $/\!/\{0001\}$。层内原子联结紧密，为共价键-金属键，层间为分子键，联结力显著减弱。Mo 为六次配位，充填于由 6 个 S 组成的三方柱体中心，柱间彼此共棱联结成层。整个结构可视为以 Mo 为中心的三方柱层，与空心八面体层相间排列而成，层间距 0.315nm。因而解理 {0001} 极完全。2H 型为两层重复的六方多型（图 1-3-10）；3R 型为三层重复的三方多型。亦见有混合的 2H＋3R 多型。天然辉钼矿主要为 2H 型。

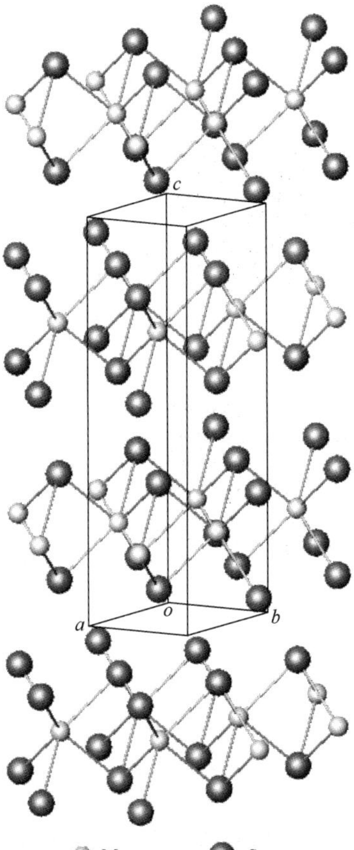

晶体呈 $/\!/(0001)$ 的六方板状、片状。依（0001）成双晶或平行连生。通常呈片状或细小鳞片状集合体。

【物理性质】　铅灰色。条痕在素瓷板上呈亮灰色，涂釉瓷板上为黄绿色。金属光泽。不透明。解理 {0001} 极完全。硬度 1～1.5。薄片有挠性。具油腻感。相对密度 4.7～5.0。

【资源地质】　主要产于高中温热液矿床，有时与黑钨矿、锡石、辉铋矿等共生，形成钨-锡-钼（-铋）多金属矿床。在夕卡岩矿床中与石榴子石、透辉石、白钨矿等共生。

2015 年世界钼储量为 1100 万吨，主要分布在中国、美国和智利 3 国，占世界总储量的 80%。中国的钼金属储量为 430 万吨，占世界的 39.1%；钼矿山产量 10.1 万吨，占世界产量约 37.8%。

【鉴定特征】　与石墨相似，但辉钼矿铅灰色，在涂釉瓷板上显特征黄绿色条痕，金属光

○ Mo　　　● S

图 1-3-10　2H 型辉钼矿的晶体结构

泽比石墨强。密度较大，可与石墨区分。一组极完全解理区别于方铅矿、辉锑矿等。

【工业应用】 是最主要的钼矿石矿物，亦为提取 Re 的主要矿石矿物。当含铂族元素 Os、Pd、Ru、Pt 较高时，可综合利用。钢铁工业是钼的消费大户。2015 年世界钼的主要终端消费用途为：建筑工程钢 35%，不锈钢 27%，工具钢 9%，超合金 7%，铸铁/铸钢 7%，化工 10%，钼金属 5%。辉钼矿中的主要伴生金属元素铼，广泛应用于喷气式发动机和火箭发动机，全球约 80% 的铼用于生产航空发动机。故其具有重要军事战略意义。

一般工业指标（DZ/T 0214—2002）：硫化矿石，边界品位 Mo 0.03%～0.05%，最低工业品位 Mo 0.06%～0.08%。主要伴生有用组分评价指标（GB/T 25283—2010）：WO_3 0.06%，Cu 0.1%，Pb 0.2%，Zn 0.2%，Bi 0.03%，Re 10g/t。

辰砂（银珠，朱砂）（cinnabar）

HgS

同质多象变体：三方晶系的辰砂和等轴晶系的黑辰砂。后者在自然界少见。

【晶体化学】 理论组成（w_B%）：Hg 86.21，S 13.79。成分稳定。常含少量 Se、Te。

【结构形态】 三方晶系，D_3^4-$P3_121$；$a_{rh}=0.397nm$，$\alpha=62°58'$，$Z=1$；$a_0=0.415nm$，$c_0=0.950nm$；$Z=3$。变形的氯化钠型结构。晶体常见，菱面体晶形或沿 $c\{0001\}$ 呈板状及沿 c 轴呈柱状。双晶最为常见，呈矛头状穿插双晶，双晶轴$/\!/c$ 轴。集合体呈不规则状、致密块状、粉末状和皮壳状等。

【物理性质】 鲜红色，表面呈铅灰色之锖色。条痕鲜红色。金刚光泽。半透明。解理 $\{10\overline{1}0\}$ 完全。性脆。硬度 2～2.5。相对密度 8.0～8.2。不导电。

【资源地质】 仅产于低温热液矿床，为标型矿物。共生矿物有辉锑矿、黄铁矿、白铁矿、方解石、萤石、重晶石等。

2008 年世界汞金属储量为 4.6 万吨，储量基础 24 万吨。

【鉴定特征】 鲜红颜色和条痕，相对密度大。与雄黄相似，可据颜色、条痕区分。

【工业应用】 最主要的汞矿石矿物。用作油漆、油墨、橡胶等的颜料，火漆原料；医药上用作防腐剂及治疗药物等。汞以其特异的理化性能主要用于氯碱工业及电器、电子工业、仪表和牙科合金汞剂材料等。汞在电气和仪表工业主要用于制造紫外光灯、水银灯、水银真空泵、反光镜、交通信号灯的自动控制器；还可制汞盐、干电池、蓄电池、水银整流计、温度计、气压计及其他测量控制仪器等。20 世纪 70 年代初，汞的环境公害引起社会广泛重视，汞的应用受到严格限制，消费量大幅下降。

一般工业指标（DZ/T 0201—2002）：边界品位 Hg 0.04%；最低工业品位 Hg 0.08%～0.10%。

鸡血石即主要由迪开石（85%～95%）、辰砂（5%～15%）和少量高岭石、珍珠石、明矾石、黄铁矿、石英等组成，主要用于雕刻印章或图章，故有印章石、图章石之称。鸡血石中的红色部分称为血，其余主体部分称为地，即主色调。当鸡血石由迪开石和辰砂的极细小颗粒组成时，其质地细润，呈半透明状，犹如胶冻，称"冻地鸡血石"。鸡血石按其地的颜色，结合色形和透明度，可划分为羊脂冻、红冻、芙蓉冻、杨梅冻、黄冻、黑冻和瓷白地、红花地、石榴红地、朱砂红地以及水草花、大红炮、红云篇等品种。

药用辰砂名朱砂，别名丹砂、汞沙、赤丹。功效：镇心安神；清热解毒。成药制剂：朱砂安神丸，朱砂养心丸，养阴镇静丸。

药用水银，别名汞、灵液。由辰砂制取。功效：攻毒杀虫。成药制剂：白降丹。

辉铜矿 （chalcocite）

Cu_2S

高温变体为六方晶系，称六方辉铜矿，105℃以上稳定。低温变体为斜方晶系。

【晶体化学】 理论组成（$w_B\%$）：Cu 79.86，S 20.14。常含 Ag 混入物，有时含有 Fe、Co、Ni、As、Au 等，部分是机械混入物。Cu^+ 可被 Cu^{2+} 代替，出现缺席构造，成分为 $Cu_{2-x}S$（$x=0.1\sim0.2$），称为蓝辉铜矿，反萤石型结构。

【结构形态】 斜方晶系，$C_{2v}^{15}\text{-}Abm2$；$a_0=1.192nm$，$b_0=2.733nm$，$c_0=1.344nm$；$Z=96$。与铜蓝结构类似。晶体极少见，通常呈致密块状、烟灰状。

【物理性质】 新鲜面铅灰色，风化表面黑色，常带锖色。条痕暗灰色。金属光泽。不透明。解理 {110} 不完全。硬度 2.5～3。相对密度 5.5～5.8。略具延展性。

【资源地质】 常见于铜矿床中。内生辉铜矿产于富铜贫硫的晚期热液矿床中，常与斑铜矿共生（图 1-3-6）。表生成因者主要产于铜的硫化物矿床的次生富集带，系渗滤的硫酸铜溶液与黄铁矿、斑铜矿、黄铜矿等发生交代作用的产物。在氧化带不稳定，易分解为赤铜矿、孔雀石和蓝铜矿；氧化不完全时，可形成自然铜。

【鉴定特征】 铅灰色，硬度小，弱延展性，小刀刻划显光亮沟痕等。

【工业应用】 含铜量最高的硫化物矿物，为重要的铜矿石矿物。

辉银矿 （argentite）

Ag_2S

高温变体 $\beta\text{-}Ag_2S$ 在 179℃以上稳定，称辉银矿；低温变体 $\alpha\text{-}Ag_2S$ 在 179℃以下形成，称螺状硫银矿。辉银矿这一名词常是上述两种变体的总称。

【晶体化学】 理论组成（$w_B\%$）：Ag 87.06，S 12.94。常有混入物 Cu、Pb、Te、Se 等，其中 Cu 为常见的类质同象替代元素。

【结构形态】 高温变体为等轴晶系，$O_h^9\text{-}Im3m$；$a_0=0.489nm$；$Z=2$。赤铜矿型结构。S^{2-} 位于立方晶胞的角顶及其中心，Ag^- 位于两个 S^{2-} 之间，配位数 2；S 呈四面体配位。螺状硫银矿，单斜晶系，$C_{2h}^5\text{-}P2_1/c$；$a_0=0.422nm$，$b_0=0.691nm$，$c_0=0.787nm$，$\beta=99°35'$；结构较复杂。多呈浸染状、细脉状、被膜状、树枝状、毛发状及致密块状。

【物理性质】 铅灰色至铁黑色。条痕亮铅灰色。新鲜断口金属光泽。解理 {110}、{100} 不完全。贝壳状断口。硬度 2～2.5。相对密度 7.2～7.4。具挠性和延展性。

【资源地质】 主要产于含银硫化物的中低温热液矿床中，常与自然银等含银矿物共生。外生成因的辉银矿经常为低温变体，在含银硫化物矿床氧化带中分布最广。

美国地质调查局估计，2015 年世界银储量为 57.0 万吨，主要分布在秘鲁、波兰、澳大利亚、智利、中国和墨西哥等国。中国银储量为 4.3 万吨，占世界的 7.5%；矿山银产量 3392t，占世界的 12.3%。

【鉴定特征】 铅灰色，密度大，弱延展性，常与自然银等银矿物共生。

【工业应用】 是重要的银矿石矿物。银具有优良的导电性、延展性和导热性，是制造电子工业和发电设备中的零件，制作实验仪器、工具等的重要材料。银也是重要的化工原料。高纯度银是制造银币、饰品和器皿的工艺材料。世界白银协会统计，2015 年全球白银制造业总需求近 3.6 万吨，主要消费构成：工业用银 50.3%，首饰 19.4%，银币和银章 25%，银器 5.3%。

一般工业指标（DZ/T 0214—2002）：边界品位 Ag 40～50g/t，最低工业品位 Ag 80～100g/t。

黄铁矿（pyrite）

FeS_2

【晶体化学】 理论组成（$w_B\%$）：Fe 46.55，S 53.45。常有 Co、Ni 类质同象代替 Fe，形成 FeS_2-CoS_2 和 FeS_2-NiS_2 系列。随 Co、Ni 代替 Fe 的含量增加，晶胞增大，硬度降低，颜色变浅。As、Se、Te 可代替 S。常含 Sb、Cu、Au、Ag 等的细分散混入物。亦可有微量 Ge、In 等元素。Au 常以显微金、超显微金赋存于黄铁矿的解理面或晶格中。

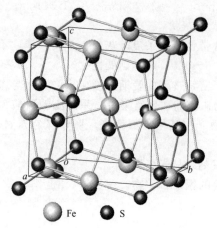

图 1-3-11 黄铁矿的晶体结构

●Fe ●S

【结构形态】 等轴晶系，T_h^6-$Pa3$；$a_0 = 0.5417nm$；$Z = 4$。黄铁矿型结构（图 1-3-11）。Fe 原子占据立方体晶胞的角顶和面心；S 原子组成哑铃状对硫 $[S_2]^{2-}$，其中心位于晶棱中心和体心，$[S_2]^{2-}$ 的轴向与相当晶胞 1/8 的小立方体的对角线方向相同，但彼此并不相交。S—S 间距 0.210nm，共价键，小于两倍的硫离子半径之和 0.35nm。

偏方复十二面体晶类，T_h-$m3$($3L^2 4L^3 3PC$)。晶体完好，常呈立方体和五角十二面体，较少为八面体晶形（图 1-3-12）。主要单形：立方体 a {100}，五角十二面体 e {210}，八面体 o {111} 及偏方复十二面体 {321}。晶面上常见三组互相垂直的条纹，为立方体和五角十二面体的聚形纹。双晶主要依（110）和（111）形成，依（110）形成"铁十字"穿插双晶。集合体呈粒状、致密块状、浸染状或球状。隐晶质变胶体黄铁矿称胶黄铁矿。

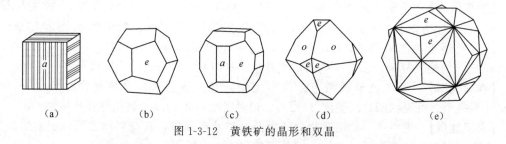

（a） （b） （c） （d） （e）

图 1-3-12 黄铁矿的晶形和双晶

【物理性质】 浅黄铜黄色，表面常具黄褐色锖色。条痕绿黑或褐黑。强金属光泽。不透明。解理 {100}、{111} 极不完全。硬度 6～6.5。相对密度 4.9～5.2。可具检波性。

黄铁矿为半导体矿物。由于不等价杂质离子代替，如 Co^{3+}、Ni^{3+} 代替 Fe^{2+} 或 $[As]^{3-}$、$[AsS]^{3-}$ 代替 $[S_2]^{2-}$ 时，产生电子心（n 型）或空穴心（p 型）而具导电性。在热作用下，所捕获的电子易于流动，并有方向性，形成电子流，产生热电动势而具热电性。

【资源地质】 是地壳中分布最广的硫化物。在岩浆岩中，黄铁矿呈细小浸染状，为岩浆期后热液作用的产物。在热液矿床中，与其他硫化物、氧化物、石英等共生；有时形成黄铁矿的巨大堆积。在沉积岩、煤系及沉积矿床中，呈团块、结核或透镜体产出。

黄铁矿在氧化带不稳定，易分解形成针铁矿等，经脱水作用，可形成稳定的褐铁矿。金属矿床氧化带的地表露头部分常形成褐铁矿或针铁矿、纤铁矿等覆盖于矿体之上，称为铁帽。在氧化带酸度较强的条件下，可形成黄钾铁矾｛jarosite，$KFe_3[SO_4]_2(OH)_6$｝。

中国的主要工业硫源即黄铁矿，2015 年利用国内资源生产硫 1590 万吨，其中 41.32%来自黄铁矿。

【鉴定特征】 晶形完好，晶面有条纹，致密块状者与黄铜矿相似，但据其浅黄铜黄色、硬度大可与之区别。

【工业应用】 生产硫黄和硫酸的主要原料。含 Au、Co、Ni 时可提取伴生元素。一般工业指标（DZ/T 0210—2002）：边界品位 S≥8%，最低工业品位 S≥14%；有害组分 As、F、Pb、Zn、C 等。

硫铁矿质量要求（HG/T 2786—1996）：优等品，有效硫（S）≥38%～35%，As≤0.05%，F≤0.05%，Pb+Zn≤1.0%，C≤2.0%；一等品，S≥28%，As≤0.10%，F≤0.10%，Pb+Zn≤1.0%，C≤3.0%。硫精矿质量要求：优等品，有效硫（S）≥48%～45%，As≤0.05%，F≤0.05%，Pb+Zn≤0.5%，C≤1.0%；一等品，S≥38%，As≤0.07%，F≤0.07%，Pb+Zn≤1.0%，C≤2.0%。

硫酸主要用于生产硫酸铵、过磷酸钙等化学肥料，其次用于生产染料、油漆、洗涤剂、塑料、合成纤维和橡胶、纸张、药物、炸药等。硫黄用于生产亚硫酸（H_2SO_3）和二硫化碳等，精制硫黄粉则是彩色显像管的荧光涂层材料。

黄铁矿薄膜具有光电性，可作为光电材料（李恩玲等，2002）。黄铁矿超细粉可用作制备 LiAl-FeS_2 热电池的正极材料（杨华明等，2003）。

药用自然铜即黄铁矿（砸碎或煅用），别名石髓铅。功效：散瘀止痛，接骨疗伤。成药制剂：活血止痛散，军中跌打散。

毒砂（arsenopyrite）

FeAsS

【晶体化学】 理论组成（w_B%）：Fe 34.30，As 46.01，S 19.69。通常 As 和 S 元素的变化范围 $FeAs_{0.9}S_{1.1}$-$FeAs_{1.1}S_{0.9}$。Fe 可被 Co 不完全类质同象替代，形成毒砂（Co 3%）-钴毒砂（Co 12%）-铁硫砷钴矿（Co＞12%）系列。Ni 也可以代替 Fe。

【结构形态】 单斜晶系，C_{2h}^5-$P2_1/c$；$a_0=0.953nm$，$b_0=0.566nm$，$c_0=0.643nm$，$β=90°$；$Z=8$。呈假斜方晶系。晶体多为柱状，沿 c 轴延伸，较少沿 b 轴延伸，有时呈短柱状。柱面具//c 轴条纹。集合体呈粒状或致密块状。

【物理性质】 锡白至钢灰色。浅黄锖色。条痕灰黑色。金属光泽。不透明。解理｛101｝中等至不完全，｛010｝不完全。硬度 5.5～6。性脆。相对密度 5.9～6.29。

【资源地质】 在金属矿床中分布广泛。高温热液条件下形成的毒砂，通常见于钨锡矿床中，与锡石、黑钨矿、辉铋矿、黄铁矿，有时与电气石、云母、黄玉、绿柱石等共生。在中温热液矿床中，与其他硫化物共生。在氧化带毒砂易分解，常形成浅黄色或浅绿色疏松土状臭葱石（Fe[AsO_4]·$2H_2O$）。

【鉴定特征】 与白铁矿外表相似，但毒砂新鲜面为锡白色，锤击之发 As 的蒜臭。

【工业应用】 炼砷的矿石矿物，用于提取砷、制取砷酸和砷化合物。一般工业要求（w_B%）：边界品位 As 3～5，或 As_2S_2 4～7；工业品位 As 5～6，或 As_2S_2 7～9。

砷在冶金工业中用于冶炼砷铅合金和砷铜合金，制造弹头、汽车、雷达等零件。在轻工和建材工业中，可作为皮革保藏剂、玻璃澄清剂、脱色剂和制造乳白玻璃，还可用于制取含砷的选矿药剂、半导体气体脱硫、木材防腐、锅炉防垢等。农业上可做杀虫剂、除莠剂和含砷农药等。

辉锑矿（stibnite）

Sb_2S_3

【**晶体化学**】 理论组成（$w_B\%$）：Sb 71.38，S 28.62。成分较固定。含少量 As、Bi、Pb、Fe、Cu，有时也含 Au、Ag，大多为机械混入物。

【**结构形态**】 斜方晶系，D_{2h}^{16}-Pbnm；$a_0=1.122nm$，$b_0=1.130nm$，$c_0=0.384nm$；$Z=4$。链状结构，由［SbS_3］三方锥联成锯齿状的链沿 c 轴延伸，两个链连接成（Sb_4S_6）$_n$ 的链带，//(010) 排列成层（图 1-3-13）。Sb—S 之间以离子键-金属键相连，链带间以分子键相连。链内 S—Sb 距离 0.25nm，链间 S—Sb 距离 0.32nm，故具 {010} 完全解理。

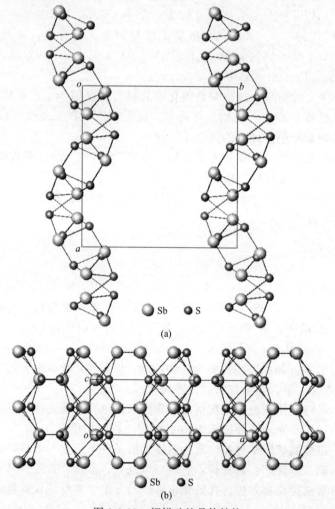

图 1-3-13 辉锑矿的晶体结构

斜方双锥晶类，D_{2h}-mmm（$3L^23PC$）。晶体常见，沿 c 轴呈柱状、针状。主要单形：斜方柱 m{110}、n{210}，平行双面 b{010}，斜方双锥 s{111}、p{331}、t{341}（图 1-3-14）。柱面有纵纹，晶体常弯曲。常呈柱状、束状、放射状集合体和柱状晶簇。

【**物理性质**】 铅灰色或钢灰色，表面常有蓝色锖色。条痕灰黑色。金属光泽。不透明。解理 {010} 完全，解理面上常有横纹。硬度 2～2.5。相对密度 4.51～4.66。

【**资源地质**】 主要产于低温热液矿床，与辰砂、石英、萤石、重晶石、方解石、铁白云

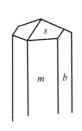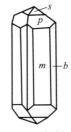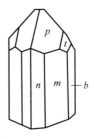

图 1-3-14　辉锑矿的晶形

石等共生，有时与雄黄、雌黄、自然金共生，常呈充填或交代脉。中国锑矿山主要分布在湖南、广西、贵州、云南和甘肃五省区。湖南锡矿山为世界著名的辉锑矿产地。

世界锑资源主要分布在中国、俄罗斯、玻利维亚和澳大利亚等国。2015 年中国的锑金属储量 95 万吨，占世界的 47.5%；锑矿山产量为 11.1 万吨，占世界的 75.5%。

【鉴定特征】　颜色及光泽与方铅矿相似，但辉锑矿为柱状晶形，柱面有纵纹，//{010} 一组完全解理，且解理面上有横纹，相对密度小。

【工业应用】　主要的锑矿石矿物。一般工业指标（DZ/T 0201—2002）：边界品位 Sb 0.5%～0.7%；最低工业品位 Sb 1.0%～1.5%。

锑合金及锑化合物用途十分广泛。含锑铅基合金耐腐蚀，是生产车船用蓄电池电极板、化工泵、化工管道、电缆包皮的首选材料；高纯度锑及锑金属互化物（铟锑、银锑、镓锑等）也是生产半导体和热电装置的理想材料。锑最重要的应用形式是锑化合物。锑白（Sb_2O_3）是一种优良的白色颜料，在搪瓷、陶瓷、橡胶工业中用作充填剂，也是油漆、玻璃、纺织及化工的常用原料；超细锑白生产的阻燃剂是生产染料、催化剂、硫化剂的重要原料；硫化锑（Sb_2S_5）是橡胶的红色颜料；生锑（Sb_2S_3）的燃点低，是制作雷管和安全火柴的配料，也可用于生产发烟剂；锑酸钠是特种玻璃生产中的澄清剂和脱色剂。

辉铋矿（bismuthinite）

Bi_2S_3

【晶体化学】　理论组成（$w_B\%$）：Bi 81.29，S 18.71。最主要的类质同象替代有 Pb、Cu、Fe；在 Pb^{2+} 代替 Bi^{3+} 的同时，Cu^+ 相应地进入晶格，使电价得以补偿。其次较常见的类质同象替代有 Sb、Se、Te。Sb 不完全代替 Bi 可达 8.12%，其变种称锑辉铋矿。Se 不完全代替 S 可达 9.0%，称硒辉铋矿；Se 最高达 26%，称硒铋矿 $Bi_2(Se,S)_3$。Te 则可能形成 Bi 的碲化物和碲硫化物，以机械混入物形式存在。有时含 As、Au、Ag 等混入物。

【结构形态】　斜方晶系，D_{2h}^{16}-$Pbnm$；$a_0 = 1.113nm$，$b_0 = 1.127nm$，$c_0 = 0.397nm$；$Z = 4$。与辉锑矿等结构。晶体沿 c 轴呈柱状，有时为板状、针状。晶面多具纵纹。常呈柱状、针状或放射状、粒状、致密块状集合体。

【物理性质】　锡白色（带铅灰色），表面常有黄色锖色。条痕灰黑或铅灰色。金属光泽较辉锑矿更强。不透明。解理 {010} 完全。硬度 2～2.5。相对密度 6.4～6.8。

【资源地质】　主要产于高温热液型 W-Sn-Bi 矿床中。常呈充填脉状，与黑钨矿、锡石、辉钼矿、黄玉、绿柱石、毒砂、黄铁矿等共生。在中温热液型矿床中也有产出，与黄铜矿、黄铁矿、毒砂、绿柱石、石英等共生。

中国铋资源丰富，但几乎全部以共、伴生并存于 W、Sn、Mo、Cu、Pb、Zn 等有色金属矿床中。其中与 W 伴生占 70%，与 Cu、Pb、Zn 伴生占 17%，少量与 Fe（占 5.7%）、Sn（占 5.3%）伴生。湖南柿竹园钨锡钼铋矿山是世界上最大的铋矿山。

【鉴定特征】　与辉锑矿相似，但可以锡白色、较强金属光泽、解理面无横纹等区分。

【工业应用】　提炼铋的重要矿石矿物。单独开采时的最低工业品位，Bi 0.5%。

铋最早用于医药工业，可制收敛剂及消炎药等。随着新用途的开发，铋广泛用于冶金、化工、电子和宇航等领域。电子工业是铋的主要消费领域。美国是世界铋的消费大国，占世界消费量的 1/2，39% 的铋用于易熔合金。日本 40%～50% 的铋用于电子工业。

淡红银矿（硫砷银矿）（proustite）

Ag_3AsS_3

【晶体化学】　理论组成（$w_B\%$）：Ag 65.42，As 15.14，S 19.44。常含一定量的 Sb，呈类质同象替代 As。As-Sb 在 300℃ 以上可完全类质同象代替，温度下降则发生固溶体出溶，形成浓红银矿出溶物。有时含少量方铅矿、辉钴矿、黄铁矿的机械混入物。

【结构形态】　三方晶系，C_{3v}^6-$R3c$；六方定向 $a_{rh}=0.686nm$，$\alpha=103°27'$，$Z=2$；三方定向 $a_h=1.076nm$，$c_h=0.866nm$；$Z=6$。浓红银矿型结构。

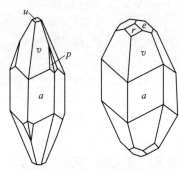

复三方单锥晶类，C_{3v}-$3m$（$L^3 3P$）。主要单形：六方柱 $a\{11\bar{2}0\}$，复三方单锥 $v\{21\bar{3}1\}$，三方单锥 $r\{10\bar{1}1\}$、$e\{01\bar{1}2\}$，六方单锥 $p\{11\bar{2}3\}$（图 1-3-15）。集合体常呈致密块状或粒状。

【物理性质】　深红至朱红色，似辰砂；因颜色而得名。条痕鲜红色。金刚光泽。半透明。解理 $\{10\bar{1}1\}$ 完全。断口参差状。性脆。硬度 2～2.5。相对密度 5.57～5.64。

图 1-3-15　淡红银矿的晶形

偏光镜下：一轴晶（－）。多色性血红至洋红。$N_m=3.088$，$N_p=2.792$（钠光）；$N_m=2.979$，$N_p=2.711$（锂光）。反射色灰带浅蓝；强非均质性；内反射深红色；反射率 R：28（绿），21.5（橙），20.5（红）。

淡红银矿是重要的非线性光学晶体材料，在 0.6～13.5μm 波段的光学透过性能良好；非线性光学系数 $d_{31}=12.6$（10^{-12}m/ν），$d_{22}=13.4$（10^{-12}m/ν），约为 KDP 的 d_{36} 的 20 倍。

【资源地质】　产于 Pb-Zn-Ag 热液矿脉中，通常为晚期形成的矿物。与其他银矿物、毒砂、方解石、重晶石、方铅矿、闪锌矿、黄铜矿等共生，一般含量稀少。

【鉴定特征】　颜色、条痕及光泽与浓红银矿相似，唯颜色及条痕稍淡。

【工业应用】　与其他含银矿物一起作为银的矿石矿物。

作为非线性光学材料，淡红银矿晶体生长可采取两步法。首先在约 700℃ 下由纯度 5～6N 的 Ag 粉、As 块和 S 粉合成淡红银矿多晶；然后将多晶粉体装入石英生长管中，控制最高炉温约 700℃，炉内生长区（即淡红银矿熔点 490℃ 附近）的温度梯度 8.2～8.5℃/mm，退火区维持 200～220℃；采用下降法，速度 8～9mm/d。生长完结的晶体棒直接降入退火炉中退火，在 48h 由 200℃ 缓慢冷却至室温，即制得质量良好的单晶材料。

浓红银矿（硫锑银矿）（pyrargyrite）

Ag_3SbS_3

【晶体化学】　理论组成（$w_B\%$）：Ag 59.76，Sb 22.48，S 17.76。成分中常含少量 As（0.6%），呈类质同象替代 Sb。

【结构形态】 三方晶系，C_{3v}^6-$R3c$；六方定向 $a_{rh}=0.701nm$，$\alpha=103°59'$，$Z=2$；三方定向 $a_h=1.106nm$，$c_h=0.873nm$；$Z=6$。浓红银矿型结构。菱面体晶胞与方解石晶胞相似。$[SbS_3]$ 单锥多面体占据菱面体晶胞的角顶和中心，锥顶指向 c 的一端，并通过 Ag^+ 形成共 S 的螺旋状链。Ag 的配位数 2，Ag—S 原子间距 0.24nm。S 的配位为 2Ag+1Sb，Sb—S_3=0.243nm；As—S_3=0.225nm。晶体呈各种形态的短柱状，集合体呈粒状或块状。

【物理性质】 深红、黑红或暗灰色。条痕暗红色。金刚光泽。半透明。解理 $\{10\bar{1}1\}$ 完全，$\{01\bar{1}2\}$ 不完全。断口贝壳状至参差状。性脆。硬度 2～2.5。相对密度 5.77～5.86。

偏光镜下：一轴晶（－）。$N_m=3.084$，$N_p=2.881$（锂光）。反射色灰色带淡蓝；非均质性强；内反射洋红色；反射率 R：32.5（绿），27.0（橙），24.5（红）。

【资源地质】 较淡红银矿常见，主要见于 Pb-Zn-Ag 热液矿床中。常与方铅矿、自然银、淡红银矿、铅锑硫盐及方解石、石英等共生。在南美的智利、玻利维亚、墨西哥、美国科罗拉多等地许多银矿山中曾大量发现。次生变化时转变为自然银和辉银矿。

【鉴定特征】 与淡红银矿很难区别，不同者仅颜色较深，密度较大，反射率较高。

【工业应用】 重要的银矿石矿物。

雄黄 （realgar）

As_4S_4，或 AsS

【晶体化学】 理论组成（$w_B\%$）：As 70.1，S 29.9。成分较固定，一般含杂质较少。

【结构形态】 单斜晶系，C_{2h}^5-$P2_1/n$；$a_0=0.929nm$，$b_0=1.353nm$，$c_0=0.657nm$，$\beta=106°33'$；$Z=16$。具有与自然硫类似的分子结构型，由 As_4S_4 构成环状分子，As 与 S 之间以共价键相联系；环间以分子键联系。晶体少见。通常呈粒状、致密块状，有时呈土状、粉末状、皮壳状集合体。

【物理性质】 橘红色。条痕浅橘红色。晶面金刚光泽，断口树脂光泽。透明-半透明。解理 $\{010\}$ 完全。硬度 1.5～2。相对密度 3.56。阳光久照破坏，转变为红黄色粉末。

【资源地质】 主要见于低温热液矿床中，亦见于温泉和硫质喷气孔的沉积物中。

【鉴定特征】 与辰砂相似，但雄黄为橘红色，浅橘红色条痕；而辰砂红色，鲜红色条痕，且密度大于雄黄。

【工业应用】 砷的矿石矿物，也用于农药、颜料、玻璃等工业。一般工业指标（$w_B\%$）：边界品位 As_4S_4 7；最低工业品位 As_4S_4 14。

化工、冶金、医药用雄黄产品质量（GB 17513—1998）：外观橘红色，优等品、一等品雄黄（AsS 干基）含量分别≥90.0%、≥85.0%。

药用雄黄，别名黄金石、明雄黄、雄精、腰黄、石黄、鸡冠石。功效：解毒；杀虫。成药制剂：醒消丸，化毒散，克痢痧胶囊，肥儿丸药片。

雌黄 （orpiment）

As_2S_3

【晶体化学】 理论组成（$w_B\%$）：As 60.91，S 39.09。含 Sb 可达 2.7%，Se 达 0.04%，有时含微量 V、Ge、Hg 等类质同象替代。常有 Sb_2S_3、FeS_2、SiO_2 等混入物。

【结构形态】 单斜晶系，C_{2h}^5-$P2_1/c$；$a_0=1.149nm$，$b_0=0.959nm$，$c_0=0.425nm$，$\beta=90°27'$；$Z=4$。层状结构。As_2S_3 层//$\{010\}$，每个 As 原子为 3 个 S 原子所围绕；每个 S 原子与 2 个 As 原子相连。层间为分子键，因而具 $\{010\}$ 极完全解理。晶体少见，集合体常呈片状、梳状、放射状或具放射状结构的肾状、球状、皮壳状或粉末状等。

【物理性质】 柠檬黄色，含杂质者微带绿。条痕鲜黄色。油脂-金刚光泽，解理面珍珠光泽。薄片透明。{010} 解理极完全。薄片具挠性，硬度 1～2。相对密度 3.4～3.5。

【资源地质】 主要产于低温热液矿床，与雄黄密切共生，为标型矿物。此外与辰砂、辉锑矿、白铁矿及文石、石英、石膏等共生。在火山升华物中，与自然硫等共生。

【鉴定特征】 与自然硫相似，但雌黄呈柠檬黄色，鲜黄色条痕，一组完全解理，密度较大；自然硫条痕黄白色，性脆，无解理，密度小，由此可区分。

【工业应用】 重要的砷矿石矿物。工业要求同雄黄。

化工、冶金、医药等部门用雌黄产品质量（GB 17513—1998）：外观柠檬黄色、亮紫色块状，优等品、一等品雌黄（As_2S_3 干基）含量分别≥85.0%、≥80.0%。

药用雌黄，别名黄安。功效：燥湿杀虫，解毒。用于疥癣恶疮，蛇虫蜇伤，虫积腹痛，及寒痰咳喘等症。

药用砒石，别名信石、砒霜、白砒、红砒。由砷矿物烧炼升华而成，白砒为较纯的 As_2O_3，红砒尚含少量 As_2S_3。功效：蚀疮去腐；劫痰平喘；截疟。成药制剂：结乳膏，枯痔丁，牛黄解毒丸。

第四章　氧化物与氢氧化物矿物

自然界已发现的氧化物矿物超过 200 种，在地壳中分布广泛。其中有些是常见的造岩矿物，有些是重要的金属原料，用于提取 Fe、Mn、Cr、Al、Ti、Sn、Nb、Ta、U、Th、TR 等元素。还有一些直接用作工业原料，如刚玉、金红石、赤铁矿等。

氧化物的主要阴离子是氧，可与氧结合的阳离子有 38 种，主要为惰性气体型和过渡型离子。氧化物的类质同象代替广泛，异价类和完全类质同象代替在复杂氧化物中常见。变价元素一般以高价态存在；同种元素高、低价态亦常并存，如磁铁矿 $Fe^{2+}Fe_2^{3+}O_4$。

氧离子半径为 0.132nm，远大于阳离子，故通常呈立方或六方紧密堆积，阳离子充填其八面体、四面体及其他类型的空隙中。较常见的阳离子及其配位数如下。

配位数 4：Be^{2+}，Mg^{2+}，Fe^{2+}，Mn^{2+}，Ni^{2+}，Zn^{2+}，Cu^{2+}；

配位数 6：Mg^{2+}，Fe^{2+}，Mn^{2+}，Ni^{2+}，Al^{3+}，Fe^{3+}，Cr^{3+}，V^{3+}，Ti^{4+}，Zr^{4+}，Sn^{4+}，Ta^{5+}，Nb^{5+}；

配位数 8：Zr^{4+}，Th^{4+}，U^{4+}；

配位数 12：Ca^{2+}，Na^+，Y^{3+}，Ce^{3+}，La^{3+}。

氧化物中的化学键类型主要是离子键，在二价金属氧化物中比较典型；某些三价和四价的金属氧化物，则带有明显的共价键性质，如刚玉 Al_2O_3、金红石 TiO_2；分子键仅见于少数氧化物中，例如锑华 Sb_2O_3。

氧化物常形成完好晶形，亦常见致密块状和粒状。矿物具有离子晶格的一般特征。光学性质与阳离子类型有关。阳离子为惰性气体型离子 Mg^{2+}、Al^{3+}、Si^{4+} 等时，矿物呈无色或浅色，透明至半透明，玻璃光泽为主；为过渡型离子 Fe^{2+}、Mn^{2+}、Cr^{3+}、Ti^{4+} 时，则颜色较深，半透明至不透明，半金属光泽。硬度一般大于 5.5。密度与原子量及原子堆积形式有关，Sn、Nb、Ta、U 的氧化物的密度特大，熔点高，溶解度低，理化性质较稳定。含铁矿物具有磁性，含放射性元素者具放射性，且往往因放射性元素蜕变而使矿物发生非晶质化。

氧化物矿物广泛形成于内生、外生和变质作用中。对于变价元素，其低价（如 Fe^{2+}、Cr^{3+}、Mn^{2+} 等）氧化物主要形成于热液作用、岩浆作用，其次是伟晶作用；而高价（如 Mn^{4+}、W^{6+}、Sb^{5+} 等）氧化物则多在表生作用中形成。不变价元素的氧化物多在内生、热液或变质作用中形成，其物理化学性质较稳定，故又能保存于砂矿中。

氧化物矿物分类通常基于晶体化学式中阳离子与氧的比例。简单氧化物类型是 X_2O、XO 和 X_2O_3 型，复杂氧化物是 XY_2O_4 型。以下按构成氧化物的配位多面体划分成亚类进行介绍。

第一节　四面体氧化物

四面体氧化物主要有红锌矿和铍石（bromellite，BeO）。

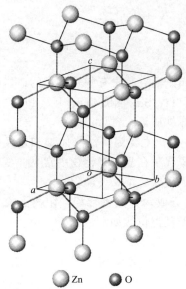

Zn ○　　O ●

图 1-4-1　红锌矿的晶体结构

红锌矿（zincite）

ZnO

【晶体化学】　Zn^{2+} 可部分被 Mn^{2+}、Pb^{2+}、Fe^{2+} 类质同象代替，形成锰红锌矿等变种。

【结构形态】　六方晶系，C_{6v}^4-$P6_3mc$；$a_0 = 0.3249nm$，$c_0 = 0.5205nm$；$Z = 2$。氧作六方紧密堆积，Zn^{2+} 占据全部四面体空隙（图 1-4-1）。与纤锌矿、铍石（BeO）等结构。

【物理性质】　白色，含锰时呈红色。条痕橙黄，半金刚光泽。半贝壳状断口。晶体习性为六方锥状。具 {001} 完全解理和 {110} 裂开。硬度 4～4.5。相对密度 5.4～5.7。透明至半透明。一轴晶（＋），$N_o = 2.013$，$N_e = 2.029$。

【资源地质】　为稀少矿物，已知仅在美国新泽西州的 Franklin 锌矿床中大量存在。

【鉴定特征】　颜色白至红色，橙黄色条痕，六方锥状结晶习性。

【工业应用】　大量富集时为锌的矿石矿物。晶体完好色美者可作宝石。ZnO 薄膜是 n 型半导体材料，用于太阳能电池、压电换能器、光电显示和光伏器件、气敏传感器以及光波导等领域（贺洪波等，1999）。

第二节　八面体氧化物

许多重要的氧化物矿物属八面体氧化物，包括赤铁矿、钛铁矿、锡石、软锰矿、方镁石、刚玉、金红石、锐钛矿、板钛矿、黑钨矿等。

刚玉（corundum）

α-Al_2O_3

同质多象变体：α（三方）、β（六方）、γ（四方）、η（等轴）、ρ（晶系未定）、χ（六方）、κ（六方）、δ（四方）、θ（单斜）-Al_2O_3 等变体。稳定的天然 α-Al_2O_3 变体称为刚玉。

【晶体化学】　常含微量杂质，主要有 Cr、Ti、Fe、Mn、V 等，呈类质同象代替 Al，或以机械混入物形式存在。常见金红石、赤铁矿、钛铁矿包裹体。

【结构形态】　α-Al_2O_3，三方晶系，D_{3d}^6-$R\bar{3}c$；$a_{rh} = 0.514nm$，$\alpha = 55°16'$，$Z = 2$；或 $a_h = 0.477nm$，$c_h = 1.304nm$；$Z = 6$。Cr^{3+} 代替 Al^{3+} 导致晶格常数增大。结构特点是 O^{2-}

作六方最紧密堆积，Al^{3+} 填充 2/3 的八面体空隙。$[AlO_6]$ 八面体共棱联结成垂直三次轴的层；在 //c 轴方向二实心八面体与一个空心八面体交互排列（图 1-4-2）。

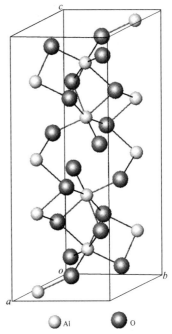

β-Al_2O_3，六方晶系。α-Al_2O_3 可在 1500～1800℃ 变为 β-Al_2O_3。Al_2O_3 熔体只在极缓慢冷却时才可形成这一变体，且经常含有碱质。

γ-Al_2O_3，四方晶系，具有缺席的尖晶石型结构。软水铝石（γ-AlOOH）加热至 950℃ 可获得此变体。更高温度下变为 α-Al_2O_3。

复三方偏三角面体晶类，D_{3d}-$\overline{3}m$（L^33L^23PC）。晶体呈桶状、柱状，少数呈板状或叶片状（图 1-4-3）。主要单形：六方柱 $a\{11\overline{2}0\}$，六方双锥 $z\{22\overline{4}1\}$、$n\{22\overline{4}3\}$、$w\{11\overline{2}1\}$，菱面体 $r\{10\overline{1}1\}$，平行双面 $c\{0001\}$。在 $\{0001\}$ 晶面上，通常具有 //$\{0001\}$ 与 $\{10\overline{1}1\}$ 交棱的花纹及三角形或六边形蚀象；在 $\{10\overline{1}1\}$ 晶面上有 //$\{10\overline{1}1\}$ 与 $\{22\overline{4}3\}$ 交棱的花纹。依（$10\overline{1}1$）成聚片双晶 [图 1-4-3（d）]，少数依（0001）成双晶，从而在柱面、底面和锥面上显示聚片双晶纹。刚玉能与金红石、钛铁矿、赤铁矿、尖晶石、夕线石等规则连生。金红石的 [001] 平行于刚玉的 $[10\overline{1}1]$ 或 $[11\overline{2}0]$ 规则连生，使刚玉晶体的（0001）面上出现六射星光图案，形成星光红宝石和星光蓝宝石。

图 1-4-2 刚玉的晶体结构

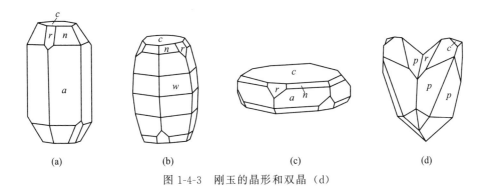

(a)　　　　(b)　　　　(c)　　　　(d)

图 1-4-3 刚玉的晶形和双晶（d）

晶形与形成条件有关。沿 c 轴延长的六方双锥、六方柱及菱面体的刚玉生长于贫硅富碱的岩石中；而底面发育的板状刚玉则形成于富硅贫碱的岩石中。

【理化性能】 不透明或半透明刚玉常呈蓝灰、黄灰或带不同色调的黄色；透明刚玉除无色外，常因含色素离子而呈现各种颜色，如红（含 Cr，红宝石）、蓝（含 Fe、Ti，蓝宝石）、绿（含 Co、Ni、V，绿宝石）、黄（含 Ni，黄宝石）、黑（含 Fe^{2+}、Fe^{3+}，铁刚玉）等。黑色而具有星光的刚玉宝石称"黑星石"，其黑色系由细散分布的碳质所致。玻璃至金刚光泽，在（0001）面上可显珍珠光泽或星彩。

白色刚玉有良好的透光性质，在 0.2～5.5μm 波段的透光率达 80%～90%。对红外波段的透光率几乎不随温度而变化。

红宝石中部分 Al^{3+} 被 Cr^{3+} 替代。在普通光照下发荧光，且荧光寿命较长。在光照射下，Cr^{3+}能量由基态跃迁至 u 带（25000cm^{-1}）和 y 带（17000cm^{-1}）。这需要吸收光能，对应于红宝石吸收光谱中两个吸收带：u 带（410nm）和 y 带（550nm）。处于激发态的粒子又通过非辐射跃迁（即不发射出光子）至 R 能级上，然后从 R 能级回到基态（感应跃迁），发出荧光。荧光光谱有两个峰值，即 R_1 线（693nm）和 R_2 线（694.5nm）。含 Cr 约 0.05% 的红宝石，用氙灯泵浦，造成粒子数反转，即高能态粒子数大于基态粒子数。处于高能态的粒子经非辐射跃迁至 R 线，然后发生感应跃迁，粒子以"雪崩"方式返回到基态，发出强单色光。故红宝石是重要的激光材料。

力学性质 相对密度4.016。//{0001} 或 {10$\bar{1}$1} 聚片双晶方向有裂开。硬度9，仅次于金刚石；显微硬度：//光轴面20986MPa，⊥光轴面18437MPa。研磨硬度833，为石英的8.33倍。耐磨性能好，并有明显各向异性，平行光轴的平面较易磨损。

热学性质 熔点高达2030～2050℃。热膨胀系数//光轴为 6.2×10^{-6}/℃，⊥光轴为 5.4×10^{-6}/℃。导热性能良好，室温下热导率为41.84W/(m·K)，接近于金属材料。

电学性质 绝缘性良好。500℃时，电导率 2.7×10^{-10}S/cm，介电常数 $\varepsilon=9.8$。

化学性质 常温下不受酸碱腐蚀；300℃以上才能被氢氟酸、氢氧化钾、磷酸侵蚀。

【资源地质】 形成于高温和富铝贫硅的条件下。区域变质型：产于片麻岩、云母片岩中，与夕线石、磁铁矿、白云石等共生。挪威北部Skattøra高压混合岩中产刚玉巨晶，系存在富含K、Rb、Ba的外部流体条件下，由斜长石经高压不一致熔融作用所形成。斜长石分解及生成刚玉始于温度>850℃和压力>1.2GPa，外部流体相转移出Ca、Fe、Mg组分而使熔体相过铝质程度增大，促使刚玉进一步生长。计算的含刚玉混合岩的平衡稳压条件为750～825℃和0.9～1.1GPa（Kullerud et al，2012）。接触交代型：产于岩浆岩与石灰岩接触带，与方解石、磁铁矿、绿帘石等共生；亦可由富铝沉积岩的接触变质作用形成，刚玉与红柱石、夕线石、金红石等伴生。岩浆型：产于橄榄苏长岩中的蓝色刚玉，与尖晶石、斜长石、磁铁矿、夕线石等共生；产于碱性玄武岩中的刚玉巨晶，与铁铝榴石、尖晶石、斜长石等共生。伟晶型：产于碱性伟晶岩中的刚玉，与正长石、霞石共生，常具有较大的工业价值。刚玉的化学稳定性良好，硬度大，耐磨蚀，故也常见于砂矿中。

【鉴定特征】 短柱状、桶状、板状，硬度9，{0001} 和 {10$\bar{1}$1} 面有裂开。刚玉（红宝石）与尖晶石相似，晶形完好时易于区分，刚玉属非均质体。

【工业应用】 主要用作宝石材料、磨具及耐磨材料、激光材料、红外窗口材料等。目前已用铝土矿合成刚玉，大量替代天然刚玉磨料。

一般工业指标：原生矿，工业品位，刚玉≥30%；砂矿，工业品位，刚玉7.7kg/m^3；刚玉含 Al_2O_3>94%，有害组分 Fe_2O_3<3.0%，灼失量<0.2%。

宝石材料 透明、色泽美观的刚玉可作宝石。据颜色可分为红宝石和蓝宝石。它们与钻石（金刚石）、祖母绿（绿柱石）并称为四大珍贵宝石。在中国清代，只有亲王和一品以上官员才可佩戴红宝石作为顶戴标志，蓝宝石则是三品以上官员的顶戴标志（余晓艳，2016）。

红宝石（ruby）颜色以"鸽血红"为最佳，依次为鲜红、粉红、紫红。除星光红宝石外，透明度越高越好。星光红宝石以星光明显、界限清晰、星光中心落在弧面中心者为上乘。重量越大，价值越高，但大颗粒红宝石在自然界并不多见，一般大于0.3～0.6ct者即可作宝石。产生星光效应的原因是，沿 [10$\bar{1}$1] 或 [11$\bar{2}$0] 出溶的金红石包裹体在⊥ c 轴平面内成60°角相交，定向加工成弧面形宝石后在其（0001）面上即显示六射星线现象（王濮等，1982）。

蓝宝石（sapphire）在珠宝界一般指除红宝石以外的其他刚玉宝石。蓝色主要由 Fe^{3+}、Ti^{4+} 致色，绿色由 Co^{3+}、V^{3+}、Ni^{2+} 致色，黄色由 Ni^{2+} 致色，金黄至橙红由 Cr^{3+}、Ni^{2+} 致色，紫色由 Ti^{4+}、Fe^{2+}、Cr^{3+} 致色（张蓓莉等，2008）。狭义蓝宝石是指蓝色的刚玉宝石，以"矢车菊蓝"最佳，是一种鲜明浓艳的鲜蓝色，犹如雨过天晴后的蔚蓝色。此外，尚有深蓝、明蓝、紫蓝、灰蓝之分。蓝宝石评价对颜色的要求是鲜艳、纯正。故蓝、黄、绿、黑、白等色的蓝宝石都较名贵，而闪灰、泛黑、闪绿、泛黄者欠佳。透明度、重量及星光效应等要求同红宝石。自然界蓝宝石远较红宝石多。国际市场上 5ct 以上优质者属贵重宝石。但巨大颗粒者在世界上亦屈指可数。蓝色星光宝石"亚洲之星"重 330g。

缅甸是红宝石的主要产出国，印度产优质蓝宝石，斯里兰卡以产星光蓝宝石著称。泰国、柬埔寨、巴基斯坦、坦桑尼亚、澳大利亚亦产红、蓝宝石。我国红、蓝宝石产于山东、江苏、安徽、海南、新疆等地，以蓝宝石为主。

高级磨料　制成砂轮，用于钢的磨削加工。用刚玉磨料制成的砂布、砂纸多用于木材、钢材的研磨加工。刚玉粉可作高档抛光粉，用于磨修精密仪器的光学玻璃。刚玉粉混入脂肪酸或树脂等油脂，经加热、冷却、固化后，可制成油脂性研磨材料。

耐磨材料　用于制作各种精密仪器、手表、精密机械的轴承材料和耐磨部件，测绘器中绘图笔尖，自动记录仪上的记录笔尖等，具有使用寿命长、性能好的特点。利用刚玉磨料可以制备仿金属高分子修复材料（张春霞等，2007）。

耐火材料　可用于制备刚玉质耐火浇注料和 β-Sialon/刚玉复相耐火材料（李亚伟等，2000）。利用刚玉制备的高温铸造涂料，具有防粘砂性能（黄晋等，2008）。

激光材料　掺入 Cr^{3+} 约 0.05％的人造红宝石是重要的固体激光材料。

窗口材料　白宝石对红外线透过率高，可用作红外接收、卫星、导弹、空间技术、仪器仪表和高功率激光器等的窗口材料。

赤铁矿（hematite）

Fe_2O_3

同质多象变体：$\alpha\text{-}Fe_2O_3$，三方晶系，刚玉型结构，在自然界稳定，称赤铁矿；$\gamma\text{-}Fe_2O_3$，等轴晶系，尖晶石型结构，在自然界呈亚稳态，称磁赤铁矿。

【晶体化学】　常含类质同象替代的 Ti、Al、Mn、Fe^{2+}、Mg 及少量的 Ga、Co；常含金红石、钛铁矿微包裹体。隐晶质致密块体中常有机械混入物 SiO_2、Al_2O_3。纤维状或土状者含水。据成分可划分出钛赤铁矿、铝赤铁矿、镁赤铁矿、水赤铁矿等变种。

【结构形态】　三方晶系，$D_{3d}^6\text{-}R\bar{3}c$；$a_{rh}=0.5421nm$，$\alpha=55°17'$；$Z=2$。$a_h=0.5039nm$，$c_h=1.3760nm$；$Z=6$。刚玉型结构。成分中有 Ti^{4+} 替代时，晶胞体积将增大；而 Al^{3+} 替代则使晶胞体积减小。完好晶体较少见。常呈显晶质板状、鳞片状、粒状和隐晶质致密块状、鲕状、豆状、肾状、粉末状等形态。

片状、鳞片状、具金属光泽者称为镜铁矿。细小鳞片状或贝壳状镜铁矿集合体称为云母赤铁矿。依（0001）或近于（0001）连生的镜铁矿集合体为铁玫瑰。红色粉末状的赤铁矿为铁赭石或赭色赤铁矿。表面光滑明亮的红色钟乳状赤铁矿集合体为红色玻璃头。

【物理性质】　钢灰色至铁黑色，常带淡蓝锖色；隐晶质或粉末状者呈暗红至鲜红色。具特征的樱桃红或红棕色条痕。金属至半金属光泽，有时光泽暗淡。无解理。硬度 $5\sim6$。相对密度 $5.0\sim5.3$。

偏光镜下：血红、橙黄、灰黄色。一轴晶（－），$N_o=2.988$，$N_e=2.759$。

【资源地质】 规模巨大的赤铁矿矿床多与热液作用或沉积作用有关。热液型赤铁矿，共生矿物除磁铁矿、石英、重晶石、菱铁矿、碳酸盐外，常有方铅矿、闪锌矿、黄铜矿等。沉积型赤铁矿，矿石呈块状，常具鲕状、豆状、肾状等胶态特征。在氧化带，赤铁矿可由褐铁矿或纤铁矿、针铁矿经脱水作用形成；亦可水化成针铁矿、水赤铁矿等。

在自然氧化条件下，磁铁矿可氧化成赤铁矿；若仍保留原磁铁矿的晶形，称之为假象赤铁矿。若磁铁矿仅部分转变为赤铁矿，则称为假赤铁矿。

【鉴定特征】 樱桃红色或红棕色条痕为其特征。据其形态和无磁性，可与相似的磁铁矿、钛铁矿相区别。

【工业应用】 重要的铁矿石矿物之一。Ti、Ga、Co 等元素达一定量时可综合利用。赤铁矿石一般工业指标（DZ/T 0200—2002）：炼钢、炼铁用矿石，同磁铁矿石；需选矿石（TFe），边界品位 25%，工业品位 28%～30%。

由硫酸亚铁经氧化、高温煅烧制得的 Fe_2O_3 粉体为 α-铁氧体，晶体为规则球形，色泽呈现红色，具有高导磁能力，粒度 $<100nm$，磁性活泼，颗粒组织均匀，耐碱、耐光性良好。用于磁性材料、电子和电讯元件材料。用于彩色显像管的荧光粉着色，能提高红光鲜艳度，延长使用寿命。用于红色荧光粉的 α-Fe_2O_3 粉体是由 SiO_2 胶体和氧化铁红经混合球磨，再进行后处理而成。

铁黄即 $Fe_2O_3 \cdot H_2O$ 黄色粉体。色泽鲜明，有从柠檬黄到橙黄的系列色光，着色力几乎与铅铬黄相当，遮盖力较高，耐光性好，耐碱性优良，但耐酸性较差。广泛用于建筑涂料和人造大理石、马赛克、水泥制品着色；也用于油墨、橡胶、塑料制品、化妆品、绘画等领域。

铁红即 α-Fe_2O_3 粉体，又称铁丹、锈红、铁朱红等。合成铁红的色泽变动于橙光到蓝光乃至紫光之间。其遮盖力和着色力都很高，且耐光、耐热、耐气候性能均优良，耐化学药品性能也较好，不溶于水、碱、稀酸和有机溶剂。铁红掺入水泥、石灰中可制成彩色水泥、石灰；掺入橡胶制品可起良好补强和着色作用，且防紫外线的降解作用。铁红防锈底漆被大部分中低档防锈工程所采用。铁红制成的高级磨料可用于抛光精密机械和光学玻璃。铁红还广泛用于塑料、化纤皮革着色及玻璃、陶瓷、化妆品、绘画等领域。

作为颜料的主要化学成分（w_B%）：红色赭石，Fe_2O_3 75，SiO_2 5，Al_2O_3 5；黄色赭石，Fe_2O_3 50，SiO_2 30，Al_2O_3 5。

药用赤铁矿名赭石，别名代赭石、代赭、铁朱、钉头赭石、红石头、赤赭石。功效：平肝潜阳；重镇降逆；凉血止血。成药制剂：脑立清丸，月阳生发液，晕可平糖浆。

钛铁矿（ilmenite）

$FeTiO_3$

【晶体化学】 理论组成（w_B%）：FeO 47.36，TiO 52.64。Fe^{2+} 与 Mg^{2+}、Mn^{2+} 间可完全类质同象代替，形成 $FeTiO_3$-$MgTiO_3$ 或 $FeTiO_3$-$MnTiO_3$ 系列。以 FeO 为主时称钛铁矿，MgO 为主时称镁钛矿，MnO 为主时称红钛锰矿。常有 Nb、Ta 等类质同象替代。

在 960℃ 以上高温下，$FeTiO_3$-Fe_2O_3 可形成完全固溶体。随温度下降，在约 600℃ 固溶体出溶，在钛铁矿中析出赤铁矿片晶，且 //(0001) 定向排列。

【结构形态】 三方晶系，C_{3i}^2-$R\bar{3}$；$a_{rh}=0.553nm$，$\alpha=54°49'$；$Z=2$。或 $a_h=$

$0.509nm$，$c_h=1.407nm$；$Z=6$。可视为刚玉型结构的衍生结构（图 1-4-4）。相当于刚玉中 Al^{3+} 的位置被 Fe^{2+}、Ti^{4+} 替换并相间排列，导致 c 滑移面消失，空间群由 $R\bar{3}c$ 变为 $R\bar{3}$。

高温下钛铁矿中的 Fe、Ti 呈无序分布而具赤铁矿结构，形成 $FeTiO_3$-Fe_2O_3 固溶体，组成为 $Fe^{3+}_{2-x}Fe^{2+}_xTi^{4+}_xO_3$（$x$ 表示钛铁矿的摩尔分数）。空间群从 $R\bar{3}c$ 转变为 $R\bar{3}$ 的温度为 $1100℃$（$x=0.65$）至 $600℃$（$x=0.45$）。当 $0.6>x\geqslant0.5$ 时，不能获得完全有序的 $R\bar{3}$ 结构；在 $x=0.5$ 时，$R\bar{3}c \rightarrow R\bar{3}$ 的转变成亚稳态，固溶体开始部分出溶。

常呈不规则粒状、鳞片状或厚板状。多呈它形晶粒散布于其他矿物颗粒间，或呈定向片晶存在于钛磁铁矿、钛赤铁矿、钛普通辉石、钛角闪石等矿物中，为固溶体出溶的产物。与榍石、磁铁矿、刚玉连生的现象较为常见。

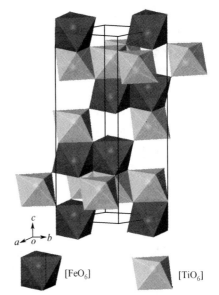

[FeO_6]　　　[TiO_6]

图 1-4-4　钛铁矿的晶体结构

【物理性质】　铁黑色或钢灰色；条痕钢灰色或黑色。含赤铁矿包裹体时呈褐或褐红色。金属至半金属光泽。不透明。硬度 5～5.5。性脆。相对密度 4.0～5.0。具弱磁性。

偏光镜下：深红色，不透明或微透明。具非常高的折射率（$N=2.7$）和重折率。

【资源地质】　岩浆型钛铁矿，常作为副矿物，或在基性、超基性岩中分散于磁铁矿中成条片状，与顽辉石、斜长石等共生。伟晶型钛铁矿，产于花岗伟晶岩中，与微斜长石、白云母、石英、磁铁矿等共生。钛铁矿往往在碱性岩中富集。由于其化学性质稳定，故可形成冲积砂矿，与磁铁矿、金红石、锆石、独居石等共生。

2015 年世界钛矿（主要为钛铁矿和金红石）储量约为 7.9 亿吨（TiO_2）。其中钛铁矿储量 7.4 亿吨（TiO_2），主要分布于中国、澳大利亚、印度、南非、巴西、挪威等国。中国的钛铁矿储量为 2.0 亿吨，占世界的 27.0%。

【鉴定特征】　据晶形、条痕、弱磁性可与赤铁矿或磁铁矿区别。

【工业应用】　最重要的钛矿石矿物。一般工业指标（DZ/T 0208—2002）：钛铁矿砂矿，边界品位 $\geqslant10kg/m^3$，最低工业品位 $\geqslant15kg/m^3$。钛铁矿精矿质量要求（YS/T 351—2007）：Ⅰ级，$TiO_2\geqslant52\%$，$TiO_2+Fe_2O_3+FeO\geqslant94\%$，$CaO+MgO\leqslant0.5\%$，$P\leqslant0.030\%$，$Fe_2O_3\leqslant10\%$，水分 $\leqslant0.5\%$；Ⅱ级，$TiO_2\geqslant50\%$，$TiO_2+Fe_2O_3+FeO\geqslant93\%$，$CaO+MgO\leqslant1.0\%$，$P\leqslant0.05\%$，$Fe_2O_3\leqslant13\%$，水分 $\leqslant0.5\%$。

世界钛矿的 95% 用于生产钛白粉，其余 5% 用于生产金属钛。钛白粉最大的 3 个用途是颜料、涂料和塑料制品等。钛合金具有高强度-低重量比及优越的抗腐蚀性能，因而被广泛应用于航空航天材料及其他工业领域。美国钛金属消费的 74% 用于商业用途、军用航空航天工业，其余 26% 用于日用消费品、船舶、医疗器械、油气工业、造纸、特种化工等领域。在可预见的未来，钛在航空航天、国防和工业制造方面对钛金属的需求具有决定性影响，商业性飞机生产仍然是钛金属的主要应用领域。

以钛铁矿为原料，可采用原位碳还原法合成 TiC/Fe 复合材料（邹正光等，2001）。通过原位铝热、碳热还原法，利用钛铁矿可制备金属陶瓷复合材料（吴一等，2008）。

方镁石（periclase）

MgO

【晶体化学】 Mg 常被 Fe（达 6%）、Mn（达 9%）、Zn（达 2.5%）所替代，形成铁方镁石、锰方镁石、锌方镁石变种。MgO-FeO 和 MgO-MnO 体系在 1050℃ 以上可生成完全固溶体。固溶体出溶可形成方锰矿和磁铁矿的定向包裹体。

【结构形态】 等轴晶系，O_h^5-$Fm3m$；$a_0 = 0.4211nm$；$Z = 4$。NaCl 型结构。常呈不规则粒状或浑圆状。依（111）形成双晶。

【物理性质】 无色至灰色，条痕橙黄。玻璃光泽。解理 {100} 完全。裂开 //{111}，不平坦断口。硬度 5.5。相对密度 3.56。透明至半透明。折射率 $N = 1.736$。

【资源地质】 产于较高温度下的变质白云岩或镁质石灰岩中，与镁橄榄石、菱镁矿、水镁石等共生。易变为纤维状或鳞片状水镁石、水菱镁矿和蛇纹石。

【鉴定特征】 玻璃光泽，灰白色及细小圆粒状产出为特征。

【工业应用】 经制球和 1700℃ 死烧后的高密度氧化镁称为镁砂。产品分为耐火材料级和化学级。前者主要用途是炼钢工业中的炉衬耐火材料，后者用作合成橡胶的加硫助剂、防止过早硫化剂、医药品、硅钢片表面处理、食品和饲料添加剂等。高纯度氧化镁用作陶瓷原料和烧结助剂、半导体密封材料、各种绝缘材料的添加剂等。

以天然菱镁矿煅烧而成的氧化镁称为天然镁砂，主要生产国俄罗斯、中国、朝鲜、奥地利等；由海水或卤水中的氯化镁与石灰乳反应生成氢氧化镁，再经煅烧生成的氧化镁称海水镁砂，主要生产国美国、日本、英国、意大利和以色列等。

金红石（rutile）

TiO_2

TiO_2 具有三种同质多象变体，即金红石、锐钛矿、板钛矿（brookite）。

【晶体化学】 常含 Fe^{2+}、Fe^{3+}、Nb^{5+}、Ta^{5+}、Sn^{4+} 等类质同象混入物，有时含 Cr^{3+} 或 V^{3+}。多为异价替代，常见方式有 $2Nb^{5+}(Ta^{5+}) + Fe^{2+} \longrightarrow 3Ti^{4+}$，$Nb^{5+}(Ta^{5+}) + Fe^{2+} \longrightarrow Ti^{4+} + Fe^{3+}$ 等。当 Nb^{5+} 或 Ta^{5+} 以 1:1 方式替代 Ti^{4+} 时，可导致晶格中的阳离子缺席。富铁变种称铁金红石；富含 Nb、Ta 的变种，当 Nb＞Ta 时称铌铁金红石，Ta＞Nb 时称钽铁金红石。

【结构形态】 四方晶系，D_{4h}^{14}-$P4_2/mnm$；$a_0 = 0.458nm$，$c_0 = 0.295nm$；$Z = 2$。金红石型结构，为 AX_2 型化合物的典型结构。O^{2-} 作近似六方最紧密堆积，Ti^{4+} 填充其半数的八面体空隙。Ti^{4+} 占据晶胞的角顶和中心（图 1-4-5），Ti 与 O 分别为 6 次和 3 次配位，$[TiO_6]$ 八面体共棱联结成 //c 轴的链，链间八面体共角顶。

金红石、锐钛矿、板钛矿的结构都由 $[TiO_6]$ 八面体组成。所不同的是，这三种结构中 $[TiO_6]$ 八面体分别共两棱、三棱和四棱。根据鲍林法则，配位多面体共棱、共面会降低结构的稳定性。因此，三种变体中以金红石分布最广。

复四方双锥晶类，D_{4h}-$4/mmm$（$L^4 4L^2 5PC$）。常具完好的四方柱状或针状晶形。常见单形：四方柱 $m\{110\}$、$a\{100\}$，四方双锥 $s\{111\}$、$e\{101\}$，有时见复四方柱 $r\{320\}$、$h\{120\}$ 和复四方双锥 $z\{321\}$。晶体常具 //c 轴的柱面条纹。常以（011）为双晶面成膝状双晶、三连晶或环状双晶（图 1-4-6）。针状、纤维状晶体有时呈包裹体见于透明水晶中。有时成致密块状集合体。晶形与形成条件有关。在伟晶岩中，常呈双锥状、短柱状；而在金红石-石英脉中，快速结晶时则为长柱状、针状晶形。

【物理性质】 常见暗红、褐红色，黄、橘黄色者稀见，富铁者黑色；条痕浅黄至浅褐

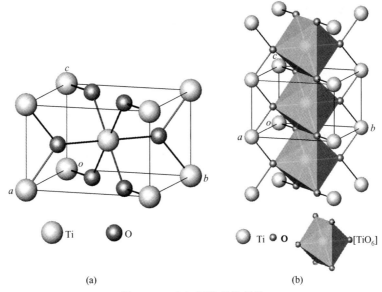

(a)   (b)

图 1-4-5　金红石的晶体结构

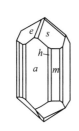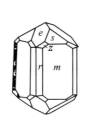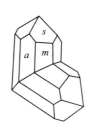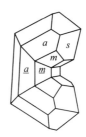

图 1-4-6　金红石的晶形和双晶

色；金刚光泽，铁金红石半金属光泽。解理//｛110｝完全，//｛100｝中等；裂开//｛092｝和
｛011｝。硬度 6～6.5。性脆。相对密度 4.2～4.3，富铁或铌、钽者可增高至 5.5 以上。

偏光镜下：大多为浅红、淡黄、紫色。多色性不显著。N_o 黄至褐黄色；N_e 褐黄至黄
绿色。含有 Nb、Ta、Fe 的变种颜色变深，多色性显著。一轴晶（＋）。$N_o＝2.616$，$N_e＝$
2.903。合成纯金红石，$N_o＝2.605$，$N_e＝2.901$。

【资源地质】　一般在高温下形成。最主要产状为热液金红石-石英脉型和伟晶型。在伟
晶型中可成巨晶。区域变质过程中，金红石常由含钛矿物转变而成，见于角闪岩、榴辉岩、
片麻岩和片岩中。金红石化学性质稳定，因而常发现于砂矿中。

2015 年世界金红石（包括锐钛矿）储量 5400 万吨（TiO_2），主要集中于澳大利亚、肯
尼亚、南非、印度和乌克兰等国。中国已探明的金红石产地主要分布于湖北、山西、河南三
省。其中湖北枣阳、山西代县两地储量约占全国储量的 95%。

【鉴定特征】　四方柱晶形，膝状双晶，带红的褐色，柱面解理完全为其特征。

【工业应用】　主要用于颜料工业、光学材料、宝石材料，以及制作介电陶瓷等。

一般工业指标（DZ/T 0208—2002）：原生矿（TiO_2），边界品位 1%，最低工业品位
1.5%；金红石砂矿（矿物），边界品位≥$1kg/m^3$，最低工业品位≥$2kg/m^3$。

2015 年中国 42 家规模以上企业的钛白粉总产量达 232.3 万吨，其中金红石型产品
171.52 万吨，占 73.8%；锐钛矿型产品 41.7 万吨，占 18.0%；非颜料级产品 12.8 万吨，
占 5.5%；脱硝/纳米类产品 6.29 万吨，占 2.7%。中国钛白粉消费量约为 198.9 万吨。

颜料工业　以其制取的纯氧化钛粉称钛白粉，具有高白度、高折射率和散射能力，在白色颜料中占 90% 以上；主要用于涂料、造纸、橡胶工业，占总消费量的 85% 以上。其中涂料用钛白粉约占钛白粉总消费量的 1/2。钛白粉对紫外光波段具有强吸收效应，常用作防晒化妆品的添加剂。此外，钛白粉还用于化学纤维、玻璃、陶瓷工业。

钛白粉颜料分为金红石型和锐钛矿型。前者微淡色泽，相对密度 3.9～4.2，折射率 2.71，吸油率 16～48g/100g，平均粒径 0.2～0.3μm；后者冷蓝白色，相对密度 3.7～4.1，折射率 2.55，吸油率 18～30g/100g，平均粒径 0.18～0.3μm。

光学材料　金红石单晶具有特殊透光性能。在波长 1～5μm 范围内的折射率为 2.5～2.3，大致相当于常用探测器材料（Ge、Si、InSb、PbS 等）和空气折射率的几何平均值。故作为元件窗口或前置透镜时可使反射损失显著减小。2mm 厚单晶薄片在 0.43～6.2μm 波长范围内是透明的。300nm 厚金红石单晶薄膜能将可见光反射掉 42%、透过 57%，可作无损而又耐久的分束器。

其他用途　金红石具高介电系数，可以耐 10^{12} 频率级的超高频。含 TiO_2 陶瓷是优良的高频介电材料。金红石还是一种重要的高温隔热涂层材料。作为隔热材料，要求矿物纯度高，结构为金红石型，铁杂质含量低，晶格常数较大，反射率较高，辐射系数较低，微波介电常数较高，介电损耗较低。

金红石包覆云母，可制成金红石型云母钛珠光颜料（徐卡秋等，2002）。

以金红石相 TiO_2 为载体，偏钨酸铵为钨源，采用表面修饰技术制备纳米复合材料前体，再在甲烷/氢气气氛下还原碳化，制备了 WC/TiO_2 纳米复合材料。采用循环伏安法研究表明，该纳米复合材料对硝基苯酚电还原反应的电催化性能最佳（王晓娟等，2016）。

美观的金红石单晶可作宝石。

锐钛矿（anatase）

【晶体化学】　类质同象替代有 Fe、Sn、Nb、Ta 等。尚发现含 Y 族稀土及 U、Th。

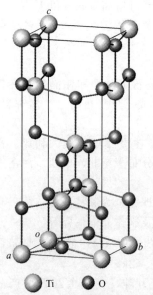

图 1-4-7　锐钛矿的晶体结构

Ti　O

【结构形态】　四方晶系，D_{4h}^{19}-$I4_1/amd$；$a_0 = 0.379$nm，$c_0 = 0.951$nm；$Z = 4$。晶体结构如图 1-4-7。915℃时转变为金红石。晶形一般呈锥状、板状、柱状。四方双锥较尖锐并有横纹。

【物理性质】　褐、黄、浅绿蓝、浅紫、灰黑色，偶见近于无色。条痕无色至淡黄色。金刚光泽。解理 {001}、{011} 完全。硬度 5.5～6.5。相对密度 3.82～3.97。

偏光镜下：褐、黄、蓝、橙黄、蓝绿、浅绿等色。一轴晶（一）。暗色变种有时显光性异常，$2V$ 小，$N_o = 2.561～2.562$，$N_e = 2.488～2.489$。

【资源地质】　较不稳定，故远比金红石少见。形成条件与金红石类似。作为副矿物广布于结晶岩中，或作为榍石、钛铁矿、钛磁铁矿等蚀变的产物。

【鉴定特征】　尖双锥形晶体并有横纹，解理 {001}、{011} 完全，一轴晶（一），易于与金红石、板钛矿（斜方晶系；$a_0 = 0.918$nm，$b_0 = 0.545$nm，$c_0 = 0.515$nm）区别。

【工业应用】 锐钛矿型纳米粉体具有优良的光催化性能，可降解苯酚等有机污染物，广泛用作各种光催化材料和抗菌材料（杨儒等，2003；沃松涛等，2003）。

锡石（cassiterite）

SnO_2

【晶体化学】 常含混入物 Fe、Nb、Ta，尚可含 Mn、Sc、Ti、Zr、W 以及分散元素 In、Ga、Ge 等。Nb^{5+}、Ta^{5+} 可成异价类质同象方式替代 Sn^{4+}。但更多的是以铌铁矿、钽铁矿等超显微包裹体存在。伟晶岩、云英岩、花岗岩中的锡石常含有较高的 Nb、Ta，且大多 Ta＞Nb；热液脉型锡石 Nb、Ta 含量较低，但气成高温热液型的 Nb、Ta、Sc 含量稍高。夕卡岩中的锡石则往往富 Fe、Mn，而 Nb、Ta 含量不高。

【结构形态】 四方晶系，D_{4h}^{14}-$P4_2/mnm$；$a_0 = 0.4737nm$，$c_0 = 0.3185nm$；$Z = 2$。金红石型结构。Zr 代替 Sn 导致晶格常数增大。晶体常呈双锥状、双锥柱状，有时呈针状。依（011）为双晶面成膝状双晶。集合体常呈不规则粒状。由胶体溶液形成的纤维状锡石称木锡石（wood-tin），呈葡萄状或钟乳状，具同心带状构造。

【物理性质】 无色者少见，一般因含混入物而呈褐色，含 Fe 高时可呈黑色，含 Nb、Ta 高者可呈沥青黑色，含铌铁矿、钽铁矿超显微包裹体可导致颜色不均匀。条痕白至浅褐色。半透明。金刚光泽，断口油脂光泽。解理 {110} 不完全。具 {111} 裂开，断口不平坦至次贝壳状。性脆。硬度 6～7。相对密度 6.8～7.0。富铁锡石可具电磁性。

偏光镜下：无色、浅黄、浅褐或带红色，有时颜色分布不均匀，呈点状或环带状。一轴晶（＋），折射率很高，$N_o = 1.9836～2.0475$，$N_e = 2.0818～2.1397$。

【资源地质】 内生锡石矿床常产于花岗岩体的云英岩化（钾长石$\longrightarrow$白云母＋石英）部位。由于挥发分的作用，锡呈 SnF_4、$SnCl_4$ 运移，再经水解作用而生成锡石：

$$SnF_4 + 2H_2O \longrightarrow SnO_2 + 4HF$$

在花岗伟晶岩脉中，锡石与石英、微斜长石、钠长石、白云母等共生，有时与黄玉、锂辉石、电气石等共生。热液型锡石矿床，具有重要的工业意义。我国江西南部的锡石，多产于气成高温热液矿床中，锡石多与白云母、绿柱石、黄玉、辉钼矿、黑钨矿、烟紫色萤石和石英等或毒砂、磁黄铁矿、黄铜矿、方铅矿、闪锌矿等共生。

2015 年世界锡储量为 485 万吨，资源较丰富的国家有中国、印度尼西亚、巴西、玻利维亚、澳大利亚、俄罗斯和马来西亚等国。中国锡储量为 150 万吨，占世界的 30.9％。

【鉴定特征】 晶形、双晶、颜色、硬度等与金红石相似，但锡石密度大，解理较差，折射率较金红石低。相对高的密度和重折率可与锆石相区别。

【工业应用】 提取锡的最主要原料矿物。一般工业指标（DZ/T 0201—2002）：原生锡矿，边界品位 Sn 0.1％～0.2％，最低工业品位 Sn 0.2％～0.4％；砂锡矿，边界品位 Sn 0.02％（锡石 100～150g/m³），最低工业品位 Sn 0.04％（锡石 200～300g/m³）。

2015 年中国矿山锡产量 14.66 万吨，占世界的 46.5％，精炼锡产量占世界的 48.3％。锡焊料和镀锡板是锡的两个主要终端用途，其中锡焊料约占世界精炼锡消费量的 47％。镀锡板具有良好的密封性、保藏性、避光性、坚固性和特有的金属装饰魅力，其中约 90％ 用于食品罐和饮料罐。中国镀锡板的消费结构为：罐头消费占 30％，饮料罐占 30％～40％，其他（饼干桶、茶叶桶、油桶、医药、压力罐、电池等）占 30％～40％。锡化学制品是锡的另一主要终端用途，产品主要用于 PVC 热稳定剂、杀虫剂、催化剂、农业化肥和玻璃镀膜等方面。

黄褐色至暗褐色的完好锡石晶体可作宝石。

软锰矿（pyrolusite）

MnO_2

MnO_2 具有 α（四方）、β（四方）、γ（斜方）三种变体。软锰矿即 β-MnO_2。

【晶体化学】 常含少量吸附水。碱或碱土金属、Fe_2O_3、SiO_2 等可作为混入物存在。

【结构形态】 四方晶系，D_{4h}^{14}-$P4_2/mnm$；$a_0 = 0.439nm$，$c_0 = 0.286nm$；$Z = 2$。金红石型结构。晶体成柱状或近等轴状，少见。有时呈针状、棒状、放射状集合体或烟灰状。

【物理性质】 钢灰色至黑色，表面常带浅蓝的金属锖色。条痕蓝黑至黑色，其他锰氧化物则常具褐至褐黑色条痕。半金属光泽；不透明。解理 {110} 完全。断口不平坦。硬度显晶者 6~6.5；隐晶质可降至 1~2，能污手。性脆。相对密度 4.7~5.0。

【资源地质】 高价锰的氧化物主要见于沿岸相的沉积锰矿床和风化矿床中。沉积型锰矿床中，在近海岸的浅水带，氧化电位高，形成高价锰矿物，主要是软锰矿和硬锰矿；距海岸线较远，除高价锰矿物外，同时出现水锰矿；再往深处，随着氧化电位的降低，开始形成二价锰的碳酸盐，如菱锰矿、锰方解石等。在矿床氧化带和岩石风化壳，可形成风化成因的锰帽，主要矿物是硬锰矿、软锰矿及锰铁矿等。

2015 年世界陆地锰矿石储量为 6.2 亿吨，主要分布在南非、澳大利亚、印度、巴西、中国和加蓬等国。中国锰矿石储量为 0.44 亿吨，占世界的 7.1%；锰矿石产量 1600 万吨，占世界的 29.7%。世界洋底锰、钴结核资源非常丰富，是锰矿重要的潜在资源。

【鉴定特征】 以其晶形、解理、条痕和硬度与其他黑色锰矿物相区别。

【工业应用】 重要的锰矿石矿物，用于生产金属锰、二氧化锰、各种锰盐和锰酸盐。氧化锰矿石一般工业指标（DZ/T 0200—2002）：富锰矿石，平均品位 Mn 30%~40%，Mn/Fe≥3~6，每 1% 锰允许含磷量≤0.006%~0.004%，SiO_2≤35%~15%；贫锰矿石，平均品位 Mn 18%；铁锰矿石，平均品位 Mn 15%~25%，Mn+Fe≥30%~50%，每 1% 锰允许含磷量≤0.2%，SiO_2≤25%。

锰消费约 90% 是以锰铁合金形式用于钢铁工业，目前世界平均吨钢消耗锰金属约为 10kg。2015 年世界粗钢产量为 16.0 亿吨，中国钢产量 8.0 亿吨，是全球钢铁工业发展的主要动力，也是锰消费的绝对主力。锰还应用于有色金属合金如锰铝合金，其中锰占 75%~85%，起重要的抗侵蚀作用。锰铝合金主要用于生产软饮料罐，也用于汽车工业、烹饪用具、散热器。锰的非冶金用途主要有饲料添加剂、砖色颜料、干电池、肥料添加剂、锰化学品等。

软锰矿可用于吸收工业废气中的 SO_2 和 NO_x，制备 $Mn(NO_3)_2$ 或 HNO_3 等（周后珍等，2002；金会心等，2003）；也可用作玻璃的紫色着色剂（王承遇等，2006）。

黑钨矿（钨锰铁矿）（wolframite）

$(Mn,Fe)WO_4$

【晶体化学】 理论组成（w_B%）：钨铁矿 FeO 23.65，WO_3 76.35；钨锰矿 MnO 23.42，WO_3 76.58。$FeWO_4$-$MnWO_4$ 呈完全类质同象系列。习惯上将 $FeWO_4$>80% 者称为钨铁矿，$MnWO_4$>80% 者称钨锰矿，介于二者之间者即黑钨矿。常见混入物有 Mg、Ca、Nb、Ta、Sc、Y、Sn 等。其中 Nb、Ta、Sc 可呈类质同象替代，更多的则呈微包裹体存在。高温矿床中，Nb、Ta 含量往往较高。随形成温度下降，Fe 含量降低而 Mn 含量升高。

【结构形态】 单斜晶系，C_{2h}^4-$P2/c$；$Z = 2$；钨锰矿，$a_0 = 0.4829nm$，$b_0 = 0.5759nm$，$c_0 = 0.4997nm$，$\beta = 91°10'$；黑钨矿，$a_0 = 0.479nm$，$b_0 = 0.574nm$，$c_0 = 0.499nm$，$\beta = 90°26'$；钨铁矿，$a_0 = 0.4753nm$，$b_0 = 0.5709nm$，$c_0 = 0.4964nm$，$\beta = 90°$。$[(Mn,Fe)O_6]$ 八面体以共棱方式沿 c 轴连接成折线状；$[WO_6]$ 畸变八面体也共棱连接，并

以 4 个角顶与 $[(Mn,Fe)O_6]$ 连接。//(100) 为似层状。完好晶体较少见，集合体多为板状。

【物理性质】 颜色和条痕均随 Fe、Mn 含量而变化，含 Fe 越高色越深，钨锰矿呈浅红、浅紫、褐黑色；黑钨矿为褐黑至黑色；钨铁矿黑色。条痕均较颜色浅，钨锰矿为黄褐-黄色，钨铁矿为暗褐-黑色。金刚-半金属光泽。解理 {010} 完全。性脆。硬度 4~5.5。相对密度 7.18~7.51，随 Fe 含量增高而增大。富 Fe 者具弱磁性。

偏光镜下：钨锰矿 $N_g=2.30\sim2.32$，$N_m=2.22$，$N_p=2.17\sim2.20$；$2V\approx73°$（计算值）。黑钨矿 $N_g=2.42\sim2.46$，$N_m=2.32$，$N_p=2.26\sim2.31$；$2V=78°36'$（计算值）。钨铁矿 $N_g=2.414$，$N_m=2.305$，$N_p=2.255$；$2V=68°$。

【资源地质】 黑钨矿和钨锰矿主要产于高温热液石英脉及其云英岩化围岩中。矿脉常存在于花岗岩侵入体顶部或近接触带围岩中，共生矿物有锡石、辉钼矿、辉铋矿、毒砂、黄铁矿、黄铜矿、黄玉、绿柱石、电气石等。钨锰矿亦可产于中低温热液脉中。

中国是世界上钨资源最丰富的国家，钨资源集中分布于湖南（柿竹园）、江西（赣南）、河南（栾川）、内蒙古和福建等地。2015 年中国钨金属储量为 190 万吨，占世界的 57.6%；钨精矿产量 7.1 万吨，占世界的 82.5%。中国也是世界上最大的钨产品消费国和出口国，供应国际市场需求的 80%。

【鉴定特征】 板状晶形，颜色，条痕，一组完全解理，密度大为其特征。

【工业应用】 最重要的钨矿石矿物。一般工业要求（DZ/T 0201—2002）：边界品位 WO_3 0.064%~0.10%，最低工业品位 WO_3 0.12%~0.20%。

2015 年世界钨消费量 6.4 万吨，中国消费量占 51.6%。其消费结构为：硬质合金 50%，特钢 25%，钨加工材料 19%，化工及其他 6%。钨主要用于硬质合金和超耐热合金这两大领域。用钨冶炼的特种合金钢，可制造高速切削刀具、炮膛、枪管、坦克装甲、火箭发动机、火箭喷嘴等。钨还可用于制造灯丝及 X 射线发生器的阴极材料。用钨合成的碳化钨材料，硬度仅次于金刚石，可制作钻头、车刀等。

铌铁矿-钽铁矿 （columbite-tantalite）

$(Fe,Mn)(Nb,Ta)_2O_6$

【晶体化学】 属 AB_2O_6 型化合物。Fe 与 Mn、Nb 与 Ta 皆为完全类质同象。B 组阳离子常有 Ti、Sn、W、Zr、U、TR、Y 等元素混入，高者可达 5%~10%。Ti 与 Nb、Ta 的离子半径及离子结构类型相似，但地球化学性质不同，故 Ti-Nb 间和 Nb-Ta 间可呈完全类质同象替代，而 Ti-Ta 间则为不完全类质同象替代。

采用 A、B 组中 Fe、Mn 和 Nb、Ta 原子数二分法，铌钽铁矿分为四个亚种：铌铁矿、铌锰矿（mangano-columbite）、钽铁矿和钽锰矿（mangano-tantalite）。当 Ti、Sn、W、Y 达一定含量时，可分为钛铌（钽）铁矿、锡铌（钽）铁矿、钨铌（钽）铁矿、钇钽（铌）铁矿等变种。

【结构形态】 斜方晶系，D_{2h}^{14}-$Pbcn$；$a_0=1.414\sim1.397nm$，$b_0=0.575\sim0.562nm$，$c_0=0.509\sim0.499nm$；$Z=4$。结构中氧为四层堆积，Ta、Nb、Fe、Mn 形成 $[(Fe,Mn)O_6]$、$[(Nb,Ta)O_6]$ 八面体；每个八面体与另外 3 个八面体共棱联结，在//c 轴方向上形成锯齿状八面体链；链与链相连形成//(100) 的八面体锯齿状链层。在 a 轴方向上 $[(Fe,Mn)O_6]$ 八面体锯齿状链层与 $[(Nb,Ta)O_6]$ 八面体锯齿状链层以 1：2 的比例相间排列。晶体呈 {100} 发育的板状、柱状、针状。集合体呈块状、晶簇状、放射状等。

【物理性质】 铁黑色至褐黑色。条痕暗红至黑色。半金属至金属光泽。不透明。含锰、钽高的铌锰矿、钽锰矿颜色较浅，暗黑红至黄棕色；条痕可呈浅红色。碎片半透明。解理

{010} 中等，{100} 不完全。断口参差状。性脆。硬度 4.2（铌铁矿）至 7.0（钽锰矿）。相对密度 5.36（铌锰矿）至 8.17（钽铁矿）。弱至强电磁性。

偏光镜下：铌铁矿，暗红-暗褐色，二轴晶（一），$2V=70°\sim83°$，$N_m=2.40$；钽铁矿，暗红褐-黑色，二轴晶（＋），$2V=65°\sim72°$，$N_g=2.43$，$N_m=2.32$，$N_p=2.26$；铌锰矿，暗红、红褐、褐、浅褐，二轴晶（一），$2V=55°\sim85°$，$N_g=2.40$，$N_p=2.33$；钽锰矿，无色、红、浅红褐、橙、柠檬黄，二轴晶（＋）或（一），$N_g=2.43\sim2.55$，$N_m=2.17\sim2.29$，$N_p=2.26$。

【资源地质】 主要产于花岗伟晶岩中，其形成与伟晶岩的晚期钠化交代作用有关，常与白云母、锂云母、绿柱石、黄玉、锆石、锡石、独居石、细晶石［microlite,$(Ca,Na)_2(Ta,Nb)_2O_6(O,OH,F)$］等共生。产于钠长石化、云英岩化黑云母花岗岩中，共生矿物有锆石、独居石、锡石、钍石、细晶石、黄玉等。产于细晶岩中，与锡石、黑钨矿、黄玉及透辉石、透闪石、镁橄榄石等一起产出。表生条件下化学性质稳定，常转入砂矿。

中国的铌资源以内蒙古白云鄂博铌钽矿、新疆阿勒泰伟晶岩铌钽矿和江西宜春铌钽矿最为重要。

【鉴定特征】 板状晶形、黑色、密度大为其特征。与黑钨矿、褐帘石类似，但铌钽铁矿的硬度较高，解理不如黑钨矿完全。褐帘石则密度小，颜色及条痕较浅，为黄绿至暗褐色，以此可区分。

【工业应用】 铌、钽的重要矿石矿物。一般工业指标（DZ 0203—2002）：伟晶岩、花岗岩矿床，$Ta_2O_5/Nb_2O_5>1$，边界品位 $(Ta,Nb)_2O_5$ 0.012%～0.018% 或 Ta_2O_5 0.007%～0.01%，最低工业品位 $(Ta,Nb)_2O_5$ 0.022%～0.028% 或 Ta_2O_5 0.012%～0.015%。

铌广泛应用于冶金工业、原子能工业、航空航天工业、军事工业、电子工业、化学工业、超导材料及医疗仪器等领域。世界铌的年消费量已超过 2 万吨，消费结构为：高强度低合金钢占 75%，耐热和不锈钢 12%，耐热合金 10%，铌钛超导合金等 3%。目前工业上利用的超导材料，90% 以上是铌钛合金超导体。

钽是电子工业和空间技术发展不可缺少的战略原料，主要用于电子、机械、化工和宇航四大领域。钽的铍化物在航天工业中用于制造 1500℃ 下的工作部件，硼化物、硅化物、氮化物用于原子能的释热元件和液态金属的包套材料。氧化钽用于制造高级光学玻璃和催化剂。钽电容器是钽的最重要消费领域，年消耗钽约 1000t，在各终端用途中所占比例超过 40%。在美国、日本的钽消费量中，钽电容器分别占 60% 和 70%。

易解石（aeschynite）

$Ce(Ti,Nb)_2O_6$，或 $(Ce,Y,Th,U,Na,Ca,Fe^{2+})(Ti,Nb,Fe^{3+})_2O_6$

【晶体化学】 稀土元素以铈族稀土为主，钇族稀土含量 <9%。Ce-Y 间为不完全类质同象关系，并可见 Th、U、Ca、Fe^{2+} 替代；Ti-Nb 间可呈完全类质同象代替，并可有少量 Ta、Fe^{3+}、Al、Zr 替代。按成分划分为以下变种：

钇易解石 $(Y,Ce,Th,Ca)(Ti,Nb)_2O_6$；稀土成分以钇为主，Ce≤5%。

钍易解石 $(Ce,Th,Ca)(Ti,Nb)_2(O,OH)_6$；$ThO_2 \geqslant 29.5\%$；一般易解石 ThO_2 12%～17%。

铀易解石 $(Ce,Th,U,Y,Ca)(Ti,Nb)_2O_6$；$UO_3$ 含量 5%～7%；一般易解石 $UO_3<1\%$。

钛易解石 $(Ce,Y)(Ti,Nb)_2O_6$；成分中 $TiO_2 \geqslant 30\%$，而 $Nb_2O_5<20\%$。

铌易解石 $(Ce,Ca,Th)(Nb,Ti)_2O_6$；成分中 $Nb_2O_5 \geqslant 40\%$，$TiO_2<20\%$。

钽易解石 $(Ce,Ca,Th)(Ta,Nb,Ti)_2O_6$；成分中 Ta_2O_5 可达 19.0%。

铝易解石 (Ce,Ca)(Nb,Ti,Al)$_2$O$_6$；成分中 Al$_2$O$_3$ 可达 7.3%。

【结构形态】 斜方晶系，D_{2h}^{16}-$Pbnm$；$a_0 = 0.537$nm，$b_0 = 1.108$nm，$c_0 = 0.756$nm；$Z = 4$。结构中 B 组阳离子 Ti、Nb 呈 6 次配位，成歪曲八面体。每 2 个八面体共棱联结成对，再共角顶相连形成平行于轴的八面体锯齿状链；链与链错开，以角顶相连而形成架状结构。A 组阳离子 Ce、Y 等则位于架状结构的空隙中，配位数 8。常呈粒状、板状、柱状、针状晶体。集合体呈放射状、囊状等。

【物理性质】 棕褐、黑、紫红色。条痕黑褐色。油脂至金刚光泽。贝壳状断口。易非晶质化。硬度 5.2～5.5；相对密度 4.94～5.37。具弱电磁性。

偏光镜下：非晶质化后为均质体，透射光下呈黑棕色，不透明；平均折射率 $N = 2.15～2.27$，加热后可增至 2.45。未非晶质化者在透射光下透明，褐色；多色性 N_p 浅黄棕色，N_m 棕色，N_g 褐色；二轴晶（+）或（-），$2V = 75°$，$N_g = 2.34$，$N_p = 2.28$；反射光下褐灰色，反射率 $R = 15～16$；内反射较弱为褐色。

【资源地质】 主要产于碱性岩、碱性伟晶岩和碳酸岩中，偶见于花岗伟晶岩中。我国内蒙古的易解石主要产于正长岩后期热液交代碳酸岩而形成的矿床中，与钠闪石、霓石、钠长石、金云母、黄铁矿及氟碳铈矿等矿物共生。

【鉴定特征】 颜色一般较其他铌钽矿物浅。

【工业应用】 提取 Nb、Ti、稀土的重要矿石矿物。内蒙古产易解石含 Sm、Eu、Y 较高，是国防尖端技术所必需的原料。

烧绿石 (pyrochlore)

(Ca,Na)$_2$Nb$_2$O$_6$(OH,F)

【晶体化学】 化学组成（w_B%）：Na$_2$O 8.52，CaO 15.41，Nb$_2$O$_5$ 73.05，F 5.22。A 组阳离子 Ca、Na 常可被 U、TR、Y、Th、Pb、Sr、Bi 代替，出现以下变种：铈烧绿石，含 CeO 达 13%；水烧绿石，含 H$_2$O 6.8%；铀烧绿石，含 UO$_2$ 10%～20%；钇铀烧绿石，含 UO$_2$ 9%～11%，TR 12%；铈铀烧绿石，含 Ce$_2$O$_3$ 13%，U$_3$O$_8$ 7%；铀钽烧绿石，含 UO$_3$ 15%，Ta$_2$O$_5$ 13%；钇铀钽烧绿石，含 ∑Y$_2$O$_3$ 11%，Ta$_2$O$_5$ 30%，U$_3$O$_8$ 9%；铀铅烧绿石，含 UO$_3$ 21%，PbO 7%；钡锶烧绿石，含 BaO 12%，SrO 6%；铅烧绿石，含 PbO 39%。

【结构形态】 等轴晶系，O_h^7-$Fd3m$；$a_0 = 1.020～1.040$nm；$Z = 4$。[NbO$_6$] 八面体以共角顶形式沿立方晶胞的 [110] 方向联结成链。[(Ca,Na)O$_8$] 立方体彼此共棱，并与 [NbO$_6$] 八面体共棱相连。常见八面体晶形，亦有八面体与菱形十二面体的聚形。

【物理性质】 暗棕、浅红棕、黄绿色；非晶质化后颜色变深。条痕浅黄至浅棕色。金刚至油脂光泽。硬度 5～5.5；Nb 含量升高则硬度增大。相对密度 4.03～5.40。

偏光镜下：透射光下呈浅黄、浅红色。$N = 1.96～2.27$，非晶质化后可降至 2.01。反射光下呈褐、黄、浅黄绿色。反射率 $R = 8.2～13.7$。

【资源地质】 产于霞石正长岩、碱性伟晶岩、钠长岩、磷灰石-霞石脉等，与钠长石、锆石、磷灰石、钛铁矿或榍石、黑云母、易解石、褐帘石、铌铁金红石、铌钛矿等密切共生。产于钠闪石正长岩中，与锆石、星叶石、萤石等共生。产于碳酸岩中，与锆石、铈钙钛矿、钙钛矿、磷灰石、磁铁矿等共生。亦产于云英岩及钠长石化花岗岩中，与钠闪石、黄玉、冰晶石等共生。

【鉴定特征】 可具晶形、颜色、产状等初步鉴别。与锆石相似，但锆石硬度大。

【工业应用】 提取 Nb、Ta、稀土和放射性元素的矿物原料。

第三节　立方体氧化物

这类矿物包括晶质铀矿和方钍石。

晶质铀矿（uraninite）

UO_2

【晶体化学】 U^{4+} 部分氧化为 U^{6+}，故实际组成介于 UO_2 和 U_3O_8 之间。化学式可表示为 $(U_{1-x}^{4+}U_x^{6+})O_{2+x}$。成分范围（$w_B\%$）：$UO_2$ 6.15～74.43，UO_3 13.27～59.89。U^{4+} 可被 Th^{4+} 替代，构成 UO_2-ThO_2 完全类质同象系列。常含有一定量的 Pb、Ra、He、TR（Ce、Y 为主）、N 等。其中 Pb 和 He 是 U、Th 蜕变后的产物：如 $^{238}U\longrightarrow{}^{206}Pb+8{}^4He$，$^{235}U\longrightarrow{}^{207}Pb+7{}^4He$，$^{232}Th\longrightarrow{}^{208}Pb+6{}^4He$。富含 Y 的变种称钇铀矿（cleveite）。富含 Th 者称钍铀矿（broggerite）。亦常含有 U 和 Th 蜕变后的产物 Ra、Ac、Po 等，Pb 含量可达 22%，除放射成因 Pb 外，还含有方铅矿包裹体。

【结构形态】 等轴晶系，O_h^5-$Fm3m$；$a_0=0.546nm$；$Z=4$。萤石型结构。晶体一般较小，常呈粒状、钟乳状或土状集合体。呈肾状、钟乳状的隐晶质或非晶质者称沥青铀矿，一般不含 Th 或含量很低（<1%），稀土元素含量一般不超过 1%。松散隐晶质或非晶质的无光泽粉末状或土状块体，称为铀黑，其中有更多的 U^{6+} 替代 U^{4+}。

【物理性质】 黑、灰、褐黑或绿黑色，氧化后呈褐、棕、紫色。黑褐、灰或绿色条痕。新鲜断口强树脂光泽。硬度 6～7，随蜕变程度加深可降至 4。性脆。相对密度 10.36～10.96。具强放射性，弱电磁性。

【资源地质】 产于花岗伟晶岩和正长伟晶岩中，与含稀土元素矿物，含钍、铌、钽矿物（铌铁矿、褐钇钽矿、磷铈镧矿等），电气石、锆石等共生；通常钍和稀土元素的含量较高。热液型晶质铀矿产于含锡高温热液矿床中，含钍和稀土元素相对较低，与锡石、毒砂、黄铁矿、黄铜矿等共生。沉积型晶质铀矿见于含铜砂岩型、碳硅泥岩型和砂质灰岩型等矿床中，与黄铁矿、赤铁矿、蓝铜矿、孔雀石、自然铜等共生。

沥青铀矿常见于中、低温热液型钴镍砷化物及铋、银的硫化物矿脉中，形成 Co-Ni-Bi-Ag-U 矿物组合，与红砷镍矿、砷钴矿、砷镍矿、自然铋、辉银矿、自然银、自然砷等伴生。在磷酸盐脉中，沥青铀矿与硫化物、黑色萤石等伴生。

铀黑形成于外生作用条件下，出现于铀矿床氧化带矿体或围岩裂隙中，是由溶解于水中的 U^{6+}，随地下水渗透过程中还原而成。

晶质铀矿、沥青铀矿和铀黑易分解，形成铀的次生矿物硫酸盐、碳酸盐、磷酸盐，如铜铀云母、钙铀云母等。

国际原子能机构（IAEA-NEA）估计，全球常规铀资源量为 1620 万吨，按现有消费能力可供 250 年。2015 年中国的铀矿山产量为 1616t，仅占世界的 2.7%。

【鉴定特征】 黑色，沥青光泽，密度大。具强放射性。

【工业应用】 原子能工业中提取铀和镭的重要矿物原料。一般工业要求（$w_B\%$）：边界品位 U 0.03，工业品位 U 0.05。

铀是一种银白色金属，具放射性和核裂变性能。天然铀包括三种同位素：^{238}U 99.283%，^{235}U 0.71%，^{234}U 0.0054%。^{235}U 能够为热中子所裂变，是现今原子能的能源。

^{238}U 和 ^{234}U 只能为快中子所裂变，因而可应用于快中子反应堆。

铀的主要消费领域是作为核电站的反应堆燃料，以及用于制造核武器。铀的氧化物在搪瓷、玻璃工业中可用作颜料。

方钍石（thorianite）

ThO_2

【晶体化学】 化学成分变化范围相当大。主要类质同象替代有 U、Pb、Ce 和 La 等稀土元素。尚有微量 Fe_2O_3、SiO_2、CaO、MgO、H_2O 等杂质。

【结构形态】 等轴晶系，O_h^5-Fm3m；$a_0 = 0.556\sim0.558nm$；$Z = 4$。a_0 随 U^{4+} 代替 Th 含量的增高而减小。若 U 含量超过 15%，易导致晶格破坏而非晶质化。晶体细小，常呈立方体或浑圆细粒状。

【资源地质】 自然界少见。一般与碱性岩或碱性伟晶岩有关，特别是富含钠的伟晶岩中，与锆石、钛铁矿、钍石（thorite，$ThSiO_4$）等伴生。亦见于砂矿中。

【物理性质】 黑色、暗灰色，有时呈褐色。黑、灰至绿灰色条痕。金刚至半金属光泽，断口为蜡状或油脂光泽。半透明至不透明。解理 {100} 不完全。硬度 6.5~7.5。性脆。相对密度 9.1~9.5。强放射性。

【鉴定特征】 晶形、颜色、密度、强放射性等性质与晶质铀矿、方铈石相似。与晶质铀矿区别在于方钍石 Th＞U，以富含 Th、U 可与方铈石区分。

【工业应用】 提取钍的矿物原料。一般工业要求（w_B%）：ThO_2 0.1。

第四节　混合型及异常配位氧化物

本类矿物的结构中同时存在两种以上配位多面体，或阳离子配位形式为除四面体、八面体、立方体以外的其他形式。主要矿物包括尖晶石、磁铁矿、铬铁矿、黑锰矿、金绿宝石、钙钛矿、赤铜矿（Cu_2O）和硬锰矿。

尖晶石（spinel）

$MgAl_2O_4$

【晶体化学】 理论组成（w_B%）：MgO 28.33，Al_2O_3 71.67。类质同象非常普遍。Mg^{2+} 可由 Fe^{2+}、Zn^{2+}、Mn^{2+} 类质同象替代，Mg-Fe、Mg-Zn 之间形成完全类质同象系列，端员矿物分别称镁尖晶石 $MgAl_2O_4$、铁尖晶石 $FeAl_2O_4$、锌尖晶石 $ZnAl_2O_4$。Al^{3+} 则常为 Cr^{3+}、Fe^{3+}、V^{3+} 等代替；Al-Cr 间为完全类质同象系列，端员分别为镁尖晶石 $MgAl_2O_4$ 和镁铬铁矿 $MgCr_2O_4$。而 Al^{3+} 被 Fe^{3+}、V^{3+} 代替较为有限。Mn 替代可达 1%；Ti 替代达 0.5%。磁铁矿-钛铁晶石间为一连续固溶体，系由 $2Fe^{3+} = Ti^{4+} + Fe^{2+}$ 代替所形成。

【结构形态】 等轴晶系，O_h^7-Fd3m；$a_0 = 0.8103nm$（合成尖晶石）；$Z = 8$。基本结构是氧按 ABC 顺序在 ⊥(111) 方向堆积（图 1-4-8）。四面体与八面体层相间，二者之比为 1：2。正尖晶石结构，结构通式 XY_2O_4，X 为二价阳离子，Y 为三价阳离子。其中 X 占据四面体位置，Y 占据八面体位置。属正尖晶石结构的还有铬铁矿、铁尖晶石等。若结构中所有的 X 阳离子和一半的 Y 阳离子占据八面体位置，另一半 Y 阳离子占据四面体位置，则称反尖晶石结构，结构通式 Y[XY]O_4，如磁铁矿、钛铁晶石等。大多数天然尖晶石都具有介于这两种极端间的阳离子分布（表 1-4-1）。

表 1-4-1　尖晶石族矿物的亚族及其结构特征

亚族（或系列）	矿物名称	化学式 AB_2O_4	a_0/nm	u	结构类型
尖晶石亚族	尖晶石	$Mg^{2+}Al_2^{3+}O_4$	0.80806	0.2623	0.00
	铁尖晶石	$Fe^{2+}Al_2^{3+}O_4$	0.8149	0.2650	0.00
	锰尖晶石	$Mn^{2+}Al_2^{3+}O_4$	0.8241	0.2650	0.29
	锌尖晶石	$Zn^{2+}Al_2^{3+}O_4$	0.8086	0.2636	0.03
磁铁矿亚族	磁铁矿	$Fe^{2+}Fe_2^{3+}O_4$	0.83958	0.2547	1.00
	镁铁矿	$Mg^{2+}Fe_2^{3+}O_4$	0.8360	0.2570	0.90
	锰铁矿	$Mn^{2+}Fe_2^{3+}O_4$	0.8511	0.2615	0.15
	锗磁铁矿	$Ge^{2+}Fe_2^{3+}O_4$	0.8411	0.250	0.00
	镍磁铁矿	$Ni^{2+}Fe_2^{3+}O_4$	0.8325	0.2573	1.00
	锌铁尖晶石	$Zn^{2+}Fe_2^{3+}O_4$	0.84432	0.2615	0.00
	铜铁尖晶石	$Cu^{2+}Fe_2^{3+}O_4$	0.8369	0.2550	1.00
铬铁矿亚族	铬铁矿	$Fe^{2+}Cr_2^{3+}O_4$	0.8393		0.00
	镁铬铁矿	$Mg^{2+}Cr_2^{3+}O_4$	0.8333	0.2612	0.00
	镍铬铁矿	$Ni^{2+}Cr_2^{3+}O_4$	0.8305	0.260	0.00
	锰铬铁矿	$Mn^{2+}Cr_2^{3+}O_4$	0.8437	0.2641	0.00
	钴铬铁矿	$Co^{2+}Cr_2^{3+}O_4$	0.8332		0.00
钛铁晶石亚族	钒磁铁矿	$Fe^{2+}V_2^{3+}O_4$	0.8453	0.2610	0.00
	钛铁晶石	$Ti^{4+}Fe_2^{2+}O_4$	0.85348	0.26038	1.00

注：1. u 表示晶胞中氧所处位置的结构参数。$u=1/4$ 时，氧原子为严格的立方最紧密堆积。u 对 0.25 值的偏离反映 [111] 方向上氧的位移情况，u 值增大意味着四面体的增大和八面体补偿性的缩小。

2. 结构类型 0.0 表示正尖晶石型结构，1.0 表示反尖晶石型结构；二者之间的数值表示混合型结构。

3. 引自潘兆橹（1994）。

六八面体晶类，O_h-$m3m$（$3L^4 4L^3 6L^2 9PC$）。常呈八面体晶形，有时与菱形十二面体和立方体成聚形。常依（111）为双晶面和接合面构成尖晶石律双晶（图 1-4-9）。

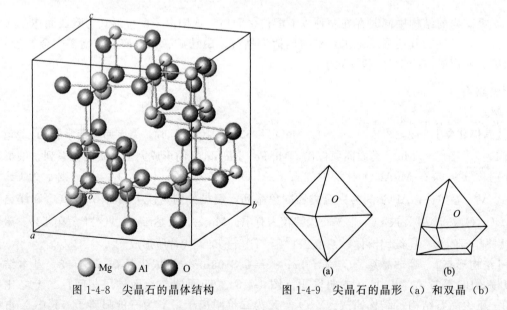

Mg　　Al　　O

图 1-4-8　尖晶石的晶体结构　　图 1-4-9　尖晶石的晶形（a）和双晶（b）

【物理性质】　无色、红、蓝、黄、粉红色等。玻璃光泽。{111} 解理不完全。硬度 8。相对密度 3.55（镁尖晶石）、4.39（铁尖晶石）、4.0～4.6（锌尖晶石）、4.04（锰尖晶石）。硬度和密度随 Fe^{3+}、Cr^{3+} 替代量的升高而增大。熔点 2135℃±20℃。

偏光镜下：颜色随成分而变，无色、浅玫瑰色（镁尖晶石）、暗绿色（铁尖晶石）、浅灰白色（锌尖晶石）。均质体，但锌尖晶石可有光性异常。折射率：$N=1.719$（镁尖晶石）、1.835（铁尖晶石）、1.78～1.82（锌尖晶石）、1.92（锰尖晶石）。

【资源地质】　常产于镁质石灰岩与花岗岩类的接触变质带，与镁橄榄石、透辉石等共生。基性、超基性岩中的尖晶石，由岩浆直接结晶形成，与辉石、橄榄石、磁铁矿、铬铁矿及铂族矿物等伴生。在富铝贫硅的泥质岩石的热变质带亦可形成尖晶石，常与堇青石或斜方辉石共生。尖晶石硬度高，化学性质稳定，故可见于砂矿中。

【鉴定特征】　八面体形态、硬度大、尖晶石律双晶为特征。相似矿物锆石密度较大，一轴晶；刚玉硬度更大；石榴子石硬度小于尖晶石。

【工业应用】　镁尖晶石是镁质耐火材料的主要结合相，也是尖晶石质耐火材料的主要物相。高纯、超细尖晶石粉体可制备透明多晶尖晶石材料，具有优异的光学性能、机械强度和高硬度，能耐喷砂磨蚀，且经受紫外日光辐照和酸碱侵蚀（黄存新等，2001）。

透明无瑕、色泽美观者可作宝石。常具多种颜色：红色含 Cr^{3+}，蓝色含 Fe^{2+}，绿色含少量 Fe^{2+}，褐色含 Cr^{3+}、Fe^{3+}、Fe^{2+}，含 Zn^{2+} 时常为蓝色，含 Co 呈天蓝色。尚有稀少的无色和绿色-黑色变种，前者常带粉色色调，后者一般富铁，颜色发暗。变色尖晶石在日光下呈蓝色，白炽灯下呈紫色。某些暗棕红、紫红、中灰至黑色变种有时具四射或六射星光效应，称星光尖晶石（张蓓莉等，2008）。

磁铁矿（magnetite）

$FeFe_2O_4$，或 $Fe^{3+}[Fe^{2+},Fe^{3+}]_2O_4$

【晶体化学】　理论组成（$w_B\%$）：FeO 31.03，Fe_2O_3 68.96。呈类质同象替代 Fe^{3+} 的有 Al^{3+}、Ti^{4+}、Cr^{3+}、V^{3+} 等；替代 Fe^{2+} 的有 Mg^{2+}、Mn^{2+}、Zn^{2+}、Ni^{2+}、Co^{2+}、Cu^{2+} 等。

当 Ti^{4+} 代替 Fe^{3+} 时，伴随有 $Fe^{2+}\rightarrow Fe^{3+}$、$Mg^{2+}\rightarrow Fe^{2+}$ 和 $V^{3+}\rightarrow Fe^{3+}$；Ti 亦可以钛铁矿或钛铁晶石的微包裹体呈定向连生形式存在，系固溶体出溶而成。在 $>600℃$ 时，形成 $FeFe_2O_4$-Fe_2TiO_4 完全固溶体，矿物结构式：$Fe^{3+}[Fe_{1-x}^{2+}Fe_{1-2x}^{3+}Ti_x^{4+}]O_4$（$0\leqslant x\leqslant 0.2$）；$Fe_{1.2-x}^{3+}Fe_{x-0.2}^{2+}[Fe_{1.2}^{2+}Fe_{0.8-x}^{3+}Ti_x^{4+}]O_4$（$0.2\leqslant x\leqslant 0.8$）；$Fe_{2-2x}^{3+}Fe_{2x-1}^{2+}[Fe_{2-x}^{2+}Ti_x^{4+}]O_4$（$0.8\leqslant x\leqslant 1$）；其中方括号中的阳离子为八面体配位。在 $>500℃$ 时则形成 $FeFe_2O_4$-$FeTiO_3$ 完全固溶体；随温度下降，固溶体发生出溶。

当 Ti^{4+} 代替 Fe^{3+}，其中 $TiO_2<25\%$ 时称含钛磁铁矿，$TiO_2>25\%$ 者称钛磁铁矿。含钒钛较多时，称钒钛磁铁矿。含铬者称铬磁铁矿。钛磁铁矿与钒钛磁铁矿在高温下形成固溶体，温度下降时发生出溶，钛铁矿在磁铁矿晶粒中生成显微定向连生，常沿磁铁矿的八面体裂开分布，叫钛铁磁铁矿。磁铁矿中的 Fe^{2+} 可被 Mg^{2+} 代替，构成磁铁矿-镁铁矿完全类质同象系列。

【结构形态】　等轴晶系，O_h^7-$Fd3m$；$a_0=0.8396nm$；$Z=8$。反尖晶石型结构。即 1/2 的 Fe^{3+} 和全部 Fe^{2+} 占据八面体位置，另 1/2 的 Fe^{3+} 占据四面体位置（图 1-4-10）。a_0 随 Al^{3+}、Cr^{3+}、Mg^{2+} 替代量的增大而减小；随 Ti^{4+}、

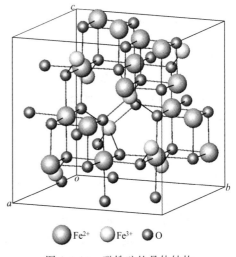

●Fe^{2+}　○Fe^{3+}　●O

图 1-4-10　磁铁矿的晶体结构

Mn^{2+} 的替代量增高而增大。晶体常呈八面体和菱形十二面体。依 $\{111\}$ 尖晶石律成双晶。集合体通常成致密粒状块体。

【物理性质】 黑色。条痕黑色。半金属至金属光泽。不透明。无解理，有时可见 $//$ $\{111\}$ 的裂开，往往为含钛磁铁矿中呈显微状的钛铁晶石、钛磁铁矿的包裹体在 $\{111\}$ 方向定向排列所致。性脆。硬度 $5.5\sim6$。相对密度 $4.9\sim5.2$。具强磁性，居里点（T_c）578℃。居里点是磁性矿物的一种热磁效应，为磁性或反磁性物质加热转变为顺磁性物质的临界温度值。

【资源地质】 产于相对较还原的环境。主要成因类型如下。

岩浆型 在各种岩浆岩中呈副矿物广泛分布。在基性岩中形成有巨大经济价值的钒钛磁铁矿床。钒钛磁铁矿析出于岩浆结晶晚期，由残余岩浆熔体或矿浆熔离体中晶出。我国四川攀枝花钒钛磁铁矿矿床产于超镁铁、镁铁质层状侵入体中，共生矿物为钛铁矿、赤铁矿、金红石等。在某些拉斑玄武岩和偏碱性的基性岩浆演化过程中，发生富铁、钛、磷的氧化物熔体与富硅、铝、碱的硅酸盐熔体之间的不混溶作用，形成磁铁矿-磷灰石岩浆矿床，如加拿大西北部 Camsell 地区的磁铁矿-磷灰石矿床（Badham & Morton，1976）。我国河北省的矾山、阳原的磁铁矿-磷灰石矿床亦属此类型（马鸿文等，1998）。在火山熔岩中也可有大规模的磁铁矿矿床产出，如在智利北部即产有规模巨大的几乎由纯的磁铁矿、赤铁矿和少量磷灰石构成的矿浆流（Park，1961）。

接触交代型 产于石灰岩与花岗岩、正长岩的接触带，常与石榴子石、辉石、硫化物、方解石等共生。磁铁矿往往富集成有经济价值的矿体，且在晚期阶段常有金属硫化物叠加，故 Cu、Co、Sn、Pb、Zn、S 等元素可综合利用。

高温热液型 产于铌-钽-稀土-铁矿床。内蒙古某地铁矿床产于元古宇一套沉积浅变质岩系——石英岩、板岩、石灰岩、白云岩与黑云母花岗岩的接触带，磁铁矿与霓辉石、镁钠闪石、金云母、铁白云母、菱铁矿、萤石等共生。

区域变质型 产于前寒武系变质岩中，常形成大型铁矿床。我国东北鞍山式铁矿，矿体主要由条带状含铁石英岩组成，磁铁矿与磁赤铁矿、白云母、石英、鳞绿泥石共生。

2015 年世界铁矿储量为 1900 亿吨（矿石），相当于铁金属量 850 亿吨。澳大利亚、俄罗斯、巴西、中国、美国为世界铁资源大国。中国铁矿石储量为 230 亿吨，占世界的 12.1%；而中国的粗钢产量高达 8.04 亿吨，占世界产量的 50.2%，铁矿石进口量占全球铁矿石贸易量的 2/3。

【鉴定特征】 八面体晶形，黑色，条痕黑色，无解理，强磁性。以此可与相似矿物铬铁矿、黑钨矿、黑锰矿等区别。

【工业应用】 为最重要和最常见的铁矿石矿物。钛磁铁矿、钒钛磁铁矿同时亦为钛、钒的重要矿石矿物。富含 Ti、V、Ni、Co 等元素时可综合利用。高纯磁铁矿可用于制备高纯氧化铁红。

磁铁矿石一般工业指标（DZ/T 0200—2002）：炼钢用矿石，$TFe\geqslant56\%$，$SiO_2\leqslant13\%$，S、P 均 $\leqslant0.15\%$，$Cu\leqslant0.2\%$，$As\leqslant0.1$；炼铁用矿石，$TFe\geqslant50\%$，$SiO_2\leqslant18\%$，$S\leqslant0.3\%$，$P\leqslant0.25\%$，$Cu\leqslant0.2\%$，$Pb\leqslant0.1\%$，$Zn\leqslant0.1\%$，$Sn\leqslant0.08\%$，$As\leqslant0.07\%$，$F<1.0\%$；需选矿石（TFe），边界品位 $20\%\sim25\%$，工业品位 $25\%\sim30\%$。

铁黑是 Fe_3O_4 的黑色粉体，具有饱和的蓝光黑色，遮盖力和着色力强，对光和大气作用稳定，不溶于水、醇、碱，对有机溶剂稳定。良好的耐碱性使之可与水泥混合，用于建筑行业的水泥着色或其他建筑着色，如建筑涂料、磨花地面、人造大理石等；广泛用于各种涂料、油墨、油彩制品；也用于塑料着色、研磨剂、制造碱性电池的阴极板、电讯磁场、金属探伤；还可作为化学试剂和化工原料。

药用黑氧化铁（药用铁黑）Fe_3O_4，药用棕氧化铁（药用铁棕）$Fe_2O_3 + Fe_3O_4 \cdot nH_2O$，药用红氧化铁（药用铁红）$Fe_2O_3$，药用氧化铁（药用铁黄）$Fe_2O_3 \cdot nH_2O$。性能稳定，色久曝不变，无毒、无味、无臭，人体不吸收，无副作用。用于药片糖衣和胶囊等的着色。

药用磁铁矿名磁石，别名玄石、慈石、灵磁石、吸铁石、吸针石。功效：潜阳安神；聪耳明目；纳气平喘。成药制剂：耳聋左慈丸，磁朱丸。

铬铁矿（chromite）

$FeCr_2O_4$

【晶体化学】 理论组成（$w_B\%$）：FeO 32.09，Cr_2O_3 67.91。成分复杂，Fe^{2+} 可被 Mg^{2+}、Ni^{2+}、Mn^{2+}、Co^{2+} 等替代；Cr^{3+} 则常由 Al^{3+}、Fe^{3+} 等替代。铬铁矿可与镁铬铁矿（$MgCr_2O_4$）及铁尖晶石（$FeAl_2O_4$）形成完全类质同象系列。

【结构形态】 等轴晶系，O_h^7-$Fd3m$；$a_0 = 0.8393nm$；$Z = 8$。正尖晶石型结构。a_0 随 Mg^{2+}、Al^{3+} 替代量的增大而减小，随 Fe^{3+} 含量的增高而增大。八面体晶形少见；多呈粒状或致密块状集合体。

【物理性质】 暗棕至铁黑色。条痕棕、褐色。半金属光泽。不透明。无解理。硬度5.5。相对密度4.4～5.1。具弱磁性。随 Al^{3+} 替代量的增大，颜色变浅，密度变小；随 Fe^{2+}、Fe^{3+} 含量的增大，颜色加深，密度增大。磁化率与 Fe^{3+} 含量呈正相关。

【资源地质】 主要产于超镁铁质岩中，与橄榄石、斜方辉石、铬石榴石、尖晶石、钛磁铁矿、铂族矿物等共生。呈浸染状、透镜状、条带状、豆状、致密块状体产出。

2015年世界探明铬铁矿储量约为4.8亿吨（商品级矿石）。南非和哈萨克斯坦是世界上铬铁矿资源最丰富的国家，其资源量占世界的90.8%。中国铬铁矿资源量极少，是最大的铬铁矿消费国和进口国，铬矿资源对外依存度达99%以上。预测全国未查明铬铁矿资源主要分布于新疆、西藏、内蒙古和甘肃等省区。

【鉴定特征】 暗棕至铁黑色，褐色条痕，弱磁性及产状等，可与磁铁矿区分。

【工业应用】 为最重要的铬矿石矿物。一般工业指标（DZ/T 0200—2002）：冶金用富矿，边界品位 $Cr_2O_3 \geq 25\%$，工业品位 $Cr_2O_3 \geq 32\%$，$SiO_2 \leq 8\%$，$P \leq 0.07\%$，$S \leq 0.05\%$；贫矿，边界品位 $Cr_2O_3 \geq 5\% \sim 8\%$，工业品位 $Cr_2O_3 \geq 12\%$；铬铁合金用富矿，$Cr_2O_3 \geq 32\% \sim 50\%$，$Cr_2O_3/FeO \geq 2.5\% \sim 3\%$，$P < 0.07\% \sim 0.03\%$，$S < 0.05\%$，$SiO_2 < 8\% \sim 1.2\%$；耐火材料用矿石，$Cr_2O_3 \geq 32\% \sim 35\%$，$SiO_2 \leq 10\%$，$CaO \leq 3\%$，$FeO \leq 14\%$。

铬广泛用于冶金工业、化学工业、耐火材料和铸造业。铬铁矿的最大消费领域是铬铁合金，世界铬消费量的90%用于生产不锈钢（平均含铬10.5%）。2015年中国不锈钢产量2156.2万吨，占世界产量的52.2%。铬可用于制造各种铬合金钢，如高强度结构钢、耐酸钢、不锈钢、耐热钢、工具钢等。铬镍合金可制造高温装置和热电偶的电阻丝；含铬的铜合金可制造电讯业用导线、电触点和弹簧等；钢制品表面镀铬可增强其硬度、耐磨性和抗氧化能力。化学工业中用铬铁矿生产重铬酸盐，用于制造颜料、鞣料、接触剂及化学药品等；陶瓷、玻璃工业中则用其作色料。

金绿宝石（chrysoberyl）

$BeAl_2O_4$

【晶体化学】 理论组成（$w_B\%$）：BeO 19.70，Al_2O_3 80.30。部分 Al^{3+} 可被 Fe^{3+} 替代，含 Fe_2O_3 可达 6%；亦常含少量 Ti、Cr 等。含 Cr 呈翠绿色者称翠绿宝石。具有平行纤维状包裹体的金绿宝石，切磨成弧面形后具猫眼效应，称为金绿猫眼或直称猫眼。

【结构形态】 斜方晶系，D_{2h}^{16}-$Pmcn$；$a_0=0.548nm$，$b_0=0.443nm$，$c_0=0.941nm$；$Z=4$。与橄榄石等结构。

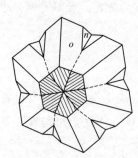

图 1-4-11 金绿宝石的
晶形及三连晶

斜方双锥晶类，D_{2h}-mmm（$3L^2 3PC$）。晶体沿（001）呈短柱状、板状或板柱状。主要单形：平行双面 $c\{001\}$、$b\{010\}$，斜方柱 $x\{101\}$、$\{013\}$、$\{012\}$，斜方双锥 $o\{111\}$、$n\{121\}$、$\{116\}$。（010）晶面有 $//a$ 轴的条纹。常可见依（103）形成假六方的三连晶（图 1-4-11），或轮生呈假六方三连晶六边形偏锥状。

【物理性质】 棕黄、绿黄、黄绿、黄褐色。条痕白色。透明至半透明。玻璃光泽。解理 $\{101\}$ 中等，$\{010\}$、$\{001\}$ 不完全。次贝壳状断口。硬度 8～8.5。相对密度 3.631～3.835。阴极射线下发红光或弱浅黄光，紫外线下发弱深红光。

偏光镜下：无色、绿、橙、红色。二轴晶（+）。$2V=10°$，45°，67°，71°。$N_g=1.753\sim1.758$，$N_m=1.747\sim1.749$，$N_p=1.744\sim1.747$。多色性：N_g 宝石绿，N_m 橙黄色，N_p 浅紫红色。

在酸碱中几乎不溶，在硫酸中部分溶解。

【资源地质】 产于花岗伟晶岩中，与绿柱石、独居石、电气石、铌钽铁矿、白云母等共生。在花岗岩与镁质石灰岩的接触带，与萤石、磁铁矿、铍镁晶石、尖晶石、电气石、云母等共生。在热液型铁-铌-稀土矿床中，与萤石、白云母、氟碳铈矿等共生。亦出现于砂矿中，共生矿物有刚玉、石榴子石、锡石等。

金绿宝石的最著名产地是斯里兰卡，产有金绿猫眼、变石、罕见的变石猫眼及普通金绿宝石，产量高且品质较优。巴西产出普通金绿宝石，少量猫眼和变石，最珍贵的是星光金绿宝石。津巴布韦、缅甸亦产有少量变石。俄罗斯的乌拉尔是变石的故乡，于 1830 年首先发现变石，且品质优良，但现已采空。

【鉴定特征】 突起高而干涉色低。与绿柱石的区别是，突起高，二轴晶正光性。

【工业应用】 可用作钟表和速度计的钻石、仪器轴承等。掺 Cr^{3+} 金绿宝石是重要的激光晶体，其谐波覆盖大部分紫外光区（190～400nm），且热传导率高，抗热冲击能力强，可以导致偏振辐射的各向异性，对热诱导的双折射不敏感，极具应用潜力（之己，2000；王艳等，2003）。

色美而透明者可作宝石，品种分为金绿宝石、猫眼、变石。前者不具任何特殊光学效应。猫眼则具有猫眼效应。产生猫眼效应的原因在于矿物内存在大量细小且 $//c$ 轴排列的金红石包裹体，由于折射率差别，使入射光线经金红石包裹体反射出来，经特别定向磨制后，反射光集中成一条光带而形成猫眼现象。猫眼颜色按质地依次为蜜黄、黄绿、褐绿、黄褐、褐色，其本色为蜂蜜色。变石即具有变色效应者，又名亚历山大石。其变色效应被誉为"白昼里的祖母绿，黑夜中的红宝石"。变石猫眼则是一种更为名贵的金绿宝石品种，即既含有产生变色效应的 Cr^{3+}，又含有大量丝状包裹体，因而同时具有变色效应和猫眼效应。其他具有猫眼效应的宝石如石英、电气石、绿柱石、磷灰石等均不能直称为猫眼（张蓓莉等，

2008）。

钙钛矿（perovskite）

$CaTiO_3$

【晶体化学】 理论组成（$w_B\%$）：CaO 41.25，TiO_2 58.75。成分较纯，少量类质同象替代有 K、Na、Nb、Ta、Fe^{3+}、TR 等；稀土元素主要为 Ce、Nd、La、Y 等。成分中含 Ce_2O_3 达 2.3％以上者称铈钙钛矿；含 Nb_2O_5 达 6％以上者称铌钙钛矿。

【结构形态】 900℃以上为等轴晶系，O_h^1-$Pm3m$；$a_0=$ 0.385nm；$Z=1$。高温下钙钛矿结构稍有畸变，$\beta=90°48'$；故应为单斜晶系。600℃以下转变为斜方晶系的同质多象变体，D_{2h}^{16}-$Pcmn$；$a_0=0.537$nm，$b_0=0.764$nm，$c_0=$ 0.544nm；$Z=4$。在高温等轴变体中，Ca^{2+} 位于立方晶胞的中心，配位数 12；Ti^{4+} 位于立方晶胞的角顶，配位数 6；O^{2-} 位于立方晶胞晶棱的中点，$[TiO_6]$ 八面体以共角顶方式相连。a_0 值恰好相当于 1 个 $[TiO_6]$ 八面体的高度。亦可视为 O^{2-} 作立方最紧密堆积，Ti^{4+} 充填 1/4 的八面体空隙，四面体空隙全空，八面体共角顶排列形成较大的立方体空隙，Ca^{2+} 位于其中（图 1-4-12）。

常呈立方体晶形或呈不规则粒状。在立方体晶面上常见平行于晶棱的条纹，为同质多象转变时双晶化的结果。

【物理性质】 红褐、灰黑色。条痕白至浅灰、灰黄、浅褐色。透明至不透明。金刚光泽至半金属光泽。具 {110}

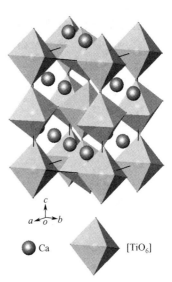

图 1-4-12 钙钛矿的晶体结构

中等或不完全解理。次贝壳状断口。依 {111} 成双晶。硬度 5.5～6。相对密度 3.98～4.26。含铌、稀土时，导致其颜色加深、光泽增强和密度增大。二轴晶（一），$2V\approx90°$。$N=2.34\sim2.38$。

【资源地质】 主要产于超基性、碱性岩或碱性伟晶岩中，呈副矿物出现，主要与钛磁铁矿、磷灰石、铬铁矿、金云母、斜锆石、烧绿石、霞石、白榴石等共生。在金伯利岩中与金刚石共生。在富钛的高炉矿渣和赤泥中也有产出。

【鉴定特征】 据立方体晶形、晶面条纹及颜色、硬度、解理、产状识别之。

【工业应用】 富集时可作为钛、稀土及铌的矿石矿物。

某些具有钙钛矿结构的纳米化合物在低磁场或室温下具有超导性、铁电性、热电性、巨磁电阻效应、快离子导电性、光催化性、双向催化性等，可用于制备各种功能材料、快离子导体、双功能氧电极、光催化材料和作为燃烧、汽车尾气净化、烟气还原脱硫的催化剂等（康振晋等，2000）。

硬锰矿（psilomelane）

$BaMn^{2+}Mn_9^{4+}O_{20} \cdot 3H_2O$

狭义硬锰矿为一矿物种，在自然界分布并不广泛。广义硬锰矿则是一种细分散多矿物集合体，主要为含多种元素的锰氧化物和氢氧化物，化学式以 $mMnO \cdot MnO_2 \cdot nH_2O$ 表示。形态上往往具有胶态形成的葡萄状、钟乳状、肾状等特点。

【晶体化学】 成分中 Mn^{4+} 可被 Mn^{2+} 代替，Mn^{4+}：Mn^{2+} 达 9：1，亦可为 W^{6+}、Fe^{3+}、Al^{3+}、V^{5+} 所代替。Mg、Co、Cu 可代替 Mn^{2+}。Ca、U、Sr、Na 可代替 Ba，可高

达 70%。

【结构形态】 单斜晶系，C_{2h}^3-$A2/m$；$a_0=0.956nm$，$b_0=0.288nm$，$c_0=1.385nm$，$\beta=92°30'$；$Z=1$。晶体结构是由 $[MnO_6]$ 八面体组成的三重链和双重链相联结，围成中空的通道；链与通道 $//b$ 轴延伸。通道中为较大的 Ba^{2+} 和 H_2O 分子所占据。晶体少见，通常呈葡萄状、肾状、皮壳状、钟乳状或土状，亦有致密块状和树枝状。

【物理性质】 黑色至暗钢灰色。条痕褐至黑色。半金属光泽，土状者呈土状光泽。不透明。硬度 4～6。相对密度 4.7。

【资源地质】 属典型的表生矿物，常由锰的碳酸盐或硅酸盐经风化作用而形成。与软锰矿共生。亦可在海相、湖相沉积层中呈结核状存在。

【鉴定特征】 胶体形态，黑色，硬度大。

【工业应用】 重要的锰矿石矿物。

第五节　氢氧化物矿物

自然界已发现氢氧化物矿物 80 余种，主要产于地壳表层的氧化带和水化作用带。氢氧化物的阴离子主要为 OH^-、O^{2-}；阳离子主要为 Mg^{2+}、Fe^{2+}、Fe^{3+}、Mn^{4+}、Al^{3+}。此外，还有中性的水分子。类质同象代替有限，但由吸附作用引起的化学组成变化却较复杂。

由于 OH^- 半径（0.133nm）大于阳离子，因而 OH^- 呈紧密或近于紧密堆积，主要形成链状或层状结构。同时由于 OH^- 的存在，其键力比氧要弱得多，导致与相邻阳离子的距离增大，从而使较多的矿物具有氢键。

氢氧化物矿物多属三方、六方、斜方或单斜晶系，晶体呈板状、细小鳞片状或针状，但更常见的是细分散胶态混合物。光学性质上，由惰性气体型阳离子（Mg^{2+}、Al^{3+} 等）组成的矿物，颜色、条痕均浅，玻璃光泽；由过渡型阳离子组成的矿物，颜色、条痕均深，甚至为黑色，金刚至半金属光泽。由于键力较弱，往往具一组完全至极完全解理。与氧化物相比，密度、硬度和折射率都有所降低。

氢氧化物的主要成因产状为风化型和化学沉积型。主要集中在岩石风化壳和金属矿床氧化带或湖沼水盆地中，后者可形成巨大的沉积矿床。少数氢氧化物可产于热液矿脉中。氢氧化物形成后，常随时间的延长而脱水，生成无水氧化物，常见于较干旱的大陆性气候区。区域变质条件亦可使氢氧化物转变为无水氧化物。例如，纤铁矿（$FeOOH$）转变为磁赤铁矿（γ-Fe_2O_3），软水铝石（$AlOOH$）转变为刚玉（Al_2O_3）。

细分散胶态混合物褐铁矿、铝土矿、硬锰矿和锰土分别为铁、铝、锰的重要矿石。某些与锰土相伴的钴土为钴矿原料。

水镁石（brucite）

$Mg(OH)_2$

【晶体化学】 理论组成（$w_B\%$）：MgO 69.12，H_2O 30.88。常有 Fe、Mn、Zn、Ni 等杂质以类质同象存在。其中 MnO 可达 18%，FeO 可达 10%，ZnO 可达 4%；可形成铁水镁石（FeO≥10%）、锰水镁石（MnO≥18%）、锌水镁石（ZnO≥4%）、锰锌水镁石（MnO 18.11%，ZnO 3.67%）、镍水镁石（NiO≥4%）等变种。

球块状水镁石和纤水镁石在物性和用途上有所差异。两者成分均较纯净。主要类质同象

替代元素是 Fe^{2+}、Mn^{2+}，其次是 Fe^{3+}、Ni^{2+}。球块状水镁石少数含 Ca、K(Na) 稍高。碳酸盐型球块状水镁石中 B、Ti 等元素含量稍高。

【结构形态】 三方晶系，$D_{3d}^3-P\bar{3}m1$；$a_0=0.313nm$，$c_0=0.474nm$；$Z=1$。水镁石型结构为重要的层状结构之一。结构中 OH^- 近似作六方紧密堆积，Mg^{2+} 充填在堆积层相隔一层的八面体空隙中，每个 Mg 被 6 个 OH^- 包围，每个 OH^- 一侧有 3 个 Mg。$[Mg(OH)_6]$ 八面体∥{0001} 以共棱方式联结成层，层间以很弱的氢氧键相维系，形成层状结构（图 1-4-13）。Mg-OH 不是正八面体片，沿 c 轴方向有明显压扁，片厚从正常的 0.247nm 变为 0.211nm。结构特点使其具有板状晶形、低硬度及∥{0001} 的极完全解理。

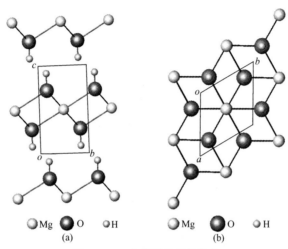

图 1-4-13　水镁石的晶体结构

晶体呈板状或叶片状。通常呈板状、细鳞片状、浑圆状、不规则粒状集合体；有时出现平行纤维状集合体，称为纤水镁石，其内部存在结构畸变。

【理化性能】 白、灰白色，当有 Fe、Mn 混入时呈绿、黄或褐红色；新鲜面和断口玻璃光泽，解理面珍珠光泽，纤水镁石呈丝绢光泽；透明。解理 {0001} 极完全。硬度 2.5。细片具挠性及柔性。相对密度 2.3～2.6。具热电性。块状水镁石白度可达 95%。

偏光镜下：异常干涉色红棕色代替正常的一级黄或橙色。受应力作用影响，延性可正可负。一轴晶（+），但可显二轴晶，$2V<25°$。折射率 $N_e=1.5705\sim1.5861$，$N_o=1.5612\sim1.570$，加热后 N_e 与 N_o 差值变小。

力学性能　纤水镁石属中强度纤维材料，抗拉强度 902MPa，弹性模量 13800MPa，有一定脆性。硬度低且具明显异向性。易研磨成细粒级粉体。理论相对密度 2.39。

电磁性能　纤水镁石的质量电阻率为 $8.82\times10^6\Omega\cdot g/cm^2$，体积电阻率为 $5.9\times10^6\Omega\cdot cm$，表面电阻率为 $(3.6\sim4.5)\times10^6\Omega$，电阻率显各向异性且加热时升高。介电常数为 4.7～5.4(1MHz)；在低频（50Hz）和中频下，介电常数升高且具明显方向性；介质损耗角正切值 0.105。纤水镁石属非磁性矿物，比磁化系数 $(9.815\sim15.779)\times10^{-6}cm^3/g$；加热使比磁化系数升高，但 300℃、500℃、600℃附近有吸热谷。温度高于 700℃时显中-强磁性。

热学性能　水镁石的可靠使用温度为 400℃。纤水镁石的热导率为 $0.46W/(m\cdot K)$，松散纤维为 $0.131\sim0.213W/(m\cdot K)$（体积密度 $0.47g/cm^3$）。纤水镁石热膨胀系数纵向为 $16.7\times10^{-7}/℃$，横向 $8.8\times10^{-7}/℃$，热膨胀行为基本上呈线性。纤水镁石的分解温度为

450℃，具有阻燃、抵抗明火和高温火焰的性质。

化学性能　纤水镁石是天然无机纤维中抗碱性最优者。但在强酸中可全部溶解，在草酸、柠檬酸、乙酸、混合酸、$Al(OH)_3$溶液中，均可以不同的速度溶解。在潮湿气候下，纤水镁石易受大气中的CO_2、H_2O侵蚀，故水镁石制品表面需有防水保护层。

表面性质　透射电镜测定，单水镁石纤维直径为$0.54\sim0.86\mu m$。水镁石纤维劈分性、分散性良好，纤维长。经机械打浆或化学分散，打浆度可明显提高，可进行湿纺和造纸。

【资源地质】　为可溶性含镁化合物在强碱性溶液中水解而成，系碱性溶液作用于镁硅酸盐的次生变化产物。矿床主要与蛇纹岩有关；亦产于接触变质菱镁矿石灰岩中，与方解石、透闪石、蛇纹石、金云母等共生。有时产于白云石化石灰岩中，与方解石、水菱镁矿和方镁石伴生。

我国陕南黑木林水镁石矿藏储量780万吨，是目前世界上发现最大的水镁石矿。辽宁宽甸、凤城（＞1000万吨）、吉林吉安（＞200万吨）、河南西峡、青海祁连山、四川尖石包等地也有水镁石矿床产出，估计全国储量约2500万吨（杜高翔等，2004）。

水镁石矿石分为球状型、块状型和纤维型三种类型：球状型由方镁石水化而成，呈结核状产出，矿石质量好；块状型为富镁岩石热液蚀变产物，矿石为结晶粒状的块状集合体，与蛇纹石、方解石、菱镁矿等共生，水镁石含量约30%～40%；纤维型呈脉状产于蛇纹岩中，纤水镁石含量一般1%～9%，纯度很高，如黑木林纤水镁石矿床。

【鉴定特征】　与滑石、叶蜡石、三水铝石及白云母、石膏等相似，但水镁石易溶于盐酸，不起泡；硬度大于滑石和石膏，滑感不及滑石；亦不如白云母薄片有弹性。

【工业应用】　水镁石主要应用于以下工业领域。

氧化镁原料　以水镁石制取氧化镁，矿石的MgO含量高，杂质少；分解温度低；煅烧过程产生的挥发分无毒无害。

重烧镁砂　现代钢铁工业大量需用镁碳砖、镁铬砖等。由水镁石制成的重烧镁砂具有高密度（＞$3.55g/cm^3$）、高耐火度（＞2800℃）、高化学惰性和高热震稳定性等优点。

以含杂质较多的水镁石制取重烧镁砂时，需经物理选矿，再经化学法精纯。基本工艺流程为：矿石破碎→分选→活化→研磨→浸出（碳化法，酸化氨化法，水解法）→过滤→洗涤→干燥→煅烧→压球→死烧→产品；对高纯度水镁石矿石，可采用简化流程：矿石破碎→分选→轻烧→细磨→压球→死烧→镁砂（MgO＞99%）。

轻烧镁粉　以低品位水镁石为原料，在上述化学法工艺的干燥煅烧阶段即可获得轻质氧化镁，产品自然堆积容重达$0.17g/cm^3$，比表面积＞$20m^2/g$。

电熔镁砂　为高技术电子产品要求的特纯品。以水镁石经电熔法炼制的方镁石集合体，具有高热导率和良好的电绝缘性，产品寿命提高2～3倍。

补强材料　超细纤维状水镁石粉体可部分替代石棉，作为塑料、橡胶等聚合物材料的补强材料，同时增强材料的阻燃性能。如在微孔硅酸钙、硅钙板等中档保温材料中用作补强纤维，含量为8%～10%。产品白度高，外观美观，容重低。

造纸填料　水镁石白度高，剥片性好，黏着力强，吸水性较差。将其与方解石配合用作造纸填料，可使造纸工艺由酸法改为碱法，并减小浆水的污染。

阻燃剂　水镁石在340～400℃分解为氧化镁和水，吸收大量热量。故当聚合物材料受热燃烧时，水镁石可通过吸热分解降低基体温度，释放水分减小表面空气氧浓度，在聚合物表面形成氧化镁包膜等作用而起到阻燃作用。水镁石经超细粉碎和表面改性处理后作为阻燃剂，广泛用于电线电缆、光缆、地板革、壁纸等的阻燃处理（Du et al，2009）。

废水处理和烟气脱硫　水镁石可用作酸性废水的中和剂，效果优于石灰；与磷酸配合用于处理氨氮废水，在水中可形成磷酸镁铵沉淀。水镁石粉配制成浆料后用于烟气脱硫，与烟气中的 SO_2 或 SO_3 反应，可形成亚硫酸镁和硫酸镁。

工艺材料　水镁石的致密块体颜色丰富多变，质地均匀，透明度好，细腻滑润；常与其他矿物或变种形成自然条纹、天然图案造型，具观赏价值。因而可雕琢成工艺品。

硬水铝石（一水硬铝石）（diaspore）

AlOOH，或 $\alpha\text{-}AlO(OH)$

硬水铝石、软水铝石、三水铝石常与其他矿物形成细分散混合物，为含水氧化铁、含水铝硅酸盐、赤铁矿、蛋白石等所胶结，称为铝土矿或铝矾土。

【晶体化学】　理论组成（$w_B\%$）：Al_2O_3 84.98，H_2O 15.02。有时含 Fe_2O_3、Mn_2O_3、Cr_2O_3、Ga_2O_3、SiO_2、TiO_2、CaO、MgO 等。

【结构形态】　斜方晶系，$D_{2h}^{16}\text{-}Pbnm$；$a_0 = 0.441\text{nm}$，$b_0 = 0.940\text{nm}$，$c_0 = 0.284\text{nm}$；$Z = 4$。链状结构（$//c$ 轴）（图 1-4-14）。其中 O^{2-} 和 OH^- 共同呈六方最紧密堆积，堆积层 $\perp a$ 轴，Al^{3+} 充填其 $1/2$ 的八面体空隙。$[AlO_3(OH)_3]$ 八面体以共棱方式联结成 $//c$ 轴的八面体双链；双链间以共用八面体角顶（为 O^{2-} 占据）方式相连。因而使该结构型的矿物呈柱状、针状或板状晶形。加热可失去全部氢和 $1/4$ 的氧，而剩余氧仍保持六方最紧密堆积，Al 居八面体空隙而形成刚玉（$\alpha\text{-}Al_2O_3$）。晶体 $//b\{010\}$ 发育成板状或沿 c 轴伸长成柱状或针状。通常呈片状、鳞片状或隐晶质及胶态豆状、鲕状集合体。

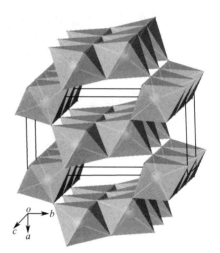

图 1-4-14　硬水铝石的晶体结构

【物理性质】　白、灰白、黄褐、灰绿色，或因含 Mn^{3+}、Fe^{3+} 而成褐至红色。条痕白色。玻璃光泽。解理 $\{010\}$ 完全，$\{110\}$、$\{210\}$、$\{100\}$ 不完全。贝壳状断口。性脆。硬度 6.5～7。相对密度 3.2～3.5。

偏光镜下：无色。二轴晶（+），$2V = 84°～86°$，$N_g = 1.730～1.752$，$N_m = 1.705～1.725$，$N_p = 1.682～1.706$。

【资源地质】　主要由外生作用下铝硅酸盐矿物的风化作用而形成，是铝土矿的主要成分；与三水铝石、软水铝石伴生。在区域变质的结晶片岩中，与蓝晶石伴生。

2015 年世界铝土矿储量为 280 亿吨，几内亚、澳大利亚、巴西、越南和牙买加的储量居世界前 5 位，占世界总储量的 72.5%。中国铝土矿查明储量 8.3 亿吨，占世界总储量的 3%。

【鉴定特征】　置于试管中灼烧，可爆裂成白色鳞片，强热之生水。以较大硬度与三水铝石、软水铝石、云母等相区别。

【工业应用】　生产氧化铝的最主要矿石矿物，也是制造人工磨料、耐火材料和高铝水泥的原料。一般工业要求（DZ/T 0202—2002）：硬水铝石沉积型矿床，边界品位 $Al_2O_3/SiO_2 \geqslant$

$1.8\sim2.6$，$Al_2O_3\geqslant40\%$；矿块最低工业平均品位 $Al_2O_3/SiO_2\geqslant3.5\sim3.8$，$Al_2O_3\geqslant55\%$；最小可采厚度 $0.5\sim1.0m$，夹石剔除厚度 $0.5\sim1.0m$。

2015 年中国铝土矿产量达 6500 万吨，占世界总产量的 22.8%；而原铝产量为 3141 万吨，占世界的 55.6%。据国际铝协（IPAI）统计，现今西方国家的铝消费构成为：运输业占 30%，建筑业 17.7%，易拉罐 12.2%，电子业 8.6%，机械设备制造业 8.4%，耐用消费品 5.9%，其他包装品 5.3%，其他用途 11.9%。

软水铝石（勃姆石）（boehmite）

$AlOOH$，或 $\gamma\text{-}AlO(OH)$

【晶体化学】 理论组成（$w_B\%$）：Al_2O_3 84.98，H_2O 15.02。可有少量 Fe^{3+}、Cr^{3+}、Ga^{3+}、Mn^{3+}、Ti^{4+}、Si^{4+}、Mg^{2+} 等替代。

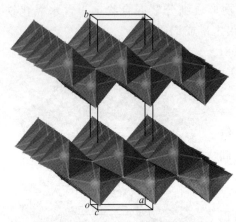

图 1-4-15 软水铝石的晶体结构

【结构形态】 斜方晶系，$D_{2h}^{17}\text{-}Amam$；$a_0=0.369nm$，$b_0=1.224nm$，$c_0=0.286nm$；$Z=4$。晶体结构沿（010）呈层状（图 1-4-15）。结构中 $[Al(O,OH)_6]$ 八面体在 a 轴方向共棱联结成 //（010）的波状八面体层。阴离子 O^{2-} 位于八面体层内，OH^- 位于层的顶、底面。层间以氢氧-氢键相维系。上述结构使其具片状、板状晶形及 //{010} 的完全解理。晶体呈极细小的 //（010）的片状、薄板状。通常成隐晶质块状或胶态分布于铝土矿中。

【物理性质】 无色、微黄的白色。玻璃光泽。解理 {010} 完全。硬度 3.5。相对密度 $3.01\sim3.06$。

偏光镜下：二轴晶（＋）或（－），$2V$ 中等至大。$N_g=1.65\sim1.67$，$N_m=1.65\sim1.66$，$N_p=1.64\sim1.65$。

【资源地质】 主要由外生作用形成，分布于铝土矿矿床中，与三水铝石、硬水铝石、高岭石等共生。

【鉴定特征】 与硬水铝石的区别是硬度低。较可靠的鉴定方法是 X 射线衍射分析。

三水铝石（gibbsite）

$Al(OH)_3$

【晶体化学】 理论组成（$w_B\%$）：Al_2O_3 65.4，H_2O 34.6。常见类质同象替代有 Fe 和 Ga，Fe_2O_3 可达 2%，Ga_2O_3 可达 0.006%。此外，常含杂质 CaO、MgO、SiO_2 等。

【结构形态】 单斜晶系，$C_{2h}^5\text{-}P2_1/n$；$a_0=0.864nm$，$b_0=0.507nm$，$c_0=0.972nm$，$\beta=94°34'$；$Z=8$。属典型的层状结构（图 1-4-16），与水镁石相似。不同者是 Al^{3+} 仅充填由 OH^- 呈六方最紧密堆积层 //（001）相间的两层 OH^- 中 2/3 的八面体空隙。晶体极少见，集合体呈放射纤维状、鳞片状、皮壳状、钟乳状或呈细粒土状块体。主要呈胶态非晶质或细粒晶质。

【物理性质】 白色或因杂质呈浅灰、浅绿、浅红色调。玻璃光泽，解理面珍珠光泽。透明至半透明。解理 {001} 极完全。硬度 $2.5\sim3.5$。相对密度 $2.30\sim2.43$。具泥土臭味。

偏光镜下：无色。二轴晶（＋），$2V=0°$。$N_g=1.587$，$N_m=N_p=1.566$。

【资源地质】 主要由含铝硅酸盐经分解和水解而成。热带和亚热带气候有利于三水铝石

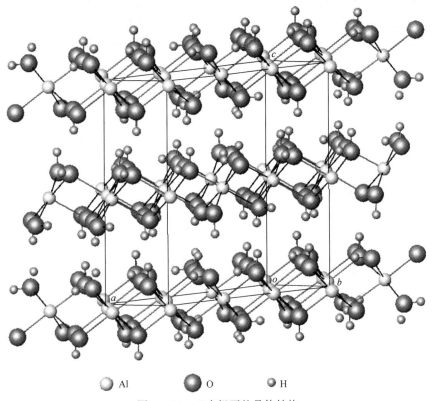

Al   O   H

图 1-4-16 三水铝石的晶体结构

的形成。在区域变质作用中，经脱水可转变为软水铝石、硬水铝石（140～200℃）；随着变质程度的增高，可转变为刚玉。

【鉴定特征】 见硬水铝石、软水铝石部分。

【工业应用】 同硬水铝石。一般工业要求（DZ/T 0202—2002）：三水铝石红土型矿床，边界品位 $Al_2O_3/SiO_2 \geqslant 2.1$，$Al_2O_3 \geqslant 28\%$；最小可采厚度 $\geqslant 0.2m$。

针铁矿（goethite）

FeOOH

含有不定量吸附水者称水针铁矿（FeOOH·nH_2O）。它们和纤铁矿（FeOOH）、水纤铁矿（FeOOH·nH_2O）、更富水的氢氧化铁胶凝体、铝的氢氧化物、泥质等混合，肉眼很难区分，统称褐铁矿（limonite）。铁帽即主要由褐铁矿组成。

【晶体化学】 理论组成（$w_B\%$）：Fe_2O_3 89.86，H_2O 10.14。可含少量 Mn、Al 等。

【结构形态】 斜方晶系，D_{2h}^{17}-$Pbnm$；$a_0 = 0.465nm$，$b_0 = 1.002nm$，$c_0 = 0.304nm$；$Z = 4$。硬水铝石型结构。晶体沿 c 轴呈针状、柱状并具纵纹或 //b {010} 成薄板状或鳞片状。通常呈豆状、肾状、钟乳状、致密块状或土状、结核状。

【物理性质】 红褐、暗褐至黑色，经风化而成的粉末状、赭石状褐铁矿呈黄褐色。条痕红褐色。金刚至半金属光泽。解理 {010} 完全，{100} 中等。断口参差状。硬度 5～5.5。相对密度 4～4.3。

【资源地质】 主要形成于外生条件下，是褐铁矿的主要矿物成分，由含铁矿物经氧化和分解形成盐类、再经水解作用而成；常与赤铁矿、锰的氧化物、方解石、黏土矿物等在铁帽中伴生。区域变质过程中铁的水化物经脱水作用亦可形成针铁矿。

【鉴定特征】　颜色、细小针状结晶习性、密度较小等可与赤铁矿区别。

【工业应用】　大量富集时可作铁矿石。褐铁矿石一般工业指标（DZ/T 0200—2002）：炼铁用矿石，同磁铁矿石；需选矿石，边界品位 TFe≥25％，工业品位 TFe≥30％。

药用褐铁矿结核名蛇含石，别名蛇黄。功效：安神镇惊，止血定痛。成药制剂：瓜子绽。

水锰矿（manganite）

MnOOH

【晶体化学】　理论组成（w_B％）：MnO 40.4，MnO_2 49.4，H_2O 10.2。混入物有 SiO_2、Fe_2O_3、Al_2O_3、CaO 等。

【结构形态】　单斜晶系，C_{2h}^5-$B2_1/d$；$a_0=0.888nm$，$b_0=0.525nm$，$c_0=0.571nm$，$\beta=90°$；$Z=8$。结构中 O^{2-}、OH^- 共同成六方最紧密堆积，Mn^{3+} 占据八面体空隙成强烈变形的八面体 $[Mn(O,OH)_6]$，组成沿 c 轴方向延长的链。晶体常呈柱状沿 c 轴延伸，柱面具纵纹。多呈隐晶质集合体，亦有鲕状、钟乳状者。

【物理性质】　暗钢灰至铁黑色。条痕红棕色。半金属光泽，解理 ｛010｝ 完全，｛110｝及 ｛001｝ 中等。断口不平坦状。性脆。硬度 3.5～4。相对密度 4.2～4.33。

偏光镜下：二轴晶（＋），$2V$ 很小。$N_g=2.53$，$N_m=2.25$，$N_p=2.25$（2.33）。

【资源地质】　形成于氧不足条件下，以外生作用为主，呈鲕状或致密块体大量出现于沉积锰矿床中，为四价锰矿物（软锰矿、硬锰矿）和二价锰矿物（菱锰矿）之间的过渡矿物。在氧化带不稳定，易于氧化变为软锰矿。

【鉴定特征】　与软锰矿、硬锰矿相似，可由红棕色条痕大致区别。

【工业应用】　重要的锰矿石矿物。利用水锰矿的多孔性和电化学性质，可制作锂离子蓄电池的阴极材料（尤金跨等，2001）。

第五章 其他含氧盐矿物

第一节 碳酸盐矿物

自然界已知的碳酸盐矿物超过 100 种，广泛分布于地壳中，其中以钙、镁碳酸盐分布最广。有些碳酸盐矿物具有工业应用价值，为提取金属镁、铁、锌、铅的原料或可作为建筑石材。

碳酸盐矿物中存在 $[CO_3]^{2-}$ 络阴离子根，其半径约 0.255nm。阳离子主要有 K、Na、Ca、Mg、Sr、Ba、TR、Fe、Mn、Cu、Pb、Zn、Bi 等。它们与 $[CO_3]^{2-}$ 结合形成无水碳酸盐、含水碳酸盐及带有附加阴离子 OH^-、Cl^-、F^-、SO_4^{2-}、PO_4^{3-} 等的碳酸盐。

碳酸盐的晶体结构中，$[CO_3]^{2-}$ 呈三角形，C—O 间以共价键联结。二价阳离子 Co、Zn、Mg、Fe、Mn、Cd、Ca、Sr、Pb、Ba（按离子半径递增排列）的无水碳酸盐中，存在明显的同质多象、类质同象及晶变现象。这些二价阳离子与 $[CO_3]^{2-}$ 间以强离子键相联系。其中 Co、Zn、Mg、Fe、Mn、Cd 的离子半径比 Ca^{2+} 小，形成三方晶系方解石型结构；Sr、Pb、Ba 的离子半径比 Ca^{2+} 大，形成斜方晶系文石型结构。Ca^{2+} 半径处于过渡位置，因而 $CaCO_3$ 具同质二象，即三方晶系的方解石和斜方晶系的文石。$CaBa[CO_3]_2$ 亦形成同质二象变体；钡解石和碳酸钙钡矿，前者是方解石型和文石型的过渡结构，后者是文石型结构。文石在约 450℃ 可自发转变为方解石。

方解石型碳酸盐中存在着广泛的类质同象。根据离子大小及极化程度，可形成完全或不完全的类质同象系列。一般二价阳离子半径相近者，易生成完全类质同象系列；否则形成不完全类质同象系列。但也存在不完全符合两者离子半径差规律的现象。两组分之间能否生成类质同象及其完全程度，除受离子半径大小影响外，还与形成条件有关。

方解石型和文石型矿物的晶变现象，明显地表现出随离子半径及极化性质的规律改变引起结构的规律变化。方解石型矿物，随着离子半径加大，菱面体面角也逐渐增大，文石型矿物的柱面面角也作规律性变化（表 1-5-1）。

大多数碳酸盐属单斜或斜方晶系，部分属三方晶系，其中大部分符合复三方偏三角面体或菱面体对称。集合体呈块状、粒状、放射状、纤维状、晶簇状等。

多数碳酸盐呈浅色，但由于色素离子 Cu、Mn、Fe、Co、U、TR 的存在，可呈鲜艳的彩色，一般含 Cu 碳酸盐呈绿色或蓝色；含 TR 和 Fe 呈浅黄色；含 U 呈黄色；含 Co 呈玫瑰红色；随 Mn 含量增加，颜色由浅红变深。玻璃或金刚光泽。硬度不大（<4.5）。密度取决于矿物成分，Ba、Pb 的碳酸盐密度较大。

表 1-5-1　某些碳酸盐矿物之阳离子半径与结构的关系

结构型	矿物名称及化学式	阳离子及其半径/nm		菱面体{10$\bar{1}$1}的面角	斜方柱{110}的面角
方解石型结构	菱钴矿 Co[CO₃]	Co²⁺	0.074	72°19′	—
	菱锌矿 Zn[CO₃]	Zn²⁺	0.074	72°19′	—
	菱镁矿 Mg[CO₃]	Mg²⁺	0.072	72°31′	—
	菱铁矿 Fe[CO₃]	Fe²⁺	0.083	73°0′	—
	菱锰矿 Mn[CO₃]	Mn²⁺	0.083	73°24′	—
	白云石 CaMg[CO₃]₂	Mg²⁺ 0.072 Ca²⁺ 0.100		73°45′	—
	菱镉矿 Cd[CO₃]	Cd²⁺	0.095	73°58′	—
	方解石 Ca[CO₃]	Ca²⁺	0.100	74°55′	—
文石型结构	文石 Ca[CO₃]	Ca²⁺	0.100	—	63°45′
	碳酸锶矿 Sr[CO₃]	Sr²⁺	0.118	—	62°46′
	白铅矿 Pb[CO₃]	Pb²⁺	0.119	—	62°41′
	碳酸钡矿 Ba[CO₃]	Ba²⁺	0.135	—	62°12′
	碳酸钙钡矿 CaBa[CO₃]₂	Ca²⁺ 0.100 Ba²⁺ 0.135		—	60°27′
钡解石型结构（介于方解石型、文石型结构之间的过渡型）	钡解石 CaBa[CO₃]₂			—	—

注：据潘兆橹（1994）。

碳酸盐矿物多为负光性，重折率大，这与 $[CO_3]^{2-}$ 的存在有关。方解石型和文石型矿物的结构中，平面三角形的 $[CO_3]^{2-}$ ⊥c 轴排列，因而在⊥c 轴的平面内振动的光波所呈现的折射率比//c 轴方向者大，从而导致负光性和高的重折率。

碳酸盐矿物大多数为外生成因，主要由沉积和生物沉积作用形成，或是金属硫化物矿床氧化带的产物。内生成因的碳酸盐，多出现在热液阶段，呈单一的碳酸盐脉或作为其他金属矿脉中的伴生矿物。在岩浆成因的碳酸岩中，Ca、Mg、Fe 的碳酸盐是主要矿物相，且通常伴生有巨量的磷、铁、稀土元素，具有极大的经济价值。在磷灰石-磁铁矿碳酸岩中，常见共生矿物有黑榴石、钛铁矿、金红石、板钛矿、烧绿石、铀钽铌矿等；在稀土碳酸岩中，主要与氟碳铈矿、氟碳钙铈矿、独居石等共生。在接触变质带、矿泉沉积物、火山岩的杏仁体内，均有碳酸盐矿物出现。

方解石（calcite）

CaCO₃

【晶体化学】　理论组成（$w_B\%$）：CaO 56.03，CO₂ 43.97。常有 Mg、Fe、Mn、Zn、Pb、Sr、Ba、Co、TR 等类质同象替代；当其达到一定量时，可形成锰方解石、铁方解石、锌方解石、镁方解石等变种。

【结构形态】　三方晶系，D_{3d}^6-$R\bar{3}c$；$a_{rh}=0.637$nm，$\alpha=46°5′$，$Z=2$（真正的晶胞，为锐角原始菱面体格子）；$a_h=0.499$nm，$c_h=1.706$nm，$Z=6$（三方菱面体格子转换成的六方双重体心格子）。可视为 NaCl 型结构的衍生结构。即 NaCl 结构中的 Na⁺、Cl⁻ 分别由 Ca²⁺、$[CO_3]^{2-}$ 取代，其原立方面心晶胞沿某一三次轴方向压扁而呈钝角菱面体，即为方解石结构。结构中 $[CO_3]^{2-}$ 平面三角形皆垂直于三次轴分布。在整个结构中，O²⁻ 成层分布，在相邻层中 $[CO_3]^{2-}$ 三角形的方向相反。Ca 的配位数 6 [图 1-5-1(a)]。

文石与方解石不同，在于其结构中 Ca²⁺ 和 $[CO_3]^{2-}$ 是按六方最紧密堆积排列。每个 Ca²⁺ 周围虽然围绕着 6 个 $[CO_3]^{2-}$，但与其相接触的 O²⁻ 不是 6 个，而是 9 个。Ca²⁺ 的配位数 9，每个 O 与 3 个 Ca、1 个 C 联结［图 1-5-1(b)］。文石结构也可视为红砷镍矿结构的衍生，即相当于 Ni 被 Ca、As 被彼此平行并⊥c 轴的 $[CO_3]^{2-}$ 所占据而成。

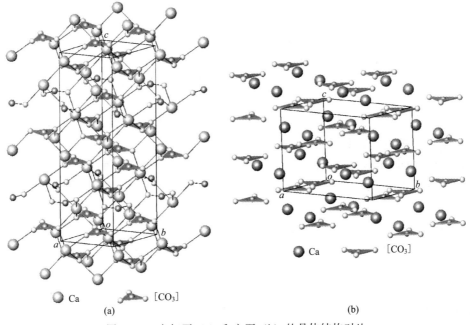

Ca $[CO_3]$ (a)   Ca $[CO_3]$ (b)

图 1-5-1　方解石（a）和文石（b）的晶体结构对比

复三方偏三角面体晶类，D_{3d}-$3m$（$L^3 3L^2 3PC$）。常发育多种形态的完好晶体，不同聚形达 600 余种。主要呈 //[0001] 的柱状，//{0001} 的板状和各种状态的菱面体或复三方偏三角面体（图 1-5-2）。常见单形：平行双面 $c\{0001\}$，六方柱 $m\{10\bar{1}0\}$，菱面体 $r\{10\bar{1}1\}$、$e\{01\bar{1}2\}$、$f\{02\bar{2}1\}$、$M\{40\bar{4}1\}$，复三方偏三角面体 $v\{21\bar{3}1\}$、$t\{21\bar{3}4\}$。常依 {0001} 形成接触双晶，更常依 {01\bar{1}2} 形成聚片双晶。集合体形态多样，主要有片板状（层解石）、纤维状（纤维方解石）、致密块状、粒状、土状（白垩）、多孔状（石灰华）、钟乳状和鲕状、豆状、结核状、葡萄状、晶簇状等。

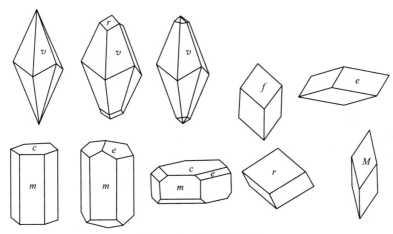

图 1-5-2　方解石的晶形

【理化性能】 质纯者无色或白色，无色透明者称为冰洲石。但多因含杂质染成浅黄、浅红、紫、褐黑等颜色。解理 $\{01\bar{1}1\}$ 完全。硬度 $2.50 \sim 3.75$，(0001) 面上的硬度较大。相对密度 $2.6 \sim 2.9$。紫外光下可发荧光，荧光颜色与所含杂质元素有关。加热可产生弹性变形及热发光，热发光的激发因素是放射性影响、微量杂质及晶体形变等。

偏光镜下：一轴晶（-），可为光轴角很小的二轴晶。$N_e = 1.4864$，$N_o = 1.6584$。

光学性质 冰洲石的双折射效应是其重要光学性质。当光线 $//c$ 轴（三次轴）传播时，电场作用于 $[CO_3]$ 配位三角形平面内，氧离子的极化作用因近邻氧离子的相互作用而加大；当光线 $\perp c$ 轴传播，电场作用于 $\perp[CO_3]$ 配位三角形的平面内，氧离子的极化因邻近氧离子的相互作用而减弱。因而在 $[CO_3]$ 配位三角形平面内振动的光波（$//c$ 轴传播的光线）所呈现的折射率 N_o 远大于在 $\perp[CO_3]$ 配位三角形平面内振动的光波（$\perp c$ 轴传播的光线）所呈现的折射率 N_e，即 $N_o \gg N_e$，故冰洲石为重要的光学材料。

力学性质 菱面体解理发育，极易沿 $\{10\bar{1}1\}$ 解理方向裂开，形成多平面的等粒状米石。机械力下易产生滑移双晶的性质，对冰洲石的块度和光学特性有不利影响。

吸附性能 白垩是一种生物成因的质纯、柔软、粒径 $<5\mu m$ 的碳酸盐岩。其比表面积大，白度高，吸附性能良好，易黏附，吸油性强，但吸水性弱，是重要的白色填料。

【资源地质】 最广泛分布的矿物之一，具有多种成因。大量使用的石灰岩主要来自海相成因的石灰岩矿床和变质形成的大理岩矿床。

沉积型 海水中 $CaCO_3$ 达到饱和时可沉积形成大量的石灰岩。海水不稳定时可沉积成鲕状灰岩，其中含大量生物化石。在干燥炎热条件下，可形成白云质灰岩。

热液型 作为金属矿床的脉石矿物，常见于中、低温热液矿床中，呈脉状或见于空洞中，具良好的晶形。在某些矿泉中，由方解石、文石沉积形成石灰华。冰洲石主要产于热液成因方解石脉的晶洞中。贵州省某地的石灰岩裂隙中，产有低温热液成因的冰洲石巨型单晶矿床，单晶重数公斤至 25t。据液体包裹体均一温度，其形成温度平均为 $165℃$。

岩浆型 碳酸岩中的方解石等碳酸盐矿物，系由碳酸盐岩浆结晶而成。1960 年在坦桑尼亚曾发现活火山喷出的纯碳酸岩熔岩，证实自然界存在碳酸盐的原始岩浆。

风化型 在风化过程中地下水溶解石灰岩、大理岩，易形成重碳酸钙 $Ca[HCO_3]_2$ 进入溶液，当压力减小或蒸发时，大量 CO_2 逸出，碳酸钙可再沉淀，形成钟乳石、石笋、石柱等。其反应式：$Ca[HCO_3]_2 \Longrightarrow CaCO_3 \downarrow + H_2O + CO_2 \uparrow$。在氧化带，方解石易溶于酸而被溶解和交代，多种矿物可依其成假象，如石膏、白云石、菱锌矿、孔雀石、胶体 SiO_2 等。

【鉴定特征】 晶形，$\{10\bar{1}2\}$ 聚片双晶，$\{10\bar{1}1\}$ 完全解理，硬度、密度较小。加酸剧烈起泡。有橘黄色焰色反应（Ca）。

【工业应用】 主要用作建筑材料、冶金熔剂、化工原料等，冰洲石可作光学材料。

建筑材料 石灰岩是生产石灰和水泥的基本原料，也是玻璃和陶瓷生产的配料之一。利用石灰岩的颜色，观赏性结构构造及花纹特色，可加工成建筑石材、装饰板材，亦可作为雕刻工艺制品的材料等。

冶金熔剂 作为碱性熔剂，石灰岩是黑色和有色冶金的辅助原料。CaO 使矿石中的 S、P 等与焦炭灰分相结合变成炉渣而排除。活性石灰用于炼钢，特别是对氧化转炉炼钢，可缩短吹氧时间，提高脱硫率，减少萤石消耗，增加钢水产量，延长炉龄。

光学材料　冰洲石具有极强的重折率和偏光性能，被广泛用于光学领域，如偏光显微镜的棱镜、偏光仪、光度计，化学分析用的比色计，大炮的射程仪及测远仪的配件，制作大屏幕显示器、计算机的折光仪，窄带干涉滤光器的元配件等。光学冰洲石的质量要求：无色透明，无包裹体，无裂隙，无双晶，在紫外线照射下不发荧光。按晶体菱面体解理的尺寸和允许缺陷的程度分为三个技术等级：一级，$\geqslant 50mm \times 50mm \times 45mm$；二级，$\geqslant 30mm \times 30mm \times 20mm$；三级，$\geqslant 20mm \times 20mm \times 14mm$。

药用石灰华，为主含碳酸钙的粉状块，藏文别名久康。功效：清热补肺。成药制剂：藏药九味石灰华散。

药用钟乳石，别名石钟乳、钟乳、石乳、夏乳根。功效：温肺气，壮元阳，下乳汁。

药用石灰，别名垩灰、石垩。由石灰岩经煅烧而成生石灰，主含 CaO；遇水则成熟石灰，主含 $Ca(OH)_2$。功效：燥湿杀虫，止血，定痛，蚀恶肉。

菱镁矿（magnesite）

$Mg[CO_3]$

【晶体化学】　理论组成（w_B%）：47.81，CO_2 52.19。$MgCO_3$-$FeCO_3$ 之间可形成完全类质同象，菱镁矿一般含 $w(FeO) < 8\%$。$w(FeO)$ 约 9% 者称铁菱镁矿；更富含铁者称菱铁镁矿。有时含 Mn、Ca、Ni、Si 等混入物。致密块状者常含蛋白石、蛇纹石等杂质。

【结构形态】　三方晶系，D_{3d}^6-$R\bar{3}c$；菱面体晶胞：$a_{rh} = 0.566nm$，$\alpha = 48°10'$；$Z=2$。六方晶胞：$a_h = 0.462nm$，$c_h = 1.499nm$；$Z=6$。方解石型结构。晶体少见，常呈显晶粒状或隐晶质致密块体。在风化带常呈隐晶质瓷状。

【理化性质】　白色或浅黄白、灰白色，有时带淡红色调，含铁者呈黄至褐色、棕色；瓷状者大都呈雪白色。玻璃光泽。具 $\{10\bar{1}1\}$ 完全解理。瓷状者呈贝壳状断口。硬度 4～4.5。性脆。相对密度 2.9～3.1。含铁者密度和折射率均增大。隐晶质菱镁矿呈致密块状，外观似未上釉的瓷，故亦称瓷状菱镁矿。

偏光镜下：一轴晶（-），折射率及重折率随铁含量增高而变大。具很高的重折率。

加热至约 640℃ 时，开始分解为 MgO 和 CO_2，体积收缩；700～1000℃ 时，形成轻烧菱镁矿，即方镁石与菱镁矿的混合相；1400～1800℃ 时，$MgCO_3$ 完全分解，生成方镁石，即硬烧菱镁矿，又称重烧菱镁矿；2500～3000℃ 时，硬烧菱镁矿熔融，凝固后成为熔融氧化镁，又称电熔氧化镁，由发育完好的方镁石晶体组成。

【资源地质】　工业矿床通常由含镁热水溶液交代白云岩、白云质灰岩或超基性岩而成。我国东北营口大石桥的菱镁矿床世界著名，系含镁热水溶液交代白云质灰岩而成。与方解石、白云石、绿泥石、滑石共生。常压下菱镁矿形成于 250～350℃；低于此温度形成稳定的三水菱镁矿；高于此温度则形成水镁石。我国菱镁矿主要产于辽宁大石桥和海城、山东掖县等地含镁热液交代白云岩而成的菱镁矿矿床。

2015 年世界菱镁矿储量为 24.0 亿吨（Mg），主要分布于俄罗斯、中国、朝鲜、土耳其等国。中国探明菱镁矿储量 5.0 亿吨，居世界第 2 位，储量占世界的 20.8%；2015 年菱镁矿产量 577 万吨（MgO），占世界的 67.2%。中国的菱镁矿资源主要集中在辽宁（85%）、山东（10%）、西藏（2%）、河北等省区。

【鉴定特征】　与方解石相似，但加冷盐酸不起泡或作用极慢，加热盐酸则剧烈起泡。

【工业应用】　主要用于提炼金属镁及用作耐火材料、建材原料、化工原料等。一般工业指标（DZ/T 0202—2002）：冶镁菱镁矿特级品，MgO $\geqslant 47\%$，CaO $\leqslant 0.6\%$，$SiO_2 \leqslant 0.6\%$；

Ⅰ级品，MgO≥46%，CaO≤0.8%，SiO₂≤1.2%；Ⅱ级品，MgO≥45%，CaO≤1.5%，SiO₂≤1.5%。

耐火材料 轻烧氧化镁和重烧氧化镁可作为无定形耐火料，硬烧菱镁矿用于生产耐火度达 2000℃ 以上的冶金镁砂、镁砖、镁铝砖及硅镁砖等耐火材料，用于炼钢平炉、电炉、转炉、有色金属冶炼炉、水泥窑炉。硬烧菱镁矿经过再次电熔冶炼后形成电熔镁砂，可以用作高温冶炼中的耐火材料。生产硬烧菱镁矿通常使用晶质菱镁矿，质量要求（w_B%）：MgO>41～44，CaO<1～6，SiO₂<2～3.5。

建筑材料 轻烧氧化镁与硫酸镁溶液混合制成菱镁水泥，黏结性和可塑性好，与有机物结合力强，硬化后坚硬美观，绝热、隔声、耐磨性能良好。轻烧氧化镁、氯化镁、水、填充料及外加剂等可制成气硬性胶凝材料，称为氯氧镁水泥（黄志雄等，2008）。利用轻烧菱镁矿热膨胀系数低的特点，可生产耐火度高、能承受强机械振动的陶瓷制品。轻烧菱镁矿也可作为生产特种玻璃的原料。生产轻烧菱镁矿可用晶质或隐晶质菱镁矿。

其他用途 轻烧菱镁矿经化学处理，可制成多种镁化合物，可用作药剂、橡胶硫化过程中的沉淀剂和填料、纸张的硫化处理剂。在化学工业中，菱镁矿可用于生产媒染剂、干燥剂、溶解剂、去色剂、吸附剂等；还用于生产人造纤维、肥料、塑料、化妆品等。

轻质透明碳酸镁 xMgCO₃·yMg(OH)₂·zH₂O，为白色无定形粉体。主要用作透明或浅色橡胶制品的填充剂和补强剂，与橡胶混炼后几乎不改变橡胶本身的折射率，且能提高橡胶的耐磨性、抗曲挠性和抗拉强度。可用作油漆、油墨和涂料的添加剂，也可用于牙膏、医药工业等。

药用碳酸镁 xMgCO₃·yMg(OH)₂·zH₂O，又称重质碳酸镁，w(MgO) 为 40.0%～43.5%，白色粉体。无毒、无臭、几乎无味，在空气中稳定。几乎不溶于水和乙醇，但可使水显弱碱性，在稀酸中放出 CO₂ 而溶解。主要用于医药工业，作为制造中和胃酸的药物，治疗胃病及十二指肠溃疡。

菱铁矿（siderite）

Fe[CO₃]

【晶体化学】 理论组成（w_B%）：FeO 62.01，CO₂ 37.99。FeCO₃ 与 MnCO₃ 和 MgCO₃ 可形成完全类质同象系列；与 CaCO₃ 形成不完全类质同象系列。因而其中常有 Mn、Mg、Ca 替代，形成锰菱铁矿、钙菱铁矿、镁菱铁矿变种。

【结构形态】 三方晶系，D_{3d}^6-$R\overline{3}c$；菱面体晶胞：$a_{rh}=0.576$nm，$\alpha=47°54'$；$Z=2$。六方晶胞：$a_h=0.468$nm，$c_h=1.526$nm；$Z=6$。方解石型结构。晶体呈菱面体状、短柱状或偏三角面体状。通常呈粒状、土状、致密块状集合体。

【物理性质】 浅灰白或浅黄白色，有时微带浅褐色；风化后为褐、棕红、黑色。玻璃光泽，隐晶质无光泽。透明至半透明。解理 {10$\overline{1}$1} 完全。硬度 4。相对密度 3.7～4.0。

偏光镜下：无色、灰色，颗粒边缘常具有风化造成的黄色、棕褐色铁质斑点。一轴晶（-）。$N_o=1.782\sim1.875$，$N_e=1.575\sim1.633$。

【资源地质】 沉积成因者，常产于黏土或页岩层、煤岩层中，具有胶状、鲕状、结核状形态，与鲕状赤铁矿、鲕状绿泥石和针铁矿等共生。我国元古代、古生代地层中，都产有菱铁矿层。东北辽河群的大栗子富铁矿床，即由赤铁矿体、磁铁矿体及菱铁矿体所组成，历经成岩变质作用，菱铁矿呈粒状或致密块状。

热液成因者，可单独存在或与铁白云石和方铅矿、闪锌矿、黄铜矿、磁黄铁矿等硫化物共生。有时交代石灰岩、白云岩等碳酸盐岩，呈不规则的交代矿层出现。

　　菱铁矿在氧化带不稳定，易分解成水赤铁矿、褐铁矿而成铁帽。

　　【鉴定特征】　显晶质菱铁矿，以其表面受氧化后呈褐色，密度较大，折射率较高等特征，与其他碳酸盐矿物相区别。隐晶质菱铁矿与冷盐酸长时间作用变成黄绿色。

　　【工业应用】　大量聚集时可作为铁矿石。菱铁矿石一般工业指标（DZ/T 0200—2002）：炼铁用矿石，同磁铁矿石；需选矿石，边界品位 TFe$\geqslant$20%，工业品位 TFe$\geqslant$25%。

菱锰矿（rhodochrosite）

Mn[CO_3]

　　【晶体化学】　理论组成（w_B%）：MnO 61.71，CO_2 38.29。与 $FeCO_3$、$CaCO_3$、$ZnCO_3$ 可形成完全类质同象系列，故常含 Fe（达 26.18%）、Ca（达 8%）、Zn（达 14.88%）、Mg（达 12.98%），形成铁菱锰矿、钙菱锰矿、菱锌锰矿等。

　　【结构形态】　三方晶系，D_{3d}^6-$R\bar{3}c$；菱面体晶胞；$a_{rh}=0.584$nm，$\alpha=47°46'$；Z=2。六方晶胞：$a_h=0.473$nm，$c_h=1.549$nm；Z=6。方解石型结构。晶体不常见。热液成因者多呈粒状或柱状集合体。沉积成因者则多呈隐晶质块状、鲕状、肾状、土状等集合体。

　　【物理性质】　晶体呈淡玫瑰色或淡紫红色，随 Ca 含量增高，颜色变浅；致密块状体呈白、黄、灰白、褐黄色等，当有 Fe 代替 Mn 时，变为黄或褐色。氧化后表面变褐黑色。玻璃光泽。解理 {10$\bar{1}$1} 完全。硬度 3.5～4.5。性脆。相对密度 3.6～3.7。

　　偏光镜下：无色或浅玫瑰红色。一轴晶（－），$N_o=1.816$，$N_e=1.597$。

　　【资源地质】　以外生沉积为主，形成菱锰矿沉积层。我国东北瓦房子浅海沉积型铁锰矿床中，铁菱锰矿是主要矿石矿物，与菱锰矿、水锰矿、赤铁矿、绿泥石、石英、黄铁矿等共生。菱锰矿也是某些硫化物矿脉、热液交代、接触变质矿床的常见矿物，与硫化物、低锰氧化物等共生。

　　【鉴定特征】　玫瑰红色，氧化后表面褐黑色，硬度较低，常与其他含锰矿物共生。

　　【工业应用】　提取锰的重要矿石矿物。碳酸锰矿石一般工业指标（DZ/T 0200—2002）：富锰矿石，平均品位 Mn 25%，Mn/Fe$\geqslant$3，每 1% 锰允许含磷量$\leqslant$0.005%；贫锰矿石，边界品位 Mn 10%，平均品位 Mn 15%；铁锰矿石，边界品位 Mn 10%，平均品位 Mn 15%，Mn+Fe$\geqslant$25%，每 1% 锰允许含磷量$\leqslant$0.2%；含锰灰岩，边界品位 Mn 8%，平均品位 Mn 12%。

　　菱锰矿可用于制造软磁铁氧体、瓷釉颜料、清漆催干剂、肥料、医药、磷化处理剂、脱硫催化剂、电焊条敷料等；也是制取二氧化锰和其他锰化合物的原料。高纯碳酸锰用于制造高级软磁铁氧体及其他特殊用途。

　　晶粒大、透明色美者可作宝石；颗粒细小、半透明的集合体则可作玉雕材料。

菱锌矿（smithsonite）

Zn[CO_3]

　　【晶体化学】　理论组成（w_B%）：ZnO 64.90，CO_2 35.10。类质同象替代有 Fe，含量高时称铁菱锌矿。有时亦含 Mn、Mg、Ca、Co、Cu、Pb、Cd、In 等。

　　【结构形态】　三方晶系，D_{3d}^6-$R\bar{3}c$；菱面体晶胞：$a_{rh}=0.567$nm，$\alpha=48°26'$；Z=2。六方晶胞：$a_h=0.466$nm，$c_h=1.499$nm；Z=6。方解石型结构。为氧化带的胶体矿物，故形态多为肾状、葡萄状、钟乳状、皮壳状和土状集合体。

【物理性质】 纯者为白色，常被染成浅灰、淡黄、淡绿、浅褐、肉红等各种色调；含Fe成淡黄或褐色，含Mn成黑色，含Cu成绿色。玻璃光泽。透明至半透明。菱面体解理。硬度4.5～5，为方解石族矿物中最大者。相对密度4.0～4.5。

偏光镜下：无色。一轴晶（－），$N_o=1.849$，$N_e=1.621$。

【资源地质】 产于铅锌矿床氧化带，主要由闪锌矿氧化分解产生易溶硫酸锌，交代碳酸盐围岩或原生矿石中的方解石，在近中性介质中形成。反应式为：

$$ZnS(闪锌矿)+2O_2 \longrightarrow ZnSO_4$$

$$ZnSO_4+CaCO_3(方解石)+2H_2O \longrightarrow ZnCO_3(菱锌矿)+CaSO_4 \cdot 2H_2O(石膏)$$

在地表氧化带，菱锌矿与异极矿、白铅矿、褐铁矿等伴生。

【鉴定特征】 据其产状、胶体形态、较大的密度和硬度，可与其他碳酸盐区分。

【工业应用】 大量聚集时可作为锌的矿石矿物。我国广西产菱锌矿，用作玉雕材料。

药用名炉甘石，别名甘石、卢甘石、羊肝石、浮水甘石。功效：明目去翳；收湿生肌。成药制剂：马应龙八宝眼药膏，光明眼药膏，八宝推云散，鹅毛管眼药，障翳散，红棉散，特灵眼药。

白云石 （dolomite）

$CaMg[CO_3]_2$

【晶体化学】 理论组成（$w_B\%$）：CaO 30.41，MgO 21.86，CO_2 47.33。常见的类质同象有Fe、Mn、Co、Zn代替Mg，Pb代替Ca。其中Fe与Mg可形成$CaMg[CO_3]_2$-$CaFe[CO_3]_2$完全类质同象系列；当Fe＞Mg时称铁白云石。Mn与Mg的替代则有限，其Mn端员称锰白云石。其他变种有铅白云石、锌白云石、钴白云石等。

【结构形态】 三方晶系，C_{3i}^2-$R\bar{3}$；菱面体晶胞：$a_{rh}=0.601nm$，$\alpha=47°37'$；$Z=1$。六方晶胞：$a_h=0.481nm$，$c_h=1.601nm$；$Z=3$。与方解石结构相似。不同处在于Ca八面体和（Mg，Fe，Mn）八面体层沿三次轴作有规律的交替排列。由于存在Mg八面体层，故白云石的对称低于方解石。Fe、Mn代替Mg，导致白云石晶胞增大。

菱面体晶类，C_{3i}-$\bar{3}(L^3C)$。晶体常呈菱面体状，晶面弯曲成马鞍形（图1-5-3）。以菱面体$r\{10\bar{1}1\}$最发育，有时出现菱面体$M\{40\bar{4}1\}$、六方柱$a\{11\bar{2}0\}$及平行双面$c\{0001\}$。常依$\{0001\}$、$\{10\bar{1}0\}$、$\{10\bar{1}1\}$、$\{11\bar{2}0\}$及$\{02\bar{2}1\}$形成双晶。后者的双晶纹平行白云石解理面长、短对角线，是与方解石区分的重要标志。集合体常呈粒状、致密块状，有时呈多孔状、肾状。

【物理性质】 质纯者为白色，含铁者为灰至暗褐色。玻璃光泽。解理$\{10\bar{1}1\}$完全，解理面常弯曲。硬度3.5～4。相对密度2.85，随Fe、Mn、Pb、Zn含量增高而增大。

偏光镜下：一轴晶（－），重折率很大。折射率及重折率均随Fe、Mn含量增高而增大。

【资源地质】 主要有沉积和热液两种成因。沉积成因的白云石，系石灰岩沉积后Mg^{2+}部分交代Ca^{2+}的产物，多见于海盆地的沉积物中，形成巨厚白云岩层或与石灰岩、菱铁矿等互层。在泻湖相岩盐矿床中，常与石膏、硬石膏、石盐、钾石盐等共生。我国沉积型白云岩主要赋存于前寒武纪地层中。热液成因的白云石是含镁热液对石灰岩或白云质灰岩交代的产物，或由热液中直接结晶。在我国许多钨铋、铜铁等脉状矿床中都有产出。

中国炼镁白云石资源较丰富，已查明资源总量24.7亿吨，但可供开发的优质炼镁白云石资源有限，大量赋存在山西五台山和河北白云山等国家地质公园内。

【鉴定特征】 晶面常呈弯曲的马鞍形为特征。与方解石、菱镁矿区别在于晶形和双晶纹总是平行于菱面体解理的长、短对角线方向；与冷盐酸作用起泡不剧烈。

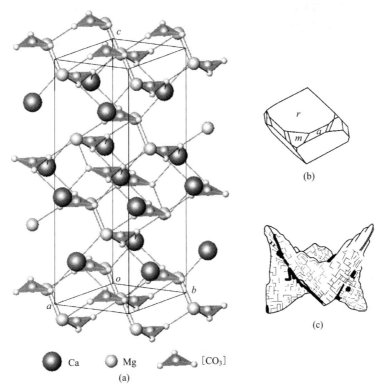

Ca　　Mg　　[CO₃]

(a)

图 1-5-3　白云石的晶体结构（a）与晶形［(b)、(c)］

【工业应用】　工业上实际应用的是白云岩，主要来自沉积成因的白云石矿床。其主要用途是用作冶炼金属镁、耐火材料、冶金溶剂、建筑材料和化工原料等。

炼镁原料　白云石可用于生产金属镁、氧化镁，或制备轻质碳酸钙和氢氧化镁阻燃剂。一般工业要求（w_B%）：$MgO \geqslant 20$，$SiO_2 \leqslant 3$，$Na_2O + K_2O \leqslant 0.3$。

2015 年世界原镁产量约 95.31 万吨，中国产量为 85.21 万吨，占 89.4%。金属镁的应用主要集中在铝合金、压铸件、金属还原、炼钢脱硫等领域，还用在稀土镁合金及其他领域。2015 年中国原镁消费量 36.52 万吨，其消费结构为：镁铝合金 34.4%，压铸件 31.9%，金属还原 12.0%，炼钢脱硫 9.0%，球墨铸铁 8.2%，稀土镁合金 2.2%。

耐火材料　煅烧白云石至 700~900℃，CO_2 全部排出，形成 CaO、MgO 的混合物，称为苦性白云石；至 1500℃时，生成方镁石，其耐火度可达 2300℃，结构致密，抗水性和抗渣蚀能力均较强。作为耐火材料原料要求（w_B%）：$MgO \geqslant 20$，酸不溶物（$SiO_2 + Fe_2O_3 + Al_2O_3 + Mn_3O_4$）$\leqslant 1.0~3.0$，其中 $SiO_2 \leqslant 1.0~2.0$。

冶金熔剂　白云岩熔剂在炼钢中可中和酸性炉渣，提高炉渣碱度；降低渣中 FeO 的活度，减小炉渣对炉衬的侵蚀，提高钢渣的流动性，改善脱硫、脱磷反应，减少萤石用量。熔剂用白云岩，要求（w_B%）：$MgO \geqslant 16$，酸不溶物 $\leqslant 10$，其中 $SiO_2 \leqslant 4$。

建材原料　白云岩石料是常用的建筑石材；白云岩可用以生产含镁水泥、气硬白云石灰和水硬白云石灰；也可用作玻璃、陶瓷配料。含镁水泥用白云岩要求（w_B%）：$MgO > 18$，$Fe_2O_3 + MnO_2 \leqslant 0.5$，$R_2O \leqslant 4.0$；陶瓷用白云岩要求（$w_B$%）：$CaCO_3 + MgCO_3 > 79$，$Fe_2O_3 < 0.3$，表面无锈化现象；玻璃原料用白云岩要求（$w_B$%）：$MgO > 19~20$，$CaO > 26~30$，$Fe_2O_3 \leqslant 0.2~0.1$，$Al_2O_3 \leqslant 1$。

化工原料　白云岩可用于制造硫酸镁、含水碳酸镁、钙镁磷肥、碳酸镁肥，亦可用作制糖的配料。制钙镁肥用白云岩，要求（w_B%）：MgO＞20，CaO＞30。

其他用途　煅烧白云石加水熟化后可作墙粉及肥料。白云灰墙粉具有耐火、隔热、耐水、黏度好等优点，可作内、外墙涂料。白云石粉亦可用作橡胶和造纸的填料，或用作饲料添加剂。白云灰细粉用油脂固化后可制成抛光膏，用作不锈钢、镍等金属制品表面精加工的抛光材料。

碳酸锶矿（菱锶矿）（strontianite）

Sr[CO$_3$]

【晶体化学】　理论组成（w_B%）：SrO 70.19，CO$_2$ 29.81。常有 Ca 置换 Sr，一般天然碳酸锶矿的 Ca：Sr＜1：4.5；有时 CaO 可达 10.6%。SrCO$_3$-BaCO$_3$ 之间可形成完全类质同象。但天然碳酸锶矿的 BaO 只达 2%～3%。变种有钙碳酸锶矿、钡碳酸锶矿。

【结构形态】　斜方晶系，D_{2h}^{16}-$Pmcn$；$a_0 = 0.5128$nm，$b_0 = 0.8421$nm，$c_0 = 0.6094$nm；$Z = 4$。与文石同结构。晶体少见，一般为致密粒状、柱状或针状。

【物理性质】　白色，或被杂质染成灰、黄白、绿或褐色。玻璃光泽，断口油脂光泽。解理 {110} 中等，{021} 和 {010} 不完全。硬度 3.5～4。性脆。相对密度 3.6～3.8。在阴极射线下发弱浅蓝光。

【资源地质】　为较少见矿物。属中、低温热液成因，呈脉状产于石灰岩或泥灰岩中，与碳酸钡矿、重晶石、方解石、天青石、萤石及硫化物共生。在菱镁矿晶簇间隙中，亦见碳酸锶矿。在沉积岩中，与石膏、天青石或与磷灰石形成结核体。

【鉴定特征】　易溶于稀 HCl 并起泡。吹管焰烧 HCl 浸湿样品，火焰呈鲜红色（Sr）。

【工业应用】　提取锶的重要原料。碳酸锶主要用于制造电视荧屏玻璃，可吸收 γ 射线；其次用于制造锶铁氧体。硝酸锶用于烟火及信号弹。氢氧化锶用于精制甜菜糖。金属锶的工业用途较少，主要用于制造合金、无线电设备和记忆芯片等。在锶化合物中以碳酸锶用量最大，范围最广。其他锶化合物的生产主要来自碳酸锶。

据估计，世界每年锶金属消费量为 10 万～15 万吨。美国是锶消费大国，2015 年锶消费量为 2.96 万吨。其主要锶化合物的终端消费结构为：烟火和信号弹 30%，陶瓷铁氧磁铁 30%，母合金 10%，颜料和充填剂 10%，锌的电解生产 10%，玻璃及其他利用 10%。

碳酸钡矿（毒重石）（witherite）

Ba[CO$_3$]

【晶体化学】　理论组成（w_B%）：BaO 77.70，CO$_2$ 22.30。Sr、Ca、Mg 可少量替代 Ba。

【结构形态】　斜方晶系，D_{2h}^{16}-$Pmcn$；$a_0 = 0.526$nm，$b_0 = 0.885$nm，$c_0 = 0.655$nm；$Z = 4$。与文石同结构。晶体少见，常为致密粒状、柱状、纤维状或葡萄状集合体。

【物理性质】　白或被染成灰、浅黄色。玻璃光泽，断口油脂光泽。解理 {010} 中等，{110}、{012} 不完全。硬度 3～3.5。性脆。相对密度 4.2～4.3。发光性比碳酸锶矿弱。

【资源地质】　是除重晶石以外分布最广的含钡矿物，有时形成具工业价值的矿床。通常见于低温热液脉中，与重晶石、方解石、白云石、方铅矿等矿物共生。外生成因的碳酸钡矿，成重晶石假象，系碳酸水溶液作用于重晶石的产物。

【鉴定特征】　与重晶石相似，但碳酸钡矿加 HCl 起泡，易溶于 HCl，加入 H$_2$SO$_4$ 后产生硫酸钡沉淀，以此区别于重晶石。以密度大区别于文石和碳酸锶矿。吹管焰烧之，火焰呈黄绿色（Ba）。

【工业应用】 提取钡的重要矿物原料。一般工业要求指标（DZ/T 0211—2002）：边界品位 $BaCO_3 \geqslant 20\%$，最低工业品位 $BaCO_3 \geqslant 36\%$。

用于制锌钡白颜料及各种钡化合物、显像管玻壳、光学玻璃、陶瓷、搪瓷、焰火、无机农药等，亦作无线电元件等工业原料。优质晶体呈淡黄色，可加工成刻面宝石。

孔雀石（malachite）

$Cu_2[CO_3](OH)_2$

【晶体化学】 理论组成（$w_B\%$）：CuO 71.45，CO_2 19.90，H_2O 8.15。Zn 可能以类质同象形式代替 Cu（可达 12%），以吸附或机械混入的杂质有 Ca、Fe、Si、Ti、Na、Pb、Ba、Mn、V 等。含 Zn 变种称为锌孔雀石；当 Cu：Zn＝3：2 时称斜绿铜锌矿{rosasite, $(Cu,Zn)_2[CO_3](OH)_2$}。

【结构形态】 单斜晶系，$C_{2h}^5-P2_1/a$；$a_0=0.948nm$，$b_0=1.203nm$，$c_0=0.321nm$；$\beta=98°42'$；$Z=4$。晶体结构中，$[Cu(O,OH)_6]$ 八面体共棱连接，//c 轴延伸为双链，链间以 $[CO_3]$ 相连（图 1-5-4）。晶体少见，通常沿 c 轴呈柱状、针状或纤维状。集合体呈晶簇状、肾状、葡萄状、皮壳状、充填脉状、粉末状等。在肾状集合体内部具有同心层状或放射纤维状特征，由深浅不同的绿色至白色形成环带。土状孔雀石称为铜绿、石绿。

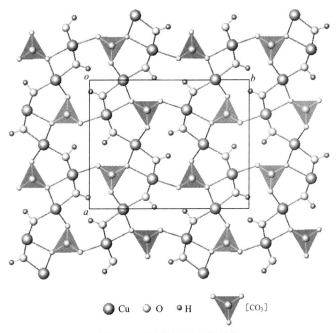

图 1-5-4　孔雀石的晶体结构

【物理性质】 一般为绿色，色调变化从暗绿、鲜绿到白色。浅绿色条痕。玻璃至金刚光泽，纤维状者呈丝绢光泽。解理 $\{\bar{2}01\}$、$\{010\}$ 完全。硬度 3.5～4。相对密度 4.0～4.5。

偏光镜下：绿色或无色。二轴晶（－）。$2V=43°$，$N_g=1.909$，$N_m=1.875$，$N_p=1.655$。

【资源地质】 产于铜矿床氧化带，与蓝铜矿、辉铜矿、赤铜矿、自然铜、氯铜矿、硅孔雀石、针铁矿等密切共生。产于碳酸盐围岩中的铜矿床，在氧化条件下有利于孔雀石的形成：

$$CuFeS_2（黄铜矿）+4O_2 \longrightarrow CuSO_4+FeSO_4$$
$$2CuSO_4+2CaCO_3+H_2O \longrightarrow Cu_2[CO_3](OH)_2（孔雀石）+2CaSO_4+CO_2$$

孔雀石常按蓝铜矿、赤铜矿、自然铜，有时依氯铜矿、方解石、黄铜矿等成假象。我国广东阳春石绿铜矿是一大型的孔雀石、蓝铜矿铜矿床。

【鉴定特征】 特征的孔雀绿色，常呈肾状、葡萄状，内部具放射纤维状及同心层状结构。加 HCl 起泡可与相似的硅孔雀石 [chrysocolla，$(Cu,Al)_2H_2Si_2O_5(OH)_4 \cdot nH_2O$] 区别。

【工业应用】 大量产出时可冶炼铜。粉末可作绿色颜料。

质纯色美者可作艺术品。按形态、物相和特殊光学效应等，分为以下品种：晶体孔雀石，罕见，单晶个体小，刻面宝石仅 0.2ct，最大不超过 2ct；块状孔雀石，大小不等，大者可达上百吨，多用作玉雕；青孔雀石，孔雀石与蓝铜矿紧密结合，绿色与深蓝色相映成趣，为名贵的玉雕材料；孔雀石猫眼，平行排列的纤维状孔雀石，垂直纤维琢磨成弧面形宝石，显猫眼效应；天然艺术孔雀石，自然天成，形态奇特，可作盆景石和观赏石。

蓝铜矿（石青）（azurite）

$Cu_3[CO_3]_2(OH)_2$

【晶体化学】 理论组成（$w_B\%$）：CuO 69.24，CO_2 25.53，H_2O 5.23。成分很稳定。

【结构形态】 单斜晶系，C_{2h}^5-$P2_1/c$；$a_0=0.500nm$，$b_0=0.585nm$，$c_0=1.035nm$；$\beta=92°20'$；$Z=2$。晶体常呈短柱状、柱状或厚板状。集合体呈致密粒状、晶簇状、放射状、土状或皮壳状、被膜状等。

【物理性质】 深蓝色，土状块体呈浅蓝色。浅蓝色条痕。晶体呈玻璃光泽，土状块体呈土状光泽。透明至半透明。解理 {011}、{100} 完全或中等。贝壳状断口。硬度 3.5～4。性脆。相对密度 3.7～3.9。

偏光镜下：浅蓝至暗蓝色。二轴晶（＋）。$2V=68°$，$N_g=1.838$，$N_m=1.758$，$N_p=1.730$。

【资源地质】 产于铜矿床氧化带、铁帽及近矿围岩的裂隙中，常与孔雀石共生或伴生。蓝铜矿因风化作用，使 CO_2 减少，含水量增加易转变为孔雀石，以致孔雀石依蓝铜矿呈假象。分布不及孔雀石广泛。

【鉴定特征】 蓝色。常与孔雀石等铜的氧化物共生。遇 HCl 起泡。

【工业应用】 粉末可作蓝色颜料。在地表自然条件下（$\lg p_{CO_2}=-3.5$），孔雀石较蓝铜矿更为稳定。现今西方许多古典油画中的天空多呈现绿色调，即作为蓝色颜料的蓝铜矿随时间的推移而转变为孔雀石所致（Garrels et al，1990）。其他同孔雀石。

天然碱（trona）

$Na_3\{H[CO_3]_2\} \cdot 2H_2O$

【晶体化学】 理论组成（$w_B\%$）：Na_2O 39.56，CO_2 37.45，H_2O 22.99。由于包裹体的存在，成分中常有 Ca、Mg、Si、Cl、SO_3 等混入。

【结构形态】 单斜晶系，C_{2h}^6-$C2/c$；$a_0=2.042nm$，$b_0=0.349nm$，$c_0=1.031nm$，$\beta=106°20'$；$Z=4$。整个结构系由 $[CO_3]^{2-}$ 与具有八面体和柱体配位的 Na^+ 构成//{001} 的层，层内相邻两个 $[CO_3]^{2-}$ 的氧原子靠 H 键联系（O—H—O $=0.253nm$），层间为 HO—H 键（O—$H_2O=0.276nm$）。晶体呈薄板状、板状或依 [010] 发育的板柱状。集合体呈纤维状、放射状或板状、不规则粒状。

【物理性质】 白色、灰白色、浅黄色，或被杂质染成暗灰色等。玻璃光泽。透明。解理 {100} 完全，{$\bar{1}11$}、{001} 不完全。不平坦状至贝壳状断口。硬度 2.5～3.5。相对密度

$2.11 \sim 2.14$。

【资源地质】　在现代盐湖中，常与其他碱金属含水碳酸盐如泡碱（natron，$Na_2CO_3 \cdot 10H_2O$）、水碱（thermonatrite，$Na_2CO_3 \cdot H_2O$）、钙水碱（pirssonite，$Na_2CO_3 \cdot CaCO_3 \cdot 2H_2O$）等共生，中国西南、西北、内蒙古等地盐湖中广泛产出。在古代盐层中，与重碳钠盐（nahcolite，$NaHCO_3$）、碳氢钠石（wegscheiderite，$Na_5\{H_3[CO_3]_4\}$）共生。河南省桐柏、吴城产出的天然碱成层状、似层状，与石盐、碳钠钙石（shortite，$Na_2CO_3 \cdot 2CaCO_3$）、氯碳钠镁石（northupite，$Na_2CO_3 \cdot MgCO_3 \cdot NaCl$）等共生。

世界探明的经济可采天然碱主要分布在美国、墨西哥、土耳其、中国和南部非洲，以美国怀俄明州 Green River 盆地的天然碱矿最为著名。2015 年世界天然碱折合碳酸钠储量 240 亿吨，其中美国储量 230 亿吨，占 95.8%。中国天然碱查明资源储量约 1.54 亿吨，特大型天然碱矿有 3 处，一处在内蒙古，另两处是河南桐柏县安棚碱矿和吴城碱矿。

【鉴定特征】　易溶于水，有碱味。溶于无机酸中剧烈起泡。加热放出水分。吹管焰下熔化，染火焰为黄色。

【工业应用】　主要用于化工、冶金、造纸、纺织、石油精制、橡胶等行业。化工领域主要用于制取纯碱，冶金工业作为制取氧化铝的辅助原料。

一般工业指标（DZ/T 0212—2002）：卤水，边界品位 $Na_2CO_3 + NaHCO_3 \geqslant 2\%$，最低工业品位 $Na_2CO_3 + NaHCO_3 \geqslant 3.5\%$，最小可采厚度 10m；固体露天开采，边界品位 $Na_2CO_3 + NaHCO_3 \geqslant 20\%$，最低工业品位 $Na_2CO_3 + NaHCO_3 \geqslant 25\%$，最小可采厚度 0.6m，夹石剔除厚度 0.1m；固体钻井水溶，边界品位 $Na_2CO_3 + NaHCO_3 \geqslant 17\%$，最低工业品位 $Na_2CO_3 + NaHCO_3 \geqslant 25\%$，最小可采厚度 0.1m，夹石剔除厚度 0.05m。水溶系列有害组分允许含量：$Fe \leqslant 0.02\%$，$NaCl \leqslant 1.2\%$，$Na_2SO_4 \leqslant 0.1\%$。

第二节　硫酸盐矿物

自然界已发现硫酸盐矿物 180 余种，在地壳中约占 0.1%。主要是表生作用和热液后期的产物。其中石膏、硬石膏、重晶石、明矾石、芒硝、泻利盐等是重要的建材和化工原料，部分硫酸盐矿物亦是提取 Sr、Pb、U 等金属的矿石矿物。

硫酸盐矿物中的阳离子，主要是惰性气体型和过渡型离子，其次是铜型离子，主要有 Fe（多为 Fe^{3+}）、Na、K、Cu、Mg、Al、Ca、Pb、Mn、Ba、Sr、Zn 等。由于表生常温下不利于类质同象代替，只有 $Mg\text{-}Fe^{2+}$ 和 Ba-Sr 在某些矿物中呈完全类质同象。

硫在硫酸盐中以其最高价形式 S^{6+} 出现，并与氧形成配位阴离子 $[SO_4]^{2-}$。

硫酸盐矿物的晶体结构中，$[SO_4]$ 四面体的半径很大，为 0.295nm。因此只有与大半径的二价阳离子 Ba、Sr、Pb 结合才形成稳定结构。若与半径小的二价阳离子如 Ca、Fe 等结合，则往往在阳离子外面围上一层水分子，形成含水硫酸盐。Ca^{2+} 具有临界半径性质，因而可形成含水、无水硫酸盐。水分子数随阳离子半径的减小而增多，一般为 2、4、6、7，且可因外界水蒸气压的不同而改变。

硫酸盐矿物中阳离子的配位数较高，Ba、Sr、Pb 为 12；K 为 9、10；Ca 为 8、9；Na、Mg、Cu、Al、Fe 等均为 6。阴离子除 $[SO_4]^{2-}$ 外，有的还有附加阴离子 OH^-、F^-、Cl^-、O^{2-}、$[CO_3]^{2-}$ 等存在，当成分中含有三价阳离子或强极化阳离子 Cu^{2+} 时更为常见。

硫酸盐矿物的对称程度较低，主要为单斜和斜方晶系，其次是三方晶系。颜色取决于阳离子的种类，一般为灰白色、无色，含 Cu、Fe 时往往呈蓝、绿色。玻璃光泽，少数呈金刚光泽。透明至半透明。硬度<3.5，含结晶水时甚至降至 1～2。密度和折射率与化学成分有关，一般由铝、镁、碱金属的硫酸盐到铁的硫酸盐，最后到铜、铅的硫酸盐，密度逐渐增大，折射率由低变高。

硫酸盐矿物形成于高氧逸度条件下。主要产状为化学沉积，其沉积顺序在钙、镁碳酸盐之后，氯化物之前。元素析出的顺序大致为 Ca(Ba、Sr)、Mg、Na、K 的硫酸盐。热液阶段后期也有硫酸盐产出。一些金属硫化物经氧化常形成含水硫酸盐（矾类）。

重晶石 （barite）

$BaSO_4$

【晶体化学】 理论组成（$w_B\%$）：BaO 65.70，SO_3 34.30。常含 Sr、Ca、Pb。Ba 与 Sr 可成完全类质同象替代。Pb 含量较高者称北投石（hokutolite），PbO 达 17%～22%，亦含有 Ra，因产于中国台湾省北投温泉而得名。Ca 含量不超过 1.9%。

【结构形态】 斜方晶系，D_{2h}^{16}-$Pnma$；$a_0 = 0.8878nm$，$b_0 = 0.5450nm$，$c_0 = 0.7152nm$；$Z = 4$。晶体结构中，Ba^{2+}、S^{2-} 分别排列在 b 轴 1/4 和 3/4 处。[SO_4]四面体方位上为 2 个 O^{2-} 呈水平排列，另 2 个 O^{2-} 与它们垂直。每个 Ba^{2+} 与 7 个 [SO_4]四面体联结，配位数 12（图 1-5-5）。1149℃ 以上转变为高温六方变体。晶体常沿 {001} 发育成板状，通常呈板状、粒状、纤维状集合体和板状晶体聚成的晶簇。少数为致密块状、隐晶状。

【物理性质】 纯净者无色透明，一般呈白、灰白、浅黄、淡褐色；含杂质可呈浅蓝、粉红、暗灰色等。条痕白色。玻璃光泽，解理面珍珠光泽。解理 {001} 完全，{210} 中等，{010} 不完全。(001)∧(210)=90°，(210)∧{$\overline{2}10$}=78°22.5′。硬度 3～3.5。

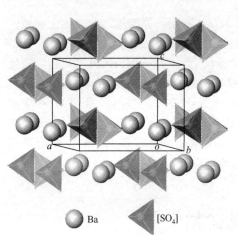

Ba   [SO_4]

图 1-5-5　重晶石的晶体结构

性脆。相对密度 4.3～4.5。亮度好。具低磨损性，良好的屏蔽性，能吸收 X 射线和 γ 射线。

偏光镜下：二轴晶（＋），$2V=37°$，折射率随成分中 Sr 代替 Ba 而减小，$N_g=1.648$，$N_m=1.637$，$N_p=1.636$。

化学性质稳定，质纯者难溶于水和酸。

【资源地质】 主要产于低温热液矿脉中，如石英-重晶石脉、萤石-重晶石脉等，常与方铅矿、闪锌矿、黄铜矿、辰砂等共生。我国湖南、广西、青海、江西的重晶石矿床多是大型热液单矿物矿脉。

2015 年世界重晶石储量为 3.8 亿吨，集中分布在中国、哈萨克斯坦、土耳其、印度、伊朗、美国等 20 多个国家和地区，静态保障年限仅 30 多年。中国的重晶石储量为 1.0 亿吨，占世界的 26.3%。2015 年中国重晶石产量估计约 300 万吨，占世界的 40.2%；矿山主要分布在贵州、广西、湖南、甘肃、陕西、山东、福建和浙江 8 省区。

【鉴定特征】 密度大，板状晶形，三组中等至完全解理，解理块体在 (001) 面上呈菱形，而 (001)∧(210)=90°。与 HCl 不起作用，可与碳酸盐区别。以 HCl 浸湿后，染火焰成黄绿色（Ba），可与天青石（深紫红色）区别。

【工业应用】 主要用作化工原料、钻井液原料、玻璃原料、化工填料等。一般工业指标（DZ/T 0211—2002）：边界品位 $BaSO_4 \geqslant 30\%$，最低工业品位 $BaSO_4 \geqslant 50\%$。

化工原料 用于提取金属钡和制备钡化合物。钡在 17 种主要工业产品中有 2000 多种用途。钡化合物广泛用于：试剂和催化剂；电视等的真空管的吸气剂和荧光粉黏结剂；选矿和生产纸张的药剂；油和油脂的添加剂；镁的熔化和提炼；从废渣中回收铟和锌；生产塑料、杀虫剂、除草剂、杀菌剂和各种焰火，特别是绿色焰火；荧光灯的荧光粉、焊药以及钢表面淬火等。钡金属在电视等的真空管中是一种除氧剂。化工用重晶石的质量标准（HG/T 3588—1999）：优等品，$BaSO_4 \geqslant 95\% \sim 92\%$，$SiO_2 \leqslant 3.0\%$；Ⅰ 等品，$BaSO_4 \geqslant 88\%$，$SiO_2 \leqslant 5.0\%$。

钻井液原料 重晶石通常较纯净、性软、密度大、具化学惰性，其产量 80% 以上用作钻井泥浆加重剂。此类泥浆密度达 $2.5t/m^3$。钻井时，泥浆在循环过程中使钻头冷却并带走切削下来的碎屑物，润滑钻杆，封闭孔壁，借助泥浆柱产生静压控制油气压力，防止油井自喷。钻井液用重晶石粉要求（GB/T 5005—2010）：密度 $\geqslant 4.2g/cm^3$；水溶性碱土金属（以钙计）$\leqslant 250mg/kg$；粒度要求 $75\mu m$ 筛余物 $\leqslant 3\%$，小于 $6\mu m$ 颗粒 $\leqslant 30\%$。

玻璃原料 重晶石用于玻璃生产可使熔体均匀并改善成品亮度和透明度。用于玻璃原料的重晶石，要求（$w_B\%$）：$BaSO_4 > 96 \sim 98$，$Fe_2O_3 < 0.1 \sim 0.2$，TiO_2 微量；有时允许 $SiO_2 < 1.5$，$Al_2O_3 < 0.15$。多数要求产品粒度通过 1.19mm 筛，其中 $5\% \sim 40\%$ 通过 0.15mm 筛。

化工填料 重晶石粉是通用的工业填料和良好的增光剂、加重剂。经化学漂白的重晶石粉或用 70% 的硫酸钡和 30% 的硫酸锌制成的锌钡白（立德粉）是很好的白色颜料。锌钡白现多被钛白粉取代，几乎只用于油漆中，少量用于美术颜料。重晶石还可添加到上等板纸、厚印刷纸、绳索表面、刹车带表面、离合器衬片、塑料和油毡中以及涂料、橡胶中作填料。漂白的重晶石用作白色铅漆中的增光剂。用作充填剂、增光剂、加重剂的重晶石粉，大多要求粒度 $< 44\mu m$。

其他用途 重晶石具有良好的吸收 γ 射线的性能，故可用作屏蔽材料。硫酸钡粉在医学上用作食道、胃肠道 X 射线造影诊断用药。无机药用重晶石的质量要求：$BaSO_4 > 93\%$，不含 Pb、As、Hg 等有害元素，$SiO_2 < 5\%$，$Fe_2O_3 < 1.5\%$，$CaO < 0.5\%$，盐酸不溶物 $> 95\%$。色泽上要求纯正白色或无色。

通过表面包覆改性，重晶石可用于制备白色导电颜料（夏华等，2000）。

天青石（celestite）

$Sr[SO_4]$

【晶体化学】 理论组成（$w_B\%$）：SrO 56.42，SO_3 43.58。Ba 与 Sr 可作完全类质同象代替。亦可有少量 Ca 代替 Sr。

【结构形态】 斜方晶系，$C_{2h}^{16}-Pnma$；$a_0 = 0.8359nm$，$b_0 = 0.5352nm$，$c_0 = 0.6866nm$；$Z = 4$。1152℃ 以上转变为高温六方变体。完好晶体少见，多为钟乳状、结核状或细粒状集合体。

【物理性质】 天蓝色，故名天青石。相对密度 $3.9 \sim 4$。其他性质与重晶石同。紫外线照射下有时显荧光。

偏光镜下：无色。二轴晶（＋）。$2V = 50°$。$N_g = 1.631$，$N_m = 1.624$，$N_p = 1.622$。

【资源地质】 以沉积成因为主。我国某地天青石矿产于沉积岩中，形成透镜体，矿床剖面中的沉积顺序从下到上为碳酸盐→天青石→石膏。亦有少数为热液成因，我国湘西某地所产的钡天青石属此类型。

天然产出的含锶矿物主要是天青石和菱锶矿，以前者更为常见。

【鉴定特征】 与重晶石区别，吹管火焰下熔成白色小球，染火焰为深紫红色（Sr）。

【工业应用】 提取锶的原料矿物。目前天青石是锶的唯一商业来源。一般工业指标（$w_B\%$）：边界品位 $SrSO_4 \geqslant 15$，最低工业品位 $SrSO_4 \geqslant 25$，可采厚度 1m，夹石剔除厚度 1m。

用于生产碳酸锶及其他锶化合物的天青石矿产品的质量要求（HG/T 2251-91）：优等品，$SrSO_4 \geqslant 90\%$，$BaO \leqslant 1.5\%$，$CaO \leqslant 1.5\%$；一等品，$SrSO_4 \geqslant 85\%$，$BaO \leqslant 5\%$，$CaO \leqslant 4\%$。

2015 年中国的天青石矿山产量为 15 万吨，约占世界产量的 46.9%。天青石的消费结构为：彩色显像管玻壳 59.4%，磁性材料 15.4%，烟火和军工 2.4%，其他 22.8%。金属锶用于生产特种合金，可改善金属的坚固性和均一性，亦可用作难熔金属的还原剂。

硬石膏（anhydrite）

Ca[SO$_4$]

【晶体化学】 理论组成（$w_B\%$）：CaO 41.19，SO$_3$ 58.81。成分变化不大，可有少量 Sr、Ba 代替 Ca。H_2O^+ 的出现是由于存在石膏所致。

【结构形态】 斜方晶系，D_{2h}^{17}-$Bbmm$；$a_0 = 0.6238nm$，$b_0 = 0.6991nm$，$c_0 = 0.6996nm$；$Z = 4$。在（100）和（010）面上，Ca^{2+} 和 [SO$_4$] 成层分布，而（001）面上 [SO$_4$] 则成不平整的层。Ca^{2+} 居于 4 个 [SO$_4$] 之间，为 8 个 O^{2-} 所包围，配位数 8。每个 O^{2-} 与 1 个 S^{6+} 和 2 个 Ca^{2+} 相联结，配位数 3。晶体常沿 a 轴或 c 轴延长呈厚板状，有时呈柱状。集合体呈纤维状、致密粒状或块状。

【物理性能】 白色，常微带浅蓝、浅灰或浅红色，或被铁的氧化物或黏土等染成红、褐或灰色。条痕白或浅灰白色。晶体无色透明。玻璃光泽，解理面珍珠光泽。解理 {010} 完全，{100}、{001} 中等。硬度 3～3.5。相对密度 2.8～3.0。

偏光镜下：无色。二轴晶（+）。$2V = 42° \sim 44°$，$N_g = 1.609 \sim 1.618$，$N_m = 1.574 \sim 1.579$，$N_p = 1.569 \sim 1.574$。

加热至约 1190℃，转变为 I 型硬石膏（又称高温无水石膏或 α-型无水石膏）。硬石膏具有吸水水化的能力，但不如 II 型（稳定相，斜方晶系，又称不溶性硬石膏或过烧石膏）、III 型硬石膏（又称可溶性硬石膏）。石膏的导热系数低，具有防火性能。

【资源地质】 主要为化学沉积大量形成于盐湖中，常与石膏共生。在地表条件下不稳定，转变为石膏。

【鉴定特征】 以其相对密度小，解理方向（三组解理互相垂直）和光学常数，可与重晶石区别；与石膏的区别是硬度较大。

【工业应用】 主要用作建材原料、化工原料、填料等。

建材原料 以硬石膏为主要原料配以各种催化剂（氧化钙、氯化钙等）粉磨，可制成硬石膏水泥，用于拌制混凝土、砂浆、水泥净浆、作铺地面的基层、制作空心砖、抹灰、砌墙及生产人造大理石等。硬石膏粉加入活化剂，即具有遇水凝结并缓慢硬化的性能，用作胶凝材料，体积稳定性好且硬度较高，可用于铺筑路面、砌筑安全墙、防火墙等。用作水泥缓凝剂和农用的矿石，要求 $CaSO_4 \geqslant 55\%$。

化工原料　用于生产硫酸、硫酸铵等。主要化学反应为：

$$2CaSO_4 + C \longrightarrow 2CaO + CO_2 + 2SO_2$$
$$2SO_2 + O_2 \longrightarrow 2SO_3 + H_2O \longrightarrow H_2SO_4$$
$$2NH_3 + H_2O + CO_2 \longrightarrow (NH_4)_2CO_3$$
$$CaSO_4 + (NH_4)_2CO_3 \longrightarrow (NH_4)_2SO_4 + CaCO_3 + 2H_2O$$

用于生产硫酸的矿石，要求 $CaSO_4 \geqslant 85\%$。

其他用途　硬石膏可用作填料，与沥青混合后可铺路面，石膏用于造纸和涂料等；亦可代替硫酸钠作为玻璃工业的助熔剂。用作油漆填料的矿石，要求 $CaSO_4 \geqslant 97\%$。

药用煅石膏，为硬石膏经火煅酥松的炮制品，主含 $CaSO_4$。功效：收湿生肌，敛疮止血。成药制剂：九一散，九一提毒散，创灼膏。

石膏（二水石膏，生石膏）（gypsum）

$Ca[SO_4] \cdot 2H_2O$

【晶体化学】　理论组成（$w_B\%$）：CaO 32.57，SO_3 46.50，H_2O 20.93。成分较稳定。常有黏土、有机质等混入物。有时含 MgO、Na_2O、CO_2、Cl 等杂质。

【结构形态】　单斜晶系，C_{2h}^6-$A2/a$；$a_0 = 0.568nm$，$b_0 = 1.518nm$，$c_0 = 0.629nm$，$\beta = 118°23'$；$Z = 4$。晶体结构由 $[SO_4]^{2-}$ 四面体与 Ca^{2+} 联结成//(010) 的双层，双层间通过 H_2O 分子联结（图 1-5-6）。其完全解理即沿此方向。Ca^{2+} 的配位数 8，与相邻 4 个 $[SO_4]$ 四面体中的 6 个 O^{2-} 和 2 个 H_2O 分子联结。H_2O 分子与 $[SO_4]$ 中的 O^{2-} 以氢键相联系，水分子之间以分子键相联系。

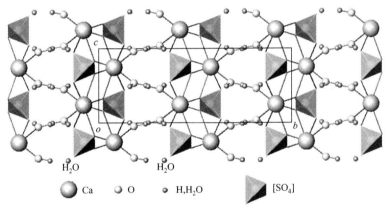

图 1-5-6　石膏的晶体结构

斜方柱晶类，C_{2h}-$2/m$（L^2PC）。晶体常依 {010} 发育成板状，亦有呈粒状。常见单形：平行双面 $b\{010\}$、$p\{103\}$，斜方柱 $m\{110\}$、$l\{111\}$ 等；晶面 {110} 和 {010} 常具纵纹；有时呈扁豆状（图 1-5-7）。双晶常见，一种是依（100）为双晶面的加里双晶或称燕尾双晶 [图 1-5-7(d)、(e)]，另一种是以（101）为双晶面的巴黎双晶或称箭头双晶 [图 1-5-7(f)]。集合体多呈致密粒状或纤维状。细晶粒状块体称为雪花石膏；纤维状集合体称纤维石膏。亦有土状、片状集合体。

【理化性质】　通常为白色、无色，无色透明晶体称为透石膏，有时因含杂质而成灰、浅黄、浅褐等色。条痕白色。透明。玻璃光泽，解理面珍珠光泽，纤维状集合体丝绢光泽。解理 {010} 极完全，{100} 和 {011} 中等，解理片裂成面夹角为 66° 和 114° 的菱形体。性

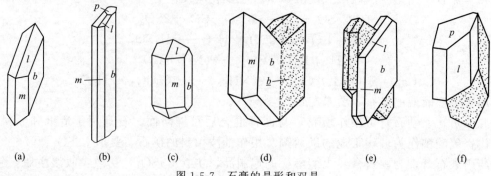

(a) (b) (c) (d) (e) (f)

图 1-5-7 石膏的晶形和双晶

脆。硬度 1.5～2，不同方向稍有变化。相对密度 2.3。

偏光镜下：无色。二轴晶（＋）。$2V=58°$。$N_g=1.530$，$N_m=1.523$，$N_p=1.521$。

加热时出现 3 个排出结晶水阶段：105～180℃，首先排出 1 个水分子，随后立即排出半个水分子，转变为烧石膏 $Ca[SO_4]·0.5H_2O$，也称熟石膏或半水石膏。200～220℃，排出剩余的半个水分子，转变为Ⅲ型硬石膏 $Ca[SO_4]·εH_2O$（$0.06<ε<0.11$）。约 350℃，转变为Ⅱ型石膏 $Ca[SO_4]$。1120℃时进一步转变为Ⅰ型硬石膏。熔融温度 1450℃。

石膏及其制品的微孔结构和加热脱水性，使之具优良的隔声、隔热和防火性能。

【资源地质】 主要为化学沉积作用的产物，常形成巨大矿层或透镜体，赋存于石灰岩、红色页岩和砂岩、泥灰岩及黏土岩系中，常与硬石膏、石盐等共生。我国湖北应城、湖南湘潭、山西平陆等地的石膏矿床都很有名。原生硫化物被氧化后生成硫酸，与石灰岩围岩反应也可生成石膏。贵州晴隆锑矿著名的大型石膏晶洞即属此类型。

全球石膏资源丰富，分布广泛，俄罗斯、伊朗、中国、美国、印度和加拿大等国是石膏资源大国。2015 年中国石膏储量为 11.0 亿吨，主要分布于内蒙古、山东、江苏、安徽、湖北和湖南等省区；当年石膏产量 1.32 亿吨，占世界总产量的 51.2%。

【鉴定特征】 低硬度，一组极完全解理，以及各种特征形态可以鉴别。

【工业应用】 石膏消费量约 90% 用于建筑材料，农业、陶瓷模具、医疗、塑料填料、造纸和食品加工等行业消费石膏占 10%。

建筑材料 石膏为气硬性胶凝材料。用于建筑装修装饰的石膏种类包括建筑石膏、粉刷石膏、高强石膏和模型石膏。建筑石膏是利用石膏在 120～180℃ 下于非饱和蒸汽介质中制备的，用于制备石膏砌块、石膏板、石膏砂浆、粉刷石膏、抹灰石膏以及各种装饰部件等。在适当条件下与水反应，生成以二水石膏为主要成分的胶凝材料。

粉刷石膏是一种建筑内墙及顶板表面的抹面材料，由石膏胶凝材料为基料配制而成。按照石膏基料相组成分类，可分为半水相型、Ⅱ型硬石膏型、混合相型粉刷石膏和石膏、石灰混合型粉刷石膏。

高强石膏是由二水石膏在饱和水蒸气介质中或者在某些盐类的水溶液中进行热处理获得的一种 α-半水石膏变体，广泛用于医用、航空、汽车、陶瓷、建筑和工艺美术等领域，制作各种模型；也用于室内高级抹灰、各种石膏板、嵌条、大型石膏浮雕画等。

黏结石膏是以建筑石膏为基料，加入适量缓凝剂、保水剂、增稠剂、黏结剂等外加剂，经混合均匀而成的一种粉状无机胶黏剂。适用于各类石膏板、石膏角线等装饰制品的黏结，加气混凝土、GRC 条板等墙体板材的黏结等。

石膏建材的优点是可以调节室内空气湿度且有一定的防火性能，缺点是耐水性不好。用作建筑制品、模型的矿石，要求 $CaSO_4 \cdot 2H_2O$ 含量 75%～85%，结晶水 13.4%～17.8%。

水泥原料　石膏除起缓凝作用外，同时也改善了水泥的强度、收缩性和抗腐蚀性。由 75%～80% 在 600℃ 以下焙烘的粒状高炉矿渣、10%～20% 石膏与 5% 水泥熟料粉磨，即制成石膏矿渣水泥。由高强半水石膏与水淬高炉矿渣按 1:4 的比例混合，掺入适量碱性激发剂（生石灰等），拌和后成快凝石膏矿渣水泥，具有快凝、早强和抗腐蚀的特点。

农用肥料　石膏作为肥料，能提高土壤中钙、硫的含量，改良碱性、盐性土壤，促进有机质分解，使可溶性磷、钾的含量显著增加；还具有固定铵的作用。用作水泥缓凝剂、农用、含硫肥料的矿石，要求 $CaSO_4 \cdot 2H_2O$ 含量 55%～65%，结晶水含量 10.6%～13.6%。

化工原料　石膏色白，又具中性和化学惰性，故石膏细粉可作油漆、涂料、染料的填料，也可用于造纸（使纸面更细腻）、配制杀虫剂、澄清净化饮用水等。还可用作饲料添加剂和某些金属、玻璃、装饰物的抛光剂等。用作油漆填料，要求硬石膏 $CaSO_4 \geqslant$ 97%。用于纸张填料要求白度 >95%。

其他用途　食品级硫酸钙为半水煅石膏，在食品加工中用作凝固剂，如制作豆腐等。产品标准（GB 1886.6—2016）：$CaSO_4 \geqslant 95\%$；重金属（以 Pb 计）$\leqslant 10\mu g/g$；As $\leqslant 2\mu g/g$；氟化物（以 F 计）$\leqslant 50\mu g/g$。医用、艺术品、模型用石膏，要求 $CaSO_4 \cdot 2H_2O \geqslant 95\%$。

药用石膏，别名细石、白虎、玉火石。功效：清热泻火，除烦止渴；清泻肺热、胃火。成药制剂：青石冲剂，小儿清肺冲剂，清肺消炎丸，白虎合剂，小儿咳喘灵冲剂，桃花散，咳宁片，清胃消渴丸，清胃丸，唇齿清胃丸，清火片，齿痛消炎灵冲剂，防风通圣丸，牛黄解毒丸等。

钾石膏（syngenite）

$K_2Ca[SO_4]_2 \cdot 2H_2O$

【晶体化学】　理论组成（$w_B\%$）：K_2O 27.19，CaO 16.19，SO_3 46.22，H_2O 10.40。成分较稳定。

【结构形态】　单斜晶系，C_{2h}^2-$P2_1/m$；$a_0 = 0.977nm$，$b_0 = 0.715nm$，$c_0 = 0.625nm$，$\beta = 104°$；$Z = 2$。晶体结构中，K^+ 被 8 个氧原子包围，形成不规则立方体，其中有一个角顶没有氧，这个氧位于立方体一面的中心。K 多面体相间地共用一个四边形面，形成 //b 轴的链。每个晶胞中有两条链，链间通过棱和角顶相联结，形成 //(100) 的结构层。Ca^{2+} 与 9 个氧相连，构成不规则多面体，Ca 多面体共用棱，形成沿 b 轴延伸的链，每个 Ca 多面体通过一侧的 3 个角顶和另一侧的 2 个角顶与 K 多面体共用，而同 K 多面体层相互联结。K 多面体链间，Ca 多面体链和 K 层之间靠 [SO_4] 四面体联结之。

斜方柱晶类，C_{2h}-$2/m$（L^2PC）。晶体沿 c 轴延伸成柱状，{100} 较发育。常见单形：平行双面 a{100}、c{001}，斜方柱 m{110}、r{101}、q{011}、u{$10\bar{1}$}、n{310} 等。依 (100) 形成双晶。集合体呈放射状。

【理化性质】　白色、浅黄、肉红或乳白色。透明至半透明。玻璃光泽。解理 {100}、{110} 完全，{010} 中等。断口贝壳状。硬度 2.5。相对密度 2.579。

偏光镜下：无色透明。二轴晶（一）。$2V=28°18'$。$N_g=1.5176$，$N_m=1.5166$，$N_p=1.501$。

【资源地质】 为陆相盐湖常见的含钾矿物，析出时间较早，常与杂卤石、硬石膏、无水芒硝、钙芒硝（glauberite，$Na_2Ca[SO_4]_2$）共生。我国湖北某地第三纪盐矿床中有广泛产出。青海某现代盐湖底部含盐黏土层中，钾石膏呈板状自形晶，与石盐、石膏、泻利盐共生。

【鉴定特征】 低硬度，二组完全解理，以及共生矿物等可鉴别之。

【工业应用】 大量产出时可用于生产钾肥、硫酸等产品。

芒硝（mirabilite）

$Na_2[SO_4] \cdot 10H_2O$

【晶体化学】 理论组成（$w_B\%$）：Na_2O 19.24，SO_3 24.85，H_2O 55.91。

【结构形态】 单斜晶系，C_{2h}^5-$P2_1/c$；$a_0=1.148nm$，$b_0=1.035nm$，$c_0=1.282nm$，$\beta=107°45'$；$Z=4$。结构中 $[Na(H_2O)_6]$ 八面体联结成锯齿状链，链间以 $[SO_4]$ 和 2 个缓冲 H_2O 分子以氢氧-氢键相联结。晶体呈沿 b 轴或 c 轴延伸的短柱状或针状。一般呈致密块状、纤维状集合体，也可呈皮壳状或被膜状。

【物理性质】 无色透明，有时为白色或带浅黄、浅蓝、浅绿色。条痕白色。玻璃光泽。解理 {100} 完全。断口贝壳状。性脆。硬度 1.5～2。相对密度 1.49。味凉而微带苦咸。极易溶于水。

【资源地质】 为干涸盐湖的化学沉积物，由含钠和硫酸根的过饱和盐湖中在低于 33℃ 下晶出。当溶液中存在氯化钠和其他可溶性盐类时，其沉淀温度可低至 18℃ 以下。与石膏、石盐、无水芒硝、泻利盐等共生。中国西北干燥地区，如青海柴达木盆地若干盐湖，尤以大柴旦盐湖盛产芒硝。山西运城、湖北应湖亦有产出。中国 80% 以上的芒硝资源分布在新疆、青海、四川、湖北、内蒙古和云南 6 省区。

【鉴定特征】 颜色，低硬度，味凉而微苦咸，极易溶于水及产状等。

【工业应用】 化学工业中主要用作制取工业无水硫酸钠（元明粉）和硫化钠（硫化碱）、群青（最古老的无机蓝色颜料）、硫酸铵、硫酸钾等的重要原料。用于化学制碱工业的质量标准（%）：硫酸钠（Na_2SO_4）≥35，氯化钠（$NaCl$）≤3，硫酸镁（$MgSO_4$）≤1，硫酸钙（$CaSO_4$）≤1，水不溶物≤5，水分（H_2O）≤60。

药用芒硝系经加工精制而成的结晶体，主含 $Na_2SO_4 \cdot 10H_2O$，别名盆消、芒消。功效：泻下软坚；清热消肿。成药制剂：痔漏外洗药。

药用芒硝又名寒水石，别名凝水石、白水石、凌水石、盐精石。功效：清热泻火。成药制剂：小儿清热灵片，防风通圣丸。

无水芒硝（thenardite）

$Na_2[SO_4]$

【晶体化学】 理论组成（$w_B\%$）：Na_2O 43.63，SO_3 56.37。常有少量 K_2O、MgO、CaO、Cl、H_2O 混入。

【结构形态】 斜方晶系，D_{2h}^{24}-$Fddd$；$a_0=0.586nm$，$b_0=1.231nm$，$c_0=0.982nm$；$Z=8$。晶体结构由 $[SO_4]$ 四面体和 $[NaO_6]$ 八面体组成。晶体常呈双锥状、柱状或板状。双晶面沿 (011) 呈十字形。集合体为粒状、块状或粉末状。

【物理性质】 无色、灰白、黄、黄棕色。透明。玻璃至油脂光泽。解理 {010} 完全，{101} 中等，{100} 不完全。硬度 2.5～3。相对密度 2.7。易溶于水，味微咸。在潮湿空气中易水化，逐渐变为粉末状含水硫酸钠。

【资源地质】　在含硫酸钠卤水盐湖中结晶沉淀而成，与芒硝、泻利盐、白钠镁矾、钙芒硝、石膏、泡碱、石盐等共生。结晶温度高于芒硝，一般在33℃以上。但若溶液中存在氯化钠和其他可溶性盐类，则可在更低温度下沉淀。

【鉴定特征】　颜色，硬度和密度高于芒硝，味微咸，易溶于水及产状等。

【工业应用】　用于化学制碱、造纸和玻璃工业。玻璃原料用芒硝要求（$w_B\%$）：$Na_2SO_4>92$，不溶残渣<3，$NaCl<1.2$，$CaSO_4<1.5$，$Fe_2O_3<0.2$。

药用经风化干燥而得芒硝名玄明粉，主含Na_2SO_4，别名白龙粉、风化硝、元明粉。功效：泻下软坚；清热消肿。成药制剂：嚼化上清丸，喉康散，减肥通圣片。

钾芒硝（aphthitalite）

$K_3Na[SO_4]_2$

【晶体化学】　理论组成（$w_B\%$）：K_2O 42.51，Na_2O 9.32，SO_3 48.17。K^+可被Na^+、NH_4^+、Pb^{2+}、Cu^{2+}等代替。

【结构形态】　三方晶系，D_{3d}^3-$P\bar{3}m$；$a_0=0.567nm$，$c_0=0.733nm$；$Z=1$。晶体呈$\{0001\}$发育的板状，集合体成叶片状、皮壳状或块状。

【物理性质】　白色，亦呈无色、灰色、深灰色、褐红色。透明至不透明。玻璃至油脂光泽。解理$\{10\bar{1}0\}$完全，$\{0001\}$不完全。硬度3。性脆。相对密度2.656~2.72。

偏光镜下：无色。一轴晶（+），有时出现小的光轴角。折射率随钾含量增加而有所变化。$N_o=1.487$，$N_e=1.492$。

【资源地质】　产于海相或盐湖沉积物中，与石盐、无水芒硝、氯镁芒硝（dansite，$Na_{21}Mg[SO_4]_{10}Cl_3$）、无水钠镁矾（vanthoffite，$Na_6Mg[SO_4]_4$）、无水钾镁矾（langbeinite，$K_2Mg_2[SO_4]_3$）等共生。亦有呈结核状产于火山喷气孔中，与无水芒硝、黄钾铁矾$\{jarosite,KFe_3[SO_4]_2(OH)_6\}$、钾石盐、赤铁矿等共生。

【鉴定特征】　颜色，硬度和密度，味涩咸，易溶于水及产状等。

【工业应用】　大量产出时可用作制取钾盐和纯碱的原料。

泻利盐（epsomite）

$Mg[SO_4]\cdot 7H_2O$

【晶体化学】　理论组成（$w_B\%$）：MgO 16.35，SO_3 32.48，H_2O 51.17。Fe^{2+}、Ni、Zn、Co、Fe^{3+}、Mn可代替Mg。其与碧矾$\{morenosite，Ni(H_2O)_7[SO_4]\}$和皓矾$\{goslarite，Zn(H_2O)_7[SO_4]\}$之间可能存在着完全的类质同象系列。

【结构形态】　斜方晶系，D_2^4-$P2_12_12_1$；$a_0=1.187nm$，$b_0=1.200nm$，$c_0=0.686nm$；$Z=4$。晶体呈针状或假四方柱状。集合体呈纤维状、块状、钟乳状及土状。

【物理性质】　白色，单体无色透明，有时带浅绿色（含Ni）或浅红色（含Mn）。条痕白色。透明。玻璃光泽，纤维状集合体具丝绢光泽。解理$\{010\}$完全，$\{011\}$中等。断口贝壳状。硬度2~2.5。性脆。相对密度1.68~1.75。味苦且稍咸。易溶于水。

【资源地质】　主要为富含镁的盐湖中化学沉积的产物。在沉积时间上，是含水硫酸镁中最先沉积的，随着盐水浓度变大，泻利盐趋于不稳定，被六水泻利盐$MgSO_4\cdot 6H_2O$所代替。我国青海盐湖含有硫酸镁16亿吨，氯化镁32亿吨。

【鉴定特征】　白色，低硬度，味苦且稍咸，易溶于水及产状等。

【工业应用】　用于纺织、造纸、制糖、化工等行业。

杂卤石（polyhalite）

$K_2Ca_2Mg[SO_4]_4 \cdot 2H_2O$

【晶体化学】 理论组成（$w_B\%$）：K_2O 15.62，CaO 18.60，MgO 6.68，SO_3 53.12，H_2O 5.98。

【结构形态】 三斜晶系，C_i^1-$P\bar{1}$；$a_0=0.696nm$，$b_0=0.674nm$，$c_0=0.896nm$；$\alpha=104°05'$，$\beta=101°05'$，$\gamma=113°09'$；$Z=1$。晶体结构系由 Mg 配位八面体、八次配位的 Ca 多面体和 11 次配位的 K 多面体，通过 $[SO_4]^{2-}$ 和 HO—H 键联结而成。晶体细小，外形呈柱状或板状。主要单形：平行双面 $b\{010\}$、$c\{001\}$、$m\{110\}$、$y\{\bar{1}01\}$、$z\{\bar{1}11\}$、$f\{\bar{1}51\}$、$d\{1\bar{3}1\}$ 等。依（010）或（100）形成接触双晶或聚片双晶，较为常见。集合体呈块状，也有呈纤维状或叶片状者。

【物理性质】 无色至白色，常因含杂质而染成其他颜色。条痕白色。透明至半透明。玻璃光泽或松脂光泽。解理 $\{10\bar{1}\}$ 完全，叶片状变种有 $\{010\}$ 裂开。硬度 3.5。性脆。相对密度 2.72～2.78。

偏光镜下：无色，有时略显淡红色。聚片双晶常见。二轴晶（一），$2V=62°$。$N_g=1.567$，$N_m=1.562$，$N_p=1.548$。

差热分析：在 300～400℃出现尖锐吸热谷，系脱水转变为 $K_2CaMg[SO_4]_3$ 和硬石膏混合物所致。510～580℃之间先出现小放热峰，后出现不太明显吸热谷，900～920℃出现尖锐吸热谷。

【资源地质】 为海盆地盐类化学沉积物，系从富含 Mg、K、Ca 的盐水中由于蒸发作用所形成。成盐温度 0～80℃。常与石盐及硬石膏共生。因其需在盐水蒸发十分彻底时才能生成，故产出稀少。著名产地是德国 Stassburt 盐矿床。我国西北某地的杂卤石产于古盐矿床中，呈薄层状或透镜状，与石膏互层。共生矿物尚有少量钙芒硝和石盐。

【鉴定特征】 无色，较低硬度，特征双晶及产状等。

【工业应用】 大量产出时用于生产钾肥及造纸、化工等行业。

明矾石（alunite）

$KAl_3[SO_4]_2(OH)_6$

【晶体化学】 理论组成（$w_B\%$）：K_2O 11.37，Al_2O_3 36.92，SO_3 38.66，H_2O 13.05。Na 常代替 K，其含量超过 K 时称钠矾石或钠明矾石。有时也有少量 Fe^{3+} 代替 Al^{3+}。

【结构形态】 三方晶系，C_{3v}^5-$R3m$；$a_{rh}=0.705nm$，$\alpha=59°14'$，$Z=1$；$a_h=0.701nm$，$c_h=1.738nm$，$Z=3$。晶体较少见。常呈粒状、致密块状、土状或纤维状、结核状等。

【物理性质】 白色，常带灰、浅黄或浅红色调。条痕白色。透明。玻璃光泽。解理 $\{0001\}$ 中等。贝壳状断口。硬度 3.5～4。性脆。相对密度 2.6～2.80。

偏光镜下：无色。一轴晶（一）。$N_o=1.572$，$N_e=1.592$。

【资源地质】 系含硫酸的低温热液作用于中酸性喷出岩的蚀变产物，大量富集则成为明矾石矿床。少量产于火山喷气孔附近。中国明矾石最主要产地是浙江平阳、安徽庐江、福建福鼎等，系由中生代凝灰岩、流纹岩经热液蚀变而生成。

【鉴定特征】 与相似矿物的区别需借助于化学分析。

【工业应用】 提取明矾和硫酸铝的原料。一般工业指标：边界品位，明矾石≥20%；工业品位，明矾石≥35％。提炼明矾和生产其他化工产品的矿石质量要求（HG/T 3577—1989）：特级，明矾石≥70％，$K_2O/Na_2O≥5$，过剩 $Al_2O_3≤2$％；Ⅰ级，明矾石≥52％，$K_2O/Na_2O≥4$，过剩 $Al_2O_3≤3$％。

药用白矾，别名明矾、矾石、涅石、羽涅。由明矾石加工提炼制成，主含硫酸铝钾 $KAl[SO_4]_2 \cdot 12H_2O$。功效：解毒杀虫，燥湿止痒；止血止泻；清热消痰。成药制剂：白金丸，耳炎液，脂溢性皮炎宁。

钾明矾（明矾）（Potassium alum）

$KAl[SO_4]_2 \cdot 12H_2O$

【晶体化学】　理论组成（w_B％）：K_2O 9.93，Al_2O_3 10.75，SO_3 33.75，H_2O 45.57。K^+ 可被 Na^+、NH_4^+ 代替。合成矿物钾明矾-铵明矾（tschermigite）为完全的类质同象系列。

【结构形态】　等轴晶系，T_h^6-Pa3；$a_0=1.215nm$；$Z=4$。结构中 K^+、Al^{3+} 为八面体配位，周围 6 个 H_2O 分子通过 HO—H 键与 $[SO_4]^{2-}$ 联结。天然产出者常呈柱状、粒状团块，也有呈土状、盐华状、皮壳状者。依（111）形成双晶，但少见。纯明矾水溶液中结晶者成八面体，碱性溶液中结晶成立方体。

【物理性质】　无色或白色。玻璃光泽。无解理，贝壳状断口。硬度 2～2.5。相对密度 1.76。易溶于水，味涩微带甜。

偏光镜下：无色。均质体。$N=1.456$。

【资源地质】　因易溶于水而产出稀少。通常产于含浸染状黄铁矿的黏土岩及褐煤层中，呈盐华状充填裂隙，系由黄铁矿分解产生的硫酸作用于钾铝硅酸盐矿物而成。由火山喷气形成的硫酸作用于钾长石或白榴石亦可生成钾明矾。

【鉴定特征】　与相似矿物的区别需借助于化学分析。

【工业应用】　作为工业原料主要由人工制取，用于染料、造纸、制革、医药等行业。

胆矾（chalcanthite）

$Cu[SO_4] \cdot 5H_2O$

【晶体化学】　理论组成（w_B％）：CuO 31.86，SO_3 32.07，H_2O 36.07。混入物常有 Fe^{2+}，有时有 Zn、Co、Mn、Mg 等。

【结构形态】　三斜晶系，$C_i^1-P\bar{1}$；$a_0=0.612nm$，$b_0=1.069nm$，$c_0=0.596nm$；$\alpha=97°35'$，$\beta=107°10'$，$\gamma=77°33'$；$Z=2$。晶体不常见，呈板状或短柱状。通常呈致密块状、粒状，也有呈纤维状、钟乳状及皮壳状等。

【物理性质】　天蓝色，条痕白色。透明至半透明。玻璃光泽。解理 $\{1\bar{1}0\}$ 不完全。贝壳状断口。硬度 2.5。性脆。相对密度 2.1～2.3。极易溶于水，水溶液成蓝色。味苦而涩。

【资源地质】　系含铜硫化物氧化分解的次生矿物，多见于干燥地区的铜矿床氧化带。中国西北的一些铜矿床氧化带中有胆矾的完美晶体产出。在干燥的空气中，常温下可失去部分水，变成浅绿色粉末状一水硫酸铜。

【鉴定特征】　天蓝色。易溶于水，溶液呈蓝色，以小刀或铁针置于溶液中即有金属铜附于表面。味刺舌，令人呕吐。

【工业应用】　用作杀虫剂或化工原料。

药用胆矾，别名石胆、蓝矾。功效：解毒收湿；蚀疮去腐；涌吐风痰。成药制剂：飞龙夺命丸。

第三节　其他盐类矿物

本类矿物主要包括硼酸盐和磷酸盐矿物。自然界已发现的硼酸盐矿物达 120 余种，主要为外生作用的产物，少数与接触交代作用和火山作用有关。磷酸盐矿物主要属外生成因，其余由岩浆作用和热液作用所形成。

钠硝石（智利硝石）（nitronatrite）

$Na[NO_3]$

【晶体化学】 理论组成（w_B%）：Na_2O 36.46，N_2O_5 63.54。常含有 $NaCl$、Na_2SO_4 及 $Ca[IO_3]_2$ 等混入物。

【结构形态】 三方晶系，D_{3d}^6-$R\bar{3}c$；$a_0 = 0.507nm$，$c_0 = 1.681nm$；$Z = 6$。$a_{rh} = 0.649nm$，$\alpha = 102°49'$；$Z = 4$。方解石型结构。晶体呈菱面体。集合体常呈粒状、块状、皮壳状、盐华状等。在空气中变成白色粉末状。

【物理性质】 白色、无色，常染成淡灰、淡黄、淡褐或红褐色。玻璃光泽。贝壳状断口。硬度 1.5～2。相对密度 2.24～2.29。具涩味凉感。具强潮解性，极易溶于水。

【资源地质】 炎热干燥的沙漠地带是钠硝石富集的良好条件。主要由腐烂有机物受硝化细菌分解而产生的硝酸根与土壤中的钠化合而成，共生矿物有石膏、芒硝、石盐等。

世界上以智利 Atacama 沙漠硝酸盐矿床规模最大，钠硝石储量约 2.5 亿吨。智利钠硝石矿床发现于 1825 年，开采应用已近 200 年，目前可开采资源量（硝酸钠折纯）约 9000 万吨，主要盐类矿物为硝酸盐、硫酸盐和氯化物。近年来，我国在新疆吐鲁番-哈密地区的库姆塔格、大南湖、西戈壁等地发现一个规模巨大的硝酸盐成矿区带。已获得钠硝石资源量超过 2.5 亿吨，详查储量达 3300 多万吨。盐类矿物组合为钠硝石、钠硝矾、无水芒硝、石盐等（邱斌等，2009）。

【鉴定特征】 晶形、解理、低硬度、强潮解性。

【工业应用】 一般工业要求（w_B%）：边界品位 $NaNO_3 \geqslant 2$，工业品位 $NaNO_3 \geqslant 5$。

钠硝石的质量标准（GB/T 4553—2016）：一级，$NaNO_3 \geqslant 99.2\%$，$NaCl \leqslant 0.40$，$NaNO_2 \leqslant 0.02\%$，$Na_2CO_3 \leqslant 0.10\%$，水分 $\leqslant 2.0\%$，水不溶物 $\leqslant 0.08\%$，$Fe \leqslant 0.005\%$；二级，$NaNO_3 \geqslant 98.3\%$，$NaNO_2 \leqslant 0.15\%$，水分 $\leqslant 2.0\%$。

用于生产氮肥、硝酸、炸药和其他氮化合物；还可用作冶炼镍的强氧化剂，玻璃生产中白色坯料的澄清剂，生产珐琅的釉药，人造珍珠的黏合剂等。

钾硝石（印度硝石，火硝）（nitrokalite）

$K[NO_3]$

【晶体化学】 理论组成（w_B%）：K_2O 46.58，N_2O_5 53.42。

【结构形态】 斜方晶系，D_{2h}^{16}-$Pcmn$；$a_0 = 0.543nm$，$b_0 = 0.919nm$，$c_0 = 0.646nm$；$Z = 4$。K^+ 的配位数为 9。晶体结构与文石同型。晶体细长，呈针状、毛发状或束状，也呈皮壳状、盐华状产出。

【物理性质】 白色、无色及淡灰色常因混入物染成杂色。玻璃光泽或丝绢光泽。解理 {011} 完全，{010} 中等，{110} 不完全。性脆。硬度 2。相对密度 1.99。易溶于水，味苦而凉。在空气中不潮解。

【资源地质】　主要为表生成因，见于地表沉积物中。多系含氮有机物分解出硝酸，与土壤中钾质化合而成。分布于干燥地区土壤、岩石的表面及洞穴、墙壁或其他干而遮蔽之处。在石灰岩、盐沼、沙漠地区均可见。印度曾大量开采钾硝石，矿床现已采空。

【鉴定特征】　晶形、解理、低硬度、空气中不潮解等。

【工业应用】　可直接用作钾氮肥，或制造硝酸、炸药和其他氮化合物等。

方硼石（boracite）

$Mg_3[B_3B_4O_{12}]OCl$

【晶体化学】　理论组成（$w_B\%$）：MgO 25.71，$MgCl_2$ 12.14，B_2O_3 62.15。Mg 可被 Fe^{2+} 所替代。

【结构形态】　斜方晶系，C_{2v}^5-$Pca2_1$；$a_0 = 0.854nm$，$b_0 = 0.854nm$，$c_0 = 1.207nm$；$Z = 4$。260℃以上转变为高温变体 β-方硼石，等轴晶系，T_d^5-$F43c$；$a_0 = 1.210nm$；$Z = 8$。常呈粒状、细粒状集合体，也见有纤维状、羽毛状集合体。

【物理性质】　无色或白色，间带有灰、黄及绿色。条痕白色。玻璃或金刚光泽。无解理。断口贝壳状至不平坦状。硬度 7～7.5。相对密度 2.97～3.10。具强压电性和焦电性。

偏光镜下：无色。二轴晶（＋）。$2V = 83°30'$。$N_g = 1.668～1.673$，$N_m = 1.662～1.667$，$N_p = 1.658～1.662$。

【资源地质】　产于海相盐类沉积矿床中，与硬石膏、石盐、钾盐、光卤石等共生。

【鉴定特征】　晶形、强玻璃光泽、硬度大，可与其他硼酸盐区别。

【工业应用】　提取硼的原料矿物，用以生产硼酸和各种硼化合物。

硼砂（borax）

$Na_2(H_2O)_8[B_4O_5(OH)_4]$

【晶体化学】　理论组成（$w_B\%$）：Na_2O 16.26，B_2O_3 36.51，H_2O 47.23。

【结构形态】　单斜晶系，C_{2h}^6-$C2/c$；$a_0 = 1.184nm$，$b_0 = 1.063nm$，$c_0 = 1.232nm$；$\beta = 106°35'$；$Z = 4$。晶体结构中，硼酸根由 2 个 $[BO_3OH]$ 四面体和 2 个 $[BO_2OH]$ 三角形彼此共角顶构成。它们通过氢氧键与 $[Na(H_2O)_6]$ 八面体共棱形成的柱（//c 轴）相连（图 1-5-8）。这一结构特征使硼砂具 {100} 解理。晶形短柱状或厚板状，集合体呈晶簇、粒状、块状、泉华状、豆状、皮壳状等。

【物理性质】　无色或白色，有时微带浅灰、浅黄、浅蓝、浅绿色等。玻璃光泽。解理 {100} 完全、{110} 不完全。性脆。贝壳状断口。硬度 2～2.5。相对密度 1.69～1.72。易溶于水。味甜略带咸。

【资源地质】　产于干旱地区盐湖和干盐湖的蒸发沉积物中，与石盐、天然碱、钠硼解石、无水芒硝、钾芒硝、钙芒硝、石膏、方解石、钠硝石、碳酸芒硝等伴生。我国青海某地的近代内陆盆地湖相沉积的硼砂，产于湖岸硼土区及小盐坑内，与芒硝、黏土等共生。

2015 年世界硼矿储量 3.86 亿吨（B_2O_3），主要分布在土耳其、俄罗斯、美国、中国和智利，5 国合计占 99.0%。中国硼矿储量 3747 万吨，占世界的 9.7%；硼矿资源的 98% 以上集中在辽宁、西藏、青海、湖北 4 省区。2015 年中国硼矿原矿产量 16 万吨（B_2O_3），估计硼砂产量 23.2 万吨，辽宁省是中国最主要的硼砂生产基地，占总产量约 90%。

【鉴定特征】　短柱状晶形，低硬度，易溶于水，味甜略带咸。在空气中易脱水，颜色变浊，在表面形成裂纹及白粉块状皮壳。火烧时膨胀，易熔成玻璃状球体。

【工业应用】　最重要的工业硼矿物。硼砂作为肥料，有利于促进葡萄早熟，促进无核化和幼果膨大，提高含糖量和产量，有利于提高小麦、油菜和板栗的产量（高金付等，2001；

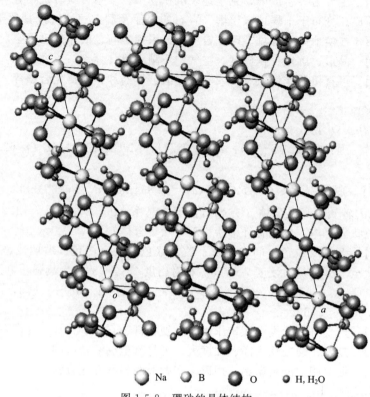

○ Na　● B　● O　● H, H₂O

图 1-5-8　硼砂的晶体结构

杨绍聪等，2001)。硼砂亦可用于玻璃工业中代替纯碱（孙振海，2004)。

工农业用硼砂一等品的质量要求（GB/T 537—2009)：十水四硼酸钠（$Na_2B_4O_7 \cdot 10H_2O$）≥99.5%，碳酸钠（Na_2CO_3）≤0.20%，水不溶物≤0.04%，硫酸盐（以 SO_4^{2-} 计）≤0.20%，氯化物（以 Cl^- 计）≤0.05%，铁（Fe）≤0.002%。硼砂外观应为白色细小结晶体。

药用硼砂，别名蓬砂、月石、盆砂、大朋砂。由硼砂矿石精炼而成，主含十水四硼酸钠。功效：清热解毒；清肺化痰。成药制剂：兰花药，金鸣片，口腔溃疡药膜。

钠硼解石（硼钠钙石）(ulexite)

$NaCa[B_3B_2O_7(OH)_4] \cdot 6H_2O$

【晶体化学】　理论组成（w_B%）：Na_2O 7.65，CaO 13.85，B_2O_3 42.95，H_2O 35.55。

【结构形态】　三斜晶系，C_i^1-$P\bar{1}$；$a_0 = 0.881nm$，$b_0 = 1.286nm$，$c_0 = 0.668nm$，$\alpha = 90°15'$，$\beta = 109°10'$，$\gamma = 105°05'$；$Z = 2$。晶形沿 c 轴呈针状。集合体通常为由针状、纤维状晶体组成的白色丝绢状、团块状和放射状。有的呈结核状或土状块体。

【物理性质】　无色，集合体为白色。玻璃光泽，集合体丝绢光泽。透明。解理 {010}、{$\bar{1}$10} 完全。硬度 2.5。相对密度 1.96。性极脆。手捏即成粉末。有滑感。

【资源地质】　为典型的干旱地区内陆湖相化学沉积产物，常与石盐、芒硝、石膏、天然碱、钠硝石以及硼砂、柱硼镁石、水方硼石、库水硼镁石、板硼钙石等共生。

【鉴定特征】　可据其白色，丝绢光泽和柔软纤维状集合体识别。溶于热水中；在冷水中长时间可部分溶解呈糨糊状。

【工业应用】 为最主要的工业硼矿物之一。

硼镁石（ascharite）

$Mg_2[B_2O_4(OH)](OH)$

【晶体化学】 理论组成（$w_B\%$）：MgO 47.92，B_2O_3 41.38，H_2O 10.70。其中 Mg 可被 Mn（≤23.5%）和 Fe（≤1.5%）代替。纤维状者普遍含水量偏高。

【结构形态】 单斜晶系，$C_{2h}^5-P2_1/a$；$a_0=1.250nm$，$b_0=1.042nm$，$c_0=0.314nm$，$\beta=95°40'$；$Z=8$。纤维状、柱状、板状晶形。柱状晶体见斜方柱 {110} 和平行双面 {100}，其横切面为菱形，有时见八边形。

【物理性质】 白、灰白、浅绿、黄色。条痕白色。丝绢光泽至土状光泽。解理 {110} 完全，{100}、{010} 和 {001} 不完全。硬度 3～4。相对密度 2.62～2.75。

偏光镜下：无色。二轴晶（-）。$2V≤30°$。$N_g=1.641～1.658$（计算），$N_m=1.643$，$N_p=1.576～1.589$。

【资源地质】 为分布较广的硼酸盐矿物，主要产于夕卡岩型和热液交代型矿床中。

【鉴定特征】 以其产状、颜色、解理和硬度与其他矿物相区别。

【工业应用】 硼镁石较易于冶炼，为目前内生硼矿床开采的主要对象。一般工业指标（DZ/T 0211—2002）：边界品位，$B_2O_3>3\%$；最低工业品位，$B_2O_3>5\%$；最小可采厚度 1～2m，夹石剔除厚度 1～2m。

生产硼砂和硼酸的硼镁石矿质量要求（HG/T 3576—1989）：优等品，$B_2O_3≥22\%～24\%$；一等品，$B_2O_3≥20\%～18\%$。$TFe_2O_3≤15\%$，$CaO≤8\%$，$MgO≤45\%$。

硼矿是一种用途广泛的化工原料，主要用于生产硼砂、硼酸、硼化合物及元素硼，是冶金、建材、机械、电器、化工、轻工、核工业、农业等行业的重要原料。目前硼的用途超过300种，其中玻璃工业、陶瓷工业、洗涤剂和农用化肥是硼的主要用途，占全球硼消费量近90%。2015 年世界硼矿产品的主要用途：玻璃 52%，农肥 15%，陶瓷 12%，洗涤剂 2%，其他 19%。

白钨矿（钨酸钙矿）（scheelite）

$CaWO_4$

【晶体化学】 理论组成（$w_B\%$）：CaO 19.48，WO_3 80.52。W 与 Mo 成完全类质同象，形成白钨矿-钼钙矿（powellite）系列。Mo：W 比例可达 1：1.4。高温时 Mo 含量高；与辉钼矿共生的白钨矿中，Mo 含量也高。部分 Ca 可被 Cu 和 TR 代替，含 CuO 较高者称含铜白钨矿，广泛分布于钨-多金属矿床中。此外，Mn、Fe^{3+}、Nb、Ta、U、Ir、Ce、Pr、Sm、Zn、Nd 亦可呈类质同象代替，其中 Mn^{2+} 代替 Ca，Fe^{3+} 代替 W，Nd^{3+} 则可代替 Ca 和 W。

【结构形态】 四方晶系，$C_{4h}^6-I4_1/a$；$a_0=0.525nm$，$c_0=1.140nm$；$Z=4$。晶体结构简单，由稍扁平的 [WO_4] 四面体和 Ca^{2+} 沿 c 轴相间排列而成（图 1-5-9）。晶体常呈四方双锥，也有的沿 {001} 呈板状。依（110）成双晶常见。集合体多呈不规则粒状。

【物理性质】 无色、白色少见，多为灰色、黄白色或浅紫、浅褐色，也有的带绿、橘黄甚至带红色。油脂光泽

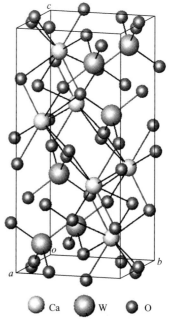

○ Ca   ● W   ● O

图 1-5-9 白钨矿的晶体结构

或金刚光泽。透明至半透明。解理 $\{111\}$ 中等。断口差参状。硬度 $4.5\sim5$。性脆。相对密度 $5.8\sim6.2$，随 Mo 增加而降低。具发光性，在紫外光照射下发浅蓝色至黄色荧光（依 Mo 含量而定，Mo 增加，荧光变浅黄至白色）。

偏光镜下：无色。一轴晶（＋）。$N_o=1.920$，$N_e=1.937$。

【资源地质】 主要产于接触交代矿床。我国湖南某地夕卡岩型白钨矿产于花岗岩与大理岩的外接触带，白钨矿呈浸染状，与石榴子石、透辉石、透闪石、金云母及磁黄铁矿、黄铁矿、闪锌矿、方铅矿、辉钼矿、毒砂等硫化物共生。高-中温热液裂隙充填矿床的白钨矿，其中硫化物极发育，黑钨矿普遍被白钨矿交代。我国江西南部矿区可见白钨矿附生于黑钨矿热液石英脉中，其含量远少于黑钨矿。

【鉴定特征】 以其晶形、颜色、光泽、硬度、密度较易识别。紫外光照射下发荧光，用水浇湿时颜色由白变暗灰，以此可与石英相区别。

【工业应用】 重要的钨矿石矿物。工业要求同黑钨矿。用于制钨制品和钨化合物、荧光涂料、摄影用荧光屏管、医药及 X 射线照片、日光灯等。

独居石（磷铈镧矿）（monazite）

$(Ce,La,\cdots)[PO_4]$

【晶体化学】 化学组成（$w_B\%$）：Ce_2O_3 34.99，$\sum La_2O_3$ 34.74，P_2O_5 30.27。常有 Th 替代：$Th^{4+}+Si^{4+}\to Ce^{3+}+P^{5+}$；$Th^{4+}+Ca^{2+}\to 2Ce^{3+}$。若 Th^{4+} 代替 Ce^{3+} 时，则 $[SiO_4]^{4-}$ 代替 $[PO_4]^{3-}$；同样当 Ca^{2+} 代替 Ce^{3+} 时，也相应有 $[SO_4]^{2-}$ 代替 $[PO_4]^{3-}$，以保持晶格中电价平衡及络阴离子数不变。富含 Ca、Th、U 的独居石称富钍独居石 $\{cheralite, (TR,Th,Ca,V)[(P,Si)O_4]\}$，含 ThO_2 达 30%，U_3O_8 达 4%，CaO 6%。

【结构形态】 单斜晶系，C_{2h}^5-$P2_1/n$；$a_0=0.679nm$，$b_0=0.704nm$，$c_0=0.647nm$，$\beta=104°24'$；$Z=4$。富钍独居石：$a_0=0.6717nm$，$b_0=0.6920nm$，$c_0=0.6434nm$；$\beta=103°50'$；$Z=4$。结构由孤立 $[PO_4]$ 四面体组成，Ce 与 6 个 $[PO_4]$ 四面体联结，Ce 的配位数 9。

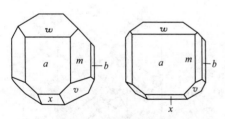

图 1-5-10　独居石的晶形

斜方柱晶类，C_{2h}-$2/m$（L^2PC）。常沿 $\{100\}$ 成小的板状晶体。常见单形：平行双面 $a\{100\}$、$b\{010\}$、$w\{101\}$、$x\{\overline{1}01\}$，斜方柱 $m\{110\}$、$u\{\overline{1}11\}$（图 1-5-10）。常依（100）成双晶。

【物理性质】 棕红色，黄色，有时呈黄绿色。油脂光泽。解理 $\{100\}$ 完全，$\{010\}$ 不完全。性脆。硬度 $5\sim5.5$。相对密度 $4.9\sim5.5$。因含 Th、U 而具放射性。

偏光镜下：浅黄色。二轴晶（＋）。$2V=11°\sim15°$。$N_g=1.84\sim1.850$，$N_m=1.780\sim1.791$，$N_p=1.780\sim1.790$，N_m 与 N_p 极相近。

【资源地质】 作为副矿物产于花岗岩、正长岩、片麻岩、花岗伟晶岩中，后者可有大晶体产出，与锆石、磷钇矿（xenotime，$Y[PO_4]$）、磷灰石、铌铁矿等伴生。独居石化学性质稳定且密度大，常见于重砂中，可富集成砂矿床。

世界稀土资源主要为铈矿和独居石，大部分经济可采的铈矿集中在中国和美国。全球独居石储量超过 50 万吨（Y_2O_3），主要分布在澳大利亚、巴西、中国、印度和美国等地。2015 年中国的稀土储量（REO）为 5500 万吨，占世界的 42.3%；稀土氧化物的矿山产量为 10.5 万吨，占世界总产量的 84.7%。

【鉴定特征】 亮黄色，多色性不明显；与磷钇矿的区别在于折射率较高，紫外光下呈鲜艳的碧绿色，磷钇矿通常保持原来颜色或显浅绿黄色。

【工业应用】 提取轻稀土元素的重要矿物。一般工业指标（DZ/T 0204—2002）：氟碳铈矿、独居石原生矿，边界品位 $Ce_2O_3 1\%$，最低工业品位 $Ce_2O_3 2\%$；独居石砂矿（矿物），边界品位 $100\sim200 g/m^3$，最低工业品位 $300\sim500 g/m^3$。独居石型钍矿床（砂矿），独居石 $100\sim300 g/m^3$，独居石中含 $ThO_2 4\%$。

稀土的主要消费领域有催化（石油化工，汽车尾气净化）、冶金、玻璃陶瓷、永磁体、荧光粉、镍-金属氢化物电池等新材料，主要消费国或地区有中国、美国、西欧、日本等。中国于 1998 年稀土消费量超过美国居世界第 1 位，2015 年稀土消费量约为 8.5 万吨，超过世界消费总量的 2/3。

磷锂铝石 （amblygonite）
$Li\{Al[PO_4]F\}$

【晶体化学】 化学组成（$w_B\%$）：Li_2O 9.58，Al_2O_3 32.70，P_2O_5 45.53，F 12.19。F-OH 之间可完全类质同象代替，形成两个亚种：磷锂铝石和羟磷锂铝石（montebrasite）。Li 可被 Na 代替（$\leqslant5.3\%$），含 K、Rb、Cs、Ca、Si 等元素（吴良士等，2005）。常含 H_2O，可达 6.17%。

【结构形态】 三斜晶系，C_i^1-$P\bar{1}$；$a_0=0.519 nm$，$b_0=0.712 nm$，$c_0=0.504 nm$，$\alpha=112.02'$，$\beta=97°49'$，$\gamma=88°07'$；$Z=2$。结构中 $[Al(O,F,OH)_6]$ 八面体以角顶相连，形成沿 b 轴延长的链，链间以 $[PO_4]$ 四面体及 $Li(O,OH,F)_8$ 多面体连接之。$[PO_4]$ 四面体与 $[Al(O,F,OH)_6]$ 八面体交替排列成链沿 c 轴延伸，构成架状基型（王璞等，1987）。

晶体细小，沿 b 轴呈短柱状。常见单形：平行双面 $a\{100\}$、$b\{010\}$、$c\{001\}$、$d\{01\bar{1}\}$。双晶依（111）常见，多为聚片双晶。常呈致密状集合体。

【物理性质】 微带黄的灰白色。玻璃光泽。解理 $\{100\}$、$\{110\}$ 完全。硬度 $5.5\sim6$。相对密度 $2.92\sim3.15$。

偏光镜下：无色。二轴晶，附加阴离子为 F 时为负光性，光轴角小；为 OH 时为正光性，光轴角大。光性常数和密度随 F、OH 含量不同而异。

【资源地质】 常见产于花岗伟晶岩中，与锂辉石、微斜长石、锂云母、铯沸石、绿柱石、电气石、叶钠长石等共生。主要产于伟晶岩的石英核心或长石石英块体带中。亦可产于锡石石英脉及云英岩中，与锡石、黄玉、云母共生。我国新疆阿尔泰某地锂辉石伟晶岩、福建南平花岗伟晶岩和内蒙古某地交代型花岗伟晶岩中有磷锂铝石产出。

【鉴定特征】 微带黄的灰白色，中等硬度及密度等。矿物种需借助于化学成分及 X 射线结构分析等。

【工业应用】 大量富集时可作为提取锂和磷等的矿石矿物。

磷灰石 （apatite）
$Ca_5[PO_4]_3(F,OH)$

【晶体化学】 氟磷灰石化学组成（$w_B\%$）：CaO 50.04，P_2O_5 42.22，CaF_2 7.74。少量 Ba、稀土和微量 Sr 可类质同象替代 Ca，少量 Cl^-、OH^- 代替 F^-。稀土含量一般不超过 5%。按照附加阴离子可分为以下亚种：

氟磷灰石 （fluorapatite） $Ca_5[PO_4]_3F$
氯磷灰石 （chlorapatite） $Ca_5[PO_4]_3Cl$

羟磷灰石（hydroxylapatite）　　　　$Ca_5[PO_4]_3(OH)$

碳磷灰石（carbonate-apatite）　　$Ca_5[PO_4,CO_3(OH)]_3(F,OH)$

　　自然界以氟磷灰石最常见，一般简称磷灰石。碳磷灰石由于 $[CO_3]^{2-}$ 代替 $[PO_4]^{3-}$，出现了剩余负电荷，因而 $[CO_3]^{2-}$ 与 OH^- 或 F^- 结合在一起，以离子团形式进入晶格。然而当 1 个 $[CO_3]^{2-}$ 代替 1 个 $[PO_4]^{3-}$ 时，只有 0.4 个 $[CO_3]^{2-}$ 与 OH^- 或 F^- 结合，故 Ca^{2-} 可被 K^+、Na^+ 代替，以达到电价平衡。

　　【结构形态】　六方晶系，C_{6h}^2-$R6_3/m$；$a_0=0.943\sim0.938nm$，$c_0=0.688\sim0.686nm$；$Z=2$。晶体结构的基本特点为，Ca—O 多面体呈三方柱状，以棱及角顶相连呈不规则链沿 c 轴延伸，链间以 $[PO_4]$ 联结，形成 //c 轴的孔道，附加阴离子 Cl^-、F^-、OH^- 充填于此孔道中也排列成链，坐标高度可变，并有缺席的无序-有序。F—Ca 配位八面体角顶的 Ca，也与邻近的 4 个 $[PO_4]$ 中的 6 个角顶上的 O^{2-} 相连（图 1-5-11）。

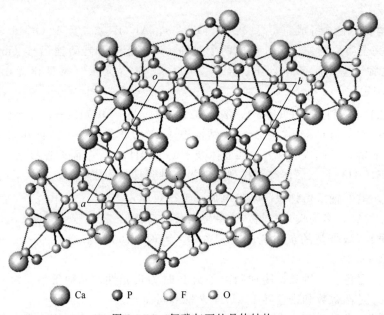

图 1-5-11　氟磷灰石的晶体结构

　　六方双锥晶类，C_{6h}-$6/m$（L^6PC）。常呈柱状、短柱状、厚板状或板状晶形。主要单形：六方柱 $m\{10\bar{1}0\}$、$h\{11\bar{2}0\}$，六方双锥 $x\{10\bar{1}1\}$、$s\{11\bar{2}1\}$、$u\{21\bar{3}1\}$ 及平行双面 $c\{0001\}$（图 1-5-12）。集合体呈粒状、致密块状。

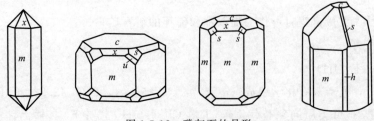

图 1-5-12　磷灰石的晶形

　　【物理性质】　无杂质者无色透明，但常呈浅绿、黄绿、褐红、浅紫色。沉积成因的磷灰石因含有机质而被染成深灰至黑色。玻璃光泽，断口油脂光泽。解理 $\{0001\}$ 及 $\{10\bar{1}0\}$ 不完全。性脆。断口不平坦。硬度5。相对密度3.18~3.21。

偏光镜下：无色。一轴晶（一）。氟磷灰石：$N_o=1.633$，$N_e=1.629$，折射率随OH、Cl含量增高而增大；氯磷灰石：$N_o=1.667$，$N_e=1.665$；羟磷灰石：$N_o=1.651$，$N_e=1.647$。

【资源地质】 在沉积岩、沉积变质岩及碱性岩中可形成有巨大工业价值的矿床。在各种岩浆岩及花岗伟晶岩中成副矿物。

岩浆成因的磷灰石矿床，主要产于碳酸岩和辉石正长岩环状杂岩体中，如我国内蒙古白云鄂博铁-磷-稀土矿床和河北阳原、矾山磷灰石-磁铁矿矿床；或产于粗安质火山岩地层中，如世界著名的瑞典北部基鲁纳磷灰石-磁铁矿矿床（马鸿文，2001）。

在浅海沉积矿床中，磷灰石多为胶磷石（胶磷灰石），与黏土矿物、石英、绢云母、海绿石、黄铁矿、方解石等共生构成胶结，成为隐晶质、致密块状磷块岩。矿床遭受变质作用后，胶磷石向晶质磷灰石转变。我国云南滇池地区、湖北襄阳地区沉积磷矿资源丰富，是著名的磷矿基地。我国许多沉积磷矿产于寒武纪、震旦纪及泥盆纪地层中。

生物化学作用形成的磷矿，主要由鸟粪或动物骨骼堆积形成，主要由羟磷灰石组成。我国西沙群岛由鸟粪堆积形成的磷矿可厚达2m。

【鉴定特征】 当晶体较大时，晶形、颜色、光泽、硬度均可作为鉴定特征。若为细分散状态则需依靠化学分析鉴定。

【工业应用】 提取磷的最重要矿物原料，含稀土元素时可综合利用。磷灰石矿床一般工业指标（DZ/T 0209—2002）：边界品位P_2O_5 5%~6%，工业品位P_2O_5 10%~12%。

以水合硅酸钙为晶种，可有效回收含磷污水中的磷，生成物为结晶度不高的羟磷灰石，其P_2O_5含量高达35.7%~40.8%。室温下以浓度55%的硝酸溶解2h，磷的溶出率达98%以上。即回收磷产物可方便地制成硝酸磷肥，实现污水磷的循环再利用（郑雁，2009）。天然及改性磷灰石对Pb^{2+}、Cd^{2+}、Zn^{2+}、Cu^{2+}、Fe^{2+}、Cr^{6+}、U^{6+}、Hg^{2+}等具有吸附作用，可用于处理含此类重金属离子的工业废水（刘羽等，2001）。

羟磷灰石陶瓷是目前公认的具有良好生物相容性，并具骨引导性（生物活性）的生物陶瓷。20世纪70年代中期，Si与F、Ni、Sn、Se、V相继被确定为人体的"必需"元素。硅与动物体内黏多糖的合成密切相关，硫酸软骨素A、B、C都含硅。缺硅可导致骨骼异常、畸形、牙齿及釉质发育不良。因此，将硅掺入羟磷灰石晶格中能有效提高其生物活性。在制备羟磷灰石工艺的基础上添加硅源，如正硅酸乙酯［$Si(OCH_2CH_3)_4$］、四乙酰氧基硅烷［$Si(OCOCH_3)_4$］、四乙酸硅［$Si(CH_3COOH)_4$］或SiO_2，经过一定处理流程即可制得含硅羟磷灰石（唐晓恋等，2005）。合成羟磷灰石可用于制人工骨替代材料（王静等，2008）；或制纳米羟磷灰石/聚氨酯人体支架材料（董志红等，2008）。

磷灰石宝石以其颜色（蓝色、绿色、黄色、紫色、褐色）和是否具猫眼等特殊光学效应来划分品种。天蓝色磷灰石产自马达加斯加，墨西哥的磷灰石为黄绿色，印度产磷灰石则呈绿色。中国新疆宝石级磷灰石产于可可托海花岗伟晶岩中，内蒙古宝石级磷灰石主要产于透辉石伟晶岩脉和花岗伟晶岩脉中（余晓艳，2016）。

鸟粪石（struvite）

$NH_4Mg[PO_4]\cdot 6H_2O$

【晶体化学】 理论组成（w_B%）：$(NH_4)_2O$ 10.61，MgO 16.43，P_2O_5 28.92，H_2O 44.04。少量Mg可被Fe^{2+}、Mn^{2+}替代。

【结构形态】 斜方晶系，C_{2v}^2-$Pmc2_1$；$a_0=0.698nm$，$b_0=0.610nm$，$c_0=1.120nm$；

$Z=2$。晶体习性变化大，有短柱状、长柱状、楔状或薄板状。

【物理性质】 无色，白色。透明至半透明。玻璃光泽。解理 {001} 中等，{100} 不完全。断口参差状至次贝壳状。硬度 2～3。相对密度 1.711。

偏光镜下：无色。二轴晶（+）。$2V=37°22'$，$N_g=1.504$，$N_m=1.496$，$N_p=1.495$。

【资源地质】 产于鸟粪的硬块中，与镁磷石、水磷铵镁石等伴生。亦可产于兽粪中以及臭腐物中，或由细菌作用于有机物而成。

【鉴定特征】 可据晶形、颜色、硬度等鉴定之。特征的生物化学形成环境及共生矿物亦有助于鉴定。

【工业应用】 为优质氮磷肥，可直接或稍加处理后施用，养分易被农作物吸收。

绿松石 （turquoise）

$Cu(Al,Fe)_6[PO_4]_4(OH)_8 \cdot 4H_2O$

又称土耳其玉，因原产波斯（今伊朗），经土耳其运入欧洲而得名。属中高档玉石。

【晶体化学】 理论组成（$w_B\%$）：CuO 9.78，Al_2O_3 37.60，P_2O_5 34.90，H_2O 17.72。Al 与 Fe^{3+} 可成完全类质同象代替，富铝端员称绿松石，富铁端员称磷铜铁矿（chalcosiderite）。Cu 可被 Zn 不完全类质同象代替。

【结构形态】 三斜晶系，C_i^1-$P\bar{1}$；$a_0=0.742～0.768nm$，$b_0=0.763～0.782nm$，$c_0=0.991～1.021nm$，$\alpha=68°37'～67°30'$，$\beta=69°43'～69°06'$，$\gamma=65°04'～64°48'$；$Z=1$。晶体少见，偶有柱状晶体。常呈隐晶质，致密块状或胶体状、结核状、豆状、葡萄状、皮壳状。电镜下可见 1～5μm 针状、细鳞状集合体。

【物理性质】 鲜艳的天蓝、淡蓝、湖蓝、蓝绿和黄绿色。白色条痕。蜡状光泽。解理 {001} 完全、{010} 中等。硬度 5～6；风化可使硬度减小。性脆。相对密度 2.60～2.83。

偏光镜下：二轴晶（+）。$2V=40°$。$N_g=1.65$，$N_m=1.62$，$N_p=1.61$。

绿松石中的 Cu^{2+} 显蓝色，Fe^{3+} 可置换 Al^{3+} 而显绿色。故以蓝色为基本色调，系结构中存在 $[Cu(OH)_4(H_2O)_2]$ 八面体所致；随 Fe^{3+} 含量的增高，颜色由灰蓝色变为天蓝→蓝绿→绿→土黄色；加热或阳光直射会使之褪色。

玉石级绿松石细腻柔润，质地致密光洁似瓷；劣质者则多孔粗糙。蜡状光泽强。硬度＞5 者俗称"瓷松"，以艳丽、纯正、匀净之天蓝色为上品；硬度在 4.5～5 的苹绿、黄绿色者次之；硬度 3～4.5 者称"面松"，色淡不正，系风化失水而脱色引起，属低档品。

绿松石在 100℃ 时失去吸附水，颜色变浅；200～300℃ 发生吸热效应，结晶水析出；330～370℃ 羟基逸出，晶体结构被破坏，变为非晶质，颜色更浅。760～800℃ 产生放热效应，生成鳞石英型的磷酸铝结晶相，变成棕色。

【资源地质】 在干热气候条件下，由含铜硫化物及含磷、铝的岩石经风化淋滤作用而形成，常与褐铁矿、高岭石、玉髓等共生。

最美的绿松石来自伊朗（古代波斯，Persian）的 Nishapur，产于风化的斑状粗面岩的角砾岩化带上部，是粗面岩中的长石、磷灰石和黄铜矿受热液作用而成，与高岭石、褐铁矿共生，目前已停采；埃及绿松石产于西奈半岛，是优质绿松石的另一主要产地（余晓艳，2016）。中国玉石级绿松石主要产于早寒武世和早志留世碳质、硅质板岩的构造破碎带中，常有石英、多水高岭石、软水铝石、褐铁矿、黄钾铁矾等伴生。陕西白河县月儿潭、湖北竹山县喇叭山、河南淅川县刘家坪及湖北郧县、郧西县为著名产地（黄宣镇，2003）。亦产于玢岩铁矿体上部含铜、磷蚀变围岩的氧化带中，与阳起石、磷灰石、磁铁矿伴生。我国安徽亦产此类绿松石，但产量少，仅在开采铁矿时回收利用。

【鉴定特征】 以颜色、硬度及蜡状光泽为特征。

【工业应用】 优质绿松石可制作中高档首饰、手镯，也是传统的高档玉料，用以制作元珠、椭圆形石和瓶、炉、人物、鸟兽等玉雕工艺品。中国地质博物馆收藏有一件精美的绿松石九狮瓶，重达 3000g，为难得珍品。1977 年在河南安阳殷墟五号墓出土了 1000 余件绿松石制成的蝉、蛙工艺品，说明我国早在公元前 13 世纪就有绿松石雕刻工艺。在距今 8200～7500 年前的中原裴李岗文化遗址中，出土了圆珠、方形饰绿松石饰物，证实绿松石的利用已有 7000 多年的悠久历史。中国的绿松石主要集中分布于鄂、豫、陕交界地区，以陨阳绿松石矿最为著名。

铜铀云母（torbernite）

$Cu(H_2O)_8[UO_2(PO_4)]_2 \cdot nH_2O(n$ 可达 12)

【晶体化学】 理论组成（$w_B\%$）：CuO 7.9，UO_3 57.0，P_2O_5 14.0，H_2O 21.1。部分水以沸石水形式存在，易于释放出来。在干旱气候条件下，或加热至 75℃，很容易失去 4 个水分子而变为不甚透明的变铜铀云母，密度和折射率亦随之变化。

【结构形态】 四方晶系，D_{4h}^{17}-I4/mmm；$a_0=0.706$nm，$c_0=2.05$nm；$Z=2$。

复四方双锥晶类，D_{4h}-4/mmm（$L^4 4L^2 5PC$）。晶体常呈板状或短柱状，横断面呈八边形或四边形。常见单形：平行双面 $c\{001\}$，四方柱 $m\{110\}$，四方双锥 $e\{101\}$、$o\{103\}$、$p\{111\}$。有时依 (101)、(011) 形成双晶。

【物理性质】 姜黄色，祖母绿，有时显苹果绿色；条痕色较颜色浅。玻璃光泽，解理面呈珍珠光泽。解理 $\{001\}$ 完全，$\{010\}$、$\{100\}$ 中等。性脆。硬度 2～2.5。相对密度 3.22～3.60。具强放射性。紫外光下发黄绿色荧光。

偏光镜下：翠绿、草绿色。多色性显著：N_o 暗绿色，N_e 浅绿至浅蓝色。一轴晶（－），$2V=0°～10°$，偶见可达 65°。$N_o=1.590～1.593$，$N_e=1.570～1.582$。

【资源地质】 在铀矿床中普遍产出，由较酸性的溶液中沉淀生成，与其他次生铀矿物如钙铀云母、翠砷铜铀矿 $\{zeunerite, Cu(H_2O)_8[UO_2(AsO_4)]_2 \cdot nH_2O\}$、砷铀矿 $\{troegerite, H_3O(H_2O)_3[UO_2(AsO_4)]\}$、铁及锰的氢氧化物、高岭石等共生。

【鉴定特征】 紫外光下发黄绿色荧光，以翠绿色（含 Cu）可与其他磷酸盐区别。

【工业应用】 大量堆积时为氧化铀的贫矿石。在氧化带显翠绿色，为找铀矿标志。

钙铀云母（autunite）

$Ca(H_2O)_8[UO_2(PO_4)]_2 \cdot nH_2O$

【晶体化学】 理论组成（$w_B\%$）：CaO 6.1，UO_3 62.7，P_2O_5 15.5，H_2O 15.7。通常杂质含量高。含镭可达 6%～57%。K、Na 可代替 Ca。水分子数 n 一般为 7～10，个别可达 12。加热至 40℃失去约 6.4% 的水；至 300℃又失去 5.6% 的水；300～700℃再失去约 2.0% 的水。失水后变为变钙铀云母，含水分子数 6～6.5。

【结构形态】 四方晶系，D_{4h}^{17}-I4/mmm；$a_0=0.6989$nm，$c_0=2.063$nm；$Z=2$。

复四方双锥晶类，D_{4h}-4/mmm（$L^4 4L^2 5PC$）。晶体常呈板状、片状或鳞片状。常见单形：平行双面 $c\{001\}$，四方柱 $m\{110\}$ 等，有时可见四方双锥 $p\{111\}$、$e\{101\}$。常见依 (110) 成聚片双晶。集合体呈鳞片状、球状、粉末状、被膜状等。

【物理性质】 绿黄、浅黄、浅绿色，其颜色和透明度取决于湿度。在比较潮湿时，颜色较鲜艳，透明度亦较好。金刚光泽，解理面呈珍珠光泽。解理 $\{001\}$ 完全，$\{100\}$、$\{010\}$、$\{110\}$ 中等。性脆。硬度 2～2.5。相对密度 3.05～3.19。具强放射性，紫外光照射下具有明显的黄绿色荧光。

偏光镜下：透射光下浅黄色至无色。多色性极弱，N_g 或 N_m 浅黄色，N_p 无色。一轴晶（-）。$N_o=1.577\sim1.558$，$N_e=1.553\sim1.555$。有时具光性异常，呈二轴晶（-），$2V=0°\sim53°$。$N_g=1.577$，$N_m=1.575$，$N_p=1.553$。折射率的变化取决于成分中水的含量。

【资源地质】 产于铀矿床氧化带，由沥青铀矿等含铀矿物蚀变而成。在伟晶岩矿床中亦可产出，与沥青铀矿、铌钽矿物、铀的硅酸盐及氢氧化物共生，主要产于伟晶岩体核心部位。亦可产出于泥煤中，存在于植物腐殖而成的裂隙中，此种钙铀云母常由胶体形成。

【鉴定特征】 荧光灯下发强浅黄绿色光，由折射率可与其他磷酸含铀云母相区别。

【工业应用】 与铜铀云母同。

参 考 文 献

白光.镱光纤激光抽运的飞秒 Cr^{4+}：镁橄榄石激光器.激光与光电子学进展，2003，40（7）：29-31.

毕鹏宇，陈跃华，李汝勤.负离子纺织品及其应用的研究.纺织学报，2003，24（6）：607-609.

毕先梅，莫宣学.成岩-极低级变质-低级变质作用及有关矿产.地学前缘，2004，11（1）：287-294.

蔡晓霞，王德义，彭华乔.聚磷酸铵/膨胀石墨协同阻燃 EVA 的阻燃机理.高分子材料科学与工程，2008，24（1）：109-112.

曹林，李殿超，尧长锋等.Eu^{3+} 掺杂萤石矿物的发光与其晶体结构关系.北京科技大学学报，2001，23（6）：523-525.

常倩倩，马鸿文，刘昶江等.方沸石水热制备白榴石.硅酸盐学报，2017，45（8）：1183-1189.

车涛，朱滨波.关于 TiO_2/白云母纳米复合材料工艺研究.中国非金属矿工业导刊，2004，（6）：15-17.

陈文刚，高玉周，张会臣等.经热处理的蛇纹石粉体对金属磨损特性的影响.硅酸盐学报，2008，36（1）：30-34.

陈雪刚，夏枚生，王丽丹等.天然药用矿物蒙脱石除铅实验的微波应用.矿物学报，2008，28（3）：285-288.

戴修本.中国滑石资源现状及未来趋势.中国非金属矿工业导刊，2005（增刊）：47-48，52.

丁敬，高继宁，唐芳琼.胶体晶体自组装排列进展.化学进展，2004，16（3）：321-326.

董志红，李玉宝，王学江.纳米羟基磷灰石/聚氨酯支架材料体外的生物活性和降解性.硅酸盐学报，2008，36（11）：1649-1653.

杜高翔，赵纪新，郑水林.我国水镁石产品的开发利用与研究现状.中国非金属矿工业导刊，2004（增刊）：28-30，66.

杜高翔，郑水林，赵纪新等.海泡石的生产应用与研究现状.矿冶工程，2004，24（增刊）：34-39.

付松波，孙殿军，宋丽等.新型饮水除氟剂蛇纹石降氟效果研究.中国地方病学杂志，2002，21（4）：306-308.

高金付，孙会兵，赵志昆.赤霉素、硼砂、磷酸二氢钾对葡萄果实发育及品质影响.北方园艺，2001，（1）：22-23.

顾晓华，西鹏，李青山等.ABS/蛋白石复合材料的研究.中国塑料，2006，20（6）：27-31.

郭继香，袁存光.蛇纹石吸附处理污水中重金属的实验研究.精细化工，2000，17（10）：587-589.

国土资源部信息中心.世界矿产资源年评 2014.北京：地质出版社，2014：391.

国土资源部信息中心.世界矿产资源年评 2015.北京：地质出版社，2015：377.

国土资源部信息中心.世界矿产资源年评 2016.北京：地质出版社，2016：355.

郝骞，雷绍民.蒙脱石基 TiO_2 光催化材料制备表征及应用研究.武汉理工大学学报，2008，30（6）：9-13.

何明跃.新英汉矿物种名称.北京：地质出版社，2007：288.

何涌.本征无序与锆石质微波导材料加工的理论分析.核科学与工程，2000，20（2）：184-187.

贺洪波，范正修，姚振钰.多种基底上溅射沉积 ZnO 薄膜的结构.功能材料与器件学报，1999，（1）：66-70.

胡晓飞.白音锡勒铁锂云母制取碳酸锂实验研究［硕士学位论文］.北京：中国地质大学，2014：1-67.

黄存新，黄牧云，彭载学.透明多晶尖晶石的光学和物理性能.人工晶体学报，2001，30（1）：67-71.

黄海，袁家超，黄锐.蛋白石填充高密度聚乙烯的研究.塑料工业，2003，31（7）：14-17.

黄晋，夏露，张友寿等.高铬刚玉涂料及防粘砂机理研究.铸造技术，2008，29（2）：195-199.

黄宣镇.绿松石矿床的成矿特征及找矿方向.中国非金属矿工业导刊，2003，（6）：50-51.

黄志雄，赵颖，秦麟卿等.氯氧镁水泥的制备及其热分解机理.武汉理工大学学报，2008，30（10）：39-42.

贾德昌.石墨颗粒增韧 SiO_2 陶瓷基复合材料韧化机理.固体火箭技术，2000，23（3）：54-57.

金会心，史进军，李军旗等.用软锰矿浆吸收工业废气中 SO_2 气体的研究.能源工程，2003，（4）：33-35.

井新利，李立匣.石墨-环氧树脂导热复合材料的研究.西安交通大学学报，2000，34（10）：106-107.

康振晋，孙尚梅，郭振平.钙钛矿结构类型的功能材料的结构单元和结构演变.化学通报，2000，（4）：23-26.

康飞宇，郑永平，兆恒等.膨胀石墨对重油和生物体液的吸附-来自中国的研究.新型碳材料，2003，18（3）：161-173.

矿产资源工业要求手册编委会.矿产资源工业要求手册（2014年修订本）.北京：地质出版社，2014：952.

李恩玲，施卫，杨党强等.光电薄膜材料FeS$_2$的研制.西安理工大学学报，2002，18（1）：48-50.

李胜荣主编.结晶学与矿物学.北京：地质出版社，2009：346.

李亚伟，李楠，王斌耀等.β-赛隆（Sialon）/刚玉复相耐火材料研究.无机材料学报，2000，15（4）：612-618.

廖润华，夏光华，成岳.改性海泡石的制备及其吸附性能试验研究.中国陶瓷工业，2006，13（4）：17-21.

凌春平.锂辉石在卫生瓷釉中的应用研究.陶瓷研究，2000，15（3）：22-24.

刘昶江.钾长石-NaOH-H$_2$O体系化学平衡及方沸石生成反应机理［博士学位论文］.北京：中国地质大学，2017：1-126.

刘羽，彭明生.磷灰石在废水治理中的应用.安全与环境学报，2001，1（1）：9-12.

罗征.钾长石水热分解及合成硬硅钙石关键反应研究［博士学位论文］.北京：中国地质大学，2017：1-125.

罗征，马鸿文，杨静.硅酸钾碱液水热合成针状硅灰石反应历程.硅酸盐学报，2017，45（11）：1679—1685.

马鸿文.西藏玉龙斑岩铜矿带花岗岩类与成矿.北京：中国地质大学出版社，1990：158.

马鸿文，胡颖，袁家铮等.岩浆不混溶作用模拟——热力学模型与数值方法.地球科学，1998，23（1）：41-48.

马鸿文.结晶岩热力学概论.第2版.北京：高等教育出版社，2001：297.

马鸿文等.中国富钾岩石——资源与清洁利用技术.北京：化学工业出版社，2010：625.

马鸿文，白志民，杨静.非水溶性钾矿制取碳酸钾研究：副产13X型分子筛.地学前缘，2005，12（1）：137-155.

马鸿文，申继学，杨静.钾霞石酸解-水热晶化纳米高岭石.硅酸盐学报，2017，45（5）：722-728.

马鸿文，杨静，苏双青等.富钾岩石制取钾盐研究20年：回顾与展望.地学前缘，2014，21（5）：236-254.

马鸿文，杨静，张盼等.中国富钾正长岩资源与水热碱法制取钾盐反应原理.地学前缘，2018，25（5）.

马玺.黑云母酸法分解制取硫酸钾及缓释钾肥关键反应研究［博士学位论文］.北京：中国地质大学，2016：1-128.

潘兆橹主编.结晶学与矿物学（上下册）.北京：地质出版社，1994：233，282.

潘兆橹，万朴.应用矿物学.武汉：武汉工业大学出版社，1993：313.

邱斌，宋文杰，葛文胜等.新疆硝酸盐资源状况及其开发利用前景.资源与产业，2009，11（3）：55-58.

饶娟，张盼，何帅等.天然石墨利用现状及石墨制品综述.中国科学：技术科学，2017，47：13-31.

任晓辉，张旭东，何文等.堇青石红外辐射特性及其应用.山东轻工业学院学报，2007，21（4）：47-50.

沈东，范显华，苏锡光等.锝在磁黄铁矿上的吸附行为和机理的研究.核化学与放射化学，2001，23（2）：72-78.

沈伟，何宏平，朱建喜等.氨丙基三乙氧基硅烷嫁接蒙脱石的制备与表征.科学通报，2008，53（21）：2624-2629.

莘海维，张志明，陈荷生等.高温压力传感器的新进展——金刚石微压力传感器.化学世界，2000，（Sl）：107-111.

宋宝祥，狄宏伟.造纸滑石的功能特性及其产品的开发与应用前景.中华纸业，2008，（15）：48-52.

宋宝祥，王妍，宋光.滑石在我国造纸矿物粉体原料中的地位与发展趋势分析.中国非金属矿工业导刊，2007，（6）：3-8.

宋海明，张宝述，李静静等.锂基蒙脱石的制备及其在铸型涂料中的应用.中国粉体技术，2007，（4）：39-41.

宋义虎，郑强，刘小芯等.炭黑和石墨填充聚乙烯导电复合材料电阻的外场依赖性.材料研究学报，2000，14（2）：141-146.

苏双青.巴西钾长绿岩制备钾肥/缓释钾肥反应机理研究［博士后研究报告］.北京：北京大学，2016：1-101.

苏双青，传秀云，马鸿文等.海绿石的矿物学特征及应用研究.IM & P化工矿物与加工，2016，（2）：30-35.

苏双青，马鸿文，杨静.微斜长石粉体水热合成六方钾霞石及其表征.硅酸盐学报，2012，40（1）：145-148.

孙传敏.用天然矿物透闪石制备硅酸钙镁晶须.成都理工大学学报，2005，32（1）：65-71.

孙家跃，杜海燕.无机材料制造与应用.北京：化学工业出版社，2003：543.

孙家跃，郭萌萌，杜海燕等.氧化钕改性云母钛光干涉颜料的制备及表征.硅酸盐通报，2006，25（6）：5-8，16.

孙振海.浅谈在无碱池窑拉丝生产中硼砂代替硼酸.玻璃纤维，2004，（1）：28-29.

汤冬杰，史晓颖，马坚白等.中元古代海绿石：前寒武纪海洋浅化变层深度的潜在指示矿物.地学前缘，2016，23（6）：219-235.

唐晓恋，刘榕芳，肖秀峰.含硅羟基磷灰石的研究进展.硅酸盐通报，2005，（6）：89-94.

王承遇，陈敏，陈建华.玻璃制造工艺.北京：化学工业出版社，2006：458.

王珂，朱湛，郭炳南.聚对苯二甲酸乙二醇脂/蛭石纳米复合材料的制备.应用化学，2003，20（7）：709-711.

王静, 孟祥才, 李慕勤等. 新型羟基磷灰石基支架材料的细胞相容性. 中国体视学与图像分析, 2008, 13 (3): 204-208.

王濮, 潘兆橹, 翁玲宝. 系统矿物学 (上中下册). 北京: 地质出版社, 1982: 666; 1984: 522; 1987: 734.

王万金. 聚氨酯-可膨胀石墨-氢氧化铝复合材料阻燃性能研究 [博士学位论文]. 北京: 中国地质大学, 2015: 1-107.

王文起, 李珍, 沈上越. 针状硅灰石粉制备研究. 中国非金属矿工业导刊, 2004, (3): 15-17.

王晓娟, 毛信表, 李国华等. WC/TiO$_2$ 纳米复合材料晶相形成机理及电催化性能. 化工学报, 2016, 67 (11): 4873-4877.

王艳, 王学荣, 刘博林. 金绿宝石激光晶体性能的研究. 激光杂志, 2003, 24 (1): 58-59.

魏存弟, 马鸿文, 杨殿范等. 煅烧煤系高岭石相转变的实验研究. 硅酸盐学报, 2005, 33 (1): 77-81.

魏存弟, 马鸿文, 杨永强等. 叶腊石高温相转变的实验研究. 地学前缘, 2005, 12 (1): 214-219.

沃松涛, 陈俏, 崔晓莉等. 锐钛矿型 TiO$_2$ 胶体制备抗菌陶瓷的特性研究. 真空科学与技术, 2003, 23 (4): 251-254.

吴柏昌, 叶宁. 有序方石英矿非线性光学晶体的探索. 人工晶体学报, 2000, 29 (S1): 15.

吴良士, 白鸽, 袁忠信. 矿物与岩石. 北京: 化学工业出版社, 2005: 328.

吴良士, 白鸽, 袁忠信. 矿产原料手册. 北京: 化学工业出版社, 2008: 523.

吴平宵. 有机插层蛭石对有机污染物苯酚和氯苯的吸附特性研究. 矿物学报, 2003, 23 (1): 17-22.

吴一, 邹正光, 尹传强等. 天然钛铁矿原位合成金属陶瓷材料的研究现状. 材料科学与工艺, 2008, 16 (3): 410-414.

吴子豹, 黄妙良, 王维海等. TiO$_2$/蛭石复合材料的制备及光催化性能研究. 矿物学报, 2007, 27 (1): 11-18.

夏华, 张伟, 钱建荣. 白色重晶石导电颜料的制备. 精细化工, 2000, 17 (5): 284-286.

肖金龙. CVD 金刚石薄膜紫外光探测器研究. 光电子技术, 2001, 21 (2): 116-119.

徐卡秋, 戴晓雁, 陈世途. 金红石型云母钛珠光颜料的合成研究. 精细化工, 2002, 19 (4): 227-229.

徐跃, 焦志伟, 史廷慧. Tb^{3+} 掺杂莫来石的合成及发光性能研究. 吉林师范大学学报, 2003, (4): 13-14.

薛芳, 许占民等. 中国医药大全 (中药卷). 北京: 人民卫生出版社, 1998: 546.

杨华明, 李晓明, 邱冠周. 高纯天然黄铁矿粉体用于 LiAl-FeS$_2$ 热电池. 金属矿山, 2003, (6): 46-47.

杨儒, 李敏, 李敬畅等. 锐钛矿型纳米 TiO$_2$ 粉体的精细结构及其光催化降解苯酚的活性. 催化学报, 2003, 24 (8): 629-634.

杨绍聪, 吕艳玲, 杨庆华等. 普钙与硼砂及硫酸锌配施对小麦产量的影响. 土壤肥料, 2001, (2): 47-48.

叶芝祥, 江奇, 成英等. 蒙脱石-石墨-聚氯乙烯复合电极的研制. 化学研究与应用, 2001, 13 (4): 437-439.

尤金跨, 储炜, 刘德尧等. 一种新型锂离子蓄电池阴极材料——锰结核的嵌锂行为. 电源技术, 2001, 25 (2): 94-97.

余超, 李大光, 傅维勤等. 云母钛珠光颜料前驱体煅烧工艺的研究. 硅酸盐通报, 2008, 27 (6): 1129-1133.

于华勇, 商平, 何洪林. 改性蛭石对垃圾淋滤液中氮磷的吸附实验研究. 水科学与工程技术, 2006, 5: 20-22.

余剑英, 魏连启, 曹献坤等. 有机蛭石/酚醛树脂熔融插层纳米复合材料的研究. 材料工程, 2004, (4): 20-23.

余晓艳. 有色宝石学教程. 第 2 版. 北京: 地质出版社, 2016: 380.

原江燕, 马鸿文, 姚文贵等. 一种利用钾霞石粉体合成纳米白云母副产硝酸钾的方法. 中国发明专利, 2017, 申请号: 201710914873.7.

袁鹏, 杨丹, 陶奇等. 铁盐水解法制备铁层柱蒙脱石及其结构特性研究. 矿物岩石地球化学通报, 2007, 26 (2): 111-117.

臧竞存. 激光晶体镁橄榄石结构探讨. 人工晶体学报, 2003, 32 (2): 183-184.

张春霞, 李和平, 尹志刚. 新型仿金属高分子修复材料的研制. 精细石油化工, 2007, 24 (6): 35-39.

张蓓莉, 王曼君等. 系统宝石学. 第 2 版. 北京: 地质出版社, 2008: 710.

张国伟, 王林江, 张坤等. 聚丙烯/蒙脱石阻燃纳米复合材料的研究. 化工技术与开发, 2007, 36 (10): 18-23.

张坤, 王林江, 吴新明. 聚丙烯/尼龙 6/纳米蒙脱石复合材料的制备及热性能研究. 化工新型材料, 2008, 36 (3): 32-33, 41.

张涛, 吴艳, 张德会等. 浅析我国钨矿开发利用过程中存在的问题与对策. 资源与产业, 2009, 11 (5): 79-81.

张彦军, 丁彤, 马智等. 纳米莫来石粉在催化加氢上的应用研究. 工业催化, 2003, 11 (2): 33-35.

张银年, 郭保万, 田敏等. 硅灰石粉体在电缆护套中的应用研究. 非金属矿, 2003, 5 (26): 30-31.

张晓晖, 吴瑞华, 汤云晖. 电气石的自发电极性在水质净化和改善领域的应用研究. 中国非金属矿工业导刊, 2004, (3): 39-42.

赵明, 曾益伟, 李娅妮等. 澳洲锂辉石在照明玻璃中的应用. 光源与照明, 2001, (1): 24-26.

郑骥，马鸿文.快速溶胶-凝胶法制备钾霞石及其反应机理.北京科技大学学报，2007，29（1）：55-58.

郑雁.以雪硅钙石为晶种回收废水中的磷及其再利用研究［硕士学位论文］.北京：中国地质大学，2009：1-61.

郑延力，樊素兰.非金属矿产开发应用指南.西安：陕西科学技术出版社，1992：438.

之己.可调谐金绿宝石激光器的新应用.光电子技术与信息，2000，13（1）：34-35.

周后珍，龙炳清，赵仕林等.软锰矿治理 NO$_x$ 污染并生产高附加值产品的热力学理论分析.四川大学学报，2002，25（4）：386-389.

邹正光，陈寒元，麦立强.钛铁矿原位还原合成 TiC/Fe 复合材料的研究.硅酸盐学报，2001，29（3）：199-203.

Morimoto N. 辉石命名法.矿物学报，1988，（4）：289-305.

Badham J P N，Morton R D. Magnetite-apatite intrusions and calc-alkaline magmatism，Camswell River，N. W. T. *Can J Earth Sci*，1976，13：348-354.

Bea F，Monteroa P，Haissenb F，et al. 2. 46 Ga kalsilite and nepheline syenites from the Awsard pluton，Reguibat Rise of the West African craton，Morocco. Generation of extremely K-rich magmas at the Archean-Proterozoic transition. *Precambrian Research*，2013，224：242-254.

Becerro A I，Mantovani M，Escudero A. Hydrothermal synthesis of kalsilite：A simple and economical method. *J Am Ceram Soc*，2009，92（10）：2204-2206.

Back M E. Fleischer's Glossary of Mineral Species 2014. 11th ed. The Minerallogical Record Inc. Tucson，2014：420.

Bajda T，Kłapyta Z. Adsorption of chromate from aqueous solutions by HDTMA-modified clinoptilolite，glauconite and montmorillonite. *Applied Clay Science*，2013，86：169-173.

Breck D W. Zeolite Molecular Sieves. New York：Wiley-Interscience，771.

Craig J R，Scott S D. Sulfide Mineralogy. Mineral Soc Amer，Short Course，1974，P. CS-42；CS-68.

Craig J R，Naldrett A J，Kullerud G. Ternary facies diagram for the system Fe-Ni-S at 400℃ and 100kPa. 400℃ isothermal diagram. In *Carnegie Institution Yearbook*，1968：66，P. 441.

Danagh P J，Gaskin A J，Sanders J V. Opals. *Scientific American*，1976，234：84-95.

Du G，Ding H，Wang B，et al. Surface modification of super-fine magnesium hydroxide powder and it's flame-retardant treatment of flexible PVC. *Materials Science Forum*，2009，610：165-170.

Fang X，Zhang Z，Chen Z，et al. Study on preparation of montmorillonite-based composite phase change materials and their applications in thermal storage building materials. *Energy Conversion and Management*，2008，49：718-723.

Franus M，Bandura L. Sorption of heavy metal ions from aqueous solution by glauconite. *Fresenius Environmental Bulletin*，2014，23：825-839.

Garrels R M，Christ C L. Solutios，Minerals and Equilibria. 2nd ed. Boston：Jones and Bartlett，1990：450.

HaissenF，Cambeses A，Montero P，et al. The Archean kalsilite-nepheline syenites of the Awsard intrusive massif（Reguibat Shield，West African Craton，Morocco）and its relationship to the alkaline magmatism of Africa. *Journal of African Earth Sciences*，2017，127：16-50.

Hawthorne F C，Oberti R，Harlow G E，et al. Nomenclature of the amphibole supergroup. *American Mineralogist*，2012，97：2031-2048.

Hemley J J，Montoya J W，Marinenko J W，et al. Equilibria in the system Al_2O_3-SiO_2-H_2O and some general implications for alteration-mineralization processes. *Econ Geol*，1980，75：210-228.

Huang Z，Yang J，Robinson P T，et al. The discovery of diamonds in chromitites of the Hegenshan ophiolite，Inner Mongolia，China. *Acta Geologica Sinica*（English Edition），2015，89（2）：341-350.

Ishikawa N K，Kuwata M，Ito A，et al. Effect of pH and chemical composition of solution on sorption and retention of Cesium by feldspar，illite，and zeolite as Cesium sorbent from landfill leachate. *Soil Sci*，2017，182：63-68.

Jia X，Li Y，Zhang B，et al. Preparation of poly（vinyl alcohol）/kaolinite nanocomposites via in situ polymerization. *Materials Research Bulletin*，2008，43：611-617.

Jiang L，Chang C，Mao D，et al. Luminescent properties of $CaMgSi_2O_6$-based phosphors co-doped with different rare earth ions. *J Alloy Compd*，2004，377（1-2）：211-215.

Klein C. The Manual of Mineral Science，22nd edition. John Wiley & Sons，Inc，2002：17-169.

Kullerud K，Nasipuri P，Ravna E J K，et al. Formation of corundum megacrysts during H_2O-saturated incongruent melting of feldspar：P-T pseudosection-based modelling from the Skattøra migmatite complex，North Norwegian Caledonides. *Contrib Mineral Petrol*，2012，164：627-641.

Lee S H，Park J H，Son S M，et al. White-light-emitting phosphor：$CaMgSi_2O_6$：Eu^{2+}，Mn^{2+} and its related properties with blending. *Appl Phys Lett*, 2006, 89 (22): 221916.

Lin K, Chang J, Lu J. Synthesisi of wollastonite nanowires via hydrothermal microemulsion methods. *Mater Lett*, 2006, 60: 3007-3010.

Lin K, Chang J, Chen G, et al. A Simple method to synthesize single-crystalline β-wollastonite nanowires. *J Crystal Growth*, 2007, 300: 267-271.

Lin L, Yin M, Shi C S, et al. Luminescence properties of a new red long-lasting phosphor: Mg_2SiO_4: Dd^{3+}, Mn^{2+}. *J Alloy Compd*, 2008, 455 (1-2): 327-330.

McCarthy E F, Genco N A, Reade Jr E H. Talc. In: Kogel J E, et al ed. Industrial Minerals and Rocks. 7th ed. Society for Mining, Metallurge, and Exploration, Inc, 2006: 971-986.

Michallik R M, Wagner T, Fusswinkel T, et al. Chemical evolution and origin of the Luumäki gem beryl pegmatite: Constraints from mineral trace element chemistry and fractionation modeling. *Lithos*, 2017: 274-275, 147-168.

Murphy P, Frick L. Zirconium and Hafnium. In: Kogel J E, et al ed. Industrial Minerals and Rocks. 7th ed. Society for Mining, Metallurge, and Exploration, Inc, 2006: 1065-1071.

Ober J. Sulfur. In: Kogel J E, et al ed. Industrial Minerals and Rocks. 7th ed. Society for Mining, Metallurge, and Exploration, Inc, 2006: 935-970.

Orlando A, Ruggieri G, Chiarantini L, et al. Experimental investigation of biotite-rich schist reacting with B-bearing fluids at upper crustal conditions and correlated tourmaline formation. *Minerals*, 2017: 7, 155, 1-23.

Park C F. A magnetite "flow" in northern Chile. *Econ Geol*, 1961, 56: 431-441.

Rahman F, Khokhar A Z. Thermochromic effect in synthetic opal/polyaniline composite structures. *Appl Phys A*, 2009, 94: 405-410.

Raith M M, Devaraju T C, Spiering B. Paragenesis and chemical characteristics of the celsian-hyalophane-K-feldspar series and associated Ba-Cr micas in barite-bearing strata of the Mesoarchaean Ghattihosahalli Belt, Western Dharwar Craton, South India. *Miner Petrol*, 2014, 108: 153-176.

Rieder M, Cavazzini G, Yakonov Y S D, et al. Nomenclature of the micas. *Mineralogical Magazine*, 1999, 63 (2): 267-279.

Rinaldi R. Zeolites. In: Frye K ed. The Encyclopedia of Mineralogy. Stroudsburg, Pennsylvania, Hutchinson Ross Publishing Company, 1981: 794.

Robinson S M, Santini K, Moroney J. Wollastonite. In: Kogel J E, et al ed. Industrial Minerals and Rocks. 7th ed. Society for Mining, Metallurge, and Exploration, Inc, 2006: 1027-1037.

Rosing-Schow N, Bagas L, Kolb J, et al. Hydrothermal flake graphite mineralization in Paleoproterozoic rocks of south-east Greenland. *Miner Deposita*, 2017, 52: 769-789.

Sabey P. Beryllium minerals. In: Kogel J E, et al ed. Industrial Minerals and Rocks. 7th ed. Society for Mining, Metallurge, and Exploration, Inc, 2006: 263-274.

Santini K, Fastert T, Harris R. Soda ash. In: Kogel J E, et al ed. Industrial Minerals and Rocks. 7th ed. Society for Mining, Metallurge, and Exploration, Inc, 2006: 859-878.

Schlemper E O, Gupta P S, Zoltai T. Refinement of the structure of carnallite, $Mg(H_2O)_6KCl_3$. *Am Mineral*, 1985, 70: 1309-1313.

Shi G H, Cui W Y, Cao S M, et al. Ion microprobe zircon U-Pb age and geochemistry of Myanmar jadeite. *J Geol Soc London*, 2008, 165: 221-234.

Smith E M, Shirey S B, Nestola F, et al. Large gem diamonds from metallic liquid in Earth's deep mantle. *Science*, 2016, 354: 1403-1405.

Smith J V. Feldspar Minerals: Crystal Structure and Physical Properties. Vol. 1. New York: Springer-Verlag, 1974: 627.

Stachel T, Luth R W. Diamond formation-Where, when and how? *Lithos*, 2015, 220-223: 200-220.

Sweet P C, Dixon G B, Snoddy J R. Kyanite, andalusite, Sillimanite, and mullite. In: Kogel J E, et al ed. Industrial Minerals and Rocks. 7th ed. Society for Mining, Metallurge, and Exploration, Inc, 2006: 553-560.

Tajčmanová L, Connolly J A D, Cesare B. A thermodynamic model for titanium and ferric iron solution in biotite. *Journal of Metamorphic Geology*, 2009, 27 (2): 153-165.

Tian Y, Yang J, Robinson P T, et al. Diamond discovery in High-Al chromatites of the Sartohay Ophiolite, Xinjiang Province, China. *Acta Geologica Sinica* (English Edition), 2015, 89 (2): 332-340.

True R H，Geise F W. Experiments on the value of greensand as a source of potassium for plant culture. *Journal of Agriculture Research*，1918，15：483-492.

Wang X J，Jia D D，Yen W L. Mn^{2+} activated green，yellow，and red long persistent phosphors. *J Lumin*，2003，102-103：34-37.

Wenk H R，Bulakh A. Minerals：Their constitution and origin. Cambridge University Press，2004：646.

White R W，Powell R，Holland T J B，et al. New mineral activity-composition relations for thermodynamic calculations in metapelitic systems. *Journal of Metamorphic Geology*，2014，32（3）：261-286.

Zhang Y，Ming L V，Dongdan C，et al. Leucite crystalization kinetics with kalsite as a transition phase. *Mater Lett*，2007，61：2978-1981.

Zoltai T，Stout J H. Mineralogy：Concepts and Principle. Burgess Publishing Company，1984：547.

工业岩石学

第六章　超镁铁-镁铁质岩类

超镁铁岩是指橄榄石、辉石等铁镁矿物含量达 90％以上的火成岩类，如橄榄岩、辉石岩、角闪石岩等。为叙述方便，本书将由橄榄岩经变质作用形成的蛇纹岩和变质成因的角闪岩也归入此类。镁铁质岩是主要由铁镁矿物和斜长石构成的火成岩，如辉长岩、辉绿岩、玄武岩等。

第一节　橄榄岩、蛇纹岩

一、概念与分类

橄榄岩（peridotite）　是超镁铁质侵入岩的一种，主要由橄榄石组成，并含辉石和（或）角闪石。按实际矿物组成，橄榄岩可进一步划分为 7 种类型（图 2-6-1）。

蛇纹岩（serpentinite）　一种主要由蛇纹石组成的变质岩。由橄榄岩经中低温热液交代作用或中低级区域变质作用，使原岩中的橄榄石和辉石发生蛇纹石化而形成。因外观似蛇皮花纹，故名。

二、矿物成分与岩相学

橄榄岩中的主要矿物是橄榄石、斜方辉石、单斜辉石和角闪石；次要矿物有斜长石、黑云母等；副矿物有磁铁矿、钛铁矿、尖晶石类。

橄榄石　一般为镁-铁橄榄石系列中的富镁种属，呈橄榄绿至浅绿色，易遭受蛇纹石化，同时析出铁质形成磁铁矿。蛇纹石通常沿裂隙交代，可见残留的橄榄石。当蛇纹石化强烈时，橄榄石全部蚀变为蛇纹石，仅保留其假象。

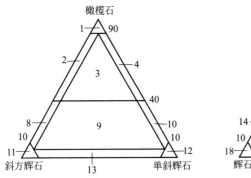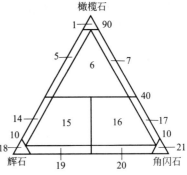

图 2-6-1 超镁铁质岩的分类和命名

(据 Streckeisen,1973)

1—纯橄榄岩;2—方辉橄榄岩;3—二辉橄榄岩;4—单辉橄榄岩;5—辉石橄榄岩;6—辉石角闪橄榄岩;7—角闪橄榄岩;
8—橄榄斜方辉石岩;9—橄榄二辉石岩;10—橄榄单斜辉石岩;11—斜方辉石岩;12—单斜辉石岩;13—二辉岩;
14—橄榄辉石岩;15—橄榄角闪辉石岩;16—橄榄辉石角闪石岩;17—橄榄角闪石岩;18—辉石岩;
19—角闪辉石岩;20—辉石角闪石岩;21—角闪石岩

斜方辉石　多为顽辉石等富镁辉石,En 一般在 0.85 左右。

单斜辉石　多为普通辉石和透辉石,成分变化较大。

角闪石　原生角闪石为褐色的普通角闪石;由辉石、橄榄石蚀变而成的角闪石多为颜色较浅的纤闪石。

橄榄岩类的主要结构有:

自形粒状结构　以自形橄榄石为主,颗粒间偶有磁铁矿出现。

网状结构　热液沿裂隙交代橄榄石,使橄榄石呈细小残余颗粒存在。

包含结构　颗粒粗大的辉石或角闪石,包裹着许多圆粒状橄榄石。

反应边结构　橄榄石颗粒发育辉石反应边。

橄榄岩主要为块状构造,有时可见因塑性流变而形成的假流动构造、似条带状构造等。

蛇纹岩的主要矿物为叶蛇纹石、纤蛇纹石、利蛇纹石等,其他矿物有磁铁矿、铬铁矿、水镁石、镁铁碳酸盐矿物。有时可见橄榄石、辉石矿物残余,以及少量透闪石、金云母、滑石等。岩石一般为隐晶质块状构造。常呈暗绿、黄绿至墨绿色,颜色不均匀。颜色深浅由磁铁矿等金属矿物的含量和粒度而定。

三、化学成分与物理性质

中国典型橄榄岩和蛇纹岩的化学成分见表 2-6-1。

表 2-6-1　橄榄岩和蛇纹岩的化学成分　　　　$w_B/\%$

序号	SiO_2	TiO_2	Al_2O_3	Cr_2O_3	Fe_2O_3	NiO	FeO	MgO	CaO	Na_2O	H_2O	CO_2
1	39.39	0.06	0.47	—	2.92	—	5.42	46.49	0.22	0.64	3.66	0.39
2	34.29	0.06	1.02	1.09	6.09	0.25	2.95	38.84	0.35	0.09	14.17	0.74
3	33.10	0.07	0.80	0.40	5.28	0.18	2.10	42.65	0.60	0.02	15.09	—
4	40.65	0.11	1.25	—	2.53	—	6.15	42.36	1.29	0.29	5.02	—
5	42.50	—	1.04	0.22	1.92	0.26	7.54	44.56	1.81	0.20	1.03	—
6	42.84	—	0.24	0.43	0.46	0.29	7.20	46.77	0.13	0.03	1.20	—
7	40.11	0.01	0.66	0.34	4.86	0.28	0.86	39.53	0.30	0.03	12.98	0.15

注:1.纯橄榄岩(黎彤等,1962);2.蛇纹岩(新疆大道尔吉);3.蛇纹岩(河北高夺台);4.方辉橄榄岩(Daly,1933);5.二辉橄榄岩(西藏罗布莎);6.辉石橄榄岩(陕西松树间);7.蛇纹岩(陕西黑木林)。

工业级橄榄岩和蛇纹岩，主要利用其所含的橄榄石和蛇纹石矿物，故其化学、物理性质主要由橄榄石和蛇纹石本身的性质所决定。

四、产状与分布

橄榄岩的主要产状如下。

造山带蛇绿岩套　产于褶皱造山带，沿区域构造线相平行的深断裂分布，呈大小不等的透镜体，似岩席状或不规则状岩体产出。岩石结构构造复杂多变，可见变质构造及揉皱构造，多遭受中等-强烈的蛇纹岩化。在我国西藏罗布莎、新疆萨尔托海、内蒙古贺根山蛇绿岩套产豆荚状铬铁矿中，近年来陆续发现其中含有金刚石，与碳硅石、钙铬榴石、镁铝榴石、镁橄榄石等超高压矿物共生（Huang et al，2015；Tian et al，2015）。此类金刚石作为一种新的成因类型，是否具有工业利用价值，尚待今后持续关注。

大型层状侵入体　产于较稳定的构造环境中，呈岩盆、漏斗状。规模大小不等。常与其他超镁铁质岩以及辉长岩等共生。常见类似于沉积岩的层理构造，包含结构、嵌晶包含结构和反应边结构。

同心环状杂岩体　产于造山带，侵位时代通常在褶皱和区域变质之后。岩体呈同心环圆柱状，沿一定构造方向成群分布。岩性比较稳定。岩体发育韵律性层理，嵌晶结构、包含结构和反应边结构等。

蛇纹岩与橄榄岩的产状基本一致。橄榄岩和蛇纹岩多分布在构造活动带。我国内蒙古、祁连山、秦岭、西藏、云南西部、四川西部、昆仑山、天山等地均有产出。

中国橄榄岩已查明基础储量，肥料用矿石 6.4 万吨，主要分布于河南、湖北；建筑用矿石 285.6 万立方米，集中产于内蒙古。查明用于耐火材料的橄榄岩资源量 1.15 亿吨，主要分布于河北、河南等省。中国蛇纹岩查明基础储量：熔剂用矿石 116.7 亿吨，肥料用矿石 87.5 亿吨，饰面石材用矿石 1839 万立方米，广泛分布于辽宁、内蒙古、河北、山东、江西、河南、湖北、四川、贵州、云南、陕西、甘肃、青海、新疆等省区。

五、工业应用及技术要求

（一）橄榄岩

钙镁磷肥原料　橄榄岩与磷块岩一起熔化，可制成钙镁磷肥。质量要求（$w_B\%$）：边界品位，$MgO \geqslant 32$；工业品位，$MgO \geqslant 40$，$CaO \leqslant 3 \sim 5$；高炉法生产要求块度为 $3 \sim 5cm$。

耐火材料原料　橄榄石与菱镁矿混合，可制成高级碱性耐火砖。质量要求（$w_B\%$）：$MgO > 40$，$CaO < 0.8$，$R_2O_3 < 10$，其中 $Al_2O_3 < 1.5$，$MgO/SiO_2 > 1.1$，耐火度 $> 1750℃$。

冶金熔剂　橄榄岩用作冶金熔剂，可降低熔融温度约 $100℃$，降低焦炭消耗量约 20%；可调节炉渣黏度，提高渣体流动性；可有效防止高炉内产生碱性结渣。添加方式：以粒度 $40 \sim 10mm$ 的块体，与石灰石块料一同添加；以 $< 6mm$ 的连续粒级的粉体，与铁矿粉烧结成块；以粒级 $< 3mm$ 的活化粒料添加。质量要求（$w_B\%$）：边界品位，$MgO \geqslant 36$；工业品位，$MgO \geqslant 38$；$Al_2O_3 \leqslant 1.6$，$Ni \leqslant 0.5$，$S \leqslant 0.26$，$P \leqslant 0.05$。

型砂原料　橄榄石型砂常用于锰钢、Cu、Al、Mg、碳钢件及精铸模件。型砂用橄榄岩原料的成分要求见表 2-6-2。

表 2-6-2　镁橄榄石型砂化学成分和物理性能要求（JB/T 6985—1993）

等级	MgO/%	SiO₂/%	Fe₂O₃/%	灼烧减量/%	含水量/%	含泥量/%	耐火度/℃
一级	≥47	≤40	≤10	≤1.5	≤0.5	≤0.5	≥1690
二级	≥44	≤42	≤10	≤3.0	≤0.5	≤0.5	≥1690
三级	≥42	≤44	≤10	≤3.0	≤1.0	≤0.5	≥1690

（二）蛇纹岩

钙镁磷肥　蛇纹岩粉不仅含有多种作物生长所需营养元素，而且可在较长时间内发挥肥效。直接施用蛇纹岩粉肥料，即可较大幅度提高农作物产量和质量，增加作物的叶绿素含量和土壤固氮能力。生产钙镁磷肥的蛇纹岩质量要求（HG/T 3578—1996）：MgO 36%～32%，SiO₂ 42%，粒度 10～125mm。以 35%～40% 蛇纹岩、60%～65% 磷矿粉和适量焦炭配比，可生产 $w(P_2O_5)$ 为 12%～18% 的钙镁磷肥。

耐火材料原料　蛇纹岩与方镁石混合，可制成蛇纹石砖。蛇纹石与热固性树脂、石墨及少量金属元素混合，可制成镁碳砖。蛇纹岩也可作为高级耐火纤维——氧化镁晶须纤维。一般要求原料的 $w(MgO) \geqslant 39\%$。

冶金熔剂　蛇纹岩替代白云岩和硅砂制作烧结矿，烧结强度大，液相中硅酸盐成分少，分布均匀。在高炉装入料中添加蛇纹岩，可明显改善炉渣流动性。质量要求（$w_B\%$）：MgO≥36，Al₂O₃≤1.6，Ni≤0.5，S≤0.26，P≤0.05。

化工原料　将粒度<1mm 的蛇纹岩粉体，在 105℃、浓度 20% 的盐酸溶液中酸浸处理 150min。之后，对含可溶性阳离子的溶液进行喷雾煅烧，可得到纯度达 99% 的轻质氧化镁；对难熔残余物进行冲洗干燥，得到无定形多孔氧化硅。与海水制取的氧化镁相比，由蛇纹岩制得的氧化镁不含可溶性硼酸钠。因此，在冶金、化工、医药、特殊填料等领域具有重要用途。无定形氧化硅具有大量微孔，孔径范围<2.0nm，内表面积达 150m²/g，可用于造纸、酿造及污水处理等领域。

陶瓷原料　低铁蛇纹岩用作陶瓷坯体的配料，可改善坯体的热变性能，增加其半透明性；优质蛇纹岩与 MgO 配合，烧制镁橄榄石-顽辉石陶瓷，具有良好的耐磨性、化学稳定性、机械强度和蓄热能力。

建筑材料　蛇纹岩具有特有的墨绿色，质地细腻，可加工性好，是良好的建筑装饰材料。由蛇纹岩米石制成的水磨石和水刷石，颜色鲜艳、光亮。色彩美观、结构致密、均匀、具有一定块度、可琢磨性和加工性好的蛇纹岩，可加工高档工艺品。

第二节　辉石岩、角闪（石）岩

一、概念与分类

辉石岩　超镁铁质侵入岩的一种。矿物成分以辉石为主，含有少量橄榄石、角闪石、黑云母以及铬铁矿、磁铁矿、钛铁矿等。

按矿物组成，辉石岩可划分为斜方辉石岩、二辉岩、单斜辉石岩等种属（图 2-6-1）。还可根据橄榄石和角闪石含量进一步划分种属，如橄榄方辉岩、角闪辉石岩等。

角闪（石）岩　由变质作用形成、以角闪石为主要矿物的岩石称为角闪岩；而由岩浆作用形成、以角闪石为主要矿物的超镁铁质侵入岩称为角闪石岩。除成因上的差异外，两者的矿物组合及结构构造也明显不同。角闪岩中的角闪石常与斜长石、石英、黑云母、铁铝榴石、绿帘石等共生，通常为片麻状、条带状或块状构造，为基性火成岩、凝灰岩或铁镁质泥灰岩经中级变质作用的产物。角闪石岩的矿物组成除普通角闪石外，还含有辉石、橄榄石及少量铬铁矿、钛磁铁矿等，通常为块状构造，为超镁铁质岩浆结晶的产物。

角闪石岩可依角闪石、橄榄石和辉石的含量进一步划分为橄榄辉石角闪石岩、橄榄角闪石岩、辉石角闪石岩和角闪石岩（狭义）（图 2-6-1）。

辉石岩和角闪石岩的结构构造与橄榄岩相似。

二、化学成分与物理性质

辉石岩的化学成分见表 2-6-3，具有如下特点：SiO_2 含量变化仅有百分之几；TFeO 和 MgO 含量较高，多数岩石 MgO 含量大于 Fe_2O_3 和 FeO 含量之和；Na_2O 和 K_2O 含量较低。

表 2-6-3　代表性辉石岩的化学成分　　　　　　　　　　　　　w_B/%

序号	SiO_2	TiO_2	Al_2O_3	Fe_2O_3	FeO	MnO	MgO	CaO	Na_2O	K_2O	P_2O_5	烧失量
1	44.91	0.21	2.73	6.65	5.90	0.09	26.96	1.99	0.21	0.09	0.09	9.29
2	49.11	0.60	6.93	8.39	3.13	—	15.20	13.34	1.15	0.45	—	—
3	52.66	0.26	2.35	6.29	6.28	0.21	18.15	11.03	0.60	0.10	—	—
4	50.94	0.29	3.12	3.34	8.45	0.19	19.65	11.50	0.90	0.58	0.08	0.66
5	46.93	0.97	6.37	4.08	10.85	0.20	12.13	16.03	0.82	0.49	0.12	1.01
6	52.33	0.10	3.54	2.61	5.19	0.15	23.92	10.92	0.43	0.35	0.06	1.03

注：1. 辉石岩（北京密云）；2. 角闪辉石岩（北京延庆）；3. 角闪二辉岩（北京密云）；4. 单斜辉石岩（北京密云）；5. 单斜辉石岩（Daly, 1933）；6. 二辉岩（Daly, 1933）。1～4 据北京市地质矿产局（1991）。

迄今，对一般的辉石岩和角闪（石）岩的物理性质研究不多，但对其中以硬玉为主要矿物的辉石岩（翡翠）和以阳起石或透闪石纤维状集合体组成的角闪岩（软玉）的物性研究较多，了解较清楚。

翡翠　透明-半透明，玻璃光泽或珍珠光泽，摩斯硬度 6.5～7.0，韧性好，密度 3.25～3.40g/cm³，折射率约 1.66。颜色变化较大，且与矿物种属及微量元素含量有关。硬玉一般呈艳绿色、苹果绿色、豆绿色、白色、藕粉色及红色，除艳绿色与含微量 Cr^{3+} 有关外，其他颜色均与含铁有关。透辉石呈浅绿色、白色，含铬者呈翠绿色。钙铁辉石呈暗绿色或墨绿色。霓石呈墨绿色。这些矿物在翡翠中的含量与分布不同，导致翡翠的颜色多变且不均匀。

软玉　以透闪石、阳起石为主，次要矿物有透辉石、绿泥石、蛇纹石、方解石、石墨、磁铁矿等。优质的白色软玉由透闪石组成。软玉为油脂光泽、蜡状光泽，摩斯硬度 6.0～6.5，韧性好，折射率 1.606～1.632，密度 2.9～3.1g/cm³。质地十分细腻，用手触摸有滑感。软玉中主要矿物颜色：透闪石呈白色或浅灰色，含铁透闪石呈淡绿色；阳起石为绿色、黄绿色或褐绿色。石墨和磁铁矿呈黑色。软玉的颜色取决于其矿物组成及含量。

三、产状与分布

岩浆成因的辉石岩、角闪石岩以及优质翡翠往往与橄榄岩类共生。目前全世界90％以上的翡翠产自缅甸，俄罗斯、美国、日本虽也有翡翠，但质量较差。

变质成因的角闪岩往往与麻粒岩、片麻岩、片岩等区域变质岩共生，分布十分广泛。世界上绝大多数软玉产于蛇纹岩中。我国著名的新疆和田玉，产于镁质碳酸盐与中酸性侵入岩的接触带，与接触变质作用有关。世界上软玉的产地较多，除我国新疆和田县外，还有加拿大、美国、波兰、新西兰等地。

四、工业应用与技术要求

透辉石岩和透闪石岩可作为陶瓷原料，具有干燥与烧成收缩率小、热膨胀率低且呈线性膨胀的特征，在硅铝质体系中起熔剂作用，具有节能效果。透闪石也可作为生产日用玻璃和微晶玻璃的原料，产品具有强度高、耐酸碱性好等特性。它们亦可作为造纸、橡胶、涂料的填料。透辉石、透闪石矿床的一般工业指标：边界含矿率，透辉石＋透闪石≥40％，方解石＋白云石≤10％，Fe_2O_3≤1.5％；工业含矿率，透辉石＋透闪石≥60％，方解石＋白云石≤13％，Fe_2O_3≤1.5％，石英≤20％，云母≤1％；可采厚度1～2m，夹石剔除厚度1～2m。

翡翠和软玉作为最名贵玉石，应具备如下特征：质地致密、柔和、润泽；颜色或色调纯正，上光后柔和明亮，色彩鲜艳华美；光泽要强，透明度要好；块度越大越好；最好具有特殊的结构构造、色带或花纹等。

第三节　玄武岩、辉绿岩、辉长岩

一、概念与分类

玄武岩　是一种基性喷出岩，主要由钙质斜长石和辉石组成，有时含橄榄石、似长石及火山玻璃。

按碱性程度，玄武岩可划分为碱性和亚碱性两个系列。碱性系列玄武岩包括碱性苦橄玄武岩、碱性橄榄玄武岩、夏威夷岩、粗面玄武岩等岩石类型；亚碱性系列玄武岩又可分为拉斑玄武岩系列和钙碱性系列两个亚系列。前者包括拉斑苦橄玄武岩、橄榄拉斑玄武岩、石英拉斑玄武岩等岩石类型；后者主要岩石为高铝玄武岩。

碱性玄武岩与亚碱性玄武岩的区别是，前者的CIPW标准矿物中出现霞石，后者则不出现霞石。

1.碱性系列玄武岩

碱性苦橄玄武岩　标准矿物中出现霞石、橄榄石含量在25％～40％之间的玄武岩。

碱性橄榄玄武岩　标准矿物霞石含量＜5％、橄榄石含量＜25％的玄武岩。

夏威夷岩　也称作橄榄中长玄武岩，是指标准矿物中出现奥长石或中长石、Na_2O（％）-2％≥K_2O（％）的玄武岩。

粗面玄武岩　含拉长石和碱性长石的玄武岩。

2. 亚碱性系列玄武岩

拉斑苦橄玄武岩　Al_2O_3 含量＜16％、标准矿物中紫苏辉石的含量＜3％、橄榄石含量在 25％～40％之间的玄武岩。

橄榄拉斑玄武岩　为含橄榄石、紫苏辉石标准矿物分子的玄武岩。岩石分布极广，含橄榄石、斜长石及辉石斑晶，基质为贫钙辉石、拉长石、不透明矿物，有时出现玻璃质。

石英拉斑玄武岩　含有紫苏辉石标准矿物分子的玄武岩。

高铝玄武岩　Al_2O_3 含量＞16％、含斜长石斑晶的玄武岩。

辉绿岩　一种浅成的基性侵入岩，可形成岩床、岩墙等。颜色为暗绿和黑色，具典型的辉绿结构。矿物成分与辉长岩相似，但斜长石自形程度较高，呈长条状，辉石则为它形粒状，且多为普通辉石或贫钙的易变辉石，斜方辉石少见。含橄榄石的辉绿岩称橄榄辉绿岩；具有斑状结构，斑晶为斜长石和暗色矿物者，称辉绿玢岩。

辉长岩　基性侵入岩的一种。主要矿物为单斜辉石（普通辉石、透辉石等）和基性斜长石，二者含量近于相等。次要矿物为橄榄石、角闪石、黑云母等。副矿物为磷灰石、钛铁矿等。根据次要矿物不同，辉长岩可分为橄榄辉长岩、角闪辉长岩、石英辉长岩等。

二、矿物成分与岩相学

（一）玄武岩和辉绿岩

玄武岩和辉绿岩的主要矿物有斜长石、辉石、橄榄石、碱性长石、似长石、少量角闪石和黑云母等。

斜长石　斑晶和基质中均可出现。可见环带，但不普遍。有序度较低，大多＜0.3。

辉石　一般为贫钙的易变辉石及富钙的普通辉石和透辉石，常见环带构造；碱性玄武岩中出现淡红或淡紫色含钛普通辉石；碱玄岩和碧玄岩中可见霓辉石及霓石等碱性辉石包裹在普通辉石的外围。辉石可形成斑晶，也可出现于基质中，有时形成解理不发育、外观似玻璃质的巨晶。斜方辉石斑晶多为顽辉石。

橄榄石　一般较自形，有时可见贫钙辉石的反应边。常见蛇纹石化次生变化。

碱性长石　歪长石、透长石和正长石等碱性长石，主要出现在碱性玄武岩中。歪长石有时形成巨晶，长可达十几厘米。

似长石　包括白榴石、霞石、方沸石，仅出现在碱性玄武岩中。可形成自形斑晶，也可充填于基质中。

角闪石和黑云母偶尔出现，常发育暗化边。

玄武岩和辉绿岩的典型结构如下。

粗玄结构　又称间粒结构。在不规则排列的斜长石长条状微晶所形成的间隙中，充填有若干粒状辉石和磁铁矿的细小颗粒。

间隐结构　在杂乱分布的密集的斜长石长条状微晶所形成的间隙中，充填有隐晶质－玻璃质物质，有时也出现少量辉石和磁铁矿微粒。

拉斑玄武结构　在杂乱排列的斜长石长条状微晶形成的间隙中，除有粒状辉石、磁铁矿外，还有隐晶质物质，是介于粗玄结构和间隐结构之间的过渡结构，又称间粒间隐结构。

交织结构　大量斜长石微晶呈平行或半平行密集排列，其间夹有辉石和金属矿物的显微颗粒，有时也含少量玻璃。

玻璃质结构和玻基斑状结构　岩石几乎完全由褐色玻璃质组成者称玻璃结构。如果出现斑晶，且其含量超过5%，则称为玻基斑状结构。

辉绿岩呈典型的辉绿结构，即斜长石与辉石颗粒大小相近，单个辉石的它形颗粒填充于较自形的斜长石板状晶体所形成的近三角形间隙中。

玄武岩常见气孔构造、杏仁构造、熔渣状构造、枕状构造等。辉绿岩多呈块状构造。

(二) 辉长岩

辉长岩中常见矿物的特征如下。

基性斜长石　通常为拉长石或培长石。常呈厚板状，发育卡钠复合双晶和钠长石双晶，双晶单体较宽，双晶纹清晰。新鲜者无色透明，解理发育。有时发生钠黝帘石化，变为黝帘石、绿帘石和钠长石的集合体，也可发生绢云母化和绿泥石化。

单斜辉石　常见透辉石和普通辉石。有时发育角闪石的反应边，后者又可形成斜方辉石的反应边。常有针状磁铁矿或其他矿物的包裹体呈定向排列，称为"希列"构造。被绿泥石和碳酸盐交代后，可变为假象纤闪石。

斜方辉石　通常为顽辉石，可在橄榄石外围形成反应边，也可与单斜辉石成条纹交生。

角闪石　原生角闪石一般为普通角闪石，呈褐色或棕色。可包裹橄榄石和斜方辉石，也可以呈辉石的反应边。次生的角闪石多为纤维角闪石，常呈绿色。

橄榄石　出现在 SiO_2 不饱和的辉长岩中，多呈圆粒状，次生变化后可形成蛇纹石等。

黑云母　可独立存在或呈角闪石的反应边，有时生长在磁铁矿的边缘。颜色一般较深。

辉长结构是辉长岩的典型结构，特征是基性斜长石和辉石的自形程度相当、含量近于相等，均呈等轴粒状，是辉石和斜长石同时从岩浆中共结结晶的结果。

辉长岩通常为块状构造，但也可见条带状构造（暗色矿物与浅色矿物分别集中成条带）、球状构造（细粒基质中夹有基性斜长石、辉石或角闪石构成的同心球体）和流层构造（因流动引起的矿物定向排列）等。

三、化学成分与物理性质

典型玄武岩、辉绿岩和辉长岩的化学成分见表 2-6-4。

玄武岩和辉绿岩的高温熔浆黏度较其他硅酸盐熔浆低，结晶能力强，可加工性好，因而是生产岩棉制品的良好原料。辉长岩主要用作建筑装饰材料。

四、产状与分布

玄武岩分布极为广泛，常形成巨厚的大面积分布的岩流和岩被。我国河北汉诺坝玄武岩分布面积超过 $1000km^2$，最大厚度 295m。其形成时代从太古宙至第四纪。我国东部新生代玄武岩较发育，北起黑龙江五大连池，经吉林长白山、辽宁双辽、山东半岛、江苏、安徽至福建、广东、海南等地均有分布。

表 2-6-4　典型玄武岩、辉绿岩和辉长岩的化学成分　　　　$w_B/\%$

序号	SiO_2	TiO_2	Al_2O_3	Fe_2O_3	FeO	MnO	MgO	CaO	Na_2O	K_2O	P_2O_5	H_2O
1	50.14	1.70	18.76	2.34	6.20	0.09	7.29	9.60	2.44	1.70	—	0.87
2	44.71	2.11	15.10	5.33	6.66	0.20	7.15	9.32	3.96	1.77	0.87	2.76
3	48.43	2.00	16.30	6.74	4.23	0.07	5.06	8.27	3.24	1.43	0.67	3.59
4	52.18	1.12	12.70	8.23	3.67	0.36	8.38	6.43	1.59	1.59	0.29	3.50
5	51.79	0.90	16.80	1.91	5.98	0.12	4.01	8.57	2.12	2.21	0.33	2.52
6	45.86	2.00	14.48	4.82	6.12	0.24	12.26	7.69	3.53	1.55	0.38	
7	43.55	2.50	14.08	4.47	8.39	0.13	7.80	8.24	3.75	1.55	1.00	3.62
8	52.68	2.40	13.74	1.75	6.11	0.13	6.59	5.94	3.92	5.50	1.10	
9	47.96	2.83	13.24	2.93	7.87	0.02	7.48	8.02	3.79	4.89	1.03	0.42
10	51.46	2.15	12.34	2.50	12.23	0.22	5.83	8.62	2.32	0.82	0.16	0.66
11	46.60	2.75	17.16	5.00	6.02	0.17	2.37	6.81	3.83	4.60	1.03	3.21
12	46.52	1.70	16.07	5.54	7.24	0.11	7.86	10.54	3.10	0.53	0.16	0.34

　　注：1.南京方山伊丁玄武岩；2.河北汉诺坝拉斑玄武岩；3.台湾玄武岩；4.山东郯城橄榄玄武岩；5.浙江西部玄武岩；6.南京六合方山碱性橄榄玄武岩；7.河北汉诺坝碱性橄榄玄武岩；8.黑龙江五大连池歪长石玄武岩；9.黑龙江五大连池白榴石碱玄岩；10.北京怀柔辉绿岩；11.山东临朐辉绿岩；12.北京昌平辉长岩。1~9、11据武汉地质学院岩石教研室（1980）；10、12据白志民等（1991）。

　　辉绿岩分布较广，但规模比玄武岩小得多，多形成岩床、岩墙等。其形成时代和分布与区域基性岩浆活动关系密切。

　　辉长岩可形成独立侵入体，也可与超镁铁质岩、斜长岩形成层状侵入体。典型的层状侵入体下部为超镁铁质岩，中部为辉长岩，上部为斜长岩或闪长岩。辉长岩也可与辉石闪长岩共生。辉长岩的分布不及玄武岩广泛。

五、工业应用与技术要求

　　玄武岩和辉绿岩主要用于生产岩棉和玄武岩纤维，也可作为生产水泥的配料和建筑装饰材料。辉长岩既与某些金属矿床有成因联系，也是良好的建筑装饰材料。

　　岩棉原料　岩棉是由岩石熔融后制成的玻璃状细纤维绝热材料。主要制品有喷涂棉，隔热保温板、毡、带、套管、墙体材料，吸声消声及防火材料。岩棉及其制品的重量轻、热导率低、耐高温性好、不燃烧、化学稳定性好，广泛用于建筑、石油、化工、电力、纺织、冶金、船舶、交通运输等领域。

　　岩棉的化学成分主要为 SiO_2、Al_2O_3、CaO、MgO，但不同工艺和原料生产的产品成分往往有一定变化范围（表 2-6-5）。

表 2-6-5　岩棉的主要化学成分　　　　$w_B/\%$

序号	SiO_2	Al_2O_3	Fe_2O_3	CaO	MgO	原料组成
1	40.30	7.60	1.2	31.80	18.2	页岩和石英岩
2	41.16	13.66	—	25.61	16.3	玄武岩和白云岩
3	38.50	13.30	0.2	31.20	13.0	玄武岩和石灰岩
4	44.80	10.80	0.7	32.70	8.6	页岩和石灰岩
5	40.00	14.80	1.3	31.40	11.6	石灰质页岩

　　自然界中许多岩石都可作为生产岩棉的原料，如辉石岩、辉长岩、闪长岩、安山岩、页

岩、石灰岩、石英岩、白云岩、火山灰等。玄武岩和辉绿岩的化学成分与岩棉相近，且化学成分稳定，熔点也较低，因而是最理想的岩棉原料。

岩棉生产工艺：将所有原料按设计配比称重、混合后，投入冲天炉或电熔炉。在 $1600\sim1700℃$ 下熔化，形成高温熔体，利用高速离心机使其纤维化，制成纤维棉。纤维棉加黏结剂可以制成纤维毡、纤维板等型材。纤维棉造粒后可作喷涂材料和隔热填充材料。

岩棉用玄武岩的一般工业指标（$w_B\%$）：SiO_2 $40\sim50$，Al_2O_3 $10\sim17$，Fe_2O_3+FeO $11\sim17$，CaO $9\sim14$，MgO $6\sim14$，K_2O+Na_2O $2\sim4$；粒度 $8\sim10cm$。

玄武岩纤维 玄武岩纤维是玄武岩原料在 $1450\sim1500℃$ 熔融后，通过铂铑合金拉丝漏板高速拉制而成的连续纤维。其性能介于高强度 S 玻璃纤维和无碱 E 玻璃纤维之间，纯天然玄武岩纤维的颜色一般为褐色，有些似金色。$1953\sim1954$ 年间，前苏联莫斯科玻璃和塑料研究院开发出了玄武岩纤维，随后经过 30 年的持续研究，于 1985 年在乌克兰实现工业化生产，产品全部用于前苏联国防军工和航空航天领域。

玄武岩纤维具有良好的力学性能，拉伸强度 $3000\sim4800MPa$，弹性模量 $79\sim95GPa$，断裂伸长率 $3.0\%\sim3.3\%$；使用温区 $-260\sim880℃$；热导率仅为 $0.031\sim0.038W/(m\cdot K)$；化学稳定性好，耐酸碱、耐溶剂、耐紫外线、抗氧化；吸音因数为 $0.9\sim0.99$，吸音隔音性能优异；吸湿性低于 0.1%；电绝缘性和介电性能良好；与硅酸盐具有天然的相容性。

玄武岩纤维是一种新型绿色高性能无机纤维材料，目前已在纤维增强复合材料、摩擦材料、造船材料、隔热材料、汽车行业、高温过滤织物以及防护领域等多个领域得到广泛应用。玄武岩纤维的绝缘材料优良，利用其介电特性和吸湿率低、耐温好的特性可以制成高质量印刷电路板等材料。玄武岩纤维增强树脂基复合材料也是制造坦克、火炮、发动机罩、减震装置等结构部件的理想材料。

水泥原料 目前一般采用黏土作为水泥的配料。玄武岩的成分与黏土相近，但成分较稳定，且 Al_2O_3、Fe_2O_3+FeO 及 R_2O 含量较高，能提高炉料的反应能力，缩短烧成周期，增加铁铝酸钙的含量，从而提高水泥的抗硫酸盐腐蚀性和抗折强度，降低成型放热量。

金属矿产 辉长岩往往与铬铁矿、铜镍硫化物矿床、钒钛磁铁矿矿床有成因联系。

我国著名的攀枝花钒钛磁铁矿床产于辉长岩体中。岩体长约35km，宽约2km，呈似层状，倾向北西，倾角 $50°\sim60°$，自下而上可划分 5 个岩相带。矿体呈似层状产出，共有九层，厚数米至数百米，延长数千米至逾20km，产状与岩体一致。矿石的主要金属氧化物为磁铁矿、钛铁矿、钛铁晶石、镁尖晶石；硫化物有磁黄铁矿、镍黄铁矿、硫钴矿等。矿石以层状、块状、斑杂状构造为主，具海绵陨铁结构，磁铁矿和叶片状钛铁矿呈格状交生结构。钒主要呈类质同象赋存于磁铁矿中。该矿床规模大，品位高，为天然合金矿石，是岩浆结晶分异的产物。

铜镍硫化物矿床通常与苏长岩、橄榄苏长岩等富镁基性岩、富铁超基性岩有关。岩体常顺层侵入，呈岩盆、岩床和岩瘤产出，分异特征明显。矿床常呈似层状产于岩体底部，规模较大。矿石以半自形-它形粒状、海绵陨铁、固溶体分离等结构为主，常为块状、浸染状构造。主要共生矿物有磁黄铁矿、镍黄铁矿、黄铜矿、磁铁矿等。矿石中的 $Cu:Ni$ 约为 $1:1$，除可提取 Ni、Cu 外，还可回收铂族元素及 Au、Ag、Co 等贵金属。该类矿床往往受岩浆熔离和结晶分异作用控制。加拿大的 Sudbury 苏长岩体中产有世界上规模最大的铜镍硫化物矿床（Walker et al，1991）。该岩体为一分异良好的大岩盆，分布面积约 1342km²。矿石矿物主要有磁黄铁矿、黄铜矿、镍黄铁矿等。金川铜镍铂族硫化物矿床是世界第三大镍矿床，中国镍资源的 85% 和铂资源的 95% 均来自金川铜镍矿床（闫海卿等，2005）。

津巴布韦大岩墙以其规模宏大、自然景观独特、富含铬铁矿而闻名于世。该岩体位于津巴布韦中部，呈 NE20° 方向延伸，长约 534km，最宽处 11km。地表出露形态呈岩墙状，而内部岩石呈层状产出，岩层产状相向倾斜，构成盆状构造。岩墙分带明显，最下部为纯橄榄岩，中部为辉石岩-方辉橄榄岩-纯橄榄岩，上部为辉长岩，各带之间多为过渡关系。下部和中部有多层铬铁矿矿层；下部不含铬铁矿矿层，但有铂和钒钛磁铁矿矿层。岩墙中的铬铁矿体呈稳定、连续的层状分布，产状与岩层一致，向岩盆中心倾斜，倾角最大为 40°。铬铁矿矿层最多达十层，单矿层厚度一般不超过 35cm。矿石以块状和浸染状构造为主，浸染状矿石多出现在矿层上部。从下部矿层到上部矿层，Cr_2O_3 和 MgO 含量有逐渐减小趋势，而 ΣFeO 含量则相应增高。

建筑材料　玄武岩、辉绿岩、辉长岩具有漂亮的颜色、美丽的花纹、较高的抗压强度、硬度以及良好的磨光性，作为建筑及装饰材料广泛用于建筑物的表面装饰及纪念性标志物。作为建筑装饰材料要求：荒料（加工的石料）大面应与岩石的节理面或花纹走向平行；表面颜色基本一致，晶体颗粒分布均匀，无裂纹，无明显色线和色斑。

中国石材行业将玄武岩、辉绿岩、辉长岩等主要由硅酸盐矿物组成的石材统称为花岗石，其一般工业要求以及质量技术指标参见花岗石材。天然石材大多具有一定的放射性。为保证使用安全，对建筑材料放射性核素限量规定见表 2-6-6。

表 2-6-6　建筑材料放射性核素限量标准 （GB 6566—2010）

石材产品核素限量类型	可　使　用　范　围	天然放射性核素限量（镭-226、钍-232、钾-40 的放射性比活度同时满足下列要求）
A	产销与使用范围不受限制	$I_{Ra} \leqslant 1.0$ 和 $I_\gamma \leqslant 1.3$
B	不可用于住宅、老年公寓、托儿所、医院、学校等民用建筑的内饰面，但可用于它们的外饰面及其他一切建筑的内外饰面	达不到 A 类，但 $I_{Ra} \leqslant 1.3$ 和 $I_\gamma \leqslant 1.9$
C	只可用于建筑物的外饰面及室外其他用途	达不到 A、B 类，但 $I_\gamma \leqslant 2.8$

玄武岩的电阻率很高，切削加工后可作为绝缘材料，其物理性质要求见表 2-6-7。

表 2-6-7　电力工业用玄武岩绝缘材料的物理性质

性　能	玄武岩	性　能	玄武岩
密度/(g/cm³)	2.6~3.3	热导率/[W/(m·K)]	1.7~2.5
抗压强度/MPa	98~195	体积电阻率/TΩ·cm	0.001~1
抗拉强度/MPa	14~69	介电常数	5.3~5.5(1MHz)
弯曲强度/MPa	54~73	介电损耗正切	0.0034~0.0038(1kHz)
热膨胀系数/(m/K)	5~10	击穿强度/(MV/m)	14
比热容/[J/(kg·K)]	840	吸水率/%	<0.25

六、研究现状与趋势

随着中国建筑业的发展，由玄武岩或辉绿岩生产的岩棉制品正朝着多品种、多规格、高质量、高性能方向发展，应用范围越来越广，具有良好的发展潜力。

玄武岩作为水泥配料有其特殊的优越性，但其 Na_2O、K_2O 含量有时较高，对水泥混凝土制品的耐久性和强度有不利影响，是值得重视和研究的问题。

玄武岩、辉绿岩和辉长岩作为建筑装饰材料的发展势头正旺，正在成为国民经济新的增长点。建筑石材的广泛使用可相应减少水泥混凝土用量，减少水泥工业对石灰石、黏土、煤炭等资源的消耗和对生态环境的不良影响。

第七章　硅铝质岩类

硅铝质岩是指组成矿物主要为硅铝质矿物、化学成分以 SiO_2 和 Al_2O_3 为主的岩石。

第一节　石英岩、石英砂、石英砂岩、脉石英、粉石英

石英是地壳中最丰富的矿物之一，以石英为主要矿物的岩石广泛分布。工业领域应用较多的富含石英的岩石主要有石英岩、石英砂、石英砂岩、脉石英和粉石英。

一、概念与分类

石英岩　即石英含量大于85%的变质岩石，由石英砂岩或硅质岩经区域变质作用或接触变质作用而形成。

石英砂　又称硅砂，由暴露于地表的富含石英的岩石经风化作用而形成，是一种石英含量超过95%、未胶结的松散堆积物。在工业应用领域，也把由石英砂岩、石英岩、脉石英等破碎加工制得的各种粒级的砂称为石英砂。

石英砂岩　是一种固结的砂质岩石，石英及硅质岩屑含量超过95%。其中，以非晶态硅质（蛋白石、玉髓）为胶结物者称硅质石英砂岩；硅质胶结物发生重结晶而转变为再生石英者称沉积石英岩。

脉石英　是由热液或变质作用形成、呈脉状产出、几乎由石英单矿物组成的岩石。

粉石英　是一种高纯度的天然粉末状石英，其粒度极细，呈疏松土状。

二、矿物成分与岩相学

石英岩　以石英为主，含量>85%。由于原岩所含杂质和变质条件不同，岩石中除石英外，可含有少量长石、绢云母、绿泥石、白云母、黑云母、角闪石、辉石、夕线石、蓝晶石、磁铁矿等。一般具有粒状变晶结构及块状构造，有时具条带状构造。

石英砂　以石英含量最高。此外，尚含有长石、云母、黏土矿物及各种岩石碎屑等。砂的形状有棱角状、次棱角状、浑圆状等，形态随产状不同而变化。颗粒大小一般在 $0.05\sim2mm$ 之间，呈未胶结松散状。

石英砂岩　石英及硅质岩屑超过95%。常见胶结物为硅质和碳酸盐，此外还可有铁质、石膏、磷酸盐等。岩石通常为浅色，多为白色。碎屑颗粒磨圆和分选性良好，波痕、交错层理发育，是碎屑物经长期或反复侵蚀、搬运的产物。

脉石英　石英含量可达99%以上，常含少量黄铁矿、黄铜矿、方铅矿及长石、云母等矿物。岩石为白色、浅灰白色，油脂光泽，不等粒变晶结构，呈坚硬致密块状。

粉石英　主要由微晶石英组成，粒度均匀，粒径在$5\sim20\mu m$，个别在$40\sim60\mu m$。颜色呈白色、灰白色，结构松散。

三、化学成分与物理性质

代表性石英岩、石英砂、石英砂岩、脉石英及粉石英的化学成分见表2-7-1。

石英岩、石英砂、石英砂岩、脉石英及粉石英中，主要矿物都是石英，所以它们的物理性质与石英相似，密度$2.55\sim2.65g/cm^3$。由于结构、构造的差别，导致体积密度有所差异。石英砂岩、石英岩的体重与其密度相近，石英砂的体积密度大多为$1.75\sim2.0g/cm^3$。

表2-7-1　石英岩、石英砂、石英砂岩、脉石英及粉石英的化学成分　　$w_B/\%$

序号	SiO_2	TiO_2	Al_2O_3	Fe_2O_3	MgO	CaO	Na_2O	K_2O	P_2O_5	烧失量
1	98.06	0.05	0.14	0.19	0.07	0.50	0.03	0.03	0.15	0.40
2	90.18	0.08	5.12	0.30	0.08	0.20	1.01	2.31	—	0.38
3	99.11	0.06	0.24	0.07	0.20	0.09	0.02	0.05	—	0.20
4	98.50	0.03	0.45	0.05	0.06	0.04	0.10	—	—	—
5	99.00	—	0.25	0.02	0.02	0.08	0.07	0.11	—	—

注：1.峨边金河石英岩；2.吉林通辽石英砂；3.阳江石英砂；4.辽宁本溪石英砂岩；5.湖北蕲春脉石英。据陶维屏等（1987）。

四、产状与分布

石英岩　分为沉积石英砂岩变质形成和硅质岩变质形成两种成因。前者多产于古老的沉积岩系中，一般为厚层状，单层厚度可达数百米，成分、层位稳定，矿体规模大。矿石致密均匀，抗侵蚀能力强，次生裂隙少，铁染微弱。后者具有工业价值的矿床不多，且矿体形态复杂，矿石结构、成分多不均匀。石英岩主要分布在古老的沉积变质岩区。

石英砂　分为海相沉积和陆相沉积两种成因类型。陆相沉积又可分为河流相沉积、湖泊相沉积和残积相沉积三类。海相沉积石英砂呈层状产出，层位较稳定，厚数米至十余米。矿物成分以石英为主，具不同程度铁染。矿床规模大、中、小型均有，非矿夹层较少，形成时代多在第四纪。河流相沉积石英砂矿床，一般呈不规则层状或透镜状，厚度大多小于10m，非矿夹层较多。规模以中、小型为主。石英含量一般在80%～85%，并含有较多的长石、黏土矿物和岩屑。湖泊相沉积石英砂矿呈层状产出，厚度一般不超过10m。规模以中小型为主。石英含量一般在90%以上，其余为长石和岩屑。残积相沉积石英砂矿一般为富含石英的原岩，经风化作用后原地沉积或搬运不远沉积的产物。矿体形态不规则，厚度小，分选差，矿石质量一般较差。石英砂矿多分布在海岸和湖岸地带。

石英砂岩　矿床主要为浅海相沉积，呈层状，形态简单，厚度和质量稳定。规模大，储量大多在数百万吨以上。常有粉砂质页岩或黏土岩夹层。夹层多为似层状或透镜状，厚度几十厘米至几米，沿走向一般10余米即尖灭。矿石刚性较大，裂隙发育，常有不同程度的铁染现象。主要分布在古浅海地区。其形成时代从元古宙至新近纪都有。

脉石英　主要产于花岗或与混合岩化有关的变质岩区，矿体呈脉状，宽数米至数十米，长十余米至数百米。有时多条脉体平行产出。规模以小型为主。

粉石英　由富含石英的岩石经化学风化作用形成，分布较局限，主要产于亚热带多雨潮湿地带，如我国南方的江西、福建、湖南、广西等地。

中国的石英资源丰富，分布遍及全国。太古宇变质岩系中主要发育脉石英。元古宙主要发育石英岩和石英砂岩，分布区域集中在东北和华北地区。古生代石英砂岩矿床发育，主要分布于我国中部地区。中生代的石英资源较少。第三纪的石英砂矿大多未充分胶结。第四纪石英砂矿发育，广泛分布于东南沿海及内陆地区，是石英原料的重要来源。

五、工业应用及技术要求

石英岩、石英砂、石英砂岩、脉石英及粉石英等，是重要的工业原料，且大多以利用石英的理化性质为主。

玻璃原料　上述岩石是生产硅酸盐玻璃的主要原料，用于制造平板玻璃、工业技术玻璃、仪器玻璃、器皿玻璃及特种玻璃等。平板玻璃和器皿玻璃对石英原料的质量要求分别见表 2-7-2 和表 2-7-3。

表 2-7-2　平板玻璃用硅质原料质量要求（DZ/T 0207—2002）

品级	化学成分/%			粒度组成（不大于）/%				
	SiO_2 不少于	Al_2O_3 不大于	Fe_2O_3 不大于	+1mm	+0.8mm	+0.71mm	+0.5mm	−0.1mm
优等品	98.50	1.00	0.05		0	0.50	5.50	5.00
一级	98.00	1.00	0.10					10.00
二级	96.00	2.00	0.20	0	0.50	—	—	20.00
三级	92.00	4.50	0.25					25.00
四级	90.00	5.50	0.33					30.00

表 2-7-3　器皿玻璃用硅质原料质量要求（DZ/T 0207—2002）

品级	含量/%				说　明
	SiO_2	Al_2O_3	Fe_2O_3	Cr_2O_3	
Ⅰ	>99	<1.0	<0.05	<0.001	玻璃仪器器皿玻璃（不包括晶质玻璃）
Ⅱ	>96	<2.0	<0.1		一般器皿玻璃，无色玻璃
Ⅲ	>90	<4.0	<0.35		一般瓶罐玻璃

陶瓷原料　石英是陶瓷坯体中的脊性原料。陶瓷工业对硅质原料的要求见表 2-7-4。

表 2-7-4　陶瓷工业对硅质原料的成分要求（DZ/T 0207—2002）

用　途		化学成分/%						
		SiO_2	$Fe_2O_3+TiO_2$	Fe_2O_3	Al_2O_3	K_2O+Na_2O	CaO	MgO
无线电用陶瓷	一级品	>99.5		<0.01	<0.2	<0.1	<0.1	<0.1
	二级品	>98.5		<0.05	<0.1	<0.2	<0.1	<0.1
电瓷		>98.5		<0.15				
建筑、卫生、日用陶瓷		>98.5	0.5					

耐火材料原料　石英主要用于生产冶金、玻璃、炼焦用耐火材料——硅砖的原料，质量要求见表 2-7-5。

表 2-7-5　耐火材料用石英原料质量要求（DZ/T 0207—2002）

用　途		化学成分/%				耐火度/℃
		SiO_2	Al_2O_3	Fe_2O_3	CaO	
硅砖用	特级品	>98.0	<0.5	<0.5	<0.5	1750
	Ⅰ级品	>97.5	<1.0	≤1.0	<0.5	1730
	Ⅱ级品	>96.0	<1.5	<1.5	<1.0	1710

熔剂、结晶硅、石英玻璃原料　作为冶金熔剂、结晶硅和石英玻璃原料，其质量要求见表 2-7-6。

表 2-7-6　熔剂等用石英原料的化学成分　　　　　　　　　　$w_B/\%$

用　途	SiO_2	Al_2O_3	Fe_2O_3	CaO	P_2O_5
冶金熔剂	≥90～95	≤2～5	≤1～3	≤3	—
硅铝合金	≥98.50	≤0.5	—	—	—
结晶硅	≥98～99	0.5	≤0.5	≤0.5	≤0.03
石英玻璃	≥99.95	极微	极微	极微	极微

铸造型砂　铸造钢铁部件时，熔融金属液温度很高，要求铸砂的石英含量较高。由于金属液注入砂型后产生大量气体，气体迅速逸出，因而要求型砂的透气性良好。我国要求的型砂质量见表 2-7-7。

表 2-7-7　我国型砂的质量要求　　　　　　　　　　$w_B/\%$

等级	SiO_2	含泥量	K_2O+Na_2O	$CaO+MgO$	Fe_2O_3
1S	＞97	＜2	＜0.5	＜1.0	＜0.75
2S	＞96	＜2	＜1.50	＜1.50	＜1.00
3S	＞94	＜2	＜2.0	＜2.0	＜1.50
4S	＞90	＜2			

合金原料　铁合金与工业硅用石英原料的化学成分要求（YB/T 5268—2014）见表 2-7-8。

表 2-7-8　铁合金与工业硅用石英原料的化学成分要求　　　　　　$w_B/\%$

牌号	SiO_2	Al_2O_3	Fe_2O_3	CaO	P_2O_5
GST99	≥99	≤0.3	≤0.15	≤0.15	≤0.02
GST98	≥98	≤0.5	—	≤0.20	≤0.02
GST97	≥97	≤1.0	—	≤0.30	≤0.03

耐酸填充物　高纯度的石英岩和脉石英，耐酸性好，可用作硫酸塔中的填充物，也可用于制造硅酸盐。质量要求：$w(SiO_2)＞90\%$，吸水率和孔隙率接近于零，无裂纹和包裹体。

天然油石原料　石英岩和石英砂岩是加工天然油石的原料。油石主要用于倒砂压光和直接研磨各种高精度、高光洁度的块规、刀具、刃具，抛光钟表摆轴及零件、仪表轴尖、硬合金笔尖、高级绘图仪器及精密机械零件。质量要求：SiO_2 含量大于 98%，石英含量大于 95%，颗粒尺寸 $0.005～0.05mm$，晶体呈等轴状，结构均匀致密，研磨时本身脱落微量；研磨部件的光洁度达 $4～10$ 级；对部件的磨削率小于 $0.01g/100min$。

过滤原料　石英砂或改性石英砂可用于滤除污染水体中的苯酚和藻类（谢水波等，2000；马军等，2002）。过滤自来水用石英砂，要求 $w(SiO_2)＞98\%$，粒度 $0.5～1.2mm$。

沉淀二氧化硅原料　沉淀二氧化硅（白炭黑）是重要的工业原料，主要用作橡胶的补强填料，合成树脂的填料，油墨增稠剂，涂料中颜料的防沉淀剂、消光剂，车辆及金属软质抛光剂以及乳化剂中的防沉淀剂，农药载体和轻质新闻纸的填料等。

沉淀二氧化硅可以石英砂、纯碱为原料经碳化法制备。工艺过程：石英砂和纯碱混合后高温熔融，将熔融物溶解，通入 CO_2 气体（浓度 $30\%～35\%$）进行碳化中和 $6～8h$，用水洗涤，加硫酸调节 pH 值至 $6～8$，进行第二次洗涤，脱水，干燥至含水量 ≤6%，粉碎至

200～300 目即得产品。

沉淀二氧化硅的质量标准（HG/T 3061—2009）：$w(SiO_2) \geqslant 90\%$，$45\mu m$ 筛余量 $\leqslant 0.5\%$，加热减量 $4.0\% \sim 8.0\%$，灼烧减量 $\leqslant 7.0\%$，pH5.0～8.0，含 Cu$\leqslant 30 \times 10^{-6}$，含 Fe$\leqslant 1000 \times 10^{-6}$，含 Mn$\leqslant 50 \times 10^{-6}$，DBP（邻苯二甲酸二丁酯）吸收值 $2.00 \sim 3.50 cm^3/g$。

硅酸钠及硅胶原料 硅酸钠俗称水玻璃，商品名泡花碱。其用途非常广泛，可用于生产石油催化、裂化用的硅铝催化剂，是生产硅胶、分子筛、沉淀二氧化硅、各种硅酸盐类的基本原料；是洗衣粉、肥皂中不可少的填料；是自来水的软化剂、沉淀剂；是纺织工业中的助染、漂白和浆纱剂；是机械铸造、砂轮制造的辅助原料；是快干水泥、耐酸水泥的添加剂；可用于选矿、防水和堵漏；木材在硅酸钠中浸过后具有防火特性；高模数硅酸钠是纸板、纸箱的黏结剂。

硅酸钠的生产方法有干法和湿法两种。

干法生产过程 石英砂与纯碱按比例混合→窑池中熔化（约 8h）生成硅酸钠熔体→在窑池外水冷为固体玻璃状硅酸钠颗粒→蒸压釜中加水、加气溶解（0.4MPa，40～60min）→蒸发浓缩→成品。

湿法生产过程 浓度 30% 的 NaOH 溶液与水混合后，在搅拌条件下逐渐加入石英砂→反应釜中加热（0.6MPa，160℃），不断搅拌（60r/min）反应（约 7h）→降压至 0.3MPa 后出料，并不断搅拌→降温至 90℃ 左右时真空过滤→溶液为硅酸钠成品→固相洗涤后作为配料循环使用。该法能耗较低，产量较高，但石英转化率只有 70% 左右，仅适于生产模数小于 3.0 的硅酸钠溶液。

硅胶是具有三维网状结构的氧化硅干凝胶，具有很大的内表面积和特定的微孔结构，是重要的干燥剂、吸附剂和催化剂载体，广泛用于石油化工、医药、生物化学、环保、涂料、农药、造纸、油墨、塑料等领域。硅胶生产原料为硅酸钠和硫酸，反应式如下：

$$Na_2O \cdot mSiO_2 + H_2SO_4 \Longrightarrow Na_2SO_4 + mSiO_2 + H_2O$$

采用不同的制备方法和工艺条件，能制备出不同粒度、形状、孔特性的硅胶品种。块状硅胶的制备过程：在反应釜中配制稀硫酸（浓度 30%±0.5%，$1.217g/cm^3$）→在沉淀罐中配制稀硅酸钠（$Na_2O6.0\% \sim 6.2\%$，$1.25g/cm^3$），充分搅拌后静置 48h→将稀硫酸和稀硅酸钠溶液分别注入耐压储罐中加压→使二者按要求流速进入反应喷头，生成溶胶，反应温度控制在 20～30℃，pH 值控制在 2±0.2→溶胶进入老化槽老化 36h→将不大于 3cm 的水溶胶块装入水洗槽，洗涤脱去硫酸钠→采用不同处理方式制得不同孔径的硅胶。

单晶硅原料 单晶硅是重要的半导体材料，主要用于整流器件、二极管、可控硅整流元件、无线电器材、太阳能电池、原子能电池、光电池、探测元件、红外线测试设备等。单晶硅的制备经历由石英砂→金属硅（单质硅）→多晶硅→单晶硅的过程（何凯，2005）。

石英砂（$SiO_2 > 99\%$）与焦炭混合后在约 1500℃ 煅烧，还原得纯度 $96\% \sim 99\%$ 的金属硅：

$$SiO_2 + 2C \Longrightarrow Si + 2CO \uparrow$$

将金属硅氯化成四氯化硅或三氯氢硅，反应式为：

$$Si + 2Cl_2 \Longrightarrow SiCl_4（450 \sim 500℃）$$

$$Si + 3HCl \Longrightarrow SiHCl_3 + H_2（280 \sim 300℃）$$

采用四氯化硅或三氯氢硅-氢还原法，制得高纯度的多晶硅：

$$SiCl_4 + 2H_2 \Longrightarrow Si + 4HCl（1100 \sim 1180℃）$$

$$SiHCl_3 + H_2 \Longrightarrow Si + 3HCl（1100℃）$$

采用坩埚直拉法或区域熔炼法获得单晶硅。

工业领域使用的高纯度石英砂，其杂质含量应符合表 2-7-9 的要求。

表 2-7-9 高纯度石英砂的杂质限量要求（JC/T 857—2000）

杂质，最大/%	含量/%	
	一级	二级
铁（Fe）	0.0005	0.0008
铜（Cu）	0.00005	0.0001
铅（Pb）	0.0005	0.0005
氯（Cl）	0.0020	0.0030
灼烧失重	0.05000	0.05000

氧化硅气凝胶 是由胶体粒子或高聚物分子相互聚合成纳米多孔网状结构，并在孔隙中充满气态分散介质的一种高分散固态材料。其孔隙率可达 $80\%\sim99.8\%$，孔洞尺寸一般在 $1\sim100nm$，密度 $3\sim600kg/m^3$，具有许多特殊性质，在高能粒子探测器、隔热材料、声阻抗耦合材料、催化剂和催化剂载体等领域具有广阔的应用前景。

氧化硅气凝胶的制备通常通过溶胶-凝胶和超临界干燥两个过程。前者是将正硅酸甲醇和正硅酸乙醇等与有机硅和水混合，在催化剂作用下发生水解反应生成 $Si(OH)_4$，再脱水缩聚，生成以硅氧键≡Si—O—Si≡为主体的聚合物，形成具有网状结构的醇凝胶。第二步是将醇凝胶置于高压容器中，用干燥介质置换醇凝胶骨架周围存在的大量溶剂，在控制温度、压力和干燥速率的条件下，获得保持凝胶原有形状和结构的气凝胶。

其他用途 粉石英除作为电瓷、玻璃纤维、硅砖、精密铸造、磨料、合成硅酸钙的原料外，还可用作油漆原料以及橡胶、塑料、涂料的填料。石英砂经过显色和成釉反应，可制成彩釉石英砂，用于生产彩釉石英漆。高纯石英砂亦可用于制备氮化物补强石英基复合材料（吴浩华等，2000），或合成碳化硅、氮化硅的原料。

油井加压和精密铸造用石英砂的质量要求（$w_B\%$）：$SiO_2>98$，$Al_2O_3<0.94$，$Fe_2O_3<0.24$，$CaO<0.26$；粒度 $0.3\sim0.5mm$。磨料砂质量要求（$w_B\%$）：$SiO_2>98$，$Al_2O_3<0.72$，$Fe_2O_3<0.18$；沙砾磨圆度好，无棱角，粒度 $0.8\sim1.5mm$。玻璃纤维原料的质量要求（$w_B\%$）：$SiO_2+Al_2O_3>95$，$K_2O<0.2$，$Fe_2O_3<0.2$；粒度要求 320 目筛余量 $<15\%$。去除热交换器中水锈的喷砂质量要求（$w_B\%$）：$SiO_2>99.6$，$Al_2O_3<0.18$，$Fe_2O_3<0.02$；粒度 $50\sim70$ 目。水泥原料的质量要求（DZ/T 0213—2002）：普通硅酸盐水泥原料（$w_B\%$），$SiO_2\geqslant70$，$MgO\leqslant3$，$K_2O+Na_2O\leqslant4$，$SO_3\leqslant2$；白水泥原料（$w_B\%$），$SiO_2\geqslant80$，$MgO\leqslant3$，$K_2O+Na_2O\leqslant2$，$SO_3\leqslant2$，$Fe_2O_3\leqslant0.5$。

第二节 花岗岩类

一、概念与分类

花岗岩类岩石是指由岩浆作用形成，以石英（$20\%\sim60\%$）、碱性长石和（或）斜长石为主要矿物的酸性侵入岩。

根据石英、碱性长石和斜长石的含量，花岗岩类可划分为碱长花岗岩、正长花岗岩、二长花岗岩、花岗闪长岩和英云闪长岩等（图 2-7-1）。

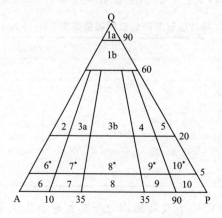

图 2-7-1　深成岩分类命名图解

（据 Streckeisen，1973）

Q—石英，A—碱性长石，P—斜长石；1a—硅英岩，1b—富石英花岗岩类，2—碱长花岗岩，3a—正长花岗岩，3b—二长花岗岩，4—花岗闪长岩，5—英云闪长岩、斜长花岗岩，6*—石英碱长正长岩，7*—石英正长岩，8*—石英二长岩，9*—石英二长闪长岩、石英二长辉长岩，10*—石英闪长岩、石英辉长岩、石英斜长岩，6—碱长正长岩，7—正长岩，8—二长岩，9—二长闪长岩、二长辉长岩，10—闪长岩、辉长岩、斜长岩

二、矿物成分与岩相学

花岗岩类岩石中的主要矿物有石英、碱性长石和斜长石。次要矿物有黑云母、角闪石和辉石。副矿物主要有锆石、磷灰石、榍石、磁铁矿、钛铁矿、电气石、石榴子石等。

石英　在深成相中呈不规则它形粒状，一般是岩浆结晶的最后产物。在一些浅成斑岩中，多呈斑晶出现，可见六方双锥晶型（β-石英）。

碱性长石　包括微斜长石、正长石、条纹长石，浅成相中有时可见透长石和歪长石。微斜长石的变种天河石常呈浅蓝绿色。碱性长石遭受后期次生变化后多变为高岭石。

斜长石　常为奥长石，聚片双晶发育，双晶纹很细，有时具环带但不发育。遭受岩浆期后蚀变作用后，常变为绢云母、绿帘石、黝帘石等。

黑云母　是花岗岩类岩石中最常见的暗色矿物，呈暗褐色或暗绿色。常包裹有磷灰石、锆石、褐帘石、磁铁矿、金红石等副矿物。蚀变后多变为绿泥石。

角闪石　含量较少，且其含量随斜长石含量增加、黑云母含量减少而增加。

典型结构为花岗结构，即半自形粒状结构，特征为暗色铁镁矿物和斜长石相对较自形，碱性长石大多为半自形，石英为它形晶充填于由其他主要矿物构成的不规则间隙中。

块状构造最常见，但也可见斑杂构造、晶洞构造、似片麻状构造等。

三、化学成分与物理性质

典型花岗岩类岩石的化学成分见表 2-7-10。

花岗岩类具有良好的耐磨性和机械强度。抗压强度为 $100\sim210$MPa，最高达 300MPa；抗折强度为 $9\sim27$MPa；密度 $2.63\sim2.75$g/cm^3；容重 $2.5\sim3.3$g/cm^3；孔隙率约 1.2%，吸水率约 0.4%。

表 2-7-10 典型花岗岩类岩石的化学成分 $w_B/\%$

序号	SiO_2	TiO_2	Al_2O_3	Fe_2O_3	FeO	MnO	MgO	CaO	Na_2O	K_2O	P_2O_5	H_2O^+
1	67.64	0.39	15.22	1.37	1.67	0.06	1.42	2.34	3.67	4.33	0.07	0.67
2	69.75	0.24	13.53	0.81	1.56	0.09	0.91	1.40	3.15	5.48	0.10	0.61
3	71.94	0.23	13.11	1.46	1.36	0.12	0.63	0.65	2.44	5.60	0.13	0.78
4	74.61	0.16	16.05	0.76	0.72	0.05	0.28	0.44	4.21	4.61	0.03	0.50
5	69.16	0.53	14.76	1.68	1.36	0.07	1.01	1.33	4.61	4.64	0.17	0.46
6	69.06	0.44	15.26	1.74	1.43	0.04	0.69	1.79	4.41	4.10	0.11	0.37
7	64.98	0.52	16.33	1.89	2.49	0.09	1.94	3.70	3.67	2.95	0.32	0.83

注：1. 二长花岗岩（西藏玉龙）；2. 正长花岗岩（西藏马拉松多）；3. 碱长花岗岩（西藏多霞松多）；4. 碱长花岗岩（北京四桥子）；5. 正长花岗岩（北京八达岭）；6. 二长花岗岩（北京对白峪）；7. 花岗闪长岩。1~3 据马鸿文（1986）；4~6 据白志民等（1991）；7 为据黎彤等（1962）。

四、产状与分布

花岗岩类是地壳中分布最广的岩石之一，常呈大型岩基、岩株产出。通常分布在褶皱带和构造活动地区。我国东南沿海的浙江、福建、江西及广东，北方的燕山地区，天山-祁连山-秦岭地区，都有大面积花岗岩类出露。

五、工业应用与技术要求

花岗岩类与有色金属、稀有金属、放射性元素等金属矿床的成因关系密切。

作为建筑装饰材料，表现出优良的物理性能和装饰效果，具有重要的经济价值。花岗岩石材主要用于建筑饰面材料，铺路、水利工程、桥梁工程、港口堤坝、地面基础等工程材料，各种耐酸、耐碱容器材料，雕刻材料等。

花岗岩用作建筑材料的一般工业要求以及质量和技术要求见表 2-7-11 和表 2-7-12。

表 2-7-11 花岗石的一般工业要求（JC/T 204—2011）

用途		一般要求
饰面石材	装饰性能	该性能是石材颜色、花纹、光泽度的综合反映。一般分为高、中、一般三个档次。具体划分时，常因人、因时、因地而异。故矿石品种应由工业、生产部门确定
	加工性能	良好，在锯切、研磨、抛光、运输时不易破碎
	物理性能	具有一定的机械强度，用于室外饰面时，要有抗冻、耐风化能力；用于地板、台阶时，要求耐磨损、抗冲击
	荒料要求	最小块度一般大于 $0.5m^3$，边长一般为 0.5~3m，矿石最低荒料率（中档石材）大于 20%。对影响装饰性能的色斑、色线、裂纹、空洞等缺陷，根据具体情况予以限制
	板材要求	光泽度要高，颜色花纹一致，拼接后基本协调，板材率一般要求中档石材应≥$18m^2/m^3$
	其他要求	某些金属硫化物如黄铁矿等易于风化，影响装饰性能。这类杂质含量较多时，不宜用于室外饰面
耐酸石材	化学成分	SiO_2 不小于 45%（含量越高越耐酸），Al_2O_3 大于 13%~15%
	物理性能	要求矿物分布均匀，结构致密坚硬的新鲜岩石；不得有明显气孔，吸水率<1.5%；耐酸率 97.5%~98.5%，浸酸后的抗压强度不低于原有强度 85%；膨胀系数<8×10^{-6}
耐碱石材		CaO、MgO 含量越高越耐碱，有些耐酸石材 SiO_2 含量很高，结构容量大，空隙率小，亦可作为耐碱材料使用

表 2-7-12　花岗石荒料的质量和技术要求（JC/T 204—2011）

质量要求			一等品	二等品
规格	最小规格尺寸		≥65cm×40cm×70cm	
	长度、宽度、高度的级差		≤4cm	≤6cm
	同一批荒料的色调、色纹、颗粒结构		应基本一致	
外观	缺陷	裂纹/允许条数	0	2
		色斑（面积<10cm²）/每面允许个数	2	3
		色线（长度<50cm）/每面允许条数	2	3
物理性能	体积密度/(g/cm³)		≥2.56	
	吸水率/%		≤0.60	
	干燥压缩强度/MPa		≥100.0	
	（干燥、水饱和）弯曲强度/MPa		≥8.0	
	放射性的比活度		符合标准规定	

第三节　玻璃质岩石

玻璃质岩石是指酸性岩浆喷出地表后迅速冷却而形成的非晶质岩石，包括珍珠岩、松脂岩和黑曜岩。

一、概念、分类与岩相学

珍珠岩　由火山喷发的流纹岩浆经快速冷却而成的玻璃质岩石。其 SiO_2 在 70% 左右，含水量 3%～5%。酸性火山玻璃基质中含有球粒或大量珍珠状裂纹。球粒呈棕色至褐色，有的球粒连在一起呈肾状，或聚集成透镜状集合体，或成为条带状球粒夹层。单个球粒直径在 2～8mm 不等。珍珠岩基质部分具有流纹构造，由黑色、紫色、棕色、绿色、灰色等不同颜色的玻璃质组成。镜下观察，基质部分呈珍珠结构，常含少量透长石、石英斑晶，并有针状、球粒状等雏晶，球粒部分有明显的圆弧形裂开。

松脂岩　酸性的玻璃质火山岩，含水约 8%。具松脂光泽和贝壳状断口。岩石呈红色、褐色、浅绿、黄白、黑色等颜色。镜下可见针状雏晶。

黑曜岩　酸性的玻璃质火山岩。化学成分与花岗岩相当，但全部由玻璃质组成。含水量很少（<1%）。颜色呈黑色或褐色，岩石具明显的玻璃光泽和贝壳状断口。

上述三种岩石都属于玻璃质火山岩，但其含水量、结构构造和颜色等具有一定差异。

二、化学成分与物理性质

国内外典型玻璃质岩石的化学成分见表 2-7-13。

玻璃质岩石的摩斯硬度为 5.5～6，密度 2.2～2.4g/cm³，折射率 1.492～1.502，耐火度 1280～1360℃。岩石加热至 1300℃时发生软化，其中所含的水分迅速汽化，产生很大压力，导致黏稠的酸性玻璃液体积迅速膨胀 10～30 倍，形成多孔结构，称为膨胀珍珠岩。

表 2-7-13　玻璃质岩石的化学成分　　　　　　　　　　　　$w_B/\%$

序号	SiO_2	Al_2O_3	Fe_2O_3	FeO	MgO	CaO	Na_2O	K_2O	H_2O^+	H_2O^-
1	71.76	11.68	1.00	0.48	0.36	0.68	3.60	3.87	5.57	—
2	71.13	12.60	0.60	0.40	0.18	1.26	1.90	4.21	6.08	1.16
3	70.13	13.95	1.35	0.40	0.57	0.79	4.36	3.20	4.02	1.56
4	71.94	12.63	0.55	0.36	0.60	1.55	4.12	1.96	6.44	—
5	68.16	14.08	0.98	0.38	0.52	1.22	3.85	2.32	7.88	2.69
6	71.28	11.90	0.49	0.33	0.07	0.75	2.75	4.75	6.42	1.27
7	68.10	11.70	1.00	0.80	0.13	2.30	3.50	1.70	6.40	3.80
8	70.19	12.37	1.45	0.81	0.49	1.43	3.03	3.57	6.48	—
9	73.84	13.00	1.82	0.79	0.49	1.52	3.82	3.92	0.53	—

注：1～4 为珍珠岩，分别产于我国的缙云、宣城、鄂城、莱阳；5～8 为松脂岩，分别产于我国的鄂城、平泉和冰岛、英国；9 为美国的黑曜岩。据陶维屏等（1987）。

生产膨胀珍珠岩的工艺包括破碎、预热和焙烧三个过程。

破碎：要使珍珠岩膨胀率达到最大，合理的破碎粒度和均匀度至关重要。粒度在 0.15～5mm 范围且颗粒大小均匀时，膨胀效果最佳。破碎过程可采用颚式破碎机粗碎，圆锥破碎机中碎，滚式破碎机细碎，振动筛筛分。

预热：玻璃质岩石常含有吸附水，在高温焙烧时会产生很大的蒸汽压力而使颗粒炸裂，增加产品粉化率。因此，必须采用合适的温度进行预热，尽量排除吸附水。预热温度一般应控制在 400～500℃。预热可以重油为燃料，在逆流式回转预热炉中进行。

焙烧：焙烧工艺是使珍珠岩膨胀的关键。焙烧窑炉有卧式和立式两种，以重油、煤气或天然气为燃料。焙烧温度一般在 1000～1400℃，焙烧时间控制在 0.5～1.0s。

膨胀珍珠岩原矿的一般工业要求：膨胀倍数＞7‰～10‰（黑曜岩＞3‰即可）；容重＜80～250kg/m³；矿石没有或具有轻微去玻璃化作用，无斑晶或偶见微晶；SiO_2 70% 左右，H_2O 4%～6% 者为佳，Fe_2O_3＋FeO＜1% 者为优质，Fe_2O_3＋FeO＞1% 者为劣质。其品级和用途见表 2-7-14。

表 2-7-14　珍珠岩的品级及用途

品级	矿石外观	容重/(kg/m³)	K	K_0	Fe_2O_3＋FeO/%	Na_2O/K_2O	用途
I	透明、无晶质、无脱玻	＜80	＞3.3	＞15	＜1.0	＞1	保温材料
II	半透明、含晶质、轻脱玻	＜150	＞2.5	＞8	＜2.0	0.5～1	轻质填料
III	不透明、晶质、轻（重）脱玻	＜250	＞2.0	＞3		＜0.5	混凝土细骨料

注：表中 K 代表实验室简易焙烧的膨胀倍数，K_0 代表工业生产的膨胀倍数。其换算关系式：$K_0=5.2\,[K\,(0.8)]$。据吴良士等（2007）。

膨胀珍珠岩的主要物理性质：（1）容重，一般介于 40～300kg/m³。（2）热导率，在低温常压下为 0.0256W/(m·K)；30～50℃时为 0.0419～0.0605W/(m·K)；69～170℃时约为 0.0582～0.0698W/(m·K)；256～532℃时约为 0.093～0.1861W/(m·K)；在低温真空条件下约为 0.0015～0.0017W/(m·K)。（3）耐火度，在 1280～1360℃之间；安全使用温度−200～850℃。（4）吸水性，15～30min 的重量吸水率达 400%，体积吸水率 29%～30%。吸湿率一般为 0.006%～0.08%。（5）抗冻性，干燥状态下抗冻性良好。在−20℃时经过 15 次冻融，粒度组成不变。（6）耐酸碱性，在各种酸中的酸失量小于 1.5%；在浓度 10%～40% 的 NaOH 溶液中，碱失量最大达 80.4%；在同样浓度的 Na_2CO_3 溶液中，碱失率小于 3.9%。（7）吸声性，膨胀珍珠岩颗粒表面粗糙、内部多孔，当声波传至表面并经微孔进入内部，激发了孔内空气分子振动，由于存在摩擦阻力和黏滞阻力，声能变成热能，从而达到吸声效果。当声波频率为 125Hz 时，吸声系数 0.12；频率为 3000Hz 时，吸声系数 0.92。
(8) 电绝缘性，电阻率为 $1.95 \times 10^9 \sim 2.30 \times 10^{10} \Omega \cdot cm$。

三、产状与分布

珍珠岩、黑曜岩、松脂岩等火山玻璃质岩石，都赋存于酸性火山岩系中，空间和时间上都与流纹岩、酸性凝灰岩、英安岩等酸性火山岩密切相伴。它们多与大陆边缘断块、边缘坳陷、陆内裂谷带、裂谷盆地、巨大沉降带、隆起带以及岛弧岩浆活动有关。形成时代主要在中生代、第三纪和第四纪。我国玻璃质岩石主要分布在黑龙江、辽宁、吉林、河北、山西、山东、浙江、福建、广东、广西等地。

火山玻璃质岩石在未发生脱玻化之前，在地表或近地表富水环境下发生水解作用，可形成多种重要的非金属矿产。浙江省火山玻璃岩水解成矿系列可分为：叶蜡石-高岭石-迪开石成矿系列；高岭石-迪开石-明矾石成矿系列；珍珠岩-沸石-膨润土成矿系列（梁修睦等，2005）。有关非金属矿产代表性产地的矿石矿物组合及结构构造特征见表 2-7-15。

表 2-7-15 与火山玻璃岩有关的非金属矿产矿石矿物组合及结构构造特征

矿种	矿床	矿化原岩	矿物组合	矿石结构	矿石构造
叶蜡石	泰顺龟湖	流纹质角砾熔结凝灰岩,火山碎屑沉积岩	叶蜡石（主）、绢云母（次）、水铝石、明矾石、高岭石、地开石、蒙脱石	变余凝灰结构,变余含角砾凝灰结构,变余粉砂、砂状结构	块状构造,角砾状构造,条带状构造
	青田山口	球泡流纹岩、流纹质晶屑熔结凝灰岩	叶蜡石（主）、硬水铝石、绢云母、高岭石、明矾石、蒙脱石	变余塑变结构,变余玻屑结构,变余含角砾凝灰结构,变余砂状结构	变余假流纹构造,角砾状构造,残留球泡状构造
	上虞梁岙	流纹质角砾（熔结）凝灰岩、凝灰岩	叶蜡石（主）、绢云母、硬水铝石、明矾石	显微鳞片变晶,显微粒状鳞片变晶结构,变余凝灰结构	角砾状构造,条纹状构造
地开石-高岭石	青田北山	流纹质角砾晶玻屑熔结凝灰岩	高岭石、地开石、叶蜡石（主）、绢云母、水云母、伊利石（次）、蒙脱石	变余凝灰结构,变余含角砾玻屑凝灰结构,变余碎斑结构	假流纹状构造,角砾状构造
	松阳峰洞岩	流纹质玻屑凝灰岩、含角砾玻屑熔结凝灰岩、沉凝灰岩	地开石、高岭石、叶蜡石、绢云母、蒙脱石、伊利石	变余凝灰结构,显微鳞片变晶结构	块状构造
	天台宝华山	沉凝灰岩、凝灰质粉砂岩、角砾玻屑凝灰岩	地开石、高岭石、绢云母、明矾石		
伊利石	温州渡船头	流纹质玻屑凝灰岩、沉凝灰岩、凝灰质泥岩	伊利石（主）、绢云母、叶蜡石、高岭石（次）、硬水铝石	变余玻屑凝灰结构,显微鳞片变晶结构	块状构造,条带状构造
	平阳渔塘	熔结凝灰岩、沉凝灰岩	伊利石（主）、绢云母、地开石（次）	鳞片变晶结构,花岗鳞片变晶结构,变余凝灰结构	块状、角砾状构造
	诸暨大悟	流纹、英安质熔结凝灰岩、晶屑凝灰岩、角砾熔结凝灰岩、沉凝灰岩	伊利石、地开石、叶蜡石、高岭石、水云母	沉凝灰结构,凝灰角砾结构	假流纹构造,块状构造

矿种	矿床	矿化原岩	矿物组合	矿石结构	矿石构造
沸石	缙云靖岳	流纹质火山角砾集块岩	斜发沸石(主)、丝光沸石(次)、蒙脱石	变余沉凝灰结构,变余玻屑凝灰结构,变余玻基斑状结构	集块角砾构造,假流纹构造,珍珠构造,球泡构造
	天台白鹤殿	玻屑凝灰岩、沉火山碎屑岩	斜发沸石、丝光沸石、蒙脱石	保持矿化原岩结构	保持矿化原岩构造
明矾石	苍南矾山	沉凝灰岩、沉角砾凝灰岩、凝灰质沙砾岩、安山质凝灰岩	明矾石、绢云母、高岭石、叶蜡石	变余碎屑结构,显微花岗变晶结构	块状、角砾状、层状
	瑞安仙岩	英安流纹质凝灰岩、熔结凝灰岩、凝灰质粉砂岩	明矾石(主)、水铝石、地开石、高岭石	显微鳞片变晶结构,碎裂结构,变余凝灰结构,碎屑角砾状结构	块状、角砾状、纤维状、斑点状构造
	鄞州凤凰山	玻屑凝灰岩	高岭石、地开石、绢云母、明矾石、叶蜡石、蒙脱石	隐晶-微晶结构	片状、块状构造
膨润土	临安平山	凝灰质粉砂岩、含砾沉凝灰岩、沉安山质凝灰岩、晶屑玻屑凝灰岩	钠蒙脱石、斜发沸石、方沸石、绿泥石-蒙脱石、方解石、α-方英石	变余晶屑凝灰结构,变余沉凝灰结构,变余角砾凝灰结构,粉-细砂结构	保留原岩玻屑的撕裂状、弧面棱角状、孔泡状构造、层理构造
	余杭仇山	玻屑熔结凝灰岩、曜岩状玻屑熔凝灰岩	蒙脱石、斜发沸石、水云母、多水高岭石、α-方石英	变余玻屑凝灰结构、变余玻屑、晶屑凝灰结构、鳞片花岗变晶结构	变余珍珠状构造,变余假流纹构造

注：引自梁修睦等（2005）。

四、工业应用与技术要求

（一）建筑材料

墙体材料 以膨胀珍珠岩为原料制造的水泥混凝土墙板和陶粒珍珠岩混凝土墙板，质量轻、隔声性能好、价格便宜。膨胀珍珠岩与水泥制成的吸声材料，具有很宽的频率范围（320~4000Hz），吸声系数约70%。

屋面材料 膨胀珍珠岩板容重小、吸水率低、热导率低、防水性能好、造价便宜，是良好的屋面材料。产品尺寸多为 30cm×30cm×（4.5~6）cm，容重 300~450kg/m³，抗压强度 0.196~0.686MPa，热导率 0.093~0.1163W/(m·K)，吸水率 15%~21%。

抹面材料 膨胀珍珠岩抹面材料具有良好的保温、隔热、吸声、防火等性能，且硬化快、成本低，具有广阔的应用前景。试验表明，2cm 厚的石灰膨胀珍珠岩抹面层的保温效果，相当于 12~14cm 厚的普通砖墙的效果。重量比普通抹面材料轻约 60%。

填充材料 膨胀珍珠岩粉料作为夹皮墙、空心砌块墙等的填充料，具有良好的保温、隔热、隔声效果。

（二）低温工程材料

膨胀珍珠岩热导率低、价格便宜，因而在低温工程中具有广泛应用。

冷藏库绝热填充材料 膨胀珍珠岩是建造食品、水产品等低温冷库以及冷藏船舶、铁路运输冷藏车、保温汽车等低温运输工具的良好绝热材料。

液化气体的绝热材料 在常压下液态甲烷的温度为 −161.5℃，丙烷为 −45℃。它们的贮存、运输和输送都需要在低温绝热状态下进行。膨胀珍珠岩是使其保持低温的良好材料。大型制氧机、乙烯的深冷法分离，氩气及其他稀有气体的制备以及液氧、液氮、液氩的储运等，都需要膨胀珍珠岩作绝热材料。膨胀珍珠岩绝热制品的性能要求见表 2-7-16。

表 2-7-16　膨胀珍珠岩绝热制品的物理性能（GB/T 10303—2015）

项　目		指　标				
		200 号		250 号		350 号
		优等品	合格品	优等品	合格品	合格品
密度/（kg/m³）		≤200		≤250		≤350
热导率/[W/(m·K)]	298K±2K	≤0.060	≤0.068	≤0.068	≤0.072	≤0.087
	623K±2K（S 类要求此项）	≤0.10	≤0.11	≤0.11	≤0.12	≤0.12
抗压强度/MPa		≥0.40	≥0.30	≥0.5	≥0.40	≥0.40
抗折强度/MPa		≥0.020	—	≥0.25	—	—
质量含水率/%		≤2	≤5	≤2	≤5	≤10

注：S 表示设备及管道、工业炉窑用膨胀珍珠岩绝热制品。

（三）过滤材料

助滤剂　膨胀珍珠岩无毒，化学性质稳定，对液体的芳香和色素成分的吸附能力低，且过滤速度快，因而是过滤饮料、食用油、麦芽汁等液体的良好助滤剂，可有效除去液体中的杂质。珍珠岩助滤剂按其相对流速分为快速型（K）、中速型（Z）和慢速型（M）三类，其主要性能指标见表 2-7-17；食用类珍珠岩助滤剂的卫生指标要求（JC/T 849—2012）：水溶物 $\leq0.2\%$，盐酸可溶物 $\leq2.0\%$，As ≤4.0mg/kg，Pb ≤4.0mg/kg，烧失量 $\leq2.0\%$，pH 值 $6\sim9$，$Fe_2O_3<2\%$。

表 2-7-17　膨胀珍珠岩助滤剂性能指标（JC/T 849—2012）

项　目	K 型	Z 型	M 型
堆积密度/（g/cm³）	<0.15	<0.2	<0.25
相对流速/（s/100mL）	<30	30～60	60～180
渗透率（Darcy）	10～2	2～0.5	0.5～0.1
悬浮物/%	≤15	≤4	≤1
102μm（150 目）筛余物/%	≤50	≤7	≤3

滤纸原料　用硅藻土和珍珠岩滤粉加以纤维素浆液，经离子改良剂处理和真空黏结、干燥制成滤纸，可用于食品工业和药物工业中的液体过滤。其过滤机理不同于机械过滤法，是一种电效应捕获过滤法。

（四）其他用途

经憎水憎油处理的膨胀珍珠岩粉，可用作含水炸药的密度调节剂。气泡在炸药中的数量、大小、分布状态、存在方式等对炸药的爆轰性能和敏感性具有很大影响。采用膨胀珍珠岩粉增加炸药的气泡数量，既可提高炸药性能，又经济安全。密度调节剂用量约占炸药总重量的 $2\%\sim4\%$，粒度最好在 0.1～0.12mm，容重 59～96kg/m³，强度在 9.8×10^4Pa 以上。

珍珠岩可作为塑料、颜料、橡胶的填料，或作为陶瓷釉料、坯体原料，耐火轻质喷涂料，污水处理材料等。

我国按膨胀珍珠岩的容重将其分为三级，特征见表 2-7-18。

表 2-7-18　膨胀珍珠岩的产品分级

技术指标	Ⅰ 级	Ⅱ 级	Ⅲ 级
容重/(kg/m³)	<80	80～150	150～250
粒度/mm	粒径>2.5mm 颗粒<5%， 粒径<0.15mm 颗粒≤8%	粒径<0.15mm 颗粒≤8%	粒径<0.15mm 颗粒≤8%
常压热导率/[W/(m·K)]	<0.052	0.052～0.064	0.064～0.076
含水率/%	<2	<2	<2

第四节　浮岩、火山渣、火山灰

一、概念与分类

浮岩俗称浮石，是一种多孔的玻璃质喷出岩。密度 $0.3～0.4g/cm^3$，能浮于水面，故名。

火山渣是火山喷发的碎屑产物之一，按成因分为三类：①由抛入空中的多孔塑性熔浆团，在空中冷凝成固态后撞击地面破碎而形成的岩石；②熔岩中的气体在冷凝以前迅速散逸而形成的含有大量圆形、长圆形或不规则形气孔的岩石；③熔岩流表面的多孔岩石。

火山灰是粒径小于 2mm 的火山熔岩碎屑。

二、岩相学

浮岩和火山渣的岩石特征与其化学成分有关。流纹质岩石多呈灰白色，丝绢光泽，玻璃质结构，气孔构造；除玻璃质外，含有少量长石、石英斑晶或雏晶。安山质岩石呈黄灰色，玻璃质结构，流纹构造、气孔构造；除淡黄色玻璃质外，含有少量透长石或辉石斑晶。玄武质岩石呈红褐、黄褐至铁黑色，玻璃质结构或玻基斑状结构，基质为褐红色玻璃，斑晶为含钛普通辉石、贵橄榄石、白榴石等。火山灰一般呈浅灰、浅褐、浅紫等颜色，除第三纪、第四纪的喷发产物呈疏松状外，其他时代者大多已固结为凝灰岩。

三、化学成分与物理性质

中国代表性浮岩和火山渣的化学成分见表 2-7-19。典型浮岩和火山渣的物理性质见表 2-7-20。各物理性质的含义及测定方法如下。

颗粒容重　指自然颗粒的容重。

松散容重　指将浮岩破碎至 5～30mm 粒级，按自然配级测得的单位体积的重量。

空隙率　指自然堆积状态下颗粒之间的空隙，由公式（1）计算得到：

$$空隙率(\%)＝(1－松散容重/颗粒容重)×100\% \tag{1}$$

孔隙率　按公式（2）计算的孔隙：

$$孔隙率(\%)＝[1－颗粒容重/(密度×1000)]×100\% \tag{2}$$

筒压强度　指将一定粒级的浮岩放入承压筒，将试件压入 20mm 深度的压力值。

吸水率　采用 0.5～2.5cm 粒径的浮岩样品，测定其达到饱和状态时的吸水百分率，吸水时间一般为 1h。

四、产状与分布

浮岩是含有大量挥发分的岩浆喷出地表后，由于压力骤减，温度降低，熔浆中挥发分气体迅速膨胀并溢出，使岩浆冷却后形成的多孔岩石。气孔约占岩石总体积的60%以上，各孔之间由玻璃膜相隔。由于冷却迅速，岩石多为玻璃质。这类岩石大多由中心式喷发火山形成。浮岩及火山渣大多分布在火山口四周，火山灰一般远离火山口。

表 2-7-19　浮岩和火山渣的化学成分　　　　　　　　　$w_B/\%$

序号	SiO$_2$	TiO$_2$	Al$_2$O$_3$	Fe$_2$O$_3$	FeO	MnO	MgO	CaO	Na$_2$O	K$_2$O	P$_2$O$_5$	烧失量
1	50.92	2.25	14.06	9.24	5.24	0.10	6.27	5.92	4.14	5.31	1.25	0.03
2	51.82	2.00	13.81	9.92	5.81	0.09	6.66	6.09	3.83	4.97	1.00	0.12
3	45.78	2.38	14.93	13.84	4.88	0.14	7.13	7.51	4.38	2.60	1.12	0.28
4	49.68	1.75	16.20	12.64	8.12	0.14	6.35	7.23	4.31	2.05	0.45	0.02
5	47.74	2.75	16.23	14.17	3.89	0.12	3.81	6.60	3.91	2.36	0.55	0.93
6	48.11	2.50	14.28	14.00	8.48	0.10	6.53	7.45	4.11	2.05	0.88	0.13
7	45.76	3.00	15.78	13.21	5.65	0.07	6.67	7.33	3.84	2.73	0.70	1.54
8	47.47	2.59	16.89	11.93	7.25	0.2	4.60	8.08	4.55	2.85	0.93	0.13
9	47.68	2.50	13.36	11.99	6.79	0.23	9.79	8.81	3.08	1.68	0.43	0.29
10	50.20	2.50	14.87	11.84	5.17	0.18	6.28	8.53	3.21	1.68	0.35	1.34
11	70.46	0.25	10.92	5.20	2.29	0.06	0.35	0.58	5.88	4.14	—	1.38
12	69.52	0.30	12.02	5.27	2.49	0.05	0.29	0.79	5.63	4.01	—	1.97
13	69.37	0.24	11.69	5.58	2.53	0.03	0.30	0.57	5.92	4.15	—	1.99
14	63.53	0.45	16.08	5.69	2.81	0.07	0.51	1.34	6.08	5.46	0.12	0.81

注：1、2分别为黑龙江五大连池尾山、老黑山玄武质浮岩；3～5分别为吉林宁安、辉南三角龙湾、安图玄武质浮岩；6为山西大同玄武质浮岩；7、8分别为内蒙古乌兰哈达三号山和五号山玄武质浮岩；9、10分别为广东岭南和海南岛玄武质浮岩；11～13分别为吉林双目峰、安图园池、和龙的流纹质浮岩；14为吉林天池安山质浮岩。资料据陶维屏等（1987）。

表 2-7-20　代表性浮岩的物理性质

序号	颗粒容重 /(g/cm^3)	松散容重 /(g/cm^3)	密度 /(g/cm^3)	空隙率 /%	孔隙率 /%	筒压强度 /MPa	抗压强度 /MPa	吸水率/%
1	0.846	540～630	2.77		67～81		15.0～17.0	
2	1.225	592	2.75	51.6	58.2	0.965	12.2	13.3
3	1.252	545	2.72	56.3	53.8	0.923		20.8
4	1.220	564	2.84	53.8	56.9	0.965	7.91	13.6
5	1.303	635	2.82	51.3	53.8	1.700		10.3
6	0.459	240	2.40	47.7	81.0	0.533	2.54	64.2
7	0.571	288	2.42	49.8	76.3	1.200		34.7
8	0.651	445	2.32	31.7	71.8	1.760		26.6

注：1、2分别为黑龙江五大连池老黑山、克东大克山玄武质浮岩；3为内蒙古乌兰哈达玄武质浮岩；4为山西大同玄武质浮岩；5为吉林安图二道河玄武质浮岩；6为吉林安图奶头山流纹质浮岩；7为吉林安图双目峰流纹质浮岩；8为吉林安图园池流纹质浮岩。资料据陶维屏等（1987）。

浮岩类岩石的分布与火山活动直接有关。我国的浮岩主要分布在东部各火山群中，集中产于黑龙江、吉林、内蒙古和海南岛。此外，在山西、云南、江苏、浙江、台湾、雷州半岛等地也有分布。

可供工业利用的浮岩主要形成于第四纪，其次为第三纪。第三纪以前的浮岩，或被风化剥蚀，或已遭受蚀变、交代、脱玻化等变化。我国玄武质浮岩较发育，流纹质浮岩较少。

五、工业应用与技术要求

浮岩多孔、体轻、孔隙间壁锐利、硬度大、化学性质稳定，主要用作轻质骨料、磨料、吸附剂、建筑工程、填料和过滤介质（表 2-7-21）。

表 2-7-21　浮岩的主要工业用途

工 业 用 途	产品形式和加工	基本性质
轻质骨料 　装饰和结构混凝土块;浇筑混凝土;轻质结构件、墙板、铺地板;装饰灰泥和墙粉混合料;火山灰水泥;土木工程,轻质填料	粒状:破碎,筛分,配料	低密度;易破碎;绝热性;隔声性;防火性;吸湿性
磨料 　栅格清洗剂;瓷器、贴砖、泳池擦洗棒;抛光轮清洗器;美容皮肤去除	块料:锯开,不规则矿块开采	断开泡壁形成锐缘颗粒;研磨继续产生新的切削缘
石洗:水、浮石和衣物在洗衣机中一起滚动;浮石必定上浮,磨蚀和软化织物纤维	粗粒±1.9cm:破碎,筛分	
肥皂;擦洗膏;橡皮擦;玻璃、金属、塑料抛光膏;牙科清洗剂;木面抛光;防滑油漆;清洗印刷电路板;滚动抛光;皮革精加工;火柴和电弧镀面	粒状:干燥,研磨,筛分,气流浮选,配料	
吸附剂 　制陶土;栽培营养液介质;宠物担架;地板刮板;草坪曝气	粒状:破碎,筛分	高孔隙率;大表面积;低化学活性
酸洗;脱色剂浸渍,衣物滚动干燥;要求高吸收率;气体炭烧烤,吸收脂肪和油脂液滴	粗粒±1.9cm:破碎,筛分	
催化剂载体;杀虫剂、除草剂、杀菌剂载体;筛选;配料	粒状:干燥,破碎,碾磨	高孔隙率;大表面积;低化学活性
建筑工程 　松填绝缘;屋面理料;结构涂层;地面遮盖防护	粒状:破碎,筛分	低密度;绝缘性;隔声性;防火性;吸湿性
园林景观;内外装饰层板	块料:开采矿砾;锯开板料	低密度;易成型;维护低成本
填料 　橡胶、油漆、塑料填料;脱模膏;热沥青配料;掣动衬垫;屏蔽料;掺和料	粒状:破碎,干燥,碾磨	颗粒形态;成本
过滤介质 　膨胀和非膨胀两种形态,用于过滤动物油、植物油和矿物油;筛选;燃烧;气浮	粒状:破碎,干燥,碾磨	颗粒形态;可膨胀性
包括稀释剂的其他用途;工程充填;地质技术应用;陶土	粒状:破碎,干燥,碾磨	吸收性;颗粒形态;可膨胀性;密封质量

注:据 Presley（2006）。

火山灰在碱性溶液作用下具有明显的水硬胶凝性。浮岩和火山灰粉磨后具有较高的硅酸率 $[SiO_2/(Al_2O_3+Fe_2O_3)]$、铝氧率（$Al_2O_3/Fe_2O_3$）和一定的水硬性，可作为活性混合料按一定比例掺入水泥中，也可制成无熟料水泥。

第五节　黏 土 岩

黏土岩是主要由粒径<0.0039mm 的矿物颗粒组成，含有大量高岭石、埃洛石、蒙脱石、水云母等黏土矿物的沉积岩。其中疏松者被称作黏土，固结的称为泥岩、页岩。除黏土

矿物外，黏土岩中还含石英、长石、云母等碎屑矿物以及自生的非黏土矿物。黏土岩因质点极细，故只有采用电子显微镜、X 射线粉晶衍射、差热分析等综合研究方法，才能较准确地确定其矿物组成。黏土岩具有多种变种，按矿物组成、性质和用途划分如下。

高岭土　以细粒板状高岭石为主要矿物（通常＞90%）的白色软质黏土。因最早在我国江西景德镇附近的高岭村发现而得名。瓷土或瓷石是高岭土的商品名称。

球土　在英国、美国、印度和南非等国，将与高岭土成分和性质相近而成球状的黏土称为球土（ball clay）。其中高岭石含量一般＞70%，其他矿物有石英、云母、伊利石、蒙脱石、绿泥石、胶体级有机质等，煅烧后的白度比煅烧高岭土略低，但塑性较高岭土好。

埃洛石黏土　又称多水高岭石黏土，是高岭土的变种，主要由多水高岭石 $[Al_4Si_4(OH)_{12}]$ 组成，外观呈致密状，瓷状断口，质地坚硬，塑性差。

硬质黏土　也称作燧石状黏土，是一种坚硬的非塑性高岭石质黏土岩，具有贝壳状断口，遇水不松散，但在水中研磨可产生一定的塑性。

耐火黏土　是指以高岭石等黏土矿物为主要组成、$w(Al_2O_3)＞30\%$、耐火度＞1580℃、具有较高的热稳定性、主要用作耐火材料原料的一类黏土。

普通黏土　又称杂黏土，是指黏土矿物含量较高岭土低、杂质矿物含量较高，且主要用作烧结砖瓦、建筑陶瓷制品、粗瓷陶器、水泥原料的一类黏土或黏土岩。

铝矾土　又称铝土矿或高铝黏土，矿物组成以硬水铝石为主、熟料的 $w(Al_2O_3)＞$ 50%（有时高达90%）、耐火度达1770℃以上。其硬度大，难风化，没有可塑性，外观粗糙，呈致密块状、豆鲕状或土状。

铁矾土　是一种特殊的铝矾土，其特点是 Fe_2O_3 含量较高，一般在 3.5%～19% 之间。

膨润土　是一种以蒙脱石为主要矿物成分的黏土岩。

坡缕石黏土　是一种以坡缕石为主要矿物成分的黏土岩。

海泡石黏土　是一种以海泡石为主要矿物成分的黏土岩。

漂白土　是对工业上应用的具有漂白和吸附作用的黏土岩的总称，通常包括膨润土、坡缕石黏土、海泡石黏土等。

一、高岭石黏土

(一) 矿物成分与岩相学

高岭石黏土的主要矿物为高岭石和埃洛石（多水高岭石）。次要矿物有伊利石、蒙脱石、石英、长石、叶蜡石、碳酸盐、有机质、铁的硫化物和氧化物等。

高岭石黏土通常为白色，含杂质时呈浅黄、浅灰或玫瑰色，碳质或有机质含量较高时呈深灰至黑色。外观呈致密状、角砾状或疏松土状。

按质地、可塑性、Al_2O_3 和砂质含量，高岭石黏土可划分为三种类型（DZ/T 0206—2002）：①硬质高岭土，质硬，无可塑性，$w(Al_2O_3)＞30\%$，粉碎磨细后具可塑性；②软质高岭土，质软，可塑性较强，$w(Al_2O_3)＞24\%$，砂质含量＜50%；③砂质高岭土，质松散，可塑性较差，$w(Al_2O_3)＞14\%$，砂质含量＞50%。

(二) 化学成分与物理性质

国内外典型高岭石黏土的化学成分见表 2-7-22，具有如下特点：SiO_2、Al_2O_3 是高岭石黏土的主要组分，含量占总组成的 70% 以上；耐火黏土的 Al_2O_3、Fe_2O_3、TiO_2 含量均较其他黏土高；普通黏土的主要氧化物含量变化大，且 Al_2O_3 含量较其他黏土低。

表 2-7-22　典型高岭石黏土的化学成分　　　　　　　　　　　　　　　　　$w_B/\%$

序号	类型	SiO_2	TiO_2	Al_2O_3	Fe_2O_3	MgO	CaO	Na_2O	K_2O	烧失量
1		50.61	—	34.92	0.64	0.06	0.42	2.70	0.97	9.90
2		48.30	0.30	36.30	0.50	0.10	0.10	1.60	0.10	
3	高岭土	47.20	0.04	37.60	0.68	0.20	0.08	0.08	1.39	12.70
4		46.00	0.98	37.00	1.80	0.07	0.02	0.08	0.00	14.30
5		45.20	0.53	39.20	0.58	0.08	0.06	0.03	0.02	13.30
6	球土	44.40	0.80	33.60	1.28	0.50	0.30	—	—	17.20
7		56.70	1.60	25.80	1.10	0.50	0.20	—	—	12.40
8		43.90	—	38.78	0.17	0.51	0.14			15.90
9	硬质黏土	57.45	0.07	32.01	0.34		0.27			10.52
10		45.80	1.44	37.70	0.55	0.05	0.10	0.10	0.06	14.00
11		44.42	2.12	38.63	0.55	0.04	0.10	0.30	0.12	13.90
12		21.94	2.70	61.11	1.07		0.25			14.04
13	耐火黏土	52.27	1.41	44.30	1.56	1.41	0.81	0.88	0.51	
14		55.60	2.48	36.60	3.00	0.42	0.35	0.13	1.35	
15		54.50	0.07	42.00	1.10	0.31	0.06		2.00	
16	普通黏土	59.62	—	12.57	4.42	2.09	6.37	1.59	2.26	
17		64.45	—	16.55	2.13	0.97	1.07	0.34	2.30	6.08

注：产地 1. 江西高岭村；2、14. 德国；3、6、15、17. 英国；4. 巴西；5、7、11. 美国；8、16. 山西大同；9. 河北唐山；10. 南非；12. 山西太原；13. 美国（硬质）。1、8、9、12、16 据西北轻工业学院（1980）；其他据 Harben（1995）。

影响高岭石黏土工业应用的主要物理性质如下。

（1）粒度分布及比表面积　高岭石黏土的粒度通常在 $0.2\sim5\mu m$ 之间。粒度对高岭石黏土的可塑性、黏度、成型性、涂敷性、干燥性、烧结性及离子交换性能等均有很大影响。因此，不同应用领域对其有不同的粒度要求。陶瓷级高岭土：$>10\mu m$ 者占 $2\%\sim20\%$，$<2\mu m$ 者占 $35\%\sim70\%$；陶瓷级球土：$<2\mu m$ 者占 $60\%\sim86\%$，$<1\mu m$ 者占 $45\%\sim80\%$；作为纸张涂布、高光泽油漆、油墨、橡胶、技术陶瓷用高岭土，$<2\mu m$ 者应不低于 80%，$>10\mu m$ 者不超过 8%。

高岭石黏土矿物颗粒细小，因而具有较大的外表面积。以造纸级高岭土为例，其外表面积通常在 $12\sim22m^2/g$ 之间。

（2）颜色及白度　高质量的高岭石黏土通常为白色，含杂质较多时可呈现黄色、红色、褐色、蓝色，甚至深灰色。工业应用领域通常以白度定量评价高岭石黏土的质量。不同制品对原料白度的要求也不尽相同。纸张、油漆、橡胶等的填料和白色陶瓷的原料，一般要求白度 $>80\%$，最好 $>85\%$。白色陶瓷制品一般要求其原料煅烧白度 $>85\%$。一般陶瓷、建筑陶瓷等对高岭石黏土的白度要求不高。

（3）可塑性及黏结性　黏土与适量水混合后揉和成泥团，泥团在外力作用下产生变形但不破裂，且去掉外力后，仍能保持其形状不变。黏土的这种性质称为可塑性。可塑性通常用塑性指数（I_P）或塑性指标（S）定量描述：

$$I_P = W_L - W_P$$
$$S = (a-b)P$$

式中，W_L 表示液相界限，是指使风干黏土变成能缓慢流动的黏稠液体所需水的重量与风干黏土重量的百分比；W_P 表示塑性界限，是指逐渐减少可塑性泥团的水量，直至其不能产生塑性变形（变脆而破裂）时，减少的水量与风干黏土重量的比值；a 表示正常稠度泥团的直径（通常为 45cm）；b 表示受压后出现裂纹时泥球的高度（cm）；P 表示受压出现裂纹时的负荷，N。

按塑性指标（S），可将高岭石黏土划分为三种类型：低可塑性黏土（$S<2.5$），中可塑性黏土（$S=2.5\sim3.6$），高可塑性黏土（$S>3.6$）。

影响高岭石黏土可塑性的主要因素有：高岭石的粒度越细，分散程度越大，比表面积也越大，可塑性就越好；高岭石的阳离子交换容量越大，可塑性越好；薄片状高岭石易于结合和滑动，比柱状、板状等其他形状的高岭石具有更大的可塑性；黏土中含石英、长石等碎屑矿物时，将降低可塑性；含蒙脱石、水铝英石或有机质时可提高可塑性。

黏结性是指黏土与非塑性物质和水混合后，不仅可以形成良好的可塑性泥团，而且泥团干燥后具有一定抗折强度的性质。黏结性可以由保持泥团可塑性条件下加入标准砂的最高含量来衡量。具体划分如下：黏结黏土——加入 50％标准砂后，泥团仍具有良好的可塑性；可塑黏土——允许加入 20％～50％标准砂；非可塑黏土——允许加入 20％标准砂；石状黏土——即使不加入标准砂，也不能形成可塑泥团。一般黏土颗粒越细，分散程度越大，黏结性就越好。

（4）烧结性及耐火度　烧结性是指黏土被加热到一定温度时，由于易熔物的熔融而开始出现液相；液相填充在未熔颗粒之间，依靠其表面张力产生的收缩力，使黏土坯体的气孔率下降，体积收缩；气孔率下降到最低值、密度达到最大值时的状态称为烧结态。烧结时对应的温度称为烧结温度。烧结温度通常与黏土的矿物组成及性质有关。

黏土烧结后，温度再上升时，气孔率和密度在一段时间和一定温度区间内不会发生显著变化，处于稳定阶段。若继续升温，气孔率又开始逐渐增大，密度逐渐下降，出现过烧膨胀。从开始烧结到过烧膨胀之间的温度间隔称作烧结范围。

耐火度是表征材料抵抗高温作用而不软化的性质。它在一定程度上表征了材料的最高使用温度。黏土的耐火度 t 可以根据其化学组成由下式近似计算：

$$t(℃)=5.5A+1534-(8.3F+2\Sigma M)\times30/A$$

式中，A 为 Al_2O_3 含量，％；F 为 Fe_2O_3 含量，％；ΣM 为 $TiO_2+MgO+CaO+R_2O$ 总量，％。上式适用的 Al_2O_3 含量范围为 15％～50％，各组分含量为灼烧量为零时的质量。

实际耐火度可由标准测温锥进行测定。具体方法：将待测黏土按照规定标准做成一定规格的截头三角锥，使其在规定的条件下与标准测温锥同时加热，对比其软化弯倒情况。当三角锥靠自重变形作用而逐渐弯倒，顶点与底盘接触时的温度即为其耐火度。

（5）吸附性　由于黏土颗粒具有很大的表面积与表面能，因而对水溶液中的酸、碱、色素离子等具有较强的吸附性，是良好的吸附剂和脱色剂。

（三）产状与分布

高岭土通常是在温暖潮湿的气候条件下，由硅铝质矿物（通常为长石）通过风化或热液交代作用而形成。变化过程中，斜长石最先发生高岭土化；钾长石变化缓慢，并伴有细粒绢云母、伊利石或水白云母出现。高岭石黏土可分为原生和次生两种成因类型。

原生高岭石黏土是在潮湿温暖气候条件下，由花岗岩、片麻岩、正长岩、富含长石的火山灰等硅铝质岩石，通过氧化风化作用形成。其形成后未发生显著位移，并部分保留有原岩的结构和形态。由此形成的黏土层表层，通常富含高岭石，并伴有铝土矿，但其所含的铁氧化物及其他矿物碎屑又使其呈现红褐色，故不适宜作为工业高岭土开采。但在热带、亚热带地区，风化作用可深达数十米，其亚层土通常发育富含白色高岭石并保留原岩结构的浅色带——高岭石黏土矿层。沿剪切带或裂隙带，大气水可以渗透到母岩的较深部位，因而高岭石黏土矿层厚度较大。在水饱和带以下，高岭石有时与长管状埃洛石伴生出现。原生高岭石黏土也可由长石质岩石通过岩浆热液、火山喷气或由母岩中放射性铀钍矿物辐射加热的地表循环水蚀变交代形成。此类高岭土常产于热液容易流动的裂隙带附近。

次生高岭石黏土系由沉积作用所形成。异地形成的高岭石，呈悬浮态由河流携至港湾的半咸水地带，河水的 pH 值发生变化，导致悬浮态的高岭石发生絮凝，从而在盆地中沉淀下来。如果沉积作用发生在低能环境下，则形成的高岭土几乎不含砂、云母等杂质矿物。更常见的是，次生高岭土中含有较多的砂质。在含砂沉积系列中，高岭石黏土层通常发育在向上变细的沉积层序的顶部，且这种层序会在旋回式沉积中多次叠置出现。次生高岭石黏土还可由长石质碎屑沉积后经蚀变交代作用形成。此外，泥质灰岩和白云岩发生碳酸盐的淋滤作用也可形成次生高岭石黏土。

全球高岭土资源丰富，分布广泛。但已发现的大型优质高岭土矿床只分布在美国、中国、英国和巴西等少数国家。世界闻名的高岭土矿床分布在美国佐治亚州、巴西亚马逊盆地（Amazon Basin）、英国康沃尔（Coenwell）和德文郡（Devon）。

中国高岭土矿的开采历史悠久，江西景德镇是最早发现高岭土矿床的产地。2015 年全球查明高岭土资源量 228 亿吨，中国查明资源量 27 亿吨，占 11.8%；世界高岭土产量 3400 万吨，中国高岭土精矿产量 400 万吨。我国现有高岭土矿山 500 多座，分布于 25 个省区。其中优质高岭土主产于江西景德镇、广东茂名、福建龙岩和广西合浦；煤系硬质高岭土主要分布在山西、内蒙古和安徽。其中以苏州高岭土矿床的储量大、质量好，为世界罕见。

福建龙岩和江西景德镇生产优质陶瓷级高岭土，广东茂名和广西合浦可生产造纸涂布级高岭土，江苏苏州高岭土产品用于电瓷、高压电缆、高级耐火材料、玻璃纤维、催化剂和橡胶填料等。中国开发煤系高岭土企业有数十家，煅烧高岭土产能超过 50 万吨/年。

（四）工业应用与技术要求

近 20 年来，高岭土的主要市场受到碳酸钙和滑石等工业矿物的强势竞争，世界高岭土的消费构成出现变化，造纸业消费比例下降至 43%，陶瓷业上升为 28%，涂料 5%，玻璃纤维 5%，耐火材料 4%，橡胶 4%，塑料 2%，水泥 3%，其他 6%。

陶瓷原料 高岭土是陶瓷工业重要的可塑性原料，主要性能和作用如下。

（1）具有层状结构的高岭石、埃洛石等黏土矿物，研磨后将分离为细小板片状。与水混合时，这些矿物表面将形成均匀的水膜。水膜产生的表面张力使黏土颗粒聚集在一起，表现出良好的结合性、可塑性和流变性。这是陶瓷坯体成型并具有较高强度的基础。

（2）高岭石、伊利石等矿物，在烧结过程中发生如下变化：高岭石 $\xrightarrow{550℃}$ 偏高岭石 $\xrightarrow{1000℃}$ $\gamma\text{-}Al_2O_3 + SiO_2 \xrightarrow{1100℃}$ 假莫来石 $\xrightarrow{1400℃}$ 莫来石 + 方石英。莫来石的熔融温度较高（>1850℃），密度较小，在陶瓷坯体中呈针状交生形态，因而可防止烧成过程中坯体的变形，并保证坯体烧成后具有高强度和较小密度。

（3）高岭石黏土从开始烧结到熔化，温度间隔达 350～450℃。作为陶瓷原料大大拓宽了陶瓷的烧成温区，有利于烧成过程的温度控制。

（4）含杂质较少的高岭石黏土，煅烧后呈白色，可以保证陶瓷制品的白度。

陶瓷黏土按其小于 0.5μm 颗粒含量划分为：粗粒黏土（小于 0.5μm 颗粒<39%），多用于生产卫生瓷；中粒黏土（40%～49%），主要用于生产陶瓷器；细粒黏土（>50%），适于生产骨灰瓷和细瓷。

高岭石黏土中的铁钛氧化物能使陶瓷制品染色或产生色斑，同时降低耐火度、白度和电绝缘性。不同的陶瓷制品对高岭土的 Fe_2O_3、TiO_2 含量要求（w_B%）：骨瓷和细瓷，

$Fe_2O_3<0.9$；电瓷，$Fe_2O_3<1$，$TiO_2<1$；建筑卫生陶瓷用一级高岭土，$Fe_2O_3+TiO_2<1$，二级高岭土，$Fe_2O_3+TiO_2$ 1～2，三级高岭土 $Fe_2O_3+TiO_2$ 2～3。碱金属氧化物含量较高时，将降低耐火度，并使制品表面生成光滑的斑点而不能附着釉料，是有害组分。硫化物含量较高时，燃烧时排出 SO_2，会使制品产生膨胀，是有害组分，应控制其含量。

陶瓷用高岭土的化学成分和物理性能应满足表 2-7-23 的要求。

表 2-7-23　陶瓷用高岭土的化学成分和物理性能（GB/T 14563—2008）

产品代号	Al_2O_3/%	Fe_2O_3/%	TiO_2/%	SO_3/%	筛余量/%	1280℃煅烧白度/%
TC-0	≥35.00	≤0.40	≤0.10	≤0.20	1.0(45μm)	≥90
TC-1	≥33.00	≤0.60	≤0.10	≤0.30	1.0(45μm)	≥88
TC-2	≥32.00	≤1.20	≤0.40	≤0.80	1.0(63μm)	—
TC-3	≥28.00	≤1.80	≤0.60	≤1.00	1.0(63μm)	—

造纸原料　高岭石黏土粒度小，剥片后具有良好的片状、鳞片状形态，片径/厚度比值大，化学性质稳定。用作造纸填料和纸张涂层，可明显减少纤维之间的空隙，提高纸张密度、光泽度和耐久性，降低透明度，增加平滑度。主要用于生产各种印刷纸、硬板纸、新闻纸等。造纸用高岭土和煅烧高岭土产品的理化性能分别见表 2-7-24 和表 2-7-25。

纸张涂层对高岭石黏土的质量要求：高岭石含量＞90%；Fe_2O_3 0.5%～1.8%，TiO_2 0.4%～1.6%；几乎不含石英；白度＞85%；80%～100%的颗粒＜2μm；Brookfield 黏度＜7000Pa·s；在水介质中具有良好的分散能力。

表 2-7-24　造纸用高岭土产品的化学成分和物理性能（GB/T 14563—2008）

产品代号	白度/%	＜2μm含量/%	45μm筛余量/%	分散沉降物/%	pH值	黏度浓度(500mPa·s固含量)	Al_2O_3/%	Fe_2O/%	SiO_2/%	烧失量/%
ZT-0A	≥88.0	≥92.0	≤0.005	≤0.01		≥70.0	≥37.00	≤0.60	≤48.00	
ZT-0B	≥87.0	≥85.0		≤0.05		≥66.0				
ZT-1	≥85.0	≥80.0	≤0.04		≥4.0		≥36.00	≤0.70	≤49.00	≤15.00
ZT-2	≥82.0	≥75.0		≤0.10		≥65.0	≥35.00	≤0.80	≤50.00	
ZT-3	≥80.0	≥70.0	≤0.05	≤0.50		≥60.0		≤1.00		

表 2-7-25　造纸用煅烧高岭土产品的化学成分和物理性能（GB/T 14563—2008）

产品代号	白度	＜2μm含量/%	45μm筛余量/%	分散沉降物/%	pH值	Al_2O_3/%	Fe_2O_3/%	SiO_2/%
ZT-(D)1	≥92.0	≥86.0	≤0.01	≤0.01	≥5.0	≥42.00	≤0.80	≤54.00
ZT-(D)2	≥88.0	≥80.0	≤0.02	≤0.02			≤1.00	

橡胶、塑料、油漆填料　高岭石黏土用作橡胶填料，可明显改善橡胶的拉伸强度、抗折强度、耐磨性、耐腐蚀性、弹性等性能。锰会加速橡胶制品老化，故作为橡胶填料要求高岭石黏土的 $w(MnO)<0.007\%$。高岭石黏土用作塑料填料，可使塑料表面平滑、美观、尺寸稳定；可改善其绝缘性能、耐磨性能、耐化学腐蚀性能等。例如，聚氯乙烯中加入高岭石黏土，其耐久性显著提高；加入煅烧高岭石黏土，其电绝缘性可得到改善；玻璃纤维增强聚酯中加入高岭石黏土，可使制品更为坚固、均一。高岭石黏土化学性质稳定、遮盖能力强、流变性好、白度高，因而可作为涂料填料。橡胶、塑料和涂料行业对高岭石黏土及其煅烧产物的质量要求见表 2-7-26～表 2-7-29。

表 2-7-26　橡塑用高岭石黏土的化学成分和物理性能（GB/T 14563—2008）

产品代号	二苯胍吸着率/%	pH 值	沉降体积	$125\mu m$ 筛余量	Cu	Mn	水分	SiO_2/Al_2O_3	白度/%
			mL/g			%			
XT-0	6.0～10.0	5.0～8.0	≥4.0	≤0.02	≤0.005	≤0.01	≤1.50	≤1.5	≥78.0
XT-1			≥3.0						≥65.0
XT-2	4.0～10.0		—	≤0.05				≤1.8	—

表 2-7-27　橡塑用煅烧高岭石黏土的化学成分和物理性能（GB/T 14563—2008）

产品代号	pH 值	$45\mu m$ 筛余量/%	水分/%	SiO_2/%	Al_2O_3/%	$<2\mu m$ 含量/%	白度/%
XT-(D)0	5.0～8.0	≤0.03	≤1.00	≤55.00	≥42.00	≥80.00	≥90.0
XT-(D)1		≤0.05				≥70.00	≥86.0
XT-(D)2		≤0.10				≥60.00	≥80.0

　　耐火材料原料　高岭石黏土具有较高的耐火度（>1580℃），且 Al_2O_3 含量高，烧成过程可形成热稳定性良好的莫来石、刚玉等矿物，因而可用来生产冶金、玻璃、陶瓷工业的耐火材料。中国对耐火黏土的工业类型划分及一般质量要求见表 2-7-30 和表 2-7-31。

表 2-7-28　涂料高岭石黏土的化学成分和物理性能（GB/T 14563—2008）

产品代号	SiO_2/%	Al_2O_3/%	白度/%	pH 值	$45\mu m$ 筛余量/%	$<10\mu m$ 含量/%
TL-1	≤50.00	≥35.00	≥85.0	5.0～8.0	≤0.05	≥90.00
TL-2			≥82.0		≤0.10	≥80.00
TL-3			≥78.0		≤0.20	≥70.00

表 2-7-29　涂料煅烧高岭石黏土的化学成分和物理性能（GB/T 14563—2008）

产品代号	SiO_2/%	Al_2O_3/%	白度/%	水分/%	pH 值	$45\mu m$ 筛余量/%	$<10\mu m$ 含量/%
TL-(D)1	≤55.00	≥42.00	≥92.0	≤0.80	5.0～8.0	≤0.05	≥90.0
TL-(D)2			≥88.0			≤0.10	≥80.0
TL-(D)3			≥85.0			≤0.20	≥70.0

表 2-7-30　耐火黏土的工业类型简划表（DZ/T 0206—2002）

工业类型	矿物成分		Al_2O_3/%	Fe_2O_3/%	耐火度/℃	矿石外观特征	工业用途	备注
	主要矿物	次要矿物						
高铝黏土	硬水铝石	高岭石	>50	<3	≥1770	豆状、鲕状、角砾状、致密块状、坚硬粗糙状、土状	高铝质耐火材料	化学成分以熟料计
硬质黏土	高岭石	硬水铝石、三水铝石、地开石、伊利石、叶蜡石	>30	≤3.5	≥1630	致密块状、鲕状、贝壳状	黏土质耐火材料	
半软质黏土	高岭石	伊利石、硬水铝石	≥25	≤3.5	≥1630	块状、片状	结合剂	化学成分以生料计
软质黏土	高岭石-伊利石		>22	≤3.5	≥1580	土状、片状	结合剂	
	钠蒙脱石-伊利石							

表 2-7-31　耐火黏土的一般质量要求（DZ/T 0206—2002）

矿石类型	矿石品级		主要化学成分/%			烧失量/%	耐火度/℃	可塑性指标	备注
			Al_2O_3	F_2O_3	CaO				
高铝黏土	特级		≥85	≤2.0	≤0.6	≤15	≥1700		化学成分以熟料计
	Ⅰ级		≥80	≤3.0	≤0.6	≤15	≥1700		
	Ⅱ级	甲	≥70	≤3.0	≤0.8	≤15	≥1700		
		乙	≥60	≤3.0	≤0.8	≤15	≥1700		
	Ⅲ级		≥50	≤2.5	≤0.8	≤15	≥1700		
硬质黏土	特级		≥44	≤1.2		≤15	≥1750		
	Ⅰ级		≥40	≤2.5		≤15	≥1730		
	Ⅱ级		≥35	≤3.0		≤15	≥1670		
	Ⅲ级		≥30	≤3.5		≤15	≥1630		
半软质黏土	Ⅰ级		≥35	≤2.0		≤16	≥1690	1～1.5	化学成分以生料计
	Ⅱ级		≥30	≤2.5		≤16	≥1670		
	Ⅲ级		≥25	≤3.5		≤16	≥1630		
软质黏土	Ⅰ级		≥30	≤2.0		≤18	≥1670	≥2.5	
	Ⅱ级		≥26	≤3.0		≤18	≥1610		
	Ⅲ级		≥22	≤3.5		≤18	≥1580		

　　建材原料　普通黏土分布广泛、储藏量大，且种类繁多，成分复杂，物理性质变化大，用途广泛，可用来生产建筑用黏土砖、排水沟瓦、陶管、菱形瓦、导管、陶器和屋面瓦，还可用作硅酸盐水泥和高铝水泥的重要配料。

　　作为水泥配料，对普通黏土的 MgO、K_2O+Na_2O 和 SO_3 含量有所限制。MgO 在水泥熟料中主要以方镁石形式存在，在水化过程后期形成 $Mg(OH)_2$，超量时会引起体积膨胀，降低水泥强度，故其含量应<3%。K_2O、Na_2O 能与水泥熟料中的硅酸二钙、硅酸三钙发生反应，形成有害的游离 CaO 等物相，降低水泥质量，故要求黏土配料中的 K_2O+Na_2O 含量<4%。SO_3 能与 K_2O、Na_2O 形成硫酸盐，过多时易引起结窑，影响正常生产，也影响水泥的安定性，故要求黏土中 SO_3<2%。

　　作为建筑砖瓦原料，通常仅对其颗粒组成和塑性指标提出要求。一般砖瓦黏土应具有如下颗粒组成：<0.005mm 者占 9%～38%，0.005～0.05mm 者占 10%～55%，>0.05mm 者占 2%～16%（其中>0.25mm 者小于 2%）。其塑性指数应>7。

　　炼钢熔剂　铁矾土主要用作炼钢熔剂，有利于造渣和清除炉壁结瘤，其质量标准见表 2-7-32。

表 2-7-32　炼钢用铁矾土的质量标准

品　级	$Al_2O_3+TiO_2$/%	SiO_2/%
一级品	≥50	≤20
二级品	≥48	≤25
三级品	≥45	≤30

　　除上述用途外，高岭石黏土还可用来合成分子筛，制造香粉、牙粉、胭脂、药膏、软膏等，也可作为肥皂、铅笔芯、颜料的填料。

（五）选矿工艺

用作造纸、橡胶、塑料及油漆填料的高岭石黏土，通常需要经过选矿处理。常见的选矿工艺有干法和湿法两种。干法工艺包括破碎、干燥、细磨和空气浮选等工序。干法选矿过程比较简单，成本也较低，适用于高岭土亮度高、含砂量低、粒度分布均匀的矿石。湿法选矿工艺过程较复杂（图2-7-2），但能生产质量均一、理化性质符合要求的优质产品（Prasad，1991）。

上述工艺过程中，浮选和选择性絮凝可有效除去铁钛杂质，使高岭石黏土的亮度达到90%；高梯度强磁场（1.8～5.0T）磁选机能大量去除铁钛矿物杂质，进一步改善高岭石黏土的亮度和白度。

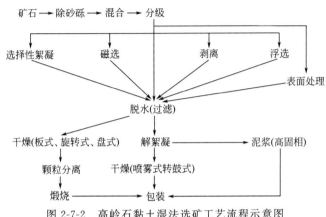

图 2-7-2　高岭石黏土湿法选矿工艺流程示意图

叠层状高岭石可通过剥离工艺（湿法研磨）得到更薄、更白、片径/厚度比更大的单片状高岭石。产品在轻质纸涂层、漆膜和特种橡胶等方面具有特殊用途。

高岭石黏土也可通过煅烧得到特殊产品。高岭石被加热到约1050℃时，将转变为莫来石、γ-Al_2O_3＋亚稳态 SiO_2 和 β-方石英。煅烧后产品的白度和亮度会显著提高，并具有更好的遮盖能力，其黏度和磨蚀性也相应提高。

表面处理可改善高岭石的表面性质，如表现出亲水性、疏水性、亲有机质性等，从而改善其在油墨、橡胶、油漆和塑料中的作用。

（六）研究现状及趋势

高岭土是目前研究程度较高、应用较广泛的工业原料。我国的高岭土资源较为丰富，应用历史悠久，但研究和应用总体上处于较低水平，主要表现在采矿、选矿方法较落后，机械化程度低；选矿以手选为主，资源浪费严重；原料加工技术落后，产品档次低；对高岭土的理化性能研究不够深入，资源不能得到合理高效利用等。

因此，我国今后应在以下几个方面加强研究：强化资源-环境意识，探索合理利用高岭土资源的新技术和新工艺；研究和开发新的开采、选矿技术和加工技术，改善高岭石黏土精矿的质量，提高市场竞争力；加强应用基础研究，拓宽高品质高岭土在高技术领域的应用范围等。

二、膨润土

（一）概念与分类

膨润土（bentonite）是一种以蒙脱石为主要矿物的黏土岩，最早于1888年在美国怀俄明州罗克河（Rock River）附近的 Taylor 地区发现并开采，后由 Knight（1898）正式命名。它与斑脱岩（taylorite）、膨土岩同义。在工业领域，用作漂白剂和吸附剂的膨润土被称为漂白土（fuller's earth）。

按膨胀性和可交换阳离子性质，可将膨润土分为三类：①高膨胀（钠型）膨润土，可交换阳离子以 Na^+ 为主，遇水高度膨胀，且形成胶体。②低膨胀（钙型）膨润土，可交换阳离子以 Ca^{2+} 为主，与水混合膨胀能力较低（略大于普通黏土），且崩解为颗粒。③中膨胀（过渡型或混合型）膨润土，可交换阳离子为 Na^+ 和 Ca^{2+}，膨胀能力中等，与水混合形成的胶体比钠型膨润土低。

按蒙脱石可交换阳离子的种类，可将膨润土划分为四类（栾文楼等，1998）：①钠基膨润土，$E(Na^+) \times 100\% / Q_{CEC} \geqslant 50\%$；②钙基膨润土，$E(Ca^{2+}) \times 100\% / Q_{CEC} \geqslant 50\%$；③镁基膨润土，$E(Mg^{2+}) \times 100\% / Q_{CEC} \geqslant 50\%$；④铝（氢）基膨润土，$[E(Al^{3+}) + E(H^+)] \times 100\% / Q_{CEC} \geqslant 50\%$。$E$ 表示可交换性的阳离子量；Q_{CEC} 为阳离子交换容量。此外，以 K^+ 为交换阳离子的钾基膨润土有时被称作变膨润土，大多产于奥陶系或其他古生代岩石中，主要含伊利石和混层矿物，蒙脱石含量较低，被认为是由火山灰经低级变质作用而形成。

按共生矿物种类，则可将膨润土划分为 5 个类型：蒙脱石型；高岭石-蒙脱石型；伊利石-蒙脱石型；绿泥石-蒙脱石型；沸石-蒙脱石型。

（二）矿物成分与岩相学

膨润土的矿物组成通常以蒙脱石为主，含量一般 $40\% \sim 94\%$，含量越高膨润土质量越好。此外，膨润土还含有长石、石英、伊利石、沸石、高岭石、云母等矿物。

膨润土通常呈白色、黄色、橄榄绿色、棕色、蓝色等。典型的皂状（soapy）结构和蜡状光泽。风化的钠基膨润土呈"爆玉米花"结构。钙基膨润土风化后呈"鳄鱼皮"（alligator skin）结构。

按结构特点，蒙脱石-蛭石族矿物可划分为二八面体型（蒙脱石亚族）和三八面体型（蛭石亚族）两类。前者包括蒙脱石、贝得石（beidellite）和绿脱石（nontronite），理论化学式：$\{(Al_x Fe_y Mg_z)_{2.00}[Si_{4.00-(u+v)} Fe_v Al_u]O_{10}(OH)_2\}M^+_{u+v+z}$；后者包括蛭石、富镁皂石和皂石（saponite）、锂皂石（hectorite）、斯皂石（stevensite），理论化学式：$[(Mg_{3.00-z} Li_z)(Si_{4.00-u} Al_u)O_{10}(OH)_2]M^+_{z+u}$。其中 M^+ 代表可交换阳离子。其他阳离子数如下：蒙脱石，u，v，$y = 0$；贝得石，v，y，$z = 0$；绿脱石，v，x，$z = 0$；富镁皂石，$z > 0$；皂石，$z = 0$。

蒙脱石的结构和化学组成十分复杂，实际矿物的晶体化学式一般不易获得。采用电子探针微区（约 $1\mu m$）分析其化学成分，按照以阴离子为基准（$O = 11$）的氢当量法计算，陕西洋县、河南确山和内蒙古赤峰三地蒙脱石的晶体化学式依次如下（李歌等，2011）：

$(K_{0.22}Ca_{0.09}Na_{0.03})_{0.43}(H_2O)_n\{(Al_{1.49}Fe^{3+}_{0.30}Mg_{0.20}Ti_{0.04})_{2.03}[(Si_{3.65}Al_{0.35})_4O_{10}](OH)_2\}$

$(Ca_{0.05}Na_{0.01})_{0.11}(H_2O)_n\{(Al_{1.72}Mg_{0.22}Fe^{3+}_{0.12}Mn_{0.01})_{2.07}[(Si_{3.89}Al_{0.11})_4O_{10}](OH)_2\}$

$(Ca_{0.16}Na_{0.04}K_{0.01})_{0.37}(H_2O)_n\{(Al_{1.28}Mg_{0.49}Fe^{3+}_{0.12}Fe^{2+}_{0.09}Ti_{0.01})_{1.99}[Si_{4.05}O_{10}](OH)_2\}$

进而采用相混合计算法进行物相分析，上述三地膨润土的矿物组成如下：

洋县膨润土，蒙脱石＋白云母混层 59.5%，石英 29.7%，高岭石 4.6%，其他矿物 6.2%。

确山膨润土，蒙脱石 61.0%，石英 20.2%，高岭石 8.4%，白云母 6.7%，其他矿物 3.7%。

赤峰膨润土，蒙脱石 93.8%，石英 0.7%，白云母 3.0%，其他矿物 2.5%。

（三）化学成分与物理性能

膨润土的化学成分以富含 SiO_2、Al_2O_3 及挥发分且含量变化较大为特征（表 2-7-33）。膨润土具有良好的阳离子交换性、分散性与悬浮性、可塑性和黏结性、膨胀性等。

阳离子交换性　蒙脱石中的可交换阳离子 Na^+、Ca^{2+}、Mg^{2+}、H^+、K^+ 等与水、有机极性分子共存于相邻的结构单元层之间，或存在于晶体的端面。阳离子交换能力主要与层间阳离子的类型有关，也受矿物颗粒大小、结晶程度、介质性质等因素影响。阳离子电价和水化能力越高，被交换性能越差。常见阳离子在浓度相同条件下被交换能力的顺序为：$Li^+ > Na^+ > H^+ > K^+ > NH_4^+ > Mg^{2+} \geqslant Ca^{2+} > Ba^{2+}$。膨润土的阳离子交换容量大多在 $60 \sim 170 mmol/100g$。利用阳离子交换性能，可将性能较差的钙基膨润土改型为性能优良的钠基膨润土。

表 2-7-33　代表性膨润土的化学成分　　　　　　　　　　　$w_B/\%$

序号	SiO_2	TiO_2	Al_2O_3	Fe_2O_3	FeO	MgO	CaO	Na_2O	K_2O	烧失量
1	69.23	—	17.67	1.16	—	1.97	1.21	0.11	0.67	7.01
2	71.29	—	14.17	1.75	—	2.22	1.62	1.94	1.78	4.24
3	61.00	1.27	15.68	4.55	0.14	1.22	1.94	0.38	1.46	12.17
4	59.51	0.34	19.85	1.54	0.20	2.08	2.28	0.00	0.74	13.34
5	53.25	0.33	14.77	2.09	1.88	4.24	3.24	0.31	0.36	19.80
6	58.18	—	19.92	2.99	—	4.19	2.39	0.21	1.65	9.65
7	63.40	—	19.81	3.60	—	2.62	1.29	2.00	0.08	6.09
8	62.83	—	10.35	2.45	—	3.12	2.43	0.74	0.74	14.12
9	56.89	0.66	15.11	5.80	—	3.13	4.27	0.30	0.74	13.12
10	58.79	—	14.27	2.99	—	1.28	0.70	3.42	0.76	17.06

注：1、2.浙江；3.陕西洋县；4.河南确山；5.内蒙古赤峰；6.辽宁锦西；7.美国怀俄明；8.美国佛罗里达；9.美国奴特菲尔德；10.日本山形县。3～5据李歌等（2011）；其余据古阶祥（1990）。

分散性与悬浮性　钠基膨润土遇水膨胀，并分散形成具有一定黏滞性、触变性和润滑性的永久性乳浊液或悬浮液。钙基膨润土在水中膨胀倍数较小，虽也可以迅速分散，但一般会很快絮凝沉淀。膨润土的悬浮性通常以悬浮液（22.5g 膨润土与 300mL 蒸馏水混合）的黏度和屈服点或通过压滤计算水的损失量等方法定量评价。

可塑性和黏结性　膨润土具有良好的可塑性和黏结性，其塑性指数大于高岭石黏土，但成型后发生变形所需的外力较高岭石黏土低。膨润土的可塑性和黏结性与蒙脱石层间可交换阳离子的种类、水层的厚度以及颗粒大小和形态有关。钠基膨润土的可塑性和黏结性一般优于钙基膨润土。

膨胀性　蒙脱石吸水或吸附有机物后，晶层间距增大，从而引起体积膨胀。膨润土的膨胀性也与种属有关。钠基膨润土吸水速度慢，但延续时间长，其总吸水量和膨胀倍数高达 $20 \sim 30$ 倍，明显大于钙基膨润土（几倍至十几倍）。

（四）产状与分布

膨润土矿床大多呈层状产于火山沉积地层中，形成时代从侏罗纪至更新世。矿层大多与上覆和下伏岩层平行，厚度从几厘米到数十米，横向延伸广泛。矿层有时呈侧向延伸局限的透镜体，偶尔呈不规则状产出，且与未蚀变的主岩呈渐变过渡关系。

世界膨润土资源丰富，主要分布在环太平洋带、环印度洋带和地中海-黑海带。主要资源国有中国、美国、俄罗斯、德国、意大利、日本及希腊等。世界膨润土查明资源量为14.52亿吨（不含中国）。其中钠基膨润土资源不足 5 亿吨，主要产地为美国怀俄明州等地，储量 0.68 亿～1.20 亿吨；俄罗斯、意大利、希腊和中国也有分布。中国膨润土资源居世界前列，探明储量多，但多为钙基膨润土，主要分布在广西、新疆、内蒙古、江苏、河北、湖北、山东和安徽等省区。2015 年世界膨润土矿山产量 1600 万吨，其中美国产量占 27%。中国的膨润土大多用于国内消费，消费量约 400 万吨。

（五）工业应用与技术要求

中国膨润土的主要消费领域是铸造业，其次是钻井泥浆、石油化工（石油产品精炼，脱色，油脂工业，食品油脱色）、铁矿球团、轻工、建材、农药和印染等。

工业应用膨润土按用途分为铸造、冶金球团、钻井泥浆，质量要求见 GB/T 20973—2007。有机膨润土用膨润土（GB/T 27798—2011），一般要求蒙脱石含量>95%，改性后晶层间吸附的 Na^+ 交换容量为总容量的 90% 以上；黏土粒级方石英、石英等晶质磨料含量<5%；粒度<$2\mu m$ 颗粒占 95% 以上；蒙脱石属型为偏低层电荷型，通常选用层电荷为 0.25～0.40 晶格有序度低的蒙脱石。活性白土用膨润土，要求蒙脱石含量≥60%，膨胀倍数>8，胶质价>95%，粒度-200 目。各种涂料用增稠流变剂膨润土的质量要求见 HG/T 2248—2012。食品安全用活性白土的理化指标见 GB 25571—2011。

悬浮剂 膨润土与水混合形成悬浮液，可用于阻燃物、煤的悬浮分离等。钠基膨润土钻井泥浆，具有失水量小、含砂少、密度低、黏度好、性质稳定、固壁能力强、钻具回转阻力小等优点，可提高钻井效率。膨润土悬浮液还具有黏度大、覆盖能力强、不燃烧等特点，用于灭火喷射到燃烧物上，可形成覆盖薄膜，隔绝空气，迅速灭火。

黏结剂 膨润土是冶金工业铁矿球团和铸造型砂的良好黏结剂。冶金工业使用的铁矿粉，粒度大约 300～500 目，必须加工成熟料方可进入高炉炼铁。生产熟料的主要方法为球团法。使用效果最好的黏结剂是钠基膨润土。由其制作的球团大小均匀，透气性和还原性好，可以保证高炉燃烧均匀，降低熔剂和焦炭消耗，提高炼铁效率和质量。

用钠基膨润土作铸型砂的黏结剂，可增强抗夹砂的能力，解决砂型坍塌问题。由其配制的型砂，在各种状态下的抗压、抗拉强度等综合性能好，可提高铸件质量和成品率。

钙基膨润土采用挤压法钠化改性工艺：Na_2CO_3 加入量 5%，加水量 35%，反应温度 70℃，通过 2mm 间距对辊机挤压，陈化时间 10～15d，产品为优质钠基膨润土（孙辉等，2006）。

吸附剂和净化剂 膨润土吸附性强、无毒、无味，可用于食物油的精制、脱色、滤毒，以及净化汽油、煤油、特殊矿物油、石蜡等工业产品。膨润土对放射性元素 Cs、Rb 等具有较强的吸附和固定作用，可用于放射性废物的处理。经过处理的膨润土，可用于含油废水、含菌废水的净化，也可吸附悬浮物。

十六烷基三甲基溴化铵〔CTMAB，$C_{16}H_{33}N(CH_3)_3Br$〕/己内酰胺（$C_6H_{11}NO$）按 3∶1 复合插层蒙脱石（$d_{001}=2.7417nm$），对染料废水的脱色率高达 96.0%（刘兴奋等，2004）。

天然膨润土按固液比 1∶3 加入浓度 10% 的硫酸改性后，层间距有所增大，提高了其吸附性能；在 Hg^{2+} 初始浓度为 1mg/L，用土量 10g/L，pH 值=8，振速 150r/min，振荡时间 90min 条件下，硫酸改性土对 Hg^{2+} 的去除率可达 97.1%，处理后残留 Hg^{2+} 浓度低于国标规定的一级排放标准（于瑞莲，2005）。

将提纯膨润土按固液质量比1:10加入去离子水，再加入一定浓度的乙酸溶液进行表面改性，持续搅拌3h，离心分离、洗涤、干燥，即制得乙酸膨润土。其比表面积为45m²/g，层间距1.721nm。在实验条件下，以0.4g/L的吸附剂处理浓度300mg/L的孔雀石绿溶液，脱色率达99%；在pH＝1～12条件下，孔雀石绿的脱色率均达97%以上（覃岳隆等，2016）。

添加剂 造纸原料中添加膨润土，可使纸浆脱色增白，纸张洁白柔软。肥皂和洗衣粉中添加膨润土，可有效吸附污物和细菌，提高洗剂效果。膨润土用作涂料填料，可改善涂料的涂敷性、附着性、掩盖性、平整性、耐水性、耐洗性等性能。在矿浆浓度为10%、Li₂CO₃改性剂用量0.04mol/25g土、反应时间0.5h、温度（30±2）℃条件下，钙基膨润土可改性为锂基膨润土。此类产品既可用于醇基涂料，也可用于水基涂料；既可用于铸造涂料，又可用于化工涂料、陶瓷匣钵涂料，作悬浮剂、触变剂等（邓慧宇等，2006）。

稠化剂 膨润土稠化剂是一种有机蒙脱石复合物，是由有机阳离子取代蒙脱石中可交换阳离子后制成的，具有抗压性强、抗水性好、胶体安定性好等特点，是制造润滑脂、橡胶、塑料、油漆等产品的重要原料。其中，膨润土润滑脂是一种高温脂，使用温度宽（从零下几十摄氏度到一百多摄氏度）、抗挤压性强、抗水性好、安定性好、使用寿命长，常用作大型喷气客机、歼击机、坦克、冶金高温设备、合成纤维设备等高温、高负荷摩擦部件的润滑剂。

其他用途 膨润土用作陶瓷坯体和釉原料，可提高成品白度。与水泥混合使用，可改善水泥性能，用于充填水池、水坝、下水道的裂隙，堵漏性能好。

（六）加工工艺

膨润土的加工工艺流程如图2-7-3所示。该工艺过程中，旋转干燥器内的温度条件为：入口处800℃，主干燥带400～500℃，出口处100～200℃，膨润土本身保持在150℃以下。

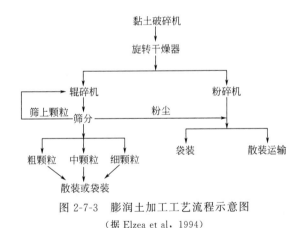

图 2-7-3　膨润土加工工艺流程示意图

（据 Elzea et al, 1994）

三、坡缕石黏土

（一）概念与分类

坡缕石（palygorskite）和凹凸棒石（attapulgite）是成分和结构相同，而成因不同的同一类矿物。前者于1862年在俄罗斯乌拉尔地区发现并据地名命名，属热液成因；后者则于1935年发现于美国佐治亚州凹凸堡并命名，属沉积成因。1980年，国际阿尔及尔研究会推荐使用 palygorskite（坡缕石）一词。

（二）矿物成分与岩相学

坡缕石黏土的矿物成分以坡缕石为主，伴有蒙脱石、石英、白云石和方解石，有时含少量高岭石、斜发沸石等。

坡缕石的理论化学式：$(Mg，Al)_2Si_4O_{10}(OH)\cdot4H_2O$。晶体极细小，呈针状、纤维状，需借助电子显微镜、红外光谱、差热分析、X 射线分析等手段才能准确鉴定。

坡缕石黏土通常呈白色、浅灰色、浅绿色或浅褐色。沉积型坡缕石黏土呈土状、致密块状，土质细腻，有滑感，土状或弱丝绢光泽，质轻、性脆，贝壳状断口，吸水性强，吸水时咝咝作响，并崩解为碎粒。热液型坡缕石大多呈纤维状集合体，纤维柔软，不易破碎，在水中不易分散。

（三）化学成分与物理性质

与坡缕石的理论成分相比，坡缕石黏土常含有更多的 Al_2O_3、Fe_2O_3，可分别达 8％和 3％以上，MgO 含量则＜10％。

坡缕石黏土的主要物理性质如下。

比表面积　坡缕石具有极细小的纤维形态和较空旷的孔道结构。安徽嘉山和江苏盱眙产坡缕石，实测外表面积分别为 $230m^2/g$ 和 $232m^2/g$，内表面积分别为 $136m^2/g$ 和 $96m^2/g$。

阳离子交换性和吸附性　坡缕石的阳离子交换容量一般在 $20\sim50mmol/100g$。坡缕石巨大的表面积、丰富的表面负电荷，使其具有良好的吸附性，可有效吸附有机分子、气体分子和水分子。通过加热或其他方法处理，还可使吸附饱和的坡缕石解吸而循环使用。以坡缕石黏土制备的冰箱除臭剂，当吸附饱和后，可在阳光下暴晒后反复使用。

坡缕石晶体结构中主要有三类吸附中心：①硅氧四面体中的氧原子，由 Al^{3+} 代替 Si^{4+} 可使其提供弱的负电荷，从而对吸附物产生作用力；②分布在带状结构层边缘与 Mg^{2+} 配位的水分子，可与吸附物形成氢键；③Si—O—Si 断键产生的 Si—O 离子团，可与吸附分子相互作用，且能与某些有机分子形成共价键（Serratosa，1978）。

坡缕石的吸附具有选择性：H_2O、NH_3 等极性分子能被吸收，吸附力顺序：水＞醇＞酸＞醛＞酮＞正烯＞中性脂＞芳烃＞环烷烃＞烷烃；其次是能被孔道吸附的甲醇和乙醇；氧等非极性分子不能被吸附。

坡缕石黏土的吸附性可由吸蓝量定量评价。黏土矿物分散在水溶液中吸附亚甲基蓝的能力称为吸蓝量。坡缕石黏土的吸蓝量一般＜24g/100g。

悬浮性及流变性　坡缕石呈纤维状或针状形态，在水或其他强极性溶液中易于分散，形成一种杂乱的纤维格状体系的悬浮液。其流变性极好，黏度随坡缕石含量增高而增大；剪切力增加，黏度增大，触变性增强；低剪切力或剪切力完全消失，悬浮液发生絮凝。

胶质价是反映坡缕石黏土分散性、亲水性和膨胀性的综合指标。测定方法：15g 黏土与水混合后，加入 1g 氧化镁，总体积为 100mL，搅拌 5min，静置 24h，形成凝胶层的体积即为胶质价。坡缕石黏土的胶质价一般在 $40\sim50cm^2/15g$，低于膨润土。

催化性　坡缕石具有较大的比表面积，集合体发育微细孔隙构造，晶体结构中存在直径约 0.6nm 的孔道，可以满足异相催化反应所需的微孔和表面特征，也可作为贵金属及多种金属离子如 Pt、Ni、Cu 等催化剂的载体。坡缕石结构中由非等价阳离子类质同象替代造成的晶格缺陷和破键而形成的 Louis 酸化和碱化中心，有利于酸碱协同催化作用的形成。坡缕石较强的机械性能和热稳定性能，使其具有广泛的使用范围。

此外，坡缕石还具有良好的黏结性、可塑性、抗盐性、耐酸碱性和热稳定性。坡缕石黏土的超细加工可减小纤维细度，提高比表面积，从而改善吸附性、流变性及催化性能。热活化处理可增加表面积，提高机械性能和表面氧化能力。酸活化处理也可增加表面积，提高吸附性能。有机活化处理借助坡缕石晶体表面的负电性、孔道结构、OH 键及断键等与有机表面活化剂相互作用而形成有机衍生物，从而改善其亲水、亲油性和脱色能力。

（四）产状与分布

沉积型坡缕石矿床大多产于构造稳定的干旱或半干旱气候带的内陆碱湖、盐湖、碱性玄武岩盆地、浅海碳酸盐台地、潮汐带等地区。成矿时代主要集中在晚古生代及中、新生代。矿体呈层状、似层状、透镜状等，产状与围岩一致。矿床范围一般较大，面积数平方公里至数百平方公里。矿石呈土状、致密块状等。

热液型矿床一般产于蚀变火山凝灰岩、蚀变花岗岩、蛇纹岩、大理岩中，常与菱镁矿、绿泥石、蛋白石、方解石等共同充填在裂隙中。规模一般较小，形态复杂。

坡缕石黏土主要产于美国、俄罗斯、意大利、土耳其、希腊、日本等国。中国较大规模的坡缕石矿床产于江苏六合和盱眙、皖东嘉山、青海西宁、甘肃天水等地，云贵川也有零星分布。

（五）工业应用与技术要求

江苏盱眙凹凸棒石黏土公司的凹凸棒石黏土企业标准：SiO_2 54.50%，TiO_2 0.05%，Al_2O_3 5.90%，Fe_2O_3 2.80%，MnO 0.12%，MgO 8.90%，CaO 1.25%，Na_2O 0.05%，K_2O 1.0%；pH 值 4.0～4.5，固体总酸度 0.5mmol/g，比表面积 156～863m^2/g，总孔容 0.4063mL/g，平均孔半径 5.180nm；脱色力 80～100，pH 值 7，水分<15%，粒度 95% 小于 200 目，白度>60%，黏度>30mPa·s。

钻井泥浆原料 坡缕石是目前使用最好的钻井泥浆原料，广泛用于地热、盐类地层、石油及海洋钻探中。坡缕石晶体微细的纤维状、针状形态，在水中很容易分散，形成毛毡结构的悬浮体。这种悬浮体触变性好，热稳定性优良（400℃时仍很稳定），性质不因盐度改变而变化。泥浆中加入 2%～3% 的坡缕石黏土，即可获得理想的使用效果。

稠化剂和稳定剂 坡缕石在水基和含油树脂漆中用作增稠剂，可起到均匀化和防凹凸作用。作乳胶漆增稠剂，可使漆保持良好的触变性能，形成的漆膜厚度均匀。作涂层材料，其遮盖力强，光泽好，耐摩擦冲洗，抗剥皮、抗风化和抗凹陷性好。制作隔热涂料，具有耐冻融性、稳定性好等特点。作润滑脂的稠化剂，既耐高温，也抗低温；也可用在乙醇、异丙醇、辛醇、酮、醚、脂、亚麻油、大豆油、蜡油、液体聚酯的稠化方面。

坡缕石能有效防止多元水体系中固相和其他不稳定相的沉淀和分离，可用作液体肥料、农药乳剂、化妆品、膏剂等的稳定剂；还可用作化妆品、石墨粉剂、树脂粉剂、农药粉剂中的分散剂等。

吸附剂、脱色剂、净化剂、过滤剂 坡缕石的晶体形态和结构决定了它具有良好的分子筛效应，不仅可以吸附水和气体组分，而且对有机物也具有很高的吸附力，尤其是对乙烷、苯、甲醇等有机物有更强的吸附性。因此，坡缕石黏土可用于树脂、沥青、磺酸盐等高分子化合物的脱色，也可用于石油、动物油、植物油、粮食、脂肪、醋、酱油、酒类、右旋糖浆、维生素和水的脱色、净化和过滤。还可用于硫醚、工业废气、有机磷、白喉毒素、黄曲霉素、细菌、生物碱等有毒、有害物质的吸附净化。

在环境保护方面，坡缕石黏土可用来净化生活污水、工业污水、固体废物及有毒气体，特别是处理含放射性元素的废水、废物和气体，具有永久性处理、减少再次污染的特点。

坡缕石黏土作为畜禽饲养的消毒净化剂和饲料添加剂，可有效除臭、消毒、杀菌、杀虫、吸水干燥、保存畜肥养分等，也可用作农药、化肥的吸附载体。

催化剂 坡缕石黏土既是催化剂，也可作为 Pt、Ni、Cu、Co 等金属离子催化剂的良好载体。在特种纸（如压敏复写纸、印刷纸、复写接受纸）的制造中，坡缕石也是良好的催化剂载体和吸附剂。

黏结剂和密封剂 坡缕石可代替膨润土作为冶金球团的黏结剂；可作型砂、矾土颗粒、分子筛、化妆品、去污粉的黏结剂。以坡缕石为添加剂制成的密封材料，有极好的热稳定性和储存寿命，适用于汽车无凹陷密封件和玻璃密封件的密封。

填料和调节剂 坡缕石可作为橡胶、塑料、纸张的填料，以改善制品的强度、弹性、热稳定性等性能。坡缕石附着力强、无毒、密度小，用作肥料、化学药品、树脂类产品的调节剂，既可起到防粘连、防胶结、防结块的作用，也可防止某些有效组分的损失。

坡缕石黏土与芒硝配合，可成为较理想的储热材料；可制成灰泥板和耐压强度很高的水下混凝土构件，还可作为高镁耐火材料的耐火高温涂层；可用于制造化工搪瓷工业中白度高、坚固性好、耐酸性好的珐琅。

坡缕石黏土的选矿工艺与膨润土相似，关键步骤是干燥和破碎。

（六）研究现状及趋势

坡缕石黏土是具有特殊性质的新型工业矿物原料，其应用前景较其他黏土矿物更为广阔。但我国在这一矿产的资源调查与评价、选矿工艺研究、精细加工利用以及产品优化改型处理等方面还处于较低水平，今后应加大研究力度。

四、铝矾土

（一）矿物成分与岩相学

铝矾土又称铝土矿，主要组成矿物为三水铝石、硬水铝石、软水铝石，伴生矿物有赤铁矿、高岭石、蛋白石等。铝矾土通常无光泽，呈土状、鲕状、豆状、碎屑状或致密块状集合体；颜色变化大，可呈现白色、灰色、灰黄、砖红等颜色。

（二）化学成分

铝矾土以 Al_2O_3 含量最高，其次为 SiO_2 和 Fe_2O_3。中国典型铝矾土的化学成分见表 2-7-34。

表 2-7-34　中国典型铝矾土的化学成分　　　　　　　　　　$w_B/\%$

地区	Al_2O_3	SiO_2	TiO_2	Fe_2O_3
山东	55.0	16.0	2.5	12.0
河南	60.3~70.8	7.6~16.0	2.3~3.6	2.0~9.7
山西	64.7~65.8	12.3~13.9	3.0~3.1	1.5~4.4
贵州	69.1~70.9	7.6~9.5	3.2~3.8	1.6~3.3

注：引自《矿产资源综合利用手册》(2000)。

（三）产状与分布

铝矾土按成因可划分为沉积型和红土型两类。沉积型铝矾土是由于长期风化作用和红土化作用以及植物、腐殖质的作用而使黏土矿物彻底分解而形成，往往呈层状、透镜状产出，规模巨大，矿物以硬水铝石和软水铝石为主。红土型铝矾土是由富铝岩石，如玄武岩、霞石正长岩等经红土化作用而形成，产状一般不规则，厚数米至数十米，断续延伸，分布较广，矿物以三水铝石为主，成矿时代多为第三纪和第四纪。

（四）工业应用与技术要求

铝矾土的工业应用，其中约85%用于提炼金属铝，10%为非金属用途，如不同形态的氧化铝等，其余5%为非冶金级铝矾土用途（图2-7-4）。

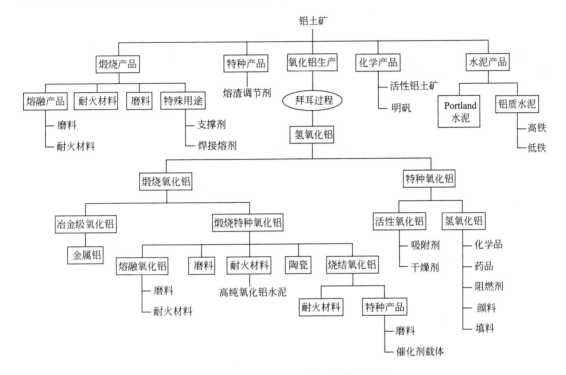

图 2-7-4　铝矾土的工业应用领域示意图

（据 Hill et al, 2006）

炼铝方法是先从铝矾土中提取氧化铝，然后将其电解制得金属铝。生产氧化铝的方法有拜尔法、烧结法和拜尔-烧结联合法。其中拜尔法流程简单、能耗低、产品质量好，是生产氧化铝的主要方法。拜尔法制备氧化铝的工艺流程如下：

将铝矾土矿石破碎、磨细，与氢氧化钠溶液一起在 160~170℃、0.304~0.405MPa 下反应，生成铝酸钠溶液，反应式如下：

$$Al_2O_3 + 2NaOH \longrightarrow 2NaAlO_2 + H_2O$$

铝矾土中的 Fe_2O_3 不与碱溶液作用，而以固相进入残渣，使残渣呈砖红色，称作赤泥。

在反应过程中，原矿石中的 SiO_2 与氢氧化钠反应生成硅酸钠，硅酸钠再与铝酸钠作用生成不溶性的铝硅酸钠沉淀进入赤泥，反应式为：

$$SiO_2 + 2NaOH \longrightarrow Na_2SiO_3 + H_2O$$

$$Na_2SiO_3 + 2NaAlO_2 + 2H_2O \longrightarrow Na_2O \cdot SiO_2 \cdot Al_2O_3 \cdot H_2O \downarrow + 2NaOH$$

上述反应中，SiO_2 消耗了 NaOH 和 Al_2O_3，造成了 NaOH 和 Al_2O_3 的损失。因此，要求铝矾土的 $w(SiO_2) < 5\% \sim 8\%$。

将所得铝酸钠溶液放出过滤，加水稀释，再加入少量氢氧化铝晶种，不断搅拌，生成 $Al(OH)_3$ 沉淀，反应如下：

$$NaAlO_2 + 2H_2O \longrightarrow Al(OH)_3 \downarrow + NaOH$$

将 $Al(OH)_3$ 在 $950 \sim 1200℃$ 下煅烧，即制得氧化铝。反应如下：

$$2Al(OH)_3 \longrightarrow Al_2O_3 + 3H_2O$$

沉淀氢氧化铝后的 NaOH 溶液，返回氧化铝溶出工段循环使用。

氧化铝是耐火材料、陶瓷的重要原料，也可用作纸张填料、牙膏磨料等，但主要用作电解法生产金属铝的原料。后者称作冶金用氧化铝。

电解法生产金属铝的电解液主要由冰晶石和少量氟化钠、氟化铝等组成。阳极为自熔式阳极，由 40% 冶金焦、30% 油焦、30% 沥青焦组成。阴极（又称阴极糊或底糊）由阳极物质煅烧后再加入 25% 沥青组成，由铜棒导出接外电源阴极。铝的电解过程如下：将电解槽的炭糊包括阳极和阴极糊焙烧焦化，清除炭粉，加入冰晶石；电解质熔化后的液体达到一定高度时，不断加入氧化铝。氧化铝在约 900℃ 离解成 Al^{3+} 和 AlO_2^-，两者在电流作用下，正离子集中到阴极，负离子集中到阳极。电解得到的铝沉淀于槽底，纯度达 99.7%。

第六节　沸石岩

一、概念与分类

沸石岩是指以沸石为主要矿物的硅铝质岩石。按照矿物组合，可划分为单一型沸石岩和混合型沸石岩。单一型沸石岩以一种沸石为主，不含其他沸石或其含量 <5%，如丝光沸石岩、斜发沸石岩、片沸石岩。混合型沸石岩含有两种或两种以上的沸石，较为少见。

二、矿物成分与岩相学

单一型沸石岩的矿物成分以斜发沸石、丝光沸石为主，片沸石次之。沸石含量一般为 $30\% \sim 40\%$，最高达 80%。伴生矿物为石英、长石、蒙脱石、绢云母、高岭石等。

斜发沸石　理论化学式 $(Na, K, Ca)_{4.5 \sim 6}[Al_{6.5}Si_{29.5}O_{72}] \cdot nH_2O$，有时含 Mg。单斜晶系。晶体常呈板状、片状、不规则粒状等。颜色为白色、淡黄色，玻璃光泽。{010} 解理完全，摩斯硬度 $4 \sim 5$，密度 $2.16g/cm^3$。

丝光沸石　理论化学式 $Na_2Ca[AlSi_5O_{12}]_4 \cdot 12H_2O$，有时含 Mg、K。斜方晶系。晶体呈纤维状、毛发状、束状、扇状集合体或放射球状。通常呈白色，丝绢光泽。{010} 解理完全，摩斯硬度 $3 \sim 4$，密度 $2.12g/cm^3$。

片沸石　理论化学式 $(Ca, Na_2)[Al_2Si_7O_{18}] \cdot 6H_2O$。单斜晶系。晶体为粒状或板柱状，常呈平行连生的片状集合体。颜色为白色、黄色，含 Fe_2O_3 时呈砖红色。玻璃光泽。{010} 解理完全，摩斯硬度 $3.5 \sim 4$，密度 $2.18 \sim 2.22g/cm^3$。

沸石岩多呈浅红、浅黄、浅灰、浅绿、灰黑色等，当蒙脱石含量高时可呈桃红色。致密细腻，贝壳状或瓷状断口。湿润时显油脂光泽，干燥时土状光泽。密度 $2.05 \sim 2.22g/cm^3$。

产于酸性火山岩中的沸石岩大多具凝灰结构、含砾凝灰结构等，沉积成因者则常呈泥质结构；具致密块状构造、角砾状构造、流纹构造、珍珠构造、层状构造等。

三、化学成分与物理性质

国内外典型沸石岩的化学成分见表 2-7-35。沸石矿物具有 $[(Si, Al)O_4]$ 四面体构成的三维架状构造，并有平行 a 轴和 c 轴的两组孔道，孔道中由阳离子和水分子充填。这种阳离子是四面体格架中 Al^{3+} 替代 Si^{4+} 时产生的电荷不平衡的补偿阳离子，因而与水分子的联结微弱，可以参与离子交换和吸附反应而不引起晶体结构的破坏。因此，沸石岩具有较强的离子交换性能和吸附性能。

表 2-7-35　典型沸石岩的化学成分　　　　　$w_B / \%$

序号	岩石类型	SiO$_2$	TiO$_2$	Al$_2$O$_3$	Fe$_2$O$_3$	FeO	MnO	MgO	CaO	Na$_2$O	K$_2$O	H$_2$O$^+$	烧失量
1	斜发沸石岩	65.54	0.13	12.32	0.89	—	0.50	0.71	3.06	1.83	1.42	—	14.09
2	斜发沸石岩	67.97	0.17	12.40	1.07	0.08	0.05	0.75	2.87	0.22	3.48	—	10.58
3	丝光沸石岩	65.00	0.19	11.24	1.56	0.27	0.03	0.39	4.13	1.86	0.70	—	18.07
4	片沸石岩	52.36	0.73	14.53	4.53	0.13	0.11	1.70	6.71	0.66	1.35	—	19.58
5	斜发沸石岩	66.21	0.21	11.20	0.84	—	0.01	0.39	1.33	5.82	1.04	7.12	—

注：产地 1. 浙江缙云；2. 河北赤城；3、4. 古巴；5. 美国。2 据河北省地质三队内部资料（1980）；其他据陶维屏等（1987）。

四、产状与分布

沸石岩主要有以下产状。

盐碱湖沉积型　产于干燥地带的封闭盆地内，由火山玻璃碎屑与 pH 值＞9 的湖水反应而形成。这种沸石岩产状平缓，厚度几厘米到几米。沸石矿物主要有交沸石、斜发沸石、菱沸石、钙十字沸石、毛沸石、方沸石、丝光沸石等。大孔径的毛沸石和菱沸石一般产于该类型中，是目前最有利用价值的沸石岩类型。典型代表是美国加利福尼亚的更新世的沉积型沸石岩。

淡水湖沉积或陆地火山碎屑蚀变型　在陆相淡水湖或干燥陆地上，由火山碎屑中的玻璃质与湖水或地下水发生反应所形成。此类沸石岩厚度变化大，湖相沉积者厚几厘米到几米，陆相蚀变型的厚度可达几百米。沸石矿物主要为斜发沸石和丝光沸石。该类型分布广泛，工业意义较大。美国俄勒冈州中部、美国西部许多与凝灰岩有关的沸石岩，我国浙江早白垩世的沸石岩均属此类型。

海相沉积型　形成于滨海或深海环境，由火山碎屑物与含盐孔隙水反应形成，或由深海洋底的玄武质凝灰岩脱玻化形成。前者以斜发沸石和丝光沸石为主，后者主要为钙十字沸石和斜发沸石。保加利亚库尔德札附近的沸石岩属此类型。

热水蚀变型　主要分布于近代地热活动区。沸石岩厚度大，垂直分带明显。强蚀变带以方沸石为主，弱蚀变带丝光沸石、斜发沸石发育。该类型岩石分布较广，但沸石常与碳酸盐、石英等伴生，目前工业意义不大。

埋藏变质型　是在厚度 3～15km 的海相火山碎屑岩系中，火山玻璃发生埋藏变质作用而形成。沸石岩垂向分带明显，沸石矿物有斜发沸石、片沸石、方沸石、浊沸石和丝光沸石等。该类型在日本、新西兰、澳大利亚、俄罗斯等地广泛分布，但矿物组合复杂，工业利用价值较小。

风化型　由碱性岩经风化作用所形成。沸石矿物有方沸石、菱沸石和钠沸石。该类型一般规模较小，价值不大。美国加利福尼亚和坦桑尼亚等地有此类沸石岩产出。

五、工业应用与技术要求

沸石岩的用途十分广泛，主要应用领域及技术要求如下。

建材原料　世界上约 2/5 的沸石岩用于生产水泥。沸石作活性混合料，不仅能提高水泥产量，节约能源，还能改善水泥的安全性，提高水泥质量。在玻璃钢筋水泥制品中，沸石能拟制碱质对玻璃纤维的侵蚀。天然沸石在 110℃ 时具有很好的发泡性，是生产轻骨料混凝土及其他轻质建材的原料。国外还利用沸石作水泥硬化剂、黏结剂、固结剂，生产轻质高强板材、轻质陶瓷制品等。

环保领域　以天然沸石粉处理纺织业染色和洗毛的含碱废水，可去除化学耗氧物 $58.9\% \sim 87.6\%$，透光率由 3% 提高到 71%。用于吸附污水中的 Cd^{2+}，去除率大于 60%。沸石岩还可用于硫酸厂排放的 SO_2 气体的吸附净化处理。掺入沸石粉制成的沸石内墙壁材，具有净化空气、调湿、防蛀、防霉、除菌、除臭和防腐蚀的功效。

储能材料　沸石能从太阳辐射中吸收和释放热能，故可作为储存太阳能的新型材料。

农业领域　沸石粉可用作饲料掺和料、肥料载体和土壤改良剂。掺入沸石岩粉，可明显提高土壤的离子交换和吸附性能，达到保肥、保水和改良土壤的效果。日本许多地区在农田皆施沸石粉以中和酸性火山灰质土壤。施用沸石粉后，水稻、小麦增产 $5\% \sim 10\%$。我国浙江省施用 $20 \sim 40$ 目沸石粉，水稻增产 $10\% \sim 20\%$。沸石还用作饲料添加剂和饲养场除臭。

其他用途　具有较好耐酸性和热稳定性的沸石岩，可作为混凝土填料，一般使用斜发沸石岩、丝光沸石岩等高硅沸石岩，要求沸石含量＞40%；对 K^+、NH_4^+ 交换容量应分别大于 10mmol/100g 和 100mmol/100g。其他应用领域要求沸石含量＞70%。

斜发沸石岩的选矿工艺：原矿→脱泥→分级→磁选（除去黑云母等磁性矿物）→非磁性组分（石英、长石、斜发沸石）→静电分选（除去非导电的石英）→导电组分（长石、斜发沸石）→重液分选（分选密度 $2.2g/cm^3$，重液为三溴甲烷）→除去重矿物（长石）→斜发沸石精矿。

沸石岩可通过化学处理改善其性能，方法有：① 以稀酸（HCl、H_2SO_4、HNO_3、$HClO_4$）处理沸石岩，使其 H^+ 交换率达到 20% 以上，成型后在 $90 \sim 110℃$ 干燥，最后在 $350 \sim 600℃$ 活化即成 H 型沸石。后者具有很高的吸附能力和阳离子交换能力。② 以过量钠盐溶液（NaCl、Na_2SO_4、$NaNO_3$）处理沸石岩，使 Na^+ 交换率达 75% 以上，成型后干燥加工制成钠型沸石，能大大提高对气体的吸附能力。③ 以浓度 2mol/L 的 NH_4Cl 溶液处理天然沸石，然后再用浓度 2mol/L 的 KCl 溶液洗涤，能使阳离子交换容量达到 145mmol/100g。

第七节　板岩、千枚岩、片岩

一、　概念与分类

板岩　具特征板状构造的浅变质岩。由黏土岩、粉砂岩或中酸性凝灰岩经轻微变质作用而形成。根据颜色和杂质不同可详细命名，如黑色炭质板岩、灰绿色钙质板岩等。

千枚岩　具典型千枚状构造的浅变质岩石。由黏土岩、粉砂岩或中酸性凝灰岩经低级区域变质作用而形成。根据矿物成分和颜色可进一步分类，如硬绿泥石千枚岩、黄绿色钙质千枚岩等。

片岩　具明显片状构造的变质岩。可根据片状矿物或柱状矿物进行分类，如云母片岩、角闪片岩、绿泥片岩、滑石片岩等。

千枚岩的变质程度高于板岩，原岩成分基本上已全部重结晶，主要由细小绢云母、绿泥石、石英和钠长石等新生矿物组成。片岩的变质程度则高于千枚岩，具较粗的鳞片变晶结构和纤状变晶结构，矿物颗粒肉眼易于分辨，依此与千枚岩相区别。

二、矿物成分与岩相学

板岩　矿物组成随原岩不同而变化。黏土质原岩中以高岭石、蒙脱石、水云母等矿物为主；粉砂质及酸性凝灰质原岩以石英、长石为主。原岩因脱水而使硬度增大，但矿物成分基本上没有重结晶或只有部分重结晶，具变余结构，外观呈致密隐晶质，矿物颗粒很细，肉眼难以鉴定。板状构造。有时在板理面上有少量绢云母、绿泥石等新生矿物，使板理面略显丝绢光泽。

千枚岩　矿物以细小的绢云母、绿泥石、石英和钠长石为主，具细粒鳞片变晶结构。片理面上具有明显的丝绢光泽。千枚构造。

片岩　一般以云母、绿泥石、滑石、角闪石等片状或柱状矿物为主，并呈定向排列。粒状矿物主要为石英和长石，石英含量大于长石，长石含量通常小于30％。具鳞片变晶结构或纤状变晶结构。有时含有少量铁铝榴石、十字石、蓝晶石等特征矿物的变斑晶，构成板状变晶结构。片状构造。

三、化学成分与物理性质

不同类型和产地的板岩、千枚岩和片岩的化学成分变化较大。这些岩石作为工业岩石利用，对化学成分的要求并不严格。

板岩、千枚岩和片岩中矿物颗粒一般细小，且大多呈定向排列，故其结构较致密，厚度均一，硬度适中（摩斯硬度约3～4），抗压强度一般大于60MPa，具有较好的抗风化、耐磨损等性能。

四、产状与分布

板岩、千枚岩和片岩是由泥质、粉砂质或中酸性凝灰质岩石，经过轻微至低级变质作用形成的，主要分布在区域变质岩区。这些岩石主要产于前震旦系、寒武系、奥陶系、志留系、二叠系和三叠系地层中。

我国的板岩、千枚岩和片岩分布十分广泛。除华北平原、东北平原和其他平原、盆地、沙漠，新生代以来覆盖很厚的松散层地区，以及大片火山岩分布区外，几乎都有板岩、千枚岩和片岩分布。

五、工业应用及技术要求

建筑装饰材料　自然花纹美观、色泽鲜艳、表面光滑、厚度均匀、质地坚实的板岩、片岩，可用于房屋的盖瓦、铺地、贴面和台阶，是良好的建筑装饰材料。还用作桌面、茶几面、柜台面、黑板、墓碑等。意大利用板岩制作的台球桌面闻名于世。板岩、片岩用作建筑装饰材料的质量和技术要求见表2-7-36。

表 2-7-36　板石质量和技术要求（GB/T 18600—2009）

项　　目			一等品	合格品
总体（包括饰面板和瓦板）			同批板材应色调基本调和，花纹一致；表面不允许有疏松碎屑物及风化孔洞。不允许有影响强度的碳质夹杂物形成的条纹	
外观质量	饰面板	缺角，长、宽（≤2mm不计）每块允许个数	1	2
		色斑，面积≤15mm×15mm（≤5mm×5mm不计）每块允许个数	0	2
		裂纹（贯穿同厚度者）	不允许	
		人工凿痕（加工凿痕）		
		台阶高度（装饰面上阶梯部分最大高度）/mm	≤3	≤5
	瓦板	缺角，长度≤边长的8%（<3%不计）每块允许个数	2	
		色斑，面积≤15mm×15mm（≤5mm×5mm不计）每块允许个数	0	2
		裂纹（贯穿同厚度者）	不允许	
		人工凿痕（加工凿痕）		
		台阶高度（装饰面上阶梯部分的最大高度）/mm	≤1	≤2
		崩边（打边处理时产生的边缘损失）宽度/mm	≤15	
物理性能	饰面板	吸水率/%	≤0.7	
		弯曲强度/MPa	≥10	
	瓦板	吸水率/%	≤0.5	
		弯曲强度/MPa	≥40	
化学性能	饰面板	耐气候性软化深度/mm	≤0.65	
	瓦板	耐气候性软化深度/mm	≤0.35	
		含可氧化的黄铁矿结晶	允许有	
		含可氧化的黄铁矿结晶　非贯穿型　外观可见	不允许有	允许有
		外观不可见	允许有	允许有
		非贯穿型	不允许有	中心部位不允许有

　　砚石原料　优质砚石的石质，必须质地细腻、娇嫩，结构致密、刚而柔，易发墨，不损笔。能制作砚石的石材均为板岩或千枚状板岩等低级变质岩石（表 2-7-37）。

　　砚作为"文房四宝"之一，在中国 5000 年的文明史上占有重要地位。端砚、歙砚、洮砚、沉泥砚四大名砚被公认为中国名砚之首，在国际上也被尊为极品。优质砚石的矿物成分主要是黏土矿物——伊利石（绢云母）、铁绿泥石，其间均匀分布着微粒石英和长石及一些微量矿物。矿物粒径一般仅几微米至 $20\mu m$，分选性较好。低级变质阶段是形成砚石的最佳环境（变质温度约 $350\sim400℃$），而黏土矿物的结晶度，则是判断岩石变质程度的主要标志。对歙砚、端砚、洮砚、贺兰砚等珍贵砚石样品的 X 射线衍射分析表明，其伊利石的结晶度（Ic）均在 $0.236\sim0.165$ 之间，绿泥石结晶度（Chc）大都在 $0.205\sim0.165$ 之间，且未发现伊利石-蒙脱石混层和绿泥石-云母堆垛现象，常见铁绿泥石和多硅白云母的微细晶片。被公认为砚中极品的端砚中的老坑砚和歙砚中的龙尾砚，其 Ic 为 $0.165\sim0.178$，Chc 为 $0.165\sim0.179$，落入最佳的结晶度与变质程度范围（毕先梅等，2004）。

表 2-7-37　中国名贵砚石原料的形成时代及黏土矿物结晶度

样品号	产　地	砚石原料	砚石名称	地层时代	伊利石		绿泥石	
					$Ic(°\Delta\theta)$	含量/%	$Chc(°\Delta\theta)$	含量/%
HLy-1	宁夏贺兰山	紫红色板岩	贺兰砚(紫)		0.220	98		2
HLy-2	宁夏贺兰山	灰绿色板岩	贺兰砚(绿)		0.190	96		4
Gy-1	甘肃义仁沟	灰绿色板岩	洮砚(新产地)	D	0.236	67	0.205	33
GL-1	甘肃喇嘛崖	深绿色板岩	洮砚(鸭头绿)	D	0.195	59	0.204	40
GL-2	甘肃喇嘛崖	翠绿色板岩	洮砚(鹦哥绿)	D	0.190	67	0.198	33
GS-1	甘肃水泉沟	紫红色彩砂岩	洮砚(水泉沟)	D	0.193	72	0.208	26
GS-2	甘肃水泉沟	灰绿色板岩	洮砚(水泉沟)	D	0.191	56	0.257	42
Mz1-3	广东麻子坑	灰色板岩	端砚	D	0.197	75	0.243	25
Mh1-1	广东梅花坑	花斑板岩	端砚	D	0.195	85	0.208	15
SW-1	广东宋伍坑	灰紫色板岩	端砚(宋伍坑)	D	0.193	81	0.211	19
CT-1	广东朝天坑	灰紫色板岩	端砚(朝天坑)	D	0.189	79	0.191	21
Kz1-5	广东坑仔岩	灰色板岩	端砚(坑仔岩)	D	0.180	71	0.194	29
Sp-1	广东沙埔	灰紫色板岩	端砚(沙埔)	D	0.168	75	0.179	25
LO-1	广东老坑	灰紫色板岩	端砚(老坑)	D	0.165	61		11
SQ1-3-1	安徽祁门	紫色板岩	歙砚(祁红)	Pt	0.192	74	0.228	26
SQ1-3-2	安徽祁门	灰绿色板岩	歙砚(祁绿)	Pt	0.188	68	0.203	32
SQ1-5	安徽祁门	灰绿色紫板岩	歙砚(祁门)	Pt	0.191	65	0.259	35
SSL-3	安徽龙潭	黑色板岩	歙砚(黑龙潭)	Pt	0.186	37	0.189	63
N-14	安徽叶家山	紫色板岩	歙砚(紫云)	Pt	0.182	98	0.204	2
N-15	安徽周家村	灰绿色板岩	歙砚(庙前青)	Pt	0.181	65	0.177	35
WG1-7	江西济溪	灰黄色斑点板岩	歙砚(鱼子)	Pt	0.193	72	0.206	28
N-1	江西婺源	灰黑色板岩	歙砚(龙尾砚)	Pt	0.178	45	0.165	27
N-3	江西婺源	灰黑色板岩	歙砚(龙尾砚)	Pt	0.168	60	0.165	40

注：据毕先梅等（2004）。

第八章　碱性岩类

本章所述碱性岩主要有四类：碱金属氧化物含量比所属岩类的平均值较高的火成岩，如金伯利岩、钾镁煌斑岩等；以碱性长石、似长石和碱性暗色矿物为主要矿物的火成岩，如霞石正长岩、响岩等；K_2O 含量达到工业利用要求的富钾岩石，如富钾正长岩、富钾粗面岩、富钾页岩、富钾板岩等；常与过碱性系列火成岩共生，并含碱性暗色矿物的非硅酸盐类火成岩，如碳酸岩。

第一节　金伯利岩与钾镁煌斑岩

金伯利岩和钾镁煌斑岩是自然界稀少的火成岩类，但因其为含金刚石的母岩而备受重视。

一、概念与分类

1. 金伯利岩（kimberlite）

金伯利岩又称角砾云母橄榄岩，由大量蛇纹石化橄榄石和含量不等的金云母、斜方辉石、单斜辉石、碳酸盐和铬铁矿组成，含镁铝榴石、钙镁橄榄石、金红石、钙钛矿等特征副矿物（Le Maitre et al，1989）。金伯利岩作为金刚石矿床的主岩，因最初于 1870～1871 年发现于南非金伯利地区（Stachel et al，2015）而得名。

按结构、构造，金伯利岩可划分为 5 种类型：金伯利角砾岩、金伯利凝灰岩、斑状金伯利岩、细粒金伯利岩、含球粒金伯利岩（池际尚等，1996）。

金伯利角砾岩　角砾状构造。角砾粒径多数＞2mm，成分复杂，既有纯橄榄岩、二辉橄榄岩、榴辉岩等深源包体，也有早期形成的同源细粒金伯利岩的岩块，还有片麻岩、石灰岩等壳源包体的碎裂产物。

金伯利凝灰岩　凝灰结构。碎屑粒径多数＜2mm，成分为各种来源的岩屑和晶屑。

斑状金伯利岩　斑状结构。斑晶主要由橄榄石组成，其次有金云母和镁铝榴石，偶见铬透辉石、铬铁矿和金刚石。基质呈显微晶质结构，可见橄榄石假象、金云母小鳞片；不透明矿物通常为磁铁矿和镁铬铁矿的混合物以及钙钛矿、白钛石等；还可见细长柱状磷灰石呈放射状排列组成的"太阳晶"。

细粒金伯利岩　细粒结构。偶见蛇纹石化橄榄石及金云母斑晶；块状构造。矿物组成及特征与斑状金伯利岩的基质相似。

含球粒金伯利岩　岩球状构造。岩球呈圆形至椭圆形，大小一般在 10～20mm，最大可达 10cm。岩球核心多为橄榄石（假象），少数为石灰岩、片麻岩或二辉橄榄岩等岩石的岩屑或晶屑。

2. 钾镁煌斑岩（lamproite）

钾镁煌斑岩是一种超钾质超镁铁质岩，以含有以下一种或数种原生斑晶或基质矿物且实际矿物含量变化大为特征。它们是钛金云母、白榴石、钛四配铁金云母、钛钾碱镁闪石、镁橄榄石、透辉石、透长石。特殊副矿物有柱红石、钾钙板锆石、钾钡石等。在基质中，玻璃质是一种主要组分。

按矿物组合，钾镁煌斑岩可进一步划分种属。如金云母-透辉石-透长钾镁煌斑岩，霓辉石-金云母-透长钾镁煌斑岩，钾碱镁闪石-金云钾镁煌斑岩，（钾碱镁闪石）-透辉石-透长钾镁煌斑岩，金云母-透长钾镁煌斑岩，金云母-透辉石-白榴石钾镁煌斑岩等（池际尚等，1996）。

二、矿物成分与岩相学

1. 金伯利岩

矿物成分十分复杂。按成因可分为三类：①原生矿物，主要有橄榄石、金云母、镁铝榴石、磁铁矿、钙钛矿、铬铁矿、磷灰石、碳硅石、金刚石等；②蚀变交代矿物，主要有蛇纹石、碳酸盐、滑石、绿泥石、水白云母等；③捕虏晶矿物，数量和类型变化大，取决于金伯利岩浆源区岩石及岩浆通道附近围岩和顶盖的岩性。主要原生矿物的特征如下。

橄榄石　是金伯利岩的主要矿物，常与金云母、镁铝榴石等作为斑晶出现，且多被熔圆或成椭圆形，并被蛇纹石交代形成橄榄石假象。被交代的橄榄石常具网状结构，网环与网眼分别由纤维蛇纹石和叶蛇纹石组成。蛇纹石化过程中常析出磁铁矿，呈浸染状均匀分布或集中在橄榄石假象边部，有时在中心。偶见新鲜的橄榄石残晶，粒径多在 0.2～0.5mm，颜色多呈黄绿-浅黄色。基质中的橄榄石常具有完好的假六边形，由于受蛇纹石化和碳酸盐化而成假象，与钛铁矿、磁铁矿及细小磷灰石等集合体共生。

镁铝榴石　是与金刚石伴生的特征矿物之一，常呈斑晶出现。形态多因受熔蚀而成浑圆状，当遭受热液蚀变及表生作用时形成次变边，呈同心圆形，有时可达 3～4 层。次变边最外层有一圈黑色皮壳，壳内为鲜绿色鳞片状矿物，由铬高岭石、绿泥石及水云母组成。变化后的镁铝榴石呈绿色粒状。镁铝榴石以紫红-紫青色为主，尚有深紫色、浅紫色、玫瑰色、橙红、橙黄及浅红色。产于金伯利岩与非金伯利岩中的镁铝榴石特征有差异：前者外形常呈浑圆状，表面粗糙，有熔蚀现象，后者以粒状为主；前者颜色多变，后者颜色简单，且以橙色为主；前者次变边发育，后者一般不见；前者具二色性（日光下呈绿色，透射光下为红色），后者不见；前者 $w(MgO) > 20\%$，$w(Cr_2O_3)$ 通常在 $2.2\% \sim 8.0\%$，后者 $w(MgO) < 20\%$，$w(Cr_2O_3)$ 一般 $< 1\%$。

金云母　多出现在含金刚石的金伯利岩中，既可呈斑晶，也可出现在基质中，但含量变化较大，绿泥石化明显。斑晶大者可达数厘米，基质中则多为 0.1～0.5mm。晶体边缘常有微粒磁铁矿。

钙钛矿　常出现在含金刚石金伯利岩的基质中，含量可高达 5%（池际尚等，1996）。完好晶体为立方体，多数为圆粒状细小颗粒，粒径一般 < 0.1mm。新鲜的钙钛矿颜色为褐黑色、灰色、褐棕色。风化蚀变（白钛石化）后呈灰至灰黄，半透明-不透明，金属-半金属光泽，有时呈油脂光泽。表面较粗糙，具电磁性。钙钛矿常含有一定量的 FeO 和 Na_2O、稀土元素、Nb、Ta 和放射性元素 U、Th 等。

铬铁矿　在含金刚石的金伯利岩中广泛分布。金伯利岩与非金伯利岩中铬铁矿的物性有差异：前者的折射率（1.93～2.22）较后者（1.78～2.10）高，密度前者（4.298～4.850g/cm³）较后者（3.830～4.460g/cm³）大，反射率前者（>14%）较后者（<14%）高，前者其他含钛矿物较后者普遍。金伯利岩基质中的铬铁矿颗粒细小（<0.1mm），折射率、密度也比斑晶铬铁矿低。

金伯利岩通常为细粒结构和斑状结构，矿物之间还可有次变边结构、网状结构。常见块状、角砾状、流纹构造和眼球构造。

细粒结构　镜下呈显微斑状，斑晶为橄榄石、镁铝榴石和金云母，基质为微晶结构。

斑状结构　肉眼可见斑晶，含量25%～40%，大小2～4mm，其中以蛇纹石化橄榄石斑晶含量最多。基质为微晶结构。

角砾状构造　角砾形态不规则，成分复杂，有同源岩屑，如细粒金伯利岩、斑状金伯利岩、二辉橄榄岩、榴辉岩等，异源岩屑有石灰岩、页岩、片麻岩等。胶结物多为斑状金伯利岩浆成分。

岩球构造　球体多为圆形至椭圆形，核心多为蛇纹石化的浑圆状橄榄石，有时为镁铝榴石等碎屑，外面包有细粒的基质。细粒基质中的金云母、铬透辉石等呈同心环状排列。

2. 钾镁煌斑岩

金云母　斑晶和基质中均有出现，斑晶的自形程度较高。多色性变化较大，影响多色性的主要因素是 Mg/(Mg+Fe) 和 TiO_2 的含量，富铁钛的金云母，其多色性为浅黄至橙红色。化学成分特点是富含 TiO_2（4.5%～9.0%）和贫 Al_2O_3。

单斜辉石　多呈斑晶产出，有时呈微粒被包裹于金云母中。多呈浅绿色，多色性不明显，发育有较好的环带构造，种属以透辉石和霓辉石为主（池际尚等，1996）。

钾碱镁闪石　呈斑晶、基质或以交代辉石的形式出现。其结晶晚于金云母而早于钾长石。呈斑晶出现者可见磷灰石和透辉石的包裹体，在基质中可见其交代霓辉石和含霓透辉石，并出现交代残余结构（池际尚等，1996）。

假白榴石　主要出现在金云母-透辉石-白榴钾镁煌斑岩中。多为圆形，晶形较好者显八边形。镜下常见已变为细小柱状的钾长石集合体，且常有少量云母和透辉石包裹体。

钾长石　含量较少。多呈它形粒状，有时含辉石、云母等微晶包裹体。

橄榄石　含量少于5%。特征与金伯利岩中的粗晶橄榄石相似。

钾镁煌斑岩以煌斑结构为代表。特征为暗色矿物含量高，自形程度高。斑状结构，斑晶多为暗色矿物，且斑晶与基质两个世代都有同种暗色矿物，长石一般分布于基质中。

三、化学成分

中国典型的金伯利岩与钾镁煌斑岩的化学成分具有如下特点：金伯利岩的 SiO_2 含量比一般橄榄岩类低，通常 $w(SiO_2)<36\%$；金伯利岩的 SiO_2、Al_2O_3、K_2O+Na_2O 含量明显低于钾镁煌斑岩；两者的 H_2O 和 CO_2 含量均较高，且金伯利岩的 H_2O 和 CO_2 含量显著高于钾镁煌斑岩（表2-8-1）。

四、产状与分布

金伯利岩和钾镁煌斑岩的产状主要为岩管、岩脉和岩床（董振信，1994）。

岩管　是金伯利岩较常见的一种产状，也是含金刚石最富、最有工业意义的金伯利岩体。平面上，岩管呈圆形、椭圆形、透镜状、哑铃状或不规则状。剖面上，岩管多呈漏斗状、上大下小的筒状。一般产状较陡直，倾角多为 $70° \sim 90°$。规模大小差别较大，一般岩管地表出露部分的长轴在 $50 \sim 300m$，最大者长轴可达 $1km$ 以上，小者仅 $10 \sim 15m$。向深处延伸的深度变化较大。岩管的岩石类型复杂，岩相变化明显，结构构造往往不均一。

表 2-8-1　中国金伯利岩与钾镁煌斑岩的化学成分　　　　$w_B/\%$

序号	SiO$_2$	TiO$_2$	Al$_2$O$_3$	Cr$_2$O$_3$	Fe$_2$O$_3$	FeO	MnO	MgO	CaO	Na$_2$O	K$_2$O	P$_2$O$_5$	H$_2$O	CO$_2$
1	35.53	1.27	1.15	—	4.81	2.40	0.15	24.84	8.92	0.11	0.65	0.34	5.67	13.99
2	33.49	0.75	4.77	0.22	8.57	2.59	0.16	31.85	3.70	0.21	0.06	2.33	10.30	0.20
3	33.80	1.32	2.03	0.26	6.52	1.86	0.14	31.26	6.74	0.08	0.34	0.63	10.77	4.04
4	31.66	0.24	3.09	0.21	1.26	4.62	0.08	23.32	6.06	0.10	0.34	0.21	2.75	24.28
5	30.60	2.83	4.22	0.14	10.53	0.12	0.06	8.59	16.58	0.31	1.33	2.05	3.03	19.93
6	33.39	2.42	2.85	0.29	6.91	2.34	0.13	30.34	6.51	0.57	0.25	0.66	11.18	1.95
7	47.82	1.18	10.95		3.25	4.97	0.16	11.34	7.63	1.36	6.84	1.46	1.13	1.64

注：1~6为金伯利岩，7为钾镁煌斑岩。产地：1. 辽宁复县；2. 辽宁铁岭；3. 山东蒙阴；4. 河南鹤壁；5. 贵州；6. 湖北；7. 山西阳高。1~4、7据池际尚等（1996）；5、6据董振信（1994）。

　　岩脉　平面上，岩脉窄而长；剖面上呈墙状、扁豆状。长、宽变化较大，长从十几米到几公里，宽从几十厘米到十几米。一般沿断裂成群、成带产出，组成平行、近平行、雁列状或分枝状的岩脉带。岩脉的矿物成分和岩石类型较简单，结构、构造较均一。

　　岩床　呈似层状、透镜状或饼状产出，长从几十米至几百米，个别达数公里，厚由几十厘米至几米，个别达几十米，往往中间厚，边缘薄。产状较平缓，倾角多 $<25°$。

　　在同一地区，岩管、岩脉和岩床往往为同期岩浆活动的产物。从岩石类型看，金伯利岩常以岩管产出，钾镁煌斑岩多呈岩脉出现。

　　金伯利岩和钾镁煌斑岩主要产于陆壳稳定区，如俄罗斯的西伯利亚陆块，我国的华北陆块、扬子陆块等。迄今为止，已发现金伯利岩和钾镁煌斑岩的国家和地区有南非、坦桑尼亚、莱索托、澳大利亚、美国科罗拉多－怀俄明、俄罗斯雅库特等；我国的金伯利岩和钾镁煌斑岩主要分布于东部地区，如辽宁复县、铁岭，山东蒙阴，河南鹤壁，河北涉县，山西阳高、应县、柳林，湖北京山-钟祥，贵州镇远等地。

　　金刚石形成于高压、低 fo_2 条件。在 $p\text{-}t$ 图中可见，高压有利于较高密度的金刚石（$3.52g/cm^3$）稳定，而高温则有利于不太致密的石墨（$2.23g/cm^3$）稳定（图 2-8-1）。当压力下降或温度升高时，金刚石即转变为石墨。金刚石结晶时的 fo_2 处于 WM（方铁矿-磁铁矿）与 IW（自然铁-方铁矿）氧逸度缓冲反应范围。若 fo_2 过高，金刚石即被氧化而转变为 CO_2。天然金刚石形成于地幔环境，金伯利岩和钾镁煌斑岩是最有利于其生成与保存的岩石（池际尚等，1996）。

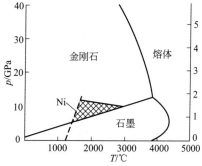

图 2-8-1　C 体系的 $p\text{-}t$ 相图

（据 Wenk et al, 2004）

虚线为金属 Ni 的熔融曲线；阴影区表示合成金刚石的 $p\text{-}t$ 范围

含金刚石的岩体通常呈岩管、岩脉等浅成相产出，岩石多具斑状结构，具有找矿指示意义的矿物主要是镁橄榄石、镁铝榴石、铬铁矿等。含矿岩体中的橄榄石常呈粗晶，多被熔蚀成椭圆形，并被蛇纹石交代形成具网状结构的橄榄石假象。镁铝榴石常呈斑晶，含量高且个体较大时含矿性较好，颜色深（深紫色、红、紫、青色等）者含矿性好。含矿金伯利岩中铬铁矿的折射率通常较高，反射率多>14%，晶格常数 a_0 >0.8334nm。

五、工业应用与技术要求

金伯利岩和钾镁煌斑岩中金刚石原生矿床的评价标准见表2-8-2。

表 2-8-2　金刚石原生矿床评价的一般工业指标

项　　目	岩　脉　型		岩　管　型	
	低指标	高指标	低指标	高指标
边界品位/(mg/m³)	20	40	10	20
工业品位/(mg/m³)	30	60	15	30
最小回收颗粒直径/mm	0.2	0.2	0.2	0.2
坑道进尺毫克值/(mg/m)	30	60	—	—

第二节　霞石正长岩

一、概念与分类

霞石正长岩（nepheline syenite）是一类浅色侵入岩，以 SiO_2 不饱和（不出现石英）、Al_2O_3 含量高、碱度高（富含 K_2O 和 Na_2O）、含似长石类矿物（霞石、白榴石、钾霞石）等为特征。

霞石正长岩类的岩性变化较大，主要种属见表2-8-3。

二、矿物成分与岩相学

霞石正长岩类岩石的重要特征是其结构、构造、矿物成分和化学成分的多样性。

（一）矿物成分

主要矿物为碱性长石和似长石，次要矿物有碱性辉石、碱性闪石、富铁云母等。

碱性长石　主要有正长石、歪长石、微斜长石、钠长石、透长石等。常见矿物组合：①歪长石+透长石，主要出现于次火山岩中；②正长石+微斜长石，多见于浅成岩中；③钠长石独立颗粒与微斜长石共存，见于侵入岩、自变质岩和自交代成因的岩石中。

似长石　主要为霞石，常呈它形，新鲜者呈肉红色，断口油脂光泽，有解理，易于风化和蚀变。蚀变产物常为钙霞石及沸石类矿物。霞石和长石可形成似花岗显微文象结构。其他似长石有方钠石、钙霞石、方沸石、钠沸石、白霞石等。方钠石常呈不规则粒状，有时呈细脉状交代霞石。方沸石（$Na[AlSi_2O_6] \cdot H_2O$）分布较少，且常交代霞石。辽宁凤城市赛马正长岩中产钠沸石（$Na_2[Al_2Si_3O_{10}] \cdot 2H_2O$），含量达 20.1%（陈建，2017），极少见。

表 2-8-3 霞石正长岩类的主要种属分类表

长石种属	似长石种属	岩石类型	特征矿物及结构构造
正长石或微斜长石为主	霞石	霞石正长岩 — 正霞正长岩	正长石为主
		流霞正长岩	霞石和钾长石含量相近,少量暗色矿物,似粗面结构
		云霞正长岩	含铁锂云母,它形粒状结构,似片麻状构造
		角闪云霞正长岩	含铁闪石,有时出现钠-奥长石,它形粒状结构
		假榴正长岩	白榴石已被霞石和钾长石取代
		异霞正长岩	含异性石,似粗面结构
		钠闪异性正长岩	含钠闪石及异性石
	钾霞石	钾霞正长岩	微斜长石 60%~80%,钾霞石 8%~15%,黑云母、霓辉石
	方钠石	方钠正长岩	钾长石或歪长石,含方钠石、霓石、黑云母、角闪石
	方沸石	方沸正长岩	碱性长石为主,方沸石(约 10%)、碱性闪石、霓辉石
	钠沸石	钠沸正长岩	微斜长石为主,钠沸石(约 20%)、黑云母、榍石
	白霞石	白霞正长岩	微斜长石为主,白霞石(约 26%)、铁黑云母、磁铁矿
	钙霞石	钙霞正长岩	钾长石为主,其次为钙霞石、霓石、霓辉石
钠长石为主	霞石	钠霞正长岩	钠长石为主,呈长柱状;霞石,呈板状,略具平行排列;含霓石、铁锂云母;有时锆石含量较高
歪长石为主		歪霞正长岩	歪长石为主(约占 1/5~2/3),其他为霞石、方钠石及碱性暗色矿物
钠长石		云霞钠长岩	霞石、钠长石、钾长石为主,少量黑云母
中长石		霞斜岩	由中长石、霞石和辉石组成的霞石辉长岩
		磷霞岩	霞石含量>70%,少量霓石和磷灰石
		霓霞岩	霞石含量<70%,含霓石和少量磷灰石
		钛铁霞辉岩	由霓石、黑云母、钛磁铁矿和少量霞石组成的霞石辉长岩

近年来在摩洛哥的西非克拉通 Reguibat 地盾区发现 Awsard 超钾质侵入岩体,其中产钾霞正长岩,似长石以钾霞石为主(8%~15%),霞石少量,微斜长石 60%~80%;与之共生的富钾霞石正长岩,霞石含量 10%~20%,微斜长石 63%~73%(Haissen et al, 2017)。

碱性辉石 主要是霓石、霓辉石、透辉石和钛普通辉石。霓辉石常构成斑晶,晶体比较宽,环带发育,自中心向外为:透辉石→霓石,基质中少见。霓石常呈针柱状出现在基质中。钛普通辉石常包围在霓辉石和透辉石外围,以紫色区别于绿色的霓石和霓辉石。

碱性闪石 主要是蓝绿色具有反吸收性的钠闪石、钠铁闪石和富铁闪石。

云母 多为红褐色的富铁黑云母,通常在辉石及角闪石类矿物颗粒边部发育。

副矿物 种属十分丰富,大多数是含 Ti、Zr、Nb 的硅酸盐,常见锆石、锆钽矿、独居石、褐帘石、黑榴石、异性石等。此外,还有磷灰石、榍石、金红石、钙钛矿、铌铁矿、磁铁矿、方解石、萤石等。

(二)结构构造

霞石正长岩类的结构主要有半自形粒状结构、嵌晶结构和似粗面结构。

半自形粒状结构 长石呈自形板状或不规则粒状,霞石充填在长石颗粒的间隙中。有时霞石自形程度较高,表现出与花岗结构相似的特点。

嵌晶结构　钾长石与霞石、方钠石及霓石呈嵌晶连生，在微斜长石和霓石颗粒之间分布着细粒的霞石、方钠石和其他矿物。

似粗面结构　长石晶体略显定向排列，在长石晶体之间充填着霞石和霓石。

霞石正长岩类常见的构造有块状构造、条带状构造、斑杂构造和似片麻构造。

三、化学成分与物理性质

国内外典型霞石正长岩的化学成分见表 2-8-4。霞石正长岩类的化学成分变化较大，并具有如下特点：SiO_2 含量低，一般不超过 63.0%，多数属中性岩类，个别属基性-超基性岩；SiO_2 不饱和，标准矿物分子中不出现石英；(Na_2O+K_2O) 和 Al_2O_3 含量高，多数属于碱过饱和类型。

具有工业利用价值的霞石正长岩，暗色矿物含量较低，且具有较高的干亮度和白度。

表 2-8-4　国内外典型霞石正长岩的化学成分　　　　　　　　　w_B/%

序号	SiO₂	TiO₂	Al₂O₃	Fe₂O₃	FeO	MnO	MgO	CaO	Na₂O	K₂O	P₂O₅	LOI	总和
1	56.28	0.05	21.84	3.36	2.05	—	0.29	0.88	9.91	4.53	0.05	0.75	99.99
2	55.09	0.61	20.21	4.29	0.66	0.09	0.59	2.00	0.45	13.06	0.13	2.07	99.25
3	55.95	0.10	17.64	6.10	1.84	0.10	0.44	1.32	6.30	10.00	0.10	1.04	100.93
4	52.35	1.05	16.07	3.94	3.15	0.12	2.21	3.63	5.69	9.35	0.50	1.49	99.55
5	54.01	0.90	12.56	7.29	2.07	0.29	1.55	3.95	8.79	5.50	0.06	2.77	99.74
6	60.57	0.35	19.98	1.75	0.60	0.07	0.61	2.14	5.04	6.53	0.03	2.32	99.99
7	56.35	0.16	20.31	2.66	4.09	0.18	0.11	1.69	8.31	4.86	0.04	1.36	100.12
8	59.03	0.03	21.81	2.34	1.34	0.03	0.06	0.53	10.78	4.36	0.02	0.15	100.48
9	43.70	1.20	25.80	1.60	3.70	0.15	2.70	5.40	9.90	4.50	0.20	0.80	99.54
10	43.50	0.19	26.20	1.10	2.10		0.40	9.70	10.40	4.90	0.05	0.30	99.34
11	54.40	0.20	21.90	2.00	0.90	0.11	0.80	1.30	10.70	6.30	0.01	0.20	98.82
12	48.78	0.73	25.22	3.46	0.23	0.12	0.32	3.08	9.89	7.21		0.12	99.17
13	54.92	0.55	23.01	2.57	2.62	0.22	0.67	1.53	6.06	7.47	0.02	0.23	99.87
14	55.44	0.20	23.59	0.44	1.42	0.15	0.14	1.56	10.20	6.26	0.18	1.07	100.65
15	55.22	0.59	22.59	1.14	1.17	0.13	0.28	2.12	8.76	5.59	—	2.16	99.75
16	50.30	0.07	25.80	1.39	0.46	0.13		1.46	9.38	4.48		5.93	99.54
17	56.37	0.01	24.95	0.31	0.20	—	0.07	0.25	11.73	5.20	0.01	0.25	99.25
18	49.31	0.57	19.66	5.53			0.45	4.55	7.32	6.48	0.32	4.77	99.16
19	58.09	0.43	19.84		3.54	0.06	0.48	1.82	4.29	10.47	0.10	0.26	99.38
20	55.12	0.22	21.64		2.43	0.03	0.14	0.58	0.94	17.52	0.03	0.58	99.23

注：1.霞石正长岩（四川会理）；2.假榴正长岩（山西临县紫金山；肖万，2002）；3.黑云母霞石正长岩（辽宁）；4.辉石云霞正长岩（辽宁凤城）；5.异性霞石正长岩（同4）；6.方沸辉石正长岩（山西临汾）；7、8.霞石正长岩（加拿大安大略；Hewitt，1961）；9～13分别为霓霞岩、磷霞岩、方钠石正长岩、眼球状霞石正长岩、霞石正长岩（加拿大不列颠哥伦比亚；Pell，1987）；14.霞石正长岩（刚果 Kirumba；Allen et al，1968）；15.霞石正长岩（葡萄牙阿尔加维；Allen et al，1968）；16.淡色霞石正长岩（沙特阿拉伯；Liddicoat et al，1985）；17.微霞正长岩（瑞典；Tilley，1953）；18.霞石正长岩（纳米比亚 Lofdal；Bodeving et al，2017）；19、20分别为富钾霞石正长岩、钾霞正长岩（摩洛哥 Reguibat；Bea et al，2013）。

四、产状与分布

霞石正长岩主要有以下产状：(1) 与 SiO_2 不饱和的火山岩伴生出现；(2) 呈分异型环

状杂岩体，常与碳酸岩伴生，沿接触带常发生交代作用；（3）呈层状侵入体产出；（4）作为正长岩或花岗岩岩株的边缘带出现；（5）呈霞石片麻岩产出，通常与霞石伟晶岩伴生。

实验研究表明，上地幔富集型二辉橄榄岩在 $1.0 \sim 1.5 GPa$ 下发生部分熔融作用，可直接生成霞石正长岩岩浆，特别是当大陆下岩石圈地幔发生大区域交代的条件下，而橄榄岩低程度部分熔融产生的熔体环流进入上地幔，则为富硅富碱交代过程提供了可能（Laporte et al，2014）。

霞石正长岩的分布相对较局限，但由于其矿物成分、化学成分等性质较特殊，因而备受重视。国外著名的岩体有加拿大安大略的蓝山和 Frence River 霞石正长岩体，不列颠哥伦比亚省的冰河杂岩体，Trident 山、Copeland 山的霞石正长岩体，挪威北开普的霞石正长岩体，俄罗斯科拉半岛 Khibiny 杂岩体，美国阿肯色州 Fourche 山的霞石正长岩，巴西的 Canaan 霞石正长片麻岩体，土耳其布尔萨 Orhaneli 霞石正长岩体。

中国已发现的霞石正长岩体主要有山西临县紫金山岩体，辽宁凤城赛马和顾家岩体，云南个旧白云山、禄丰、永平岩体，四川会理、宁南、南江岩体，广东佛冈岩体，安徽六安岩体，湖北随州岩体，新疆拜城岩体和黑龙江密山市插旗山岩体等。

五、工业应用与技术要求

霞石正长岩主要作为玻璃原料使用，少量用作陶瓷原料、工业填料等。

玻璃原料　作为玻璃原料有如下优点：提供 K_2O 和 Na_2O，减少纯碱用量；Al_2O_3 可以提高玻璃的化学稳定性和机械强度，改善产品质量；可以降低玻璃熔体的黏度，改善玻璃的加工性能；霞石正长岩与石英反应，可降低原料熔化温度，加快熔化速度，提高产量，降低能耗。霞石正长岩主要用于制造各种玻璃器皿、平板玻璃、乳白玻璃、电视显像管、电灯泡、玻璃纤维和有色玻璃。在钠钙容器玻璃原料中，霞石正长岩用量一般为 $4\% \sim 8\%$。

玻璃工业对霞石正长岩原料的要求：原料粒度应在 $40 \sim 200$ 目；Fe、Ti、Cr、Mn、Cu、Co 等染色元素含量应尽可能低，$w(Fe_2O_3)$ 一般 $< 0.1\%$，但琥珀色玻璃和玻璃纤维原料可允许铁含量较高；Al_2O_3 和 $K_2O + Na_2O$ 含量应尽可能高，一般应分别在 23% 和 14% 以上；锆石、石墨等难熔矿物和污染物往往在玻璃中形成未熔斑块和斑点，其含量必须很低。典型的玻璃级霞石正长岩原料的化学成分见表 2-8-5。

表 2-8-5　玻璃级霞石正长岩原料的化学成分　　　　　　　　$w_B/\%$

序号	SiO_2	Al_2O_3	Fe_2O_3	CaO	MgO	Na_2O	K_2O	BaO	SrO	P_2O_5	LOI
1	60.20	23.50	0.08	0.30	微	10.60	5.10	—	—	—	0.40
2	60.10	23.40	0.35	0.30	微	10.50	4.90	—	—	—	0.30
3	55.90	24.20	0.10	1.30	微	7.90	9.00	0.30	0.30	0.10	1.00

注：1 和 2 分别为加拿大的 A 级和 B 级玻璃原料；3 为挪威玻璃级原料。据 Harben（1995）。

陶瓷原料　霞石正长岩在陶瓷工业中主要替代长石，起助熔剂作用。霞石正长岩的熔融温度低、熔融间隔宽、助熔能力强，因而可减少陶瓷原料中助熔剂的用量，降低烧成温度，缩短烧成周期；还可提高坯体的机械强度和抗热震性，改善产品质量。它广泛用于卫生瓷、餐具瓷、墙地砖、电瓷、美术瓷、化工陶瓷、牙瓷等方面，与球土、高岭土、硬质黏土、滑石等混合使用，最高用量可达 60%。

陶瓷工业对霞石正长岩原料的要求：不含铁镁矿物；$w(Fe_2O_3)$ 最好 $< 0.07\%$；熔融后呈均匀白色，无斑点；通常加工成 200 目、270 目、400 目三个级别。加拿大和挪威生产的陶瓷级霞石正长岩原料的化学成分见表 2-8-6。

表 2-8-6 陶瓷级霞石正长岩原料的化学成分 $w_B/\%$

产　地	SiO_2	Al_2O_3	Fe_2O_3	CaO	MgO	Na_2O	K_2O	烧失量
加拿大	60.70	23.30	0.07	0.70	0.10	9.80	4.60	0.70
挪威	57.00	23.80	0.12	1.10	—	7.80	9.10	—

注：据 Harben (1995)。

填料　霞石正长岩粉体的干亮度高、分散性好、易湿润、化学性质稳定、反射率适中、吸油率低、色调保留好，是油型、水型、乳剂型涂料的惰性填充剂，可赋予涂料良好的涂布性、均匀性、赋形性和流动性，用于金属底漆、木材着色漆、内层涂料和保护涂层等。

霞石正长岩还是聚氯乙烯（PVC）、环氧树脂、聚酯树脂等塑料的填料，具有化学惰性、填充量大等优点。霞石正长岩与乙烯基树脂的折射率相近，具有很低的光散射能力和较低的染色力，因而可使 PVC 塑料呈现良好的透明性。霞石正长岩的密度小于碳酸钙和滑石，因而可以作为泡沫毯衬垫的惰性填料。

霞石正长岩作为填料，应具有高的干亮度（96～98）和较细的粒度。加拿大安大略生产的产品，平均粒度 4.5μm，平均折射率 1.53，吸油率 22%～29%。

氧化铝和水泥原料　在铝土矿资源缺乏地区，可利用霞石正长岩提取氧化铝，同时生产波特兰水泥（Portland Cement），副产碳酸钠和碳酸钾。霞石正长岩的主要化学成分为：$Al_2O_3>20\%$，$Na_2O+K_2O<10\%$，$SiO_2<55\%$（McLemore，2006）。

1941～1970 年间，苏联先后在 Volkov、Pikalevo（圣彼得堡附近）和 Achinsk（中西伯利亚）建立了 3 个生产厂，利用 Kola 半岛等地的磷霞岩（urtite）、霓霞岩（ijolite）矿石回收磷灰石后的霞石精矿为原料，生产氧化铝和波特兰水泥（Guillet，1994）。

经选矿所得霞石精矿（Al_2O_3 29.3%）与石灰石粉湿法混磨至 −175 目颗粒达 95%，在回转窑中于 1300℃ 下烧结，发生如下反应，形成 β-硅酸二钙和钾、钠铝酸盐：

$$(Na,K)_2O \cdot Al_2O_3 \cdot 2SiO_2 + 4CaCO_3 = (Na,K)_2O \cdot Al_2O_3 + 2Ca_2SiO_4 + 4CO_2 \uparrow \quad (1)$$

以氢氧化钠溶液浸洗固相反应产物，碱铝酸盐溶解并进入溶液，硅酸二钙则仍以固相形式存在。过滤后的碱铝酸盐溶液通入 CO_2 进行酸化中和反应，即生成氢氧化铝沉淀。碱铝酸盐溶液通过浓缩和分离结晶，得到碳酸钠、碳酸钾副产品。

$$2(Na,K)AlO_2 + CO_2 + 3H_2O = 2Al(OH)_3 \downarrow + (Na,K)_2CO_3 \quad (2)$$

β-硅酸二钙与石灰石、低品位铝土矿、黄铁矿矿渣混合，在 1600℃ 煅烧后，再掺入 15% 的 β-硅酸二钙干料和 5% 的石膏，经球磨即可制得波特兰水泥。

上述工艺过程及主要设备如图 2-8-2 所示，原料消耗及产品的产量见表 2-8-7。

表 2-8-7 原料消耗及产量一览表

原　料　消　耗			产　　量/t	
霞石精矿/t		3.9～4.3	氧化铝	1.0
石灰石/t	生产氧化铝	6.0～7.8		
	生产水泥	5.0～6.0	碳酸钠	0.62～0.76
煤（热值最小 7000kcal/kg）/t	生产氧化铝	1.67～1.70		
	生产水泥	1.3～1.6	碳酸钾	0.18～0.28
蒸气热/Gcal		4.68～4.12		
电耗/(kW·h)	生产氧化铝	1050～1190	波特兰水泥	9.0～11.0
	生产水泥	700～860		

注：据 Guillet (1994)。

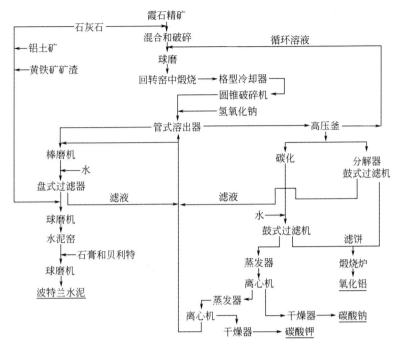

图 2-8-2 霞石正长岩精矿生产氧化铝和波特兰水泥的工艺流程图

(据 Guillet, 1994)

合成沸石及制取钾盐　辽宁凤城市赛马钠沸正长岩，化学成分（w_B%）：SiO_2 54.72，Al_2O_3 19.54，Na_2O 3.26，K_2O 10.89。与纯碱按质量比 1:1 配料，在 830℃下烧结 2h，产物主要物相为 Na_2SiO_3 和（Na，K）$[AlSiO_4]$。以浓度 0.5mol/L 的 NaOH 溶液，在 175℃下水热处理烧结物料 4h，得固相产物方沸石（$Na[AlSi_2O_6] \cdot H_2O$），约 92.6% 的 K_2O 同时转移至硅酸钠钾碱液相中（Chen et al，2017），可用以制备各种钾化学品。

放射性废物处理　霞石正长岩在约 1350℃熔融成硅酸盐熔体，能有效吸附有害的重金属离子，当冷凝成玻璃后即可将有害元素固封其中。这种玻璃即使在强淋漓条件下其损失量也很小，因而可有效固封有害裂变产物。加拿大曾研制出一种以霞石正长岩为主要原料（85%）与氧化钙（15%）组成的玻璃，对反应堆裂变产物锶和铯的同位素具有很好的结合能力，且抗腐蚀性能良好，用于放射性废物的处理（Lefond，1994）。

其他用途　霞石正长岩还可作为生产岩棉、玻璃纤维的助熔剂，可改善纤维的性能。粗粒的似长石色彩鲜艳，可用于建筑装饰。霞石正长岩具有紫外线和微波辐射透过率高的特性，可以作为环氧聚酯微波餐具的填料。霞石正长岩作为炼钢保护渣配料，可以提高脱硫效果，降低萤石消耗量。

共生磷矿　霞石正长岩往往生成岩浆型磷灰石矿床。我国河北矾山、阳原磷矿和山西临县紫金山磷矿等，都与霞石正长岩具有密切的成因联系。阳原岩体主要有 4 期岩浆活动（侯增谦，1988）：第一期为黑云母辉石岩-辉石岩；第二期为黑云正长辉石岩-辉石正长岩；第三期为球状黑云辉石正长岩；第四期为正长岩。磷灰石矿体产于第一期岩石中，矿石的 $w(P_2O_5)>3\%$。局部磷灰石呈巢状和脉状产出。矾山岩体有 3 期岩浆活动，第一、第二期岩石与阳原岩体第一、第二期相同，第三期为正长岩。磷灰石矿也产于第一期岩石中。紫金山假榴正长岩中赋存有多个磷灰石矿体，矿层厚度最大为 115m，长度最大者达 340m，矿体的 P_2O_5 平均品位为 2.54%。

六、研究现状与趋势

霞石正长岩作为工业原料,其评价应注意以下内容:霞石正长岩体应具有一定的规模,以满足长期开采利用的要求;岩石最好为均匀块状构造,中-粗粒非交生结构,以保证选矿等加工工艺的要求;霞石含量高,铁镁矿物、难熔矿物含量要尽可能低;作为玻璃、陶瓷和填料原料开采的岩体,其白度、亮度要高,岩石尽可能新鲜。黑云母、角闪石、辉石、磁铁矿等铁镁矿物和难熔矿物是有害组分,需要通过磁选等工艺除去。

生产霞石正长岩原料最多的国家是俄罗斯、加拿大和挪威。俄罗斯的霞石正长岩主要用于生产氧化铝和波特兰水泥。我国在霞石正长岩开采、加工和利用方面起步较晚。迄今只有四川会理等地开采加工霞石正长岩,少量用于生产艺术玻璃。我国霞石正长岩分布较广,且国民经济正处于快速发展时期,霞石正长岩的加工利用潜力巨大,市场前景广阔。

第三节　富钾岩石

一、概念与分类

富钾岩石是指自然界产出的 K_2O 含量达到工业利用要求($K_2O>11\%$)的硅酸盐岩石。按其形成条件,可划分为岩浆成因、沉积成因和变质成因三大类(马鸿文,2010)。

富钾正长岩　是一类富含钾长石(通常为微斜长石)的侵入岩,多呈半自形粒状结构,块状构造。钾长石含量高达58%~94%;次要矿物常见的有霞石、白霞石、白榴石或假白榴石、白云母、黑云母、霓辉石等;副矿物有磁铁矿、钛铁矿、榍石、磷灰石、锆石等。依据次要矿物种类,可进一步划分为霞石正长岩、白霞正长岩、假榴正长岩、霓辉正长岩、角闪正长岩、白云母正长岩等种属。

富钾火山岩　包括钾质粗面岩、钾质响岩、钾质凝灰岩等。岩石呈紫红色至深灰色,斑状结构,斑晶以钾长石为主,基质主要由钾长石微晶、绿泥石和赤铁矿、磁铁矿等不透明矿物组成。霓辉石、钠铁闪石、铁黑云母可呈斑晶出现,副矿物有磁铁矿、钛铁矿、榍石、锆石、磷灰石等。矿物粒度细小。岩石基质为粗面结构,气孔或杏仁构造。

富钾页岩　是一种富含 K_2O 的具页片状层理的黏土岩,由弱固结黏土经较强的压固、脱水和重结晶作用所形成。岩石呈灰绿色、棕黄色至棕灰色,泥质碎屑结构,条带状、纹层状构造,碎屑粒度通常<0.2mm,微斜长石、伊利石是主要富钾矿物相。

富钾砂岩　是一类富钾的已固结的碎屑沉积岩,粒径0.625~2mm的砂粒含量占50%以上,其余为基质或胶结物。其矿物成分与富钾页岩差别不大,主要为钾长石、伊利石、石英、海绿石等矿物,含少量斜长石、高岭石、绢云母、黑云母、白云母、碳酸盐等。

富钾板岩　是一种由酸性凝灰岩经变质作用而形成的富钾变质岩。原岩因脱水硬度增大,矿物成分发生重结晶作用,具变余结构,外观呈致密隐晶质。岩石呈深灰至灰黑色。矿物组成相当复杂,除主要矿物微斜长石外,其他矿物有黑云母、镁钠闪石、霓石、石英、黄铁矿、磁黄铁矿、白云石、方解石、磷灰石等(马玺等,2016)。岩石具斑状变晶结构,致密块状构造。基质为隐晶质结构。

二、资源分布与矿石成分

中国富钾正长岩资源集中分布于"秦岭大别正长岩带"和"燕辽阴山正长岩带"。前者分布于陕西洛南县，河南卢氏、嵩县、方城，直至安徽金寨、南陵县境内；后者产于内蒙古包头市、四子王旗、商都县，冀北涿鹿、阳原、平泉县，经辽宁凌源直至辽东半岛凤城市（图2-8-3，参见彩插）。两带钾矿石的 K_2O 品位12.0%～15.4%，估算钾资源量超过70亿吨。此外，山西临县紫金山假榴正长岩，K_2O 11.9%～14.0%；云南个旧白云山霞石正长岩，K_2O 10.3%～12.5%；两地钾资源量均超过3亿吨（马鸿文等，2010）。

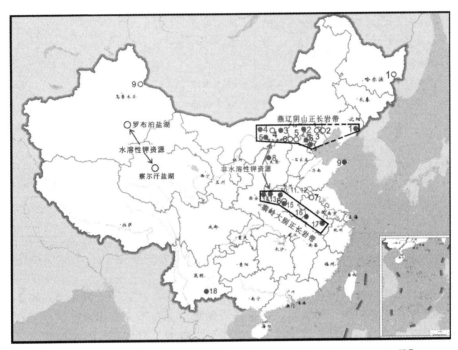

图 2-8-3 中国富钾正长岩资源分布地图［审图号：GS（2018）3823号］

（据马鸿文等，2018）

著者团队已研究矿产地（实心圆）：1—赛马钠沸正长岩，辽宁凤城市；2—后沟角闪正长岩，河北赤城县；3—五喇叭正长岩，内蒙古商都县；4—富钾板岩，内蒙古白云鄂博；5—包头东霓辉正长岩，内蒙古包头市；6—黄松峪正长斑岩，北京市平谷区；7—大红峪钾质粗面岩，天津蓟县；8—紫金山假榴正长岩，山西临县；9—西院下正长岩，山东文登市；10—磨沟霓辉正长岩，河南嵩县；11—乌烧沟霓辉正长岩，河南嵩县；12—坪地霓辉正长岩，河南嵩县；13—黄家湾白云母正长岩，河南卢氏县；14—长岭霓辉正长岩，陕西洛南县；15—油坊庄石英正长岩，河南方城县；16—响洪甸角闪正长岩，安徽金寨县；17—桂山石英正长岩，安徽南陵县；18—白云山霞石正长岩，云南个旧市。文献报道其他矿产地（空心圆）：1—插旗山假榴正长岩，黑龙江密山市；2—河坎子霞石正长岩，辽宁凌源市；3—光头山碱性花岗岩，河北平泉县；4—黄河少正长岩，内蒙古四子王旗；5—矾山超镁铁质岩-正长岩，河北涿鹿县；6—响水沟霞石正长岩，河北阳原县；7—角闪正长斑岩，安徽宿州市；8—塔山霓辉正长岩，河南方城县；9—可可托海花岗伟晶岩，新疆富蕴县

富钾正长岩的化学成分主要为 SiO_2、Al_2O_3、K_2O，次要成分 Na_2O、CaO、MgO 等，K_2O 品位大多介于10.3%～15.4%（表2-8-8）。其富钾矿物主要为微斜长石，含量通常达70%～95%（马鸿文等，2010）。富含钾铝的次要矿物主要有霞石、白霞石、白云母和黑云母等（参见表2-8-8表注），副矿物钙铁榴石、磁铁矿、榍石、磷灰石等少量。

表 2-8-8　代表性富钾正长岩化学成分分析结果 w_B%

序号	样品号	SiO$_2$	TiO$_2$	Al$_2$O$_3$	Fe$_2$O$_3$	FeO	MnO	MgO	CaO	Na$_2$O	K$_2$O	P$_2$O$_5$	LOI	钾长石
1	SS-13	54.72	0.78	19.54	1.40	2.44	0.01	1.15	1.93	3.26	10.89	0.16	3.32	59.0
2	HG-99	63.43	0.20	15.80	1.33	1.02	0.06	0.87	2.09	2.95	9.21	0.09	2.33	84.6
3	SK-15	62.97	0.03	17.99	0.47	0.45	0.00	0.68	0.67	1.15	15.08	0.06	0.45	94.0
4	BY-02	56.00	0.32	14.65	2.92	5.69	0.14	1.72	2.17	1.23	13.00	0.05	1.65	73.6
5	BK-12	59.78	1.11	16.96	5.36	0.09	0.02	0.70	0.97	0.78	12.12	0.12	1.76	93.0
6	HS-97	57.89	0.35	19.90	4.18	1.25	0.08	0.88	0.81	0.92	11.00	0.13	1.88	78.0
7	JX-00	54.41	1.19	17.55	5.13	2.65	0.20	2.48	0.77	0.21	11.04	0.16	1.43	73.0
8	ZS-07	54.17	0.70	20.42	4.65	0.54	0.10	0.91	1.97	0.39	13.35	0.13	2.24	58.8
9	XS-15	64.80	0.04	17.35	0.08	0.29	0.00	0.17	0.40	0.66	15.31	0.01	0.55	93.4
10	SX-12	64.30	0.04	17.37	1.25	0.17	0.00	0.20	0.55	1.68	14.15	0.03	0.59	95.6
11	HW-12	60.46	0.10	20.00	1.54	0.29	0.00	0.82	0.62	0.24	14.68	0.05	0.98	71.1
12	PD-15	61.67	0.12	17.58	2.26	0.18	0.00	0.43	0.74	0.66	15.40	0.00	0.76	95.1
13	LS-05	58.01	0.93	17.87	3.93	0.32	0.00	0.30	1.06	0.28	14.69	0.09	1.80	85.5
14	LN-07	64.53	0.05	16.70	0.84	0.13	0.00	0.56	0.99	0.77	14.75	0.04	0.67	91.4
15	FK-15	64.45	0.14	17.60	0.73	—	0.00	0.09	1.06	2.92	10.74	0.22	0.22	82.3
16	XS-12	59.69	0.58	18.56	1.39	1.39	0.00	0.89	2.18	4.30	8.51	0.05	1.88	69.3
17	GS-09	63.69	0.63	17.39	3.40	0.10	0.00	1.68	0.16	0.16	10.27	0.00	1.96	65.4
18	GS-11	55.71	0.25	21.85	0.19	1.12	0.02	0.47	1.85	4.02	12.51	0.07	1.78	70.4

注：矿石名及产地见图 2-8-3 图注（实心圆）。次要钾铝矿物：1，钠沸石 20.1%，黑云母 10.9%，白云母 6.9%（陈建，2017）；4，黑云母 14.4%；8，白云母 25.0%，黑云母 7.5%；11，白云母 19.5%；13，白云母 7.6%；18，霞石 20.7%。

地理位置上，我国盐湖钾盐资源主产于中国西部的青海察尔汗（氯化钾）和新疆罗布泊（硫酸钾）。富钾正长岩资源（钾长石，白云母）则集中分布于人口相对密集且工农业发展对钾盐钾肥需求旺盛的中国东部，因而基于富钾正长岩资源，发展新型绿色钾盐化工体系，将具有独特的地域优势。

三、水热碱法反应原理

（一）KAlSi$_3$O$_8$-NaOH-H$_2$O 体系

霞石正长岩、假榴正长岩、角闪正长岩、霓辉正长岩和黑云正长岩等钾矿石，主要铁镁矿物有钙铁榴石、镁钠闪石、霓辉石和黑云母，在 NaOH 碱液中均稳定存在；富钾矿物微斜长石和白云母，在 NaOH ≤ 3.0mol/L 碱液水热处理过程中生成方沸石相（Ma et al，2015；杨静等，2016；刘昶江，2017）：

$$6KAlSi_3O_8 + 12NaOH = 3Na_2[AlSi_2O_6]_2 \cdot 2H_2O \downarrow + 3Na_2SiO_3 + 3K_2SiO_3 \qquad (1)$$

$$6NaAlSi_3O_8 + 12NaOH = 3Na_2[AlSi_2O_6]_2 \cdot 2H_2O \downarrow + 6Na_2SiO_3 \qquad (2)$$

$$KAl_2[AlSi_3O_{10}](OH)_2 + 3Na_2SiO_3 + 4H_2O = 1.5Na_2[AlSi_2O_6]_2 \cdot 2H_2O \downarrow$$
$$+ 3NaOH + KOH \qquad (3)$$

而在 NaOH > 3.0mol/L 碱液处理过程中，则生成羟钙霞石相（马鸿文等，2014b）：

$$6KAlSi_3O_8 + 26NaOH = Na_8[Al_6Si_6O_{24}](OH)_2 \cdot 2H_2O \downarrow + 9Na_2SiO_3 + 3K_2SiO_3 + 10H_2O$$
$$\qquad (4)$$

$$6NaAlSi_3O_8 + 26NaOH = Na_8[Al_6Si_6O_{24}](OH)_2 \cdot 2H_2O \downarrow + 12Na_2SiO_3 + 10H_2O \quad (5)$$
$$2KAl_2[AlSi_3O_{10}](OH)_2 + 8NaOH = Na_8[Al_6Si_6O_{24}](OH)_2 \cdot 2H_2O \downarrow + 2KOH + 2H_2O \quad (6)$$

上列两组反应相当于钾长石结构中分别脱除 1/3 和 2/3 的 SiO_2，K_2O 近于全部溶出。所得 $(Na,K)_2SiO_3$ 滤液加入适量 $Ca(OH)_2$，发生如下苛化反应（马鸿文等，2014a）：

$$(Na,K)_2SiO_3 + Ca(OH)_2 + nH_2O = CaSiO_3 \cdot nH_2O \downarrow + 2(Na,K)OH \quad (7)$$

所得水合硅酸钙经过滤、洗涤、干燥，制得沉淀硅酸钙产品；$(Na,K)OH$ 滤液部分循环利用，其余通入 CO_2，经蒸发、结晶，制备工业碳酸钾，副产碳酸钠（Ma et al，2005；刘晓婷等，2011；Yin et al，2017）。前者亦可用于制取磷酸二氢钾、氢氧化钾等钾化学品。

羟钙霞石滤饼中含有未反应的霞石相，可用于提取氧化铝（谭丹君，2009）。采用低钙烧结法技术（杨静等，2014；蒋周青，2016），原料烧结过程发生以下主要反应：

$$Na_8[Al_6Si_6O_{24}](OH)_2 \cdot 2H_2O + 5Na_2CO_3 + 6CaCO_3$$
$$= 6Na_2CaSiO_4 + 6NaAlO_2 + 11CO_2 \uparrow + 3H_2O \uparrow \quad (8)$$
$$Na[AlSiO_4] + Na_2CO_3 + CaCO_3 = Na_2CaSiO_4 + NaAlO_2 + 2CO_2 \uparrow \quad (9)$$

烧结熟料溶出铝酸钠粗液，经脱硅后制备工业氧化铝。硅钙碱渣 Na_2CaSiO_4 经水解，回收苛性碱后循环利用；硅钙尾渣则可用于加工粒状硅灰石粉或其他建材产品。

（二）$KAlSi_3O_8$-KOH-H_2O 体系

水热条件下，钾长石、白云母在 KOH 碱液中发生如下分解反应（苏双青，2014）：

$$K[AlSi_3O_8] + 4KOH = K[AlSiO_4] \downarrow + 2K_2SiO_3 + 2H_2O \quad (10)$$
$$KAl_2[AlSi_3O_{10}](OH)_2 + 2KOH = 3K[AlSiO_4] \downarrow + 2H_2O \quad (11)$$

反应过程中钾长石结构中脱除 2/3 的 SiO_2。所得 K_2SiO_3 碱液以石灰乳苛化，重新生成 KOH 溶液，实现循环利用。固相产物为六方钾霞石（Su et al，2012a），易溶于酸性介质中，故可方便地加工成硫酸钾、硝酸钾等钾盐（马鸿文等，2014a；2014b）。控制酸用量，钾霞石发生溶解反应（蔡比亚，2012）：

$$2K[AlSiO_4] + 2H^+ + (n-1)H_2O + aq \longrightarrow 2K^+ + Al_2O_3 \cdot 2SiO_2 \cdot nH_2O + aq \quad (12)$$

所得铝硅滤饼呈非晶态，一次粒子尺寸小于 $2\mu m$，可直接制成煅烧高岭土，或水热合成纳米高岭石（马鸿文等，2017b），也可用作合成 A 型或 L 型分子筛的原料（Su et al，2012b；刘昶江等，2013）。

（三）$KAlSi_3O_8$-$Ca(OH)_2$-H_2O 体系

在水热条件下，以 $Ca(OH)_2$ 碱液处理富钾正长岩粉体，发生如下分解反应（张盼等，2005；彭辉，2008）：

$$4KAlSi_3O_8 + 13Ca(OH)_2 + H_2O = 2Ca_5Si_5AlO_{16.5} \cdot 5H_2O \downarrow +$$
$$Ca_3Al_2[SiO_4]_2(OH)_4 \downarrow + 4KOH \quad (13)$$

反应产物主要为雪硅钙石球形团聚体，可用于生产硅酸钙保温材料。所得 KOH 溶液浓度较低，为降低蒸发能耗，直接向浆料中加入硝酸来制备农用生态型硝酸钾；或直接利用 KOH 溶液为溶剂蒸煮褐煤，以抽取腐殖酸，主要反应如下：

$$R-(COOH)_n + nKOH \longrightarrow R-(COOK)_n + nH_2O \quad (14)$$

所得腐殖酸钾滤液经蒸发、干燥，制取农用有机钾肥腐殖酸钾（郭若禹等，2017）。

选取代表性霞石正长岩、黑云正长岩和霓辉正长岩为实例（表 2-8-9），对水热碱法反应相平衡进行热力学模拟。

表 2-8-9　代表性富钾正长岩矿石的矿物端员组分摩尔分数

矿物端员	晶体化学式	摩尔质量 /(g/mol)	矿石样品号			
			GS-11	SK-15	LN-07	HW-12
钾长石	$KAlSi_3O_8$	278.3316	0.545	0.876	0.729	0.758
钠长石	$NaAlSi_3O_8$	262.2230	0.004	0.044	0.078	0.000
钙长石	$CaAl_2Si_2O_8$	278.2073	0.009	0.029	0.000	0.000
石英	Si_4O_8	240.3372	0.000	0.022	0.144	0.079
白云母	$KAl_2[AlSi_3O_{10}](OH)_2$	398.3081	0.000	0.000	0.000	0.145
金云母	$KMg_3[AlSi_3O_{10}](OH)_2$	417.2600	0.009	0.016	0.000	0.000
羟铁云母	$KFe_3[AlSi_3O_{10}](OH)_2$	511.8800	0.014	0.003	0.000	0.000
钠霞石	$NaAlSiO_4$	142.0544	0.317	0.000	0.000	0.000
钾霞石	$KAlSiO_4$	158.1630	0.082	0.000	0.000	0.000
霓石	$NaFeSi_2O_6$	231.0022	0.000	0.000	0.020	0.000
透辉石	$CaMgSi_2O_6$	216.5504	0.000	0.000	0.027	0.000
钙铁辉石	$CaFeSi_2O_6$	248.0904	0.000	0.000	0.002	0.000
钙铁榴石	$Ca_3Fe_2Si_3O_{12}$	667.8615	0.011	0.000	0.000	0.000
钙铝榴石	$Ca_3Al_2Si_3O_{12}$	450.4464	0.008	0.000	0.000	0.000
磁铁矿	Fe_3O_4	231.5326	0.001	0.008	0.000	0.018

注：矿石样品号同表 2-8-8。

采用热力学软件 OLI Analyzer 9.2 进行模拟，其中 NaOH-H_2O 体系选用混合电解质溶液模型（MSE），KOH-H_2O、Ca(OH)$_2$-H_2O 体系选用稀溶液模型（AQ），以 1000g 水为基准。影响相平衡的主要因素取值：初始碱液浓度（mol/L）NaOH 2~8，KOH 2~8，Ca(OH)$_2$ 0.405~0.607；反应温度，180~300℃；水固质量比，NaOH 体系 2~8，KOH 体系 2~8，Ca(OH)$_2$ 体系 10~40。

模拟结果显示：(1) 初始碱液浓度是影响固相组成、含量及液相组分浓度的主要因素；水固比通过影响碱液浓度而影响相平衡。(2) 在固定初始碱液浓度和水固比条件下，反应温度主要影响富钾矿物相的分解速率，即反应动力学。(3) 在较高碱液浓度和温度条件下，硅酸钠钾液相析出 $K_2[Si_2O_5]$ 固相（图 2-8-4）。

对富钾正长岩的水热碱法分解反应进行实验验证，实验条件同模拟固液平衡的优化条件，所得固相产物及共存液相浓度与模拟结果大致吻合（马鸿文等，2017c）。晶化产物方沸石晶体多呈完好的三八面体晶形，晶粒尺寸约 15~30μm；雪硅钙石则呈相互交生的细小纤维板状，板片一般长约 3~10μm，宽 200~500nm，厚度 30~50nm。

实验结果表明：水热碱法反应过程中，Al_2O_3 组分优先进入平衡固相，其在共存液相中的浓度可忽略；在 NaOH、Ca(OH)$_2$ 碱液体系，K_2O 组分优先进入液相，溶出率分别达 85.6%~93.2% 和 96.2%~98.0%；而在 KOH 碱液体系，原矿中的 K_2O 组分全部进入钾霞石相（Su et al，2014），在其后硫酸或硝酸溶解过程中，K_2O 溶出率达 94.0% 以上（马鸿文等，2014a；2014b）。

综上所述，水热碱法过程可实现富钾正长岩中 K_2O 组分的高效溶出，同时使硅铝组分晶化为钠钙硅酸盐或铝硅酸盐类产品（方沸石，雪硅钙石），或用于提取氧化铝（羟钙霞石），为避免固体废物排放、实现资源利用率最大化提供了可能。

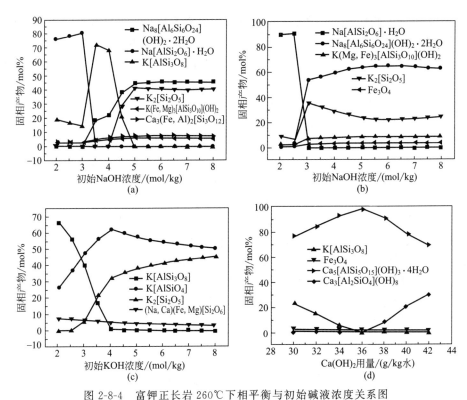

图 2-8-4　富钾正长岩 260℃下相平衡与初始碱液浓度关系图

（a）霞石正长岩（GS-11）（水固比 3）；（b）黑云正长岩（SK-15）（水固比 6）；（c）霓辉正长岩（LN-07）（水固比 3）；

（d）霓辉正长岩（HW-12）（水固比 20）

四、工业应用前景分析

　　基于上述热力学模拟和实验结果，创立了富钾正长岩资源水热碱法制取钾盐绿色加工技术体系，基本工艺流程见图 2-8-5。

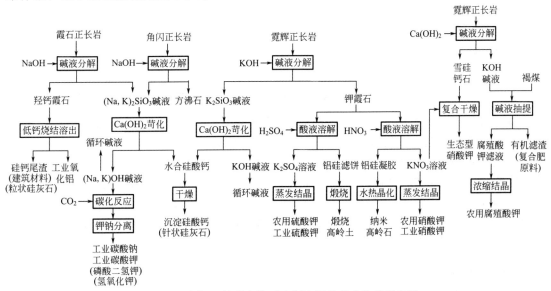

图 2-8-5　富钾正长岩水热碱法制取钾盐技术体系示意图

（据马鸿文等，2018）

苛性钠碱液水热加工技术，适于处理富含钾铝的霞石正长岩。主要产品工业碳酸钾，副产工业碳酸钠、氧化铝、沉淀硅酸钙、钠型分子筛或硅灰石粒状粉等。与石灰石烧结法（Guillet，1994）相比，本技术的一次资源、能源消耗和 CO_2 排放量显著减少。硅酸钠钾碱液经苛化、碳化、蒸发和钾钠分离，所得碳酸钾溶液亦可方便地制成硝酸钾、磷酸钾等其他钾盐产品。硅钙尾渣可用于生产建材产品，从而实现资源利用率最大化。

苛性钾碱液水热加工技术，适于处理富钾正长岩，要求原矿 $K_2O/Na_2O \geqslant 9.0$（摩尔比）。主要产品硫酸钾、硝酸钾或生态型沸石钾肥，副产沉淀硅酸钙或硅灰石针状粉（罗征，2017）、煅烧高岭土或纳米高岭石（马鸿文等，2017b）。采用该法制备硫酸钾、硝酸钾，与现今通用的 $KCl\text{-}H_2SO_4/HNO_3$ 复分解法相比，不消耗氯化钾原料；只需脱硅-溶钾-结晶-苛化 4 步关键反应，即完成从钾矿粉体到钾盐产品的转化；且反应条件温和，可实现清洁生产。

石灰乳碱液水热加工技术，适于处理低钠钾长石粉体。主要产品生态型硝酸钾、腐殖酸钾，副产硅酸钙保温板或雪硅钙石粉体，后者可用作矿物填料、吸附材料，或用于废水处理等领域。

上述水热碱法技术，可实现富钾正长岩资源利用率大于 85%、K_2O 溶出率大于 90%、有害"三废"零排放的要求，是创制生态型钾肥、发展绿色可持续中国钾盐工业新体系的核心技术。若规模化利用富钾正长岩资源形成新兴产业，则将改变中国钾盐工业的基本格局，借创新驱动形成新的经济增长点。

第四节　碳　酸　岩

一、概念与分类

碳酸岩（carbonatite）是指岩浆成因的、碳酸盐类矿物（方解石、白云石、铁白云石、菱铁矿、菱镁矿）含量 $>50\%$ 的火成岩。按化学成分，碳酸岩可划分为钙质碳酸岩、镁质碳酸岩和铁质碳酸岩（图 2-8-6）。按主要矿物成分，可将碳酸岩划分为方解石碳酸岩、白云石碳酸岩和铁碳酸岩（富铁碳酸盐为主）。

二、矿物成分与岩相学

碳酸岩的矿物成分十分复杂。主要矿物为方解石、白云石、铁白云石等。次要矿物有菱铁矿、菱锶矿、菱镁矿、磷灰石等。含铌、钽、锆、稀土元素的矿物有烧绿石、铀钽铌矿、铌钇矿、铌铁矿、钛铌铁钙矿、方钍石、钛锆钍石、锆石、斜锆石、独居石、钙钛矿、铈钙铁矿

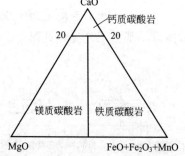

图 2-8-6　碳酸岩的化学分类
(Woolley & Kempe, 1989)

等。此外，还有硫化物、氧化物、卤化物、硫酸盐、磷酸盐、硅酸盐等矿物。

大部分碳酸岩为结晶粒状结构。矿物颗粒大小一般在 $2\sim5mm$ 之间。方解石碳酸岩主要为粗粒结构，而白云石碳酸岩、铁白云石碳酸岩则为细粒结构。碳酸岩大多为块状构造，但有时有条带状构造及瘤状构造等。

三、化学成分

碳酸岩的化学成分见表 2-8-10，具有如下特点：SiO_2、Al_2O_3 含量低，CaO、CO_2 含

量高。与其他火成岩相比，TiO_2、MnO、BaO、SrO、P_2O_5、Nb_2O_5、稀土元素等的含量普遍较高，有时富含 U、Th、Ta，SrO 含量高于 BaO。

表 2-8-10　碳酸岩的化学成分　　　　　　　$w_B/\%$

序号	SiO_2	TiO_2	Al_2O_3	Fe_2O_3	FeO	MnO	MgO	CaO	Na_2O	K_2O	BaO	SrO	P_2O_5	CO_2	H_2O^+
1	2.94	0.21	0.64	2.21	1.60	0.46	0.78	49.09	0.19	0.32	0.03	0.93	2.19	38.18	0.40
2	1.44	0.08	6.56	—	0.39	0.06	0.39	52.54	0.10	0.06	—	—	0.14	41.76	0.20
3	9.58	0.65	2.90	4.33	4.37	0.72	6.69	34.06	1.02	1.47	0.04	0.81	1.86	29.29	F0.73
4	3.92	0.05	0.70	3.60	—	0.77	0.19	47.83	0.40	0.30	0.07	1.08	0.74	38.53	

注：1. 方解石碳酸岩（湖北竹山）；2. 浅色碳酸岩（四川南江）；3.128 个碳酸岩平均值（Hyndman，1972）；4. 方解石碳酸岩（纳米比亚 Lofdal 岩套；Bodeving et al，2017）。

四、产状与分布

碳酸岩侵入体常呈岩株、岩脉、环状岩墙，常见流动构造、条带构造，并含有围岩捕虏体或深源包体（常为石榴石二辉橄榄岩）。碳酸岩常与超基性碱性岩及超基性岩共生，与霓霞岩、橄榄岩等形成环状杂岩体，且多位于中心部位。喷出产状的碳酸岩除呈熔岩流或层状火山碎屑岩外，还呈火山颈见于碱性岩体中。

近期研究表明，硅不饱和碱性母岩浆的分离结晶作用，致使碱和 CO_2 组分在演化熔体相中富集，最终导致碳酸盐与硅不饱和碱性熔体之间发生不混溶作用，继而固结为碳酸岩和霞石正长岩类。Brava 岛碳酸岩及由近于原始岩浆至正长岩成分的完全和连续分异，是 Cape Verde 热点火山活动的产物（Weidendorfer et al，2016）。纳米比亚 Lofdal 侵入岩套的碳酸岩，系由响岩质碱玄岩或响岩岩浆发生不混溶作用，生成富含重稀土元素的钙质碳酸岩，碱性岩浆过程释放出的流体相是稀土矿化的物质来源（Bodeving et al，2017）。

碳酸岩的出露较局限，坦桑尼亚东部的碳酸熔岩较为典型。我国湖北竹山、四川南江也产有碳酸岩岩体。它们大多沿区域性大断裂分布。

五、工业应用

碳酸岩富含氟、硫、二氧化碳等挥发分，铌、稀土、磷、铁、锶、钡等元素含量较高，常与铌、钽、铀、钍、稀土元素以及磷、铁、金云母、蛭石等矿床有关。其中最为重要的矿床类型为稀土碳酸盐和烧绿石碳酸岩，常呈环状、脉状、锥状及囊状产出，受超基性-碱性杂岩体的内部构造控制。矿物组成主要为碳酸盐矿物（＞80%），其次为磁铁矿、磷灰石、金云母或黑云母等。常见的特征矿物有黑榴石、钛铁矿、钙钛矿、钛铌钙矿、烧绿石等。围岩霞石化、霓石化十分强烈。

世界著名的我国白云鄂博超大型稀土-铁-磷矿床即与碳酸岩具有密切成因联系，包括多种矿石类型（杨学明等，2000）。主要含矿层位为中元古代碳酸岩。碳酸岩呈一大的扁豆体，东西长约 18km，地表出露宽度近千米，中部最厚。上覆岩石为富钾板岩等，下伏岩石为长石石英砂岩。碳酸岩的矿物成分以白云石为主，含少量方解石、长石、石英、透闪石、金云母、磷灰石、萤石、重晶石、磁铁矿及微量铌、稀土元素矿物，呈浸染状和条带状分布。矿体一般呈透镜状、似层状及脉状，与围岩常为渐变关系。矿石多呈细条带状、块状及斑杂状构造。矿石中的矿物种类多达百余种，主要有磁铁矿、赤铁矿、萤石、钠辉石、钠闪石和稀土矿物，其次为镜铁矿、软锰矿、方解石、黄铁矿、钠长石和稀有元素矿物。稀有、稀土元素和放射性元素矿物多达 40 余种，分布最广的为独居石、氟碳铈矿、铌铁矿、烧绿石、铌金红石、易解石等。

第九章　碳酸盐岩类

碳酸盐岩类（carbonate rocks）主要包括碳酸盐类矿物（方解石、白云石、铁白云石）含量超过50%的沉积岩，即石灰岩、白云岩，以及由这类沉积岩变质形成的大理岩。

第一节　石灰岩、白云岩

石灰岩和白云岩是分布最广、储藏量最大、应用历史最悠久、消耗量最大的工业岩石原料。

一、概念与分类

石灰岩是一种以方解石为主要矿物的碳酸盐岩，常混入黏土矿物、粉砂等杂质。

白云岩是一种以白云石为主要矿物的碳酸盐岩，常混入方解石、黏土矿物、石膏等。

碳酸盐岩可按矿物组成、化学成分和结构等进行分类。按矿物组成，碳酸盐岩可划分为8种类型（图2-9-1）。

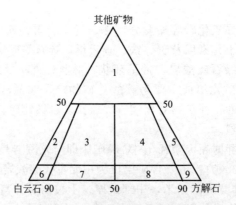

图2-9-1　碳酸盐岩岩石分类图

1—非碳酸盐岩；2—不纯白云岩；3—不纯灰质白云岩；4—不纯白云质灰岩；
5—不纯石灰岩；6—白云岩；7—灰质白云岩；8—白云质灰岩；9—石灰岩

按化学成分，碳酸盐岩可划分为：超高钙石灰岩（$CaCO_3 > 97.5\%$）；高钙石灰岩（$CaCO_3 > 95\%$）；高纯碳酸盐岩（$CaCO_3 + MgCO_3 > 95\%$）；高镁白云岩（$MgCO_3 > 43\%$）。

碳酸盐岩的结构分类主要考虑其成因意义，此处从略。

二、矿物特征与岩相学

碳酸盐岩中的主要矿物为方解石和白云石，次要矿物有菱铁矿、铁白云石、菱镁矿和文石。除上述碳酸盐矿物外，还含有少量黏土矿物、硅质和有机质。

黏土矿物主要有高岭石、蒙脱石、伊利石、绿泥石等。它们或呈浸染状散布，或以纹层、薄夹层出现，矿物颗粒非常细小。

硅质主要有燧石和石英两种形式。燧石由非常细小的石英颗粒组成，粒径 $1\sim10\mu m$；有时成放射纤维状玉髓石英。它们或均匀散布在碳酸盐岩中，或以团块状、透镜状、纹层状集中出现。燧石容易包裹水和其他杂质，因而有各种不同的颜色，外观呈致密状、瓷状、土状等形式。致密状燧石的摩斯硬度约 7，冲击韧性高。多孔状燧石具有较大的表面积，在碱性介质中具有一定的溶解度和化学活性，是混凝土骨料的有害组分。

在碳酸盐岩中，特别是碎屑灰岩中，还含有粉砂级或砂级石英颗粒。它们或均匀散布，或成层出现，有时作为鲕粒、豆粒等碳酸盐颗粒的结晶中心。

碳酸盐岩中的有机质以沥青最常见。它的存在往往使岩石呈现褐色或黑色，并在某些方面影响其使用性能。当以碳酸盐岩的化学性质为主要应用目的时，上述组分是有害的。但它们的存在并不影响碳酸盐岩的物理性质，因而作为建筑材料使用是无害的。

碳酸盐岩常见的结构有结晶粒状结构、鲕状结构、豆状结构、生物结构、碎屑结构等。常见构造有块状构造、结核构造、叠锥构造、缝合线构造等。

三、化学成分和物理性质

纯质石灰岩的化学成分接近于方解石的理论组成。天然石灰岩常含有 SiO_2、Al_2O_3、MgO、TiO_2、Fe_2O_3、FeO、Na_2O、K_2O、P_2O_5、FeS、SO_3、H_2O 等杂质。不同产地、不同层位的石灰岩的成分往往具有较大差异。纯质白云岩的化学成分接近白云石的理论成分，但天然白云岩也含有与石灰岩类似的杂质成分（表 2-9-1）。

表 2-9-1　代表性碳酸盐岩的化学成分　　　　　　　　　　　　　　　　$w_B/\%$

序号	CaO	MgO	SiO$_2$	TiO$_2$	Al$_2$O$_3$	TFe$_2$O$_3$	Na$_2$O	K$_2$O	P$_2$O$_5$	SO$_3$
1	43.04	10.95	—		0.55	0.55				0.31
2	38.71	14.24	—		0.90	0.90				0.34
3	45.58	8.17	1.40		0.35	—				
4	21.37	14.53	14.63		7.97	4.91				—
5	30.44	21.29	0.48		—	1.06				—
6	28.33	20.89	5.26	0.02	0.90	0.11	0.00	0.05	0.10	
7	29.96	22.49	0.15	0.04	0.74	0.20	0.11	0.05	0.03	
8	30.32	21.31	0.55		0.31	0.26	0.03	0.09		
9	30.18	21.12	0.79		0.33	0.46	0.03	0.13		
10	29.59	22.44	0.98	0.01	0.61	0.20		0.14	0.06	
11	30.00	22.66	0.08	0.01	0.94	0.56	0.35	0.08	0.01	
12	30.67	20.92	2.37	0.03	0.33	0.16	0.01	0.24	0.01	
13	31.36	20.86	2.04	0.06	0.21	0.09	0.00	0.12	0.01	

注：1.含泥白云质灰岩，四川三叠系；2.灰质白云岩，四川三叠系；3.白云质灰岩，山东莱芜上寒武统；4.泥质白云岩，辽宁抚顺第三系；5～11.白云岩，其中 5 为辽宁中寒武统，6、7 分别为吉林白山市江源区、八道江区，8、9.山西上寒武统凤山组，10.河南卢氏县黄跃沟，11.陕西洛南县石门；12、13 分别为深色、浅色白云岩，贵州仁怀市五马镇。6、7，10～13 引自马鸿文等（未刊资料）。

石灰岩的主要物理性质：密度 $2.41\sim2.83g/cm^3$；视孔隙度 $0.7\%\sim6.0\%$；抗压强度

108.9～196.5MPa；冲击断裂模量 5.5～17.2MPa；坚韧度 0.8～2.6cm/cm^2。

白云岩的主要物理性质：密度 2.40～2.84g/cm^3；视孔隙度 0.7%～8.6%；抗压强度 89.6～322.0MPa；冲击断裂模量 26.2～75.8MPa；坚韧度 0.7～2.3cm/cm^2。

四、产状与分布

自然界具有一定规模的石灰岩，通常是在海洋盆地或陆地湖泊中形成的。海相沉积岩系中的石灰岩呈层状或似层状，规模大，层位及厚度稳定，成分一般比较均匀，具有工业开采价值。而产于湖相沉积岩系中的石灰岩，多以透镜状、似层状产出，规模一般不大，分布较局限，成分通常不均匀，工业利用价值不大。

白云岩的成因和产状主要有四个类型：①同生白云岩，指原生沉积的白云岩或准同生交代的白云岩；②碎屑白云岩，即经过搬运再沉积的白云石颗粒胶结后形成的白云岩；③成岩白云岩，沉积物在固结过程中，方解石被白云石交代形成的白云岩；④后生白云岩，沉积岩形成以后，石灰岩被白云石交代而形成。同生白云岩通常具有工业利用价值。它产于石灰岩系地层中，呈层状、透镜状，矿层规模较大，质量较好。此外，产于前寒武纪变质岩系中的变质白云岩也具有工业价值。

中国探明石灰岩资源储量为 530.07 亿吨（刘发荣等，2004）。华北地区的石灰岩，大多集中在寒武纪和奥陶纪；东北地区，多产于寒武纪、奥陶纪、石炭纪和二叠纪；华南地区，主要产于石炭纪、二叠纪和中生代早期；湖北、广东、广西、福建和江苏南部，主要发育中上泥盆系石灰岩。辽宁、内蒙古和山东前寒武纪变质岩系中的白云岩以及华北奥陶纪、中南地区石炭二叠纪、西南地区三叠纪的白云岩都具有工业价值。

五、工业应用及技术要求

石灰岩和白云岩的广泛应用，既与它们的化学成分有关，也与其物理性质有关。

（一）石灰原料

生产石灰的原料有高钙石灰岩和白云质石灰岩两类，其煅烧过程的化学反应如下：

$$CaCO_3（方解石）\xrightarrow{1000～1300℃}CaO（生石灰）+CO_2\uparrow$$

$$CaCO_3 \cdot MgCO_3（白云石）\xrightarrow{900～1200℃}CaO \cdot MgO（白云灰）+2CO_2\uparrow$$

典型生石灰的化学成分见表 2-9-2。

生石灰加水后即水化为熟石灰[$Ca(OH)_2$, $Ca(OH)_2 \cdot MgO$ 或 $Ca(OH)_2 \cdot Mg(OH)_2$]，并放出热量。生石灰和熟石灰的物理性质见表 2-9-3。

表 2-9-2 典型生石灰的化学成分 w_B/%

类　型	CaO	MgO	SiO$_2$	Fe$_2$O$_3$	Al$_2$O$_3$	H$_2$O	CO$_2$
高钙生石灰	93.2～98.0	0.3～2.5	0.2～1.5	0.1～0.4	0.1～0.4	0.1～0.9	0.4～1.5
白云质生石灰	55.5～57.5	37.6～40.8	0.1～1.5	0.05～0.4	0.05～0.4	0.1～0.9	0.4～1.5

表 2-9-3 生石灰和熟石灰的物理性质

项　　目	生石灰		熟石灰	
	高钙型	白云质型	高钙型	白云质型
主要组分	CaO	CaO 和 MgO	Ca(OH)$_2$	Ca(OH)$_2 \cdot$ MgO
密度/(g/cm^3)	3.2～3.4	3.2～3.4	2.3～2.4	2.7～2.9

项 目	生石灰		熟石灰	
	高钙型	白云质型	高钙型	白云质型
容重/(g/cm³)	0.88~0.95	0.88~0.96	0.40~0.56	0.40~0.56
比热容(38℃时)/(kJ/kg)	0.40	0.94	0.62	0.62
休止角	55°	55°	70°	70°

石灰岩、生石灰及熟石灰的生产过程如图 2-9-2 所示。由回转窑生产石灰，原料的化学成分应符合表 2-9-4 的质量要求。

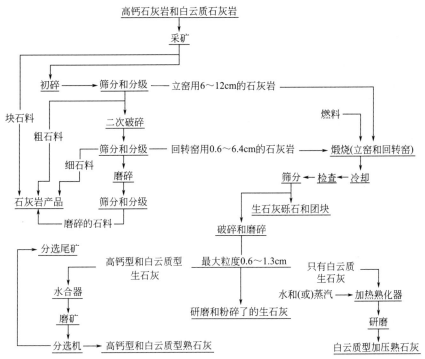

图 2-9-2 石灰岩、生石灰及熟石灰的生产工艺流程示意图

(据 Boynton，1980)

在冶金、化工、环保、农业、建材等行业，石灰具有广泛用途。

冶金行业 石灰在炼钢中具有助熔和净化作用，可降低熔炼温度，有效清除 P、Si、Al、S 等有害组分。在碱性氧气炼钢过程中，每吨钢消耗约 65kg 石灰。其中 10%~30% 为白云质生石灰，其余为高钙生石灰。白云质生石灰与高钙生石灰共同使用，还可延长耐火材料的使用寿命。在电炉炼钢中，每吨钢平均消耗石灰约 30kg。石灰还可用于钢铁企业中拉丝、铸锭外模、稀硫酸废液水处理等方面。钢铁生产使用的石灰应具有较高活性，有效石灰含量应在 90%~93%，硫含量 $<0.06\%$，粒度 1.25~5cm。

表 2-9-4 回转窑生产石灰对原料组成的要求 w_B/%

石灰岩	一级品	CaO≥53.5,SiO₂≤1.2,Al₂O₃+Fe₂O₃≤1.5,S≤0.06,F≤0.06
	二级品	CaO≥52.5,SiO₂≤1.4,S≤0.09
白云质灰岩	一级品	CaO+MgO>53.0,SiO₂<2.0,R₂O<1.5,S≤0.06,P<0.06
	二级品	CaO+MgO>51.5,SiO₂<2.8,R₂O<1.5,S≤0.06,P<0.06

在铜矿石浮法选矿中，石灰可用于中和黄铁矿的酸效应以保持适度 pH 值。在铜精炼中，石灰起助熔剂作用，并可吸收烟气中的 SO_2。

在大多数生产氧化镁的方法，如 Dow 法海水和天然卤水提镁和海水提镁等工艺中，都使用石灰，并以镁含量较高的白云质石灰效果较佳。

造纸工业　在硫酸盐纸浆生产中，石灰通常用来苛化碳酸钠废水（黑色浆液），以回收可循环利用的氢氧化钠。在造纸工业中，石灰还可用于制造漂白剂——次氯酸钙，用于循环水、废水的净化和去色。

化学工业　在 Solvay 法生产碳酸钠和碳酸氢钠过程中，石灰用来回收可循环使用的氨。石灰还与氯化物反应，生成副产品氯化钙和碳酸钙。上述过程中，生产 1.0t 碳酸钠要消耗 635kg 石灰。石灰也用来苛化碳酸钠溶液，以生产氢氧化钠。

石灰可用来生产无机化合物，例如，生产一磷酸钙、二磷酸钙和三磷酸钙、铬化合物等。石灰可用于食盐卤水的净化，硫化石灰、砷酸钙等农药的制备。熟石灰可用来生产各种颜料，白色波特兰水泥及油漆填料等。

石灰可用于氯醇法生产甘醇和丙烯乙二醇，还可用于生产硬脂酸钙、醋酸钙、木质磺酸钙等钙基有机盐，也可用于柠檬酸和葡萄糖的精制和浓缩。在石油炼制中，石灰用于中和无机硫化合物和 SO_2 的排放控制；石灰还可用于润滑脂以及泥浆的制备等。

环境保护　在环保领域，石灰主要用于水的净化、污水处理和烟气脱硫。

单独使用石灰或与纯碱混合使用，可除去水中的碳酸氢盐，软化水质。用石灰调整 pH 值至 11.5 时，物品在其内保持 $3\sim10h$，可杀死 99% 以上的细菌和大多数病毒，是一种仅次于氯的杀菌剂。石灰与明矾或铁盐等凝聚剂一起使用，可以通过调节 pH 值来阻止凝聚剂的酸化，从而产生更强的凝聚作用，除去河水中的泥沙或工业用水中的悬浮物。石灰还可用于污水的化学沉淀，调节 pH 值，除氮，吸附铁、锰和有机单宁酸等。石灰也可用来中和矿井酸水、洗煤厂酸性洗煤废水、钢铁厂酸性废水、制版厂废水、化工厂及制药厂废水、造纸厂废水等，并使废水脱色，使某些重金属离子沉淀。

石灰可吸收烟气、氟（或氢氟酸）和其他酸性气体中的 SO_2，有效净化空气。利用磨细石灰配制成浆料，或者直接添加到固体燃料中，作为脱硫剂与烟气中的 SO_2 或 SO_3 反应形成亚硫酸钙或硫酸钙，是工业副产石膏的主要成分。

建筑行业　以 3%$\sim$5% 的石灰与黏土混合，可反应生成复杂的胶结化合物，使黏土黏结为坚硬稳定的块体；并且使黏土的塑性、收缩性和膨胀性显著降低，强度增高。该方法使用的石灰 90% 以上是熟石灰，其余为磨碎或粒状生石灰。它在建筑地基施工、土坝加固、水渠、铁路路基、机场跑道、城市道路等方面广泛应用。

石灰与粉煤灰、砾石混合，加少量水搅拌均匀后，也可作为建筑地基、道路、机场的基础材料。在操作过程中，应严格控制水分，以保证硬凝反应的进行和产生足够的强度。

几千年来，石灰一直被用作砂浆材料。自英格兰人 Joseph Aspdin 于 1824 年发明 Portland 水泥以来，石灰-水泥砂浆的使用占据了主导地位。石灰与水泥掺和体积比一般为（2∶1）$\sim$（1∶4）。石灰是增塑剂，可使砂浆具有更强的可塑性和黏结性，水泥则提供快凝条件。

在沥青路面材料中加入 1%$\sim$2% 的熟石灰，可以增强沥青与砾石的黏结性和干/湿强度比，减小体积变化，还可降低对砾石的使用要求。

农业领域　生石灰、熟石灰或石灰岩粉撒施在农田中，可以迅速中和土壤酸性，保持 pH 值在合理的水平，有利于一年三季作物轮种。在一些沙化土壤区，由于镁的持续匮乏，使用白云质石灰可改良土壤。

在甜菜糖和甘蔗糖的精制过程中，石灰乳浆可以提高糖汁的 pH 值，从而使磷酸和有机酸化合物的胶状杂质沉淀。每精制 1.0t 甜菜糖，平均消耗生石灰 200kg；精制 1.0t 甜蔗糖，消耗生石灰 1.9～4.9kg。甜菜糖精制需要消耗的 CO_2 也由石灰窑直接获得。

在新鲜水果和蔬菜的贮藏过程中，石灰能有效吸附 CO_2，保持果疏新鲜，减少腐烂。

（二）水泥原料

石灰石是生产硅酸盐水泥的主要原料。它与黏土质原料、硅质原料和铁质原料混合，经 1450℃ 煅烧，生成硅酸三钙（$3CaO \cdot SiO_2$）、硅酸二钙（$2CaO \cdot SiO_2$）、铝酸三钙（$3CaO \cdot Al_2O_3$）和铁铝酸四钙（$4CaO \cdot Al_2O_3 \cdot Fe_2O_3$）。这些化合物遇水后发生水化作用，形成复杂的水化物，进而凝结硬化，产生强度，可与其他材料生成坚硬固体。

在水泥熟料中，CaO 和 Al_2O_3 是有益组分，其余为有害组分。其中 MgO 在水泥熟料中以方镁石形式存在，在水化作用后期转变为氢氧化镁，引起体积膨胀，会降低水泥体的强度。因此，水泥熟料的 $w(MgO)$ 最好 <5%。K_2O、Na_2O 能与熟料中的硅酸二钙、硅酸三钙等发生反应，生成有害的游离氧化钙，从而降低水泥质量，故要求熟料的 $w(K_2O + Na_2O) < 1.3\%$。水泥原料中以燧石、玉髓和粗粒石英存在的 SiO_2，被称作游离硅。其化学活性、易磨性和煅烧性差，含量过高时会影响水泥的质量，故一般要求 $w(SiO_2) < 4\%$。SO_3 能与 K_2O、Na_2O 形成硫酸盐，过多时易引起结窑，影响水泥的安定性及正常生产。故规定熟料中 $w(SO_3) < 1.5\%$。水泥用石灰岩原料的质量要求见表 2-9-5。

表 2-9-5　水泥用石灰岩原料的化学成分一般要求（DZ/T 0213—2002）

类　型	化学成分/%					
	CaO	MgO	$K_2O + Na_2O$	SO_3	f_{SiO_2}（游离氧化硅）	
					石英质	燧石质
Ⅰ级品	≥48	≤3	≤0.6	≤1	≤6	≤4
Ⅱ级品	≥45	≤3.5	≤0.8	≤1	≤6	≤4

（三）熔剂原料

在黑色和有色金属冶炼中，石灰岩作为熔剂直接参与熔炼过程。它既可降低体系的熔融温度，又可与矿石中的杂质、燃料中的灰分等有害组分形成炉渣而排除。熔剂用石灰岩和白云岩的工业要求分别见表 2-9-6～表 2-9-8。

表 2-9-6　黑色金属冶炼熔剂用石灰岩化学成分一般要求（DZ/T 0213—2002）

类　型	品位界限	化学成分/%					
		CaO	$CaO + MgO$	MgO	SiO_2	P	S
石灰岩	边界品位	≥48		≤3.0	≤4.0	≤0.04	≤0.15
	工业品位	≥50		≤3.0	≤4.0	≤0.04	≤0.15
白云质灰岩	边界品位		≥49	≤8.0	≤4.0	≤0.03	≤0.12
（高镁质石灰岩）	工业品位		≥51	≤8.0	≤4.0	≤0.03	≤0.12

表 2-9-7　有色冶金熔剂用石灰岩化学成分一般要求（DZ/T 0213—2002）

品　位	化学成分/%		
	CaO	MgO	SiO_2
边界品位	≥50	≤1.5	≤2.0
工业品位	≥53	≤1.5	≤2.0

表 2-9-8　冶金熔剂用白云岩一般化学成分要求（DZ/T 0213—2002）

品位界限	化学成分/%		
	MgO	$Al_2O_3 + Fe_2O_3 + Mn_3O_4 + SiO_2$	其中 SiO_2
边界品位	≥15	≤10	≤4
工业品位	≥16	≤10	≤4

（四）化工原料

在化学工业中广泛使用石灰岩，如生产电石、漂白粉、肥料等。60%的石灰岩与40%的无烟煤或焦炭混合，在电炉中于2000℃下煅烧，可制得电石。利用电石可以制成乙炔，进而生产高分子材料，如维尼纶等。生产1.0t电石大约需要2.0t石灰。

化学工业对石灰岩的成分要求（DZ/T 0213—2002）如下（w_B%）：电石用石灰岩，$CaO \geq 54$，$MgO \leq 1$，$SiO_2 \leq 1$，$R_2O_3 \leq 1$，$P \leq 0.06$，$S \leq 0.1$；制碱用石灰岩，$CaCO_3 \geq 90$，$MgO \leq 1.9$，酸不溶物 ≤ 3.0，$R_2O_3 \leq 1.0$；制磷肥用石灰岩，$CaO \geq 53$，$R_2O_3 \leq 3$；制氮肥用石灰岩，$CaO \geq 54$，$R_2O_3 \leq 1$，$P \leq 0.01$，$S \leq 0.15$；制糖工业用石灰岩，$CaCO_3 > 95\%$，$SiO_2 < 2\%$，$MgCO_3 < 1.5\%$，$R_2O \leq 0.25\%$，$R_2O_3 < 1.5\%$，$CaSO_4 \leq 0.2\%$。

重质碳酸钙（$CaO > 54\%$，粒度 $10\mu m$ 级）是涂料、橡胶、造纸等工业的填料。轻质碳酸钙是造纸、塑料、橡胶、油漆和涂料的重要填料，生产过程是以生石灰加水制成石灰乳，再通入 CO_2 气体，经干燥而制成。

纯质白云岩可用作生产高纯氧化镁和轻质碳酸钙的原料。主要工艺过程：白云岩在1000℃下煅烧3h得白云灰；以浓度20%的 NH_4Cl 溶液浸取10min，所得 $CaCl_2$ 滤液在20℃±2℃下通入浓度40%的 CO_2 气体进行碳化，在不同晶体控制剂作用下，可制备粒径 $2 \sim 4\mu m$ 至 $80 \sim 100nm$ 的球形和立方体形高纯碳酸钙；剩余沉淀物与浓度14%的 $(NH_4)_2SO_4$ 溶液混合，在搅拌条件下加热至沸，在馏出液氨水体积达16%时 MgO 基本浸出完全；滤液经除杂后加入10%的 $(NH_4)_2CO_3$ 作沉淀剂，在65℃±3℃与氧化镁浸出液反应；所得沉淀物经过滤、洗涤、干燥后得碳酸镁；再在650℃下煅烧2h，得高纯氧化镁产品（白云山等，2005）。

上述过程的主要化学反应为：

白云石煅烧　$CaCO_3 \cdot MgCO_3 \longrightarrow CaO \cdot MgO + 2CO_2 \uparrow$

氧化钙浸取　$CaO \cdot MgO + 2NH_4Cl(aq) + 2H_2O \longrightarrow CaCl_2(aq) + 2NH_4OH(aq) + Mg(OH)_2 \downarrow$

浸取液碳化　$CaCl_2(aq) + 2NH_4OH(aq) + CO_2 \longrightarrow CaCO_3 \downarrow + 2NH_4Cl(aq) + H_2O$

氧化镁浸取　$Mg(OH)_2 + (NH_4)_2SO_4(aq) \longrightarrow MgSO_4(aq) + 2H_2O + 2NH_3 \uparrow$（浸取蒸氨）

碳酸铵沉镁　$MgSO_4(aq) + (NH_4)_2CO_3(aq) \longrightarrow MgCO_3 \downarrow + (NH_4)_2SO_4(aq)$

碳酸镁煅烧　$MgCO_3 \longrightarrow MgO + CO_2 \uparrow$

（五）建筑及工程材料

石灰岩作为建筑砌块、装饰材料、混凝土骨料、沥青骨料以及铁路道渣等基本材料，应用历史悠久，使用量也最大。这些领域主要利用其硬度和密度适中、柔韧性良好、可加工性及机械强度较好等物理性能。

石灰岩也是生产玻璃和陶瓷的配料之一。陶瓷原料中加入适量的石灰岩可降低烧成温度，缩短烧成周期，提高坯体的半透明度，增强坯釉间的结合强度。玻璃原料中加入少量石灰岩，引入的 CaO 和 MgO 可提高玻璃的化学稳定性和机械强度。

六、研究现状与趋势

石灰岩、白云岩及其制品在各国经济发展中都具有举足轻重的作用，随着经济的发展，对该类矿产及其产品的需求量还将继续增加。当前，对石灰岩、白云岩的应用研究主要集中在环境领域：一是在该类矿产开采、加工过程中造成的生态环境破坏以及噪声、粉尘、水体污染的治理；二是在有效利用该类矿产制品进行工业烟气脱硫、湖泊和河流水体的净化处理等方面，研究开发新技术和新方法。

中国的石灰岩、白云岩矿产分布广泛，资源丰富，开发应用基本上与世界水平同步，但也面临着人均资源量不足、亟待治理生态环境污染等问题。

第二节 大 理 岩

大理岩（marble）是一种碳酸盐矿物（方解石、白云石为主）含量大于50％的变质岩，由石灰岩和白云岩等经区域变质作用或热接触变质作用而形成。我国云南大理市是最著名的大理岩产地，大理岩由此而得名。

一、岩相学

大理岩除含有大量方解石和白云石外，通常还含有少量蛇纹石、透闪石、透辉石、方柱石、金云母、镁橄榄石、石英、硅灰石等特征变质矿物。一般具有粒状变晶结构，块状构造，有时具有条带状及其他变形构造。

大理岩可根据碳酸盐矿物的种类、特征变质矿物、特殊的结构构造或颜色等详细命名，如大理岩、白云质大理岩、透闪石大理岩、条带状大理岩、粉红色大理岩等。

大理岩一般呈白色，如含有杂质，则可呈现不同的颜色和花纹，磨光后非常美观。其中结构均匀、质地致密的白色细粒大理岩，又称"汉白玉"，是优良的建筑装饰材料和艺术装饰品原料。

二、化学成分与物理性质

典型大理岩的化学成分见表2-9-9。由于大理岩的原岩组成和变质条件存在较大差异，因而不同地区、产状和类型的大理岩的化学成分往往具有较大变化。

表 2-9-9 典型大理岩的化学成分 $w_B/\%$

岩石类型	$CaCO_3$	$MgCO_3$	SiO_2	FeO、Fe_2O_3、$FeCO_3$	Al_2O_3
方解石大理岩	90.0~99.7	0.2~6.0	痕量~4.6	痕量~0.7	痕量~1.0
白云石大理岩	41.7~55.5	35~44.5	1.1~26.5	0.1	2.5

大理岩的密度一般在2.6~2.8g/cm³，摩斯硬度3，具有良好的磨光性，抗压强度70~150MPa，抗折强度6.138~36.3MPa，吸水率0.06％~0.4％，膨胀率0.02％~0.04％，磨蚀率0.9~6.95g/cm²。

三、产状与分布

具有工业价值的大理岩主要有区域变质型和接触变质型两种成因类型。前者主要产于前寒武纪变质岩系中。矿体一般呈层状和透镜状，长度、厚度大。组成矿物主要为方解石和白云石，颜色、结构构造均匀，易开采出大块荒料，是该类矿床的主要类型。后者主要产于侵入岩与碳酸盐岩的接触带附近。矿体规模一般不大，形态不规则，矿物成分复杂，色调、结构构造变化大，不易开采出大块荒料。但往往色彩绚丽、花纹图案奇特，具有较好的装饰效果。

大理岩矿床在世界各地几乎都有分布，但以美国、意大利和俄罗斯最为丰富。美国的大理岩主要产于东部的阿帕拉契山及西部的洛基山和海岸山脉。意大利的大理岩世界闻名：著名的卡拉拉大理岩矿床，主要产优质白色大理岩；维罗纳主要产优质的绿色、红色和米黄色大理岩；托斯卡那主要产具有白绿相间条纹的大理岩、砂糖粒状的白色大理岩和雕塑用优质大理岩。

云南省大理市的大理石产于点苍山三阳峰东坡（甘理明等，1992）。含矿层位为前寒武纪苍山群第二岩性段，岩性主要为中厚层大理岩，矿层厚 50～300m，长约 15km。主要矿物为方解石，少量云母、石英、黄铁矿、磁铁矿等。该地大理石品种繁多，石质细腻、光泽柔润、花纹美观，主要品种有云灰、苍白玉、彩花三类。云灰以其云灰色或在云灰色底面上泛起天然云彩状花纹而得名，其加工性能良好，主要用于加工建筑板材，是该地大理石的主要品种。苍白玉因其晶莹纯洁、洁白如玉、熠熠生辉而得名，是雕刻、绘画的良好材料，可加工成优美的建筑饰面板材。彩花大理石呈薄层状，加工后色彩斑斓、千姿百态，常用来制作花屏等装饰品和工艺品，是大理石中的精品。

中国是世界上最早开采利用大理岩的国家之一，且大理岩资源分布广泛，估计储量达数百亿立方米。著名产地有云南大理点苍山，广东云浮、英德，福建屏南，湖北黄石，四川南江，江苏宜兴，浙江杭州，北京房山，山东莱阳、牟平、烟台，河南南阳、镇平，河北曲阳、获鹿、唐山，辽宁铁岭、丹东、金县，安徽灵璧，陕西潼关，河南双峰等地。

四、工业应用与技术要求

大理岩的主要用途是建筑装饰材料、电工材料和工艺品原料。

建筑饰面材料　自然界中大理岩分布广泛，且结构致密，颜色多样，时有特殊的构造花纹，硬度不大，易于开采加工，故广泛用作建筑饰面材料。一般应满足如下要求。

（1）颜色与花纹　大理岩的装饰性主要由色调、花纹来体现。因此，装饰用大理岩应颜色均匀、花纹协调，所含氧化杂色、色斑、色线、包裹体和硫化物杂质一般应尽可能少。但是，石墨能使大理岩显现云雾效果，褐铁矿可使其呈现晚霞美景，透闪石则可使其展现雪域风光。因此，对其杂质的要求，应从饰材的总体效果酌情评价。

（2）透光性　若大理岩中方解石晶体的光轴方向一致，则其透光性明显增强，从而整体显现出玲珑剔透的高贵品性。著名的意大利卡拉拉大理岩，可透光 3～4cm。

（3）光泽度　一般要求光泽度大于 80。若花纹较好，光泽度要求可适当降低。

（4）可加工性　包括开采、锯板和磨光性能，与岩石的矿物组成、结构构造、风化程度等有关。碳酸盐矿物易于加工和磨光；蛇纹石和石英等矿物较难磨光；组成矿物单一者易加工和磨光；细粒结构者磨光性较好。

（5）机械强度　装饰用大理岩应坚固耐用，久不易色，具有一定的硬度和强度。其抗压强度应>68.6MPa，抗折强度>5.88MPa，抗剪强度>6.86MPa。

（6）抗蚀性　抗蚀性可用吸水率和抗冻性来衡量。一般吸水率<0.5%的大理岩，抗风化能力较好。室外装饰用大理岩，要求其经过25次冻融实验后，重量损失率<2%，强度降低<25%。

（7）荒料块度　从矿床中开采出来的具有一定大小的规则石料称为荒料。我国对大理石荒料规格的规定见表2-9-10。

表2-9-10　大理石荒料的质量和技术要求（JC/T 202—2011）

项 目		一等品	二等品
规　格	最小规格尺寸/cm	≥100×50×40	
	长度、宽度、高度的级差	≤6.0cm	≤10.0cm
外观质量	同一批荒料的色调、色纹、颗粒结构	应基本一致	
	缺陷　有明显裂纹时要按扣除其所造成的荒料体积损失计算，扣除体积损失后的荒料要符合最小规格尺寸		
	缺陷　色斑，面积<6cm² （面积<2cm² 不计）/每面允许个数	2	3
物理性能	体积密度/(g/cm³)	≥2.60	
	吸水率/%	≤0.50	
	干燥压缩强度/MPa	≥50.0	
	(干燥、水饱和)弯曲强度/MPa	≥7.0	

电工材料　大理岩可作为电气绝缘材料，用于配电盘、电气开关板等。作为电工材料，主要考虑大理岩的机械性能和电性能，具体要求见表2-9-11。

表2-9-11　电气材料大理岩的机械性能和电性能

项 目	一级	二级	三级	说 明
抗挠曲强度/MPa	>12.5	>10.0	>4.0	瞬时抗挠曲强度
吸水率/%	<0.15	<0.25	<0.40	
体积电阻系数/(Ω/cm)	>10^8	>10^7	>10^7	暴露于相对湿度95%的空气中48h后，在直流电压500V时的体积电阻系数
电场击穿强度/(kV/cm)	30	20	20	120℃下干燥24h后的平均电场击穿强度

工艺品及日用品原料　质量上乘的大理岩可用作各种艺术品、工艺美术品的雕塑材料，如雕塑名人像、纪念碑等。花纹美丽的大理岩经拼花可以制作高级昂贵的壁画。块度较小的大理岩可加工成日用品，如桌面、茶几面、灯座、钟表架、文具等。

中国古代名玉之一的蓝田玉是一种蛇纹石化大理岩，主要产于西安市东南的古城蓝田。按照白色方解石和黄绿色蛇纹石的含量，分为白色、浅米黄色、苹果绿色蓝田玉等品种（张蓓莉等，2008）。

其他用途　大理岩开采、加工时的边角废料，可以加工成不同粒级的建筑装饰用碎屑或粉末。如3～16mm者可作为水磨石用碎屑，0.5～3mm者可作为立面碎屑，0.2mm者可作为人造大理岩碎屑。

第十章　有机质岩类

第一节　煤矸岩

一、概念与分类

煤岩是地史时期的植物残骸堆积埋藏后经长期生物化学、物理化学和地球化学以及热能、动能等复杂地质作用改造转变而成的固体可燃岩石。它是多种高分子有机化合物和矿物质的混合物。煤岩中的有机化合物燃烧放出热量，矿物质则转变为灰分，一般将灰分小于40%者称煤（煤炭），大于40%者称碳质岩石。煤岩中有机化合物的元素组成（w_B%）以 C 为主（>50%），H(2%~6%)、O(2%~30%)、N(1%~3%)、S 等次之。常见的矿物质有高岭石、伊利石、石英、长石、方解石、黄铁矿等。

按煤化程度和碳含量，可将煤炭划分为 4 类（陈鹏，2001）：泥炭（泥煤），煤化程度最低，是植物残骸堆积层在缺氧条件下腐败产生的腐殖质脱水变化的产物，质地软，$w(C)$ 约 50%；褐煤，是泥炭继续脱水、脱氢、脱氧、固结硬化的产物，其质脆、易碎、无光泽，$w(C)$ 50%~70%；烟煤，是褐煤在压力和温度（200℃左右）作用下进一步脱腐殖酸、脱氢、脱氧的产物，硬度较大，$w(C)$ 70%~85%；无烟煤，是烟煤进一步脱除挥发分的产物，硬度大，金属光泽，$w(C)$ 85%~95%。

煤直接燃烧不仅热效率低，而且大量排放温室气体 CO_2 以及造成大气污染和酸雨的 NO_x 和 SO_2 气体。因此，煤的清洁高效综合利用是重要的问题。目前，具有实用价值的方法是煤的焦化、气化和液化（周公度，2000）。

煤的焦化是将煤置于隔绝空气的密闭炼焦炉内加热，使其分解为固态焦炭和气态焦炉气的过程。焦炭主要用于钢铁工业，少量用于制造电石（CaC_2）或电极。焦炉气通过水洗冷却分为三部分：气体部分含 H_2、CO、CO_2、CH_4、C_2H_4、N_2、O_2 等，可作燃料或化工原料；水溶液中含有 NH_3、H_2S 等，可加工成化肥等；液体的煤焦油含苯、酚、萘等芳烃成分，可分离制成燃料、医药、农药等化工原料。

煤的气化是将煤或焦炭在空气和水的作用下转化为气态可燃物质和煤灰、炉渣的过程。采用不同的气化炉和工艺，可得到不同组成的气体：碳在不足量的空气中燃烧，可产生组成为 CO(约 25%)、N_2(约 70%)、CO_2(约为 4%) 的混合气体——发生炉煤气；红热的焦炭和水蒸气反应，产生水煤气（组成为 H 和 CO）；水煤气在催化剂作用下，可变成 H_2 和 CO_2；在红热的反应炉中，在催化剂作用下 C 和 H_2 反应生成 CH_4。作为燃料用的煤气是混合气体，主要组成为（体积分数）：H_2 约为 40%，CO 15%，CO_2 30%，CH_4 15%。用作合成氨的合成气，主要成分是 H_2 和 N_2。

煤的液化是将煤变为液态燃料的过程，有直接液化和间接液化两种方法。直接液化法是将煤加热裂解，然后在催化剂的作用下加氢，使其形成多种碳氢化合物的燃料油。间接液化法是将煤气化为 CO 和 H_2 等气体，然后在一定温度、压力和催化剂作用下，合成各种烷烃、烯烃、醇、醛等产品。

煤矸岩又称煤矸石，产于煤层上部、下部或夹于其中，在煤的采掘和洗选过程中被排出。煤矸岩的排出率随煤的产状不同而变化，一般约占煤炭开采量的 20%。

煤矸岩依其物质组成可分为碳质页岩、泥质页岩、砂质页岩、黏土岩等。依其来源可分为掘进矸石、开采矸石和洗选矸石等。还可分为自燃矸石和未燃矸石。自燃矸石在堆放过程中，由于其中的可燃组分缓慢氧化，发生过自燃。

二、矿物成分与岩相学

未燃矸石主要由黏土矿物高岭石、蒙脱石、伊利石、绿泥石和有机质等组成，含有少量石英、长石、黄铁矿、铁白云石等。

自燃矸石的矿物成分与其燃烧温度有关：自燃温度较高、燃烧较充分时，原岩中的高岭石、水云母、黄铁矿等将被石英、莫来石、赤铁矿等矿物取代；自燃温度较低、燃烧不完全时，原岩中的部分高岭石和水云母会因失去结晶水以及晶格变化而变为玻璃质，因而出现高岭石、水云母、赤铁矿与玻璃质共存的复合物相。

未燃矸石具有沉积岩的结构构造，如泥质结构、纹层构造等。自燃矸石一般具有微晶结构、块状构造，有时保留其原岩的结构构造。

三、化学成分与物理性质

中国重点煤炭产区煤矸岩的化学成分见表 2-10-1。与未燃矸石相比，自燃矸石的烧失量明显较低，其他成分的差异并不明显，都以富含 SiO_2 和 Al_2O_3 为特征。中国北方某些煤炭产区煤矸石的氧化铝含量较高（表 2-10-2），可作为生产氧化铝的重要潜在资源。

表 2-10-1 代表性煤矸石的化学成分 $w_B/\%$

序号	产地与类型	SiO_2	TiO_2	Al_2O_3	Fe_2O_3	MgO	CaO	SO_3	烧失量
1	大同混矸	48.80	0.68	13.52	3.27	0.65	0.41	1.22	29.44
2	阳泉混矸	45.85	0.90	22.67	3.80	1.39	3.17	3.01	19.07
3	太原碳质页岩	37.60	0.72	12.61	9.02	0.81	2.03	1.71	33.40
4	太原泥质页岩	45.34	1.14	33.49	0.93	0.50	0.31	0.12	17.14
5	太原砂质页岩	55.16	0.77	21.56	4.53	0.47	1.03	—	15.04
6	盂县清城混矸	45.71	1.39	36.89	0.47	0.35	0.24	0.65	12.92
7	太原混矸	46.90	0.72	20.46	5.29	0.44	1.14	—	23.15
8	青海煤层黏土	56.92	—	29.34	0.98	0.83	0.95	—	8.41
9	四川东山煤层黏土	44.50	0.48	34.61	0.65	0.19	0.25	—	19.76
10	四川大邑煤层黏土	42.30	—	37.45	0.60	0.15	0.45	—	18.95
11	太原自燃矸石	52.17	0.89	30.24	7.12	0.77	1.04	—	4.21
12	大同自燃矸石	68.91	0.68	22.94	2.59	0.41	0.41	0.16	0.58
13	阳泉自燃矸石	63.37	0.69	26.84	2.61	—	0.92	1.16	0.40

注：据芈振明等（1993）。

煤矸石煅烧产物或自燃矸石作为胶凝材料使用时，其重要理化指标是活性（又称火山灰活性），是指火山灰、凝灰岩、浮岩等物质所具有的下列性质：①成分以 SiO_2 和 Al_2O_3 为主，二者含量通常大于 75%；②含有较多的玻璃质和其他无定形物质；③本身无水硬性；④在潮湿环境下，能与 $Ca(OH)_2$ 等发生反应，生成一系列水化产物——凝胶；⑤水化产物在水中和空气中都具有一定的强度。

表 2-10-2 代表性高铝煤矸石的化学成分分析结果 $w_B/\%$

样品号	SiO_2	TiO_2	Al_2O_3	TFe_2O_3	MnO	MgO	CaO	Na_2O	K_2O	P_2O_5	烧失量	总量
BG-01	44.72	0.36	36.98	0.38	0.01	0.32	0.52	0.00	0.22	0.00	16.86	100.37
BG-02	34.81	0.72	28.34	1.51	0.02	0.66	1.27	0.15	0.32	0.08	31.66	99.54
BG-03	44.67	0.58	32.36	0.77	0.002	0.40	0.79	0.00	0.31	0.07	20.30	100.44
BG-04	33.50	0.74	27.96	1.68	0.02	0.48	1.11	0.17	0.35	0.08	34.24	100.33
BG-05	33.53	0.74	27.94	1.87	0.03	0.77	1.22	0.16	0.34	0.13	33.72	100.40
BG-06	43.44	0.85	34.60	0.79	0.003	0.40	1.07	0.00	0.12	0.03	18.44	99.79
BG-07	41.44	0.69	33.91	1.48	0.002	0.42	1.20	0.00	0.24	0.09	21.13	100.60
BG-08	44.75	0.85	32.54	0.59	0.01	0.36	1.19	0.00	0.23	0.08	19.84	100.42
BG-09	42.53	0.66	35.04	1.57	0.002	0.36	1.11	0.00	0.21	0.10	18.67	100.25
EG-08	39.66	0.59	32.26	3.08	0.01	0.30	0.73	0.00	0.38	0.06	23.11	100.18
JG-08	33.84	0.77	22.21	2.28	0.02	1.99	1.25	0.00	0.81	0.07	37.16	100.40

注：样品产地：BG-01、02、03，包头市土右旗水泉煤矸石；BG-04、05，土右旗三道坝煤矸石；BG-06，牛五窑煤矸石；BG-07，九台煤矸石；BG-08，金丰一矿煤矸石；BG-09，金丰二矿煤矸石；EG-08，鄂尔多斯洗煤厂煤矸石；JG-08，吉林白山市江源煤矸石。引自马鸿文等（未刊资料）。

煤矸石的活性是靠燃烧或受热过程中矿物的相变产生的。矸石中的高岭石在 500～600℃脱水，晶格破坏，形成无定形偏高岭石，产生活性。在 900～1000℃之间，偏高岭石又发生重结晶，形成非活性物质。矸石中的水云母，在 100～200℃脱去层间水，450～600℃失去结晶水，但晶体结构基本不变；600℃以上晶格逐渐破坏，开始出现具有活性的无定形物质；900～1000℃结构完全破坏，具有较高的活性；1000～1200℃，又发生重结晶作用，活性降低。矸石中的石英在高温时发生变化，具有不同的效应：生成无定形 SiO_2，活性提高；生成新的石英变体，仍属非活性物质；形成莫来石，活性降低。矸石中的黄铁矿是可燃物质，随矸石一同燃烧时变为 α-赤铁矿，对活性不产生影响。

由此可见，对矸石活性有显著影响的是黏土矿物、云母类矿物的受热分解和产生的玻璃质。因此，合理控制煅烧温度是使矸石具有最佳活性的关键。以高岭石为主的煤矸石和以云母为主的煤矸石，产生最佳活性的煅烧温度分别为 600～950℃和 1000～1050℃（芈振明等，1993）。

四、产状与分布

煤矸岩是与煤层一同产出的岩石，二者都形成于沼泽盆地中，呈层状、似层状、透镜状等形态产出。煤层厚度可以较大，但煤矸岩层的厚度一般＜5m。煤层的形成需要大量有机质物源，而煤矸岩的形成则需要较充足的硅铝物质。煤矸岩的形成主要有以下成因：大风携带的火山灰、火山玻璃等物质，沉降在成煤沼泽中（风成沉积）；酸性火山喷出岩在沉积盆地中分解；富含硅铝质的沉积碎屑分解形成；云母碎屑沉积分解形成；沼泽起火形成的灰烬和残骸变化而形成。

煤矸岩的形成时代大致从晚泥盆世开始，到全新世结束。中国煤矸岩排放量最大的地区集中于北方产煤区，包括内蒙古、东北、山东、河北、山西、陕西、河南、安徽和新疆等地。

2015 年世界煤探明可采储量 8915.3 亿吨，其中无烟煤和烟煤 4032.0 亿吨，次烟煤和褐煤 4883.3 亿吨。中国探明烟煤和无烟煤 622 亿吨，次烟煤和褐煤 523 亿吨，总计 1145 亿吨，占世界总量的 12.8%。2015 年中国原煤产量达 37.47 亿吨，占世界总产量的 48.0%；估计煤矸石排放量超过 7.5 亿吨。

五、工业应用与技术要求

供热发电　泥质页岩煤矸石和碳质页岩煤矸石，都含有一定的热值，特别是碳质页岩煤矸石含碳量较高，是很好的低热值燃料。但是，煤矸石的含碳量仅有 10%～30%，发热量低，燃后灰渣量约占未燃矸石质量的 70%，因而难以采用一般锅炉燃烧。

我国针对煤矸石的利用，研制了温度范围在 850～1050℃ 的沸腾燃烧锅炉。煤矸石在沸腾燃烧锅炉中呈"悬浮燃烧"。燃烧特点是：在沸腾炉内上下翻腾的炉料中，炽热的灰渣约占 95%，新加矸石仅占约 5%。新煤矸石进入沸腾层后，立即和炽热的炉料混合，使矸石具有良好的着火条件，对于灰分高于 75%～80%、发热量仅为 4180kJ/kg 的煤矸石来说，可以很好地燃烧。在 1000℃ 高温时燃烧，可以减少 NO_x 的生成，减轻大气污染。同时，在这一温度下碱性物质分解较少，积灰疏松，易排渣。在燃烧过程中，还可加入石灰以去除 SO_2。这一燃烧温度也恰处在煤矸石的中温活化区。由此得到的灰渣具有较高活性，可用来生产建筑材料。一般燃用煤矸石供热或发电，煤矸石的最低发热量应不低于 3346kJ/kg。

砖瓦原料　以煤矸岩为原料部分或全部替代黏土，通过破碎、成型和烧结过程，可以制成建筑砖瓦。工艺过程如下。

破碎：破碎工艺的消耗约占总成本的 1/4～1/3。通常采用三级破碎工艺，即一般选择颚式破碎机、锤式破碎机、球磨机作为粗、中、细粉碎的设备。在煤矸石块度大（直径>0.5～1m）、硬度大的特殊情况下，可采用自磨机一级粉碎工艺。对于硬度系数<3 的泥质页岩矸石，可以采用一级颚式破碎、二级锤式破碎和三级锤式破碎工艺。

烧结：煤矸石砖的烧结温度一般在 950～1100℃，烧结时间 6～8h。烧结窑炉可采用隧道窑，其产量高、能耗低，易于实现机械化和自动化。烧结过程处于氧化气氛。

烧结砖对煤矸石的成分要求：$w(SiO_2)$ 一般控制在 50%～70%。Fe_2O_3 是助熔剂，含量宜控制在 2%～8%。$w(Al_2O_3)$ 一般在 5%～20%。Al_2O_3 含量越高，烧结温度越高；含量过低，不能满足固相反应的要求。CaO、MgO 对烧结砖有害，含量应分别控制在 2% 和 3% 以下。S 含量应控制在 1% 以下。

对煤矸石物理性能的要求：煤矸石的可塑性按塑性指数分为高（>15）、中（7～15）、低（<7）三级，一般以中级为好。煤矸石烧结砖靠其自身所含可燃物质燃烧产生的热量进行烧结，故每块砖（坯重 2.4kg）的发热量宜控制在 4187～5443J。砖坯收缩率控制在 3%～8%，焙烧收缩率控制在 2%～5%。粒度要求：>3mm 颗粒少于 2%、<0.27mm 颗粒占 40%～50%。

水泥原料　以煤矸石替代黏土配制水泥生料，可烧制煤矸石硅酸盐水泥。把煤矸石沸腾炉渣与石灰按一定比例混合磨细，可制成煤矸石无熟料水泥。这种水泥的水化热仅相当于普通水泥的 25%，适用于大体积混凝土工程。这种水泥早期强度不高，凝结硬化缓慢，不宜用在强度要求高、凝结要求快的混凝土工程中。

混凝土砌块原料　煤矸石无熟料水泥作为胶结剂，与破碎后的煤矸石骨料混合，配制成半硬性混凝土，经平模震动成型和蒸汽养护，可制成混凝土空气砌块。作为墙体材料使用，比黏土砖砌墙节约水泥砂浆 50%，提高施工效率 79%，墙体自重减轻 40%。

轻骨料原料　用煤矸石烧制轻骨料有成球法和非成球法。前者是将煤矸石破碎、粉磨后制成球状颗粒后，送入窑炉中焙烧而成，产品容重可达约 $1000kg/m^3$。后者是把煤矸石破碎到一定粒度直接焙烧。适合烧制轻骨料的煤矸石主要是碳质页岩和选煤厂排出的洗矸。

陶瓷原料　矿物组成以高岭石为主、$TFe_2O_3 < 1\%$ 的煤矸石，可以作为陶瓷原料。

氧化铝原料　我国煤系地层中，伴生的高岭岩矸石资源十分丰富（表 2-10-2）。按照 2015 年煤炭产量 37.47 亿吨估算，排放煤矸石即达约 7.5 亿吨。高岭岩的主要成分 $w(SiO_2)$ 约 40%~50%，$w(Al_2O_3)$ 约 35%，可作为生产氧化铝的潜在资源。

充填材料　在道路建设，特别是低等级公路建设中使用煤矸石，可以降低筑路成本，改善环境，减少耕地占用。用煤矸石充填矿坑复耕，也是煤矸石综合利用的重要途径。

六、研究现状与趋势

中国是煤炭生产大国，同样也是排放煤矸岩最多的国家。大量煤矸岩不仅占用大量土地、山谷和坡地，而且容易引发泥石流灾害和大风扬沙现象，还可因为长期堆放引起自燃，排放出大量有害气体和烟雾，加剧环境污染。目前，我国煤矸石的利用率不到 20%，大部分在原地堆放，亟待开发利用。因此，加大对煤矸岩综合利用技术的研究，开发新的应用领域和新产品，具有重要的经济价值和环境效益。

第二节　泥　炭

一、概念与分类

泥炭又称草炭或泥煤，是在一定气候和水文条件下，由于沼泽区地表长期过度潮湿或上层经常处于水过饱和状态，致使死亡的沼泽植物在嫌氧微生物的作用下不能被完全分解，植物残体经过长期堆积而形成的。

按国际泥炭学会建议的分类方案（郎惠卿等，1988），泥炭可依据植物组成划分为藓类泥炭、苔草泥炭和木本泥炭；依据分解程度可分为弱分解泥炭、中分解泥炭和强分解泥炭；依营养状况可分为贫营养泥炭、中营养泥炭和富营养泥炭。

二、物质组成

自然状态下，泥炭主要由液相、气相、矿物质和有机质四部分组成。泥炭中的水主要呈吸附水、毛细水和重力水三种形式，总量一般在 50%~80%。矿物质有两种来源：一是由风和水带来；二是来自植物残体。矿物质含量通常用灰分含量（%）表示。有机质一般占泥炭固相物质的 50% 以上，主要由未被完全分解的植物残体和腐殖质组成。植物残体包括根、根状茎、茎、果实、种子、孢子和花粉等，是泥炭有机质的主要组成物质，也是最有价值的部分。

藓类泥炭　主要由藓类残体组成的泥炭，碳含量一般在 50%~55%，低于苔草泥炭和木本泥炭。氢含量在 5.9%~6.8%。氧含量一般在 40% 左右。氮含量多小于 1%。硫含量在 0.1% 以下。该类泥炭有机组分（包括 C、H、O、N 和 S）的最大特点是，水溶物（可用热水提取的物质，主要包括单糖类和低分子有机酸）和半纤维素（由低聚糖和糖醛类物质构成，是植物细胞壁和纤维细胞的主要成分）的含量高，一般在 30% 左右，最高可达 35%。纤维素（是由大量葡萄糖基构成的链状高分子化合物，构成植物细胞壁和纤维细胞的主要成分）含量一般在 5%～6%，比木本泥炭高 10 余倍，比苔草泥炭略高。腐殖酸（由几个相似族类的、分子量不同的、结构由不一致的羟基芳香羧酸所组成的复杂化合物）含量一般 < 20%。苯萃取物（溶于苯的有机物质，包括烃类、树脂、脂肪酸等）含量一般在 0.5%～2.0%。该类泥炭的 pH 值在 4 左右。氮、磷、钾等营养元素的含量较低，但有机质含量高，一般在 80% 左右。纤维含量也高。

苔草泥炭　主要由苔草残体组成的泥炭，多呈棕色、褐色，有的为暗褐色和黑褐色。多呈粗纤维状、细纤维状结构，偶为碎屑结构。有机质平均含量约 56%。碳含量一般在 50%～60%，氢含量 5.5%～6.5%，氧含量 35%～38%，氮含量 1.5%～2.5%。苯萃取物 0.5%～3.0%，比其他类型泥炭含量低。水溶物和半纤维素含量 10%～15%，最高可达 20%。腐殖酸含量 30% 左右，最高可达 40%。纤维素含量变化较大，从痕量到 2% 左右。不被水解物（包括木质素、角质等稳定物质）一般为 7%～10%。发热量大多为 10.34MJ/kg，最高可达 16.73MJ/kg，与木材大致接近。氮、磷、钾的一般含量分别为 1.5%～2.5%、0.25%～0.5%、0.2%～0.7%。pH 值为 5.5～7.0。

木本泥炭　以木本残体为主的木本泥炭，碳含量多在 60%～65%，高于苔草泥炭。氧、氮、硫的含量分别为 30%～35%、1%～1.5%、0.1%～0.3%。有机组分的最大特点是，水溶物、半纤维素和纤维素的含量低，前两者含量一般在 0.5%～2%，后者含量一般 < 1%。苯萃取物含量 5% 左右，最高可达 12%。腐殖酸含量 30%～40%。

弱分解泥炭　纤维含量 > 70%，呈多孔或纤维结构。植物残体保存完好，容易分辨，有弹性，且相互交织在一起。含有大量水分，容易被挤压出来，且呈淡褐色。腐殖质含量较低，有时呈黑色斑点出现。

中分解泥炭　纤维含量在 40%～70%，呈无定形至纤维质结构。苔草和藓类泥炭有很多残体，大小不一。木本泥炭存在木质残体，以无定形腐殖质形式存在，用手挤压易碎。含水量较弱分解泥炭低，被挤出的水混浊、色暗。被挤干的泥炭可被腐殖质胶结在一起。

强分解泥炭　纤维含量 < 40%，呈团块状或无定形结构。含有一些较大的植物残体，但在受压下易碎。无定形泥炭弹性较强。含水量很低，用手挤压不出水，但能挤压出腐殖质。

营养泥炭　贫营养泥炭是指氮含量低、在灰分中缺乏钙等物质而半纤维素、纤维素含量较高的泥炭；富营养泥炭是主要由苔草、芦苇、蒿草等植物残体组成的泥炭；中营养泥炭的植物组成中，藓类植物残体的含量较富营养的泥炭显著增加，但较贫营养泥炭低（表 2-10-3）。

表 2-10-3　不同营养类型泥炭的成分对比

泥炭类型	主要植物残体种类	有机质/%	腐殖质/%	纯灰分/%	N/%	P_2O_5/%	K_2O/%	pH	产　地
贫营养泥炭	藓类	87.53	19.70	3.68	1.01	0.21	0.15	4.2	内蒙古阿尔山
富营养泥炭	苔草、芦苇	69.16	36.82	9.06	1.70	0.29	0.61	5.5	吉林辉南
中营养泥炭	落叶松、苔草、藓类	61.51	30.00	5.54	1.82	0.35	0.32	4.7	吉林抚松

注：据郎惠卿等（1988）。

三、产状与分布

泥炭是沼泽地区的特有产物。沼泽地表由于过湿或薄层积水，大量成炭植物遗体在土壤微生物的还原分解作用下不能被彻底分解，逐年积累并泥炭化，形成了泥炭层厚度不一的泥炭地。

地球上的沼泽地主要分布在亚欧大陆和北美洲。我国幅员辽阔，泥炭资源丰富，分布面积约 $350 \times 10^4 hm^2$，占世界第 7 位。我国自然条件复杂，泥炭类型多样，分布也不均衡。富营养型泥炭分布广泛，除海南岛外各地均有产出。贫营养型泥炭主要集中在东北山区，尤其在大、小兴安岭和长白山地区分布广泛；在湿润的亚热带山间洼地内也有小面积零星分布。中营养型泥炭一般零星分布在贫营养型泥炭周围，或呈小面积分布在亚热带山间洼地内，如江苏、浙江、江西、安徽、湖北、湖南、云南、贵州、四川等地。

四、工业应用与技术要求

藓类泥炭　该类型泥炭纤维含量高，富含可溶性碳水化合物，并呈强酸性。主要应用领域：①畜禽的垫圈材料。酸性藓类泥炭是一种杀菌力较强的抗菌材料，可有效抑制家禽、家畜的多种病源菌的生存和繁殖。它的孔隙度大，吸湿性和吸附性强，可蓄聚牲畜的排泄物，既可改善畜舍的环境条件，又可得到大量复合肥料。②藓类泥炭广泛用作蔬菜、经济作物、苗圃和花卉的营养土。③从藓类泥炭中提取易水解物，可制成含蛋白质 40%～50% 的饲料酵母，也可生产糖化饲料。④藓类泥炭吸附率高，可用于含油、含放射性物质以及印染污水的净化处理。⑤藓类泥炭具有杀菌力强、疏松多孔、富有弹性、吸附气体能力强、热导率低等特点，用作水果、蔬菜的包装和储藏材料，既能防止水果和蔬菜发热、受冻和机械损伤；还能吸附 CO_2，抑制各种病菌的发展，防止腐烂。⑥藓类泥炭是提取黄腐酸、多种维生素、抗生素、氨基酸和糖的优质原料。

苔草泥炭　该类泥炭的应用与其分解程度有关。①低分解的苔草泥炭，富含有机质和纤维，灰分含量低于 25%，适宜制作泥炭饲料、泥炭净化材料、泥炭纤维板、保温材料、泥炭-塑料制品等，也是植物生长的营养土。②中分解的苔草泥炭有机质和腐殖酸含量高，主要用途有：生产腐殖酸类肥料；提取腐殖酸类物质；用作植物生长刺激素、复合饲料添加剂；用作水泥减水剂、陶瓷原料调节剂、钻井泥浆调节剂、煤球黏结剂、酿酒发酵剂；用于生产泥炭砖、泥炭球等；用于制沼气。③高分解的苔草泥炭灰分含量在 50% 以上，矿质营养元素含量高，酸度适中，可用于生产各种堆肥、腐肥、混合肥料或改良土壤。

木本泥炭　低分解的木本泥炭可制作木质纤维板或作为燃料使用；中分解和高分解的木本泥炭是提取苯萃取物和腐殖酸的最佳原料。苯萃取物亦称沥青或粗蜡。沥青在硫酸介质中用重铬酸钾氧化，可进一步将粗蜡分离成石蜡和树脂。这种石蜡熔点高、热导率低、硬度大、防水性好，可用作防水材料。泥炭树脂与亚硝酸作用，可制成苯乙烯热聚合材料。提取的腐殖酸类物质，主要用于植物生长激素、饲料添加剂、酿酒发酵剂等，也可用作水泥减水剂、钻井泥浆调节剂、耐火材料的解胶剂等。

第三节　油页岩、天然沥青

一、概念与分类

油页岩　是指能用干馏热解法产生有工业意义石油的岩石。其成分从由黏土矿物组成的页岩到泥灰岩甚至碳酸盐岩。

沥青　是指任何一种能溶解于三硫化碳的易燃、黏性的液体或固体的烃类混合物的总称。包括石油产品、地沥青、沥青岩和矿物石蜡。天然沥青是指天然产出的固体或半固体的地沥青和含沥青质的岩石，主要包括沥青中除石油产品以外的其他三种类型。

（1）地沥青　是暗褐色或黑色黏结的固体或半固体，在加热时变软，冷却后恢复为更黏的液体或固体状态，系由靠近地表的原油缓慢地天然分馏所形成。

（2）沥青岩　是黑色的天然产出的固体沥青，具有贝壳状断口。沥青岩又可分为硬沥青、脆沥青和辉沥青。硬沥青是沥青基石油因天然蒸发、氧化、聚合作用而形成，外观似煤炭，黑色光泽，棕褐色条纹。脆沥青是比硬沥青更硬、更脆、更少溶解、熔点更高的天然沥青，呈贝壳状、锯齿状断口。辉沥青又称纯沥青，性质介于黑沥青和脆沥青之间。

（3）矿物石蜡　一种蜡状的、链烷成因的固体沥青。一般呈黄色、灰绿到褐色，外观似蜂蜡，密度$<1.0g/cm^3$，含有大量石蜡和针状蜡结晶体，也含有少量液态碳氢化合物。它是由石油在地表冷却，使高分子碳氢化合物结晶而形成。

二、物质成分及理化性质

油页岩　其有机质几乎完全由藻类遗体构成。藻类体按其形态可划分为藻类体 A 和藻类体 B。前者具有形态结构特征，有单体和群体，呈椭球、球形或盘状，是油页岩的主要组分；后者无结构特征，往往呈细薄层状与矿物质互层产出。除藻体外，还有未经充分分解的其他有机残骸，如孢子、花粉、几丁虫、笔石类、有孔虫，以及鱼、虾类的介壳、骨刺等碎片。无机组分多为粉砂、泥沙碎屑和碳酸盐岩碎屑。

油页岩中的有机质主要是一种固态不溶物质——干酪根。其化学成分主要是碳、氢、氧、氮、硫等元素，但变化范围较大。氢一般含量较高，氢/碳原子比 1.25～1.75；氧/碳原子比 0.02～0.20；氮含量低且变化大，氮/碳原子比 0.005～0.058。

油页岩的含油率一般为百分之几至十几，有时超过 20%。发热量大致相当于煤的 1/5～1/2。加热到 500℃时发生热解，产生页岩油。

天然沥青　成分和性质变化较大。

（1）地沥青　元素组成及变化范围为（w_B%）：C 80～88，H 9～11，N 0.5～1.4，O 和 S 5.9～11。摩斯硬度 0.5～2，密度 1.0～1.2g/cm³，软化点温度＞100℃；易溶于松节油、氯仿、二硫化碳等有机溶剂中，而较难溶于苯和乙醇中。

（2）硬沥青　化学成分以碳氢化合物和碳为主，总碳量（C）85%～88%，固定碳 10%～20%，氢（H）8.5%～10%，硫黄（S）0.3%～1.5%，氮（N）2%～2.8%，几乎不含挥发分。软化点温度 133～250℃；性脆，密度 1.03～1.00g/cm³，耐风化性好，耐酸碱腐蚀性强，电绝缘性良好。

（3）脆沥青　固定碳含量变化大（3%～55%），密度 1.15～1.20g/cm³。

（4）辉沥青　固定碳含量变化小（20%～30%），密度 1.10～1.15g/cm³。

（5）矿物石蜡　主要由方格状异构烷组成，含碳 84.44%～86.15%，氢 13.71%～15.30%，氧、硫、氮之和不超过 1.5%～2.0%。密度$<1.0g/cm^3$。

三、产状与分布

油页岩　主要有三种沉积环境：①产于大型内陆湖盆地，属泥灰岩或泥质灰岩型，与凝灰岩和盐类沉积伴生；②产于浅海陆棚环境，属黏土岩和硅质岩类，黑色页岩发育；③小型湖泊、沼泽及伴生沼泽的泻湖环境，往往形成与煤系伴生的油页岩，多产于煤层之上。

油页岩的形成时代较为广泛。古生代多以浅海陆棚环境和大型内陆湖盆沉积为主，由于经历了相当程度的热演化，往往含油率不高；中、新生代大多以内陆湖盆及成煤沼泽共生的湖沼盆地沉积为主。我国最老的油页岩为中泥盆世，辽宁抚顺、广东茂名等地已开发利用的油页岩大多属于第三纪。

天然沥青　可在岩石孔隙中分散产出，或呈团块、脉状产出，也可大量流出地面形成沥青丘或沥青湖。它是重要的油气显示。

天然沥青分布不太广泛。美国发现的天然沥青矿床较多，法国、意大利、德国、瑞士、俄罗斯、古巴等国也有发现。中国目前仅在新疆克拉玛依油田边缘的乌尔禾发现。

四、工业应用与技术要求

油页岩　有机质含量＞5％的油页岩可直接作为燃料，也可用于炼油和其他化工原料，提取硫酸铵、吡啶等多种产品。其灰渣可以制作水泥等建筑材料。

天然沥青　主要用作建筑工程的隔水材料，制造沥青油毡，铺设公路、地面；可作水箱、储水池的衬里等。对含沥青3％～6％的沥青质岩石，适当加入纯沥青提高其胶结力后，可用于铺设公路和地面；沥青含量达6.5％以上时，适于直接用来铺设路面。

沥青具有良好的电绝缘性，可用来制作电冰箱、蓄电池的外壳等绝缘材料。沥青与石蜡混合，可用作电线绝缘材料。

沥青可用来提取橡胶、涂料、油漆、印刷油墨等化工原料。辉沥青主要用于日本漆、热熔塑料、涂料等方面。

硬沥青用作涂料时，要求其软化点温度＞130℃，二硫化碳等可溶组分含量＞98％。将硬沥青进行热处理，制成固定碳为90％、灰分为0.3％的焦炭，用于制造铸造焦；再经进一步煅烧，除去水分和挥发分后，制成碳分为99％的熟沥青焦，用作炼钢增碳剂原料。

第四节　磷块岩

一、概念与分类

磷块岩为含磷酸盐的沉积岩，大多数与海相沉积有关。一般把 $w(P_2O_5)>8\%$ 的沉积岩称为磷块岩。

按矿物成分，磷块岩可分为以胶磷矿为主和以磷灰石为主两类。实际上，前者是一类未变质的沉积磷块岩；后者是一类经过变质的沉积磷块岩。

以胶磷矿为主的磷块岩可进一步划分为三种类型。①碳酸盐、硅质层状磷块岩：常与黑色页岩、硅质页岩、硅质白云岩、石灰岩和燧石层呈互层产出，含 P_2O_5 较高，杂质较少，是目前开采利用的主要类型。②砂质层状磷块岩或含磷砂岩：常位于沉积间断之上，以底砾岩与下伏岩层相分隔。矿层厚度不大，一般＜1m。$w(P_2O_5)$ 为10％～15％。③结核状磷块岩：是一种含磷酸盐结核的黑色页岩或沉积岩。结核常胶结其他碎屑，如玉髓、石英、海绿石、方解石、黄铁矿等。结核长径一般＜1.0cm，$w(P_2O_5)$ 为12％～32％。

以磷灰石为主的磷块岩，也可划分为三种类型。①致密状结晶磷块岩：主要由细粒磷灰石组成，杂质较少，$w(P_2O_5)>35\%$。②条带状结晶磷块岩：由磷灰石晶体定向排列成层，并与长英质层、方解石层或含锰方解石层相间形成条带。杂质较多，$w(P_2O_5)$ 为15％～

25%。③片状结晶磷块岩：磷灰石分散于结晶片岩中，质量较差，一般 $w(P_2O_5)<15\%$。

二、矿物成分与岩相学

中国南方磷块岩发育，含磷矿物主要为碳氟磷灰石，主要有以下四种类型。

非晶质碳氟磷灰石（胶磷矿） 电镜下可观察到 $1\sim9\mu m$ 的肺叶状、放射状、火焰状等形态的凝胶状聚集体，核心为黏土质点。这种矿物或呈胶状集合体组成凝胶磷块岩，或以磷质颗粒组成颗粒磷块岩。它是在沉积期化学和生物化学作用下，磷酸盐溶胶聚沉的产物。

隐晶质碳氟磷灰石 显微镜下呈隐晶-微晶集合体，轮廓不清，略显光性。电镜下可观察到 $0.01\sim6\mu m$ 的粒状、针柱状、片柱状的磷灰石晶体。多数仍可辨其凝胶团的轮廓。它是非晶质碳氟磷灰石经沉积期后晶化的产物。

层纤状碳氟磷灰石 环绕磷质颗粒或碎屑矿物生长，厚度在 $0.01\sim0.03mm$，层次清楚，洁净明亮。电镜下观察，其颗粒界限清楚，显示早期沿颗粒表面呈纤状生长，后期在间隙内呈放射状发育的特点。

柱粒状碳氟磷灰石 晶体呈粒状或柱状，粒径 $0.006\sim1.5mm$。无色透明。与次生石英、玉髓伴生。

伴生矿物主要有水云母类、白云石、方解石、海绿石、黄铁矿、石膏、天青石、重晶石、石英、玉髓等。

磷块岩的结构主要有颗粒结构和凝胶结构两类。主要构造类型有条纹状、条带状、层状、互层状、叠层状、粒序状、砾块状、结核状、凝块状、网脉状等。

三、化学成分

不同成因类型磷块岩的化学成分往往具有较大变化。中国南方典型磷块岩的化学成分见表 2-10-4。

表 2-10-4　中国南方典型磷块岩的化学成分　　　　$w_B/\%$

序号	P_2O_5	CaO	F	CO_2	MgO	SiO_2	Fe_2O_3	K_2O	Na_2O	Al_2O_3
1	22.08	32.08	1.51	4.19	1.49	35.44	1.25	0.06	0.16	0.58
2	25.41	34.29	2.40	1.05	0.08	31.66	0.80	0.23	0.09	2.24
3	32.17	49.45	2.38	5.04	0.76	5.00	0.52	0.22	1.06	1.42
4	21.82	42.28	2.12	17.89	8.19	2.35	1.48	0.15	0.06	0.52
5	32.64	44.60	2.08	1.47	0.31	16.29	0.35	0.39	0.07	0.84
6	21.82	40.60	2.43	16.26	7.40	8.94	0.80	0.15	0.04	0.31
7	32.29	45.62	3.08	2.68	0.09	8.15	1.95	0.55	0.31	1.93
8	35.05	49.02	3.20	2.14	0.77	5.85	1.74	0.33	0.24	1.13
9	37.61	52.43	3.18	2.14	0.34	2.75	0.70	0.03	0.26	0.60
10	37.21	51.38	2.74	1.25	0.08	4.64	0.83	0.04	0.24	0.79
11	33.58	47.35	3.30	4.11	0.83	10.02	0.57	0.23	0.19	0.67
12	20.56	39.80	2.14	17.63	6.25	9.87	1.02	0.27	0.15	0.70
13	20.34	27.83	1.73	2.76	0.35	44.16	1.28	0.21	0.08	1.57
14	19.03	26.26	1.68	2.11	0.71	38.03	2.15	1.91	0.23	6.20
15	19.88	27.34	1.89	2.52	0.36	41.03	2.02	0.98	0.10	3.13

注：1~3 分别为江西朝阳、云南沾益、湖北宜昌的微粒磷块岩；4~7 分别为贵州织金、湖北石门、四川雷波、贵州翁安的颗粒磷块岩；8、9 分别为贵州开阳、云南鸣矣河的壳粒磷块岩；10 为云南昆阳骨骼磷块岩；11~15 分别为云南东部寒武系富磷酸盐型、碳酸盐型、硅酸盐型、泥质型、碎屑型磷块岩。据国际地质对比计划中国委员会（1984）。

四、产状与分布

磷块岩矿床多呈层状产出，分布较广，层位稳定，常与碳酸盐岩、硅质泥岩和炭泥质岩类共生。产状与分布如下。

造山带沉积型磷块岩矿床　呈线状分布，含磷岩系断续延伸可达千余公里，总厚度大。磷块岩与硅泥质岩或碳酸盐岩层互层产出。磷块岩层可达十余层，单层厚度一般为数米至10m以上。矿体层间构造复杂，异性夹层较多。矿石以致密块状、鲕状、团块状为主，有时呈结核状。矿石矿物主要为细晶磷灰石，杂质矿物有石英、方解石、白云石、黏土等，少量有机质。P_2O_5含量高（28%～36%），且较稳定，一般无需选矿即可进行化学法加工。该类矿床规模巨大，占世界储量的2/3。世界著名矿床有美国洛基山和哈萨克斯坦共和国卡拉套。

陆壳稳定区沉积型磷块岩矿床　磷块岩在较宁静的浅海陆棚带沉积形成，呈面状分布，面积达数万至数十万平方公里，含磷岩系厚度一般为数十米。磷块岩常呈结核状分布于黏土质碳酸盐岩或绿泥石砂岩中，并集中呈层状产出，一般1～3层，厚度0.3～1m。P_2O_5含量较低，但分布广，产状平缓，构造简单，易于开采，工业价值很大。俄罗斯地台上的结核状矿床属此类。

陆壳活动区沉积型磷块岩矿床　具有前两类的双重特点，可呈线状沿活动带边缘分布，也可呈面状分布。我国沉积型磷块岩矿床主要属此类型。含矿岩系组合为硅泥质岩-白云岩或石灰岩-磷块岩。主要分布于贵州遵义、云南昆阳、贵州开阳、湖北襄阳等地。

沉积变质磷块岩矿床　工业价值较大。我国江苏海州的磷块岩矿床属此类型。

2015年，全球探明磷矿石储量683.13亿吨，其中75%集中分布于摩洛哥和西撒哈拉。中国的磷矿石储量为33.08亿吨，占世界总量的7.0%；主要分布于云贵川鄂湘5省，占全国查明资源储量75%以上。2015年中国的磷标矿产量1.4203亿吨，折合P_2O_5 4261万吨，占世界产量的52.9%。全国磷矿石生产主要集中在四川、贵州、湖北、云南4省，产量合计占全国的80.9%。

磷资源消费取决于人类对粮食的需求。成年人每天需要吸收1g磷元素来维持体内新陈代谢，每年需消耗磷矿石约22.5kg（窦浩桢等，2013）。以2015年全球人口72.4亿计，则每年需开采磷矿石1.63亿吨（马鸿文等，2017a）。随着世界人口增加，磷矿消费必将持续增长。

五、工业应用与技术要求

磷肥原料　全世界磷块岩产量的80%以上用于生产磷肥，工艺流程及主要产品如图2-10-1。对于低品位的硅质磷块岩，通常采用浮选法以获得低硅磷精矿（Zhang et al，2006）。在磷酸盐酸化过程中，氧化铁和氧化铝含量过高容易引起事故，故要求其含量不得超过2.5%～4.0%。CaO/P_2O_5质量比超过1.6时，会增加硫酸消耗量，增大生产成本。在湿法酸化过程中，氯含量超过0.13%时，会导致设备腐蚀。在过磷酸液体化肥生产工艺中，即使含少量MgO也会引起黏度超标。因此，$w(MgO)$应控制在0.25%以下。此外，黄铁矿在湿法酸化过程中会产生对环境有害的H_2S气体，其含量应加以限制。

化工原料　将磷块岩与石英和焦炭混合，在电炉中加热煅烧，使磷还原升华，经冷却可制取元素磷。磷可用来生产高纯度磷酸和钠、钾、钙、铵的磷酸盐。磷酸盐可用作工业清洁剂、森林阻燃剂。除去微量元素砷的有机磷，可用作纤维、塑料的阻燃添加剂和杀虫剂。

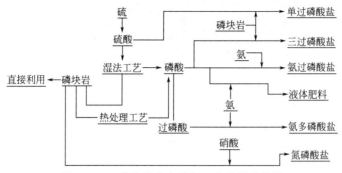

图 2-10-1　磷块岩生产磷肥工艺流程示意图

黄磷可用于制造燃烧弹、烟幕弹及剧毒农药。赤磷可制造火柴和农药。

以磷块岩为原料加热制取磷的过程中，钙、镁以及黏土矿物应尽可能少，否则将会增加电耗。铁可与磷反应生成廉价的磷铁，因此要控制铁的含量，要求 $w(Fe_2O_3) < 2\%$。

热法磷酸工艺使用的磷块岩品位，$w(P_2O_5)$ 可降低至 24%。CaO/P_2O_5 质量比最好低于 $3.30 \sim 3.60$。此外，为保持气体流通，进炉矿石的粒度应在 2.54cm 左右。

其他用途　由磷块岩生产磷肥和化工原料过程中，磷石膏是湿法制备磷酸的副产品。有些磷矿石中含有较高的铀和钒，可在湿法生产过程中综合回收。磷矿石中的氟以 H_2SiF_6 形式回收，用于净化饮用水。以其他方式回收的氟化物可制成冰晶石和氟化铝。

磷块岩的一般工业指标（DZ/T 0209—2002）：边界品位，$P_2O_5 \geqslant 12\%$；工业品位，P_2O_5 $15\% \sim 18\%$；可采厚度，$1 \sim 2m$；夹石剔除厚度，$1 \sim 2m$。矿石品级：Ⅰ 级，$P_2O_5 \geqslant 30\%$；Ⅱ 级，$P_2O_5 < 30\% \sim 24\%$；Ⅲ 级，$P_2O_5 < 24\% \sim 15\%$。

酸法加工用磷矿石质量标准（HG/T 2673—1995）：优等品Ⅰ级，$P_2O_5 \geqslant 34.0\%$，$MgO/P_2O_5 \leqslant 2.5\%$，$R_2O_3/P_2O_5 \leqslant 8.5\%$，$CO_2$ 含量 $\leqslant 3.0\%$；优等品Ⅱ级，$P_2O_5 \geqslant$ 32.0%，$MgO/P_2O_5 \leqslant 3.5\%$，$R_2O_3/P_2O_5 \leqslant 10.0\%$，$CO_2$ 含量 $\leqslant 4.0\%$；一等品Ⅰ级，$P_2O_5 \geqslant 30.0\%$，$MgO/P_2O_5 \leqslant 5.0\%$，$R_2O_3/P_2O_5 \leqslant 12.0\%$，$CO_2$ 含量 $\leqslant 5.0\%$；一等品Ⅱ级，$P_2O_5 \geqslant 28.0\%$，$MgO/P_2O_5 \leqslant 10.0\%$，$R_2O_3/P_2O_5 \leqslant 15.0\%$，$CO_2$ 含量 $\leqslant 7.0\%$；合格品，$P_2O_5 \geqslant 24.0\%$。

钙镁磷肥用磷矿石质量标准（HG/T 2675—1995）：优等品，$P_2O_5 \geqslant 28.0\%$，$R_2O_3 \leqslant$ 4.0%；一等品，$P_2O_5 \geqslant 24.0\%$，$R_2O_3 \leqslant 8.0\%$；合格品，$P_2O_5 \geqslant 20.0\%$，$MgO \geqslant 1.0\%$。

第五节　硅藻土

一、概念与分类

硅藻土是一种生物成因的硅质沉积岩，主要由地质演化历史时期形成的硅藻遗体组成。化学成分以 SiO_2 为主，矿物大多为蛋白石及其变种。通常呈白色、灰白色、浅灰色、浅黄色和深灰色，质轻、软、多孔。硅藻是一种单细胞植物，个体大小 $1 \sim 125\mu m$，生活在水深适度、含可溶硅酸的特定湖泊或浅海环境中。硅藻吸收水中的硅酸构成细胞壁，死亡后遗骸沉积于海底或湖底，其有机质部分分解腐烂，化学性质稳定的硅质细胞壳壁保留下来，便形成了硅藻土（图 2-10-2）。

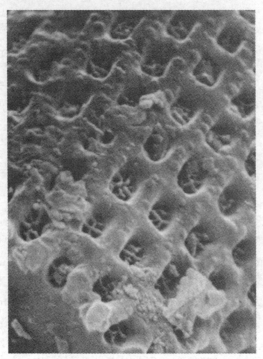

图 2-10-2　硅藻（直链藻属）的扫描电镜照片

（美国内华达，据 Breese et al，2006）

按物质组成，可将硅藻土划分为 8 种类型（图 2-10-3）。其中第 6、第 7、第 8 类的硅藻含量较低，开发利用价值较小。

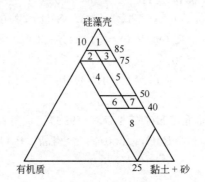

图 2-10-3　硅藻土分类图

（据黄发政，1991）

1—高纯硅藻土；2—含泥质、富有机质中品位硅藻土；3—含泥质、富泥质中品位硅藻土；

4—富有机质、富泥质低品位硅藻土；5—富泥质低品位硅藻土；6—含有机质、硅藻质黏土；

7—硅藻质黏土；8—含硅藻黏土

二、矿物成分与岩相学

硅藻土主要由蛋白石组成，伴生矿物有高岭石、伊利石、蒙脱石、石英、碳酸盐等，偶见长石、云母、角闪石、辉石、金红石、锆石等，海相沉积中可见海绿石。

纯净干燥的硅藻土呈白色土状，含杂质时呈灰白、黄、灰、绿、黑色等色调，有机质含量越高、湿度越大，则颜色越深。其条痕为白色，无光泽，断口呈粉末状、次贝壳状；外观呈多孔状、固结程度差，易破碎，用手捏之即成粉末，硬度低。

蛋白石是一种含水的二氧化硅胶凝体，有时呈显微隐晶质；含水量不定，最高可达34%。密度 $1.95 \sim 2.30 g/cm^3$，折射率 $1.40 \sim 1.46$。

硅藻土中的二氧化硅具有特殊的结构和成分，通常称为硅藻质氧化硅。它与胶磷矿、文石、高镁方解石类似，是一种有机成因的物质，具有鲜明的生物意义。它不仅组成硅藻的细胞壁，而且在硅藻的生存过程中，如果没有硅藻质二氧化硅存在，硅藻的生长也就停止了。它不是纯的含水氧化硅，而是含有很多杂质元素。

三、化学成分与物理性质

硅藻土的化学成分主要是 SiO_2，并含有 Fe_2O_3、Al_2O_3、CaO、MgO、K_2O、Na_2O、P_2O_5、有机质和微量 Pb、As 等（表 2-10-5）。

表 2-10-5 天然硅藻土的化学成分 $w_B/\%$

序号	SiO_2	TiO_2	Al_2O_3	Fe_2O_3	MgO	CaO	Na_2O	K_2O	P_2O_5	烧失量	总量
1	89.75	0.14	3.08	1.33	0.11	0.41	0.19	0.22	0.04	4.70	99.97
2	87.92	0.29	3.66	1.37	0.15	0.52	0.56	0.13	0.05	5.15	99.80
3	89.70	0.10	3.72	1.09	0.55	0.30	0.31	0.41	0.10	3.70	99.98
4	67.80	1.21	10.30	6.85	1.64	1.35	0.46	1.47	0.21	7.91	99.20
5	88.60	0.05	0.62	0.20	0.81	3.00	0.50	0.39	—	5.20	99.37
6	91.20	0.16	3.20	0.70	0.42	0.19	0.13	0.24	0.05	3.60	99.89
7	89.68	0.05	2.18	0.18	0.31	0.41	0.97	0.45	0.04	5.90	100.37
8	90.07	0.09	1.98	0.67	0.28	0.39	0.22	0.35	0.06	6.30	100.41

注：1. 美国内华达；2. 美国俄勒冈；3. 美国加利福尼亚；4. 丹麦；5. 西班牙；6. 墨西哥；7. 智利；8. 中国吉林。据 Breese 等（2006）。

硅藻土的物理性质：纯净干燥的硅藻土密度很小，仅 $0.4 \sim 0.9 g/cm^3$，能浮于水面。固结成岩较好时密度接近于 $2.0 g/cm^3$。熔点 $1400 \sim 1650 \, ℃$。易溶于强碱和氢氟酸，不溶于其他酸类；吸附力很强，一般能吸收相当于自身重量 $1.5 \sim 4.0$ 倍的水。密度为 $0.53 g/cm^3$ 的干燥硅藻土，其热导率 $[W/(m \cdot K)]$：在 $200 \, ℃$ 时，0.0158；$800 \, ℃$ 时，0.0219。密度为 $0.12 g/cm^3$ 的粉末状硅藻土，其热导率 $[W/(m \cdot K)]$：在 $200 \, ℃$ 时，0.0088；$800 \, ℃$ 时，0.0277。硅藻土的比表面积为 $1.0 \sim 65 m^2/g$。在 $900 \, ℃$ 下煅烧 2h，硅藻壳上有规则排列的微孔仍保持完好；$1200 \, ℃$ 下煅烧 2h，大部分微孔结构遭到破坏。

四、产状与分布

硅藻土矿床的产状与硅藻的生长环境有关。硅藻生长必须具备以下条件。

大型浅水盆地：要求水深 $<35m$，有利于光合作用的进行。如生长于湖泊中的硅藻，浅水不仅为浮游硅藻的光合作用提供充足阳光，而且有利于底栖硅藻的生长。开阔的浅水海洋是浮游硅藻生活的最好环境。这有利于硅藻沉积物持续堆积，可形成厚层的硅藻土。

丰富的可溶性 SiO_2 供应：硅藻是水生植物，可被其吸收的 SiO_2 必须呈溶液状态，即溶解于水中。几乎所有的天然水盆地中都含有一定量呈溶解状态的 SiO_2，适于硅藻生长。但要形成大型硅藻土矿床，则要求水盆地中 SiO_2 的含量丰富。火山作用与硅藻的沉积关系密切，有可能提供丰富的 SiO_2。

丰富的养料供应：供应硅藻繁殖所需的养料通常比 SiO_2 的供应更重要。

碎屑物供应量要少：碎屑物的增加会影响硅藻的生长。

温度：在水温低的冷水区，脱氮细菌的活动受到限制，营养盐类易于聚积，有利于硅藻生长。

硅藻土矿床主要有湖泊相和浅海相两种产状。前者含有较多的动植物化石和碳质碎屑，常与粉砂质黏土层共生；矿层一般发育层理，产状平缓，岩性、岩相变化不大，呈似层状、层状产出。后者的成分相对稳定而均匀，厚度大，层位稳定。

硅藻土矿床的形成时代主要在第三纪和第四纪。

世界硅藻土资源十分丰富，全球 122 个国家或地区都有硅藻土资源，总量巨大。其中美国 2.5 亿吨，中国 1.1 亿吨。但就矿石质量而言，全球仅有 3 个矿床可以不经选矿直接生产硅藻土助滤剂，一处是美国加利福尼亚州的罗姆波克矿床，另两处是中国吉林长白县的马鞍山矿床和西大坡矿床。这 3 处矿床的一级品原土，非晶质 SiO_2 含量都在 80% 以上，属少有的世界级硅藻土矿床。中国硅藻土矿床主要分布在吉林、黑龙江、山东、浙江、云南等地。除上述两矿山外，其他著名矿山有山东临朐县山旺村、吉林海龙县、四川米易回汉沟和新民、浙江嵊县福泉山等处。

五、工业应用与技术要求

硅藻土矿产品按粒径分为两类：粒径不大于 $250\mu m$ 的为粉矿类，代号 DF，有 $250\mu m$、$150\mu m$、$106\mu m$、$75\mu m$、$45\mu m$ 五种规格；粒径大于 $250\mu m$ 的为块矿类，代号 DK。各类硅藻土矿产品按质量分为 6 级，产品的理化性能要求见表 2-10-6。

表 2-10-6　硅藻土矿产品的理化性能要求（JC/T 414—2017）

技术指标		DF-1	DF-2	DF-3	DF-4	DF-5	DF-6	DK-1	DK-2	DK-3	DK-4	DK-5	DK-6
SiO_2/%	⩾	85.0	80.0	75.0	70.0	60.0	50.0	85.0	80.0	75.0	70.0	60.0	50.0
Al_2O_3/%	⩽	5.0	8.0	12.0	14.0	16.0	18.0	6.0	8.0	12.0	14.0	16.0	18.0
Fe_2O_3/%	⩽	1.5	3.0	5.0	6.0	7.0	8.0	2.0	3.0	5.0	6.0	8.0	10.0
CaO/%	⩽	1.0	1.20	1.5	2.0	3.0	4.0	1.0	1.5	2.0	3.0	4.0	5.0
MgO/%	⩽	0.8	1.0	1.2	1.5	2.5	3.5	0.8	1.5	1.5	2.0	3.0	5.0
烧失量/%	⩽	5.0	7.0	8.0	10.0	—	—	5.0	7.0	8.0	10.0	—	—
水分/%	⩽		10.0			10.0			15.00			15.0	
堆密度/(g/cm³)	⩽	0.40	0.45	0.50	0.55	0.60	0.70	0.40	0.45	0.50	0.55	0.60	0.70
筛余量/%	⩽		10.0			15.0							
pH 值			6～8			6～8							
比表面积/(m²/g)			19～65			19～65							

硅藻土的用途主要为助滤剂、功能性填料、轻质保温材料、隔声隔热材料、吸附剂、催化剂载体、软质磨料等。

助滤剂　作为助滤剂，硅藻土可用于过滤啤酒、白酒、果酒、饮料、原糖汁、果汁、菜汁、药物、抗生素、口服液、工业水、润滑油、食用油、滚压用油、切削用油、喷气发动机燃料油、有机和无机化学试剂、磷酸、有机和无机产品、清漆等。

功能性填料　主要用作油漆、塑料、橡胶、功能特性纸张（文化印刷纸，特种工业用纸和纸版，生活用纸张等）（宋宝祥等，2010）、杀虫剂、肥皂、洗衣粉、肥料、沥青、炸药、颜料及涂料的填料；能改善产品的稳定性、弹性、分散性等，提高产品的强度、耐磨性和耐酸性等；作为功能性填料，还可起到消光作用。

绝热隔声材料　以硅藻土为主，加入其他辅料，可制成保温砖、板、微孔硅酸钙、脂膏砖、绝热混凝土等。

催化剂载体　硅藻土在化学反应中具有惰性，耐高温性好，软化温度为1430℃，因而可作为硫酸工业中钒催化剂、加氢工艺中镍催化剂、石油工业中磷酸催化剂的理想载体。

吸附材料　硅藻土可以吸附相当于自身重量2.5倍的水。经过特殊加工的硅藻土粉，即使在吸附了自身重量50%的水后，仍然像是干的，可以自由流动。因此，硅藻土可用作地毯净化剂的液体载体、杀虫剂载体和造纸中的色调控制剂；可将硫酸和磷酸等有害液体转为干粉，以便更安全、更容易地运输和存储。

软质磨料　硅藻土具有适当的硬度，又有特殊的骨架结构，作为磨料既具有研磨作用，又不会产生划痕，研磨和抛光效果良好。在牙膏中加入硅藻土，可提高研磨性和去污能力。

防结块剂　在肥料中添加适量硅藻土干细粉，可以防止结块，不仅可使施肥均匀，还可减少肥料的淋漓，保持肥效。硅藻土还可用作炸药防结块的干燥剂。

此外，硅藻土还可用作电焊条包皮、钻井泥浆添加剂、微孔玻璃、瓷釉和珐琅原料等。

工业上主要利用硅藻土的硅藻骨架、颗粒形状与多孔结构特性。因此，在加工破碎时要注意保护硅藻土的原有性质。为此，磨矿设备应使用辊式和锤式破碎机。此外，对于不同的使用目的，可采用不同的工艺过程进行处理。

例如，过滤剂用硅藻土，不仅要求质地纯，而且要求有合理的粒级配比。采用的工艺方法为：将已干燥磨细的硅藻土粉在900～1200℃的回转炉中进行焙烧，然后进一步磨细分级。又如，制备精制催化剂载体用硅藻土，采用工艺是：首先将干燥磨细的硅藻土粉用硫酸处理，再进行焙烧或加助熔剂焙烧。

六、研究现状及趋势

中国硅藻土工业经过70多年的发展，目前可生产过滤材料、保温材料、功能填料、建筑材料、催化剂载体和水泥混合材料等制品，并形成了吉林、浙江、云南三大硅藻土基地。在产品结构上，吉林以生产助滤剂为主导产品，浙江以生产保温材料为主导产品，云南以生产助滤剂、保温材料、填料和轻型墙体材料为主导产品。2015年中国的硅藻土产量达42万吨，占世界总产量约15.7%。

今后我国应在以下几方面加大研究力度：①研制多种型号的硅藻土吸附剂、助滤剂，如糖汁过滤剂等，以满足工业领域对助滤剂的需求。②开拓硅藻土催化剂载体应用领域，如碱金属硫化物催化剂载体、硝酸盐催化剂载体等。③加快轻质高强硅藻土保温材料的研究，改变我国此类材料长期依赖进口的局面。④加强硅藻土在复合多效颗粒肥方面的研究，为发展优质高效农业和保护生态环境做出贡献。

第十一章 工业固体废物资源

第一节 概 述

　　工业固体废物是工业生产、加工和矿石采、选以及环境治理过程中所丢弃的固体、半固体物质的总称。主要包括各类炉渣、煤矸石、粉煤灰、赤泥、尾矿等。工业废物如不妥善处理，不仅大量占用土地，而且长期堆积，废物中的有害物质随雨水渗入地下，将造成大面积的土壤和水体污染；若堆置不当还可能造成更大的灾害，如尾矿或粉煤灰库冲决泛滥，淹没村庄、农田，冲断公路、铁路、堵塞河道等，造成巨大人员和财产损失。例如，1928 年 12 月 15 日，智利 Balahona 地震过程中发生尾矿流体化溢流，导致 400 万吨铜尾矿溢出，致 54 人死亡。1985 年 7 月 19 日，意大利 Stava 因不恰当堆放导致萤石尾矿库垮坝，致使 20 万立方米尾矿溢出，两个村庄被冲毁掩埋，269 人死亡。2008 年 9 月 8 日，我国山西襄汾尾矿库垮塌，导致建筑物损坏和 254 人死亡（印万忠等，2009）。

　　此外，有的废物粉尘可随风飘扬，形成浮尘污染。有些煤矸石因含硫量高而自燃，放出大量 SO_2 气体。化工领域的许多固体废物散发毒气、臭气，成为污染大气的主要污染源之一（图 2-11-1）。

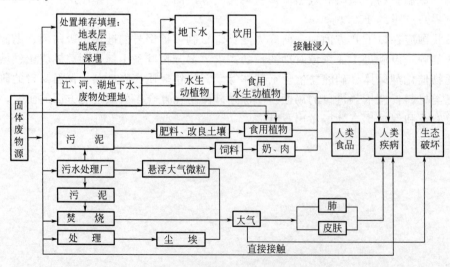

图 2-11-1　固体废物的污染途径

(据芈振明等，1993)

工业固体废物污染实质上是资源、能源的不合理使用和浪费造成的。国际上不仅把自然资源的合理利用作为环境保护的重要内容，而且把保护和合理利用自然资源的水平，视为社会经济可持续发展和现代化水平的标志之一。

实际上，废物是一个相对概念，在某一条件下为废物，在另一条件下却可能成为资源。工业固体废物数量巨大、分布面广，多数是常年均衡排放，可作为稳定供应的原料。固体废物大都具有某些工业原料的一些理化性能，具有巨大的资源潜力。因此，许多国家将固体废物作为二次资源。我国提倡三废资源化，其中固体废物资源化是其主要内容。

第二节　矿山尾矿

尾矿（tailings）是指矿石经破碎、磨矿和选别工艺分选有用组分后的细颗粒状固体废物。按矿石类型和性质，尾矿可分为金属矿尾矿和非金属矿尾矿两大类。每一类又可按矿种进一步细分，如金属矿尾矿中的铁矿尾矿、铜矿尾矿、铝土矿尾矿、铅锌矿尾矿、金矿尾矿等；非金属矿尾矿中的石墨尾矿、石棉尾矿、萤石尾矿等。尾矿一般以从选矿厂排入尾矿库的方法进行处置。尾矿从选矿厂排出时多以固体颗粒和水为主要组分，同时含有矿石磨矿和选别过程中产生的不同溶解物和所用的各种药剂。也有干粉形式排放的尾矿。固体颗粒粒度通常较细，粒度大小及分布主要受矿石性质和选别工艺的影响。其化学成分以 SiO_2、Al_2O_3、Fe_2O_3、FeO、CaO、MgO 为主，但因矿种而异，且变化较大。

尾矿的矿物组成复杂，有硅酸盐、碳酸盐、硫酸盐、硫化物、卤化物、氧化物和氢氧化物矿物等，但以硅酸盐和碳酸盐矿物最常见。尾矿的理化性质差异很大，氧化硅含量较高的尾矿，可用于生产灰砂砖，或烧制陶瓷、微晶玻璃等；以方解石、白云石等为主要物相的，可用于生产水泥；以高岭石为主要物相的，可用于生产耐火材料或建材；粒度较细的尾矿可用于生产加气混凝土等。

一、铁矿尾矿

铁矿尾矿（tailings of iron ores）是铁矿石经破碎、磨矿和选别工艺分选有用组分后的细颗粒状固体废物。铁矿尾矿是矿山尾矿中生产量和堆积量最多的单矿种尾矿（表 2-11-1）。中国铁矿尾矿主要分布在辽宁鞍山-本溪、河北唐山-承德-邯郸-邢台、四川攀枝花-西昌、内蒙古包头-白云鄂博、山西五台-岚县、湖北大冶、安徽马鞍山等地。

表 2-11-1　几种重要尾矿 2009～2013 年排放量　　　　单位：$\times 10^8$ t

年　份	2009	2010	2011	2012	2013
铁矿尾矿	5.36	6.34	8.05	8.21	8.39
金矿尾矿	1.74	1.89	2.01	2.12	2.14
铜矿尾矿	2.56	3.05	3.07	3.17	3.19
其他有色金属尾矿	1.12	1.33	1.34	1.36	1.38
非金属矿尾矿	1.14	1.32	1.33	1.35	1.39

注：引自《中国资源综合利用年度报告》（2014）。

铁矿尾矿的矿物组成比较复杂，化学成分以富含 SiO_2 和 Al_2O_3 为特征，有的 CaO 和 MgO 含量较高。磁选法处理的铁矿尾矿中不含选矿药剂，渗滤液的环境危害小；浮选法处理的铁矿尾矿中残留选矿药剂的生物毒性一般较小，渗滤液具有一定的环境危害。不同类型铁矿尾矿的矿物组成、化学成分、粒度分布以及再利用价值差异较大。

按铁矿石类型，铁矿尾矿可划分为单金属类铁矿尾矿和多金属类铁矿尾矿两类。其中，前者又可按其 SiO_2、Al_2O_3、CaO、MgO 含量进一步划分为以下 4 种类型（表 2-11-2）。

表 2-11-2　单金属类铁矿尾矿的化学成分 $\qquad w_B/\%$

类　型	SiO_2	Al_2O_3	CaO	MgO	TFe	S	备　注
高硅型	60~80	2~6	1~4	2~4	7~12		个别 $SiO_2>80\%$
高铝型	35~55	8~14	2~11	1~3	10~20		CaO 可达 20%
高钙镁型	30~40	3~7	14~24	8~15	6~9	1~2	
低钙镁型	41~45	4~6	1±	2~4	14~19	2.9	伴生重晶石、碧玉等

注：引自《矿产资源综合利用手册》（2000）。

（1）高硅（鞍山型）铁尾矿　该类尾矿是数量最大的铁矿尾矿类型，尾矿中含硅高，有的 SiO_2 含量高达 83%。矿物组成以石英、角闪石、透闪石、绿泥石为主，有时长石、鲕绿泥石和黏土矿物含量较高，一般不含有价伴生元素。尾矿粒度变化大，−0.074mm 粒级占 20%~80%。粒度在 10~20mm 的粗尾矿可用作水泥混凝土的粗集料。中等粒度的尾矿可用作建筑砂。粒度在 0.5~1mm 以下的细尾矿，可用于制作不同类型的建筑制品以及矿井充填料。属于这类尾矿的选矿厂有本钢南芬、歪头山，鞍钢东鞍山、齐大山、弓长岭、大孤山，首钢大石河、密云、水厂，太钢峨口，唐钢石人沟等。

（2）高铝（马钢型）铁尾矿　该类尾矿年排出量不大，主要是分布于长江中下游宁芜一带，如江苏吉山铁矿，马钢姑山铁矿、南山铁矿及黄梅山铁矿等选矿厂。其主要特点是 Al_2O_3 含量较高，多数尾矿不含伴生元素，个别尾矿含有伴生硫、磷。尾矿中主要矿物有阳起石、长石、绿泥石、石英、高岭土、绢云母、赤铁矿、褐铁矿和磷灰石。尾矿密度 2.8~3.1t/m³；−0.074mm 粒级含量占 30%~60%。

（3）高钙镁（邯郸型）铁尾矿　这类尾矿主要集中在邯郸地区的铁矿山，如玉石洼、西石门、玉泉岭、符山、王家子等选矿厂。主要伴生元素为 S、Co 及微量 Cu、Ni、Zn、Pb、As、Au、Ag 等。尾矿中主要矿物有含钴黄铁矿、褐铁矿、透辉石、方解石、蛇纹石、金云母、透闪石、阳起石、绿泥石、白云母，少量石榴子石。尾矿密度 2.65~2.9t/m³；−0.074mm 粒级含量占 50%~70%。

（4）低钙镁（酒钢型）铁尾矿　尾矿中主要非金属矿物为重晶石和碧玉，伴生元素有 Co、Ni、Ge、Ga 和 Cu 等，尾矿粒度为 −0.074mm 粒级占 73.2%。

多金属类铁尾矿主要分布于我国西南攀西地区、内蒙古包头和长江中下游的武钢地区。调查结果显示，属于这类尾矿的选矿厂有 8 个，尾矿排出量占总排放量 19.0%。多金属类铁尾矿的特点是矿物成分复杂，伴生元素众多，除含有色金属外，还含有一定量的稀有金属、贵金属及稀散元素。从价值上看，回收这类铁尾矿中的伴生元素，有可能超过金属铁的回收价值。以大冶为代表的铁尾矿（大冶、金山店、程潮、张家洼、金岭等铁矿选矿厂），矿物组成以透辉石、透闪石、石榴子石、绿泥石和方解石为主，有时石英和白云石含量较高；尾矿粒度一般较细，−0.074mm 粒级占 60%~80%；除铁含量较高外，还含有 Cu、Co、S、Ni、Au、Ag、Se 等元素。以攀枝花铁尾矿为代表的尾矿中，除含有可观的 V、Ti 外，还含有值得回收的 Co、Ni、Ga、S 等有价元素；以白云鄂博为代表的铁尾矿中，含有 22.9% 的铁矿物、8.6% 的稀土矿物以及 15.0% 的萤石等，矿物组成以萤石、霓辉石、钠闪石、重晶石、白云石和石英为主。尾矿密度 3.45t/m³，松散密度 1.48t/m³，普氏硬度系数 8~9，粒度 −0.074mm 占 89.7%。其中萤石、稀土矿物、S 和 P_2O_5 具有回收利用价值。

加气混凝土制品是细粒铁矿尾矿大宗利用的主要方式之一。生产过程中，铁矿尾矿粉通常与适当比例的石灰、硅酸盐水泥、石膏或工业副产石膏等激发剂以及铝膏或铝粉等发泡剂按比例混合，有时需要加石英砂调节硅含量。生产工艺：计量后的铁尾矿与激发剂均匀混合→加入温水（约 55℃）以及发泡剂搅拌→混合料浇注、发气、静置（约 2h）→脱模→蒸压密闭养护（蒸汽压力≥1.25MPa，温度≥170℃，时间数小时）→降温降压后出釜→切割整形→制品。蒸养过程中，物料发生复杂的物理化学反应，其中钙质与硅质组分反应，生成雪硅钙石和水化硅酸钙等，残留石英等固体颗粒起到骨料支撑作用。制品含有大量气泡、结晶相、凝胶相和残留结晶相，具有一定强度，性能满足技术要求。

烧结建筑制品是铁矿尾矿大宗利用的另外一种方式。生产过程中，铁矿尾矿粉通常与适当比例的黏土、煤矸石、粉煤灰等混合，经挤压成型或半干压成型或成球工艺，以及干燥、烧结工艺，制成不同种类的烧结型建筑材料，如烧结砖、瓦、陶粒等。铁尾矿的黏结性通常较差，需要添加适量黏土以提高成型性和坯体强度。烧结过程中，铁尾矿中的长石、绿泥石、萤石、方解石、透辉石、透闪石、铁锰氧化物等具有助熔作用，有利于烧结制品的低温烧结并提高制品强度；黏土矿物转变为莫来石相，有利于提高强度；铁锰氧化物、碳酸盐和含羟基矿物含有丰富的挥发组分，有利于气泡的形成，是制备多孔烧结材料必要的发泡剂；石英、斜长石、石榴子石等难熔矿物，在烧结过程中往往呈熔融残留体存在，具有提高制品强度的作用。这类材料的烧结温度通常低于 1050℃，制品颜色丰富，强度满足相应建筑制品的要求。生产过程中应做好尾气除尘和净化，避免造成空气污染。

铁矿尾矿还可用于制备以透辉石或硅灰石为主晶相的微晶玻璃等高档建筑装饰材料。生产过程中，需要对铁尾矿的成分进行调配，以满足主晶相形成的组成要求：SiO_2 50%～60%，Al_2O_3 4%～9%，CaO 8%～13%，MgO 3%～10%，Fe_2O_3 2%～5%，同时需要添加 3% TiO_2 和 1% Cr_2O_3 作为晶核剂。生产方法分为压延法和烧结法，工艺流程为：配合料制备→加入晶核剂→玻璃熔化→成型（压延法为压延成型→切裁；烧结法为玻璃液水淬成粒→粉料分级→装模）→微晶化热处理→再加工（切，磨，抛）→制品；熔制温度通常＞1500℃；核化温度通常约 760℃，核化时间约 0.5h；晶化温度约 880℃，晶化时间约 2h。由于铁含量较高，这类微晶玻璃通常呈不同色度的黑色，半透明。

铁尾矿用作建筑砂，应按照《普通混凝土用砂、石及检验方法标准》（JGJ 52—2006）规定方法，对其进行筛分析、表观密度、堆积密度、含水率、含泥量、坚固性等测试，性能应满足《建设用砂》（GB/T 14684—2011）和《硅酸盐建筑制品用砂》（JC/T 622—2009）等标准要求。

二、金矿尾矿

金矿尾矿（tailings of gold ores）是金矿经过选矿回收金等有价组分后的固体废物。不同类型的金矿尾矿中的矿物组分不同，但主要非金属矿物为石英、玉髓、方解石、白云石、重晶石、斜长石、钾长石、云母等，有些尾矿中含有少量褐铁矿、针铁矿、孔雀石、菱锌矿、白铅矿、铅矾、铜绿矾、水绿矾、黄钾铁矾、水锑铅矿、钴华等表生矿物。金矿类型多，选矿工艺及技术差异大，故尾矿粒度及其分布也明显不同。金矿尾矿可作为充填材料，生产混凝土、水泥、建筑砖和砌块、加气混凝土砌块、微晶玻璃、建筑陶瓷等。金矿尾矿多含有硫化物、重金属及有害稀散金属，某些老尾矿库混有氰化渣，具有环境危害性。

金矿尾矿用于生产加气混凝土和烧结建筑制品以及微晶玻璃的工艺流程与铁矿尾矿类似，但金矿尾矿的粒度通常较细。其 SiO_2 含量普遍高于铁矿尾矿，生产加气混凝土时需要添加的硅质原料更少。其中钾长石含量（K_2O，Na_2O）通常较铁矿尾矿高，作为烧结建筑制品原料时烧结温度较低，节能效益明显。金矿尾矿的细粒级颗粒比例较高，黏土组分有时偏高，作为建筑砂原料往往需要严格的粒度分级和脱泥处理。

金矿尾矿用于生产矿物聚合材料，兼有固化有害化合物的效果。研究表明，以 SiO_2 含量 > 73%、粒度 −80 目的金矿尾矿为主要原料，与适量煅烧高岭土、氢氧化钠和硅酸钠水玻璃配合，在尾矿含量为 80%、固/液比为 4.7、水/碱比为 5 的条件下，当固化温度为 35℃时，制品的 7d、14d、28d 抗压强度分别达 7MPa、17.5MPa、30MPa。固化温度提高为 60℃时，样品固化 72h，再室温静置 6d，制品的抗压强度可达 36.6MPa。

在矿物聚合材料固化过程中，NaOH 可使部分 CN^- 转化为 NH_3、CO_3^{2-} 和 H_2；尾矿中的 Fe^{3+} 则与部分 CN^- 结合，生成氰化铁沉淀，因而使 CN^- 以化学方式固化于材料中，其余部分则以物理方式固封于材料中。将制品在浓度为 1mol/L 的 HCl 溶液中浸泡 30d，质量损失仅 5.6%，主要为原尾矿中的方解石溶解所致，表明此类材料具有良好的耐酸性（任玉峰等，2003）。以尾矿为主要原料制备的矿物聚合材料，对重金属元素和放射性元素也具有良好的固化封存效果（Van Jaarsveld et al，1997）。

三、钨矿尾矿

钨矿尾矿（tailings of tungsten ores）是钨矿经过选矿回收钨等有价组分后排放的固体废物。钨矿床分为夕卡岩型白钨矿矿床、石英脉型黑钨矿矿床、网脉（斑岩）型钨矿矿床等。夕卡岩型白钨矿尾矿中主要矿物是方解石、萤石、石榴子石、透辉石、云母等；石英脉型黑钨矿尾矿中主要矿物是石英、长石、云母、萤石、方解石、电气石、磷灰石等；网脉（斑岩）型钨矿尾矿中的主要矿物是石英、绢云母、绿泥石、方解石等。大部分钨矿通常采用手选、重选等工艺，因此钨矿尾矿的粒度较粗。钨矿尾矿的环境污染物主要是重金属、稀散金属元素及选矿过程中残余的浮选药剂。

钨矿尾矿资源的综合利用主要是回收其中的有价组分，如萤石、Cu、Mo、Bi、石榴子石、石英等。某富含石英的钨矿尾矿，伴生矿物有钾长石、白云母和金属矿物，+0.15mm 粒级占 91%。采用筛分-脱泥-擦洗-浮选工艺可以得到产率 97%、SiO_2 含量 96% 的石英砂。以钨矿尾矿为主要原料生产建筑材料及胶结充填的实例很少，但从矿物组成、化学成分、粒度分布看，大部分钨矿尾矿是良好的建筑材料原料及胶结充填原料。

钨矿尾矿作为玻璃的辅助配料，其中的 WO_3 可以与玻璃配料中的 SiO_2、Al_2O_3、CaO 等难熔化合物形成低共熔物，加速硅酸盐玻璃形成，WO_3 还可降低玻璃液黏度和表面张力。某钨尾矿的化学成分为（w_B%）：SiO_2 76.2~86.3，Al_2O_3 7.8~8.4，Fe_2O_3 0.6~1.6，CaO 0.2~1.3，Na_2O 1.0~2.1，K_2O 2.0~2.8，CaF_2 0.4~5.3，WO_3 0.01~0.11。颗粒直径约 0.5~0.6mm。主要矿物成分为石英、钠长石、黑钨矿、白钨矿等，可用以代替 WO_3，以降低玻璃生产成本。在 SiO_2-Al_2O_3-CaO-MgO-R_2O 体系瓶罐玻璃成分中，加入 7% 的钨尾矿砂，使硅酸盐反应的温度下降，具有明显的助熔作用和节能效果（王承遇等，2005）。

四、石棉尾矿

中国是蛇纹石石棉的资源大国，已探明储量超过 5.0 亿吨，占世界第 3 位，产量居世界第 4 位。但因开采品位仅 1%~4%，致使全国石棉矿山平均每年排放尾矿近千万吨（刘福来等，2004）。西部地区是我国主要石棉产区，产量占全国总产量的 90% 以上。目前西部地区每生产 1.0t 合格的 3～5 级石棉成品，约排放石棉尾矿 25～27t。

西部地区多大风扬沙天气。温石棉（纤蛇纹石）、蓝石棉（钠闪石）粉尘会引发石棉沉着病、肺癌、Mesothelioma 等严重疾病（Wenk et al，2004）。蛇纹石石棉尾矿的主要成分为 SiO_2 和 MgO，因而可用于制取氧化镁、金属镁和无机硅化合物等产品。

近年来，在全球镁消费稳定增长的形势下，主要石棉生产国（加拿大，俄罗斯，澳大利亚）正在积极进行利用石棉尾矿为原料生产金属镁的研究。加拿大诺兰达公司已进行了 10 余年研究，攻克了从石棉尾矿中回收金属镁的关键技术。澳大利亚 Golden Triangle Resources 公司已在俄罗斯的镁钛研究所试验厂用石棉尾矿生产出纯度超过 99.9％的金属镁锭（郑水林等，2004）。

以石棉尾矿为原料，可生产超细氢氧化镁和高比表面积氧化硅产品。实验原料为甘肃阿克塞县红柳沟石棉尾矿，主要化学成分（w_B％）：SiO_2 38.43，MgO 38.50，Fe_2O_3 5.07，Al_2O_3 3.23，CaO 1.25，烧失量 13.35。以硫酸分解石棉尾矿，主要化学反应为（刘福来等，2004）：

$$3MgO \cdot 2SiO_2 \cdot 2H_2O + 3H_2SO_4 \longrightarrow 3MgSO_4 + 2SiO_2 + 5H_2O$$
$$Fe_2O_3 + 3H_2SO_4 \longrightarrow Fe_2(SO_4)_3 + 3H_2O$$
$$Al_2O_3 + 3H_2SO_4 \longrightarrow Al_2(SO_4)_3 + 3H_2O$$

硫酸浸取条件：浓硫酸，加热煮沸，浸取时间 60min，MgO 浸取率达 82％以上。酸浸液主要含 $MgSO_4$、游离硫酸及 Al^{3+}、Fe^{3+} 等。将酸浸产物过滤洗涤。滤液相加入少量双氧水或高锰酸钾，调节 pH 值以除去少量低价态铁离子等杂质。加碱沉淀氢氧化镁：

$$MgSO_4 + 2NaOH \longrightarrow Mg(OH)_2 \downarrow + Na_2SO_4$$

沉淀物经压滤、洗涤、干燥即得超细氢氧化镁。酸浸滤渣加入碱和水反应，反应产物除去不溶渣，制取高纯度硅酸钠；然后采用稀酸控制沉析超细氧化硅；沉淀物经陈化后进行压滤、洗涤、干燥，制得超细高比表面积氧化硅产品。氧化除铁形成氢氧化铁沉淀，经干燥、煅烧，可制备适用于建材的氧化铁红产品。

青海茫崖是我国重要的蛇纹石石棉生产基地，其尾矿的主要化学成分为（w_B％）：SiO_2 37.89，MgO 40.25，Al_2O_3 0.81，Fe_2O_3 6.91，CaO 0.54，烧失量 13.03；主要矿物为蛇纹石和滑石，少量磁铁矿、菱镁矿和白云石。采用硫酸铵焙烧工艺，将 $(NH_4)_2SO_4$ 与尾矿按 2：1 的质量比混合，在 460℃下焙烧 60min，MgO 浸取率达 83.1％（曾丽等，2012）。

焙烧反应过程中，蛇纹石的镁氧八面体片结构被破坏，而硅氧四面体片仍得以保留。水浸过程中，焙烧产物中的硫酸镁进入溶液，非水溶性组分以固相存在。焙烧过程中产生的 NH_3、SO_3 气体经水吸收后，蒸馏得到硫酸铵，可循环利用。粗制硫酸镁溶液含有 Fe^{2+}、Fe^{3+}、Al^{3+}、Cr^{3+}、Ni^{2+} 等杂质，加入 H_2O_2 氧化可分步沉淀出来，获得精制硫酸镁溶液，用于制备氢氧化镁、碱式碳酸镁、氧化镁、碱式硫酸镁等化合物，焙烧滤渣则可直接碱浸后制得偏硅酸钠溶液，用以制备无机硅化合物。

第三节　冶　金　渣

黑色、有色金属冶炼过程中排放的废渣称为冶金渣。主要包括高炉矿渣、钢渣、有色金属渣、铁合金渣等（图 2-11-2）。

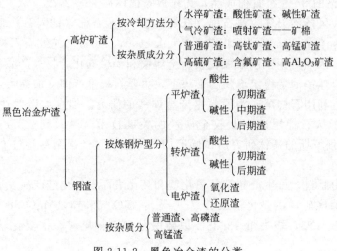

图 2-11-2 黑色冶金渣的分类

一、高炉矿渣

高炉矿渣是冶炼生铁时排出的废渣。每炼 1.0t 生铁一般产生 $0.3\sim0.9t$ 矿渣。高炉渣多孔，玻璃相含量高，化学成分与普通硅酸盐水泥相似，主要为 CaO、Al_2O_3、SiO_2、MgO、MnO 等，特种生铁渣还富含 TiO_2、V_2O_5 等。高炉渣大部分用于生产矿渣水泥，少部分用来生产矿渣砖、矿渣玻璃、矿渣棉、膨胀矿渣珠、混凝土骨料等。

1. 普通水淬高炉矿渣

水淬高炉矿渣的化学成分见表 2-11-3。主要化学成分（$w_B\%$）：SiO_2 $31\sim41$，Al_2O_3 $6\sim15$，CaO $34\sim50$，符合水泥生产的要求。在 $CaO\text{-}Al_2O_3\text{-}SiO_2$ 体系相图（图 2-11-3）中，矿渣的主要成分位于钙铝方柱石（C_2AS）、硅酸二钙（C_2S）、硅钙石（C_3S_2）、硅灰石（CS）结晶区，有些则扩大到钙长石（CAS_2）区。当有 MgO 存在时，会出现含镁矿物镁方柱石（C_2MS_2）、镁蔷薇辉石（C_3MS_2）、尖晶石（MA）、镁橄榄石（M_2S）等。而当 MnO 存在时，又有蔷薇辉石（$MnSiO_3$）、锰橄榄石（Mn_2SiO_4）等。矿渣是经熔融和急冷的物质，冷却较好的矿渣，玻璃相占 90% 以上。粒状高炉矿渣是多孔的玻璃态物质，其中含有微小析晶物。

表 2-11-3 不同钢厂水淬高炉矿渣的化学成分 $w_B/\%$

序号	SiO_2	Al_2O_3	Fe_2O_3	MnO	MgO	CaO	总量
1	32.50	14.35	4.37	0.47	3.37	41.96	97.02
2	38.04	13.41	1.45	0.33	8.59	34.84	94.66
3	31.22	11.90	2.10	0.70	0.89	49.72	96.53
4	34.30	13.06	4.12	0.16	7.82	38.98	98.44
5	34.42	14.87	2.58	0.58	9.10	37.98	99.53
6	35.70	13.30	1.44	—	6.08	41.67	98.19
7	34.58	10.47	1.41	0.16	6.85	44.60	98.07
8	33.38	13.80	1.41	0.31	7.29	41.77	97.96
9	34.62	12.39	1.52		8.82	41.45	98.80
10	38.30	6.66	0.85	0.42	4.80	45.66	96.69
11	33.42	13.75	4.01		4.60	40.61	96.39
12	35.50	11.90	1.32	—	9.20	39.47	97.39

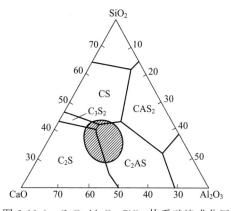

图 2-11-3 CaO-Al$_2$O$_3$-SiO$_2$ 体系矿渣成分区

CS—硅灰石；C$_2$S—硅酸二钙；C$_3$S$_2$—硅钙石；CAS$_2$—钙长石；C$_2$AS—钙铝方柱石

水淬高炉矿渣既可作为硅酸盐水泥的掺和料，也可磨细后与碱激发剂混合制成矿渣胶凝材料。与普通硅酸盐水泥相比，水淬高炉矿渣碱激发胶凝材料具有水化热低、强度发展快、耐久性良好等优点，但存在干燥收缩大、碳化速度快等不足。常用的碱激发剂包括苛性碱（NaOH）、非硅酸盐的弱酸盐（M$_2$CO$_3$、M$_3$PO$_4$ 等）、硅酸盐（M$_2$O·nSiO$_2$）、铝酸盐（M$_2$O·nAl$_2$O$_3$）、铝硅酸盐 [M$_2$O·Al$_2$O$_3$·（2~6）SiO$_2$]、非硅酸盐的强酸盐（M$_2$SO$_4$）。其中苛性碱、水玻璃、碳酸钠、硫酸钠最为经济，且易于获得。

2. 含杂质高炉矿渣

（1）高钛矿渣 中国盛产钛铁矿、钛磁铁矿、矾钛磁铁矿等含钛铁矿石，此类炉渣的 w(TiO$_2$) 高达 10%~30%（表 2-11-4）。按 TiO$_2$ 含量可分为高钛高炉矿渣（TiO$_2$>16%）、中钛高炉矿渣（TiO$_2$ 10%~15%）和低钛高炉矿渣（TiO$_2$<10%）。

表 2-11-4 含钛矿渣的化学成分　　　　　　　　　　　　　　　　w_B%

序号	SiO$_2$	TiO$_2$	Al$_2$O$_3$	Fe$_2$O$_3$	MgO	CaO	总量
1	32.20	10.57	10.97	1.39	6.44	37.31	98.88
2	15.90	19.19	15.90	2.41	9.39	29.18	91.97
3	22.80	27.39	13.31	3.04	8.23	25.55	100.32

对含钛高炉矿渣的物相分析表明，其中含有钙钛矿、钛辉石、安诺石、巴依石、尖晶石、TiC、TiN 及含钛玻璃相（表 2-11-5）。

表 2-11-5 淬冷含钛矿渣的主要物相

序号	w(TiO$_2$)/%	玻 璃 质		主晶相	密 度/(g/cm^3)
		w_B/%	折射率		
1	0	80	1.628	黄长石	2.86
2	10.57	90	1.685	钙钛矿	2.98
3	19.19	60	1.730	钙钛矿,钛辉石	2.98
4	27.39	30	>1.74	钙钛矿,巴依石,安诺石	3.21

析晶物中的黄长石为无色透明晶体，慢冷时外形呈四方板状、柱状，快冷时呈 X 形骨架状，平行消光。在 w(TiO$_2$) 为 10% 的矿渣中，黄长石的干涉色为一级灰，一轴晶正光

性；在 $w(TiO_2)$ 为 15% 的渣中几乎为均质体；在 $w(TiO_2)>20\%$ 的渣中近于均质体。钙钛矿在显微镜下呈树枝状、十字状、棒状及粒状等形态，以树枝状较常见。钛辉石呈粒状或针状，黄褐色，结晶粗大者可见 {110} 完全解理，具多色性。巴依石在冷淬渣中呈燕尾状、十字状或蝶状雏晶，多色性较强，为褐色或蓝紫色。安诺石呈长条状或束状，薄片中不透明，边缘呈蓝色，沿延长方向解理发育，突起高，在反射光下为白色长针状晶体。

我国产生含钛高炉渣最多的地区是四川攀枝花和河北承德。含钛高炉渣作为水泥混合料和混凝土骨料，不存在技术障碍，且消耗量大，但其中丰富的钛未得到充分利用。采用先进工艺提取含钛高炉渣中的有价组分钛，是提高这一固体废物资源价值的关键。

（2）高锰矿渣　高炉炼铁的品种不同，有时会出现富含锰的矿渣，其 $w(MnO)$ 一般为 10%～15%，最高可达 25%。这种矿渣分为锰铁合金渣和冶炼锰钢生铁时的高锰矿渣两类。前者熔炼温度较高而矿渣富含 Al_2O_3。化学成分见表 2-11-6。

高锰矿渣可作水泥混合料，其中玻璃相高达 90% 以上，析晶矿物有蔷薇辉石、锰橄榄石、锰黄长石 [$2(Ca，Mn)O \cdot Al_2O_3 \cdot SiO_2$]、锰堇青石（$2MnO \cdot 2Al_2O_3 \cdot 5SiO_2$）等。

表 2-11-6　高锰矿渣的化学成分　　　　　　　　　　　　　　　　　$w_B\%$

序号	SiO_2	Al_2O_3	Fe_2O_3	MnO	MgO	CaO	S	总量
1	35.38	16.39	—	1.79	—	39.48	2.09	95.13
2	30.50	13.17	—	12.86	—	38.77	2.32	97.62
3	25.05	19.27	—	16.36	—	33.03	2.31	96.02
4	28.63	13.90	—	11.63	—	34.86	1.27	90.29
5	24.40	15.91	2.55	19.13	2.90	33.35	—	98.24
6	35.00	9.83	—	11.02	2.25	40.66	—	98.76

（3）高铝矿渣　有些铁矿石中含 Al_2O_3 较多，其高炉矿渣含铝相应较高，$w(Al_2O_3)$ 达 25%～50%（表 2-11-7）。

表 2-11-7　高铝矿渣的化学成分　　　　　　　　　　　　　　　　　$w_B\%$

序号	SiO_2	Al_2O_3	Fe_2O_3	MnO	MgO	CaO	总量
1	25.34	31.42	2.42	0.18	4.37	34.78	98.50
2	23.18	28.96	3.09	—	2.56	41.61	99.40

高铝矿渣的矿物成分主要为铝酸一钙、黄长石、硅酸二钙、七铝酸十二钙、二铝酸钙等，其次还有钙钛矿、磁铁矿、硫化物、尖晶石等。

（4）高氟矿渣　此类炉渣的氟含量一般约 10%，最高达 25%。高氟矿渣的化学成分见表 2-11-8。其主要物相为黄长石、枪晶石（$C_3S_2 \cdot CaF_2$）、萤石、β-C_2S、硅钙石（C_3S_2）、褐硫钙石（CaS）、含稀土矿物及玻璃体等。枪晶石和萤石是高氟矿渣中的特征矿物。

表 2-11-8　高氟高炉矿渣的化学成分　　　　　　　　　　　　　　　$w_B\%$

序号	SiO_2	Al_2O_3	Fe_2O_3	MgO	CaO	BaO	Na_2O	K_2O	稀土氧化物	F
1	9.46	11.71	0.38	2.20	49.59	5.57	0.11	0.04	3.55	23.71
2	10.45	10.92	0.37	1.52	50.05	5.65	0.09	0.03	4.63	21.53
3	17.25	7.92	0.28	3.27	58.77	0.73	0.08	0.03	4.42	10.63
4	10.22	7.32	0.36	1.65	57.48	4.23	0.08	0.05	5.39	17.04

二、钢渣

钢渣是炼钢过程中排出的废渣。一般每生产 1.0t 钢，产生 0.2～0.3t 钢渣。钢渣的化学成分中，CaO 约 45%～60%，SiO_2 约 10%～20%，其余为 Al_2O_3、Fe_2O_3、MgO、MnO 等，以及少量 S、P 和游离 CaO、MgO、FeO 等氧化物（表 2-11-9）。

表 2-11-9　钢渣的主要化学成分　　　　　　　　　　　　　　　　　　w_B%

钢渣类型	SiO_2	Al_2O_3	Fe_2O_3	FeO	MnO	MgO	CaO	P_2O_5	S	F	f-CaO
平炉后期渣	14.03	5.04	2.80	11.31	—	12.05	45.00	4.07	—	—	5.76
转炉渣 1	11.15	1.08	9.3	14.79	—	3.25	55.76		0.23		7.51
转炉渣 2	17.61	2.31	3.7	8.58	2.83	4.23	57.94	0.84			0.71
电炉还原渣 1	18.78	17.65	0.48	0.39	0.32	6.09	54.68	0.32	0.71	2.91	0.12
电炉还原渣 2	16.12	14.80	0.44			2.5	62.30				

钢渣的物相组成十分复杂，主要有钙镁橄榄石、蔷薇辉石、硅酸二钙、硅酸三钙、硅磷酸七钙、Alite、Belite、氟磷灰石、萤石、氟铝酸钙、枪晶石、硅钙石、铝酸一钙、铁酸钙和铁铝酸钙、钙铝方柱石、尖晶石、方镁石、游离 CaO 等。钢渣的熔炼温度较高，其中液相冷却后的析晶程度比高炉矿渣高，晶体也较粗大。电炉还原渣中，常见水硬活性高的氟铝酸钙（$C_{11}A_7 \cdot CaF_2$），含量可达 15%～20%。钢渣可以返回供烧结、炼铁或炼钢之用，也可用于水泥、沥青拌和料、砂浆、土壤改良和生产含磷农肥，以及用作 CaO-MgO-SiO_2-Fe_2O_3-Al_2O_3 体系陶瓷原料等（表 2-11-10）。

表 2-11-10　钢渣的主要性质及其利用方式

特　点	利用方式
坚硬，耐磨，塑性，表面粗糙	水利和道路建设材料
多孔，碱性	污水处理原料
富含铁	铁回收原料
CaO、MgO、FeO、MnO 含量高	熔剂及陶瓷原料
C_3S、C_2S、C_4AF 等物相	水泥和混凝土原料
CaO、MgO 组分	二氧化碳捕捉和烟气脱硫
FeO、CaO、MgO、SiO_2 等组分	建筑材料
活性 MgO、FeO、CaO、SiO_2 含量高	肥料和土壤改良

注：据赵立华（2017）。

钢渣的碱度 [$CaO/(SiO_2+P_2O_5)$] 高，有利于钢渣与弱酸性沥青间的化学作用，可提高钢渣与沥青的结合强度。钢渣中的铁、锰离子，具有较强的极化能力，可减弱正硅酸盐钙（镁）多面体中氧的结合强度，并形成更大的复杂硅氧团，使得钢渣沥青混凝土呈现出更好的耐磨、抗压、抗滑等性能。钢渣强度较高，表面粗糙，棱角丰富，磨光值高，可以改善沥青混凝土的抗水损害、抗高温变形以及耐磨和抗滑等性能。

钢渣与黏土、滑石、长石和石英混合，通过调节 MgO 和 Al_2O_3 含量，可以制备 CaO-MgO-SiO_2-Fe_2O_3-Al_2O_3 体系建筑陶瓷材料（表 2-11-11）。钢渣的 Fe_2O_3 含量较高，对陶瓷烧结有促进作用，并使烧结体呈现褐色或棕色，可通过施釉调节其花纹和色调（赵立华，2017）。

表 2-11-11　钢渣为主要原料生产建筑陶瓷材料的工艺性能

陶瓷体系	主晶相	组成范围/%	烧结温度/℃	抗折强度/MPa
辉石体系	辉石	MgO>10	1180~1220	90~150
钙长石体系	钙长石	MgO<5,Al$_2$O$_3$>15	1100~1130	30~75
辉石-钙长石体系	辉石+钙长石	MgO<l0,Al$_2$O$_3$ 10~15	1130~1180	60~100
石英-辉石体系	石英+辉石	MgO<5,Al$_2$O$_3$<5	1220~1250	50~90

三、有色冶金炉渣

有色金属渣包括铜渣、铅渣、锡渣、锌渣、镍渣、钴渣、铬渣和赤泥等。其化学成分、物相组成与原料成分和冶炼方法有关。目前只有少量铜渣、赤泥等用于生产水泥、矿渣棉、陶瓷材料等。几种有色冶金炉渣的化学成分见表 2-11-12。

表 2-11-12　几种有色冶金炉渣的化学成分　　　　　　　w_B/%

炉渣类型	SiO$_2$	Al$_2$O$_3$	Cr$_2$O$_3$	Fe$_2$O$_3$	FeO
铅锌矿渣	27.42~43.00	5.00~13.00	0.90~1.30	1.48	31.57~8.00
铜矿渣	3.16~35.70	3.26~7.40	—	1.28	43.80~50.14
矿渣	28.00~40.44	3.82~6.00		0.12~0.45	0.49~0.69
铬铁矿渣	21.49~38.69	8.06~14.62	2.20~20.25	0.28~1.44	1.11~3.33
金属铬渣	0.18~0.28	83.76~86.48	9.77~13.15	—	0.59~0.93

1. 赤泥

赤泥是铝土矿提炼氧化铝后排放的泥浆。每生产 1.0t 氧化铝，一般约排出 1.0~2.0t 赤泥。随着世界铝工业的发展，赤泥的排放量日益增加。2016 年中国氧化铝产量 6098.5 万吨，赤泥排放量约 6100 万吨。赤泥的固液比为 1:（3~4），pH 值 10~12，颗粒直径 0.08~0.25mm，真密度 2.3~2.7g/cm^3，容重 0.73~1.0g/cm^3，熔点 1200~1250℃。

赤泥的主要化学成分为 Al$_2$O$_3$、SiO$_2$、Fe$_2$O$_3$、CaO、TiO$_2$、Na$_2$O 等。此外，还含有少量稀有金属和放射性元素。我国主要氧化铝厂赤泥的化学成分见表 2-11-13。赤泥的矿物成分主要为硅酸二钙和硅酸三钙，其次有褐铁矿、方解石、钙钛矿等。

表 2-11-13　赤泥的化学成分　　　　　　　w_B/%

生产厂	Al$_2$O$_3$	SiO$_2$	Fe$_2$O$_3$	CaO	TiO$_2$	Na$_2$O
山东铝厂	4~8	20~25	8~10	40~50	2~2.2	2~2.2
贵州铝厂	26.35	12.83	3.99	26.2	—	4.39
郑州铝厂	6.01	23	5.26	46.2		2.32

赤泥主要用于代替黏土生产普通硅酸盐水泥、油井水泥、硫酸盐水泥，但需在脱碱后使用。每生产 1.0t 水泥，可利用赤泥 0.3~0.4t。与硅酸盐水泥相比，碱对硫铝酸盐水泥的影响要小得多，故可直接利用赤泥生产硫铝酸盐水泥，赤泥的直接利用率可达约 40%（赵宏伟等，2006）。以赤泥为主要原料，不但可以生产各种免烧砖、烧结砖、釉面砖和琉璃瓦，还可以制备主晶相为透辉石、钙铝榴石、钙铁辉石等的微晶玻璃。赤泥用作烟气脱硫剂，脱硫产物经处理后可作为硅钙肥添加剂。

拜尔法赤泥中含有较高的氧化铁，预焙烧后放入沸腾炉，在 700~800℃下还原后，经磁选得铁精粉，可供炼铁用。非磁性组分，与一定量的纯碱或石灰共同烧结，可从中回收 Ti、V、Mn、Cr 等的金属氧化物。

2. 镍渣

镍渣是高温冶炼镍过程中产生的固体废物。2015 年中国的镍产量约为 62 万吨，每生产 1.0t 镍就要排出 30～60t 镍渣。镍渣富含 Ni、Cu、Fe、Si、S、Ca、Mg 等元素（表 2-11-14)，且大多含有较高量的金、银等贵金属。

表 2-11-14　中国某企业镍渣的化学成分　　w_B/%

炉渣种类	Ni	Cu	Fe	Co	S	CaO	MgO	SiO$_2$
闪速炉系统闪速炉渣	0.25	0.23	41.38	0.10	0.66	1.37	10.06	33.15
闪速炉系统贫化电炉渣	0.09	0.24	47.74	0.15	2.00	0.84	1.81	34.11
富氧顶吹系统沉降电炉渣	0.24	0.26	40.50	0.08	0.50	3.15	11.05	32.00
富氧顶吹系统贫化电炉渣	0.12	0.20	47.50	0.09	1.20	0.48	2.34	34.31

镍渣的物相组成以橄榄石和玻璃相为主，同时含有磁性氧化铁。Ni 大多以硫化物及少量合金态存在；Cu 主要以金属铜形式存在，其次以硫化铜和氧化铜形式存在，也有以硅酸铜形式存在的铜。镍渣通常呈蜂窝状块体，黑灰色，硬度较大，相对密度约 4.17。

甘肃金川是中国镍金属主要产区之一，最大镍生产企业金川集团的镍冶炼系统每年产生熔融渣约 160 万吨，其中含具有回收利用价值的 Ni 3428t、Cu 3883t、Co 1510t、Fe 675783t。熔融渣中，铁大多呈硅酸铁形式存在，通过二次还原熔炼工艺，可将其中的大部分硅酸铁转化为金属铁，同时镍、铜等有色金属也大部分进入铁水，可实现大部分有价金属的有效回收。二次熔渣可通过急冷水淬，形成水淬渣，磨细后与激发剂混合制成胶凝材料，用于建筑领域。熔融态的二次渣具有很高的显热，平均热容为 1.5kJ/kg，通过组分调配和工艺控制，可用以制备矿棉以及以普通辉石和钙长石为主晶相的微晶玻璃、铸石和耐火材料，从而实现二次熔渣及其显热的高效利用（高术杰，2014）。

镍渣可用作生产水泥砌块及蒸压制品等建筑材料的原料和混凝土集料，也可作为处理含 Pb^{2+}、Cu^{2+} 工业废水的吸附剂。

四、硅灰

硅灰（silica fume）又称微硅粉，是电弧炉生产工业硅或硅合金所形成的副产品，呈非常细小的非晶态颗粒，平均粒径<0.1μm。

在冶炼硅铁合金或工业硅生产过程中，熔炼炉中发生复杂的物理化学反应，其中之一是形成 SiO 蒸气，这些 SiO 蒸气脱离反应体系后，会氧化和凝结成为极小的球状非晶态二氧化硅，进入烟道气体中被收尘器收集后即为硅灰。在硅铁生产过程中，每生产 1.0t 硅铁，大约产生 0.225t 硅灰。2014 年，中国的硅铁产量分别为 542 万吨，产生硅灰约 122 万吨。2016 年，中国的工业硅（单质硅）产量约 236.6 万吨，约产生硅灰 23 万吨。

硅灰中 SiO$_2$ 含量一般>80%，CaO 和碱含量都很低，含少量 MgO；碳含量一般在 0.5%～1.5%，很少超过 2%（表 2-11-15）。

表 2-11-15　典型硅灰的化学成分　　w_B/%

成分	SiO$_2$	Fe$_2$O$_3$	Al$_2$O$_3$	CaO	MgO	Na$_2$O	C	S	Mn
Si	94～98	0.02～0.15	0.1～0.4	0.1～0.3	0.2～0.9	0.1～0.4	0.2～1.3	0.1～0.3	0.1
FeSi-90%	90～96	0.2～0.8	0.5～3.0	0.1～0.5	0.5～1.5	0.2～0.7	0.5～1.4	0.1～0.4	0.1～0.2
FeSi-75%	86～90	0.3～5.0	0.2～1.7	0.2～0.5	1.0～3.5	0.3～1.8	0.8～2.3	0.2～0.4	0.2
FeSi-50%	84.1	8.0	0.8	1.0	0.8	—	1.8	—	—

注：据马艳芳等（2009）。

工业硅和硅铁合金工艺产生的硅灰，其密度与无定形氧化硅接近（约 $2.2g/cm^3$），堆积密度为 $200\sim250kg/m^3$，经稠化或粒化处理后的堆积密度为 $500kg/m^3$。耐火度 $>1600℃$。

X 射线衍射分析结果显示，不同类型的硅灰均为无定形相，这是其具有很高火山灰活性的主要原因。电镜下观察，硅灰是由直径 $0.01\sim0.3\mu m$ 的球形颗粒组成，平均直径为 $0.1\sim0.2\mu m$。采用 Blaine 空气渗透法，测得的硅灰的比表面积约 $33\sim77m^2/g$，BET 比表面积为 $15\sim22m^2/g$。Si-铈硅铁、FeSi-75-铈硅铁、FeSi-50-铈硅铁三种合金生产中，产生硅灰的 BET 比表面积分别为 $18.5m^2/g$、$17.5m^2/g$ 和 $13.5m^2/g$。

硅灰具有高火山灰活性、球形颗粒和细的粒度。与其他火山灰活性掺和料相比，在水泥混凝土体系中，硅灰通过火山灰反应形成硅酸钙所产生的热量，较之由硅酸三钙水化反应形成硅酸钙所产生的热量要少得多，可以明显减少水化热；掺加硅灰的硅酸盐水泥浆体，所含气孔的孔径更细，渗透率更低，具有更强的抗化学侵蚀能力以及抑制碱-骨料反应的能力，因而可提高混凝土的结构稳定性、耐久性、耐冻融性和耐磨性。具有极细粒度的硅灰加入混凝土中，可以顺利进入水泥颗粒间的空隙，切断泌水的流动通道，减少离析和泌水趋势，对新拌混凝土的流变性具有稳定作用。加入硅灰后，固体粒间的接触点增多，混凝土拌和物的黏聚性会显著提高，更适合于喷射、泵送和水下浇筑。少量硅灰（掺量≤10%）掺入混凝土中，一般不会导致需水量增加，也无需减水剂来维持预期的坍落度（流动性）；但若掺量更大（10%～20%），为获得更高强度和耐久性，并维持合理的坍落度且不增加用水量，则需使用减水剂。减水剂可使水泥和硅灰颗粒充分分散，加速水化反应。掺加少量硅灰（10%），对混凝土的凝结时间和长期收缩率没有明显影响。

硅灰用作水泥混合料，对早期强度（1～3d）没有影响，在 3～28d 的潮湿养护期，强度会显著提高，在 28～90d 内强度增长相对较小；相对于硅酸盐水泥用量较大（$>300kg/m^3$）的混凝土，硅灰对水泥用量较低（$200\sim250kg/m^3$）的混凝土的增强效果更为显著。在硅酸盐水泥用量为 $237kg/m^3$ 的混凝土（水灰比 0.72）中，每立方米掺入 24kg 硅灰后（水灰比相同），2d、7d、28d 混凝土的强度分别提高 20%、40%、50%。以高火山灰活性硅灰替代混凝土中硅酸盐水泥，可使混凝土的抗压强度提高 2～3 倍。添加硅灰还可显著降低水泥浆体中的氢氧化钙，因而表现出良好的抗硫酸盐侵蚀能力。添加硅灰导致的混凝土孔隙细化，可降低腐蚀性离子的活动性，提高混凝土的电阻，具有减缓混凝土中钢筋腐蚀的作用。

硅灰可作为高早强自密实混凝土、高强耐久高性能混凝土、高性能再生骨料混凝土、碾压混凝土的掺和料，也可作混凝土界面无机黏结胶的辅助材料。

硅灰具有较小的粒径，呈球形颗粒，活性适宜，在不定形耐火材料中能在颗粒表面形成硅胶薄膜，既可减水，又具有良好的触变性，还能起到低温结合并提高浇注料强度和密度的作用，是理想的结合剂和性能改善掺和物。以高铝矾土熟料、电熔刚玉、烧结莫来石为主要原料的耐火材料中，加入适当硅灰，在同等黏稠度和流动性下，可减水约 30%，浇注料烘干后的抗压强度超过 10～20MPa。

除上述大宗应用外，硅灰还可用于如下领域：大型铁沟及钢包料、透气砖、涂抹修补料，自流型耐火浇注料及干湿法喷射材料，氧化物结合碳化硅制品，硅酸钙轻质隔热材料，电瓷窑用刚玉莫来石推板，高温耐磨材料及制品，赛龙结合剂，保温聚合物砂浆，水泥基聚合物防水材料，轻骨料保温节能混凝土及制品，内外墙建筑用腻子粉，有机化合物的补强材料，橡胶、树脂、涂料、油漆、不饱和聚酯等高分子材料中的填充补强剂，化肥行业中的防结块剂等。

第四节　石油化工渣

一、磷渣和磷石膏

2015 年全球磷矿石视消费量 1.95 亿吨，亚洲是最大消费区，其次为北美、非洲；71%
的磷矿石用于生产磷酸，而 90% 的磷酸用于加工磷肥。2015 年中国消费磷矿石 4261 万吨
（P_2O_5），其中约 80.5% 用于生产磷肥，10.4% 用于生产黄磷，8.6% 用于饲钙及其他消费。

1. 磷渣

磷渣是以磷矿石、焦炭和硅石为原料经高温工艺生产黄磷过程中产生的固体废渣。中国
是黄磷的生产、消费、出口大国。2010 年中国黄磷产量达到 85.4 万吨，2014 产量仍有
53.8 万吨。每生产 1.0t 黄磷，约消耗磷矿石 8.5~9.5t，产生 8~10t 磷渣。

黄磷生产有电炉法和高炉法，以前者为主，生产原料为磷矿石、焦炭和硅石。原料经筛
分和烘干混合后，投入石墨电极电炉，在 1300~1560℃ 焦炭的还原作用下，磷矿石中的
$Ca_3(PO_4)_2$ 被还原为单质磷进入烟气；SiO_2 则与 CaO 反应生成硅酸三钙进入炉渣：

$$2Ca_3(PO_4)_2 + 4SiO_2 + 10C = 2Ca_3Si_2O_7 + P_4\uparrow + 10CO\uparrow$$

杂质 Al_2O_3 形成铝酸钙一并进入炉渣：

$$2Ca_3(PO_4)_2 + 6Al_2O_3 + 10C = 6(CaAl_2O_4) + P_4\uparrow + 10CO\uparrow$$

杂质 Fe_2O_3 被碳还原为金属铁，进而与 P_4 反应生成磷铁：

$$Fe_2O_3 + 3C = 2Fe + 3CO\uparrow$$

$$nFe + (m/4)P_4 = Fe_nP_m$$

反应生成的磷蒸气经过喷淋洗尘，降温冷凝为固体单质磷即黄磷。

上列反应表明，杂质 Al_2O_3 和 Fe_2O_3 会增加焦炭用量，降低磷产品产率，还会增加废
渣量。因此，在磷矿选矿工艺中，应尽可能降低精矿中 Al_2O_3 和 Fe_2O_3 的含量。

高温下形成以硅酸钙为主要组分的熔融物，经淬冷成粒，即为粒化电炉磷渣。磷渣通常
为黄白色或灰白色；含磷较高时，呈灰黑色。其化学成分主要为 CaO 和 SiO_2，两者总含量
达 85% 以上，$CaO/SiO_2=1.16~1.46$（表 2-11-16）。急冷形成的粒状磷渣主要为玻璃体；
自然慢冷形成的块状磷渣，硬度较大，主要物相有环硅灰石、枪晶石和两种硅酸钙相
$Ca_8Si_5O_{18}$ 和 Ca_2SiO_4。黄磷渣的放射性核素含量低于粉煤灰。

表 2-11-16　代表性黄磷渣的化学成分　　　　　　　$w_B/\%$

产地	SiO_2	CaO	Al_2O_3	Fe_2O_3	MgO	P_2O_5	F	CaO/SiO_2
贵州青岩	37.51	50.11	3.18	0.72	1.70	3.28	1.85	1.34
贵州贵阳	38.79	50.32	4.78	0.10	1.00	1.36	2.40	1.30
贵州息烽	38.20	51.02	2.65	0.90	0.60	0.80	2.30	1.34
贵州金沙1	35.48	50.80	4.77	0.07	3.61	0.80	2.05	1.43
贵州金沙2	34.89	51.10	5.72	0.09	2.90	1.07	1.85	1.46
云南昆阳	41.08	47.60	4.13	0.56	1.65	2.11	2.50	1.16
陕西某地	39.50	50.00	6.20	0.30	0.60	1.00	2.60	1.27

注：据刘世荣等（1997）。

磷渣作为水泥混合材料和混凝土掺和料的技术已经成熟。《磷渣硅酸盐水泥》专业标准（JC/T 740—2006）规定：凡由硅酸盐水泥熟料、粒化电炉磷渣和适量石膏磨细制成的水硬性胶凝材料，称为磷渣硅酸盐水泥，磷渣掺加量按重量计为20％～40％。磷渣必须符合用于水泥中的粒化电炉磷渣标准GB/T 6645—2008的要求。中华人民共和国住房和城乡建设部也发布了磷渣混凝土应用技术规程JGJ/T 308—2013。

磷渣含有磷、氟和硫，能降低黏度，使之易于发泡；磷和氟又是结晶矿化剂，能强化磷渣的结晶过程。它适于制备膨胀矿渣轻集料，可用于生产免烧砖、陶瓷外墙砖、微晶玻璃等大宗建材。

2. 磷石膏

磷石膏是湿法磷酸工艺过程中产生的以石膏为主要物相的固体废渣。硫酸法工艺中，理论上生产1.0t磷酸（折纯P_2O_5），排放磷石膏4.64t（按纯度90％计）（马鸿文等，2017a）。2014年中国生产磷肥1710万吨（P_2O_5），排放磷石膏7934.4万吨，折合硫元素资源量1332.7万吨。2013年中国磷石膏利用率仅约20％（武希彦，2013）。代表性磷石膏的化学成分见表2-11-17。

表 2-11-17　代表性磷石膏的化学成分分析结果　　　　　$w_B/\%$

样品号	SiO_2	TiO_2	Al_2O_3	Fe_2O_3	MnO	MgO	CaO	Na_2O	K_2O	P_2O_5	SO_3	LOI	总量
TG11-02	5.92	0.10	1.43	0.48	0.012	1.04	31.11	0.16	0.64	0.78	41.97	16.47	100.10
WG13-01	5.62	0.01	1.10	0.15	0.08	0.45	31.08	0.26	0.14	0.77	41.13	19.01	99.80

注：样品产地，TG11-02，安徽铜陵化工集团；WG13-01，贵州瓮福集团。引自王艳梅等（2015）。

磷石膏含有P_2O_5、F及游离酸等有害物，长期堆放会造成地表和地下水的严重污染。硫酸是生产磷复肥的主要原料之一，生产1.0t磷酸需消耗2.8t硫酸。中国硫资源对外依存度高达50％，每年需要进口硫黄约1000万吨（武希彦，2013）。

对于中国磷化工而言，解决硫资源不足、磷石膏堆存和实现清洁生产的关键，是实现磷化工过程中硫资源的循环利用，核心在于磷石膏制硫酸技术的突破。

磷石膏与焦炭进行热还原反应，产生SO_2烟气，经净化吸收可制取硫酸，副产硅酸盐水泥（杨秀山等，2010）；与碳酸铵进行复分解反应可制取硫酸铵，副产碳酸钙（王艳梅等，2015；赵建国等，2013）。国内虽已实现了碳热法制硫酸技术的工业生产（任强等，2004），但因其能耗高、效益差，20世纪80年代以来建成的7～8套装置，目前仅有1～2套装置仍在运行（王怀利等，2016）。

近年来，著者团队系统研究了磷石膏转氨法与碳热法制硫酸的物料和能量消耗（王艳梅等，2015）。转氨法的工艺流程见图2-11-4，对比结果见表2-11-18。

工业上主要利用硫铁矿、硫黄和冶炼烟气生产硫酸。2014年中国硫消费量达3362万吨，硫铁矿视消费量706万吨；硫酸视消费量9387万吨，其中60.9％用于化肥生产。采用磷石膏制硫酸，则无需消耗硫铁矿资源；且转铵法制硫酸过程兼有固碳效果，若实现磷石膏完全资源化利用，则每年可望减排CO_2达1820万吨。

与碳热法相比，转铵法制硫酸的一次资源消耗减少45.1％，CO_2排放量减少67.3％，综合能耗降低56.2％。转铵法副产碳酸钙粉体，相当于每年可减少开采石灰石4300万吨，而固废排放量不超过磷石膏总量的10％。由此可见，转铵法制硫酸技术若获得规模化工程应用，则磷化工过程即可实现硫酸自给和清洁生产。

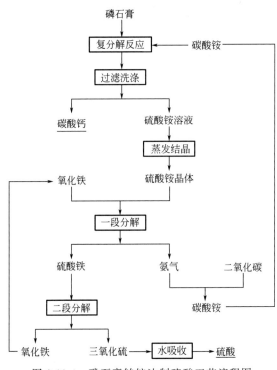

图 2-11-4　磷石膏转铵法制硫酸工艺流程图

（据马鸿文等，2017a）

表 2-11-18　转铵法和碳热法制硫酸过程物料、能量消耗对比

指标	项目	转铵法	碳热法
资源消耗	磷石膏/(t/tH$_2$SO$_4$)	1.91	1.97
	焦炭/(t/tH$_2$SO$_4$)		0.06
	标煤/(t/tH$_2$SO$_4$)	0.45	0.76
温室气体	反应排放 CO$_2$/(t/tH$_2$SO$_4$)	-0.45	0.23
	燃煤排放 CO$_2$/(t/tH$_2$SO$_4$)	1.17	1.97
副产物	碳酸钙渣/(t/tH$_2$SO$_4$)	1.18	
	氧化钙渣/(t/tH$_2$SO$_4$)		0.78
能量消耗	加热＋反应能耗/(GJ/tH$_2$SO$_4$)	5.28	8.90
	蒸汽热量/(GJ/tH$_2$SO$_4$)	4.91	
	回收热量/(GJ/tH$_2$SO$_4$)	-6.85	-1.28
	总计/(GJ/tH$_2$SO$_4$)	3.34	7.62
	（折合标煤）	284.9kgce	650.9kgce

磷石膏的物相组成以二水石膏（CaSO$_4$·2H$_2$O）为主，含量达约 90%，其他组分包括 Ca、Mg 的磷酸盐、碳酸盐和硅酸盐等。磷石膏的晶形与天然石膏相似，为板状、燕尾状、柱状等，晶体大小、形态随磷矿种类和磷酸生产工艺而变化。磷石膏含有水溶性 P$_2$O$_5$、F 等杂质，呈酸性（pH＝1.5～4.5）；颜色呈浅黄、灰白、黑灰等；含水率 20%～25%，黏性较大；容重为 0.733～0.880g/cm^3。此外，磷石膏中还含有微量的 Cd、As、Pb 等重金属离子，Ce、V、Ti 等稀有元素和放射性元素 Ra、U 等（表 2-11-19）。

表 2-11-19　国内外代表性磷石膏的放射性检测结果

磷石膏	检测指标					GB 6566—2010 中的部分指标
	^{266}Ra	^{232}Th	^{40}K	I_{Ra}	I_r	
上海某厂磷石膏	529	4.44	—	2.65	1.45	建筑主体材料：$I_{Ra}\leqslant1.0$ 和 $I_r\leqslant1.0$ 同时满足
上海某厂磷石膏	633	12.12	—	3.17	1.76	
德国磷石膏	592	14.8	111	2.96	1.68	
德国磷石膏	666	18.5	111	3.33	1.90	
英国磷石膏	777	18.5	74	3.89	2.19	A 类装饰材料：$I_{Ra}\leqslant1.0$ 和 $I_r\leqslant1.3$ 同时满足
美国磷石膏	1480	7.4		7.40	4.03	
辽宁某厂磷石膏	120	5.6	4.5	0.60	0.35	
天津某厂磷石膏	375.55	137.25	1052.28	1.88	1.79	
山东某厂磷石膏	166.7	—	81.7	0.83	0.47	B 类装饰材料：$I_{Ra}\leqslant1.3$ 和 $I_r\leqslant1.9$ 同时满足
山东某厂磷石膏	243	6	92	1.22	0.70	
山东某厂磷石膏	92.9	5.2	26.8	0.46	0.28	
安徽某厂磷石膏	109.1	3.4	9.8	0.55	0.31	C 类装饰材料：$I_r\leqslant2.8$
贵州某厂磷石膏	213.4	2.44	35.4	1.07	0.59	

注：据安艳玲（2011）。

由表 2-11-19 可知，磷石膏中镭-266 的放射性比活度均比较高（高于天然石膏比活度 1～2 个数量级），而钍-232 和钾-40 则相对较低。某些磷石膏中 I_r 高于我国《建筑材料放射性核素限量》（GB 6566—2010）的规定，不能直接作为建材主体材料或装饰材料。

磷石膏的其他应用如下。

改良盐碱性土壤　此类土壤的 pH 值＞9，透气性差，严重影响作物生长。施入磷石膏后，可与碳酸钠、碳酸氢钠反应生成易溶于水的硫酸钠，随灌溉水排出后，土壤的渗透性相应得以改善。磷石膏含有约 0.5%～1.0% 的可溶性 P_2O_5，亦可为作物生长提供养分。

磷酸钙肥添加剂　磷石膏含有一定量的 P_2O_5 和 Mg、Fe、Si 等作物生长所需营养元素，pH 在 1.5～4.5。在磷酸钙肥料生产过程中加入适量磷石膏，可降低磷矿石和硫酸消耗量，同时增加产品中 S、Ca、Si 等营养元素的含量。磷石膏也可用作 NPK 复合肥添加剂，添加量一般在 10%～20%（质量分数）。磷石膏与碳酸铵、氨水混合施用，能中和氨，具有一定的固氮作用。

磷石膏胶凝材料　磷石膏可用来生产气硬性建筑胶凝材料，但需除去其中的 P、F 和有机质等有害杂质。除杂工艺流程：磷石膏加水制浆→洗涤→分离杂质→脱氟→干燥煅烧→半水石膏→石膏制品。

硅酸盐水泥缓凝剂　用于水泥缓凝剂的磷石膏需经预处理。磷石膏加水形成悬浮态物料，经悬浮工艺将较大颗粒清除掉。若悬浮液呈酸性，则用石灰中和。若磷石膏需进一步洗涤，则采用浮选或水力旋流分离机，除去 70%～80% 的杂质，产物进行干燥。磷石膏制成无熟料水泥，可用于土壤固化或筑路工程。

二、硫铁矿渣

硫铁矿渣是硫铁矿在沸腾炉中经高温焙烧产生的固体渣。一般每生产 1.0t 硫酸约排放硫铁矿渣 0.5t，从炉气净化装置收集粉尘约 0.3～0.4t。中国作为硫酸生产大国，2015 年硫酸产量 9673 万吨，其中以硫铁矿制硫酸约 657 万吨，排放硫铁矿渣占化工废渣总量约 1/3。硫铁矿渣的化学成分主要是氧化铁和 SiO_2，还有 S、Mn、Cu、Ca、Al、Pb 等。我国某些产地硫铁矿渣的化学成分见表 2-11-20。

表 2-11-20　某些产地硫铁矿渣的化学成分　　　　　　　　$w_B/\%$

产地	Fe_2O_3	FeO	CaO	MgO	SiO_2	Al_2O_3	S	P	As	Cu	Pb	Zn
云南磷肥厂	38.36	12.43	1.76	0.28	35.88	3.85	1.83	0.02	0.003	0.008	0.069	0.05
郴州化工厂	57.10	3.87	0.45	0.21	13.89	1.64	0.80	0.03	0.003	0.023	0.013	0.05
苏州硫酸厂	53.0	6.69	0.60	0.59	5.63	1.42	0.77	—	—	0.460	0.076	0.20
武汉硫酸厂	46.49	10.12	0.36	0.19	24.98	17.1	0.35	—	0.046	0.002	—	—
泸州磷肥厂	54.26	4.55	3.35	1.54	16.27	2.79	1.07	0.06	0.210	0.390	—	0.17
诸暨化工厂	56.87	6.51	3.48	0.80	5.75	1.31	1.06	0.09	0.960	—	0.150	0.40

注：据赵由才等（2006）。

硫铁矿渣的颜色随物相组成变化而异。以 Fe_2O_3（赤铁矿）为主者呈红色，Fe_3O_4（磁铁矿）为主者呈黑色，二者含量相近时呈棕色。

硫铁矿渣的 70% 用于水泥的铁质校正原料，其余经选矿处理后用作炼铁原料，或制备还原铁粉、三氯化铁、氧化铁红等化工产品，有时亦可同时回收其他有价金属。

三、油页岩渣

油页岩渣是油页岩干馏或燃烧后残留的固体废渣。油页岩属于高灰分固体可燃有机岩，灰分含量 >40%，一般含油率 3.5%～30%。油页岩采用干馏工艺生产石油产品，每吨原料产生固体废渣超过 0.6t。2016 年，中国现有 10 座页岩油厂共生产石油 80 万吨，另有油页岩发电厂装机容量达 30MW。

油页岩渣的化学成分与页岩类似，以 SiO_2、Al_2O_3、Fe_2O_3、MgO、CaO、SO_3 为主（表 2-11-21），同时含有 Cd、Cr、Pb 等重金属元素，有时还含有环芳烃等致癌致畸化合物。油页岩渣的物相组成以石英和无定形相为主，具有较高的火山灰活性。

表 2-11-21　典型油页岩渣的化学成分　　　　　　　　$w_B/\%$

产地	SiO_2	Al_2O_3	MgO	K_2O	CaO	Fe_2O_3	TiO_2	Na_2O	SO_3
广东茂名	61.84	22.82	0.86	1.89	0.54	9.64	0.71	0.20	0.09
吉林桦甸	62.45	12.34	3.96	2.00	4.85	6.54	—	0.88	0.02
辽宁抚顺	62.12	23.15	1.14	—	1.18	9.17	—	—	—

注：据陈洁渝等（2006）。

经干馏或燃烧后产生的油页岩渣，除去了原岩中的挥发分、炭质或有机酸等，硅酸盐矿物发生了相变或熔化后冷凝为玻璃相，形成疏松多孔的结构，具有很好的火山灰性，可用作凝胶类材料。

油页岩渣可用于生产水泥混合料、轻质骨料、烧结砖、免蒸免烧砖；生产白炭黑及铝盐、煅烧高岭土；用作土壤调理剂，污水和废气净化材料，铸造用防黏砂添加剂等。

利用油页岩细粉（含有机质约 20%）和硅质白云岩为原料，添加适量碳酸钾，混合物料在 900℃下煅烧 3h，反应产物的主要物相为 α-$K_2MgSi_3O_8$（属亚稳态六方钾霞石族）。在 0.5mol/L 的盐酸溶液、0.1mol/L 的柠檬酸溶液和纯水中，其 K_2O 溶出率分别为 30.3%、23.2% 和 6.9%，是一种性能良好的缓释钾肥产品（Mangrich et al，2001）。

四、电石渣

电石渣是用电石（CaC_2）制取乙炔（C_2H_2）过程中产生的废渣。以石灰石为原料制备电石，进而水解制乙炔同时生成电石渣的反应如下：

$$CaCO_3 \longrightarrow CaO + CO_2$$
$$CaO + 3C \longrightarrow CO + CaC_2（电石）$$
$$CaC_2 + 2H_2O \longrightarrow C_2H_2 + Ca(OH)_2（电石渣）$$

乙炔是生产聚氯乙烯（PVC）的主要原料。2015 年，我国 PVC 产能已达 2348 万吨/年，其中 80% 以上是由乙炔生产的。每生产 1.0t PVC，副产电石渣达 1.5～1.9t。

电石渣的化学成分和性质与消石灰类似（表 2-11-22），$Ca(OH)_2$ 含量通常在 60%～80%（干基），可代替石灰用于配制石灰砂浆，生产灰砂砖、炉渣砖等。我国多采用湿法工艺制取乙炔，电石渣的含水率高，需经沉淀浓缩才能利用。电石渣有特殊气味，不宜直接用于民用建筑。电石渣可代替石灰用于铺路，但要考虑运输成本等经济因素。

表 2-11-22　电石渣的化学成分　　　　　　　　　　　　　　　　$w_B/\%$

SiO2	Al2O3	K2O	CaO	Fe2O3	TiO2	Na2O	SO3	烧失量
5.42	3.00	0.07	60.98	0.19	0.08	0.05	0.28	29.33

由电石渣制备碳酸钙粉体是其高值利用的有效途径，制备方法和主要化学反应见表 2-11-23。在电石渣制备碳酸钙过程中，可同时实现纳米碳酸钙的表面改性，通过控制碳化温度、加入添加剂等实现晶型控制，制得不同晶型和形态的碳酸钙产品（郭琳琳等，2017）。

表 2-11-23　电石渣制备碳酸钙粉体的方法及化学反应

产品类型	制备方法	核心化学反应
轻质 CaCO3	碳化	$CaCl_2 + 2NH_3 + H_2O + CO_2 = CaCO_3 + 2NH_4Cl$
	液相沉淀	$Ca(OH)_2 + Na_2CO_3 = CaCO_3 + 2NaOH$
纳米 CaCO3	碳化	$Ca(OH)_2 + CO_2 = CaCO_3 + H_2O$
	液相沉淀	$CaCl_2 + Na_2CO_3 = CaCO_3 + 2NaCl$
		$CaCl_2 + (NH_4)_2CO_3 = CaCO_3 + 2NH_4Cl$
		$CaCl_2 + NH_4HCO_3 + NH_3 = CaCO_3 + 2NH_4Cl$
CaCO3 晶须	液相沉淀	$CaCl_2 + Na_2CO_3 = CaCO_3 + 2NaCl$
多晶型 CaCO3	碳化	$CaCl_2 + 2NH_3 + H_2O + CO_2 = CaCO_3 + 2NH_4Cl$
		$Ca(NH_2CH_2COO)_2 + CO_2 + H_2O = CaCO_3 + 2NH_2CH_2COOH$

注：据蒋明等（2016）。

以煅烧电石渣代替生石灰，加入硅砂和水，经水热晶化反应制成硬硅钙石浆料，再加入玻璃纤维和分散剂，可制备超轻型硬硅钙石保温绝缘材料（Liu et al，2010）。

五、硼泥

硼泥是以硼镁石为原料采用碳碱法生产硼砂产生的固体废物，每生产 1t 硼砂排放硼泥约 4t。硼泥的主要矿物组成为镁橄榄石、菱镁矿和非晶质颗粒。其主要化学成分为 MgO、SiO_2、Al_2O_3、Fe_2O_3 和少量 B_2O_3、CaO 等（刘见芬，2001）。硼泥中的 MgO、CaO 和游离 Na_2O 等碱性氧化物对农田和地下水有严重危害。目前，我国的硼泥堆积量已超过 2000 万吨，且仍以每年 160 万～200 万吨的速度增长（孙青等，2013）。

辽宁大石桥某硼砂厂排放的硼泥，主要化学成分（w_B%）：SiO_2 25.99，TiO_2 0.09，Al_2O_3 2.04，Fe_2O_3 5.55，FeO 0.98，MnO 0.01，MgO 43.36，CaO 1.66，Na_2O 1.18，K_2O 0.67，P_2O_5 1.02，烧失量 17.07。其粒度范围为 0.24～630.96μm，$d(0.5) = 82.91\mu m$。采用相混合法计算，主要物相组成为：橄榄石 54.0%，菱镁矿 29.5%，金云母 5.6%，赤铁矿 3.1%，高岭石 3.6%，磷灰石 2.5%，碳酸钠 1.6%，（马玺等，2014）。

采用烧结法工艺，以硼泥、碳酸钾和石英砂为原料制备缓释钾肥。按照 $K_2MgSi_3O_8$ 和 K_2MgSiO_4 的理论配比进行实验。前者在 1050℃ 下反应 2h，产物为 $K_2MgSi_3O_8$ 和少量 K_2MgSiO_4；后者在 750℃ 下反应 2h，产物为纯相 K_2MgSiO_4。对烧结产物进行养分缓释性测定，证实 $K_2MgSi_3O_8$ 相具有较好的缓释性，符合缓释肥料国标 GB/T 23348—2009 的要求；而 K_2MgSiO_4 几乎不具有缓释性。

采用软化学法工艺，以硝酸溶解硼泥，将所得混合物与钾水玻璃混合，制成凝胶，干燥后进行热处理，制得 $K_2MgSi_3O_8$ 相缓释钾肥。采用理论消耗量 60% 的硝酸溶解硼泥，酸溶反应时间 6h，硼泥中 MgO 的溶出率为 84.6%。将固液混合物加入钾水玻璃中，强烈搅拌制得凝胶在 150℃ 下干燥得干凝胶，失重 53.8%。干凝胶在 700℃ 热处理 2h，产物主要物相即为 $K_2MgSi_3O_8$，800℃ 下获得纯相 $K_2MgSi_3O_8$。对产物进行 28d 养分缓释性测定，其 K_2O 释放率为 75.7%，符合缓释肥料国标 GB/T 23348—2009 的要求（叶显，2016）。

利用硼泥制备 K_2O-MgO-SiO_2 型矿物缓释钾肥，工艺流程简单，一次资源消耗少，为硼泥的资源化利用提供了新的技术途径。

第五节　热能工程渣

一、粉煤灰

粉煤灰是煤燃烧后排放的固体废物。燃煤电厂将煤磨细至 100μm 以下的细粉，用预热空气喷入炉膛悬浮燃烧，产生高温烟气，经收尘器或废气管道从烟气中收集的细灰称粉煤灰，也称飞灰（fly ash）；黏结成块，由炉底排出的废渣称为炉渣，也称底灰（floor ash）。

粉煤灰约占灰渣总量的 80%。每一万千瓦发电机组的年排灰渣量约 0.9 万～1.0 万吨。2016 年，中国的一次能源消费量占世界总量的 23%，其能源消费结构为：煤炭 62%，石油 18.3%，天然气 6.4%，核电和新能源 13.3%。2016 年中国煤炭产量 34.5 亿吨，其中火力发电消耗原煤 16.6 亿吨。环境统计年报显示，2015 年我国共排放粉煤灰 4.38 亿吨，当年利用率约 86.4%。

1. 化学成分

粉煤灰的化学成分类似于黏土，主要化学成分（w_B%）：SiO_2 40～60，Al_2O_3 19～35，Fe_2O_3 4～20，CaO 1～10，烧失量<15。由于不同地区煤的成分不同，因而粉煤灰的成分变化较大。近年来研究发现，我国北方某些产地原煤中，灰分矿物以高岭石为主，相应地燃煤发电排放的粉煤灰的氧化铝含量很高，可作为替代铝土矿生产氧化铝的重要潜在资源。代

表性高铝粉煤灰的化学成分见表 2-11-24。

表 2-11-24 代表性高铝粉煤灰的化学成分分析结果 $w_B/\%$

序号	样品号	SiO$_2$	TiO$_2$	Al$_2$O$_3$	Fe$_2$O$_3$	FeO	MnO	MgO	CaO	Na$_2$O	K$_2$O	P$_2$O$_5$	烧失量	总量
1	BF-01	45.90	1.59	42.11	2.20	1.03	0.01	2.09	2.44	0.12	0.52	0.46	0.24	98.97
2	BF-02	48.13	1.66	39.03	2.94	0.77	0.02	1.05	3.30	0.21	0.69	0.63	0.83	99.26
3	BF-04	51.30	1.14	38.23	2.78	1.35	0.02	0.77	2.55	0.18	0.52	0.10	0.19	99.13
4	TF-04	37.81	1.64	48.50	1.79	0.48	0.01	0.31	3.62	0.15	0.36	0.15	4.95	99.77
5	H2F-05	45.80	2.07	38.40	6.63	—	0.07	0.62	2.83	0.26	1.95	0.26	0.54	99.43
6	H2F-07	57.44	1.16	30.37	1.10	1.91	0.01	2.69	3.12	0.31	1.68	0.02	0.67	100.48
7	H2F-08	54.54	1.13	32.58	3.06	1.23	0.02	1.21	2.63	0.28	1.41	0.24	1.04	99.37
8	H2F-08	52.80	1.16	32.69	5.14	—	0.03	0.44	4.14	0.29	1.41	0.01	1.12	99.23
9	WF-08	48.69	1.43	38.23	3.45	1.23	0.02	0.46	1.69	0.12	0.73	0.13	3.24	99.41
10	HF-08	47.08	1.44	40.53	3.49	0.81	0.02	1.94	1.94	0.32	0.71	0.35	2.50	99.87
11	MF-08	42.60	1.71	40.91	3.47	0.49	0.02	0.74	4.96	0.32	0.74	0.23	3.05	99.24
12	EF-08	46.95	0.94	39.52	2.46	1.98	0.02	0.36	3.45	0.40	0.45	0.29	3.18	99.61
13	ED-08	43.26	0.96	37.07	2.63	2.28	0.04	0.43	3.61	0.42	0.39	0.43	8.11	99.21
14	SF-07	46.02	1.12	35.04	2.34	1.07	0.011	0.76	2.86	0.50	0.80	0.23	8.63	99.38
15	SD-07	56.37	0.78	35.54	0.69	2.05	0.011	0.59	0.16	0.44	0.91	0.11	1.00	99.69
16	XF-05	58.86	0.72	27.57	3.31	0.16	0.08	0.39	0.78	0.37	0.82	0.29	5.83	99.18
17	JF-08	55.53	1.08	27.15	2.44	2.40	0.05	3.07	3.09	0.18	1.55	0.11	4.17	100.01
18	BFw-09	57.46	1.03	26.50	3.00	0.99	0.05	1.64	2.42	0.55	0.54	0.12	0.15	99.28
19	SB-10	44.09	1.00	32.74	5.95	—	0.10	0.63	12.82	—	2.15	0.44	0.86	100.78
20	TF-071	52.49	1.34	27.71	4.60	3.42	0.06	1.13	5.70	0.00	0.23	0.17	2.90	99.75
21	TF-072	51.93	1.05	28.03	3.72	3.77	0.02	0.89	5.86	0.35	0.93	0.17	3.03	99.78
22	SF-01	47.27	1.31	37.69	4.72	—	0.05	1.09	2.78	0.00	0.75	0.25	4.04	99.95
23	GF-12	40.01	1.57	50.71	1.41	0.35	0.02	0.47	2.85	0.12	0.50	0.17	1.63	99.81

注：样品产地，1～3.北京石景山电厂；4.内蒙古托克托电厂；5～8.陕西韩城电厂；9.内蒙古乌海电厂；10.内蒙古海勃湾电厂；11.内蒙古蒙西电厂；12、13 分别为鄂尔多斯电厂飞灰、底灰；14、15 分别为唐山三友化工电厂飞灰、底灰；16.江苏徐州电厂；17、18.吉林白山市浑江电厂；19.河北三河电厂；20、21.陕西铜川电厂；22.宁夏石嘴山电厂飞灰；23.内蒙古国华准格尔电厂飞灰。引自马鸿文等（未刊资料）。

2. 物相组成

粉煤灰的物相组成十分复杂。无定形相主要为玻璃体，含量约 50%，最高达 80%。它蕴含有较高的化学内能，具有良好的化学活性。粉煤灰中的玻璃体为空心球状，主要成分为 SiO$_2$ 和 Al$_2$O$_3$，SiO$_2$/Al$_2$O$_3$ = 2～12；结晶相主要有莫来石、方石英、长石和少量赤铁矿、磁铁矿、方镁石等，莫来石呈微晶质。

3. 资源化利用

粉煤灰是燃煤中的黏土矿物在高温下煅烧后的产物，化学成分主要为硅、铝、铁、钙的硅酸盐和氧化物，含少量硫酸盐、磷酸盐等。粉煤灰的密度 1.8～2.4g/cm^3，松散容重 0.6～1.0g/cm^3，压实容重 1.3～1.6g/cm^3；颗粒粒径 0.5～300μm，其玻璃微珠粒径 10.5～100μm，平均为 10～30μm。

（1）生产建筑材料

生产硅酸盐水泥 粉煤灰作为生产矿渣硅酸盐水泥和普通硅酸盐水泥的混合料，其掺量为 10%～15%；用于粉煤灰水泥的混合料时，掺量可达 30%～40%。以煤渣和粉煤灰为原料配成类似硅酸盐水泥的生料，再加入少量萤石和石膏，在 $1250\sim1350℃$ 下煅烧，可制得高强快硬水泥熟料。

生产矿物聚合材料　利用粉煤灰可制备矿物聚合材料，制品的力学性能和耐酸碱性能良好。实验制品的主要性能：抗压强度 $40\sim56MPa$，平均抗压强度 $52.8MPa$；耐酸性 $99.92\%\sim99.997\%$；耐碱性 $\geq99.994\%$；体积密度约 $1.88g/cm^3$；热导率 $0.38\sim0.52W/(m\cdot℃)$；吸水率 $<5.0\%$；摩斯硬度 $4.5\sim6.0$。利用粉石英作为增强剂，则可制备高强度且耐酸性能优良的矿物聚合材料（王刚等，2003）。

蒸压粉煤灰砖和加气混凝土　以粉煤灰为主要原料，掺入适量石灰、石屑、石膏，通过坯料制备、加压成型、高压蒸汽养护而成，可代替普通黏土砖。也可以粉煤灰作为主要原料，生产加气混凝土制品。

粉煤灰混凝土　掺有粉煤灰的混凝土，不但可减少水泥、砂子的用量，而且能改善普通混凝土的凝结时间、抗渗性等施工性能，减少水化热，具有较好的经济价值。特别是用于大体积混凝土、泵送混凝土、商品混凝土等，效果更明显。

（2）合成分子筛　前人采用氢氧化钠碱液处理粉煤灰，使之转变为分子筛，反应产物几乎均为几种分子筛及原粉煤灰中某些结晶相的混合物。章西焕等（2003）采用首先制备反应前驱物而后水热晶化的工艺，制备了单一物相的 13X 型分子筛粉体。实验用粉煤灰原料（BF-01）的主要物相为玻璃相和莫来石晶相。

前驱物制备：将粉煤灰与碳酸钠按摩尔比 1∶1.05 混合，粉磨至-200 目，置于箱式电炉中于 $830℃$ 下焙烧 1.5h，以使粉煤灰中的莫来石和玻璃相转变为铝硅酸盐前驱物。烧结产物的主要物相 $(Na_2O)_{0.33}NaAlSiO_4$。

水热晶化反应：按摩尔比 $M_2O/SiO_2=1.32\sim1.5$，$H_2O/M_2O=35\sim55$ 的反应物料配比，将烧结物料、水及氢氧化钠混合，不足的 SiO_2 以硅酸钠水玻璃补足，搅拌均匀，在室温下陈化 24h，得到反应混合物。

按 $10Na_2O\cdot Al_2O_3\cdot8SiO_2\cdot300H_2O$ 的化学计量比，将水、氢氧化钠、氢氧化铝及硅酸钠在沸腾状态下混合，生成凝胶，再搅拌均匀，在室温下陈化 24h，制成非晶态晶种。

在反应混合物中加入 $8\%\sim10\%$ 的晶种，搅拌均匀，在 $96\sim100℃$ 下晶化 $8\sim10h$，然后过滤，洗涤至 pH 值约为 10，再在 $105℃$ 下干燥 12h，即制得 13X 型分子筛粉体。

物相组成与性能：合成产物为单一的 13X 型分子筛物相。其晶格常数 $a_0=2.4977\sim2.4990nm$，静态吸水率为 $27.0\%\sim28.1\%$，符合化工行业标准 HG/T 2690—2012 的质量要求。

以此工艺合成的 13X 型分子筛，在净化处理含 Cu^{2+}、Pb^{2+}、Zn^{2+}、Cd^{2+}、Hg^{2+}、NH_4^+ 等工业废水方面具有良好的应用前景（陶红，1999；白峰，2003）。

（3）制取氧化铝　在以高铝粉煤灰提取氧化铝的酸碱联合法（张晓云等，2005；丁宏娅等，2006）、两步碱溶法（苏双青，2008）等技术研究基础上，著者团队以石嘴山电厂高铝粉煤灰为原料，研发了预脱硅-低钙烧结法提取氧化铝技术（蒋周青等，2013），工艺流程见图 2-11-5。

工艺过程：高铝粉煤灰进行预脱硅处理，以 NaOH 碱液溶解玻璃体中的无定形 SiO_2，达到提高原料铝硅比目的。所得 Na_2SiO_3 滤液以石灰乳苛化，生成水合硅酸钙沉淀，采用水热处理和煅烧制备针状硅灰石。制备硅灰石过程发生如下化学反应：

$$Na_2SiO_3+Ca(OH)_2+nH_2O\longrightarrow CaO\cdot SiO_2\cdot nH_2O\downarrow+2NaOH$$

$$6(CaO\cdot SiO_2\cdot nH_2O)\longrightarrow Ca_6Si_6O_{17}(OH)_2(硬硅钙石)+(6n-1)H_2O$$

$$Ca_6Si_6O_{17}(OH)_2\longrightarrow 2Ca_3[Si_3O_9](硅灰石)+H_2O\uparrow$$

脱硅滤饼采用低钙烧结法进行配料，烧结过程的主要化学反应为：

$$Al_2O_3 + Na_2CO_3 \longrightarrow 2NaAlO_2 + CO_2 \uparrow$$

$$SiO_2 + CaCO_3 + Na_2CO_3 \longrightarrow Na_2CaSiO_4 + 2CO_2 \uparrow$$

$$Al_6Si_2O_{13} + 2CaO + 5Na_2CO_3 \longrightarrow 2Na_2CaSiO_4 + 6NaAlO_2 + 5CO_2 \uparrow$$

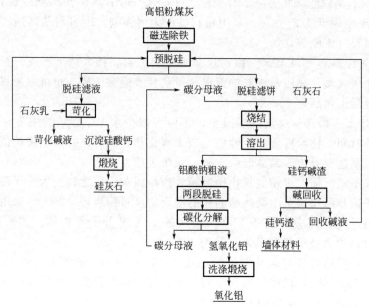

图 2-11-5　高铝粉煤灰预脱硅-低钙烧结法提取氧化铝工艺流程图

（据杨静等，2014；蒋周青，2016）

烧结熟料经清水溶出，Al_2O_3 溶出率超过 90%。所得铝酸钠粗液经两段脱硅、碳分制得氢氧化铝制品，符合国标 GB/T 4294—2010 规定的一级标准，经煅烧可制冶金级氧化铝。

中间产物硅钙碱渣回收碱过程的化学反应为：

$$Na_2CaSiO_4 + 2H_2O \longrightarrow 2NaOH + CaO \cdot SiO_2 \cdot H_2O \downarrow$$

剩余产物主要为水合硅酸钙，经除杂、干燥、煅烧可用以制备硅灰石粉体；或添加粉煤灰、生石灰等原料后经混磨、加水搅拌、成型、静养和蒸养处理，生产轻质墙体材料。制品性能指标：抗压强度≥15.0MPa；体积密度<1200kg/m³；热导率 0.12～0.14W/(m·℃)；15 次冻融循环后抗压强度>15.0MPa（高飞等，2007）。

该技术创新点在于，低钙烧结可显著减少石灰石消耗量和硅钙渣排放量，处理 1.0t 粉煤灰仅产生硅钙渣 0.72t，且可用于生产轻质墙体材料、保温材料等新型建材，实现高铝粉煤灰的完全资源化利用。

（4）生产多孔陶瓷滤料　以粉煤灰漂珠为主料，配以黏结剂和造孔剂，可制备高孔隙率陶瓷滤料。常用黏结剂包括羧甲基纤维素与硅胶，长石、方解石和石膏等，以及黏土矿物等三类。造孔剂可采用小米或聚苯乙烯颗粒、碳粉等（夏光华等，2004）。

多孔陶瓷滤料的配方：漂珠 60%～75%，黏土 10%～15%，黏结剂 20%～30%，添加剂 2%～3%，造孔剂 20%～25%（体积分数）。配料混合球磨后制成具有一定塑性的泥料，混练成型。陶瓷滤料呈球形颗粒，粒径 5～10mm 左右。制备工艺流程如下：

粉煤灰漂珠 → 除铁分选 → 配料 ┐
　　　　　　　　　　　　　　　├→ 混练 → 成型 → 干燥 → 烧成 → 多孔陶瓷滤料
发泡剂 → 加热发泡 ───────┘

采用半干压成型后的样品，在70℃恒温干燥12h，然后在110℃继续恒温直至烘干。烧成温度1250℃，烧成时间15~16h。在150~300℃和850~1000℃温区控制缓慢升温，在1250℃下保温1h。

通过造孔剂含量及粒度变化，可有效控制陶粒的气孔率、孔径尺寸及其分布，从而提高陶粒的吸附性能和过滤效率。当造孔剂为20%时，显气孔率为66.43%，体积密度0.671g/cm³，抗压强度3.1MPa。孔径分布为约100nm、1~50nm和0.2~1nm。其中约100nm的大孔系碳粉燃尽或含挥发分矿物分解所致；约1~50nm的小孔由漂珠颗粒本身的孔隙及颗粒堆积形成；孔径0.2~1nm的微孔则由造孔剂小米或聚苯乙烯颗粒挥发所致。这种具有发达的孔径分布的高孔隙率多孔陶瓷滤料，具有很高的表面积和显著的过滤净化功能，是一种高活性的水处理用过滤净化材料（夏光华等，2004）。

（5）选取漂珠　漂珠是一种具有较高经济价值的空心玻璃球。通过漂浮、水力或风力法选出后，可用于制作保温、耐火、耐磨制品，塑料、橡胶填料，建筑材料、涂料等。目前，我国聚氯乙烯制品中，每年至少有25万吨制品可以添加粉煤灰空心微珠，可节约树脂12.5万吨。

（6）制备莫来石陶瓷　高铝粉煤灰含有大量莫来石微晶。以高铝粉煤灰和铝矾土为原料，按照$Al_2O_3/SiO_2=0.9$（摩尔比）配料，在粉煤灰用量70%、烧结温度1550℃、保温时间2~5h条件下，莫来石陶瓷制品的性能：吸水率0.62%~0.91%，显气孔率1.72%~2.45%，体积密度2.76~2.82g/cm³，抗折强度80~98MPa。这些指标达到了《耐酸砖》GB/T 8488—2008、《烧结莫来石》YB/T 5267—2013等标准规定产品的性能要求（李金洪，2007）。产品可应用于中低温、耐腐蚀、高强度等工程陶瓷领域，如各种烟囱内衬、耐酸砖、锅炉用耐磨耐火砖及其他建筑材料等（Li et al，2009）。

（7）制备赛隆材料　赛隆（Sialon）被认为是最具有应用潜力的高性能结构陶瓷材料之一。合成β-赛隆（$Si_{6-z}Al_zO_zN_{8-z}$；$0<z\leqslant4.2$）多采用Si_3N_4、AlN、Al_2O_3或Si粉、Al粉等原料，生产成本昂贵，使其难以用作常规的耐火材料或结构材料。与其他原料相比，高铝粉煤灰的SiO_2和Al_2O_3含量较高，且无需经历天然原料碳热还原时的脱水及莫来石化过程。粉煤灰中未燃尽碳和少量Fe_2O_3还可为氮化还原反应起到催化作用。以高铝粉煤灰为原料，采用碳热还原氮化工艺，在1400~1450℃、保温时间6h，氮气流量2L/min条件下，可实现低成本、高产率（约93%）合成β-赛隆粉体。由β-赛隆粉体经无压烧结制成的陶瓷材料具有良好性能，其体积密度约3.07g/cm³，抗折强度可达43MPa（Li et al，2007）。

（8）制备堇青石、莫来石微晶玻璃　堇青石微晶玻璃具有较高的机械强度（250~300MPa），低介电常数、介电损耗和低热膨胀系数等，在微电子基板封装等方面具有潜在应用前景。以高铝粉煤灰（BF-02）为主要原料，采用浇铸法制备堇青石微晶玻璃（刘浩等，2006a）。参考$MgO-Al_2O_3-SiO_2$三元体系相图，综合考虑玻璃熔制温度、析晶能力和粉煤灰利用率等因素，确定配料比例为粉煤灰：MgO：SiO_2为0.67：0.13：0.20（质量比），后二者分别以碱式碳酸镁和石英砂引入。

将按比例称量的粉煤灰、碱式碳酸镁和石英砂，充分混磨均匀后装入刚玉坩埚内，在1500℃下保温2h，降温至550℃，退火2h后冷却至室温。所得基础玻璃表面平滑，结构均匀，大量黑色、褐色羽状雏晶均匀分布其中，导致基础玻璃呈深褐色。采用差热分析法确定了热处理制度为：核化温度807℃，时间2h；晶化温度960℃，时间3h。

基础玻璃经核化处理后，外观、颜色均未发生明显变化；继续晶化处理，玻璃表面变得粗糙，不透明，失去玻璃光泽，系由堇青石微晶由基础玻璃中分相、成核和析出所致。颜色则由深褐色转变成米黄色，推测与致色 Fe 杂质以类质同象替代 Mg 进入堇青石晶格有关。晶化处理 3h 后，基础玻璃晶化完全。扫描电镜下观察，微晶玻璃中的堇青石微晶体呈不规则柱状、棒状形态均匀分布，无序取向，残余玻璃相填充在晶体相互交错咬合构成的空隙中。微晶体长度约 $5\sim15\mu m$，长径比约 $5\sim10$（图 2-11-6）。

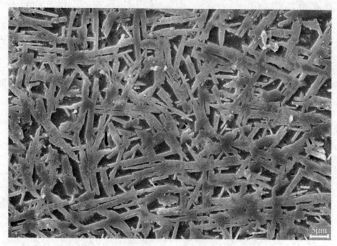

图 2-11-6　堇青石微晶玻璃的扫描电镜照片
（据刘浩等，2006a）

以高铝粉煤灰为主要原料，采用烧结法亦可制备莫来石微晶玻璃（刘浩等，2006b）。高铝粉煤灰和煅烧铝矾土以 0.82：0.18（质量比）的比例混合后，加入等量的蒸馏水，以刚玉球作球磨介质，湿法球磨 1h；所得料浆在 105℃下干燥 4h 后，加适量黏结剂于不锈钢模具中压制成型（15MPa）；试样在 1350～1550℃热处理温度下，所得制品的体积密度和抗折强度均随热处理温度的升高而增大，热处理温度为 1500℃时两者达到最大值，分别为 $2.62g/cm^3$ 和 79.5MPa。在 1500℃下热处理 2h，制得的莫来石微晶玻璃具有最佳的综合性能，用作工程和结构材料具有潜在应用前景。

二、脱硫石膏

脱硫石膏是燃煤电厂采用湿法烟气脱硫技术而排放的废渣。国内 80％以上的电厂采用湿法烟气脱硫技术，故脱硫渣的排放量最大。据统计，2007 年我国排放脱硫石膏达约 1500 万吨（郭大江等，2010）。

脱硫石膏的主要成分是 $CaSO_4 \cdot 2H_2O$，含量一般在 90％～98％，以及少量 SiO_2、Al_2O_3、Fe_2O_3、MgO 等。其外观呈微黄色粉末状，含游离水 10％～15％，碳酸钙 5％～10％，以及不等量的烟灰、有机碳、亚硫酸钙以及由钠、钾、镁的硫酸盐或氯化物组成的可溶性盐等。多呈灰黄色或灰白色。颗粒较细，粒径在 $1\sim250\mu m$，主要集中在 $30\sim60\mu m$ 之间；颗粒呈短柱状，石膏颗粒晶形大多较完整，水化后晶体呈柱状，结构紧密；其水化硬化体的表观密度较天然二水石膏硬化体高 10％～20％。

脱硫石膏中放射性元素的含量明显低于天然二水石膏，作为建筑材料完全满足环保安全要求。在欧洲，脱硫渣被广泛地用于生产墙体材料、水泥、微孔混凝土、纤维板和硬石膏等。我国某些电厂也将脱硫渣用于公路建设。脱硫石膏用于生产石膏板，应符合表 2-11-25 的技术要求。

表 2-11-25 生产石膏板对脱硫石膏的质量要求

质量指标	要求	质量指标	要求
$CaSO_4 \cdot 2H_2O/\%$	$\geqslant 95$	$Cl/\times 10^{-6}$	300
SO_3 含量(干基)/%	$\leqslant 44$	pH 值	$5.5\sim 7.5$
灰分/%	$\leqslant 0.8$	平均粒径/μm	50
$MgO/\times 10^6$	$\leqslant 800$	含水率/%	$\leqslant 12$
$Na_2O/\times 10^{-6}$	$\leqslant 400$	湿态拉伸强度/MPa	$\geqslant 0.8$

注：据安艳玲（2011）。

按铝矾土：石灰石：脱硫石膏质量比 35：42：22 的比例配料，在 1400℃下煅烧，所得熟料的结构致密，主要物相为 C_4A_3S、$\beta\text{-}C_2S$，少量 C_4AF，为合格的硫铝酸盐水泥熟料。C_4A_3S 主要提供早期强度，$\beta\text{-}C_2S$ 主要提供后期强度，C_4AF 提供中期强度。熟料净浆的 1d、3d、7d 抗压强度分别达到 65.5MPa、79.2MPa 和 80.5MPa，抗折强度分别达到 8.5MPa、11.8MPa 和 12.3MPa。因此，以脱硫石膏为原料按此工艺烧制的熟料可满足等级为 62.5 的水泥制品要求（陈文娟等，2009）。

脱硫石膏用作水泥原料，应符合表 2-11-26 的要求。

表 2-11-26 水泥用脱硫石膏的技术指标

项目	$CaSO_4 \cdot 2H_2O/\%$	$CaCO_3/\%$	灰分/%	含水率/%	粒径/μm
指标	$\geqslant 90$	$\geqslant 2$	$\leqslant 2$	$\leqslant 12$	$\geqslant 50$(平均)

注：据安艳玲（2011）。

参 考 文 献

安艳玲.磷石膏、脱硫石膏资源化与循环经济.贵阳：贵州大学出版社，2011：196.

白峰.13X 沸石分子筛用于净化含 NH_4^+、Hg^{2+} 废水的实验研究［博士学位论文］.北京：中国地质大学，2003：1-111.

白云山，刘太宏，刘振.铵浸法由白云石制备高纯度碳酸钙和氧化镁.无机盐工业，2005，37（2）：27-29.

白志民，许淑贞，葛世炜.八达岭花岗杂岩.北京：地质出版社，1991：172.

北京市地质矿产局编.北京市区域地质志.北京：地质出版社，1991：598.

毕先梅，莫宣学.成岩-极低级变质-低级变质作用及有关矿产.地学前缘，2004，11（1）：287-294.

蔡比亚.$KAlSiO_4\text{-}H_2SO_4\text{-}H_2O$ 体系制备硫酸钾/铝的实验研究［硕士学位论文］.北京：中国地质大学，2012：1-62.

陈建.赛马钠沸正长岩制取碳酸钾、氧化铝关键反应及过程评价［博士学位论文］.北京：中国地质大学，2017：1-131.

陈洁渝，严春杰，李子冲等.油页岩渣的综合利用.矿产保护与利用，2006，（12）：41-45.

陈鹏.中国煤炭性质、分类及利用.北京：化学工业出版社，2001：463.

陈文娟，李海涛，蔡序珩等.用脱硫石膏制备硫铝酸盐水泥熟料研究.硅酸盐通报，2009，28（6）：1158-1162.

池际尚，路凤香等.华北地台金伯利岩及古生代岩石圈地幔特征.北京：科学出版社，1996：302.

邓慧宇，于小文，陈庆春.广丰膨润土的锂化改性研究.中国非金属矿工业导刊，2006，（4）：32-34.

丁宏娅，马鸿文，高飞等.改良酸碱联合法利用高铝粉煤灰制备氧化铝的实验研究.矿物岩石地球化学通报，2006，25（4）：1-5.

董振信.中国金伯利岩.北京：科学出版社，1994：324.

甘理明，杜汉义，刘劲松.中国天然石材.武汉：中国地质大学出版社，1992：618.

高飞，马鸿文，丁宏娅等.利用粉煤灰制备新型可承重轻质墙体材料的实验研究.岩石矿物地球化学通报，2007，26（2）：149-154.

高术杰.熔态提铁二次镍渣制备微晶玻璃及热处理制度研究［博士学位论文］.北京：北京科技大学，2014：1-137.

窦浩桢，张季，丁蕊等.过磷酸钙制备工艺的对比与开发.磷肥与复肥，2013，28（6）：18-20.

古阶祥.非金属矿物原料特性与应用.武汉：武汉工业大学出版社，1990：287.

郭大江，袁运法，胡浩然等.脱硫石膏性能研究及其在普通硅酸盐水泥中的应用.硅酸盐通报，2010，29（2）：357-360.

郭琳琳，范小振，张文育等.电石渣制备高附加值碳酸钙的研究进展.化工进展，2017，36（1）：364-371.

郭若禹，张盼，马鸿文.赤峰某地褐煤制取腐植酸钾实验研究.应用化工，2017，46（9）：1720-1722.

国际地质对比计划中国委员会.第五届国际磷块岩讨论会论文集.北京：地质出版社，1984：389.

国土资源部信息中心.世界矿产资源年评2015.北京：地质出版社，2015：377.

国土资源部信息中心.世界矿产资源年评2016.北京：地质出版社，2016：355.

何凯.硅石制备晶体硅.中国非金属矿工业导刊，2005，（6）：48-50.

黄发政.中国硅藻土资源及其开发与加工利用.徐州：中国矿业大学出版社，1991：272.

侯增谦.河北阳原辉石岩-正长岩环状杂岩的成因探讨.矿物学岩石学论丛，1988，（1）：75-88.

蒋明，黄小凤，刘红盼等.电石渣资源化应用研究进展.硅酸盐通报，2016，35（12）：4025-4031.

蒋周青，马鸿文，杨静等.低钙烧结法从高铝粉煤灰脱硅产物中提取氧化铝.轻金属，2013，11：9-13.

蒋周青.高铝粉煤灰低钙烧结法制取氧化铝关键反应及过程评价［博士学位论文］.北京：中国地质大学，2016：1-118.

矿产资源工业要求手册编委会.矿产资源工业要求手册（2014年修订本）.北京：地质出版社，2014：952.

矿产资源综合利用手册编委会.矿产资源综合利用手册.北京：科学出版社，2000：835.

郎惠卿，金树仁，陈淑云.泥炭的鉴别与利用.北京：科学出版社，1988：183.

李歌，马鸿文，王红丽等.相混合计算法确定蒙脱石含量的对比研究.地学前缘，2011，18（1）：216-221.

李金洪.高铝粉煤灰制备莫来石陶瓷的性能及烧结反应机理［博士学位论文］.北京：中国地质大学，2007：1-132.

黎彤，饶纪龙.中国岩浆岩的平均化学成分.地质学报，1962，43（3）：271-280.

梁修睦，王海，王继.浙江火山玻璃岩水解成矿系列及其找矿前景.中国非金属矿工业导刊，2005，（增刊）：42-46.

刘昶江，苏双青，杨静等.钾长石粉体合成L型分子筛.硅酸盐学报，2013，41（8）：1151-1157.

刘昶江.钾长石-NaOH-H_2O体系化学平衡及方沸石生成反应机理［博士学位论文］.北京：中国地质大学，2017：1-126.

刘发荣，杨风辰.我国水泥用石灰岩矿产资源现状与需求预测研究.中国非金属矿工业导刊，2004，（2）：44-48.

刘福来，郑水林，李杨.石棉尾矿及蛇纹石的研究开发现状.中国非金属矿工业导刊，2004，（增刊）：37-40.

刘浩，李金洪，马鸿文等.利用高铝粉煤灰制备堇青石微晶玻璃的实验研究.岩石矿物学杂志，2006a，25（4）：338-340.

刘浩，马鸿文，彭辉等.利用高铝粉煤灰制备莫来石微晶玻璃的实验研究.矿物岩石地球化学通报，2006b，25（4）：6-9.

刘见芬，蒋引珊，方送生.硼泥的综合回收利用试验研究.非金属矿，2001，24（3）：27-29.

刘世荣，肖金凯.贵州黄磷渣的成分特征.矿物学报，1997，17（3）：329-336.

刘晓婷，刘梅堂，马鸿文.Na_2CO_3-K_2CO_3-H_2O三元体系333K相关系和溶液物化性质研究.盐业与化工，2011，40（3）：3-5.

刘兴奋，叶巧明.复合插层有机膨润土的制备及脱色性能研究.中国非金属矿工业导刊，2004，（3）：11-14.

罗征.钾长石水热分解及合成硬硅钙石关键反应研究［博士学位论文］.北京：中国地质大学，2017：1-125.

栾文楼，李明路.膨润土的开发应用.北京：地质出版社，1998：154.

马鸿文.藏东玉龙铜矿带斑岩岩石学与含矿性研究［博士学位论文］.北京：武汉地质学院北京研究生部，1986：1-532.

马鸿文等著.中国富钾岩石：资源与清洁利用技术.北京：化学工业出版社，2010：625.

马鸿文，刘昶江，苏双青.中国磷资源与磷化工可持续发展.地学前缘，2017a，24（6）：133-141.

马鸿文，申继学，杨静等.钾霞石酸解-水热晶化纳米高岭石.硅酸盐学报，2017b，45（5）：722-728.

马鸿文，苏双青，刘浩等.中国钾资源与钾盐工业可持续发展.地学前缘，2010，17（1）：294-310.

马鸿文，苏双青，杨静等.钾长石水热碱法制取硫酸钾反应原理与过程评价.化工学报，2014a，65（6）：2363-2371.

马鸿文，杨静，苏双青.富钾岩石制取钾盐研究20年：回顾与展望.地学前缘，2014b，21（5）：236-254.

马鸿文，杨静，张盼等.中国富钾正长岩资源与水热碱法制取钾盐反应原理.地学前缘，2018，25（5）.

马军，盛力，王立宁.改性石英砂滤料强化过滤处理含藻水.中国给水排水，2002，18（10）：9-11.

马玺，马鸿文，刘梅堂等.硫酸分解硼泥反应的热力学及动力学.硅酸盐学报，2014，42（2）：254-260.

马玺，田力男，杨静.白云鄂博富钾板岩可选性试验研究.矿产综合利用，2016，（1）：53-58.

马艳芳，李宁，常钧.硅灰性能及其再利用的研究进展.无机盐工业，2009，41（10）：8-10.

芈振明，高忠爱，祁梦兰等.固体废物的处理与处置.北京：高等教育出版社，1993：416.

彭辉.钾长石水热分解反应动力学与实验研究［硕士学位论文］.北京：中国地质大学，2008：1-57.

覃岳隆，张寒冰，陈宁华等.乙酸膨润土对孔雀石绿的吸附去除.化工进展，2016，35（3）：944-949.

邱家骧.岩浆岩岩石学.北京：地质出版社，1984：340.

任强，李启甲，嵇鹰.绿色硅酸盐材料与清洁生产.北京：化学工业出版社，2004：246.

任玉峰，马鸿文，王刚等.利用金矿尾矿制备矿物聚合材料的实验研究.现代地质，2003，17（2）：171-175.

宋宝祥，孙德文.硅藻土在造纸业的用途与开发应用现状.中国非金属矿工业导刊，2010，（2）：7-10.

苏双青.高铝粉煤灰碱溶法制备氧化铝的实验研究［硕士学位论文］.北京：中国地质大学，2008：1-68.

苏双青.钾长石水热碱法提钾关键反应原理与实验优化［博士学位论文］.北京：中国地质大学，2014：1-120.

孙辉，王银来.黄山膨润土钠化改型研究.中国非金属矿工业导刊，2006，（4）：39-41.

孙青，侯会丽，郑水林等.硫酸浸出硼泥制备片状氢氧化镁实验研究.无机盐工业，2013，45（11）：21-24.

陶红.合成13X沸石及其用于处理含重金属废水的研究［博士学位论文］.北京：中国地质大学，1999：1-96.

陶维屏，张培元.中国工业矿物和岩石（上下册）.北京：地质出版社，1987：480，415.

谭丹君.假白榴正长岩制取氧化铝关键反应和实验研究［博士学位论文］.北京：中国地质大学，2009：1-104.

王承遇，柳鸣，汤华娟.节能瓶罐玻璃成分与配方的探讨.硅酸盐通报，2005，（6）：3-7.

王刚，马鸿文，冯武威等.利用提钾废渣和粉煤灰制备矿物聚合材料的实验研究.岩石矿物学杂志，2003，22（4）：453-457.

王怀利，高璐阳，陈宏坤等.我国磷石膏综合利用现状分析与展望.磷肥与复肥，2016，31（4）：32-34.

王艳梅，刘梅堂，马鸿文等.磷石膏制硫酸技术原理与过程评价.化工进展，2015，34（增1）：196-201.

吴浩华，李包顺，李承恩等.氮化物颗粒补强石英基复合材料的制备和性能研究.应用基础与工程科学学报，2000，8（1）：38-43.

吴良士，白鸽，袁忠信.矿产原料手册.北京：化学工业出版社，2007：523.

武汉地质学院岩石教研室.岩浆岩岩石学（上下册）.北京：地质出版社，1980：340，268.

武希彦.中国磷肥工业可持续发展之路.中国石油和化工经济分析，2013，（11）：38-40.

西北轻工业学院等编.陶瓷工艺学.北京：中国轻工业出版社，1980：458.

夏光华，廖润华，成岳等.高孔隙率多孔陶瓷滤料的制备.陶瓷学报，2004，25（1）：24-27.

肖万.13X型沸石分子筛用于净化含镍废水的实验研究［硕士学位论文］.北京：中国地质大学，2002：1-55.

谢水波，娄金生，熊正为等.石英砂滤床除苯酚的实验研究.中国给水排水，2000，16（8）：8-11.

阎海卿，汤中立，焦建刚等.内蒙古野笈里镁铁质-超镁铁质岩体的岩石地球化学特征.现代地质，2005，19（4）：515-521.

杨静，蒋周青，马鸿文等.中国铝资源与高铝粉煤灰提取氧化铝研究进展.地学前缘，2014，21（5）：313-324.

杨静，马鸿文，曾诚等.富钾正长岩水热碱法沸石化及成矿意义.矿物学报，2016，36（1）：38-42.

杨秀山，刘荆风，余家鑫等.磷石膏制硫酸的研究进展.现代化工，2010，30（9）：8-12.

杨学明，杨晓勇，郑永飞等.白云鄂博富稀土碳酸岩墙碳和氧同位素特征.高校地质学报，2000，（2）：205-209.

叶显.硼泥制备$K_2O-MgO-SiO_2$型缓释钾肥实验研究［硕士学位论文］.北京：中国地质大学，2016：1-73.

印万忠，李丽匣.尾矿的综合利用与尾矿库的管理.北京：冶金工业出版社，2009：189.

于瑞莲.改性膨润土处理含汞废水.中国非金属矿工业导刊，2005，（6）：53-55.

曾丽，孙红娟，彭同江.硫酸铵焙烧活化石棉尾矿提镁实验研究.非金属矿，2012，35（2）：8-11.

张蓓莉，王曼君等.系统宝石学.第2版.北京：地质出版社，2008：710.

张盼，马鸿文.利用钾长石粉体合成雪硅钙石的实验研究.岩石矿物学杂志，2005，24（4）：333-338.

章西焕，马鸿文，杨静等.利用粉煤灰合成13X沸石分子筛的实验研究.中国非金属矿工业导刊，2003，（2）：23-25，35.

张晓云，马鸿文，王军玲.利用高铝粉煤灰制备氧化铝的实验研究.中国非金属矿工业导刊，2005，4：27-30.

赵宏伟，李金洪，刘辉.赤泥制备硫铝酸盐水泥熟料的矿物组成及水化性能.有色金属，2006，38（6）：119-123.

赵建国，张应虎，张宗凡等.磷石膏转化制硫酸铵的发展前景分析.无机盐工业，2013，45（7）：1-4.

赵立华.利用钢渣制备高钙高铁陶瓷的基础及应用研究［博士学位论文］.北京：北京科技大学，2017：1-144.

赵由才，牛冬杰，柴晓利.固体废物处理与资源化.北京：化学工业出版社，2006：301.

郑水林，李杨，刘福来.石棉尾矿高效综合利用技术研究.中国非金属矿工业导刊，2004，（5）：5-8.

周公度.结构和物性——化学原理的应用.第2版.北京：高等教育出版社，2000：377.

Allen J B，Charsley T J. Nepheline Syenite and Phonolite. London：Institue of Geological Sciences，1968.

Bea F，Monteroa P，Haissenb F，et al. 2.46 Ga kalsilite and nepheline syenites from the Awsard pluton，Reguibat Rise of the West African craton，Morocco. Generation of extremely K-rich magmas at the Archean - Proterozoic transition. *Precambrian Research*，2013，224：242-254.

Bodeving S，Williams-Jones A E，Swinden S. Carbonate - silicate melt immiscibility，REE mineralising fluids，and the evolution of the Lofdal intrusive suite, Namibia. *Lithos*, 2017, 268-271: 383-398.

Boynton R S. Chemistry and Technology of Lime and Limestone. New York, John Wiley, 1980: 578.

Breese R O, Bodycomb F M. Diatomite. In: Kogel J E, et al ed. Industrial Minerals and Rocks. 7th ed. Society for Mining, Metallurge, and Exploration, Inc. , 2006: 433-450.

Chen Jian, Ma Hongwen, Liu Changjiang, et al. Synthesis of analcime crystals and simultaneous potassium extraction from natrolite syenite. *Advances in Materials Science and Engineering*, 2017, Article ID 2617597: 1-9.

Daly R A. Igneous Rocks and the Depths of the Earth. New York and London: McGraw-Hill Book Co. , Inc. , 1933: 598.

Elzea J, Murray H H. Bentonite. Industrial Minerals and Rocks, 6th. Carr D D, ed. Colorado: society for Mining, Metallurgy, and Exploration. Inc. Littleton, 1994: 233-246.

Guillet G R. Nepheline Syenite. Industrial Minerals and Rocks, 6th. Carr D D, ed. Colorado: society for Mining, Metallurgy, and Exploration. Inc. Littleton, 1994: 711-730.

HaissenF, Cambeses A, Montero P, et al. The Archean kalsilite-nepheline syenites of the Awsard intrusive massif (Reguibat Shield, West African Craton, Morocco) and its relationship to the alkaline magmatism of Africa. *Journal of African Earth Sciences*, 2017, 127: 16-50.

Harben P W. The Industrial Minerals Handbook. England: Warwick Printing Company Limited, Warwick, 1995: 109.

Hewitt D F. Nepheline Syenite Deposits of Southern Ontario. Annual Report. *Ontario Department of Mines*, 1961, 69 (8): 1-194.

Hill V G, Sehnke E D. Bauxite. In: Kogel J E, et al ed. Industrial Minerals and Rocks. 7th ed. Society for Mining, Metallurge, and Exploration, Inc, 2006: 227-261.

Huang Z, Yang J, Robinson P T, et al. The discovery of diamonds in chromitites of the Hegenshan ophiolite, Inner Mongolia, China. *Acta Geologica Sinica* (English Edition), 2015, 89 (2): 341-350.

Hyndman D W. Petrology of Igneous and Metamorphic Rocks. New York, McGraw-Hill, 1972: 533.

Knight W C. Bentonite. *Engineering & Mining Journal*, 1898: 17.

Laporte D, Lambartd S, Schiano P, et al. Experimental derivation of nepheline syenite and phonolite liquids by partial melting of upper mantle peridotites. *Earth & Planetary Science Letters*, 2014, 404: 319-331.

Le Maitre R W, Bateman P, Dudek A, et al. A classification of igneous rocks and glossary of terms. Oxford: Blackwell, 1989: 236.

Li J, Ma H, Cao Y. Preparation of β-Sialon powders from high aluminum flyash via carbothermal reduction and nitridation. *Materials Science Forum*, 2007, 561-565: 587-590.

Li J, Ma H, Huang W. Effect of V_2O_5 on the properties of mullite ceramics synthesized from high-aluminum flyash and bauxite. *Journal of Hazardous Materials*, 2009, 166: 1535-1539.

Liddicoat W K, Ramsay C R, Hedge C E. Cambrian nepheline syenite complex at Jabal Sawada, Midyan Region, Kingdom of Saudi Arabia. Pages 139-151 in Felsic Plutonic Rocks and Associated Mineralization of the Kingdom of Saudi Arabia. Edited by Drysdale AR, et al. *Mineral Resources Bulletin*, 1985: 29. Jiddah, Saudi Arabia: Deputy Minister for Mineral Resources.

Liu F, Zeng L K, Cao J X, et al. Preparation of ultra-light xonotlite thermal insulation material using carbide slag. Journal of Wuhan *University of Technology-Mater. Sci. Ed.*, 2010, 25 (2): 295-297.

Ma Hongwen, Feng Wuwei, Miao Shiding, et al. New type of potassium deposit: modal analysis and preparation of potassium carbonate. *Science in China*, Ser. D, 2005, 48 (11): 1932-1941.

Ma Hongwen, Yang Jing, Su Shuangqing, et al. 20 years advances in preparation of potassium salts from potassic rocks: A review. *Acta Geologica Sinica* (English edition), 2015, 89 (6): 2058-2071.

Ma X, Yang J, Ma H W, et al. Synthesis and characterization of analcime using quartz syenite powder by alkali-hydrothermal treatment. *Microporous and Mesoporous Materials*, 2015, 201: 134-140.

Mangrich A S, Tessaro L C, Anjos A D, et al. A slow-release K^+ fertilizer from residues of the Brazilian oil-shale industry: synthesis of kalsilite-type structures. *Environmental Geology*, 2001, 40: 1030-1036.

McLemore V T. Nepheline syenite. In: Kogel J E, et al ed. Industrial Minerals and Rocks. 7th ed. Society for Mining, Metallurge, and Exploration, Inc. , 2006: 653-670.

Pell J. Alkaline Ultrabasic Rocks in British Columbia: Carbonatites, Nepheline Syenites, Kimberlites, Ultrabasic

Lamprophyres and related Rocks. Opem-File Report 1987-17. Victoria：British Columbia Ministry of Energy，Mines and Petroleum Resources.

Prasad M S. Kaolin：processing，properties and applications. *Applied Clay Science*，1991，6：87-119.

Presley G C. Pumice，pumicite，and volcanic cinder. In：Kogel J E，et al ed. Industrial Minerals and Rocks. 7th ed. Society for Mining，Metallurge，and Exploration，Inc.，2006：743-753.

Serratosa J M. Surface properties of fibrous clay minerals（palyporskite as drilling muds）. *Applied Clay Science*，1978，25（1-2）：99-109.

Stachel T，Luth R W. Diamond formation – Where，when and how? *Lithos*，2015，220-223：200-220.

Streckeisen A L. Plutonic rocks：classification and nomenclature recommended by the IUGS Subcommission on the systematics of igneous rocks. *Geotimes*，1973，18（10）：26-30.

Su S Q，Ma H W，Yang J，et al. Synthesis and characterization of kalsilite from microcline powder. Journal of the Chinese Ceramic Society，2012a，40（1）：145-148.

Su S Q，Ma H W. Convenient hydrothermal synthesis of zeolite A from potassium-extracted residue of potassium feldspar. *Advanced Materials Research*，2012b，418-420：297-302.

Su S Q，Ma H W，Yang J，et al. Synthesis of kalsilite from microcline powder by an alkali-hydrothermal process. *International Journal of Minerals，Metallurgy and Materials*，2014，21（8）：826-831.

Tian Y，Yang J，Robinson P T，et al. Diamond discovery in High-Al chromatites of the Sartohay Ophiolite，Xinjiang Province，China. *Acta Geologica Sinica*（English Edition），2015，89（2）：332-340.

Tilley C E. The nepheninite of Etinde，Cameroons，West Africa. *Geological Magazine*，1953，90：145-151.

Van Jaarsveld J G S，Van Deventer J S J，Lorenzen L. The potential use of geopolymeric materials to immobilizet oxic metals：theory and applications. Miner Eng，1997，10：659-669.

Walker R J，Morgan J W. Re-Os isotopic systematic of Ni-Cu sulfide ores，Sudbury igneous complex，Ontario：evidence for a major crustal component. *Earth Planet Sci Lett*，1991，105：416-429.

Weidendorfer D，Schmidt M W，Mattsson H B. Fractional crystallization of Si-undersaturated alkaline magmas leading to unmixing of carbonatites on Brava Island（Cape Verde）and a general model of carbonatite genesis in alkaline magma suites. *Contrib Mineral Petrol*，2016，171：43，1-29.

Wenk H R，Bulakh A. Minerals：Their constitution and origin. Cambridge University Press，2004：646.

Woolley A R，Kempe D R C. Carbonatites：nomenclature，average chemical compositions，and element distribution. In：Bell K ed：Carbonatites：Genesis and Evolution. London：Unwin Hyman，1989：1-14.

Yin Congcong，Liu Meitang，Yang Jing，et al.（Solid＋liquid）phase equilibrium for the ternary system（K_2CO_3-Na_2CO_3-H_2O）at$T$＝（323.15，343.15，and363.15）K. *The Journal of Chemical Thermodynamics*，2017，108：1-6.

Zhang P，Wiegel R，El-Shall H. Phosphate Rock. In：Kogel J E，et al ed. Industrial Minerals and Rocks. 7th ed. Society for Mining，Metallurge，and Exploration，Inc.，2006：703-722.

附录 工业矿物的主要理化性质

矿 物	摩斯硬度	密度/(g/cm³)	比磁化系数	HCl	HNO₃	H₂SO₄	HF	KOH	NaOH
滑石	1	2.58~2.83		+	−		+	−	−
叶蜡石	1~1.5	2.65~2.90		−			+		
辉钼矿	1~1.5	4.7~5.0	−0.098	−	+	+	−	−	−
石墨	1~2	2.09~2.23	−6.2	−	+		−		
芒硝*	1.5~2	1.49		+++	+++	+++	+++		
钾石盐*	1.5~2	1.97~1.99		+++	+++	+++	+++		
钠硝石*	1.5~2	2.24~2.29		++	++	++	++		
雄黄	1.5~2	3.56	0.28	++	++			++	++
雌黄	1.5~2	3.4~3.5	−0.25	−	++			++	
铜蓝	1.5~2	4.59~4.67			+				
自然硫	1.5~2.5	2.05~2.08		−	++	−	−		++
石膏	2	2.3		+	+	−	−		
硼砂*	2~2.5	1.66~1.72		++	+++	+++	+++		
泻利盐*	2~2.5	1.68~1.75		++	+++	+++	+++		
坡缕石	2~2.5	2.05~2.32		−	−	+	+		
海泡石	2~2.5	2~2.5		+			+		
石盐*	2~2.5	2.1~2.2		+++	+++	+++	+++		
高岭石	2~2.5	2.60~2.63		+		+	+	−	
钙铀云母	2~2.5	3.05~3.19		+					
铜铀云母	2~2.5	3.2~3.6		+					
辉锑矿	2~2.5	4.51~4.66	1.6	+++	+++	+	−	+	+
淡红银矿	2~2.5	5.57~5.64				+			
浓红银矿	2~2.5	5.77~5.86							
辉铋矿	2~2.5	6.4~7.1		+	++		−		
辉银矿	2~2.5	7.2~7.4			++				
方铅矿	2~2.5	7.4~7.6	−0.62	++	++		+		−
辰砂	2~2.5	8.0~8.2	0.21	−	++	−		−	
光卤石*	2~3	1.60		+++	+++	+++	+++		
海绿石	2~3	2.2~2.8		+					
绿泥石	2~3	2.7~3.4	19.96	++		++	++		
锂云母	2~3	2.8~2.9	1.18				+		
蛇纹石	2~3.5	2.2~3.6	15.79	+	+	+	+		
钠硼解石	2.5	1.96		++	++	++	++		
胆矾*	2.5	2.1~2.3		++	++	++	++		
水镁石	2.5	2.3~2.6		++					
金云母	2.5	2.7~2.85	11.40	+	+	+	+	−	−
白云母	2.5	2.76~3.10	2.93	−	−	−	+		
无水芒硝*	2.5~3	2.7		++	++	++	++		
黑云母	2.5~3	3.02~3.12	54.24	−	−	+	+	−	−

矿 物	摩斯硬度	密度/(g/cm³)	比磁化系数	HCl	HNO₃	H₂SO₄	HF	KOH	NaOH
辉铜矿	2.5~3	5.5~5.8		−	++				
自然铜	2.5~3	8.4~8.95	−0.09	+	++	+	+		
自然银	2.5~3	10.1~11.1	−0.21	−	++	−	−	−	
自然金	2.5~3	15.6~18.3	−0.14	−	−				
三水铝石	2.5~3.5	2.30~2.43		+	+	+	+	+	+
软锰矿	2.5~6.5	4.5~5.0	25~32	++	++	−	+		
方解石	3	2.6~2.9	0.37	+++	+++	++	++	+	
斑铜矿	3	4.9~5.3		−	+	−	−	−	
硬石膏	3~3.5	2.8~3.0	−1.6	+	+	++	+	−	
天青石	3~3.5	3.9~4.0		++	++		+		
碳酸钡矿	3~3.5	4.2~4.3		++			+		
重晶石	3~3.5	4.3~4.5	−0.30	−	−		+		
硼镁石	3~4	2.62~2.75		+	+				
片沸石	3.5~4	2.18~2.22		++	++	++	++		
明矾石	3.5~4	2.6~2.8		−	−	+	−		
白云石	3.5~4	2.85	0.92	+	+	+	+		
闪锌矿	3.5~4	3.5~4.2	1.62	++	++	+	+		
菱锰矿	3.5~4	3.6~3.7		++	+	+	+		
碳酸锶矿	3.5~4	3.6~3.8		++	+	+	+		
蓝铜矿	3.5~4	3.70~3.90	10.5~19.0	+++	+++	+	++	+	
孔雀石	3.5~4	3.9~4.5	8.5~15.0	+++	+++	+++	+		
黄铜矿	3.5~4	4.1~4.3	0.4~7.0	−	+	+	−		
镍黄铁矿	3.5~4	4.5~5		++	++				
磁黄铁矿	3.5~4	4.58~4.70	4321.95	++	++	++	−		
赤铜矿	3.5~4	5.85~6.15		++	+++	+	−		
萤石	4	3.18	0.51	−	−	+	−	−	
氟镁石	4	3.14~3.17			++				
菱铁矿	4	3.7~4.0	56~64	++	+	+	+		
水锰矿	4	4.2~4.33		++	++	++	++		
菱镁矿	4~4.5	2.9~3.1		+	+	+	+		
黑钨矿	4~4.5	7.18~7.51	39.42	+	+	+	+	−	
自然铂	4~4.5	21.5		−	−	−	−		
菱沸石	4~5	2.05~2.10		++	++	++	++		
硬锰矿	4~6	4.7		++	++	++			
菱锌矿	4.5~5	4.0~4.5	1.4~2.2	+++	+++	++	++	+	
白钨矿	4.5~5	5.6~6.2	0.38	++	++	+	+		
硅灰石	4.5~5.5	2.75~3.10	2.67	++			+	−	−
磷灰石	5	3.18~3.21	0.58	++	++	++	++	−	−
楣石	5	3.29~3.60	7.23	+	−	+	+++		
铌铁矿	5	5.20~6.35	37.4~32.0	−	−	−	+	−	−
方沸石	5~5.5	2.24~2.29		++	++		++		
板钛矿	5~5.5	3.9~4.4		−	−	−	−		
针铁矿	5~5.5	4.0~4.3		+	−				
烧绿石	5~5.5	4.03~5.40	1.71~1.05		+	+	+	+	
独居石	5~5.5	4.83~5.50	18.6~11.3	−	−	−	−		
易解石	5~5.5	4.94~5.37	16.01	−	−	−	−		
绿松石	5~6	2.60~2.83		++	+	+	+		
透闪石	5~6	3.02~3.44	5.97				−	−	
阳起石	5~6	3.1~3.3	15~25				−	−	
角闪石	5~6	3.1~3.3	19~25.5	−	−	−	−		

矿 物	摩斯硬度	密度/(g/cm³)	比磁化系数	HCl	HNO₃	H₂SO₄	HF	KOH	NaOH
顽辉石	5～6	3.21～3.30		−	−		−	−	−
钛铁矿	5～6	4.4～4.8	171～315.6	+	+	−	+	−	−
蓝晶石	5～7	3.53～3.65	0.01	−	−		−	−	−
铬铁矿	5.5	4.43～5.09	171～286.7	−	−		−	−	−
方镁石	5.5	4.56		++	++				
白榴石	5.5～6	2.40～2.50		+	+	+	+		
霞石	5.5～6	2.55～2.66		++	+	++	+		
透辉石	5.5～6	3.22～3.34	10.57	−	−		−	−	−
普通辉石	5.5～6	3.23～3.52	15～25	+	−		+	−	−
蔷薇辉石	5.5～6	3.40～3.75		+			+		
钙钛矿	5.5～6	3.95～4.05	112.18	−	−	+	−	−	−
毒砂	5.5～6	5.9～6.29	0.63	−	+++	+	+	−	−
蛋白石	5.5～6.5	1.99～2.25					++	++	++
锐钛矿	5.5～6.5	3.82～3.97							
磁铁矿	5.5～6.5	4.9～5.2	2000～8000	+	+		−	−	−
赤铁矿	5.5～6.5	5.0～5.3	172～290	+	−		+	−	−
正长石	6	2.56	−0.33	−	−		−	++	−
微斜长石	6	2.56		−	−		−	++	−
霓石	6	3.55～3.60	57.3～45.7	+	+	+	+		
钠长石	6～6.5	2.62		−	−		+++		
斜长石	6～6.5	2.62～2.76		−	−		++		
绿帘石	6～6.5	3.37～3.50	20.94	+	−		−	−	−
金红石	6～6.5	4.2～4.9	12.3～2.3	−	−		−	−	−
黄铁矿	6～6.5	4.9～5.2	26.98	−	++		−	−	−
莫来石	6～7	3.16		−	−		+		
锡石	6～7	6.8～7.0	0.83	−	−		−	−	−
晶质铀矿	6～7	10.36～10.96		+	+				
硬玉	6.5	3.24～3.43		−	−	−	+		
锂辉石	6.5～7	3.03～3.22	1.42	−	−		−	−	−
橄榄石	6.5～7	3.27～4.37	13.24	+	+	++	+		−
硬水铝石	6.5～7	3.3～3.5		−	−	+	−	−	−
夕线石	6.5～7.5	3.23～3.27		−	−		−	−	−
石榴子石	6.5～7.5	3.5～4.2	21～96	+	−		+	−	−
方钍石	6.5～7.5	9.1～9.5	4.17						
石英	7	2.65	−0.50	−	−	−	++	++	++
堇青石	7	2.60～2.66		−	−	−	+		
电气石	7～7.5	2.95～3.25	19.4～31.0	−	−		−	−	−
方硼石	7～7.5	2.97～3.10		++	+	+	+		
红柱石	7～7.5	3.15～3.16		−	−		−	−	−
绿柱石	7.5～8	2.6～2.9	5.27	−	−		−	−	−
尖晶石	7.5～8	3.6～3.9	75.5～51.8	−	−		+	−	−
锆石	7.5～8	4.4～4.8	0.79～0.12	−	−		+	−	−
黄玉	8	3.52～3.57	−0.36	−	−	−	−		
金绿宝石	8.5	3.50～3.84	4.92	−	−	+	−		
刚玉	9	3.95～4.10	−0.38	−	−	−	−	−	−
金刚石	10	3.47～3.56	−0.49	−	−	−	−	−	−

注：*溶于水；+++极易溶；++易溶；+加热溶解；−不溶解。矿物名为黑体者具有标准摩斯硬度。

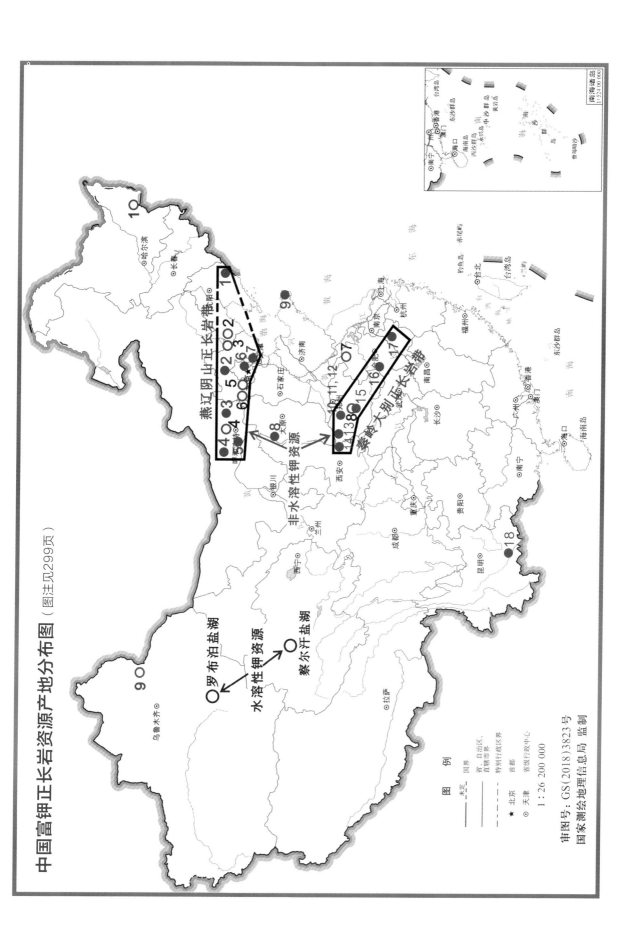

中国富钾正长岩资源产地分布图（图注见299页）

矿物元素周期简表

周期	I	II	III	IV	V	VI	VII	VIII		
1	1 H 1.0079								2 He 4.0026	
2	3 Li 6.941 / 锂辉石/锂云母/磷铝锂石	4 Be 9.0122 / 绿柱石/(羟)硅铍石/金绿宝石	5 B 10.811 / 硼酸盐类/硅硼钙石/电气石	6 C 12.0107 / 金刚石/石墨/石墨烯	7 N 14.0067 / 钠硝石	8 O 15.9994	9 F 18.9984 / 萤石/氟镁石/冰晶石/磷灰石		10 Ne 20.1797	
3	11 Na 22.9898 / 石盐/天然碱/芒硝	12 Mg 24.3050 / 菱镁矿/水镁石/白云石/光卤石	13 Al 26.9815 / 刚玉/铝土矿/高岭石/霞石/黄玉	14 Si 28.0855 / 石英/水晶/玛瑙/欧泊/硅藻土	15 P 30.9738 / 磷灰石/绿松石	16 S 32.065 / 自然硫/黄铁矿/磁黄铁矿/石膏	17 Cl 35.453 / 石盐/钾石盐/光卤石		18 Ar 39.948	
4	19 K 39.0983 / 钾石盐/光卤石/明矾石/钾长石	20 Ca 40.078 / 方解石/冰洲石/白垩	21 Sc 44.9559 / 黑钨矿/锡石	22 Ti 47.867 / 金红石/钛铁矿/钛磁铁矿	23 V 50.9415 / 钒钾铀矿/钒钛磁铁矿	24 Cr 51.9961 / 铬铁矿	25 Mn 54.9380 / 硬锰矿/软锰矿/褐锰矿/菱锰矿	26 Fe 55.845 / 磁铁矿/赤铁矿/针铁矿/菱铁矿	27 Co 58.9332 / 辉砷钴矿/硫钴矿/磁黄铁矿	28 Ni 58.6934 / 镍黄铁矿/红砷镍矿/镍蛇纹石
	29 Cu 63.546 / 黄铜矿/辉铜矿/斑铜矿/孔雀石	30 Zn 65.38 / 闪锌矿/纤锌矿/菱锌矿/硅锌矿	31 Ga 69.723 / 铝土矿/闪锌矿	32 Ge 72.64 / 闪锌矿/硫化物	33 As 74.9216 / 雄黄/雌黄/毒砂/砷铜矿	34 Se 78.96 / 硒铜矿/铜矿/辉硒矿	35 Br 79.904		36 Kr 83.798	
5	37 Rb 85.4678 / 锂云母/天河石/铯沸石	38 Sr 87.62 / 天青石/菱锶矿	39 Y 88.9059 / 磷钇矿/褐钇铌矿	40 Zr 91.224 / 锆石	41 Nb 92.9064 / 铌铁矿/烧绿石/褐钇铌矿	42 Mo 95.96 / 辉钼矿	43 Tc (98)	44 Ru 101.07 / 硫钌矿/砷钌矿	45 Rh 102.9055	46 Pd 106.42 / 锌钯矿/碲钯矿
	47 Ag 107.8682 / 自然银/辉银矿/方铅矿/黝铜矿	48 Cd 112.411 / 硫镉矿/闪锌矿/纤锌矿	49 In 114.818 / 闪锌矿/方铅矿/锡石/黑钨矿	50 Sn 118.710 / 锡石/黄锡矿	51 Sb 121.760 / 辉锑矿/黝铜矿	52 Te 127.60 / 碲金矿/铜碲硫化物	53 I 126.9045		54 Xe 131.293	
6	55 Cs 132.9055 / 铯沸石/天河石/锂云母/锂辉石	56 Ba 137.327 / 重晶石/毒重石	57-71 REE / 独居石/氟碳铈矿/易解石/磷灰石	72 Hf 178.49 / 铪锆石	73 Ta 180.9479 / 钽铁矿/细晶石	74 W 183.84 / 黑钨矿/白钨矿	75 Re 186.207 / 辉钼矿	76 Os 190.23 / 锇铱矿/铱锇矿/硫锇矿	77 Ir 192.217 / 铱锇矿/锇铱矿/硫砷铱矿	78 Pt 195.084 / 自然铂/砷铂矿/碲铂矿
	79 Au 196.9666 / 自然金/银金矿/碲金矿	80 Hg 200.59 / 辰砂/辉汞矿	81 Tl 204.3833 / 闪锌矿/硫化物	82 Pb 207.2 / 方铅矿/白铅矿/硫锑铅矿/铅矾	83 Bi 208.9804 / 辉铋矿/自然铋	84 Po (209)	85 At (210)		86 Rn (222)	
7	87 Fr (223)	88 Ra (226)	89 Ac (227)	90 Th 232.0381 / 方钍石/钍石/独居石	91 Pa 231.0359	92 U 238.0289 / 晶质铀矿/钒钾铀矿/铀石	93 Np (237)		94 Pu (244)	

注：原子量录自 2007 年国际原子量表（保留 4 位小数），以 $^{12}C=12$ 为基准。括弧内数据为天然放射性元素较重要的同位素的质量数或人造元素半衰期最长的同位素的质量数。